Walter Isaacson

Steve Jobs

Walter Isaacson, presidente del Instituto Aspen, ha sido presidente de la CNN y director ejecutivo de la revista *Time*. Es autor de *Einstein: His Life and Universe*, *Benjamin Franklin: An American Life* y *Kissinger: A Biography*, y es coautor, con Evan Thomas, de *The Wise Men: Six Friends and the World They Made*. Vive con su esposa en Washington, D.C.

Steve Jobs

Steve Jobs

La biografía

Walter Isaacson

Vintage Español
Una división de Random House, Inc.
Nueva York

Índice

Las personas lo suficientemente locas
como para pensar que pueden cambiar el mundo
son las que lo cambian.

Anuncio «Piensa diferente» de Apple, 1997

Personajes

AL ALCORN. Ingeniero jefe en Atari que diseñó el *Pong* y contrató a Jobs.

BILL ATKINSON. Uno de los primeros empleados de Apple. Desarrolló gráficos para el Macintosh.

GIL AMELIO. Se convirtió en consejero delegado de Apple en 1996, compró NeXT y trajo de regreso a Jobs.

CHRISANN BRENNAN. Novia de Jobs en el instituto Homestead y madre de su hija Lisa.

NOLAN BUSHNELL. Fundador de Atari y emprendedor modelo para Jobs.

LISA BRENNAN-JOBS. Hija de Jobs y Chrisann Brennan, nacida en 1978 y abandonada inicialmente por Jobs.

BILL CAMPBELL. Director de marketing de Apple durante la primera época de Jobs en la empresa. Miembro del consejo de administración y confidente tras su regreso en 1997.

EDWIN CATMULL. Cofundador de Pixar y, posteriormente, ejecutivo en Disney.

KOBUN CHINO. Maestro californiano de sōtō zen que se convirtió en el guía espiritual de Jobs.

LEE CLOW. Ingenioso maestro de la publicidad que creó el anuncio «1984» de Apple y trabajó junto a Jobs durante tres décadas.

DEBORAH «DEBI» COLEMAN. Una atrevida directora del equipo del primer Mac que más tarde se hizo cargo de la producción en Apple.

TIM COOK. Director general de operaciones, calmado y firme, contratado por Jobs en 1998.

EDDY CUE. Jefe de servicios de internet en Apple y mano derecha de Jobs a la hora de tratar con las compañías de contenidos.

ANDREA «ANDY» CUNNINGHAM. Publicista de la agencia Regis McKenna que trató con Jobs durante los primeros años del Macintosh.

MICHAEL EISNER. Implacable consejero delegado de Disney que llegó a un acuerdo con Pixar y después se enfrentó a Jobs.

LARRY ELLISON. Consejero delegado de Oracle y amigo personal de Jobs.

TONY FADELL. Ingeniero punk que llegó a Apple en 2001 para desarrollar el iPod.

SCOTT FORSTALL. Jefe del software para dispositivos móviles de Apple.

ROBERT FRIEDLAND. Estudiante en Reed, líder de una comuna en un huerto de manzanos y adepto a la espiritualidad oriental que supuso una gran influencia para Jobs. Más tarde dirigió una compañía minera.

JEAN-LOUIS GASSÉE. Director de Apple en Francia. Se hizo cargo del Macintosh cuando Jobs fue destituido en 1985.

BILL GATES. El otro niño prodigio de la informática nacido en 1955.

ANDY HERTZFELD. Ingeniero de software de carácter afable que fue compañero de Jobs en el primer equipo del Mac.

JOANNA HOFFMAN. Miembro del primer equipo del Mac con el carácter suficiente como para enfrentarse a Jobs.

ELIZABETH HOLMES. Novia de Daniel Kottke en Reed y una de las primeras trabajadoras de Apple.

ROD HOLT. Un marxista y fumador empedernido contratado por Jobs en 1976 para que se hiciera cargo de la ingeniería eléctrica del Apple II.

ROBERT IGER. Sucesor de Eisner como consejero delegado de Disney en 2005.

JONATHAN «JONY» IVE. Jefe de diseño en Apple. Se convirtió en compañero y confidente de Jobs.

ABDULFATTAH «JOHN» JANDALI. Licenciado por la Universidad de Wisconsin de origen sirio, padre de Jobs y de Mona Simpson. Posteriormente trabajó como gerente de alimentación y bebidas en el casino Boomtown, cerca de Reno.

CLARA HAGOPIAN JOBS. Hija de unos inmigrantes armenios. Se casó con Paul Jobs en 1946 y juntos adoptaron a Steve poco después de su nacimiento en 1955.

ERIN JOBS. Hija mediana de Steve Jobs y Laurene Powell, de carácter serio y callado.

EVE JOBS. Hija menor de Steve Jobs y Laurene Powell, enérgica y chispeante.

PATTY JOBS. Adoptada por Paul y Clara Jobs dos años después de la adopción de Steve.

PAUL REINHOLD JOBS. Marino de la Guardia Costera, nacido en Wisconsin, que adoptó a Steve en 1955 junto a su esposa, Clara.

REED JOBS. Hijo mayor de Steve Jobs y Laurene Powell, con el aspecto encantador de su padre y el agradable carácter de su madre.

RON JOHNSON. Contratado por Jobs en 2000 para desarrollar las tiendas Apple.

JEFFREY KATZENBERG. Jefe de los estudios Disney. Se enfrentó con Eisner y presentó su dimisión en 1994 para pasar a ser uno de los fundadores de DreamWorks SKG.

DANIEL KOTTKE. El mejor amigo de Jobs en Reed, compañero de su peregrinaje a la India y uno de los primeros empleados de Apple.

JOHN LASSETER. Cofundador y genio creativo de Pixar.

DAN'L LEWIN. Ejecutivo de marketing que trabajó con Jobs en Apple y después en NeXT.

MIKE MARKKULA. El primer gran inversor y presidente de Apple, además de figura paterna para Jobs.

REGIS MCKENNA. Genio de la publicidad que guió a Jobs al principio de su carrera y siguió actuando como gurú del marketing.

MIKE MURRAY. Uno de los primeros directores de marketing del Macintosh.

PAUL OTELLINI. Consejero delegado de Intel que facilitó el cambio del Macintosh a los chips de Intel pero no llegó a un acuerdo para entrar en el negocio del iPhone.

LAURENE POWELL. Licenciada por la Universidad de Pensilvania, sensata y jovial, trabajó en Goldman Sachs y en Stanford y se casó con Jobs en 1991.

ARTHUR ROCK. Legendario inversor en tecnología, uno de los primeros miembros del consejo de administración de Apple y figura paterna para Jobs.

JONATHAN «RUBY» RUBINSTEIN. Trabajó con Jobs en NeXT y se convirtió en el jefe de ingenieros de hardware en 1997.

MIKE SCOTT. Contratado por Markkula como presidente de Apple en 1977 para que tratara de controlar a Jobs.

JOHN SCULLEY. Ejecutivo de Pepsi contratado por Jobs en 1983 como consejero delegado de Apple. Se enfrentó a Jobs y lo destituyó en 1985.

JOANNE SCHIEBLE JANDALI SIMPSON. Nacida en Wisconsin. Madre biológica de Steve Jobs, al que entregó en adopción, y de Mona Simpson, a la que crió.

MONA SIMPSON. Hermana carnal de Jobs. Descubrieron su relación en 1986 y forjaron una estrecha amistad. Ella escribió novelas basadas hasta cierto punto en su madre, Joanne (*A cualquier otro lugar*), en Jobs y su hija Lisa (*Un tipo corriente*) y en su padre, Abdulfattah Jandali (*El padre perdido*).

ALVY RAY SMITH. Cofundador de Pixar que se enfrentó a Jobs.

BURRELL SMITH. Un programador angelical, brillante y atribulado del equipo original del Mac, aquejado de esquizofrenia en la década de los noventa.

AVADIS «AVIE» TEVANIAN. Trabajó con Jobs y Rubinstein en NeXT y se convirtió en el jefe de ingenieros de software de Apple en 1997.

JAMES VINCENT. Británico amante de la música y el socio más joven de Lee Clow y Duncan Milner en la agencia publicitaria de Apple.

RON WAYNE. Conoció a Jobs en Atari y se convirtió en el primer socio de Jobs y Wozniak en los orígenes de Apple, pero tomó la imprudente decisión de renunciar a su participación en la empresa.

STEPHEN WOZNIAK. El superdotado de la electrónica en el instituto Homestead. Jobs fue capaz de empaquetar y comercializar sus increíbles placas base.

Introducción

Cómo nació este libro

A principios del verano de 2004 recibí una llamada telefónica de Steve Jobs. Mantenía conmigo una relación de amistad intermitente, con estallidos ocasionales de mayor intensidad, especialmente cuando iba a presentar un nuevo producto y quería que apareciera en la portada de *Time* o en la CNN, compañías en las que yo había trabajado. Sin embargo, ahora que ya no me encontraba en ninguno de esos dos medios, llevaba un tiempo sin saber gran cosa de él. Hablamos un poco acerca del Instituto Aspen, al que yo me había unido recientemente, y lo invité a dar una charla en nuestro campus de verano en Colorado. Afirmó que le encantaría acudir, pero que no quería subir al escenario. En vez de eso, quería que diéramos un paseo para charlar.

Aquello me pareció un tanto extraño. Todavía no sabía que los largos paseos eran su forma preferida de mantener conversaciones serias. Resultó que había pensado en mí para escribir su biografía. Hacía poco que yo había publicado una sobre Benjamin Franklin y me encontraba en medio de otra sobre Albert Einstein, y mi primera reacción fue la de preguntarme, medio en broma, si él se veía como el continuador natural de aquella serie. Como asumí que todavía se encontraba en medio de una carrera llena de altos y bajos a la que le faltaban no pocas victorias y derrotas por vivir, le di largas. Le dije que todavía no era el momento, que tal vez pasadas una o dos décadas, cuando se retirase.

Nos conocíamos desde 1984, cuando él llegó al edificio Time-Life en Manhattan para comer con los redactores y cantar las alabanzas de su nuevo Macintosh. Ya entonces era un tipo irascible, y se metió con un corresponsal de *Time* por haber publicado un hiriente artículo sobre su persona que resultó demasiado revelador. Sin embargo, cuando hablé con él poco después, me vi bastante cautivado, como tantos otros a lo largo de los años, por su intensa personalidad. Mantuvimos el contacto, incluso después de que lo destituyeran de Apple. Cuando tenía algún producto que presentar, como un ordenador de NeXT o una película de Pixar, el foco de su encanto volvía de pronto a centrarse en mí, y me llevaba a un restaurante de sushi situado en el Bajo Manhattan para contarme que lo que fuera que estuviera promocionando era lo mejor que había producido nunca. Me gustaba aquel hombre.

Cuando recuperó el trono en Apple, lo sacamos en la portada de *Time*, y tiempo después comenzó a ofrecerme sus ideas para una serie de artículos que estábamos preparando sobre las personas más influyentes del siglo. Él había presentado hacía poco su campaña de «Piensa diferente», en la que aparecían fotografías representativas de algunas de las personas que nosotros mismos estábamos pensando en incluir, y le parecía que la tarea de evaluar la influencia histórica de aquellos personajes resultaba fascinante.

Tras rechazar la propuesta de escribir su biografía, tuve noticias suyas de vez en cuando. Una vez le mandé un correo electrónico para preguntarle si era cierto, tal y como me había contado mi hija, que el logotipo de Apple era un homenaje a Alan Turing, el pionero inglés de la informática que descifró los códigos alemanes durante la guerra y que después se suicidó mordiendo una manzana rociada con cianuro. Respondió que ojalá hubiera pensado en eso, pero no lo había hecho. Aquello dio inicio a una charla sobre las primeras etapas de la historia de Apple, y me di cuenta de que estaba absorbiendo toda la información sobre aquel tema, por si acaso alguna vez decidía escribir un libro al respecto. Cuando se publicó mi biografía sobre Einstein, Jobs asistió a una presentación del libro en Palo Alto y me llevó a un aparte para sugerirme otra vez que él sería un buen tema para un libro.

Su insistencia me dejó perplejo. Era un hombre conocido por ser celoso de su intimidad, y yo no tenía motivos para creer que hubiera leído ninguno de mis libros, así que volví a responderle que quizás algún día. Sin embargo, en 2009 su esposa, Laurene Powell, me dijo sin rodeos: «Si piensas escribir alguna vez un libro sobre Steve, más vale que lo hagas ahora». Acababa de pedir su segunda baja por enfermedad. Le confesé a Laurene que la primera vez que Steve me planteó aquella idea yo no sabía que se encontraba enfermo. Su respuesta fue que casi nadie lo sabía. Me explicó que su marido me había llamado justo antes de ser operado de cáncer, cuando todavía lo mantenía en secreto.

Entonces decidí escribir este libro. Jobs me dejó sorprendido al asegurarme de inmediato que no iba a ejercer ningún control sobre él y que ni siquiera pediría el derecho de leerlo antes de que se publicara. «Es tu libro —aseguró—. Yo ni siquiera pienso leerlo». Sin embargo, algo más tarde, en otoño, pareció pensarse mejor la idea de cooperar. Dejó de devolver mis llamadas y yo dejé de lado el proyecto durante una temporada. Sin saberlo yo, estaba sufriendo nuevas complicaciones relacionadas con su cáncer.

Entonces, de improviso, volvió a llamarme la tarde de la Nochevieja de 2009. Se encontraba en su casa de Palo Alto acompañado únicamente por su hermana, la escritora Mona Simpson. Su esposa y sus tres hijos se habían ido a esquiar unos días, pero él no tenía las fuerzas suficientes para acompañarlos. Se encontraba más bien meditabundo, y estuvimos hablando durante más de una hora. Comenzó recordando cómo había querido construir un frecuencímetro a los trece años y cómo consiguió encontrar a Bill Hewlett, el fundador de Hewlett-Packard, en el listín telefónico, y llamarlo para conseguir algunos componentes. Jobs dijo que los últimos doce años de su vida, desde su regreso a Apple, habían sido los más productivos en cuanto a la creación de nuevos productos. Sin embargo, añadió que su objetivo más importante era lograr lo que habían conseguido Hewlett y su amigo David Packard, crear una compañía tan cargada de creatividad e innovación que pudiera sobrevivirlos.

«Siempre me sentí atraído por la rama de las humanidades cuando era pequeño, pero me gustaba la electrónica —comentó—. Entonces leí algo que había dicho uno de mis héroes, Edwin Land, de Polaroid, acerca de la importancia de la gente capaz de mantenerse en el cruce entre las humanidades y las ciencias, y decidí que eso era lo que yo quería hacer». Se diría que Jobs me estaba proponiendo ideas para la biografía (y en este caso, al menos, resultó ser útil). La creatividad que puede desarrollarse cuando se combina el interés por las ciencias y las humanidades con una personalidad fuerte era el tema que más me había interesado en las biografías escritas sobre Franklin y Einstein, y creo que serán la clave para la creación de economías innovadoras en el siglo XXI.

Le pregunté a Jobs por qué había pensado en mí para escribir su biografía. «Creo que se te da bien conseguir que la gente hable», contestó. Aquella era una respuesta inesperada. Sabía que tendría que entrevistar a decenas de personas a las que había despedido, insultado, abandonado o enfurecido de cualquier otra forma, y temía que no le resultara cómodo que yo les hiciera hablar de todo aquello. De hecho, sí que pareció ponerse nervioso cuando le llegaron rumores acerca de la gente a la que yo estaba entrevistando. Sin embargo, pasados un par de meses, comenzó a animar a la gente a que charlara conmigo, incluso a sus enemigos y a antiguas novias. Tampoco trató de prohibir ningún tema. «He hecho muchas cosas de las que no me enorgullezco, como dejar a mi novia embarazada a los veintitrés años y la forma en que tuve de afrontar aquel asunto —reconoció—, pero no tengo ningún trapo sucio que no pueda salir a la luz».

Al final acabé manteniendo unas cuarenta entrevistas con él. Algunas fueron más formales, celebradas en su salón de Palo Alto, y otras se llevaron a cabo durante largos paseos y viajes en coche, o bien por teléfono. A lo largo de los dieciocho meses en que lo estuve frecuentando, se volvió poco a poco más locuaz y proclive a la confidencia, aunque en ocasiones fui testigo de lo que sus colegas de Apple más veteranos solían llamar su «campo de distorsión de la realidad». En ocasiones se debía a fallos inconscientes de las neuronas encargadas de la memoria, que pueden ocurrirnos a todos, y otras trataba de embellecer su propia versión de la realidad tanto para mí como para sí mismo. Para comprobar y darle cuerpo a su historia, entrevisté a más de un centenar de amigos, parientes, competidores, adversarios y colegas suyos.

Su esposa, Laurene, que ayudó a que este proyecto fuera posible, tampoco exigió ningún control ni impuso restricción alguna. Tampoco pidió ver por adelantado lo que yo iba a publicar. De hecho, me animó con ímpetu a que me mostrara sincero acerca de sus fallos, además de sus virtudes. Ella es una de las personas más inteligentes y sensatas que he conocido nunca. «Hay partes de su vida y de su personalidad que resultan extremadamente complejas, y esa es la pura verdad —me confió desde el primer momento—. No deberías tratar de disimularlas. A él se le da bien tratar de edulcorar esos aspectos, pero también ha llevado una vida notable, y me gustaría ver que se plasma con fidelidad».

Dejo en manos del lector la tarea de evaluar si he tenido éxito en semejante misión. Estoy seguro de que algunos de los actores de este drama recordarán ciertos acontecimientos de forma diferente o pensarán que en ocasiones he quedado atrapado por el campo de distorsión de Jobs. Al igual que me ocurrió cuando escribí un libro sobre Henry Kissinger, que en algunos sentidos fue una buena preparación para este proyecto, descubrí que la gente mantenía unos sentimientos tan positivos o negativos acerca de Jobs que el «efecto *Rashomon*» quedaba a menudo en evidencia. Sin embargo, me he esforzado al máximo por tratar de equilibrar de manera justa las narraciones contradictorias y por mostrarme transparente respecto a las fuentes empleadas.

Este es un libro sobre la accidentada vida y la abrasadora e intensa personalidad de un creativo emprendedor cuya pasión por la perfección y feroz determinación revolucionaron seis industrias diferentes: los ordenadores personales, las películas de animación, la música, la telefonía, las tabletas electrónicas y la edición digital. Podríamos incluso añadir una séptima: la de la venta al por menor, que Jobs no revolucionó exactamente, pero sí renovó. Además, abrió el camino para un nuevo mercado de contenido digital basado en las aplicaciones en lugar de en los sitios web. Por el camino, no solo ha creado productos que han transformado la industria, sino también, en su segundo intento, una empresa duradera, imbuida de su mismo ADN, llena de diseñadores creativos e ingenieros osados que podrán seguir adelante con su visión.

Este es también, espero, un libro sobre la innovación. En una época en la que Estados Unidos busca la forma de mantener su ventaja en ese campo y en que las sociedades de todo el mundo tratan de construir economías creativas adaptadas a la era digital, Jobs destaca como el símbolo definitivo de la inventiva, la imaginación y la innovación constantes. Sabía que la mejor forma de crear valores en el siglo XXI consistía en conectar creatividad y tecnología, así que construyó una compañía en la cual los saltos imaginativos se combinaban con impresionantes hazañas de ingeniería. Fue capaz, junto con sus compañeros de Apple, de pensar diferente: no se conformaron con desarrollar modestos avances en productos de categorías ya existentes, sino aparatos y servicios completamente nuevos que los consumidores ni siquiera eran conscientes de necesitar.

No ha sido un modelo, ni como jefe ni como ser humano, perfectamente empaquetado para que lo imitaran después. Movido por sus demonios, podía empujar a quienes lo rodeaban a un estado de furia y desesperación. Sin embargo, su personalidad, sus pasiones y sus productos estaban todos interconectados, como lo estaban normalmente el hardware y el software de Apple, igual que si fueran parte de un único sistema integrado. Por tanto, su historia, a la vez instructiva y aleccionadora, está llena de enseñanzas sobre la innovación, los rasgos de la personalidad, el liderazgo y los valores.

Enrique V, de Shakespeare —la historia del terco e inmaduro príncipe Hal, que se convierte en un rey apasionado pero sensible, cruel pero sentimental, inspirador pero plagado de imperfecciones—, comienza con una exhortación: «¡Oh! ¡Quién tuviera una Musa de fuego que escalara / al más brillante cielo de la invención». El príncipe Hal lo tenía fácil; él solo tenía que ocuparse del legado de un padre. Para Steve Jobs, el ascenso al más brillante cielo de la invención comienza con la historia de dos parejas de padres, y de cómo se crió en un valle que estaba comenzando a aprender a transformar el silicio en oro.

1

Infancia

Abandonado y elegido

Cuando Paul Jobs se licenció en la Guardia Costera tras la Segunda Guerra Mundial, hizo una apuesta con sus compañeros de tripulación. Habían llegado a San Francisco, donde habían retirado del servicio su barco, y Paul apostó que iba a encontrar esposa en dos semanas. Era un mecánico fornido y tatuado de más de metro ochenta de estatura y tenía un cierto parecido con James Dean. Sin embargo, no fue su aspecto lo que le consiguió una cita con Clara Hagopian, la agradable hija de unos inmigrantes armenios, sino el hecho de que sus amigos y él tenían acceso a un coche, a diferencia del grupo con el que ella había planeado salir en un principio esa noche. Diez días más tarde, en marzo de 1946, Paul se prometió con Clara y ganó la apuesta. Aquel resultó ser un matrimonio feliz que duró hasta que la muerte los separó más de cuarenta años después.

Paul Reinhold Jobs se crió en una granja lechera de Germantown, Wisconsin. Aunque su padre era un alcohólico que en ocasiones mostraba arranques de violencia, Paul escondía una personalidad tranquila y amable bajo su curtido exterior. Tras abandonar los estudios en el instituto, deambuló por el Medio Oeste y trabajó como mecánico hasta que a los diecinueve años se alistó en la Guardia Costera, a pesar de que no sabía nadar. Lo asignaron al navío *M. C. Meigs* y pasó gran parte de la guerra trasladando tropas a Italia a las órdenes del general Patton. Su talento como operario y oficial de máquinas le valió algunas distinciones, pero de vez en cuando se metía en trifulcas de poca importancia y nunca llegó a ascender por encima del rango de marinero.

Clara había nacido en Nueva Jersey, ciudad en la que desembarcaron sus padres tras huir de los turcos en Armenia. Cuando ella era una niña se mudaron a Mission District, en San Francisco. La joven guardaba un secreto que rara vez mencionaba a nadie: había estado casada anteriormente, pero su marido había fallecido en la guerra, así que cuando conoció a Paul Jobs en aquella primera cita, estaba dispuesta a comenzar una nueva vida.

Al igual que muchos otros que vivieron la guerra, ambos habían pasado por tantas emociones que, cuando el conflicto acabó, lo único que querían era sentar cabeza, formar una familia y llevar una vida menos accidentada. Tenían poco dinero, así que se mudaron a Wisconsin y vivieron con los padres de Paul durante unos años, y después se dirigieron a Indiana, donde él consiguió trabajo como operario de máquinas para la empresa International Harvester. La pasión del hombre era trastear con coches viejos, y se sacaba algo de dinero en su tiempo libre comprándolos, restaurándolos y vendiéndolos de nuevo. Llegó un punto en el que abandonó su trabajo habitual para dedicarse a tiempo completo a la venta de coches usados.

A Clara, sin embargo, le encantaba San Francisco, y en 1952 convenció a su esposo para que se trasladaran allí de nuevo. Se mudaron a un apartamento de Sunset District con vistas al Pacífico, justo al sur del Golden Gate Park, y él consiguió trabajo como «hombre de los embargos» en una sociedad de crédito. Tenía que forzar las cerraduras de los coches cuyos dueños no hubieran devuelto sus préstamos y embargarlos. También compraba, reparaba y vendía algunos de aquellos coches, y con ello ganaba un sobresueldo.

No obstante, faltaba algo en su vida. Deseaban tener hijos, pero Clara había sufrido un embarazo ectópico —cuando el óvulo fertilizado se implanta en la trompa de Falopio en lugar de en el útero— y no podía concebirlos. Así pues, en 1955, tras nueve años de matrimonio, comenzaron a pensar en adoptar un niño.

Al igual que Paul Jobs, Joanne Schieble procedía de una familia de ascendencia alemana y se había criado en el ambiente rural de Wisconsin. Su padre, Arthur Schieble, era un emigrante instalado en las afueras de Green Bay, donde su mujer y él poseían un criadero de visones y mantenían fructíferas inversiones en otras empresas de variada índole, desde inmobiliarias hasta compañías de grabado fotográfico. Era un hombre muy estricto, especialmente en lo concerniente a las relaciones de su hija, y le desagradaba profundamente el primer novio de esta, un artista que no era católico. Por lo tanto, no fue ninguna sorpresa que amenazara con desheredar a Joanne cuando, ya como alumna de posgrado en la Universidad de Wisconsin, se enamoró de Abdulfattah *John* Jandali, un profesor ayudante musulmán llegado de Siria.

Jandali era el menor de nueve hermanos de una destacada familia siria. Su padre era el dueño de varias refinerías de crudo y de muchas otras empresas, con grandes extensiones de tierra en Damasco y Homs, y llegó a controlar prácticamente por completo el precio del trigo en la región. Al igual que la familia Schieble, los Jandali le daban una enorme importancia a la educación; durante varias generaciones los miembros de la familia fueron a estudiar a Estambul o a la Sorbona. A Abdulfattah Jandali lo enviaron a un internado jesuita a pesar de que era musulmán, y se licenció en la Universidad Americana de Beirut antes de llegar a la Universidad de Wisconsin como estudiante de doctorado y profesor ayudante de ciencias políticas.

En el verano de 1954, Joanne viajó a Siria con Abdulfattah. Pasaron dos meses en Homs, donde ella aprendió a cocinar platos sirios con la familia Jandali. Cuando regresaron a Wisconsin, descubrieron que la joven estaba embarazada. Ambos tenían veintitrés años, pero decidieron no casarse. El padre de Joanne estaba por aquel entonces al borde de la muerte, y había amenazado con repudiarla si se casaba con Abdulfattah. El aborto tampoco era una opción sencilla en aquella pequeña comunidad católica, así que a principios de 1955 viajó a San Francisco, donde recibió cobijo de un médico comprensivo que acogía a madres solteras, las asistía en el parto y concertaba discretamente adopciones privadas.

Joanne puso una única condición: su bebé debía ser adoptado por licenciados universitarios, así que el médico dispuso que fuera a vivir con un abogado y su esposa. Sin embargo, cuando nació un chico —el 24 de febrero de 1955—, la pareja elegida decidió que querían una niña y se echaron atrás. Así fue como el pequeño no llegó a ser el hijo de un abogado, sino de un apasionado de la mecánica que no había acabado el instituto y de su bonachona esposa, que trabajaba como contable. Paul y Clara bautizaron a su hijo con el nombre de Steven Paul Jobs.

Sin embargo, seguía existiendo el problema de la condición de Joanne de que los nuevos padres de su bebé fueran obligatoriamente licenciados universitarios. Cuando descubrió que su hijo había ido a parar a una pareja que ni siquiera había acabado la secundaria, se negó a firmar los documentos de la adopción. El pulso se prolongó durante semanas, incluso una vez que el pequeño Steve se hubo instalado en casa de los Jobs. Finalmente, Joanne cedió tras conseguir que la pareja prometiera —firmaron incluso un acuerdo— que iban a crear un fondo para que el chico pudiera ir a la universidad.

Había otro motivo por el que Joanne se mostraba reticente a la hora de firmar los documentos de la adopción. Su padre estaba a punto de morir, y ella pensaba casarse con Jandali poco después. Mantenía la esperanza —como luego le contó a algunos miembros de su familia, en ocasiones entre lágrimas al recordarlo— de que, una vez que se hubieran casado, podría recuperar a su bebé.

Al final, Arthur Schieble falleció en agosto de 1955, unas pocas semanas después de que la adopción tuviera lugar. Justo después de las Navidades de ese año, Joanne y Abdulfattah Jandali contrajeron matrimonio en la iglesia católica de San Felipe Apóstol de Green Bay. El recién casado se doctoró en política internacional al año siguiente, y la pareja tuvo otro bebé, una niña llamada Mona. Después de divorciarse de Jandali en 1962, Joanne se embarcó en una vida nómada y fantasiosa que su hija —quien llegó a convertirse en la gran novelista Mona Simpson— plasmó en su conmovedora novela *A cualquier otro lugar*. Sin embargo, como la adopción de Steve había sido privada y confidencial, tuvieron que pasar veinte años hasta que ambos llegaran a conocerse.

Steve Jobs supo que era adoptado desde una edad muy temprana. «Mis padres fueron muy abiertos conmigo al respecto», relató. Tenía el claro recuerdo de estar sentado en el jardín de su casa, con seis o siete años, y de contárselo a la chica que vivía en la casa de enfrente. «¿Entonces eso significa que tus padres de verdad no te querían?», preguntó la chica. «¡Ooooh! Se me llenó de truenos la cabeza —cuenta Jobs—. Recuerdo que entré corriendo y llorando en casa. Y mis padres me dijeron: "No, tienes que entenderlo". Estaban muy serios, y me miraron fijamente a los ojos. Añadieron: "Te elegimos a ti en concreto". Los dos lo dijeron y me lo repitieron lentamente. Y pusieron gran énfasis en cada una de las palabras de esa frase».

Abandonado. Elegido. Especial. Estos conceptos pasaron a formar parte de la identidad de Jobs y de la forma en que se veía a sí mismo. Sus amigos más cercanos creen que el hecho de saber que lo abandonaron al nacer dejó en él algunas cicatrices. «Creo que su deseo de controlar por completo todo lo que hace deriva directamente de su personalidad y del hecho de que fuera abandonado al nacer —afirma Del Yocam, un viejo amigo suyo—. Quiere controlar su entorno, y entiende sus productos como una extensión de sí mismo». Greg Calhoun, que entabló amistad con Jobs justo después de la universidad, veía otra consecuencia más: «Steve me hablaba mucho de que lo habían abandonado y del dolor que aquello le causó —señala—. Lo hizo ser más independiente. Seguía un compás diferente al de los demás, y eso se debía a que se encontraba en un mundo diferente de aquel en el que había nacido».

Más adelante, cuando tenía exactamente la misma edad (veintitrés) que su padre biológico cuando este lo dio en adopción, Jobs fue padre de una niña a la que también abandonó (aunque acabó asumiendo sus responsabilidades para con ella). Chrisann Brennan, la madre de esa niña, afirma que el haber sido dado en adopción dejó a Jobs «lleno de cristales rotos», y eso ayuda a explicar en parte su propio comportamiento. «Los que han sido abandonados acaban abandonando a otros», apunta. Andy Hertzfeld, que trabajó codo con codo junto a Jobs en Apple a principios de la década de 1980, se encuentra entre las pocas personas que siguieron guardando una estrecha relación tanto con Brennan como con Jobs. «La cuestión fundamental sobre Steve es la de por qué en ocasiones no puede controlarse y se vuelve tan calculadoramente cruel y dañino con algunas personas —cuenta—. Eso se remonta a cuando lo abandonaron al nacer. El auténtico problema latente es el tema del abandono en la vida de Steve».

Jobs rechazaba este argumento. «Hay quien opina que, por haber sido abandonado, me esforzaba mucho por tener éxito y así hacer que mis padres desearan que volviera con ellos, o alguna tontería parecida, pero eso es ridículo —insistía—. Tal vez saber que fui adoptado me hiciera ser más independiente, pero nunca me he sentido abandonado. Siempre he pensado que era especial. Mis padres me hicieron sentirme especial». En etapas posteriores le irritaba que la gente se refiriese a Paul y Clara Jobs como sus padres «adoptivos» o que insinuara que no eran sus «auténticos» padres. «Eran mis padres al mil por cien», afirmaba. Cuando hablaba de sus padres biológicos, por otra parte, su tono era más seco: «Fueron mi banco de óvulos y esperma, y esta no es una afirmación dura. Simplemente las cosas fueron así, un banco de esperma y nada más».

Silicon Valley

La infancia que Paul y Clara Jobs ofrecieron a su nuevo hijo fue, en muchos aspectos, un estereotipo de finales de la década de 1950. Cuando Steve tenía dos años adoptaron a una niña llamada Patty, y tres años después se mudaron a una urbanización de las afueras. La sociedad de crédito en la que Paul trabajaba como agente de embargos, CIT, lo había trasladado a su sede de Palo Alto, pero no podía permitirse vivir en aquella zona, así que acabaron en una parcela de Mountain View, una población más económica justo al sur de aquella.

Allí, Paul Jobs trató de transmitirle a su hijo su amor por la mecánica y los coches. «Steve, esta será a partir de ahora tu mesa de trabajo», anunció mientras marcaba una sección de la mesa del garaje. Jobs recordaba cómo le impresionó la atención que dedicaba su padre a la artesanía. «Pensaba que la intuición de mi padre con el diseño era muy buena —afirmó— porque sabía cómo construir cualquier cosa. Si necesitábamos una vitrina, él la construía. Cuando montó nuestra valla, me entregó un martillo para que yo pudiera trabajar con él».

Cincuenta años después, la valla todavía rodea el patio trasero y lateral de esa casa de Mountain View. Mientras Jobs me la enseñaba, orgulloso, acariciaba las tablas de la cerca y recordaba una lección que su padre le dejó profundamente grabada. Según su padre, era importante darles un buen acabado a las partes traseras de los armarios y las vallas, aunque fueran a quedar ocultas. «Le encantaba hacer bien las cosas. Se preocupaba incluso por las partes que no se podían ver».

Su padre siguió restaurando y vendiendo coches usados, y decoraba el garaje con fotos de sus favoritos. Le señalaba a su hijo los detalles del diseño: las líneas, las entradas de aire, el cromado, la tapicería de los asientos. Todos los días, después del trabajo, se ponía un peto y se retiraba al garaje, a menudo con Steve tras él. «Pensaba que podía entretenerlo con algunas tareas mecánicas, pero lo cierto es que nunca le interesó especialmente mancharse las manos —recordó Paul años después—. Nunca le preocuparon demasiado los artilugios mecánicos».

Trastear bajo el capó nunca resultó demasiado atractivo para Jobs. «No me apasionaba arreglar coches, pero me encantaba pasar tiempo con mi padre». Incluso cuando se fue volviendo más consciente de que había sido adoptado, la relación con su padre se fue estrechando. Un día, cuando tenía unos ocho años, Jobs descubrió una fotografía de su padre de cuando pertenecía a la Guardia Costera. «Está en la sala de máquinas, con la camisa quitada, y se parece a James Dean. Aquel fue uno de esos momentos alucinantes para un niño. ¡Guau! Así que mis padres fueron en algún momento muy jóvenes y muy guapos».

A través de los coches, el padre de Steve lo expuso por primera vez a la electrónica. «No tenía un vasto conocimiento de electrónica, pero la encontraba a menudo en los automóviles y en algunos de los objetos que reparaba. Me enseñó los principios básicos y aquello me interesó mucho». Los viajes en busca de piezas sueltas eran todavía más interesantes. «Todos los fines de semana hacíamos un viaje al depósito de chatarra. Buscábamos dinamos, carburadores, todo tipo de componentes». Recordaba ver cómo su padre negociaba ante el mostrador. «Se le daba bien regatear, porque sabía mejor que los dependientes del depósito lo que debían de costar aquellas piezas». Aquello sirvió para cumplir la promesa que sus padres habían hecho cuando lo adoptaron. «El fondo para la universidad existía porque mi padre pagaba 50 dólares por un Ford Falcon o algún otro coche desvencijado que no funcionara, trabajaba en él durante algunas semanas y lo revendía por 250 dólares. Y porque no se lo decía a los de Hacienda».

La casa de los Jobs, en el número 286 de Diablo Avenue, al igual que las demás del mismo vecindario, fue construida por el promotor inmobiliario Joseph Eichler, cuya compañía edificó más de 11.000 casas en distintas urbanizaciones californianas entre 1950 y 1974. Eichler, inspirado por la visión de Frank Lloyd Wright de crear viviendas modernas y sencillas para el ciudadano estadounidense de a pie, construía casas económicas que contaban con paredes de cristal del suelo al techo, espacios muy diáfanos, con columnas y vigas a la vista, suelos de bloques de hormigón y montones de puertas correderas de cristal. «Eichler hizo algo genial —comentaba Jobs en uno de nuestros paseos por el barrio—. Sus casas eran elegantes, baratas y buenas. Les ofrecían un diseño limpio y un estilo sencillo a personas de pocos recursos. Tenían algunos detalles impresionantes, como la calefacción radial. Cuando éramos pequeños había moqueta y el suelo siempre estaba caliente».

Jobs afirmó que su contacto con las casas de Eichler despertó su pasión por crear productos con un diseño limpio para el gran público. «Me encanta poder introducir un diseño realmente bueno y unas funciones sencillas en algo que no sea muy caro —comentó mientras señalaba la limpia elegancia de las casas de Eichler—. Aquella fue la visión original para Apple. Eso es lo que intentamos hacer con el primer Mac. Eso es lo que hicimos con el iPod».

En la casa situada frente a la de la familia Jobs vivía un hombre que se había hecho rico como agente inmobiliario. «No era demasiado brillante —recordaba Jobs—, pero parecía estar amasando una fortuna, así que mi padre pensó: "Yo también puedo hacer eso". Recuerdo que se esforzó muchísimo. Asistió a clases nocturnas, aprobó el examen para obtener la licencia y se metió en el mundo inmobiliario. Entonces, el mercado se desplomó». Como resultado, la familia pasó por algunos apuros económicos durante aproximadamente un año, mientras Steve estudiaba primaria. Su madre encontró trabajo como contable para Varian Associates, una empresa que fabricaba instrumentos científicos, y suscribieron una segunda hipoteca sobre la casa. Un día, la profesora de cuarto curso le preguntó: «¿Qué es lo que no entiendes sobre el universo?», y Jobs contestó: «No entiendo por qué de pronto mi padre no tiene nada de dinero». Sin embargo, se enorgullecía mucho de que su padre nunca adoptara una actitud servil o el estilo afectado que podrían haberle hecho obtener más ventas. «Para vender casas necesitabas hacerle la pelota a la gente, algo que no se le daba bien, no formaba parte de su naturaleza. Yo lo admiraba por eso». Paul Jobs volvió a su trabajo como mecánico.

Su padre era tranquilo y amable, rasgos que posteriormente Jobs alabó más que imitó. También era un hombre decidido.

En la casa de al lado vivía un ingeniero que trabajaba con paneles fotovoltaicos en Westinghouse. Era un hombre soltero, tipo *beatnik*. Tenía una novia que me cuidaba a veces, porque mis padres trabajaban, así que iba allí después de clase durante un par de horas. Él se emborrachaba y le pegó un par de veces. Ella llegó una noche a casa, completamente aterrorizada, y él vino detrás, borracho, y mi padre se plantó en la entrada y le hizo marcharse. Le dijo que su novia estaba allí pero que él no podía entrar. Ni se movió de la puerta. Nos gusta pensar que en los cincuenta todo era idílico, pero ese tío era uno de esos ingenieros que estaba arruinando su propia vida.

Lo que diferenciaba a aquel barrio de las miles de urbanizaciones con árboles altos y delgados que poblaban Estados Unidos era que incluso los más tarambanas tendían a ser ingenieros. «Cuando nos mudamos aquí, en todas estas esquinas había huertos de ciruelos y albaricoqueros —recordaba Jobs—, pero el lugar estaba comenzando a crecer gracias a las inversiones militares». Jobs se empapó de la historia del valle y desarrolló el deseo de desempeñar su propia función en él. Edwind Land, de Polaroid, le contó más tarde cómo Eisenhower le había pedido que lo ayudara a construir las cámaras de los aviones espía U-2 para ver hasta qué punto era real la amenaza soviética. Los carretes de película se guardaban en botes y se llevaban al Centro de Investigación Ames, de la NASA, en Sunnyvale, cerca de donde vivía Jobs. «Vi por primera vez un terminal informático cuando mi padre me llevó al centro Ames —dijo—. Me enamoré por completo».

Otros contratistas de defensa fueron brotando por la zona durante la década de 1950. El Departamento de Misiles y Espacio de la Lockheed Company, que construía misiles balísticos para lanzar desde submarinos, se fundó en 1956 junto al centro de la NASA. Cuando Jobs se mudó a aquella zona cuatro años más tarde, ya empleaba a 20.000 personas. A unos pocos cientos de metros de distancia, Westinghouse construyó instalaciones que producían tubos y transformadores eléctricos para los sistemas de misiles. «Teníamos un montón de empresas de armamento militar de vanguardia —recordaba—. Era muy misterioso, todo de alta tecnología, y hacía que vivir allí fuera muy emocionante».

Tras la aparición de las compañías de defensa, en la zona surgió una floreciente economía basada en la tecnología. Sus raíces se remontaban a 1938, cuando Dave Packard y su nueva esposa se mudaron a una casa en Palo Alto que contaba con una cabaña donde su amigo Bill Hewlett se instaló poco después. La casa tenía un garaje —un apéndice que resultó ser a la vez útil y simbólico en el valle— en el que anduvieron trasteando hasta crear su primer producto, un oscilador de audiofrecuencia. Ya en la década de 1950, Hewlett-Packard era una empresa que crecía rápidamente y que fabricaba material técnico.

Afortunadamente, había un lugar cercano para aquellos emprendedores a los que sus garajes se les habían quedado pequeños. En una decisión que ayudó a que la zona se convirtiera en la cuna de la revolución tecnológica, el decano de Ingeniería de la Universidad de Stanford, Frederick Terman, creó un parque industrial de casi trescientas hectáreas en terrenos universitarios, para que empresas privadas pudieran comercializar las ideas de los estudiantes. Su primer arrendatario fue Varian Associates, la empresa en la que trabajaba Clara Jobs. «Terman tuvo aquella gran idea, que contribuyó más que ninguna otra a favorecer el crecimiento de la industria tecnológica en aquel lugar», afirmó Jobs. Cuando Steve Jobs tenía diez años, Hewlett-Packard contaba con 9.000 empleados, y era la empresa sólida y respetable en la que todo ingeniero que buscara una estabilidad económica quería trabajar.

El avance tecnológico más importante para el crecimiento de la zona fue, por supuesto, el de los semiconductores. William Shockley, que había sido uno de los inventores del transistor en Bell Labs, en el estado de Nueva Jersey, se mudó a Mountain View y, en 1956, fundó una compañía que construía transistores de silicio, en lugar de utilizar el germanio, un material más caro, que se empleaba habitualmente hasta entonces. Sin embargo, la carrera de Shockley se fue volviendo cada vez más errática, y abandonó el proyecto de los transistores de silicio, lo que llevó a ocho de sus ingenieros —principalmente a Robert Noyce y Gordon Moore— a escindirse para formar Fairchild Semiconductor. Aquella empresa creció hasta contar con 12.000 empleados pero se fragmentó en 1968, cuando Noyce perdió una batalla para convertirse en consejero delegado, tras la cual se llevó consigo a Gordon Moore y fundó una compañía que pasó a conocerse como Integrated Electronics Corporation, que ellos abreviaron elegantemente como Intel. Su tercer empleado era Andrew Grove, que hizo crecer la empresa en la década de 1980 al dejar de centrarla en los chips de memoria y pasarse a los microprocesadores. En pocos años, había más de cincuenta empresas en la zona dedicadas a la producción de semiconductores.

El crecimiento exponencial de esta industria guardaba relación directa con el célebre descubrimiento de Moore, que en 1965 dibujó un gráfico de la velocidad de los circuitos integrados, basado en la cantidad de transistores que podían colocarse en un chip, y que mostraba cómo dicha velocidad se duplicaba cada dos años aproximadamente, en una tendencia que parecía que iba a mantenerse.

Esta ley se vio reafirmada en 1971, cuando Intel fue capaz de grabar una unidad completa de procesamiento central en un único chip —el Intel 4004—, al que bautizaron como «microprocesador». La Ley de Moore se ha mantenido vigente en líneas generales hasta nuestros días, y su fidedigna predicción sobre precios y capacidades permitió a dos generaciones de jóvenes emprendedores, entre las que se incluyen Steve Jobs y Bill Gates, realizar proyecciones de costes para sus productos de vanguardia.

La industria de los chips le dio un nuevo nombre a la región cuando Don Hoefler, columnista del semanario especializado *Electronic News*, comenzó una serie de artículos en enero de 1971 titulados «Silicon Valley USA». El valle de Santa Clara, de unos sesenta kilómetros, que se extiende desde el sur de San Francisco hasta San José a través de Palo Alto, tiene su arteria comercial principal en el Camino Real. Este conectaba originalmente las veintiuna misiones religiosas californianas, y ahora es una avenida bulliciosa que une empresas nuevas y establecidas. Todas juntas representan un tercio de las inversiones anuales de capital riesgo de todo Estados Unidos. «Durante mi infancia, me inspiró la historia de aquel lugar —aseguró Jobs—. Eso me hizo querer formar parte de él».

Al igual que la mayoría de los niños, Jobs se vio arrastrado por las pasiones de los adultos que lo rodeaban. «Casi todos los padres del barrio se dedicaban a cosas fascinantes, como los paneles fotovoltaicos, las baterías o los radares —recordaba—. Yo crecí asombrado con todo aquello, y le preguntaba a todo el mundo por esos temas». El vecino más importante de todos, Larry Lang, vivía siete casas más abajo. «Él era para mí el modelo de todo lo que debía ser un ingeniero de Hewlett-Packard: un gran radioaficionado, apasionado hasta la médula por la electrónica. Me traía cachivaches para que jugara con ellos». Mientras nos acercábamos a la vieja casa de Lang, Jobs señaló la entrada. «Cogió un micrófono de carbón, unas baterías y un altavoz y los colocó ahí. Me hizo hablarle al micrófono y el sonido salía amplificado por el altavoz». El padre de Jobs le había enseñado que los micrófonos siempre necesitaban un amplificador electrónico. «Así que me fui corriendo a casa y le dije a mi padre que se había equivocado».

«No, necesita un amplificador», repitió su padre. Y cuando Steve le aseguró que no era cierto, su padre le dijo que estaba loco. «No puede funcionar sin un amplificador. Tiene que haber algún truco».

«Yo seguí diciéndole a mi padre que no, que tenía que ir a verlo, y cuando por fin vino conmigo y lo vio, exclamó: "Esto era lo que me faltaba por ver"».

Jobs recordaba este incidente con claridad porque fue la primera ocasión en que se dio cuenta de que su padre no lo sabía todo. En ese momento, empezó a descubrir algo todavía más desconcertante: era más listo que sus padres. Siempre había admirado la competencia y el sentido común de su padre. «No era un hombre cultivado, pero siempre había pensado que era tremendamente listo. No leía demasiado, pero podía hacer un montón de cosas. Podía arreglar casi cualquier artilugio mecánico». Sin embargo, según Jobs, el episodio del micrófono de carbón desencadenó un proceso que alteró su impresión anterior al ser consciente de que era más inteligente y rápido que sus padres. «Aquel fue un momento decisivo que se me quedó grabado en la mente. Cuando me di cuenta de que era más listo que mis padres, me sentí enormemente avergonzado por pensar algo así. Nunca olvidaré aquel momento». Este descubrimiento, según relató posteriormente a sus amigos, junto con el hecho de ser adoptado, le hizo sentirse algo apartado —desapegado y separado— de su familia y del mundo.

Poco después tomó conciencia de un nuevo hecho. No solo había descubierto que era más brillante que sus padres. También se dio cuenta de que ellos lo sabían. Paul y Clara Jobs eran unos padres cariñosos, y estaban dispuestos a adaptar su vida a aquella situación en la que se encontraban, con un hijo muy inteligente. Y también testarudo. Estaban dispuestos a tomarse muchas molestias para complacerlo, para tratarlo como a alguien especial, y pronto el propio Steve se dio cuenta de ello. «Mis padres me entendían. Sintieron una gran responsabilidad cuando advirtieron que yo era especial. Encontraron la forma de seguir alimentándome y de llevarme a colegios mejores. Estaban dispuestos a adaptarse a mis necesidades».

Así pues, Steve no solo creció con la sensación de haber sido abandonado en el pasado, sino también con la idea de que era especial. Para él, aquello fue lo más importante en la formación de su personalidad.

EL COLEGIO

Antes incluso de empezar la primaria, su madre le había enseñado a leer. Aquello, sin embargo, le trajo algunos problemas. «Me aburría bastante durante los primeros años de colegio, así que me entretenía metiéndome en líos». Pronto quedó claro que Jobs, tanto por su disposición como por su educación, no iba a aceptar figuras paternas. «Me encontré allí con un tipo de autoridad diferente de cualquiera que hubiera visto antes, y aquello no me gustaba. Lo cierto es que casi acaban conmigo. Estuvieron a punto de hacerme perder todo atisbo de curiosidad».

Su colegio, la escuela primaria Monta Loma, consistía en una serie de edificios bajos construidos en la década de 1950 que se encontraban a cuatro manzanas de su casa. De joven, contrarrestaba el aburrimiento gastando bromas. «Tenía un buen amigo llamado Rick Ferrentino, y nos metíamos en toda clase de líos —recordaba—. Como cuando dibujamos cartelitos que anunciaban que iba a ser el "Día de llevar tu mascota a clase". Fue una locura, con los perros persiguiendo a los gatos por todas partes y los profesores fuera de sus casillas». En otra ocasión, convencieron a los otros chicos para que les contaran cuáles eran los números de la combinación de los candados de sus bicicletas. «Entonces salimos y cambiamos todas las cerraduras, y nadie podía sacar su bici. Estuvieron allí hasta bien entrada la noche, hasta que consiguieron aclararse». Ya cuando estaba en el tercer curso, las bromas se volvieron algo más peligrosas. «Una vez colocamos un petardo bajo la silla de nuestra profesora, la señora Thurman. Le provocamos un tic nervioso».

No es sorprendente, pues, que lo mandaran expulsado a casa dos o tres veces antes de acabar el tercer curso. Para entonces, no obstante, su padre había comenzado a tratarlo como a un chico especial, y con su estilo tranquilo pero firme dejó claro que esperaba que el colegio hiciera lo mismo. «Verán, no es culpa suya —le defendió Paul Jobs ante los profesores, según relató su hijo—. Si no pueden mantener su interés, la culpa es de ustedes». Jobs no recordaba que sus padres lo castigaran nunca por las transgresiones cometidas en el colegio. «El padre de mi padre era un alcohólico que lo golpeaba con un cinturón, pero yo ni siquiera estoy seguro de que me dieran un azote alguna vez». Y añadió que sus padres «sabían que la culpa era del colegio por tratar de hacer que memorizara datos estúpidos en lugar de estimularme». Para entonces ya estaba comenzando a mostrar esa mezcla de sensibilidad e insensibilidad, de irritabilidad e indiferencia, que iba a marcarlo durante el resto de su vida.

Cuando llegó el momento de pasar a cuarto curso, la escuela decidió que lo mejor era separar a Jobs y a Ferrentino y ponerlos en clases diferentes. La profesora de la clase más avanzada era una mujer muy resuelta llamada Imogene Hill, conocida como Teddy, y se convirtió, en palabras de Jobs, en «uno de los santos de mi vida». Tras observarlo durante un par de semanas, decidió que la mejor manera de tratar con él era sobornarlo. «Un día, después de clase, me entregó un cuaderno con problemas de matemáticas y me dijo que quería que me lo llevara a casa y los resolviera. Yo pensé: "¿Estás loca?", y entonces ella sacó una de esas piruletas gigantescas que parecían ocupar un planeta entero. Me dijo que cuando lo hubiera acabado, si tenía bien casi todas las respuestas, me daría aquella piruleta y cinco dólares. Y yo le devolví el cuaderno a los dos días». Tras unos meses, ya no necesitaba los sobornos. «Solo quería aprender y agradarle».

Hill le correspondía con el material necesario para pasatiempos tales como pulir una lente y fabricar una cámara de fotos. «Aprendí de ella más que de ningún otro profesor, y si no hubiera sido por esa mujer, estoy seguro de que habría acabado en prisión». Aquello volvió a reforzar en él la idea de que era especial. «En clase, yo era el único del que se preocupaba. Ella vio algo en mí».

La inteligencia no era lo único que la profesora había advertido. Años más tarde, le gustaba mostrar con orgullo una foto de aquella clase el «Día de Hawai». Jobs se había presentado sin la camisa hawaiana que habían propuesto, pero en la foto sale en primera fila, en el centro, con una puesta. Había utilizado toda su labia para convencer a otro chico de que se la dejara.

Hacia el final del cuarto curso, la señora Hill hizo que sometieran a Jobs a unas pruebas. «Obtuve una puntuación de alumno de segundo curso de secundaria», recordaba. Ahora que había quedado claro, no solo para él y sus padres, sino también para sus profesores, que estaba especialmente dotado, la escuela planteó la increíble propuesta de que le permitieran saltarse dos cursos y pasarlo directamente del final del cuarto curso al comienzo del séptimo. Aquella era la forma más sencilla de mantenerlo estimulado y ofrecerle un desafío. Sus padres, sin embargo, eligieron la opción más sensata de hacer que se saltara un único curso.

La transición fue desgarradora. Jobs era un chico solitario y con pocas aptitudes sociales y se encontró rodeado de chicos un año mayores que él. Y, peor aún, la clase de sexto se encontraba en un colegio diferente: el Crittenden Middle. Solo estaba a ocho manzanas de la escuela primaria Monta Loma, pero en muchos sentidos se encontraba a un mundo de distancia, en un barrio lleno de bandas formadas por minorías étnicas. «Las peleas eran algo habitual, y también los robos en los baños — según escribió Michael S. Malone, periodista de Silicon Valley—. Las navajas se llevaban habitualmente a clase como signo de virilidad». En la época en que Jobs llegó allí, un grupo de estudiantes ingresó en prisión por una violación en grupo, y el autobús de una escuela vecina quedó destruido después de que su equipo venciera al de Crittenden en un torneo de lucha libre.

Jobs fue víctima de acoso en varias ocasiones, y a mediados del séptimo curso le dio un ultimátum a sus padres: «Insistí en que me cambiaran de colegio». En términos económicos, aquello suponía una dura exigencia. Sus padres apenas lograban llegar a fin de mes. Sin embargo, a esas alturas no había casi ninguna duda de que acabarían por someterse a su voluntad. «Cuando se resistieron, les dije simplemente que dejaría de ir a clase si tenía que regresar a Crittenden, así que se pusieron a buscar dónde estaban los mejores colegios, reunieron hasta el último centavo y compraron una casa por 21.000 dólares en un barrio mejor».

Solo se mudaban cinco kilómetros al sur, a un antiguo huerto de albaricoqueros en el sur de Los Altos que se había convertido en una urbanización de chalés idénticos. Su casa, en el 2.066 de Crist Drive, era una construcción de una planta con tres dormitorios y un garaje —detalle de primordial importancia— con una puerta corredera que daba a la calle. Allí, Paul Jobs podía juguetear con los coches y su hijo, con los circuitos electrónicos. El otro dato relevante es que se encontraba, aunque por los pelos, en el interior de la línea que delimitaba el distrito escolar de Cupertino-Sunnyvale, uno de los mejores y más seguros de todo el valle. «Cuando me mudé aquí, todas estas esquinas todavía eran huertos —señaló Jobs mientras caminábamos frente a su antigua casa—. El hombre que vivía justo ahí me enseñó cómo ser un buen horticultor orgánico y cómo preparar abono. Todo lo cultivaba a la perfección. Nunca antes había probado una comida tan buena. En ese momento comencé a apreciar las verduras y las frutas orgánicas».

Aunque no eran practicantes fervorosos, los padres de Jobs querían que recibiera una educación religiosa, así que lo llevaban a la iglesia luterana casi todos los domingos. Aquello terminó a los trece años. La familia recibía la revista *Life*, y en julio de 1968 se publicó una estremecedora portada en la que se mostraba a un par de niños famélicos de Biafra. Jobs llevó el ejemplar a la escuela dominical y le planteó una pregunta al pastor de la iglesia. «Si levanto un dedo, ¿sabrá Dios cuál voy a levantar incluso antes de que lo haga?». El pastor contestó: «Sí, Dios lo sabe todo». Entonces Jobs sacó la portada de *Life* y preguntó: «Bueno, ¿entonces sabe Dios lo que les ocurre y lo que les va a pasar a estos niños?». «Steve, ya sé que no lo entiendes, pero sí, Dios también lo sabe».

Entonces Jobs dijo que no quería tener nada que ver con la adoración de un Dios así, y nunca más volvió a la iglesia. Sin embargo, sí que pasó años estudiando y tratando de poner en práctica los principios del budismo zen. Al reflexionar, años más tarde, sobre sus ideas espirituales, afirmó que pensaba que la religión era mejor cuanto más énfasis ponía en las experiencias espirituales en lugar de en los dogmas. «El cristianismo pierde toda su gracia cuando se basa demasiado en la fe, en lugar de hacerlo en llevar una vida como la de

Jesús o en ver el mundo como él lo veía —me decía—. Creo que las distintas religiones son puertas diferentes para una misma casa. A veces creo que la casa existe, y otras veces que no. Ese es el gran misterio».

Por aquel entonces, el padre de Jobs trabajaba en Spectra-Physics, una compañía de la cercana Santa Clara que fabricaba láseres para productos electrónicos y médicos. Como operario de máquinas, le correspondía la tarea de elaborar los prototipos de los productos que los ingenieros diseñaban. Su hijo estaba hechizado ante la necesidad de lograr un resultado perfecto. «Los láseres exigen una alineación muy precisa —señaló Jobs—. Los que eran realmente sofisticados, para aviones o aparatos médicos, requerían unos detalles muy precisos. A mi padre le decían algo parecido a: "Esto es lo que queremos, y queremos que se haga en una única pieza de metal para que todos los coeficientes de expansión sean iguales", y él tenía que ingeniárselas para hacerlo». La mayoría de las piezas tenían que construirse desde cero, lo que significaba que Paul Jobs debía fabricar herramientas y moldes a medida. Su hijo estaba fascinado, pero rara vez lo acompañaba al taller. «Habría sido divertido que me enseñara a utilizar un molino y un torno, pero desgraciadamente nunca fui allí, porque estaba más interesado en la electrónica».

Un verano, Paul Jobs se llevó a Steve a Wisconsin para que visitara la granja lechera de la familia. La vida rural no le atraía nada, pero hay una imagen que se le quedó grabada. Allí vio cómo nacía una ternerilla, y quedó sorprendido cuando aquel animal diminuto se levantó en cuestión de minutos y comenzó a caminar. «No era nada que hubiera aprendido, sino que lo tenía incorporado por instinto —narró—. Un bebé humano no podría hacer algo así. Me pareció algo extraordinario, aunque nadie más lo vio de aquella manera». Lo expresó en términos de hardware y software: «Era como si hubiese algo en el cuerpo y en el cerebro del animal diseñado para trabajar conjuntamente de forma instantánea en lugar de aprendida».

En el noveno curso, Jobs pasó a estudiar en el instituto Homestead, que contaba con un inmenso campus de bloques de dos pisos de hormigón, por aquel entonces pintados de rosa. Estudiaban allí

dos mil alumnos. «Fue diseñado por un célebre arquitecto de cárceles —recordaba Jobs—. Querían que fuera indestructible». Jobs había desarrollado una afición por pasear, y todos los días recorría a pie
las quince manzanas que lo separaban de la escuela.

Tenía pocos amigos de su misma edad, pero llegó a conocer a
algunos estudiantes mayores que él que se encontraban inmersos en
la contracultura de finales de la década de 1960. Aquella era una
época en que el mundo de los hippies y de los *geeks* estaba comenzando a solaparse en algunos puntos. «Mis amigos eran los chicos
más listos —afirmó—. A mí me interesaban las matemáticas, y la
ciencia y la electrónica. A ellos también, y además el LSD y todo el
movimiento contracultural».

Por aquel entonces, sus bromas solían incluir elementos de electrónica. En cierta ocasión instaló altavoces por toda la casa. Sin embargo, como los altavoces también pueden utilizarse como micrófonos, construyó una sala de control en su armario donde podía
escuchar lo que ocurría en otras habitaciones. Una noche, mientras
tenía puestos los auriculares y estaba escuchando lo que ocurría en
el dormitorio de sus padres, su padre lo pilló, se enfadó y le exigió
que desmantelara el sistema. Pasó muchas tardes en el garaje de Larry Lang, el ingeniero que vivía en la calle de su antigua casa. Lang
acabó por regalarle a Jobs el micrófono de carbón que tanto lo fascinaba, y le mostró el mundo de los kits de la compañía Heath, unos
lotes de piezas para montar y construir radios artesanales y otros
aparatos electrónicos que por aquella época causaban furor entre los
soldadores. «Todas las piezas de los kits de Heath venían con un código de colores, pero el manual también te explicaba la teoría de
cómo funcionaba todo —apuntó Jobs—. Te hacía darte cuenta de
que podías construir y comprender cualquier cosa. Una vez que
montabas un par de radios, veías un televisor en el catálogo y decías:
"Seguro que también puedo construir algo así", aunque no supieras
cómo. Yo tuve mucha suerte, porque, cuando era niño, tanto mi padre como aquellos juegos de montaje me hicieron creer que podía
construir cualquier cosa».

Lang también lo introdujo en el Club de Exploradores de
Hewlett-Packard, una reunión semanal de unos quince estudiantes

en la cafetería de la compañía los martes por la noche. «Traían a un ingeniero de uno de los laboratorios para que nos hablara sobre el campo en el que estuviera trabajando —recordaba Jobs—. Mi padre me llevaba allí en coche. Aquello era el paraíso. Hewlett-Packard era una pionera en los diodos de emisión de luz, y allí hablábamos acerca de lo que se podía hacer con ellos». Como su padre ahora trabajaba para una compañía de láseres, aquel tema le interesaba especialmente. Una noche, arrinconó a uno de los ingenieros de láser de Hewlett-Packard tras una de las charlas y consiguió que lo llevara a dar una vuelta por el laboratorio de holografía. Sin embargo, el recuerdo más duradero se originó cuando vio todos los ordenadores de pequeño tamaño que estaba desarrollando la compañía. «Allí es donde vi por primera vez un ordenador de sobremesa. Se llamaba 9100A y no era más que una calculadora con pretensiones, pero también el primer ordenador de sobremesa auténtico. Resultaba inmenso, puede que pesara casi veinte kilos, pero era una belleza y me enamoró».

A los chicos del Club de Exploradores se les animaba a diseñar proyectos, y Jobs decidió construir un frecuencímetro, que mide el número de pulsos por segundo de una señal electrónica. Necesitaba algunas piezas que fabricaban en Hewlett-Packard, así que agarró el teléfono y llamó al consejero delegado. «Por aquel entonces, la gente no retiraba sus números del listín, así que busqué a Bill Hewlett, de Palo Alto, y lo llamé a su casa. Contestó y estuvimos charlando durante unos veinte minutos. Me consiguió las piezas, pero también me consiguió un trabajo en la planta en la que fabricaban frecuencímetros». Jobs trabajó allí el verano siguiente a su primer año en el instituto Homestead. «Mi padre me llevaba en coche por las mañanas y pasaba a recogerme por las tardes».

Su trabajo consistía principalmente en «limitarme a colocar tuercas y tornillos en aparatos» en una línea de montaje. Entre sus compañeros de cadena había cierto resentimiento hacia aquel chiquillo prepotente que había conseguido el puesto tras llamar al consejero delegado. «Recuerdo que le contaba a uno de los supervisores: "Me encanta esto, me encanta", y después le pregunté qué le gustaba más a él. Y su respuesta fue: "A mí, follar, follar"». A Jobs le resultó más sencillo congraciarse con los ingenieros que trabajaban un piso por encima del suyo. «Servían café y rosquillas todas las mañanas a las diez, así que yo subía una planta y pasaba el rato con ellos».

A Jobs le gustaba trabajar. También repartía periódicos —su padre lo llevaba en coche cuando llovía—, y durante su segundo año de instituto pasó los fines de semana y el verano como empleado de almacén en una lóbrega tienda de electrónica, Haltek. Aquello era para la electrónica lo mismo que los depósitos de chatarra de su padre para las piezas de coche: un paraíso de los buscadores de tesoros que se extendía por toda una manzana con componentes nuevos, usados, rescatados y sobrantes apretujados en una maraña de estantes, amontonados sin clasificar en cubos y apilados en un patio exterior. «En la parte trasera, junto a la bahía, había una zona vallada con materiales como, por ejemplo, partes del interior de submarinos Polaris que habían sido desmantelados para venderlos por piezas —comentó—. Todos los controles y los botones estaban allí mismo. Eran de tonos militares, verdes y grises, pero tenían un montón de interruptores y bombillas de color ámbar y rojo. Había algunos de esos grandes y viejos interruptores de palanca que producían una sensación increíble al activarlos, como si fueras a hacer estallar todo Chicago».

En los mostradores de madera de la entrada, cargados con catálogos embutidos en carpetas desvencijadas, la gente regateaba el precio de interruptores, resistencias, condensadores y, en ocasiones, los chips de memoria más avanzados. Su padre solía hacerlo con los componentes de los coches, y obtenía buenos resultados porque conocía el valor de las piezas mejor que los propios dependientes. Jobs imitó su ejemplo. Desarrolló un vasto conocimiento sobre componentes electrónicos que se complementó con su afición a regatear y así ganarse un dinero. El joven iba a mercadillos de material electrónico, tales como la feria de intercambio de San José, regateaba para hacerse con una placa base usada que contuviera algunos chips o componentes valiosos, y después se los vendía a su supervisor en Haltek.

Jobs consiguió su primer coche, con la ayuda de su padre, a la edad de quince años. Era un Nash Metropolitan bicolor que su padre había equipado con un motor de MG. A Jobs no le gustaba demasiado, pero no quería decírselo a su padre, ni perder la oportunidad de tener su propio coche. «Al volver la vista atrás, puede que un Nash Metropolitan parezca el coche más enrollado posible —declararía posteriormente—, pero en aquel momento era el cacharro menos elegante del mundo. Aun así, se trataba de un coche, y eso era genial». En cuestión de un año había ahorrado suficiente con sus distintos trabajos como para poder pasarse a un Fiat 850 cupé rojo con motor Abarth. «Mi padre me ayudó a montarlo y a revisarlo. La satisfacción de recibir un salario y ahorrar para conseguir un objetivo fueron muy emocionantes».

Ese mismo verano, entre su segundo y tercer años de instituto en Homestead, Jobs comenzó a fumar marihuana. «Me coloqué por primera vez ese verano. Tenía quince años, y desde entonces comencé a consumir hierba con regularidad». En una ocasión su padre encontró algo de droga en el Fiat de su hijo. «¿Qué es esto?», preguntó. Jobs contestó con frialdad: «Es marihuana». Fue una de las pocas ocasiones en toda su vida en que tuvo que afrontar el enfado de su padre. «Aquella fue la única bronca de verdad que tuve con mi padre», declararía. Pero Paul volvió a someterse a su voluntad. «Quería que le prometiera que no iba a fumar hierba nunca más, pero yo no estaba dispuesto a hacerlo». De hecho, en su cuarto y último año también tonteó con el LSD y el hachís, además de explorar los alucinógenos efectos de la privación de sueño. «Estaba empezando a colocarme con más frecuencia. También probábamos el ácido de vez en cuando, normalmente en descampados o en el coche».

Durante aquellos dos últimos años de instituto también floreció intelectualmente y se encontró en el cruce de caminos, tal y como él había comenzado a verlo, entre quienes se encontraban obsesivamente inmersos en el mundo de la electrónica y los que se dedicaban a la literatura o a tareas más creativas. «Comencé a escuchar mucha más música y empecé a leer más cosas que no tuvieran que ver con la ciencia y la tecnología (Shakespeare, Platón). Me encantaba *El rey Lear*». Otras obras favoritas suyas eran *Moby Dick* y los poemas de Dylan Thomas. Le pregunté por qué se sentía atraído por el rey Lear y el capitán Ahab, dos de los personajes más obstinados y tenaces de la literatura, pero él no pareció entender la conexión que yo estaba planteando, así que lo dejé estar. «Cuando me encontraba en el último año del instituto tenía un curso genial de literatura inglesa avanzada. Él profesor era un señor que se parecía a Ernest Hemingway. Nos llevó a algunos de nosotros a practicar el senderismo por la nieve en Yosemite».

Una de las clases a las que asistía Jobs pasó a convertirse en parte de la tradición de Silicon Valley: el curso de electrónica impartido por John McCollum, un ex piloto de la marina que poseía el encanto de un hombre del espectáculo a la hora de despertar el interés de sus alumnos con trucos tales como prender fuego con una bobina de Tesla. Su pequeño almacén, cuya llave les prestaba a sus estudiantes favoritos, estaba abarrotado de transistores y otras piezas que había ido acumulando. Tenía una habilidad impresionante para explicar las teorías electrónicas, asociarlas a aplicaciones prácticas, tales como la forma de conectar resistencias y condensadores en serie y en paralelo, y después utilizar esa información para construir amplificadores y radios.

La clase de McCollum se impartía en un edificio similar a una cabaña situado en un extremo del campus, junto al aparcamiento. «Aquí estaba —comentó Jobs mientras miraba por la ventana—, y aquí, en la puerta de al lado, es donde solía estar la clase de mecánica del automóvil». La yuxtaposición subraya el cambio de intereses con respecto a la generación de su padre. «El señor McCollum pensaba que la clase de electrónica era la nueva versión de la mecánica del automóvil».

McCollum creía en la disciplina militar y en el respeto a la autoridad. Jobs no. Su aversión a la autoridad era algo que ya ni siquiera trataba de ocultar, y mostraba una actitud que combinaba una intensidad áspera y extraña con una rebeldía distante. «Normalmente se quedaba en un rincón haciendo cosas por su cuenta, y lo cierto es que no quería mezclarse mucho conmigo ni con nadie más de la clase», señaló más tarde McCollum. El profesor nunca le confió una llave del almacén. Un día, Jobs necesitó una pieza que no tenían allí en aquel momento, así que llamó a cobro revertido al fabricante, Burroughs, de Detroit, y le informó de que estaba diseñando un producto nuevo y de que quería probar aquella pieza. Le llegó por correo aéreo unos días más tarde. Cuando McCollum le preguntó cómo lo había conseguido, Jobs detalló, con orgullo desafiante, los pormenores de la llamada a cobro revertido y de la historia que había inventado. «Yo me puse furioso —afirmó McCollum—. No quería que mis alumnos se comportaran así». La respuesta de Jobs fue: «Yo no tengo dinero para hacer la llamada, pero ellos tienen un montón».

Jobs solo asistió durante un año a las clases de McCollum, en lugar de durante los tres que se ofrecían. Para uno de sus proyectos construyó un aparato con una célula fotovoltaica que activaba un circuito cuando se exponía a la luz, nada de particular para cualquier estudiante de ciencias en sus años de instituto. Le interesaba mucho más jugar con rayos láser, algo que había aprendido de su padre. Junto con algunos amigos, creó espectáculos de música y sonido destinados a fiestas, con rayos láser que rebotaban en espejos colocados sobre los altavoces de su equipo de música.

2

La extraña pareja

Los dos Steves

WOZ

Cuando aún era alumno de la clase de McCollum, Jobs entabló amistad con un joven que había acabado el instituto y que era el claro favorito del profesor y una leyenda en el instituto por su destreza en clase. Stephen Gary Wozniak, cuyo hermano menor había sido compañero de Jobs en el equipo de natación, tenía casi cinco años más que él y sabía mucho más sobre electrónica. Sin embargo, tanto a nivel emocional como social, seguía siendo un chico inadaptado de instituto obsesionado con la tecnología.

Al igual que Jobs, Wozniak había aprendido mucho junto a su padre, pero sus lecciones habían sido diferentes. Paul Jobs era un hombre que no había acabado el instituto y que, en lo referente a la reparación de coches, sabía cómo obtener un buen beneficio tras llegar a ventajosos acuerdos sobre las piezas sueltas. Francis Wozniak, conocido como Jerry, era un brillante licenciado en ingeniería por el Instituto Tecnológico de California, donde había participado como *quarterback* en el equipo de fútbol americano. Era un hombre que ensalzaba las virtudes de la ingeniería y que miraba por encima del hombro a los que se dedicaban a los negocios, la publicidad o las ventas. Se había convertido en uno de los científicos más destacados de Lockheed, donde diseñaba sistemas de guía de misiles. «Recuerdo cómo me contaba que la ingeniería era el nivel más importante que se podía alcanzar en el mundo

—contó más tarde Steve Wozniak—. Era algo que llevaba a la sociedad a un nuevo nivel».

Uno de los primeros recuerdos del joven Wozniak era el de ir a ver a su padre al trabajo un fin de semana y que le mostraran las piezas electrónicas, y cómo su padre «las ponía sobre una mesa a la que yo me sentaba para poder jugar con ellas». Observaba con fascinación cómo su padre trataba de conseguir que una línea de onda en una pantalla se quedara plana para demostrar que uno de sus diseños de circuitos funcionaba correctamente. «Para mí estaba claro que, fuera lo que fuese que estuviera haciendo mi padre, era algo bueno e importante». Woz, como ya lo llamaban incluso entonces, le preguntaba acerca de las resistencias y los transistores que había repartidos por la casa, y su padre sacaba una pizarra para ilustrar lo que hacía con ellos. «Me explicaba lo que era una resistencia remontándose hasta los átomos y los electrones. Me explicó cómo funcionaban las resistencias cuando yo estaba en el segundo curso, y no mediante ecuaciones, sino haciendo que yo mismo lo imaginara».

El padre de Woz le enseñó algo más que quedó grabado en su personalidad infantil y socialmente disfuncional: a no mentir nunca. «Mi padre creía en la honradez, en la honradez absoluta. Esa es la lección más importante que me enseñó. Nunca miento, ni siquiera ahora». (La única excepción parcial se producía cuando quería gastar una buena broma.) Además, su padre lo educó en una cierta aversión por la ambición extrema, lo que distinguía a Woz de Jobs. Cuarenta años después de conocerse, Woz reflexionaba sobre sus diferencias durante una gala de estreno de un producto Apple en 2010. «Mi padre me dijo que debía intentar estar siempre en la zona media —comentó—. Yo no quería estar con la gente de alto nivel como Steve. Mi padre era ingeniero, y eso es lo que quería ser yo también. Era demasiado tímido como para plantearme siquiera el ser un líder empresarial como Steve».

En cuarto curso, Wozniak se convirtió, según sus propias palabras, en uno de los «chicos de la electrónica». Le resultaba más sencillo establecer contacto visual con un transistor que con una chica, y adoptó el aspecto macizo y cargado de espaldas de alguien que pasa la mayor parte del tiempo encorvado sobre una placa base. A la edad en la que Jobs andaba cavilando acerca de un micrófono de carbón que su padre no podía explicar, Wozniak utilizaba transistores para construir un sistema de intercomunicación provisto de amplificadores, relés, luces y timbres que conectaba los cuartos de los chicos de seis casas de su barrio. Y a la edad en la que Jobs construía aparatos con los kits de Heath, Wozniak estaba montando un transmisor y un receptor de la compañía Hallicrafters, las radios más sofisticadas del mercado, y se estaba sacando la licencia de radioaficionado con su padre.

A Woz, que pasaba mucho tiempo en casa leyendo las revistas de electrónica de su padre, le cautivaban las historias sobre nuevos ordenadores, como el potente ENIAC. Como el álgebra de Boole era algo que se le daba bien por naturaleza, le maravillaba la sencillez de estas máquinas, no su complejidad. En octavo curso, construyó una calculadora utilizando el sistema binario que contaba con cien transistores, doscientos diodos y doscientas resistencias montadas sobre diez placas base. Ganó el primer premio de un concurso local organizado por las fuerzas aéreas, a pesar de que entre sus competidores había estudiantes de último curso de secundaria.

Woz se volvió más solitario cuando los chicos de su edad comenzaron a ir a fiestas y a salir con chicas, empresas que le parecían mucho más complejas que el diseño de circuitos. «Tras una época en la que yo era popular y todos montábamos en bici y esas cosas, de pronto me vi socialmente excluido —recordaba—. Parecía que nadie me dirigiera la palabra durante siglos». Encontró una vía de escape a su situación a través de bromas infantiles. En el último curso del instituto construyó un metrónomo electrónico —uno de esos aparatos que marcan el ritmo en las clases de música— y se dio cuenta de que sonaba como una bomba, así que retiró las etiquetas de unas grandes baterías, las unió con cinta aislante y las metió en una de las taquillas del colegio. Lo preparó todo para que el metrónomo comenzara a marcar un ritmo mayor al abrir la taquilla. Más tarde, ese mismo día, lo hicieron presentarse en el despacho del director. Él creía que era porque había vuelto a ganar el primer premio de matemáticas del instituto, pero en vez de eso se encontró con la policía. Cuando encontraron el aparato habían llamado al director, el señor

Bryld, y este lo había agarrado, había corrido valientemente hasta el campo de fútbol con la falsa bomba apretada contra el pecho, y había arrancado los cables. Woz trató de contener la risa, pero no lo consiguió. Lo enviaron al centro de detención de menores, donde pasó la noche. Al joven le pareció una experiencia memorable. Les enseñó a los demás presos cómo retirar los cables que conectaban los ventiladores del techo y conectarlos a las barras de la celda para que dieran calambre al tocarlas.

Los calambres eran como una medalla de honor para Woz. Se enorgullecía de ser un ingeniero de hardware, lo que significaba que los chispazos inesperados resultaban algo rutinario. Una vez preparó un juego de ruleta en el que cuatro personas debían colocar el pulgar sobre una ranura; cuando la bola se detenía, uno de ellos recibía un calambre. «Los que trabajaban con hardware jugaban a esto, pero los que desarrollan software son unos cobardicas», señalaba.

En su último año consiguió un trabajo de media jornada en Sylvania, una compañía de electrónica, y allí tuvo la oportunidad de trabajar en un ordenador por primera vez. Aprendió a programar en FORTRAN con un libro y leyó los manuales de la mayoría de los sistemas de la época, comenzando por el PDP-8, de la compañía Digital Equipment. A continuación estudió las especificaciones técnicas de los últimos microchips del mercado y trató de rediseñar los ordenadores con aquellos componentes más novedosos. El desafío que se planteaba era reproducir el mismo diseño con la menor cantidad de piezas posible. «Lo hacía todo yo solo en mi cuarto, con la puerta cerrada», recordó. Todas las noches trataba de mejorar el diseño de la noche anterior. Para cuando acabó el instituto, ya era un maestro. «En ese momento estaba montando ordenadores con la mitad de chips que los que utilizaba la empresa en sus diseños, pero solo sobre el papel». Nunca se lo contó a sus amigos. Al fin y al cabo, la mayoría de los chicos de diecisiete años tenían otras formas de pasar el rato.

El fin de semana del día de Acción de Gracias de su último año de instituto, visitó la Universidad de Colorado. Estaba cerrada por vacaciones, pero encontró a un estudiante de ingeniería que lo llevó a dar una vuelta por los laboratorios. Wozniak le rogó a su padre que le permitiera ir a estudiar allí, a pesar de que la matrícula para estudiantes que vinieran de otro estado no era algo que pudieran permitirse con facilidad. Llegaron a un acuerdo: podría ir allí a estudiar durante un año, pero después se pasaría a la Universidad Comunitaria de De Anza, en California. Al final se vio obligado a cumplir con su parte del trato. Tras llegar a Colorado en el otoño de 1969, pasó tanto tiempo gastando bromas (tales como imprimir cientos de páginas que rezaban «Me cago en Nixon») que suspendió un par de asignaturas y lo pusieron en un régimen de vigilancia académica. Además, creó un programa para calcular números de Fibonacci que consumía tanto tiempo de uso de los ordenadores que la universidad lo amenazó con cobrarle los costes. En lugar de contarles todo aquello a sus padres, optó por cambiarse a De Anza.

Tras un agradable año en De Anza, Wozniak se tomó un descanso para ganar algo de dinero. Encontró trabajo en una compañía que fabricaba ordenadores para el departamento de tráfico, y uno de sus compañeros le hizo una oferta maravillosa: le entregaría algunos chips sueltos para que pudiera construir uno de los ordenadores que había estado bosquejando sobre el papel. Wozniak decidió utilizar tan pocos chips como le fuera posible, como reto personal y porque no quería aprovecharse demasiado de la generosidad de su compañero.

Gran parte del trabajo se llevó a cabo en el garaje de un amigo que vivía justo a la vuelta de la esquina, Bill Fernandez, que todavía era estudiante del instituto Homestead. Para refrescarse tras sus esfuerzos, bebían grandes cantidades de un refresco de soda con sabor a vainilla llamado Cragmont Cream Soda, y después iban en bici hasta el supermercado de Sunnyvale para devolver las botellas, recuperar el depósito y comprar más bebida. «Así es como empezamos a referirnos al proyecto como el Ordenador de la Cream Soda», relató Wozniak. Se trataba básicamente de una calculadora capaz de multiplicar números que se introducían mediante un conjunto de interruptores y que mostraba los resultados en código binario con un sistema de lucecitas.

Cuando estuvo acabada, Fernandez le dijo a Wozniak que había alguien en el instituto Homestead a quien debía conocer. «Se llama Steve. Le gusta gastar bromas, como a ti, y también le gusta construir aparatos electrónicos, como a ti». Puede que aquella fuera la reunión más importante en un garaje de Silicon Valley desde que Hewlett fue a visitar a Packard treinta y dos años antes. «Steve y yo nos sentamos en la acera frente a la casa de Bill durante una eternidad, y estuvimos compartiendo historias, sobre todo acerca de las bromas que habíamos gastado y también sobre el tipo de diseños de electrónica que habíamos hecho —recordaba Wozniak—. Teníamos muchísimo en común. Normalmente, a mí me costaba una barbaridad explicarle a la gente la clase de diseños con los que trabajaba, pero Steve lo captó enseguida. Y me gustaba. Era delgado y nervudo, y rebosaba energía». Jobs también estaba impresionado. «Woz era la primera persona a la que conocía que sabía más de electrónica que yo —declaró una vez, exagerando su propia experiencia—. Me cayó bien al instante. Yo era algo maduro para mi edad y él algo inmaduro para la suya, así que el resultado era equilibrado. Woz era muy brillante, pero emocionalmente tenía mi misma edad».

Además de su interés por los ordenadores, compartían una pasión por la música. «Aquella era una época increíble para la música —comentó Jobs—. Era como vivir en la época en la que vivían Beethoven y Mozart. De verdad. Cuando la gente eche la vista atrás, lo interpretará así. Y Woz y yo estábamos muy metidos en ella». Concretamente, Wozniak le descubrió a Jobs las maravillas de Bob Dylan. «Localizamos a un tío de Santa Cruz llamado Stephen Pickering que publicaba una especie de boletín sobre Dylan —explicó Jobs—. Dylan grababa en cinta todos sus conciertos, y algunas de las personas que lo rodeaban no eran demasiado escrupulosas, porque al poco tiempo había grabaciones de sus conciertos por todas partes, copias pirata de todos. Y ese chico las tenía todas».

Darles caza a las cintas de Dylan pronto se convirtió en una empresa conjunta. «Los dos recorríamos a pie todo San José y Berkeley preguntando por las cintas pirata de Dylan para coleccionarlas —confesó Wozniak—. Comprábamos folletos con las letras de Dylan y nos quedábamos despiertos hasta altas horas mientras las interpretábamos. Las palabras de Dylan hacían resonar en nosotros acordes de pensamiento creativo». Jobs añadió: «Tenía más de cien horas, incluidos todos los conciertos de la gira de 1965 y 1966», en la que se pasó a los instrumentos eléctricos. Los dos compraron reproductores de casetes de TEAC de última generación. «Yo utilizaba el mío a baja velocidad para grabar muchos conciertos en una única cinta», comentó Wozniak. La obsesión de Jobs no le iba a la zaga. «En lugar de grandes altavoces me compré un par de cascos increíbles, y me limitaba a tumbarme en la cama y a escuchar aquello durante horas».

Jobs había formado un club en el instituto Homestead para organizar espectáculos de luz y música, y también para gastar bromas (una vez pegaron el asiento de un retrete pintado de dorado sobre una maceta). Se llamaba Club Buck Fry debido a un juego de palabras con el nombre del director del instituto. Aunque ya se habían graduado, Wozniak y su amigo Allen Baum se unieron a Jobs, al final de su penúltimo año de instituto, para preparar un acto de despedida a los alumnos de último curso que acababan la secundaria. Mientras me mostraba el campus de Homestead, cuatro décadas más tarde, Jobs se detuvo en el escenario de la aventura y señaló: «¿Ves ese balcón? Allí es donde gastamos la broma de la pancarta que selló nuestra amistad». En el patio trasero de Baum, extendieron una gran sábana que él había teñido con los colores blanco y verde del instituto y pintaron una enorme mano con el dedo corazón extendido, en una clásica peineta. La adorable madre judía de Baum incluso los ayudó a dibujarla y les mostró cómo añadirle sombreados para hacer que pareciera más auténtica. «Ya sé lo que es eso», se reía ella. Diseñaron un sistema de cuerdas y poleas para que pudiera desplegarse teatralmente justo cuando la promoción de graduados desfilase ante el balcón, y lo firmaron con grandes letras, «SWAB JOB», las iniciales de Wozniak y Baum combinadas con parte del apellido de Jobs. La travesura pasó a formar parte de la historia del instituto, y le valió a Jobs una nueva expulsión.

Otra de las bromas incluía un aparato de bolsillo construido por Wozniak que podía emitir señales de televisión. Lo llevaba a una sala donde hubiera un grupo de personas viendo la tele, como por ejemplo una residencia de estudiantes, y apretaba el botón discretamente para que la pantalla se llenara de interferencias. Cuando alguien se levantaba y le daba un golpe al televisor, Wozniak soltaba el botón y la imagen volvía a aparecer nítida. Una vez que tenía a los desprevenidos espectadores saltando arriba y abajo a su antojo, les ponía las cosas algo más difíciles. Mantenía las interferencias en la imagen hasta que alguien tocaba la antena. Al final, acababa por hacerles pensar que tenían que sujetar la antena mientras se apoyaban en un único pie o tocaban la parte superior del televisor. Años más tarde, en una conferencia inaugural en la que estaba teniendo algunos problemas para que funcionara un vídeo, Jobs se apartó del guión y contó la diversión que aquel artilugio les había proporcionado. «Woz lo llevaba en el bolsillo y entrábamos en un colegio mayor [...] donde un grupo de chicos estaba, por ejemplo, viendo *Star Trek*, y les fastidiaba la señal. Alguien se acercaba para arreglar el televisor, y, justo cuando levantaban un pie del suelo, la volvía a poner bien —contorsionándose sobre el escenario hasta quedar hecho un ocho, Jobs concluyó su relato ante las carcajadas del público—, y en menos de cinco minutos conseguía que alguien acabara en esta postura».

LA CAJA AZUL

La combinación definitiva de trastadas y electrónica —y la aventura que ayudó a crear Apple— se puso en marcha una tarde de domingo, cuando Wozniak leyó un artículo en *Esquire* que su madre le había dejado sobre la mesa de la cocina. Era septiembre de 1971, y él estaba a punto de marcharse al día siguiente para Berkeley, su tercera universidad. La historia, de Ron Rosenbaum, titulada «Secretos de la cajita azul», describía cómo los piratas informáticos y telefónicos habían encontrado la forma de realizar llamadas gratuitas de larga distancia reproduciendo los tonos que desviaban las señales a través de la red telefónica. «A mitad del artículo, tuve que llamar a mi mejor amigo, Steve Jobs, y leerle trozos de aquel largo texto», recordaba Wozniak. Sabía que Jobs, quien por aquel entonces comenzaba su último año de instituto, era una de las pocas personas que podía compartir su entusiasmo.

Uno de los héroes del texto era John Draper, un pirata conocido como Captain Crunch, porque había descubierto que el sonido emitido por el silbato que venía con las cajas de cereales del mismo nombre era exactamente el sonido de 2.600 hercios que se utilizaba para redirigir las llamadas a través de la red telefónica. Aquello podía engañar al sistema para efectuar conferencias de larga distancia sin costes adicionales. El artículo revelaba la posibilidad de encontrar otros tonos, que servían como señales de monofrecuencia dentro de la banda para redirigir llamadas, en un ejemplar del *Bell System Technical Journal*, hasta el punto de que la compañía telefónica comenzó a exigir la retirada de dichos ejemplares de los estantes de las bibliotecas.

En cuanto Jobs recibió la llamada de Wozniak esa tarde de domingo, supo que tenían que hacerse inmediatamente con un ejemplar de la revista. «Woz me recogió unos minutos después, y nos dirigimos a la biblioteca del Centro de Aceleración Lineal de Stanford, para ver si podíamos encontrarlo», me contó Jobs. Era domingo y la biblioteca estaba cerrada, pero sabían cómo colarse por una puerta que normalmente no estaba cerrada con llave. «Recuerdo que nos pusimos a rebuscar frenéticamente por las estanterías, y que fue Woz el que finalmente encontró la revista. Nos quedamos pensando: "¡Joder!". La abrimos y allí estaban todas las frecuencias. Seguimos repitiéndonos: "Pues es verdad, joder, es verdad". Allí estaba todo: los tonos, las frecuencias...».

Wozniak se dirigió a la tienda de electrónica de Sunnyvale antes de que cerrara esa tarde y compró las piezas necesarias para fabricar un generador analógico de tonos. Jobs ya había construido un frecuencímetro cuando formaba parte del Club de Exploradores de Hewlett-Packard, así que lo utilizaron para calibrar los tonos deseados. Y, mediante un teléfono, podían reproducir y grabar los sonidos especificados en el artículo. A medianoche estaban listos para ponerlo a prueba. Desgraciadamente, los osciladores que utilizaron no eran lo bastante estables como para simular los sonidos exactos que engañaran a la compañía telefónica. «Comprobamos la inestabilidad de la señal con el frecuencímetro de Steve —señaló Wozniak—, y no podíamos hacerlo funcionar. Yo tenía que irme a Berkeley a la mañana siguiente, así que decidimos que trataría de construir una versión digital cuando llegase allí».

Nadie había hecho nunca una versión digital de una caja azul, pero Woz estaba listo para el reto. Gracias a unos diodos y transistores comprados en una tienda de electrónica RadioShack, y con la ayuda de un estudiante de música de su residencia que tenía buen oído, consiguió construirla antes del día de Acción de Gracias. «Nunca he diseñado un circuito del que estuviera más orgulloso —declararía más tarde—. Todavía me parece que fue algo increíble».

Una noche, Wozniak condujo desde Berkeley hasta la casa de Jobs para probarlo. Trataron de llamar al tío de Wozniak en Los Ángeles, pero se equivocaron de número. No importaba. El aparato había funcionado. «¡Hola! ¡Le estamos llamando gratis! ¡Le estamos llamando gratis!», vociferaba Wozniak. La persona al otro lado de la línea estaba confusa y enfadada. Jobs se unió a la conversación: «¡Estamos llamando desde California! ¡Desde California! Con una caja azul». Es probable que aquello dejara al hombre todavía más desconcertado, puesto que él también se encontraba en California.

Al principio, utilizaban la caja azul para divertirse y gastar bromas. La más famosa fue aquella en que llamaron al Vaticano y Wozniak fingió ser Henry Kissinger, que quería hablar con el Papa. «Nos encontrrramos en una cumbrrre en Moscú, y querrremos hablarrr con el Papa», recuerda Woz que dijeron. Le contestaron que eran las cinco y media de la mañana y que el Papa estaba dormido. Cuando volvieron a llamar, le pasaron con un obispo que debía actuar como intérprete, pero nunca consiguieron que el Papa se pusiera al aparato. «Se dieron cuenta de que Woz no era Henry Kissinger —comentó Jobs—. Estábamos en una cabina pública».

Entonces tuvo lugar un hito importante, que estableció una pauta en su relación: a Jobs se le ocurrió que las cajas azules podían ser algo más que una mera afición. Podían construirlas y venderlas. «Junté el resto de los componentes, como las cubiertas, las baterías y los teclados, y discurrí acerca del precio que podíamos fijar», afirmó Jobs, profetizando las funciones que iba a desempeñar cuando fundaran Apple. El producto acabado tenía el tamaño aproximado de dos barajas de naipes. Las piezas costaban unos 40 dólares, y Jobs decidió que debían venderlo por 150.

A semejanza de otros piratas telefónicos como Captain Crunch, ambos adoptaron nombres falsos. Wozniak se convirtió en Berkeley Blue, y Jobs era Oaf Tobark. Los dos iban por los colegios mayores buscando a gente que pudiera estar interesada, y entonces hacían una demostración y conectaban la caja azul a un teléfono y un altavoz. Ante la mirada de los clientes potenciales, llamaban a lugares como el Ritz de Londres o a un servicio automático de chistes grabados en Australia. «Fabricamos unas cien cajas azules y las vendimos casi todas», recordaba Jobs.

La diversión y los beneficios llegaron a su fin en una pizzería de Sunnyvale. Jobs y Wozniak estaban a punto de dirigirse a Berkeley con una caja azul que acababan de terminar. Jobs necesitaba el dinero y estaba ansioso por vender, así que le enseñó el aparato a unos hombres sentados en la mesa de al lado. Parecían interesados, así que Jobs se acercó a una cabina telefónica y les demostró su funcionamiento con una llamada a Chicago. Los posibles clientes dijeron que tenían que ir al coche a por dinero. «Así que Woz y yo fuimos hasta el coche, yo con la caja azul en la mano, y el tío entra, mete la mano bajo el asiento y saca una pistola —narró Jobs. Nunca antes había estado tan cerca de una pistola, y se quedó aterrorizado—. Y va y me apunta con el arma al estómago y me dice: "Dámela, colega". Traté de pensar rápido. Tenía la puerta del coche justo ahí, y me dije que tal vez pudiera cerrársela sobre las piernas y salir corriendo, pero había grandes probabilidades de que me disparara, así que se la entregué lentamente y con mucho cuidado». Aquel fue un robo extraño. El tipo que se llevó la caja azul le dio a Jobs un número de teléfono y le dijo que si funcionaba trataría de pagársela más tarde. Cuando Jobs llamó a aquel número, consiguió contactar con el hombre, que no había logrado averiguar cómo funcionaba el aparato. Entonces Jobs, siempre tan oportuno, lo convenció para que se reuniera con Wozniak y con él en algún lugar público. Sin embargo, al final acabaron por echarse atrás y decidieron no celebrar otra reunión con el pistolero, aún a costa de perder la posibilidad de recuperar sus 150 dólares.

Aquel lance allanó el camino para la que sería su mayor aventura juntos. «Si no hubiera sido por las cajas azules, Apple no habría existido —reflexionó Jobs más tarde—. Estoy absolutamente convencido de ello. Woz y yo aprendimos a trabajar juntos, y adquirimos la seguridad de que podíamos resolver problemas técnicos y llegar a inventar productos». Habían creado un artilugio con una pequeña placa base que podía controlar una infraestructura de miles de millones de dólares. «Ni te imaginas lo confiados que nos sentíamos después de aquello». Woz llegó a la misma conclusión: «Probablemente venderlos fuera una mala decisión, pero nos dio una idea de lo que podríamos hacer a partir de mis habilidades como ingeniero y su visión comercial», afirmó. La aventura de la caja azul estableció la pauta de la asociación que estaba a punto de nacer. Wozniak sería el mago amable que desarrollaba los grandes inventos y que se habría contentado con regalarlos, y Jobs descubriría la forma de facilitar el uso del producto, empaquetarlo, comercializarlo y ganar algunos dólares en el proceso.

3

El abandono de los estudios

Enchúfate, sintoniza...

CHRISANN BRENNAN

Hacia el final de su último año en Homestead, en la primavera de 1972, Jobs comenzó a salir con una chica etérea y algo hippy llamada Chrisann Brennan, que tenía aproximadamente su misma edad pero se encontraba un curso por debajo. La chica, de pelo castaño claro, ojos verdes, pómulos altos y un aura de fragilidad, era muy atractiva. Además, estaba pasando por la ruptura del matrimonio de sus padres, lo que la convertía en alguien vulnerable. «Trabajamos juntos en una película de animación, empezamos a salir, y se convirtió en mi primera novia de verdad», recordaba Jobs. Tal y como declaró posteriormente Brennan: «Steve estaba bastante loco. Por eso me sentí atraída por él».

La locura de Jobs era de un estilo muy refinado. Ya había comenzado a experimentar con dietas compulsivas —solo fruta y verdura—, y estaba delgado y esbelto como un galgo. Aprendió a mirar fijamente y sin pestañear a la gente, y perfeccionó sus largos silencios salpicados por arranques entrecortados de intervenciones aceleradas. Esta extraña mezcla de intensidad y desapego, combinada con el pelo por los hombros y una barba rala, le daban el halo de un chamán enloquecido. Oscilaba entre lo carismático y lo inquietante. «Cuando deambulaba por ahí parecía estar medio loco —comentó Brennan—. Era todo angustia. Y un aura de oscuridad lo acompañaba».

Por aquel entonces, Jobs comenzó a consumir ácido e introdujo a Brennan en aquel mundo, en un trigal justo a las afueras de Sunnyvale. «Fue genial —recordaba él—. Había estado escuchando mucho a Bach. De pronto era como si todo el campo de trigo tocara su música. Aquella fue la sensación más maravillosa que había experimentado hasta entonces. Me sentí como el director de una sinfonía, con Bach sonando entre las espigas».

Ese verano de 1972, tras su graduación, Brennan y él se mudaron a una cabaña en las colinas que hay sobre Los Altos. «Me voy a vivir a una cabaña con Chrisann», les anunció un día a sus padres. Su padre se puso furioso. «Por supuesto que no —respondió—. Por encima de mi cadáver». Hacía poco que habían discutido por la marihuana y, una vez más, el joven Jobs se mantuvo en sus trece con testarudez. Se limitó a despedirse y salió por la puerta.

Aquel verano Brennan se pasó gran parte del tiempo pintando. Tenía talento, y dibujó un cuadro de un payaso para Jobs que él colgó en la pared. Jobs escribía poesía y tocaba la guitarra. Podía ser brutalmente frío y grosero con ella en ocasiones, pero también era un hombre fascinante, capaz de imponer su voluntad. «Era un ser iluminado, y también cruel —recordaba ella—. Aquella era una combinación extraña».

A mediados del verano, Jobs estuvo a punto de morir en un accidente, cuando su Fiat rojo estalló en llamas. Iba conduciendo por el Skyline Boulevard de las montañas de Santa Cruz con un amigo del instituto, Tim Brown, quien al mirar hacia atrás vio cómo salían llamaradas del motor y dijo con toda tranquilidad: «Para aquí, que tu coche está ardiendo». Jobs lo hizo, y su padre, a pesar de sus discusiones, condujo hasta las colinas para remolcar el Fiat hasta su casa.

En un intento por encontrar la forma de ganar dinero para comprar un coche nuevo, Jobs hizo que Wozniak le llevara hasta la Universidad de De Anza para buscar trabajo en el tablón de anuncios. Descubrieron que el centro comercial West Gate de San José estaba buscando estudiantes universitarios dispuestos a disfrazarse para entretener a los niños. Así pues, por tres dólares a la hora, Jobs, Wozniak y Brennan se colocaron unos pesados disfraces de cuerpo entero que les cubrían de la cabeza a los pies y se dispusieron a actuar como Alicia, el Sombrerero Loco y el Conejo Blanco de *Alicia en el país de las maravillas*. Wozniak, tan franco y encantador como siempre, encontraba aquello divertido. «Dije: "Quiero hacerlo, es mi oportunidad, porque me encantan los niños". Me tomé unas vacaciones en Hewlett-Packard. Creo que Steve lo veía como un trabajo de poca monta, pero a mí me parecía una aventura divertida». De hecho, a Jobs le parecía horroroso. «Hacía calor, los disfraces pesaban una barbaridad, y al poco rato solo quería abofetear a alguno de los niños». La paciencia nunca fue una de sus virtudes.

EL REED COLLEGE

Diecisiete años antes, sus padres habían hecho una promesa al adoptarlo: el chico iba a ir a la universidad. Así pues, habían trabajado duramente y ahorrado con tesón para crear un fondo destinado a sus estudios, que era modesto pero suficiente en el momento de su graduación. Sin embargo, Jobs, más obstinado incluso que antes, no se lo puso fácil. Al principio consideró la posibilidad de no ir a la universidad. «Creo que me habría dirigido a Nueva York si no hubiera ido a la universidad», reflexionó, cavilando sobre lo diferente que podría haber sido su mundo (y quizá el de todos nosotros) de haber seguido ese camino. Cuando sus padres lo presionaron para que se matriculara en una universidad, respondió con una actitud pasivo-agresiva. Descartó los centros académicos de su estado, como Berkeley, donde se encontraba Woz, a pesar del hecho de que habrían sido más asequibles. Tampoco sopesó la posibilidad de Stanford, que se encontraba carretera arriba y que probablemente podría ofrecerle una beca. «Los chicos que iban a Stanford ya sabían lo que querían hacer —señala—. No eran personas realmente artísticas. Yo quería algo que fuera más artístico e interesante».

Contemplaba una única opción: el Reed College, un centro privado de humanidades situado en Portland, en el estado de Oregón, y uno de los más caros del país. Jobs se encontraba visitando a Woz en Berkeley cuando su padre le llamó para informarle de que acababa de llegar la carta de admisión de Reed, y trató de convencerlo para que no fuera allí. Lo mismo hizo su madre. Ambos argumentaron que costaba mucho más de lo que podían permitirse. A lo que su hijo respondió con un ultimátum. Si no podía ir a Reed, les dijo, entonces no iría a ninguna parte. Ellos cedieron, como de costumbre.

Reed contaba únicamente con mil estudiantes, la mitad que el instituto Homestead. Era un centro conocido por promover un estilo de vida algo hippy y liberal, en fuerte contraste con sus estrictos estándares académicos y su exigente plan de estudios. Cinco años antes, Timothy Leary, el gurú de la iluminación psicodélica, se había sentado cruzado de piernas en los terrenos del Reed College en una de las paradas de la gira universitaria de su Liga para el Descubrimiento Espiritual (LSD, en sus siglas en inglés), y había pronunciado un célebre discurso: «Al igual que cualquier gran religión del pasado, tratamos de encontrar la divinidad interior... Estas antiguas metas se definen con una metáfora del presente: enchúfate, sintoniza, abandónalo todo». Muchos de los estudiantes de Reed se tomaron en serio las tres premisas. La tasa de abandono de los estudios durante la década de 1970 fue de más de un tercio del total.

En el otoño de 1972, cuando llegó la hora de matricularse, sus padres lo llevaron en coche hasta Portland, pero en otro de sus pequeños actos de rebeldía se negó a permitirles entrar en el campus. De hecho, se abstuvo incluso de despedirse o darles las gracias. Cuando posteriormente repasó aquel momento, lo hacía con un arrepentimiento poco característico en él:

> Esta es una de las cosas de mi vida de las que de verdad me avergüenzo. No fui demasiado amable, y herí sus sentimientos, cosa que no debería haber hecho. Se habían esforzado mucho para asegurarse de que pudiera llegar hasta allí, y yo no los quería a mi lado. No quería que nadie supiera que tenía padres. Quería ser como un huérfano que hubiera estado dando vueltas por todo el país en tren y hubiera aparecido de la nada, sin raíces, sin conexiones, sin pasado.

A finales de 1972, cuando Jobs llegó a Reed, se produjo un cambio fundamental en la vida universitaria de Estados Unidos. La implicación del país en la guerra de Vietnam y los reclutamientos que aquello conllevaba estaban comenzando a remitir. El activismo político en las universidades fue menguando, y en muchas conversaciones a altas horas de la noche en las residencias universitarias, el tema fue sustituido por un interés por las vías de realización personal. Jobs se vio profundamente influido por una serie de libros sobre espiritualidad e iluminación, principalmente *Be Here Now* («Estate aquí ahora»), una guía sobre la meditación y las maravillas de las drogas psicodélicas de Baba Ram Dass, cuyo nombre de pila era Richard Alpert. «Era profundo —declaró Jobs—. Nos transformó a mí y a muchos de mis amigos».

El más cercano de aquellos amigos era otro estudiante de primer año con la barba rala llamado Daniel Kottke, que conoció a Jobs una semana después de su llegada a Reed y que compartía su afición por el pensamiento zen, Dylan y el ácido. Kottke, que provenía de un acomodado barrio residencial de Nueva York, era un chico listo pero poco apasionado, con una actitud hippy y dulce que se suavizaba aún más debido a su interés por el budismo. Esa búsqueda espiritual le había llevado a rechazar las posesiones materiales, pero aun así quedó impresionado con el reproductor de casetes de Jobs. «Steve tenía un magnetófono de TEAC y cantidades ingentes de cintas pirata de Dylan —recuerda Kottke—. Era un tipo muy cool y estaba a la última».

Jobs comenzó a pasar gran parte de su tiempo con Kottke y su novia, Elizabeth Holmes, incluso después de haberla ofendido la primera vez que se conocieron al preguntar por cuánto dinero haría falta para que ella se acostara con otro hombre. Hicieron autoestop juntos hasta la costa, se embarcaron en las típicas discusiones estudiantiles sobre el sentido de la vida, asistieron a los festivales del amor del centro local de los Hare Krishna y acudieron al centro zen para conseguir comida vegetariana gratis. «Era muy divertido —apuntaba Kottke—, pero también filosófico, y nos tomábamos muy en serio el budismo zen».

Jobs comenzó a visitar la biblioteca y a compartir otros libros sobre la filosofía zen con Kottke, entre ellos *Mente zen, mente de prin-*

cipiante, de Shunryu Suzuki, *Autobiografía de un yogui*, de Paramahan-sa Yogananda, *Conciencia cósmica*, de Richard Maurice Bucke, y *Más allá del materialismo espiritual*, de Chögyam Trungpa. Crearon un centro de meditación en un ático abuhardillado que había sobre la habitación de Elizabeth Holmes y la decoraron con grabados hindús, una alfombra, velas, incienso y esterillas. «Había una trampilla en el techo que conducía a un ático muy amplio —contó—. A veces tomábamos drogas psicodélicas, pero principalmente nos limitábamos a meditar».

La relación de Jobs con la espiritualidad oriental, y especialmente con el budismo zen, no fue simplemente una moda pasajera o un capricho de juventud. Los adoptó con la intensidad propia de él, y quedó firmemente grabado en su personalidad. «Steve es muy zen —afirmó Kottke—. Aquella fue una influencia profunda. Puedes verlo en su gusto por la estética marcada y minimalista y en su capacidad de concentración». Jobs también se vio profundamente influido por el énfasis que el budismo pone en la intuición. «Comencé a darme cuenta de que una conciencia y una comprensión intuitivas eran más importantes que el pensamiento abstracto y el análisis intelectual lógico», declararía posteriormente. Su intensidad, no obstante, le dificultaba el camino hacia el auténtico nirvana; su conciencia zen no se veía acompañada por una gran calma interior, paz de espíritu o conexión interpersonal.

A Kottke y a él también les gustaba jugar a una variante alemana del ajedrez del siglo XIX llamada *Kriegspiel*, en la que los jugadores se sientan espalda contra espalda y cada uno tiene su propio tablero y sus fichas pero no puede ver las de su contrincante. Un moderador les informa de si el movimiento que quieren realizar es legal o ilegal, y tienen que tratar de averiguar dónde se encuentran las piezas del contrario. «La partida más alucinante que jugué con ellos tuvo lugar durante una fuerte tormenta eléctrica, sentados junto a un fuego —recuerda Holmes, que actuaba como moderadora—. Se habían colocado con ácido. Movían las fichas tan rápido que apenas podía seguirles».

Otro libro que tuvo una enorme influencia sobre Jobs durante su primer año de universidad —puede que incluso demasiada— fue

Diet for a Small Planet («Dieta para un planeta pequeño»), de Frances Moore Lappé, que exaltaba los beneficios del vegetarianismo tanto para uno mismo como para todo el planeta. «Ahí es cuando renuncié a la carne prácticamente por completo», apuntó. Sin embargo, el libro también reforzó su tendencia a adoptar dietas extremas que incluían purgas, períodos de ayuno o la ingesta de únicamente uno o dos alimentos, como por ejemplo manzanas y zanahorias, durante semanas enteras.

Jobs y Kottke se volvieron vegetarianos estrictos durante su primer año de universidad. «Steve se metió en aquello incluso más que yo —afirmó Kottke—. Vivía a base de cereales integrales». Iban a por provisiones a una cooperativa de granjeros, donde Jobs adquiría una caja de cereales que le duraba una semana y otros productos naturales a granel. «Compraba cajas y cajas de dátiles y almendras, y un montón de zanahorias, se compró una licuadora, y preparábamos zumos de zanahoria y ensaladas con zanahoria. Corre el rumor de que Steve se puso naranja de tanto comer zanahorias, y lo cierto es que algo hay de verdad en ello». Sus amigos lo recuerdan, en ocasiones, con un tono naranja como el de una puesta de sol.

Los hábitos alimentarios de Jobs se volvieron aún más extravagantes y obsesivos cuando leyó *Sistema curativo por dieta amucosa*, de Arnold Ehret, un fanático de la nutrición de origen alemán nacido a principios del siglo XX. El autor sostenía que no había que comer nada más que frutas y verduras sin almidón. Estas, según él, evitaban que el cuerpo produjera mucosidades dañinas. También defendía las purgas periódicas a través de prolongados ayunos. Aquello supuso el fin incluso de los cereales integrales y de cualquier tipo de arroz, pan, grano o leche. Jobs comenzó a alertar a sus amigos acerca de los *peligros mucosos* agazapados en su bollería. «Me metí en aquella dieta con mi típico estilo obsesivo», afirmó. Llegados a cierto punto, Kottke y él pasaron toda una semana comiendo únicamente manzanas, y más adelante Jobs pasó incluso a probar ayunos más estrictos. Comenzaba con períodos de dos días, y en ocasiones trataba de prolongarlos hasta una semana o más, interrumpiéndolos cuidadosamente con grandes cantidades de agua y verduras. «Después de una semana comienzas a sentirte de maravilla —aseguró—. Ganas un montón de vitalidad al no tener que digerir toda esa comida. Estaba en una forma excelente. Me sentía como si pudiera levantarme y llegar caminando hasta San Francisco de haberme apetecido». Ehret murió a los cincuenta y seis años al sufrir una caída mientras daba un paseo, y golpearse la cabeza.

Vegetarianismo y budismo zen, meditación y espiritualidad, ácido y rock: Jobs hizo suyos con gran intensidad los múltiples impulsos que por aquella época se habían convertido en símbolos de la subcultura universitaria en pos de la iluminación. Y sin embargo, aunque apenas se dedicó a ello en Reed, conservaba todo el interés por la electrónica que, algún día, acabaría por combinarse sorprendentemente bien con el resto de la mezcla.

ROBERT FRIEDLAND

Un día, en un intento por conseguir algo de dinero, Jobs decidió vender su máquina de escribir IBM Selectric. Entró en la habitación del estudiante que se había ofrecido para comprarla y lo sorprendió manteniendo relaciones sexuales con su novia. Jobs se dio la vuelta para irse, pero el estudiante le invitó a sentarse y esperar mientras acababan. «Pensé: "Vaya pasada"», recordaba Jobs después, y así es como empezó su relación con Robert Friedland, una de las pocas personas en su vida que fue capaz de cautivarlo. Jobs adoptó algunos de los carismáticos rasgos de Friedland y durante algunos años lo trató casi como a un gurú. Hasta que comenzó a verlo como un charlatán y un farsante.

Friedland era cuatro años mayor que Jobs, pero todavía no se había licenciado. Hijo de un superviviente de Auschwitz que se había convertido en un próspero arquitecto de Chicago, en un primer momento se había matriculado en Bowdoin, una universidad especializada en humanidades situada en el estado de Maine. Sin embargo, cuando estaba en segundo curso, lo habían arrestado con 24.000 tabletas de LSD valoradas en 125.000 dólares. El periódico local lo mostraba con cabello rubio por los hombros, sonriendo a los fotógrafos mientras se lo llevaban detenido. Lo sentenciaron a dos años en una cárcel federal de Virginia, de la que salió bajo libertad condicional en 1972. Ese otoño se dirigió a Reed, donde se presentó inmediatamente a las elecciones para presidente de la delegación de alumnos, con el argumento de que necesitaba limpiar su nombre de «los errores de la justicia» que había sufrido. Ganó.

Friedland había escuchado a Baba Ram Dass, el autor de *Be Here Now*, dar un discurso en Boston, y al igual que Jobs y Kottke se había metido de lleno en el mundo de la espiritualidad oriental. Durante el verano de 1973, Friedland viajó a la India para conocer al gurú hindú de Ram Dass, Neem Karoli Baba, conocido popularmente por sus muchos seguidores como Maharaj-ji. Cuando regresó ese otoño, Friedland había adoptado un nombre espiritual, y se vestía con sandalias y vaporosas túnicas indias. Tenía una habitación fuera del campus, encima de un garaje, y Jobs iba a buscarlo allí muchas tardes. Le embelesaba la aparente intensidad de las convicciones de Friedland acerca de la existencia real de un estado de iluminación que se encontraba al alcance de la mano. «Me transportó a un nivel de conciencia diferente», resumió Jobs.

A Friedland también le fascinaba Jobs. «Siempre iba por ahí descalzo —relató posteriormente—. Lo que más me sorprendió fue su intensidad. Fuera lo que fuese lo que le interesaba, normalmente lo llevaba hasta extremos irracionales». Jobs había refinado el truco de utilizar sus silencios y las miradas fijas para controlar a los demás. «Uno de sus numeritos consistía en quedarse mirando a la persona con la que estuviera hablando. Se quedaba observando fijamente sus jodidas pupilas, hacía una pregunta y esperaba la respuesta sin que la otra persona pudiera apartar la vista».

Según Kottke, algunos de los rasgos de la personalidad de Jobs —incluidos algunos de los que conservaría a lo largo de su vida profesional— los tomó de Friedland. «Friedland enseñó a Steve a utilizar el campo de distorsión de la realidad —cuenta Kottke—. Era un hombre carismático, con algo de farsante, y podía adaptar las situaciones a su fuerte voluntad. Era voluble, seguro de sí mismo y algo dictatorial. Steve admiraba todo aquello, y tras convivir con Robert se volvió un poco parecido a él».

Jobs también se fijó en cómo Friedland lograba convertirse en el centro de atención. «Robert era un tipo muy sociable y carismático, con el alma de un auténtico vendedor —lo describió Kottke—. Cuando conocí a Steve, él era un chico tímido y retraído, muy reservado. Creo que Robert le enseñó a lucirse, a salir del cascarón, a abrirse y controlar las situaciones». Friedland proyectaba un aura de alto voltaje. «Entraba en una habitación y te dabas cuenta al instante. Steve era exactamente lo contrario cuando llegó a Reed. Tras pasar algo de tiempo con Robert, parte de su carácter comenzó a pegársele».

Las tardes de los domingos, Jobs y Friedland iban al templo de los Hare Krishna en el extremo occidental de Portland, a menudo con Kottke y Holmes. Allí bailaban y cantaban a pleno pulmón. «Entrábamos en una especie de frenesí extático —recuerda Holmes—. Robert se volvía loco y bailaba como un demente. Steve se mostraba más contenido, como si le avergonzara dejarse llevar». A continuación los obsequiaban con platos de cartón colmados de comida vegetariana.

Friedland administraba una finca de manzanos de 90 hectáreas, a unos 65 kilómetros al sudoeste de Portland, propiedad de un excéntrico millonario tío suyo de Suiza llamado Marcel Müller, que había amasado una fortuna en Rhodesia al hacerse con el mercado de los tornillos de rosca métrica. Después de que Friedland entrara en contacto con la espiritualidad oriental, convirtió el lugar en una comuna llamada All One Farm («Granja Todos Uno»), en la que Jobs pasaba algunos fines de semana con Kottke, Holmes y otros buscadores de iluminación que compartían su filosofía. Incluía un edificio principal, un enorme granero y un cobertizo en el que dormían Kottke y Holmes. Jobs asumió la tarea de podar los manzanos, de la variedad Gravenstein, junto con otro residente de la comuna, Greg Calhoun. «Steve controlaba el huerto de manzanos —comentó Friedland—. Producíamos sidra orgánica. El trabajo de Steve consistía en dirigir a una tropa de hippies para que podaran el huerto y lo dejaran en buenas condiciones».

Los monjes y discípulos del templo de los Hare Krishna también iban y preparaban banquetes vegetarianos impregnados con el aroma del comino, el cilantro y la cúrcuma. «Steve llegaba muerto de hambre, y se hinchaba a comer —recuerda Holmes—. A continuación se purgaba. Durante años pensé que era bulímico. Resultaba muy irritante, porque nos costaba mucho trabajo preparar aquellos banquetes, y él no era capaz de retener la comida».

Jobs también estaba empezando a tener algunos conflictos con el papel de líder sectario de Friedland. «A lo mejor veía demasiados rasgos de Robert en sí mismo», comentó Kottke. Aunque se suponía que la comuna debía ser un refugio del mundo materialista, Friedland comenzó a dirigirla como si se tratara de una empresa; sus seguidores tenían que talar troncos y venderlos como leña, fabricar prensas de manzanas y cocinas de madera, y embarcarse en otras iniciativas comerciales por las que no recibían un salario. Una noche, Jobs durmió bajo la mesa de la cocina, y le divirtió observar cómo la gente no hacía más que entrar para robar la comida de los demás guardada en el frigorífico. La economía de la comuna no estaba hecha para él. «Comencé a volverme muy materialista —recordaba Jobs—. Todo el mundo empezó a darse cuenta de que se estaban matando a trabajar por la plantación de Robert, y uno a uno comenzaron a marcharse. Aquello me hartó bastante».

Según Kottke, «muchos años más tarde, después de que Friedland se hubiera convertido en el propietario multimillonario de unas minas de cobre y oro —repartidas entre Vancouver, Singapur y Mongolia—, me reuní con él para tomar una copa en Nueva York. Esa misma noche, le envié un correo electrónico a Jobs mencionándole aquel encuentro. Me llamó desde California en menos de una hora y me advirtió de que no debía escuchar a Friedland». Añadió que cuando Friedland se había visto en apuros por una serie de delitos ecológicos perpetrados en algunas de sus minas, había tratado de ponerse en contacto con él para pedirle que intercediera ante Bill Clinton, pero Jobs no había respondido a la llamada. «Robert siempre se presentaba como una persona espiritual, pero cruzó la línea que separa al hombre carismático del estafador —afirmó Jobs—. Es muy extraño que una de las personas más espirituales de tu juventud acabe resultando ser, tanto de forma simbólica como literal, un buscador de oro».

...Y ABANDONA

Jobs se aburrió rápidamente de la universidad. Le gustaba estar en Reed, pero no solo asistir a las clases obligatorias. De hecho, se sorprendió al descubrir que, a pesar de todo el ambiente hippy que se respiraba, las exigencias de los cursos eran altas: le pedían que hiciera cosas como leer la *Ilíada* y estudiar las guerras del Peloponeso. Cuando Wozniak fue a visitarlo, Jobs agitó su horario ante él y se quejó: «Me obligan a estudiar todas estas asignaturas». Woz respondió: «Sí, eso es lo que suelen hacer en la universidad, pedirte que vayas a clase». Jobs se negó a asistir a las materias en las que estaba matriculado, y en vez de eso se presentó a las que él quería, como por ejemplo una clase de baile en la que podía expresar su creatividad y conocer chicas. «Yo nunca me habría negado a asistir a las asignaturas a las que tenía que ir, esa es una de las diferencias entre nuestras personalidades», comentó Wozniak, asombrado.

Jobs también comenzó a sentirse culpable, como él mismo confesaría posteriormente, por gastar tanto dinero de sus padres en una educación que, a su modo de ver, no merecía la pena. «Todos los ahorros de mis padres, que eran personas de clase trabajadora, se invertían en mis tasas de matrícula —relató en una célebre conferencia inaugural en Stanford—. Yo no tenía ni idea de lo que quería hacer con mi vida, ni de cómo la universidad iba a ayudarme a descubrirlo. Y allí estaba, gastándome todo el dinero que mis padres habían ahorrado durante toda su vida. Entonces decidí dejar los estudios y confiar en que todo acabara saliendo bien».

En realidad no quería abandonar Reed, solo quería evitar el pago de la matrícula en las clases que no le interesaban. Sorprendentemente, Reed toleró aquella actitud. «Tenía una mente muy inquisitiva que resultaba enormemente atractiva —señaló Jack Dudman, decano responsable de los estudiantes—. Se negaba a aceptar las verdades que se enseñaban de forma automática, y quería examinarlo todo por sí mismo». Dudman permitió que Jobs asistiera como oyente a algunas clases y que se quedara con sus amigos en los colegios mayores incluso después de haber dejado de pagar las tasas.

«En cuanto abandoné los estudios pude dejar de ir a las asignaturas obligatorias que no me gustaban y empezar a pasarme por aquellas que parecían interesantes», comentó. Entre ellas se encontraba una clase de caligrafía que le atraía porque había advertido que la mayoría de los carteles del campus tenían unos diseños muy atractivos. «Allí aprendí lo que eran los tipos de letra con y sin serifa, cómo variar el espacio que queda entre diferentes combinaciones de letras y qué es lo que distingue una buena tipografía. Era un estudio hermoso, histórico y de una sutileza artística que la ciencia no puede aprehender, y me pareció fascinante».

Ese era otro ejemplo más de cómo Jobs se situaba conscientemente en la intersección entre el arte y la tecnología. En todos sus productos, la tecnología iba unida a un gran diseño, una imagen, unas sensaciones, una elegancia, unos toques humanos e incluso algo de poesía. Fue uno de los primeros en promover interfaces gráficas de usuario sencillas de utilizar. En ese sentido, el curso de caligrafía resultó ser icónico. «De no haber asistido a esa clase de la universidad, el sistema operativo Mac nunca habría tenido múltiples tipos de letra o fuentes con espaciado proporcional. Y como Windows se limitó a copiar el Mac, es probable que ningún ordenador personal los tuviera».

Mientras tanto, Jobs llevaba una mísera vida bohemia al margen de las actividades oficiales de Reed. Iba descalzo casi todo el rato y llevaba sandalias cuando nevaba. Elizabeth Holmes le preparaba comidas y trataba de adaptarse a sus dietas obsesivas. Él recogía botellas de refrescos vacías a cambio de unas monedas, seguía con sus caminatas a las cenas gratuitas de los domingos en el templo de los Hare Krishna y vestía una chaqueta polar en el apartamento sin calefacción situado sobre un garaje que alquilaba por veinte dólares al mes. Cuando necesitaba dinero, trabajaba en el laboratorio del departamento de psicología, ocupándose del mantenimiento de los equipos electrónicos que se utilizaban en los experimentos sobre comportamiento animal. Algunas veces, Chrisann Brennan iba a visitarlo. Su relación avanzaba a trompicones y de forma errática. En cualquier caso, su principal ocupación era la de atender las inquietudes de su espíritu y seguir con su búsqueda personal de la iluminación.

«Llegué a la mayoría de edad en un momento mágico —reflexionó después—. Nuestra conciencia se elevó con el pensamiento zen, y también con el LSD». Incluso en etapas posteriores de su vida, atribuía a las drogas psicodélicas el haberle aportado una mayor iluminación. «Consumir LSD fue una experiencia muy profunda, una de la cosas más importantes de mi vida. El LSD te muestra que existe otra cara de la moneda, y aunque no puedes recordarlo cuando se pasan los efectos, sigues sabiéndolo. Aquello reforzó mi convicción de lo que era realmente importante: grandes creaciones en lugar de ganar dinero, devolver tantas cosas al curso de la historia y de la conciencia humana como me fuera posible».

4

Atari y la India

El zen y el arte del diseño de videojuegos

En febrero de 1974, tras dieciocho meses dando vueltas por Reed, Jobs decidió regresar a la casa de sus padres en Los Altos y buscar trabajo. Aquella no fue una empresa difícil. En los momentos cumbre de la década de 1970, la sección de anuncios por palabras del *San José Mercury* incluía hasta sesenta páginas de anuncios solicitando asistencia tecnológica. Uno de ellos le llamó la atención. Decía: «Diviértete, gana dinero». Ese día Jobs entró en el vestíbulo de la compañía de videojuegos Atari y le dijo al director de personal —que quedó sorprendido ante su atuendo y sus cabellos desaliñados— que no se marcharía de allí hasta que le dieran un trabajo.

Atari era por aquel entonces el lugar de moda para trabajar. Su fundador era un emprendedor alto y corpulento llamado Nolan Bushnell, un visionario carismático con un cierto aire de showman. En otras palabras, otro modelo de conducta en potencia. Tras hacerse famoso, le gustaba conducir en un Rolls, fumar marihuana y celebrar las reuniones de personal en un jacuzzi. Era capaz, como Friedland antes que él y Jobs después, de convertir su encanto en una fuerza llena de astucia, de engatusar e intimidar, alterando la realidad gracias al poder de su personalidad. El ingeniero jefe de la empresa era Al Alcorn, un hombre fornido, jovial y algo más realista que Bushnell. Alcorn, que se había visto obligado a asumir el papel de adulto responsable, trataba de poner en práctica la visión del fundador y de aplacar su entusiasmo.

En 1972, Bushnell puso a Alcorn a trabajar en la creación de una versión para máquinas recreativas de un videojuego llamado *Pong*, en el que dos jugadores trataban de devolver un cuadradito de luz al campo del contrario con dos líneas móviles que actuaban como paletas (si tienes menos de cuarenta años, pregúntale a tus padres). Con un capital de 500 dólares, creó una consola y la instaló en un bar del Camino Real de Sunnyvale. Unos días más tarde, Bushnell recibió una llamada en la que se le informó de que la máquina no funcionaba. Envió a Alcorn, quien descubrió que el problema era que estaba tan llena de monedas que ya no podía aceptar ninguna más. Habían dado con el premio gordo.

Cuando Jobs llegó al vestíbulo de Atari, calzado con sandalias y pidiendo trabajo, enviaron a Alcorn a tratar con él. «Me dijeron: "Tenemos a un chico hippy en la entrada. Dice que no se va a marchar hasta que lo contratemos. ¿Llamamos a la policía o lo dejamos pasar?". Y yo contesté: "¡Traédmelo!"».

Así es como Jobs pasó a ser uno de los primeros cincuenta empleados de Atari, trabajando como técnico por cinco dólares a la hora. «Al mirar atrás, es cierto que era inusual contratar a un chico que había dejado los estudios en Reed —comentó Alcorn—, pero vi algo en él. Era muy inteligente y entusiasta, y le encantaba la tecnología». Alcorn lo puso a trabajar con un puritano ingeniero llamado Don Lang. Al día siguiente, Lang se quejó: «Este tío es un maldito hippy que huele mal. ¿Por qué me hacéis esto? Además, es completamente intratable». Jobs seguía aferrado a la creencia de que su dieta vegana con alto contenido en frutas no solo evitaba la producción de mucosa, sino también de olores corporales, motivo por el que no utilizaba desodorante ni se duchaba con regularidad. Era una teoría errónea.

Lang y otros compañeros querían que despidieran a Jobs, pero Bushnell encontró una solución. «Su olor y su comportamiento no me suponían un problema —afirmó—. Steve era un chico irritable pero me gustaba, así que le pedí que se cambiara al turno de noche. Fue una forma de conservarlo». Jobs llegaba después de que Lang y los demás se hubieran marchado y trabajaba durante casi toda la noche. Incluso a pesar del aislamiento, era conocido por su descaro. En las pocas ocasiones en las que llegaba a interactuar con otras personas, tenía una cierta predisposición a hacerles ver que eran unos «idiotas de mierda». Al mirar atrás, Jobs mantenía su postura: «La única razón por la que yo destacaba era que todos los demás eran muy malos».

A pesar de su arrogancia (o quizá gracias a ella), fue capaz de cautivar al jefe de Atari. «Era más filosófico que las otras personas con las que trabajaba —comentó Bushnell—. Solíamos discutir sobre el libre albedrío y el determinismo. Yo tendía a creer que las cosas estaban predeterminadas, que estábamos programados. Si tuviéramos una información absoluta, podríamos predecir las acciones de los demás. Steve opinaba lo contrario». Ese punto de vista coincidía con la fe de Jobs en el poder de la voluntad para alterar la realidad.

Jobs aprendió mucho en Atari. Ayudó a mejorar algunos de los juegos haciendo que los chips produjeran diseños divertidos y una interacción agradable. La inspiradora disposición de Bushnell por seguir sus propias normas se le pegó a Jobs. Además, Jobs apreciaba de forma intuitiva la sencillez de los juegos de Atari. No traían manual de instrucciones y tenían que ser lo suficientemente sencillos como para que un universitario de primer año colocado pudiera averiguar cómo funcionaba. Las únicas instrucciones para el juego *Star Trek* de Atari eran: «1. Inserta una moneda. 2. Evita a los klingon».

No todos los compañeros de Jobs lo rechazaban. Se hizo amigo de Ron Wayne, un dibujante de Atari que había creado tiempo atrás su propia empresa de ingeniería para construir máquinas recreativas. La compañía no había tenido éxito, pero Jobs quedó fascinado ante la idea de que era posible fundar una empresa propia. «Ron era un tío increíble —relató Jobs—. Creaba empresas. Nunca había conocido a nadie así». Le propuso a Wayne que se convirtieran en socios empresariales. Jobs dijo que podía pedir un préstamo de 50.000 dólares, y que podrían diseñar y vender una máquina recreativa. Sin embargo, Wayne ya estaba harto del mundo de los negocios, y declinó la invitación. «Le dije que esa era la forma más rápida de perder

50.000 dólares —recordó Wayne—, pero me admiró el hecho de que tuviera ese impulso avasallador por crear su propio negocio».

Un fin de semana, Jobs se encontraba de visita en el apartamento de Wayne, y, como de costumbre, ambos estaban enzarzados en discusiones filosóficas cuando Wayne le dijo que tenía que contarle algo. «Creo que ya sé lo que es —respondió Jobs—. Que te gustan los hombres». Wayne asintió. «Aquel era mi primer encuentro con alguien del que yo supiera que era gay —recordaba Jobs—. Me planteó el asunto de una forma que me pareció apropiada». Lo interrogó: «Cuando ves a una mujer guapa, ¿qué es lo que sientes?». Wayne contestó: «Es como cuando miras a un caballo hermoso. Puedes apreciar su belleza, pero no quieres acostarte con él. Aprecias su hermosura en su propia esencia». Wayne afirmó que el hecho de revelarle su sexualidad dice mucho a favor de Jobs. «No lo sabía nadie en Atari, y podía contar con los dedos de las manos el número de personas a las que se lo había dicho en toda mi vida —aseguró Wayne—. Pero me pareció procedente confiárselo a él porque creía que lo entendería, y aquello no tuvo ninguna consecuencia en nuestra relación».

La India

Una de las razones por las que Jobs deseaba ganar algo de dinero a principios de 1974 era que Robert Friedland —que había viajado a la India el verano anterior— le presionaba para que realizara su propio viaje espiritual a aquel país. Friedland había estudiado en la India con Neem Karoli Baba (Maharaj-ji), que había sido el gurú de gran parte del movimiento hippy de los sesenta. Jobs decidió que debía hacer lo mismo y reclutó a Daniel Kottke para que lo acompañara, aunque no le motivaba solamente la aventura. «Para mí aquella era una búsqueda muy seria —afirmó—. Había asimilado la idea de la iluminación, y trataba de averiguar quién era yo y cuál era mi lugar». Kottke añade que la búsqueda de Jobs parecía motivada en parte por el hecho de no conocer a sus padres biológicos. «Tenía un agujero en su interior, y estaba tratando de rellenarlo».

Cuando Jobs le dijo a la gente de Atari que dejaba el trabajo para irse a buscar a un gurú de la India, al jovial Alcorn le hizo gracia. «Llega, me mira y suelta: "Me voy a buscar a mi gurú". Y yo le contesto: "No me digas, eso es genial. ¡Mándanos una postal!". Luego me dice que quiere que le ayude a pagarse el viaje y yo le contesto: "¡Y una mierda!"». Pero Alcorn tuvo una idea. Atari estaba preparando paquetes para enviarlos a Munich, donde montaban las máquinas y se distribuían, ya acabadas, a través de un mayorista de Turín. Sin embargo, había un problema. Como los juegos estaban diseñados para la frecuencia americana de sesenta imágenes por segundo, en Europa, donde la frecuencia era de cincuenta imágenes por segundo, producían frustrantes interferencias. Alcorn diseñó una solución y le ofreció a Jobs pagarle el viaje a Europa a ponerla en práctica. «Seguro que es más barato llegar hasta la India desde allí», le dijo, y Jobs estuvo de acuerdo. Así pues, Alcorn lo puso en marcha con una petición: «Saluda a tu gurú de mi parte».

Jobs pasó unos días en Munich, donde resolvió el problema de las interferencias, pero en el proceso dejó completamente desconcertados a los directivos alemanes de traje oscuro. Estos llamaron a Alcorn para quejarse porque el chico se vestía y olía como un mendigo y su comportamiento era muy grosero. «Yo les pregunté: "¿Ha resuelto el problema?", y ellos contestaron: "Sí". Entonces les dije: "¡Si tenéis más problemas llamadme, tengo más chicos como él!". Ellos respondieron: "No, no, la próxima vez lo arreglaremos nosotros mismos"». A Jobs, por su parte, le contrariaba que los alemanes siguieran tratando de alimentarlo a base de carne y patatas. En una llamada a Alcorn, se quejó: «Ni siquiera tienen una palabra para "vegetariano"».

Jobs lo pasó mejor cuando tomó el tren para ir a ver al distribuidor de Turín, donde la pasta italiana y la camaradería de su anfitrión le resultaron más simpáticas. «Pasé un par de semanas maravillosas en Turín, que es una ciudad industrial con mucha actividad —recordaba—. El distribuidor era un tipo increíble. Todas las noches me llevaba a cenar a un local en el que solo había ocho mesas y no tenían menú. Simplemente les decías lo que querías y ellos lo preparaban. Una de las mesas estaba siempre reservada para el presidente de la

Fiat. Era un lugar estupendo». A continuación se dirigió a Lugano, en Suiza, donde se quedó con el tío de Friedland, y desde allí se embarcó en un vuelo a la India.

Cuando bajó del avión en Nueva Delhi, sintió como oleadas de calor se elevaban desde el asfalto, a pesar de que solo estaban en abril. Le habían dado el nombre de un hotel, pero estaba lleno, así que fue a uno que, según insistía el conductor del taxi, estaba bien. «Estoy seguro de que se llevaba algún tipo de comisión, porque me llevó a un verdadero antro». Jobs le preguntó al propietario si el agua estaba filtrada y fue tan ingenuo de creerse la respuesta. «Contraje disentería casi de inmediato. Me puse enfermo, muy enfermo, con una fiebre altísima. Pasé de 72 kilos a 54 en aproximadamente una semana».

En cuanto se recuperó lo suficiente como para caminar, decidió que tenía que salir de Delhi, así que se dirigió a la población de Haridwar, en el oeste de la India, junto al nacimiento del Ganges, donde cada tres años se celebra un gran festival religioso llamado Mela. De hecho, en 1974 tenía lugar la culminación de un ciclo de doce años en el que la celebración (Kumbha Mela) adquiere proporciones inmensas. Más de diez millones de personas acudieron a aquel lugar, de extensión parecida a la de Palo Alto y que normalmente contaba con menos de cien mil habitantes. «Había santones por todas partes, tiendas con este y aquel maestro, gente montada en elefantes, de todo. Estuve en ese sitio algunos días, pero al final decidí que también tenía que marcharme de allí».

Viajó en tren y en autobús hasta una aldea cercana a Nainital, al pie del Himalaya. Ahí es donde vivía Neem Karoli Baba. O donde había vivido. Para cuando Jobs llegó allí ya no estaba vivo, al menos en la misma encarnación. Jobs alquiló una habitación con un colchón en el suelo a una familia que lo ayudó a recuperarse mediante una alimentación vegetariana. «Un viajero anterior se había dejado un ejemplar de la *Autobiografía de un yogui* en inglés, y la leí varias veces porque tampoco había muchas más cosas que hacer, aparte de dar vueltas de aldea en aldea para recuperarme de la disentería». Entre los que todavía formaban parte del centro de meditación, o *ashram*, se encontraba Larry Brilliant, un epidemiólogo que trabajaba para erradicar la viruela y que posteriormente dirigió la acción filantrópica de Google y la Skoll Foundation. Se hizo amigo de Jobs para toda la vida.

Hubo un momento en el que a Jobs le hablaron de un joven santón hindú que iba a celebrar una reunión con sus seguidores en la finca cercana al Himalaya de un adinerado empresario. «Aquella era la oportunidad de conocer a un ser espiritual y de convivir con sus seguidores, pero también de recibir un buen ágape. Podía oler la comida mientras nos acercábamos, y yo estaba muy hambriento». Mientras Jobs comía, el santón —que no era mucho mayor que Jobs— lo vio entre la multitud, lo señaló y comenzó a reírse como un histérico. «Se acercó corriendo, me agarró, soltó un silbido y dijo: "eres igualito que un bebé" —recordaba Jobs—. A mí no me hicieron ninguna gracia aquellas atenciones». El hombre cogió a Jobs de la mano, lo apartó de la multitud de adoradores y lo hizo subir a una colina no muy alta donde había un pozo y un pequeño estanque. «Nos sentamos y él sacó una navaja. Yo comencé a pensar que aquel tipo estaba loco y me preocupé, pero entonces sacó una pastilla de jabón (yo llevaba el pelo largo por aquel entonces). Me enjabonó el pelo y me afeitó la cabeza. Me dijo que estaba salvando mi salud».

Daniel Kottke llegó a la India a principios del verano, y Jobs regresó a Nueva Delhi para encontrarse con él. Deambularon, principalmente en autobús, sin un destino fijo. Para entonces, Jobs ya no intentaba encontrar un gurú que pudiera impartir su sabiduría, sino que trataba de alcanzar la iluminación a través de una experiencia ascética basada en las privaciones y la sencillez. Y aun así no era capaz de conseguir la paz interior. Kottke recuerda cómo su amigo se enzarzó en una discusión a grito pelado con una mujer hindú en el mercado de una aldea. Según Jobs, aquella mujer había rebajado con agua la leche que les vendía.

Aun así, Jobs también podía ser generoso. Cuando llegaron a la población de Manali, junto a la frontera tibetana, a Kottke le robaron el saco de dormir con los cheques de viaje dentro. «Steve se hizo cargo de mis gastos de manutención y del billete de autobús hasta Delhi», recordó Kottke. Además, Jobs le entregó lo que le quedaba de su dinero, cien dólares, para que pudiera arreglárselas hasta regresar a su hogar.

De regreso a casa ese otoño, tras siete meses en el país, Jobs se detuvo en Londres, donde visitó a una mujer que había conocido en la India. Desde allí tomó un vuelo chárter hasta Oakland. Había estado escribiendo a sus padres muy de vez en cuando y solo tenía acceso al correo en la oficina de American Express de Nueva Delhi cuando pasaba por allí, así que se sorprendieron bastante cuando recibieron una llamada suya desde el aeropuerto de Oakland pidiéndoles que fueran a recogerlo. Se pusieron en marcha de inmediato desde Los Altos. «Me habían afeitado la cabeza, vestía prendas indias de algodón y el sol me había puesto la piel de un intenso color cobrizo, parecido al chocolate —recordaba—. Así que yo estaba sentado allí y mis padres pasaron por delante de mí unas cinco veces hasta que finalmente mi madre se acercó y preguntó: "¿Steve?", y yo contesté: "¡Hola!"».

Tras volver a su casa en Los Altos, pasó un tiempo tratando de encontrarse a sí mismo. Aquella era una búsqueda con muchos caminos hacia la iluminación. Por las mañanas y las noches meditaba y estudiaba la filosofía zen, y entre medias asistía a veces como oyente a las clases de física e ingeniería de Stanford.

LA BÚSQUEDA

El interés de Jobs por la espiritualidad oriental, el hinduismo, el budismo zen y la búsqueda de la iluminación no era simplemente la fase pasajera de un chico de diecinueve años. A lo largo de su vida, trató de seguir muchos de los preceptos básicos de las religiones orientales, tales como el énfasis en experimentar el prajñã (la sabiduría y la comprensión cognitiva que se alcanzan de forma intuitiva a través de la concentración mental). Años más tarde, sentado en su jardín de Palo Alto, reflexionaba sobre la influencia duradera de su viaje a la India:

> Para mí, volver a Estados Unidos fue un choque cultural mucho mayor que el de viajar a la India. En la India la gente del campo no

utiliza su inteligencia como nosotros, sino que emplean su intuición, y esa intuición está mucho más desarrollada que en el resto del mundo. La intuición es algo muy poderoso, más que el intelecto en mi opinión, y ha tenido un gran impacto en mi trabajo.

El pensamiento racional occidental no es una característica innata del ser humano; es un elemento aprendido y el gran logro de nuestra civilización. En las aldeas indias nunca han aprendido esta técnica. Les enseñaron otras cosas, que en algunos sentidos son igual de valiosas, pero no en otros. Ese es el poder de la intuición y de la sabiduría basada en la experiencia.

Al regresar tras siete meses por los pueblos de la India, pude darme cuenta de la locura que invade al mundo occidental y de cómo nos centramos en desarrollar un pensamiento racional. Si te limitas a sentarte a observar el mundo, verás lo inquieta que está tu mente. Si tratas de calmarla, solo conseguirás empeorar las cosas, pero si le dejas tiempo se va apaciguando, y cuando lo hace deja espacio para escuchar cosas más sutiles. Entonces tu intuición comienza a florecer y empiezas a ver las cosas con mayor claridad y a vivir más en el presente. Tu mente deja de correr tan rápido y puedes ver una tremenda dilatación del momento presente. Puedes ver mucho más de lo que podías ver antes. Es una disciplina; hace falta practicarla.

El pensamiento zen ha sido una influencia muy profunda en mi vida desde entonces. Hubo un momento en el que me planteé viajar a Japón para tratar de ingresar en el monasterio de Eihei-ji, pero mi consejero espiritual me rogó que me quedara. Afirmaba que no había allí nada que no hubiera aquí, y tenía razón. Aprendí la verdad del zen que afirma que quien está dispuesto a viajar por todo el mundo para encontrar un maestro, verá cómo aparece uno en la puerta de al lado.

De hecho, Jobs sí que encontró un maestro en su propio barrio de Los Altos. Shunryu Suzuki, el autor de *Mente zen, mente de principiante*, que dirigía el Centro Zen de San Francisco, iba todos los miércoles por la tarde, impartía clases y meditaba junto a un pequeño grupo de seguidores. Después de una temporada, Jobs y los otros querían más, así que Suzuki le pidió a su ayudante, Kobun Chino Otogawa, que abriera allí un centro a tiempo completo. Jobs se convirtió en un fiel seguidor, junto con Daniel Kottke, Elizabeth

Holmes y su novia ocasional, Chrisann Brennan. También comenzó a acudir él solo a realizar retiros espirituales en el Centro Zen Tassajara, un monasterio cerca de la población de Carmel, donde Kobun también impartía sus enseñanzas.

A Kottke, Kobun le parecía divertido. «Su inglés era atroz —recordaba—. Hablaba como con *haikus*, con frases poéticas y sugerentes. Nosotros nos sentábamos para escucharle, aunque la mitad de las veces no teníamos ni idea de lo que estaba diciendo. Para mí todo aquello era una especie de comedia desenfadada». Su novia, Elizabeth Holmes, estaba más metida en aquel mundo: «Asistíamos a las meditaciones de Kobun, nos sentábamos en unos cojines redondos llamados *zafu* y él se ponía sobre una tarima —describió—. Aprendimos a ignorar las distracciones. Era mágico. Durante una meditación en una tarde lluviosa, Kobun nos enseñó incluso a utilizar el ruido del agua a nuestro alrededor para recuperar la concentración en la meditación».

Por lo que respecta a Jobs, su devoción era intensa. «Se volvió muy serio y autosuficiente y, en líneas generales, insoportable», afirmó Kottke. Jobs comenzó a reunirse con Kobun casi a diario, y cada pocos meses se marchaban juntos de retiro para meditar. «Conocer a Kobun fue para mí una experiencia profunda, y acabé pasando con él tanto tiempo como podía —recordaba Jobs—. Tenía una esposa que era enfermera en Stanford y dos hijos. Ella trabajaba en el primer turno de noche, así que yo iba a su casa y pasaba las tardes con él. Cuando aparecía hacia la medianoche, me echaba». En ocasiones charlaban acerca de si Jobs debía dedicarse por completo a su búsqueda espiritual, pero Kobun le aconsejó que no lo hiciera. Dijo que podía mantenerse en contacto con su lado espiritual mientras trabajaba en una empresa. Aquella relación resultó profunda y duradera. Diecisiete años más tarde, fue Kobun quien ofició la boda de Jobs.

La búsqueda compulsiva de la conciencia de su propio ser también llevó a Jobs a someterse a la terapia del grito primal, desarrollada recientemente y popularizada por un psicoterapeuta de Los Ángeles llamado Arthur Janov. Se basaba en la teoría freudiana de que los problemas psicológicos están causados por los dolores reprimidos durante la infancia, y Janov defendía que podían resolverse al volver a sufrir esos momentos primarios al tiempo que se expresaba el dolor, en ocasiones mediante gritos. Jobs prefería aquello a la habitual terapia de diván, porque tenía que ver con las sensaciones intuitivas y las acciones emocionales, y no con los análisis racionales. «Aquello no era algo sobre lo que hubiera que pensar —comentaba después—. Era algo que había que hacer: cerrar los ojos, tomar aire, lanzarse de cabeza y salir por el otro extremo con una mayor comprensión de la realidad».

Un grupo de partidarios de Janov organizaba un programa de terapia llamado Oregon Feeling Center en un viejo hotel de Eugene dirigido (quizá de forma nada sorprendente) por el gurú de Jobs en el Reed College, Robert Friedland, cuya comuna de la All One Farm se encontraba a poca distancia. A finales de 1974, Jobs se apuntó a un curso de terapia de doce semanas que costaba 1.000 dólares. «Steve y yo estábamos muy metidos en aquello del crecimiento personal, me hubiera gustado acompañarlo —señaló Kottke—, pero no podía permitírmelo».

Jobs les confesó a sus amigos más cercanos que se sentía impulsado por el dolor de haber sido dado en adopción y no conocer a sus padres biológicos. «Steve tenía un profundo deseo de conocer a sus padres biológicos para poder conocerse mejor a sí mismo», declaró posteriormente Friedland. Jobs sabía, gracias a Paul y a Clara Jobs, que sus padres biológicos tenían estudios universitarios y que su padre podía ser sirio. Incluso había pensado en la posibilidad de contratar a un investigador privado, pero decidió dejarlo correr por el momento. «No quería herir a mis padres», recordó, en referencia al matrimonio Jobs.

«Estaba enfrentándose al hecho de que había sido adoptado —apuntó Elizabeth Holmes—. Sentía que era un asunto que debía asimilar emocionalmente». Jobs así se lo reconoció a ella: «Este asunto me preocupa, y tengo que concentrarme en ello». Se mostró todavía más abierto con Greg Calhoun. «Estaba pasando por un intenso proceso de introspección acerca de su adopción, y hablaba mucho conmigo al respecto —afirmó Calhoun—. Mediante la terapia del grito primal y las dietas amucosas, trataba de purificarse y ahondar en la frustración sobre su nacimiento. Me dijo que estaba profundamente contrariado por el hecho de haber sido dado en adopción».

John Lennon se había sometido a la misma terapia del grito primal en 1970, y en diciembre de ese mismo año sacó a la venta el tema «Mother», con la Plastic Ono Band. En él hablaba de sus sentimientos acerca de su padre, que lo había abandonado, y su madre, que fue asesinada cuando él era un adolescente. El estribillo incluye el inquietante fragmento «Mama don't go, Daddy come home...».* Holmes recuerda que Jobs solía escuchar a menudo esa canción.

Jobs dijo posteriormente que las enseñanzas de Janov no habían sido de gran utilidad. «Aquel hombre ofrecía una respuesta prefabricada y acartonada que acabó por ser demasiado simplista. Resultó obvio que no iba a facilitarme una mayor comprensión». Sin embargo, Holmes defiende que aquello le hizo ganar confianza en sí mismo: «Después de someterse a la terapia, su actitud cambió —afirmó—. Tenía una personalidad muy brusca, pero durante un tiempo aquello le dio una cierta paz. Ganó confianza en sí mismo y se redujo su sentimiento de inadaptación».

Jobs llegó a creer que podía transmitir esa sensación de confianza a los demás y forzarlos a hacer cosas que ellos no habrían creído posibles. Holmes había roto con Kottke y se había unido a una secta religiosa de San Francisco que le exigía romper cualquier lazo con los amigos del pasado. Sin embargo, Jobs rechazó esa propuesta. Llegó un día a la sede de la secta con su Ford Ranchero y dijo que iba a conducir hasta los manzanos de Friedland, y que Holmes debía acompañarlo. Con mayor descaro todavía, añadió que ella tendría que conducir durante parte del trayecto, aunque la joven ni siquiera sabía utilizar la palanca del cambio de marchas. «En cuanto salimos a la carretera, me hizo ponerme al volante y aceleró el coche hasta los noventa kilómetros por hora —relató ella—. Entonces puso una cinta con «Blood on the Tracks», de Dylan, recostó la cabeza sobre mi regazo y se echó a dormir. Su actitud era la de que si él podía hacer cualquier cosa, tú también

---

* «Mamá, no te vayas, papá, vuelve a casa...» (*N. del T.*)

podías. Dejó su vida en mis manos, y aquello me llevó a hacer cosas que no pensaba que podía hacer».

Aquel era el lado más brillante de lo que ha pasado a conocerse como su campo de distorsión de la realidad. «Si confías en él, puedes conseguir cosas —afirmó Holmes—. Si ha decidido que algo debe ocurrir, conseguirá que ocurra».

FUGA

Un día, a principios de 1975, Al Alcorn se encontraba en su despacho de Atari cuando Ron Wayne entró de improviso: «¡Eh, Steve ha vuelto!», gritó. «Vaya, tráemelo», replicó Alcorn.

Jobs entró descalzo en la habitación, con una túnica de color azafrán y un ejemplar de *Be Here Now*, que le entregó a Alcorn e insistió que leyera. «¿Puedo recuperar mi trabajo?», preguntó.

«Parecía un Hare Krishna, pero era genial volverlo a ver —recordaba Alcorn—, así que le dije que por supuesto».

Una vez más, en aras de la armonía en Atari, Jobs trabajaba principalmente de noche. Wozniak, que vivía en un apartamento cercano y trabajaba en Hewlett-Packard, venía a verlo después de cenar para pasar un rato y jugar con los videojuegos. Se había enganchado al *Pong* en una bolera de Sunnyvale, y había sido capaz de montar una versión que podía conectar al televisor de su casa.

Un día, a finales del verano de 1975, Nolan Bushnell, desafiando la teoría reinante de que los juegos de paletas habían pasado de moda, decidió desarrollar una versión del *Pong* para un único jugador. En lugar de enfrentarse con un oponente, el jugador arrojaba la pelota contra una pared que perdía un ladrillo cada vez que recibía un golpe. Convocó a Jobs a su despacho, realizó un boceto en su pequeña pizarra y le pidió que lo diseñara. Bushnell le dijo que recibiría una bonificación por cada chip que faltara para llegar a los cincuenta. Bushnell sabía que Jobs no era un gran ingeniero, pero asumió (acertadamente) que convencería a Wozniak, que rondaba siempre por ahí. «Para mí era una especie de oferta de dos por uno —recordaba Bushnell—. Woz era mejor ingeniero».

Wozniak aceptó encantado cuando Jobs le pidió que lo ayudara y le propuso repartir las ganancias: «Aquella fue la oferta más maravillosa de mi vida, la de diseñar un juego que la gente iba a utilizar después», relató. Jobs le dijo que había que acabarlo en cuatro días y con la menor cantidad de chips posible. Lo que no le contó a Wozniak era que la fecha límite la había decidido el propio Jobs, porque necesitaba irse a la All One Farm para ayudar a preparar la cosecha de las manzanas. Tampoco le mencionó que había una bonificación por utilizar pocos chips.

«Un juego como este le llevaría algunos meses a la mayoría de los ingenieros —apuntó Wozniak—. Pensé que me sería imposible lograrlo, pero Steve me aseguró que podría». Así pues, se quedó sin dormir durante cuatro noches seguidas y lo consiguió. Durante el día, en Hewlett-Packard, Wozniak bosquejaba el diseño sobre el papel. Luego, después de tomar algo de comida rápida, se dirigía directo a Atari y se quedaba allí toda la noche. Mientras Wozniak iba produciendo partes del diseño, Jobs se sentaba en un banco a su izquierda y lo ponía en práctica uniendo los chips con cable a una placa de pruebas. «Mientras Steve iba montando el circuito, yo pasaba el rato con mi pasatiempo favorito, el videojuego de carreras *Gran Trak 10*», comentaría Wozniak.

Sorprendentemente, lograron acabar el trabajo en cuatro días, y Wozniak utilizó solo 45 chips. Las versiones no coinciden, pero la mayoría afirman que Jobs le entregó a Wozniak la mitad del salario base y no la bonificación que Bushnell le dio por ahorrarse cinco chips. Pasaron diez años antes de que Wozniak descubriera (cuando le mostraron lo ocurrido en un libro sobre la historia de Atari titulado *Zap*) que Jobs había recibido aquel dinero extra. «Creo que Steve necesitaba el dinero y no me contó la verdad», dice ahora Wozniak. Cuando habla de ello, se producen largas pausas, y admite que todavía le duele. «Ojalá hubiera sido sincero conmigo. De haberme hecho saber que necesitaba el dinero, podía tener la seguridad de que yo se lo habría dado. Era mi amigo, y a los amigos se les ayuda». Para Wozniak, aquello mostraba una diferencia fundamental entre sus personalidades. «A mí siempre me importó la ética, y todavía no comprendo por qué él cobraba una cantidad y me contaba que le habían pagado otra diferente —apuntó—. Pero bueno, ya se sabe, todas las personas son diferentes».

Cuando se publicó esta historia, diez años más tarde, Jobs llamó a Wozniak para desmentirlo. «Me dijo que no recordaba haberlo hecho, y que si hubiera hecho algo así se acordaría, así que probablemente no lo había hecho», relató Wozniak. Cuando se lo pregunté directamente a Jobs, se mostró extrañamente silencioso y dubitativo. «No sé de dónde sale esa acusación —dijo—. Yo le di la mitad del dinero que recibí. Así es como me he portado siempre con Woz. Vaya, Woz dejó de trabajar en 1978. Nunca más volvió a mover un dedo desde entonces. Y aun así recibió exactamente la misma cantidad de acciones de Apple que yo».

¿Es posible que sus recuerdos estén hechos un lío y que Jobs pagara a Wozniak menos dinero de lo debido? «Cabe la posibilidad de que la memoria me falle y me equivoque —me confesó Wozniak, aunque tras una pausa lo reconsideró—. Pero no, recuerdo los detalles de este asunto en concreto, el cheque de 350 dólares». Lo comprobó con Nolan Bushnell y Al Alcorn para cerciorarse. «Recuerdo que hablé con Woz acerca de la bonificación, y que él se enfadó —afirmó Bushnell—. Le dije que sí que había habido una bonificación por cada chip no utilizado, y él se limitó a negar con la cabeza y a chasquear la lengua».

Fuera cual fuese la verdad, Wozniak insiste en que no merece la pena volver sobre ello. Según él, Jobs es una persona compleja, y la manipulación es simplemente una de las facetas más oscuras de los rasgos que le han llevado al éxito. Wozniak nunca se habría comportado así, pero, como él mismo señala, tampoco podría haber creado Apple. «Me gustaría dejarlo estar —afirmó cuando yo le presioné sobre este asunto—. No es algo por lo que quiera juzgar a Steve».

La experiencia en Atari sirvió a Jobs para sentar las bases respecto a los negocios y el diseño. Apreciaba la sencillez y la facilidad de uso de los juegos de Atari en los que lo único que había que hacer era meter una moneda y evitar a los klingon. «Aquella sencillez lo marcó y lo convirtió en una persona muy centrada en los productos», afirmó Ron Wayne, que trabajó allí con él. Jobs también adoptó algo de la actitud decidida de Bushnell. «Nolan no aceptaba un "no" por respuesta —señaló Alcorn—, y esa fue la primera impresión que recibió Steve acerca de cómo se hacían las cosas. Nolan nunca fue apabullante, como lo es a veces Steve, pero tenía la misma actitud decidida. A mí me daba escalofríos, pero, ¡caray!, conseguía que los proyectos salieran adelante. En ese sentido, Nolan fue un mentor para Jobs».

Bushnell coincide en esto. «Hay algo indefinible en todo emprendedor, y yo vi ese algo en Steve —apuntó—. No solo le interesaba la ingeniería, sino también los aspectos comerciales. Le enseñé que si actuaba como si algo fuera posible, acabaría siéndolo. Le dije que, si fingía tener el control absoluto de una situación, la gente creería que lo tenía».

5

El Apple I

Enciende, arranca, desconecta...

MÁQUINAS DE AMANTE BELLEZA

Varias corrientes culturales confluyeron en San Francisco y Silicon Valley durante el final de la década de 1960. Estaba la revolución tecnológica iniciada con el crecimiento de las compañías contratistas del ejército, que pronto incluyó empresas de electrónica, fabricantes de microchips, diseñadores de videojuegos y compañías de ordenadores. Había una subcultura *hacker* —llena de radioaficionados, piratas telefónicos, ciberpunks, gente aficionada a la tecnología y gente obsesionada con ella— que incluía a ingenieros ajenos al patrón de Hewlett-Packard y sus hijos, y que tampoco encajaban en el ambiente de las urbanizaciones. Había grupos cuasiacadémicos que estudiaban los efectos del LSD, y entre cuyos participantes se encontraban Doug Engelbart, del centro de investigación de Palo Alto (el Augmentation Research Center), que después ayudó a desarrollar el ratón informático y las interfaces gráficas, y Ken Kesey, que disfrutaba de la droga con espectáculos de luz y sonido en los que se escuchaba a un grupo local más tarde conocido como los Grateful Dead. Había un movimiento hippy, nacido de la generación *beat* del área de la bahía de San Francisco, y también rebeldes activistas políticos, surgidos del movimiento Libertad de Expresión de Berkeley. Mezclados con todos ellos existieron varios movimientos de realización personal que buscaban el camino de la iluminación, grupos de pensamiento zen e hindú, de meditación y de yoga, de gritos primales y de privación del sueño, seguidores del Instituto Esalen y de Werner Erhard.

Steve Jobs representaba esta fusión entre el *flower power* y el poder de los procesadores, entre la iluminación y la tecnología. Meditaba por las mañanas, asistía como oyente a clases de física en Stanford, trabajaba por las noches en Atari y soñaba con crear su propia empresa. «Allí estaba ocurriendo algo —dijo una vez, tras reflexionar sobre aquella época y aquel lugar—. De allí venían la mejor música —los Grateful Dead, Jefferson Airplane, Joan Baez, Janis Joplin— y también los circuitos integrados y cosas como el *Whole Earth Catalog* ["Catálogo de toda la Tierra"] de Stewart Brand».

En un primer momento, los tecnólogos y los hippies no conectaron muy bien. Muchos miembros de la contracultura hippy veían a los ordenadores como una herramienta amenazadora y orwelliana, privativa del Pentágono y de las estructuras de poder. En *El mito de la máquina*, el historiador Lewis Mumford alertaba de que los ordenadores estaban arrebatándonos la libertad y destruyendo «valores enriquecedores». Una advertencia impresa en las fichas perforadas de aquella época —«No doblar, perforar o mutilar»— se convirtió en un lema de la izquierda pacifista no exento de ironía.

Sin embargo, a principios de la década de 1970 estaba comenzando a gestarse un cambio en las mentalidades. «La informática pasó de verse relegada como herramienta de control burocrático a adoptarse como símbolo de la expresión individual y la liberación», escribió John Markoff en su estudio sobre la convergencia de la contracultura y la industria informática titulado *What the Dormouse Said* («Lo que dijo el lirón»). Aquel era un espíritu al que Richard Brautigan dotó de lirismo en su poema de 1967 «Todos protegidos por máquinas de amante belleza». La fusión entre el mundo cibernético y la psicodelia quedó certificada cuando Timothy Leary afirmó que los ordenadores personales se habían convertido en el nuevo LSD y revisó su famoso mantra para proclamar: «Enciende, arranca, desconecta». El músico Bono, que después entabló amistad con Jobs, a menudo hablaba con él acerca de por qué aquellos que se encontraban inmersos en la contracultura de rebeldía, drogas y rock del área de la bahía de San Francisco habían acabado por crear la industria de los ordenadores personales. «Los inventores del siglo XXI eran un grupo de hippies con sandalias que fumaban hierba y venían de la Costa Oeste, como Steve. Ellos veían las cosas de forma diferente —afirmó—. Los sistemas jerárquicos de la Costa Este, de Inglaterra, Alemania o Japón no favorecen este tipo de pensamiento. Los años sesenta crearon una mentalidad anárquica que resulta fantástica para imaginar un mundo que todavía no existe».

Una de las personas que animaron a los miembros de la contracultura a unirse en una causa común con los *hackers* fue Stewart Brand. Este ingenioso visionario creador de diversión y nuevas ideas durante décadas, así como participante en Palo Alto de uno de los estudios sobre el LSD de principios de los años sesenta, se unió a su compañero Ken Kesey para organizar el Trips Festival, un evento musical que exaltaba las drogas psicodélicas. Brand, que aparece en la primera escena de *Gaseosa de ácido eléctrico*, de Tom Wolfe, colaboró con Doug Engelbart para crear una impactante presentación a base de luz y sonido llamada «La madre de todas las demostraciones», sobre nuevas tecnologías. «La mayor parte de nuestra generación despreciaba los ordenadores por considerarlos la representación del control centralizado —señalaría Brand después—. Sin embargo, un pequeño grupo (al que después denominaron *hackers*) aceptó los ordenadores y se dispuso a transformarlos en herramientas de liberación. Aquel resultó ser el auténtico camino hacia el futuro».

Brand regentaba una tienda llamada La Tienda-Camión de Toda la Tierra, originariamente un camión errante que vendía herramientas interesantes y materiales educativos. Luego, en 1968, decidió ampliar sus miras con el *Catálogo de toda la Tierra*. En su primera portada figuraba la célebre fotografía del planeta Tierra tomada desde el espacio, con el subtítulo *Accede a las herramientas*. La filosofía subyacente era que la tecnología podía ser nuestra amiga. Como Brand escribió en la primera página de su primera edición: «Se está desarrollando un mundo de poder íntimo y personal, el poder del individuo para llevar a cabo su propia educación, para encontrar su propia inspiración, para forjar su propio entorno y para compartir su aventura con todo aquel que esté interesado. El *Catálogo de toda la Tierra* busca y promueve las herramientas que contribuyen a este proceso». Buckminster Fuller siguió por este camino con un poema que comenzaba así: «Veo a Dios en los instrumentos y mecanismos que no fallan...».

Jobs se aficionó al *Catálogo*. Le impresionó especialmente su última entrega, publicada en 1971, cuando él todavía estaba en el instituto, y la llevó consigo a la universidad y a su estancia en el huerto de manzanos. «En la contraportada de su último número aparecía una fotografía de una carretera rural a primera hora de la mañana, una de esas que podrías encontrarte haciendo autoestop si eras algo aventurero. Bajo la imagen había unas palabras: "Permanece hambriento. Sigue siendo un insensato"». Brand ve a Jobs como una de las representaciones más puras de la mezcla cultural que el *Catálogo* trataba de promover. «Steve se encuentra exactamente en el cruce entre la contracultura y la tecnología —afirmó—. Aprendió lo que significaba poner las herramientas al servicio de los seres humanos».

El *Catálogo* de Brand se publicó con la ayuda del Instituto Portola, una fundación dedicada al campo, por entonces incipiente, de la educación informática. La fundación también ayudó a crear la *People's Computer Company*, que no era en realidad una compañía, sino un periódico y una organización con el lema «El poder de los ordenadores para el pueblo». A veces se organizaban cenas los miércoles en las que cada invitado llevaba un plato, y dos de los asistentes habituales —Gordon French y Fred Moore— decidieron crear un club más formal en el que pudieran compartir las últimas novedades sobre productos electrónicos de consumo.

Su plan cobró impulso con la llegada del número de enero de 1975 de la revista *Popular Mechanics*, que mostraba en cubierta el primer kit para un ordenador personal, el Altair. El Altair no era gran cosa —sencillamente, un montón de componentes al precio de 495 dólares que había que soldar en una placa base y que no hacía demasiadas cosas—, pero para los aficionados a la electrónica y los *hackers* anunciaba la llegada de una nueva era. Bill Gates y Paul Allen leyeron la revista y comenzaron a trabajar en una versión de BASIC para el Altair. Aquello también llamó la atención de Jobs y de Wozniak, y cuando llegó un ejemplar para la prensa a la *People's Computer Com-*

pany, se convirtió en el elemento central de la primera reunión del club que French y Moore habían decidido crear.

El Homebrew Computer Club

El grupo pasó a ser conocido como el Homebrew Computer Club («Club del Ordenador Casero»), y representaba la fusión que el *Catálogo* defendía entre la contracultura y la tecnología. Aquello fue para la época de los ordenadores personales algo parecido a lo que el café Turk's Head representó para la época del doctor Johnson en Inglaterra, un lugar de intercambio y difusión de ideas. Moore redactó el panfleto de la primera reunión, celebrada el 5 de marzo de 1975 en el garaje de French, situado en Menlo Park. «¿Estás construyendo tu propio ordenador? ¿Un terminal, un televisor, una máquina de escribir? —preguntaba—. Si es así, quizá te interese asistir a una reunión de un grupo de gente que comparte tus aficiones».

Allen Baum vio el panfleto en el tablón de anuncios de Hewlett-Packard y llamó a Wozniak, que accedió a acompañarlo. «Aquella noche resultó ser una de las más importantes de mi vida», recordaba Wozniak. Cerca de treinta personas se fueron asomando por la puerta abierta del garaje de French, para más tarde ir describiendo sus intereses por turnos. Wozniak, quien posteriormente reconoció haber estado extremadamente nervioso, afirmó que le gustaban «los videojuegos, las películas de pago en los hoteles, el diseño de calculadoras científicas y el diseño de aparatos de televisión», según las actas redactadas por Moore. Se realizó una presentación del nuevo Altair, pero para Wozniak lo más importante fue ver la hoja de especificaciones de un microprocesador.

Mientras cavilaba acerca del microprocesador —un chip que contaba con toda una unidad de procesamiento central montada en él—, tuvo una revelación. Había estado diseñando un terminal, con una pantalla y un teclado, que podría conectarse a un miniordenador a distancia. Mediante el microprocesador, podría instalar parte de la capacidad del miniordenador dentro del propio terminal, convirtiendo a este en un pequeño ordenador independiente que pudiera colocarse en un escritorio. Aquella era una idea sólida: un teclado, una pantalla y un ordenador, todos ellos en un mismo paquete individual. «La visión completa de un ordenador personal apareció de pronto en mi cabeza —aseguró—. Esa noche comencé a realizar bocetos en papel de lo que posteriormente se conoció como el Apple I».

Al principio planeó utilizar el mismo microprocesador que había en el Altair, un Intel 8080, pero cada uno de ellos «valía casi más que todo mi alquiler de un mes», así que buscó una alternativa. La encontró en el Motorola 6800, que uno de sus amigos de Hewlett-Packard podía conseguirle por 40 dólares la unidad. Entonces descubrió un chip fabricado por la empresa MOS Technologies, electrónicamente idéntico pero que solo costaba 20 dólares. Aquello haría que la máquina fuera asequible, pero implicaría un coste a largo plazo. Los chips de Intel acabaron por convertirse en el estándar de la industria, lo cual atormentaría a Apple cuando sus ordenadores pasaron a ser incompatibles con ellos.

Cada día, después del trabajo, Wozniak se iba a casa para disfrutar de una cena precocinada que calentaba en el horno, y después regresaba a Hewlett-Packard para su segundo trabajo con el ordenador. Extendía las piezas por su cubículo, decidía dónde debían ir colocadas y las soldaba a la placa base. A continuación comenzó a escribir el software que debía conseguir que el microprocesador mostrara imágenes en la pantalla. Como no podía permitirse utilizar un ordenador para codificarlo, escribió todo el código a mano. Tras un par de meses, estaba listo para ponerlo a prueba. «¡Pulsé unas pocas teclas del teclado y quedé impresionado! Las letras iban apareciendo en la pantalla». Era el domingo 29 de junio de 1975, un hito en la historia de los ordenadores personales. «Aquella era la primera vez en la historia —declaró Wozniak posteriormente— en que alguien pulsaba una letra de un teclado y la veía aparecer justo enfrente, en su pantalla».

Jobs estaba impresionado. Acribilló a Wozniak a preguntas. ¿Podían los ordenadores colocarse en red? ¿Era posible añadir un disco para que almacenara memoria? También comenzó a ayudar a Woz a conseguir piezas. De especial importancia eran los chips DRAM (chips de memoria dinámica de acceso aleatorio). Jobs realizó unas pocas llamadas y consiguió hacerse con algunos Intel gratis. «Steve es ese tipo de persona —afirmó Wozniak—. Quiero decir que sabía cómo hablar con un representante de ventas. Yo nunca podría haber conseguido algo así. Soy demasiado tímido».

Jobs, que comenzó a acompañar a Wozniak a las reuniones del Homebrew Club, llevaba el monitor de televisión y ayudaba a montar el equipo. Las reuniones ya atraían a más de cien entusiastas y se habían trasladado al auditorio del Centro de Aceleración Lineal de Stanford, el lugar donde habían encontrado los manuales del sistema telefónico que les habían permitido construir sus cajas azules. Presidiendo la reunión con un estilo algo deslavazado y sirviéndose de un puntero se encontraba Lee Felsenstein, otro exponente de la fusión entre los mundos de la informática y la contracultura. Era un alumno de ingeniería que había abandonado los estudios, miembro del movimiento Libertad de Expresión y activista antibélico. Había escrito artículos para el periódico alternativo *Berkeley Barb* para después regresar a su trabajo como ingeniero informático.

Felsenstein daba inicio a todas las reuniones con una sesión de «reconocimiento» en forma de comentarios breves, seguidos por una presentación más completa llevada a cabo por algún aficionado elegido, y acababa con una sesión de «acceso aleatorio» en la que todo el mundo deambulaba por la sala, abordando a otras personas y haciendo contactos. Woz, por lo general, era demasiado tímido para intervenir en las reuniones, pero la gente se reunía en torno a su máquina al finalizar estas, y él mostraba sus progresos con orgullo. Moore había tratado de inculcar al club la idea de que aquel era un lugar para compartir e intercambiar, no para comerciar. «El espíritu del club —señaló Woz— era el de ofrecerse para ayudar a los demás». Aquella era una expresión de la ética *hacker* según la cual la información debía ser gratuita, y la autoridad no merecía confianza alguna. «Yo diseñé el Apple I porque quería regalárselo a otras personas», afirmó Wozniak.

Aquella no era una visión compartida por Bill Gates. Después de que él y Paul Allen hubieran completado su intérprete de BASIC para el Altair, Gates quedó horrorizado al ver cómo los miembros de aquel club realizaban copias y lo compartían sin pagarle nada a él. Así pues, escribió una carta al club que se hizo muy popular: «Como la mayoría de los aficionados a la electrónica ya sabrán, casi todos vosotros robáis el software. ¿Es esto justo? [...] Una de las cosas que estáis consiguiendo es evitar que se escriba buen software. ¿Quién puede permitirse realizar un trabajo profesional a cambio de nada? [...] Agradeceré que me escriban todos aquellos que estén dispuestos a pagar».

Steve Jobs tampoco compartía la idea de que las creaciones de Wozniak —ya fuera una caja azul o un ordenador— debieran ser gratuitas. Le convenció para que dejara de regalar copias de sus esquemas. Jobs sostenía que, en cualquier caso, la mayoría de la gente no tenía tiempo para construir los diseños por su cuenta. «¿Por qué no construimos placas base ya montadas y se las vendemos?». Un ejemplo más de su simbiosis. «Cada vez que diseñaba algo grande, Steve encontraba la forma de que ganáramos dinero con ello», afirmó Wozniak. Él mismo admite que nunca habría pensado por su cuenta en algo así. «Nunca se me pasó por la cabeza vender ordenadores —recordó—. Era Steve el que proponía que los mostrásemos y que vendiéramos unos cuantos».

Jobs trazó un plan consistente en encargarle a un tipo de Atari al que conocía la impresión de cincuenta placas base. Aquello costaría unos 1.000 dólares, más los honorarios del diseñador. Podían venderlos por 40 dólares la unidad y sacar unos beneficios de aproximadamente 700 dólares. Wozniak dudaba que pudieran vender aquello. «No veía cómo íbamos a recuperar nuestra inversión», comentó. Por ese entonces tenía problemas con su casero porque le habían devuelto unos cheques, y ahora tenía que pagar el alquiler en efectivo.

Jobs sabía cómo convencer a Wozniak. No utilizó el argumento de que aquello implicaba una ganacia segura, sino que apeló a una divertida aventura. «Incluso si perdemos el dinero, tendremos una empresa propia —expuso Jobs mientras conducían en su furgoneta Volkswagen—. Por una vez en nuestra vida, tendremos una empresa». Aquello le resultaba muy atractivo a Wozniak, incluso más que la perspectiva de enriquecerse. Como él mismo relata: «Me emocionaba pensar en nosotros en esos términos, en el hecho de ser el mejor amigo del otro y crear una empresa. ¡Vaya! Me convenció al instante. ¿Cómo iba a negarme?».

Para recaudar el dinero que necesitaban, Wozniak puso a la venta su calculadora HP 65 por 500 dólares, aunque el comprador acabó regateando hasta la mitad de aquel precio. Jobs, por su parte, vendió la furgoneta Volkswagen por 1.500 dólares. Su padre le había advertido de que no la comprara, y Jobs tuvo que admitir que tenía razón. Resultó ser un vehículo decepcionante. De hecho, la persona que lo adquirió fue a buscarlo dos semanas más tarde, asegurando que el motor se había averiado. Jobs accedió a pagar la mitad del coste de la reparación. A pesar de estos pequeños contratiempos, y tras añadir sus propios y magros ahorros, ahora contaba con cerca de 1.300 dólares de capital contante y sonante, el diseño de un producto y un plan. Iban a crear su propia compañía de ordenadores.

El nacimiento de Apple

Ahora que habían decidido crear una empresa, necesitaban un nombre. Jobs había vuelto a la All One Farm, donde podó los manzanos de la variedad Gravenstein, y Wozniak fue a recogerlo al aeropuerto. Durante el camino de regreso a Los Altos, estuvieron barajando varias opciones. Consideraron algunas palabras típicas del mundo tecnológico, como «Matrix», algunos neologismos, como «Executek», y algunos nombres que eran directamente aburridísimos, como «Personal Computers Inc.». La fecha límite para la decisión era el día siguiente, momento en el que Jobs quería comenzar a tramitar el papeleo. Al final, Jobs propuso «Apple Computer». «Yo estaba siguiendo una de mis dietas de fruta —explicaría— y acababa de volver del huerto de manzanos. Sonaba divertido, enérgico y nada intimidante. "Apple" limaba las asperezas de la palabra "Computer". Además, con aquel nombre adelantaríamos a Atari en el listín telefónico». Le dijo a Wozniak que si no se les ocurría un nombre mejor antes del día siguiente por la tarde, se quedarían con «Apple». Y eso hicieron.

«Apple». Era una buena elección. La palabra evocaba al instante simpatía y sencillez. Conseguía ser a la vez poco convencional y tan normal como un trozo de tarta. Tenía una pizca de aire contracultural, de desenfado y de regreso a la naturaleza, y aun así no había nada que pudiera ser más americano que una manzana. Y las dos palabras juntas —«Apple Computer»— ofrecían una graciosa disyuntiva. «No tiene mucho sentido —afirmó Mike Markkula, que poco después se convirtió en el primer presidente de la nueva compañía—, así que obliga a tu cerebro a hacerse a la idea. ¡Las manzanas y los ordenadores no son algo que pueda combinarse! Así que aquello nos ayudó a forjar una imagen de marca».

Wozniak todavía no estaba listo para comprometerse a tiempo completo. En el fondo era un hombre entregado a la Hewlett-Packard, o eso creía, y quería conservar su puesto de trabajo allí. Jobs se dio cuenta de que necesitaba un aliado que le ayudara a ganarse a Wozniak y que tuviera un voto de calidad en caso de empate o desacuerdo, así que llamó a su amigo Ron Wayne, el ingeniero de mediana edad de Atari que tiempo atrás había fundado una empresa de máquinas recreativas.

Wayne sabía que no sería fácil convencer a Wozniak para que abandonara Hewlett-Packard, pero aquello tampoco era necesario a corto plazo. La clave estaba en convencerlo de que sus diseños de ordenadores serían propiedad de la sociedad Apple. «Woz tenía una actitud paternalista hacia los circuitos que desarrollaba, y quería ser capaz de utilizarlos para otras aplicaciones o de dejar que Hewlett-Packard los empleara —apuntó Wayne—. Jobs y yo nos dimos cuenta de que esos circuitos serían el núcleo de Apple. Pasamos dos horas celebrando una mesa redonda en mi casa, y fui capaz de convencer a Woz para que lo aceptara». Su argumento era el de que un gran ingeniero solo sería recordado si se aliaba con un gran vendedor, y aquello exigía que dedicara sus diseños a aquella empresa. Jobs quedó tan impresionado y agradecido que le ofreció a Wayne un 10% de las acciones de la nueva compañía, lo cual lo convertía dentro de Apple en una especie de equivalente al quinto Beatle. Y lo que es más importante, en alguien capaz de deshacer un empate si Jobs y Wozniak no lograban ponerse de acuerdo acerca de algún tema.

«Eran muy diferentes, pero formaban un potente equipo», afirmó Wayne. En ocasiones daba la impresión de que Jobs estaba poseído por demonios, mientras que Woz parecía un chico inocente cuyas acciones estuvieran guiadas por ángeles. Jobs tenía una actitud bravucona que lo ayudaba a conseguir sus objetivos, normalmente manipulando a otras personas. Podía ser carismático e incluso fascinante, pero también frío y brutal. Wozniak, por otra parte, era tímido y socialmente incompetente, lo que le hacía transmitir una dulzura infantil. Y Jobs añadió: «Woz es muy brillante en algunos campos, pero era casi como uno de esos sabios autistas, porque se quedaba paralizado cuando tenía que tratar con desconocidos. Formábamos una buena pareja». Ayudaba el hecho de que a Jobs le maravillaba la habilidad ingenieril de Wozniak y a Wozniak le fascinaba el sentido empresarial de Jobs. «Yo nunca quería tratar con los demás o importunar a otras personas, pero Steve podía llamar a gente a la que no conocía y conseguir que hicieran cualquier cosa —dijo Wozniak—. Podía ser brusco con aquellos a quienes no consideraba inteligentes, pero nunca fue grosero conmigo, ni siquiera en los años posteriores, en los que quizá yo no podía responder a algunas preguntas con la exactitud que él deseaba».

Incluso después de que Wozniak accediera a que su nuevo diseño para un ordenador se convirtiera en propiedad de la sociedad Apple, sintió que debía ofrecérselo primero a Hewlett-Packard, puesto que trabajaba allí. «Creía que era mi deber informar a Hewlett-Packard acerca de lo que había diseñado mientras trabajaba para ellos —afirmó Wozniak—. Aquello era lo correcto y lo más ético». Así pues, se lo presentó a su jefe y a los socios mayoritarios de la empresa en la primavera de 1976. El socio principal quedó impresionado —y parecía encontrarse ante un dilema—, pero al final dijo que aquello no era algo que Hewlett-Packard pudiera desarrollar. Aquel era un producto para aficionados a la electrónica, al menos por el momento, y no encajaba en el segmento de mercado de alta calidad al que ellos se dedicaban. «Me decepcionó —recordaba Wozniak—, pero ahora ya era libre para pasar a formar parte de Apple».

El 1 de abril de 1976, Jobs y Wozniak acudieron al apartamento de Wayne, en Mountain View, para redactar los estatutos de la empresa. Wayne aseguró tener alguna experiencia «con la documentación legal», así que redactó el texto de tres páginas él mismo. Su dominio de la jerga legal acabó por inundarlo todo. Los párrafos comenzaban con florituras varias: «Hácese notar en el presente escrito... Conste además en el documento presente... Ahora el precitado [sic], teniendo en consideración las respectivas asignaciones de los intereses habidos...». Sin embargo, la división de las participaciones y de los beneficios estaba clara (45, 45, 10%), y quedó estipulado que cualquier gasto por encima de los 100 dólares requeriría el acuerdo de al menos dos de los socios. Además, se definieron las responsabilidades de cada uno. «Wozniak debía asumir la responsabilidad principal y general del departamento de ingeniería electrónica; Jobs asumiría la responsabilidad general del departamento de ingeniería electrónica y el de marketing, y Wayne asumiría la responsabilidad principal del departamento de ingeniería mecánica y documentación». Jobs firmó con letra minúscula, Wozniak con una cuidadosa cursiva y Wayne con un garabato ilegible.

Entonces Wayne se echó atrás. Mientras Jobs comenzaba a planear cómo pedir préstamos e invertir más dinero, recordó el fracaso de su propia empresa. No quería pasar de nuevo por todo aquello. Jobs y Wozniak no tenían bienes muebles, pero Wayne (que temía la llegada de un apocalipsis financiero) guardaba el dinero bajo el colchón. Al haber constituido Apple como una sociedad comercial simple y no como una corporación, los socios eran personalmente responsables de las deudas contraídas, y Wayne temía que los potenciales acreedores fueran tras él. Así, once días más tarde regresó a la oficina de la administración del condado de Santa Clara con una «declaración de retiro» y una enmienda al acuerdo de la sociedad. «En virtud de una reevaluación de los términos acordados por y entre todas las partes —comenzaba—, Wayne dejará por la presente declaración de participar en calidad de "Socio"». El escrito señalaba que, en pago por su 10% de la compañía, recibiría 800 dólares, y poco después otros 1.500.

Si se hubiera quedado y mantenido su participación del 10%, a finales del año 2010 habría contado con una cantidad de aproximadamente 2.600 millones de dólares. En lugar de ello, en ese momento vivía solo en una pequeña casa de la población de Pahrump, en

Nevada, donde jugaba a las máquinas tragaperras y vivía gracias a los cheques de la seguridad social. Afirma que no lamenta sus actos. «Tomé la mejor decisión para mí en aquel momento —señaló—. Los dos eran un auténtico torbellino, y sabía que mi estómago no estaba listo para aquella aventura».

Poco después de firmar la creación de Apple, Jobs y Wozniak subieron juntos al estrado para realizar una presentación en el Homebrew Computer Club. Wozniak mostró una de sus placas base recién fabricadas y describió el microprocesador, los 8 kilobytes de memoria y la versión de BASIC que había escrito. También puso especial énfasis en lo que llamó el factor principal: «Un teclado que pueda ser utilizado por un ser humano, en lugar de un panel frontal absurdo y críptico con un montón de luces e interruptores». Entonces llegó el turno de Jobs. Señaló que el Apple, a diferencia del Altair, ya tenía todos los componentes esenciales integrados. Entonces planteó una pregunta desafiante: ¿cuánto estaría la gente dispuesta a pagar por una máquina tan maravillosa? Intentaba hacerles ver el increíble valor del Apple. Aquella era una floritura retórica que utilizaría en las presentaciones de sus productos a lo largo de las siguientes décadas.

El público no quedó muy impresionado. El Apple contaba con un microprocesador de saldo, no el Intel 8080. Sin embargo, una persona importante se quedó para averiguar más acerca del proyecto. Se llamaba Paul Terrell, y en 1975 había abierto una tienda de ordenadores, a la que llamaba The Byte Shop, en el Camino Real, en Menlo Park. Ahora, un año después, contaba con tres tiendas y pretendía abrir una cadena por todo el país. Jobs estuvo encantado de ofrecerle una presentación privada. «Échale un vistazo a esto —le indicó—, seguro que te encanta». Terrell quedó lo bastante impresionado como para entregarles una tarjeta de visita a Jobs y a Woz. «Seguiremos en contacto», dijo.

«Vengo a mantener el contacto», anunció Jobs al día siguiente cuando entró descalzo en The Byte Shop. Consiguió la venta. Terrell accedió a pedir cincuenta ordenadores. Pero con una condición: no solo quería circuitos impresos de 50 dólares para ser comprados y montados por los clientes. Aquello podría interesar a algunos aficionados incondicionales, pero no a la mayoría de los clientes. En vez de eso, quería que las placas estuvieran completamente montadas. A cambio, estaba dispuesto a pagarlas a 500 dólares la unidad, al contado y al recibo de la mercancía.

Jobs llamó de inmediato a Wozniak a Hewlett-Packard. «¿Estás sentado?», le preguntó. Él contestó que no. Jobs procedió, no obstante, a informarlo de las noticias. «Me quedé alucinado, completamente alucinado —recordaba Wozniak—. Nunca olvidaré aquel momento».

Para entregar el pedido, necesitaban cerca de 15.000 dólares en componentes. Allen Baum, el tercer bromista del instituto Homestead, y su padre accedieron a prestarles 5.000 dólares. Jobs trató además de pedir un préstamo en un banco de Los Altos, pero el director se le quedó mirando y, como era de esperar, denegó el crédito. A continuación se dirigió a la tienda de suministros Haltek y les ofreció una participación en el capital de la empresa a cambio de las piezas, pero el dueño pensó que eran «un par de chicos jóvenes y de aspecto desaliñado» y rechazó la oferta. Alcorn, de Atari, podía venderles los chips únicamente si pagaban al contado y por adelantado. Al final, Jobs consiguió convencer al director de Cramer Electronics para que llamara a Paul Terrell y le confirmara que, en efecto, se había comprometido a realizar un pedido por valor de 25.000 dólares. Terrell se encontraba en una conferencia cuando oyó por uno de los altavoces que había una llamada urgente para él (Jobs se había mostrado insistente). El director de Cramer le dijo que dos chicos desaliñados acababan de entrar en su despacho agitando un pedido de la Byte Shop. ¿Era auténtico? Terrell le confirmó que así era, y la tienda accedió a adelantarle treinta días las piezas a Jobs.

EL GRUPO DEL GARAJE

La casa de los Jobs en Los Altos se convirtió en el centro de montaje de las cincuenta placas del Apple I que debían ser entregadas en la Byte Shop antes de treinta días, que era cuando debían realizar el pago de los componentes empleados. Se reclutaron todas las manos disponibles: Jobs y Wozniak, pero también Daniel Kottke y su ex novia, Elizabeth Holmes (huida de la secta a la que anteriormente se había unido), además de la hermana embarazada de Jobs, Patty. La habitación vacía de esta última, el garaje y la mesa de la cocina fueron ocupados como espacio de trabajo. A Holmes, que había asistido a clases de joyería, se le asignó la tarea de soldar los chips. «La mayoría de ellos se me dieron bien, pero a veces caía un poco de fundente sobre alguno», comentó. Aquello no agradaba a Jobs. «No podemos permitirnos perder ni un chip», le recriminó acertadamente. La reasignó a la labor de llevar las cuentas y el papeleo en la mesa de la cocina, y se dispuso a realizar las soldaduras él mismo. Cada vez que completaban una placa, se la pasaban a Wozniak. «Yo conectaba el circuito montado y el teclado en el televisor para comprobar si funcionaba —recordaba—. Si todo iba bien, lo colocaba en una caja, y si no, trataba de averiguar qué pata no estaba bien metida en su agujero».

Paul Jobs dejó de reparar coches viejos para que los chicos de Apple pudieran disponer de todo el garaje. Colocó un viejo banco de trabajo alargado, colgó un esquema del ordenador en el nuevo tabique de yeso que había construido y dispuso hileras de cajones etiquetados para los componentes. También construyó una caja metálica bañada con lámparas de calor para que pudieran poner a prueba los circuitos, haciéndolos funcionar toda la noche a altas temperaturas. Cuando se producía un estallido de cólera ocasional, algo que no era infrecuente en el caso de su hijo, Paul Jobs le transmitía su tranquilidad. «¿Cuál es el problema? —solía decir—. ¿Y a ti qué mosca te ha picado?». A cambio, les pedía de vez en cuando que le devolvieran el televisor, que era el único que había en casa, para poder ver el final de algún partido de fútbol. Durante alguno de esos descansos, Jobs y Kottke salían al jardín a tocar la guitarra.

A su madre no le importó perder la mayor parte de su casa, llena de montones de piezas y de gente invitada, pero en cambio le frustraban las dietas cada vez más quisquillosas de su hijo. «Ella ponía los ojos en blanco ante sus últimas obsesiones alimentarias —recuerda Holmes—. Solo quería que estuviera sano, y él seguía realizando extrañas afirmaciones como "soy frutariano y solo comeré hojas recogidas por vírgenes a la luz de la luna"».

Después de que Wozniak diera su aprobación a una docena de circuitos montados, Jobs los llevó a la Byte Shop. Terrell quedó algo desconcertado. No había fuente de alimentación, carcasa, pantalla ni teclado. Esperaba algo más acabado. Sin embargo, Jobs se le quedó mirando fijamente hasta que accedió a aceptar el pedido y pagarlo.

A los treinta días, Apple estaba a punto de ser rentable. «Éramos capaces de montar los circuitos a un coste menor de lo que pensábamos, porque conseguí un buen acuerdo sobre el precio de los componentes —recordaba Jobs—, así que los cincuenta que le vendimos a la Byte Shop casi cubrieron el coste de un centenar completo». Ahora podían obtener un gran beneficio al venderles los restantes cincuenta circuitos a sus amigos y a los compañeros del Homebrew Club.

Elizabeth Holmes se convirtió oficialmente en la contable a tiempo parcial por 4 dólares la hora, y venía desde San Francisco una vez a la semana para tratar de averiguar cómo trasladar los datos de la chequera de Jobs a un libro de contabilidad. Para parecer una auténtica empresa, Jobs contrató un servicio de contestador telefónico que después llamaba a su madre para transmitirle los mensajes. Ron Wayne dibujó un logotipo basándose en las florituras de los libros ilustrados de ficción de la época victoriana, donde aparecía Newton sentado bajo un árbol y una cita de Wordsworth: «Una mente siempre viajando a través de extraños mares de pensamientos, sola». Era un lema bastante peculiar: encajaba más en la imagen que el propio Ron Wayne tenía de sí mismo que en Apple Computer. Es probable que la descripción de Wordsworth de los participantes en la Revolución francesa hubiera sido una cita mejor: «¡Dicha estar vivo en ese amanecer, / pero ser joven era el mismo cielo!». Tal y como Wozniak comentó después con regocijo, «pensé que estábamos participado en la mayor revolución de la historia, y me hacía muy feliz formar parte de ella».

Woz ya había comenzado a pensar en la siguiente versión de la máquina, así que empezaron a llamar a aquel modelo el Apple I. Jobs y Woz iban recorriendo el Camino Real arriba y abajo mientras trataban de convencer a las tiendas de electrónica para que lo vendieran. Además de las cincuenta unidades comercializadas por la Byte Shop y de las cincuenta que habían vendido personalmente a sus amigos, estaban construyendo cien más para tiendas al por menor. Como era de esperar, sus impulsos eran contradictorios: Wozniak quería vender los circuitos por el precio aproximado que les costaba fabricarlos, mientras que Jobs pensaba en sacar un claro beneficio. Jobs se salió con la suya. Eligió un precio de venta tres veces mayor de lo que costaba montar los circuitos, además de fijar un margen del 33% sobre el precio de venta al por mayor de 500 dólares que pagaban Terrell y las otras tiendas. El resultado era de 666,66 dólares. «Siempre me gustó repetir dígitos —comentó Wozniak—. El número de teléfono de mi servicio de chistes pregrabados era el 255-6666». Ninguno de ellos sabía que en el Libro de las Revelaciones el 666 era el «número de la bestia», pero pronto tuvieron que enfrentarse a varias quejas, especialmente después de que el 666 apareciera en el éxito cinematográfico de aquel año, *La profecía*. (En 2010 se vendió, en una subasta en Christie's, uno de los modelos originales del Apple I por 213.000 dólares.)

El primer artículo sobre la nueva máquina apareció en el número de julio de 1976 de *Interface*, una revista para aficionados a la electrónica hoy desaparecida. Jobs y sus amigos seguían construyéndolas a mano en su casa, pero el artículo se refería a él como «director de marketing» y «antiguo consultor privado para Atari». Aquello hacía que Apple sonara como una empresa de verdad. «Steve se comunica con muchos de los clubes informáticos para tomarle el pulso a esta joven industria —señalaba el artículo, y lo citaba mientras este explicaba—: "Si podemos estar al día con sus necesidades, sus sensaciones y sus motivaciones, podemos responder de forma adecuada y darles lo que quieren"».

Para entonces ya contaban con otros competidores, además del Altair, entre los que destacaban el IMSAI 8080 y el SOL-20, de la Processor Technology Corporation. Este último lo habían diseñado Lee Felsenstein y Gordon French, del Homebrew Computer Club. Todos tuvieron la oportunidad de presentar su trabajo durante el puente del Día del Trabajo de 1976, cuando se celebró la primera Feria Anual de los Ordenadores Personales en un viejo hotel del paseo marítimo de Atlantic City, en Nueva Jersey, que por aquel entonces había entrado en franca decadencia. Jobs y Wozniak se embarcaron en un vuelo de la Trans World Airlines a Filadelfia, llevando consigo una caja de puros que contenía el Apple I y otra con el prototipo del sucesor de aquella máquina en el que Woz estaba trabajando. Sentado en la fila de atrás se encontraba Felsenstein, que echó un vistazo al Apple I y aseguró que era «completamente mediocre». A Wozniak le enervó profundamente la conversación que tenía lugar en la fila trasera. «Podíamos oír cómo hablaban con una jerga empresarial muy rebuscada —recordaba—, y cómo utilizaban acrónimos comerciales que nosotros nunca habíamos oído antes».

Wozniak pasó la mayor parte del tiempo en la habitación del hotel, trasteando con su nuevo prototipo. Era demasiado tímido para plantarse tras la mesa plegable que le habían asignado a Apple al fondo de la sala de exposiciones. Daniel Kottke, que había llegado en tren desde Manhattan, donde asistía a clases en la Universidad de Columbia, presidía la mesa, mientras Jobs daba una vuelta para echarles un vistazo a sus competidores. Lo que vio no le impresionó. Estaba seguro de que Wozniak era el mejor ingeniero de circuitos y de que el Apple I (así como su sucesor, con total seguridad) podría superar a sus adversarios en materia de funcionalidad. Sin embargo, el SOL-20 tenía un mejor aspecto. Contaba con una elegante carcasa metálica, y venía provisto de teclado y cables. Parecía que lo hubieran construido unos adultos. El Apple I, en cambio, tenía un aspecto tan desaliñado como sus creadores.

6

El Apple II

El amanecer de una nueva era

UN PAQUETE INTEGRADO

Cuando Jobs salió del recinto de la feria, se dio cuenta de que Paul Terrell, de la Byte Shop, tenía razón: los ordenadores personales debían venir en un paquete completo. Decidió que el siguiente Apple necesitaba tener su buena carcasa, un teclado conectado y estar totalmente integrado, desde la fuente de alimentación hasta el software pasando por la pantalla. «Mi objetivo era crear el primer ordenador completamente preparado —recordaba—. Ya no estábamos tratando de llegar a un puñado de aficionados a la informática a los que les gustaba montar sus propios ordenadores, y comprar transformadores y teclados. Por cada uno de ellos había un millar de personas deseosas de que la máquina estuviera lista para funcionar».

En su habitación de hotel, ese puente del Día del Trabajo de 1976 Wozniak trabajaba en el prototipo del nuevo aparato —que pasó a llamarse Apple II—, el que Jobs esperaba que los llevara a un nuevo nivel. Solo sacaron el prototipo en una ocasión, a altas horas de la noche, para probarlo en un proyector de televisión en color de una de las salas de conferencias. Wozniak había descubierto una ingeniosa manera de hacer que los chips empleados generasen colores, y quería saber si funcionaría proyectado sobre una pantalla como las del cine. «Supuse que un proyector tendría un circuito de colores diferente que bloquearía el método diseñado por mí —comentó—. Pero conecté el Apple II a aquel proyector y funcionó perfectamente». Mientras iba tecleando, aparecieron líneas y volutas llenas de color en la pantalla situada en el otro extremo de la sala. La única persona ajena a Apple que vio aquel primer prototipo fue un empleado del hotel. Aseguró que, después de haberle echado un vistazo a todas las máquinas, esa era la que él se compraría.

Para producir el Apple II completo hacían falta importantes cantidades de capital, así que consideraron la posibilidad de venderle los derechos a una compañía de mayor tamaño. Jobs fue a ver a Al Alcorn y le pidió que le dejara presentar el producto a los directores de Atari. Organizó una reunión con el presidente de la compañía, Joe Keenan, que era mucho más conservador que Alcorn y Bushnell. «Steve se dispuso a presentarle el producto, pero Joe no podía soportarlo —recordaba Alcorn—. No le hizo gracia la higiene de Steve». Jobs, que iba descalzo, en un momento dado puso los pies encima de la mesa. «¡No solo no vamos a comprar este cacharro —gritó Keenan—, sino que vas a quitar los pies de mi mesa!». Alcorn recuerda que pensó: «Bueno, se acabó lo que se daba».

En septiembre Chuck Peddle, de la compañía de ordenadores Commodore, visitó la casa de Jobs para una presentación del producto. «Abrimos el garaje de Steve para que entrase la luz del sol, y él llegó vestido con traje y un sombrero de vaquero», recordaba Wozniak. A Peddle le encantó el Apple II, y montó una presentación para sus jefes unas semanas más tarde en la sede central de Commodore. «Es probable que queráis comprarnos por unos cuantos cientos de miles de dólares», afirmó Jobs cuando llegaron allí. Wozniak recuerda que quedó desconcertado ante aquella «ridícula» sugerencia, pero Jobs se mantuvo en sus trece. Los jefazos de Commodore llamaron unos días más tarde para informarles de su decisión: les resultaría más barato construir sus propias máquinas. A Jobs aquello no le sentó mal. Había inspeccionado las instalaciones de Commodore y había sacado la conclusión de que sus jefes «no tenían buena pinta». Wozniak no lamentó el dinero perdido, pero su sensibilidad de ingeniero se vio herida cuando la compañía sacó al mercado el Commodore PET nueve meses más tarde. «Aquello me puso algo enfermo —afirmó—. Habían sacado un producto que, por las prisas, era una basura. Podrían haber tenido a Apple».

Aquel breve coqueteo con Commodore sacó a la superficie un conflicto potencial entre Jobs y Wozniak: ¿estaba realmente igualada la aportación de ambos a Apple y lo que debían obtener a cambio? Jerry Wozniak, que valoraba a los ingenieros muy por encima de los empresarios y los vendedores, pensaba que la mayor parte de los beneficios debían corresponder a su hijo. Y así se lo dijo a Jobs cuando este fue a verle a su casa. «No te mereces una mierda —acusó a Jobs—. Tú no has producido nada». Jobs comenzó a llorar, lo que no resultaba inusual. Nunca había sido, ni sería, partidario de contener sus emociones. Jobs le dijo a Wozniak que estaba dispuesto a disolver la sociedad. «Si no vamos al cincuenta por ciento —le dijo a su amigo— puedes quedarte con todo». Wozniak, sin embargo, comprendía mejor que su padre la simbiosis entre ambos. Si no hubiera sido por Jobs, tal vez seguiría en las reuniones del Homebrew Club, repartiendo gratis los esquemas de sus circuitos. Era Jobs quien había convertido su genio obsesivo en un negocio floreciente, al igual que había hecho con la caja azul. Estuvo de acuerdo en que debían seguir siendo socios.

Aquella fue una decisión inteligente. Lograr que el Apple II tuviera éxito requería algo más que las increíbles habilidades de Wozniak como diseñador de circuitos. Sería necesario comercializarlo como un producto completamente integrado y listo para el consumidor, y aquella era tarea de Jobs.

Comenzó por pedirle a su antiguo compañero Ron Wayne que diseñara una carcasa. «Supuse que no tenían dinero, así que preparé una que no necesitaba herramientas y que podía fabricarse en cualquier taller de metalistería», comentó. Su diseño requería una carcasa de plexiglás sujeta con tiras metálicas y una puerta deslizante que cubría el teclado.

A Jobs no le gustó. Quería un diseño sencillo y elegante, que esperaba que diferenciara al Apple de las demás máquinas, con sus toscas cubiertas grises y metálicas. Mientras rebuscaba por los pasillos de electrodomésticos de una tienda Macy's, quedó sorprendido por los robots de cocina de la marca Cuisinart. Decidió que quería una carcasa elegante y ligera moldeada en plástico, así que, durante una de las reuniones del Homebrew Club, le ofreció a un asesor local, Jerry Manock, 1.500 dólares por diseñar una. Manock, que no se fiaba de Jobs por su aspecto, pidió el dinero por adelantado. Jobs se negó, pero Manock aceptó el trabajo de todas formas. En unas semanas había creado una sencilla carcasa de plástico moldeado sobre espuma que no parecía nada recargada y que irradiaba simpatía. Jobs estaba encantado.

El siguiente paso era la fuente de alimentación. Los obsesos de la electrónica digital como Wozniak le prestaban poca atención a algo tan analógico y mundano, pero Jobs sabía que aquel era un componente clave. Concretamente, lo que se proponía —una constante durante toda su carrera— era suministrar electricidad sin que hiciera falta un ventilador. Los ventiladores de los ordenadores no eran nada zen. Suponían una distracción. Jobs se pasó por Atari para discutirlo con Alcorn, familiarizado con las viejas instalaciones eléctricas. «Al me remitió a un tipo brillante llamado Rod Holt, un marxista y fumador empedernido que había pasado por muchos matrimonios y que era experto en todo», recordaba Jobs. Al igual que Manock y muchos otros al encontrarse con Jobs por primera vez, Holt le echó un vistazo y se mostró escéptico. «Soy caro», aseguró. Jobs sabía que aquello merecería la pena, y le hizo ver que el dinero no era un problema. «Sencillamente, me embaucó para que trabajara para él», comentó Holt. Acabaría trabajando para Apple a tiempo completo.

En lugar de una fuente de alimentación lineal convencional, Holt construyó una versión conmutada como la que se utiliza en los osciloscopios y otros instrumentos. Aquello significaba que el suministro eléctrico no se encendía y apagaba sesenta veces por segundo, sino miles de veces, lo que permitía almacenar la energía durante un tiempo mucho menor, y por lo tanto desprendía menos calor. «Aquella fuente de alimentación conmutada fue tan revolucionaria como la placa lógica del Apple II —declaró posteriormente Jobs—. A Rod no le reconocen lo suficiente este mérito en los libros de historia, pero deberían. Todos los ordenadores actuales utilizan fuentes de alimentación conmutadas, y todas son una copia del diseño de Rod». A pesar de toda la brillantez de Wozniak, esto no es algo que él pudiera haber hecho. «Yo apenas sabía lo que era una fuente de alimentación conmutada», reconoció.

Paul Jobs le había enseñado en una ocasión a su hijo que la búsqueda de la perfección implicaba preocuparse incluso del acabado de las piezas que no estaban a la vista, y Steve aplicó aquella idea a la presentación de la placa base del Apple II; rechazó el diseño inicial porque las líneas no eran lo suficientemente rectas. Pero esta pasión por la perfección lo llevó a exacerbar sus ansias de controlarlo todo. A la mayoría de los aficionados a la electrónica y a los *hackers* les gustaba personalizar, modificar y conectar distintos elementos a sus ordenadores. Sin embargo, en opinión de Jobs, aquello representaba una amenaza para una experiencia integral y sin sobresaltos por parte de los usuarios. Wozniak, que en el fondo tenía alma de *hacker*, no estaba de acuerdo. Quería incluir ocho ranuras en el Apple II para que los usuarios pudieran insertar todas las placas de circuitos de menor tamaño y todos los periféricos que quisieran. Jobs insistió en que solo fueran dos, una para una impresora y otra para un módem. «Normalmente soy muy fácil de tratar, pero esta vez le dije: "Si eso es lo que quieres, vete y búscate otro ordenador" —recordaba Wozniak—. Sabía que la gente como yo acabaría por construir elementos que pudieran añadir a cualquier ordenador». Wozniak ganó la discusión aquella vez, pero podía sentir cómo su poder menguaba. «En aquel momento me encontraba todavía en una posición en la que podía hacer algo así. Ese no sería siempre el caso».

MIKE MARKKULA

Todo esto requería dinero. «La preparación de aquella carcasa de plástico iba a costar cerca de 100.000 dólares —señaló Jobs—, y llevar todo aquel diseño a la etapa de producción nos iba a costar unos 200.000 dólares». Volvió a visitar a Nolan Bushnell, en esta ocasión para pedirle que invirtiera algo de dinero y aceptara una participación minoritaria en la compañía. «Me pidió que pusiera 50.000 dólares y a cambio me entregaría un tercio de la compañía —comentó Bushnell—. Yo fui listísimo y dije que no. Ahora hasta me resulta divertido hablar de ello, cuando no estoy ocupado llorando».

Bushnell le sugirió a Jobs que probara suerte con un hombre franco y directo, Don Valentine, un antiguo director de marketing de la compañía National Semiconductor que había fundado Sequoia Capital, una de las primeras entidades de capital riesgo. Valentine llegó al garaje de Jobs a bordo de un Mercedes y vestido con traje azul, camisa y una elegante corbata. Bushnell recordaba que Valentine lo llamó justo después para preguntarle, solo medio en broma: «¿Por qué me has enviado a ver a esos renegados de la especie humana?». Valentine afirmó que no recordaba haber dicho tal cosa, pero admitió que pensó que el aspecto y el olor de Jobs eran más bien extraños. «Steve trataba de ser la personificación misma de la contracultura —comentó—. Llevaba una barba rala, estaba muy delgado y se parecía a Ho Chi Minh».

En todo caso, Valentine no se había convertido en un destacado inversor de Silicon Valley por fiarse de las apariencias. Lo que más le preocupaba era que Jobs no sabía nada de marketing, y que parecía dispuesto a ir vendiendo su producto por las tiendas de una en una. «Si quieres que te financie —le dijo Valentine— necesitas contar con una persona como socio que comprenda el marketing y la distribución y que pueda redactar un plan de negocio». Jobs tendía a mostrarse o cortante o solícito cuando personas mayores que él le daban consejos. Con Valentine sucedió esto último. «Envíame a tres posibles candidatos», contestó. Valentine lo hizo, Jobs los entrevistó y conectó bien con uno de ellos, un hombre llamado Mike Markkula. Este acabaría por desempeñar una función crucial en Apple durante las dos décadas siguientes.

Markkula solo tenía treinta y tres años, pero ya se había retirado después de trabajar primero en Fairchild y luego en Intel, donde había ganado millones con sus acciones cuando el fabricante de chips salió a la Bolsa. Era un hombre cauto y astuto, con los gestos precisos de alguien que hubiera practicado la gimnasia en el instituto. Poseía un gran talento a la hora de diseñar políticas de precios, redes de distribución, estrategias de marketing y sistemas de control de finanzas. Y a pesar de su carácter un tanto reservado, también exhibía un lado ostentoso a la hora de disfrutar de su recién amasada fortuna. Se había construido él mismo una casa en el lago Tahoe, y después una inmensa mansión en las colinas de Woodside. Cuando se presentó para su primera reunión en el garaje de Jobs, no conducía un Mercedes oscuro como Valentine, sino un bruñidísimo Corvette descapotable dorado. «Cuando llegué al garaje, Woz estaba sentado a la mesa de trabajo y enseguida me enseñó orgulloso el Apple II —recordaría Markkula—. Yo pasé por alto el hecho de que los dos chicos necesitaban un corte de pelo, y quedé sorprendido con lo que vi en aquella mesa. Para el corte de pelo siempre habría tiempo».

A Jobs, Markkula le gustó al instante. «Era de baja estatura, y no lo habían tenido en cuenta para la dirección de marketing en Intel, lo cual, sospecho, influía en que quisiera demostrar su valía». A Jobs le pareció también un hombre decente y de fiar. «Se veía que no iba a jugártela aunque pudiera. Era persona con valores morales». Wozniak quedó igualmente impresionado. «Pensé que era la persona más agradable que había conocido —aseguró—, ¡y lo mejor de todo es que le gustaba nuestro producto!».

Markkula le propuso a Jobs que desarrollaran juntos un plan de negocio. «Si el resultado es bueno, invertiré en ello —ofreció—, y si no, habrás conseguido gratis algunas semanas de mi tiempo». Jobs comenzó a acudir por las tardes a casa de Markkula, donde barajaban diferentes proyecciones financieras y se quedaban hablando hasta bien entrada la noche. «Realizábamos muchas suposiciones, como la de cuántos hogares querrían tener un ordenador personal, y había noches en las que nos quedábamos discutiendo hasta las cuatro de la madrugada», recordaba Jobs. Markkula acabó redactando la mayor parte del plan. «Steve solía decirme que me traería un apartado u otro en la siguiente ocasión, pero por lo general no lo entregaba a tiempo, así que acabé haciéndolo yo».

El plan de Markkula consistía en llegar más allá del mercado de los aficionados a la tecnología. «Hablaba de cómo introducir el ordenador en casas normales, con gente normal, para que hicieran cosas como almacenar sus recetas favoritas o controlar sus cuentas de gastos», recordaba Wozniak. Markkula realizó una predicción muy audaz: «Vamos a ser una de las quinientas empresas más importantes en la lista de *Fortune* dentro de dos años. Este es el comienzo de toda una industria. Es algo que ocurre una vez en una década». A Apple le hicieron falta siete años para entrar en la lista de *Fortune*, pero la esencia de la predicción de Markkula resultó ser cierta.

Markkula se ofreció a avalar una línea de crédito de hasta 250.000 dólares a cambio de recibir un tercio de las participaciones de la empresa. Apple debía constituirse como corporación, y tanto él como Jobs y Wozniak recibirían cada uno el 26% de las acciones. El resto se reservaría para atraer a futuros inversores. Los tres se reunieron en la cabaña situada junto a la piscina de Markkula y firmaron el trato. «Me parecía improbable que Mike volviera a ver alguna vez sus 250.000 dólares, y me impresionó que estuviera dispuesto a arriesgarse», recordaba Jobs.

Ahora era necesario convencer a Wozniak para que se dedicara a Apple a tiempo completo. «¿Por qué no puedo hacer esto como segundo trabajo y seguir en Hewlett-Packard como un empleo asegurado para el resto de mi vida?», preguntó. Markkula dijo que aquello no iba a funcionar, y le fijó una fecha límite a los pocos días para que se decidiera. «Crear una empresa me provocaba mucha inseguridad: me iban a pedir que diera órdenes a los demás y controlara su trabajo —comentó Wozniak—. Y yo sabía desde mucho tiempo atrás que nunca me iba a convertir en alguien autoritario». Por consiguiente, se dirigió a la cabaña de Markkula y aseguró que no pensaba abandonar Hewlett-Packard.

Markkula se encogió de hombros y dijo que de acuerdo, pero Jobs se enfadó mucho. Llamó a Wozniak para tratar de engatusarlo. Le pidió a algunos amigos que intentaran convencerlo. Gritó, chilló e incluso estalló un par de veces. Llegó a ir a casa de los padres de Wozniak, rompió a llorar y pidió la ayuda de Jerry Wozniak. Para entonces, el padre de Woz se había dado cuenta de que apostar por el Apple II implicaba la posibilidad de ganar mucho dinero, y se unió a la causa de Jobs. «Comencé a recibir llamadas en casa y en el trabajo de mi padre, mi madre, mi hermano y varios amigos —afirmó Wozniak—. Todos ellos me decían que había tomado la decisión equivocada». Nada de aquello surtió efecto. Hasta que Allen Baum —su compañero del club Buck Fry en el instituto Homestead— lo llamó. «Sí que deberías lanzarte y hacerlo», le dijo. Agregó que si entraba a trabajar a tiempo completo en Apple no tendría que ascender a puestos de dirección ni dejar de ser un ingeniero. «Aquello era exactamente lo que yo necesitaba oír —afirmó Wozniak—. Podía quedarme en la escala más baja del organigrama de la empresa, como ingeniero». Llamó a Jobs y le comunicó que ya estaba listo para embarcarse en el proyecto.

El 3 de enero de 1977, se creó oficialmente la nueva corporación, Apple Computer Co., que procedió a absorber la antigua sociedad formada por Jobs y Wozniak nueve meses antes. Poca gente tomó nota de aquello. Aquel mes, el Homebrew Club realizó una encuesta entre sus miembros y se vio que, de los 181 asistentes que poseían un ordenador personal, solo seis tenían un Apple. Jobs estaba convencido, no obstante, de que el Apple II cambiaría aquella situación.

Markkula se convirtió en una figura paterna para Jobs. Al igual que su padre adoptivo, estimulaba su gran fuerza de voluntad, y al igual que su padre biológico, acabó por abandonarlo. «Markkula representó para Steve una relación paternofilial tan fuerte como cualquier otra que este hubiera tenido», afirmó el inversor de capital riesgo Arthur Rock. Markkula comenzó a enseñarle a Jobs el mundo del marketing y las ventas. «Mike me tomó bajo su ala —dijo Jobs—. Sus valores eran muy similares a los míos. Siempre subrayaba que nunca se debía crear una empresa para hacerse rico. La meta debía ser producir algo en lo que creyeras y crear una compañía duradera».

Markkula escribió sus valores en un documento de una hoja, y lo tituló: «La filosofía de marketing de Apple», en el que se destacaban tres puntos. El primero era la empatía, una conexión íntima con los sentimientos del cliente. «Vamos a comprender sus necesidades mejor que ninguna otra compañía». El segundo era la concentración. «Para realizar un buen trabajo en aquello que decidamos hacer, debemos descartar lo que resulte irrelevante». El tercer y último valor, pero no por ello menos importante, recibía el incómodo nombre de «atribución». Tenía que ver con cómo la gente se forma una opinión sobre una compañía o un producto basándose en las señales que estos emiten. «La gente sí que juzga un libro por su cubierta —escribió—. Puede que tengamos el mejor producto, la mayor calidad, el software más útil, etcétera; pero si le ofrecemos una presentación chapucera, la gente pensará que es una chapuza; si lo presentamos de forma creativa y profesional, le estaremos atribuyendo las cualidades deseadas».

Durante el resto de su carrera, Jobs se preocupó, a veces de forma obsesiva, por el marketing y la imagen, e incluso por los detalles del empaquetado. «Cuando abres la caja de un iPhone o de un iPad, queremos que la experiencia táctil establezca la tónica de cómo vas a percibir el producto —declaró—. Mike me enseñó aquello».

REGIS MCKENNA

Un primer paso en el proceso era convencer al principal publicista del valle, Regis McKenna, para que se incorporara a Apple. McKenna, que provenía de Pittsburgh, de una familia numerosa de clase trabajadora, tenía metida en los huesos una dureza fría como el acero, pero la disfrazaba con su encanto. Tras abandonar los estudios universitarios, había trabajado para compañías como Fairchild y National Semiconductor antes de crear su propia empresa de relaciones públicas y publicidad. Sus dos especialidades eran organizar entrevistas exclusivas entre sus clientes y periodistas de su confianza, y diseñar memorables campañas publicitarias que sirvieran para crear imagen de marca con productos como los microchips. Una de aquellas campañas consistía en una serie de coloridos anuncios de prensa para Intel en los que aparecían coches de carreras y fichas de póker, en lugar de los habituales e insulsos gráficos de rendimiento. Aquellos anuncios llamaron la atención de Jobs. Telefoneó a Intel y les preguntó quién los había creado. «Regis McKenna», le dijeron. «Yo les pregunté qué era un Regis McKenna —comentó Jobs—, y me dijeron que era una persona». Cuando Jobs lo llamó, no logró ponerse en contacto con McKenna. En vez de eso lo pasaron con Frank Burge, un director de contabilidad, que trató de deshacerse de él. Jobs siguió llamando casi a diario.

Cuando Burge finalmente accedió a conducir hasta el garaje de Jobs, recuerda que pensó: «Madre de dios, este tío es un chalado. A ver cuándo puedo largarme y dejar a este payaso sin parecer grosero». Pero entonces, mientras tenía enfrente a aquel Jobs melenudo y sin lavar, se le pasaron por la mente dos ideas: «Primero, que era un joven increíblemente inteligente, y segundo, que no entendía ni la centésima parte de lo que me estaba contando».

Así pues, los dos jóvenes recibieron una invitación para reunirse con «Regis McKenna, en persona», tal y como rezaban sus atrevidas tarjetas de visita. En esta ocasión fue Wozniak, tímido por lo general, quien se mostró irritable. Tras echarle un vistazo a un artículo que el ingeniero estaba escribiendo sobre Apple, McKenna sugirió que era demasiado técnico y que había que aligerarlo un poco. «No quiero que ningún relaciones públicas me toque ni una coma», reaccionó Wozniak con brusquedad. A lo que McKenna respondió que entonces había llegado el momento de que se largaran de su despacho. «Pero Steve me llamó inmediatamente y aseguró que quería volver a reunirse conmigo —recordaba McKenna—. Esta vez vino sin Woz, y conectamos perfectamente».

McKenna puso a su equipo a trabajar en los folletos para el Apple II. Lo primero que necesitaban era sustituir el logotipo de Ron Wayne, con su estilo ornamentado de un grabado de la época victoriana, que iba en contra del estilo publicitario colorido y travieso de McKenna. Así pues, Rob Janoff, uno de los directores artísticos, recibió el encargo de crear una nueva imagen. «No quiero un logotipo mono», ordenó Jobs. Janoff les presentó la silueta de una manzana en dos versiones, una de ellas completa y la otra con un mordisco. La primera se parecía demasiado a una cereza, así que Jobs eligió aquella a la que le faltaba un trozo. La versión elegida incluía también en la silueta seis franjas de colores en tonos psicodélicos que iban desde el verde del campo al azul del cielo, a pesar de que aquello encarecía notablemente la impresión del logotipo. Encabezando el folleto, McKenna colocó una máxima que a menudo se atribuye a Leonardo da Vinci, y que se convirtió en el precepto fundamental de la filosofía del diseño de Jobs: «La sencillez es la máxima sofisticación».

LA PRIMERA Y ESPECTACULAR PRESENTACIÓN

La presentación del Apple II estaba programada para coincidir con la primera Feria de Ordenadores de la Costa Oeste, que iba a celebrarse en abril de 1977 en San Francisco. Había sido organizada por un incondicional del Homebrew Club, Jim Warren, y Jobs reservó un hueco para Apple en cuanto recibió el paquete con la información. Quería asegurarse un puesto justo a la entrada del recinto como manera espectacular de presentar el Apple II, así que sorprendió a Wozniak al adelantar 5.000 dólares. «Steve aseguró que esta era nuestra gran presentación —afirmó Wozniak—. Íbamos a mostrarle al mundo que teníamos una gran máquina y una gran compañía».

Aquella era la puesta en práctica del principio de Markkula según el cual resultaba importante que todos te «atribuyeran» grandeza causando una impresión memorable en la gente, especialmente a la hora de presentar un producto nuevo. Esta idea quedó reflejada en el cuidado que puso Jobs con la zona de exposición de Apple. Otros expositores contaban con mesas plegables y tablones para colocar sus carteles. Apple dispuso un mostrador cubierto de terciopelo rojo y un gran panel de plexiglás retroiluminado con el nuevo logotipo de Janoff. Expusieron los tres únicos Apple II terminados, pero apilaron cajas vacías para dar la impresión de que tenían muchos más disponibles.

Jobs se enfureció cuando vio que las carcasas de los ordenadores presentaban diminutas imperfecciones, así que mientras llegaban a la feria les ordenó a los empleados de la empresa que las lijaran y pulieran. El principio de la atribución llegó incluso al extremo de adecentar a Jobs y a Wozniak. Markkula los envió a un sastre de San Francisco para que les hiciera unos trajes de tres piezas que les conferían un aspecto algo ridículo, como un adolescente con chaqué. «Markkula nos explicó que tendríamos que ir bien vestidos, qué aspecto debíamos presentar, cómo debíamos comportarnos», recordaba Wozniak.

El esfuerzo mereció la pena. El Apple II parecía un producto sólido y a la vez agradable, con su elegante carcasa beis, a diferencia de las intimidantes máquinas recubiertas de metal o las placas desnudas que se veían en otras mesas. Apple recibió trescientos pedidos durante la feria, y Jobs llegó incluso a conocer a un fabricante textil japonés, Mizushima Satoshi, que se convertiría en el primer vendedor de Apple en aquel país.

Pero ni siquiera la ropa elegante y las instrucciones de Markkula sirvieron para evitar que el irrefrenable Wozniak gastara algunas bromas. Uno de los programas que presentó trataba de adivinar la nacionalidad de la gente a partir de sus apellidos, y a continuación mostraba los típicos chistes sobre el país en cuestión. También creó y distribuyó el prospecto falso de un nuevo ordenador llamado «Zaltair», con todo tipo de superlativos y clichés publicitarios del estilo: «Imagínate un coche con cinco ruedas...». Jobs cayó en el engaño e incluso se enorgulleció de que el Apple II superase al Zaltair en la tabla comparativa. No supo quién había sido el autor de la broma hasta ocho años más tarde, cuando Woz le entregó una copia enmarcada del folleto como regalo de cumpleaños.

MIKE SCOTT

Apple era ya una auténtica compañía, con una docena de empleados, una línea de crédito abierta y las presiones diarias causadas por los clientes y proveedores. Incluso habían salido del garaje de Jobs para mudarse a una oficina de alquiler en el Stevens Creek Boulevard de Cupertino, a algo más de un kilómetro del instituto al que asistieron Jobs y Wozniak.

Jobs no llevaba nada bien sus crecientes responsabilidades. Siempre había sido temperamental e irritable. En Atari, su comportamiento lo había relegado al turno de noche, pero en Apple aquello no era posible. «Se volvió cada vez más tiránico y cruel con sus críticas —aseguró Markkula—. Le decía a la gente cosas como: "Ese diseño es una mierda"». Era particularmente duro con Randy Wigginton y Chris Espinosa, los jóvenes programadores de Wozniak. «Steve entraba, le echaba un vistazo a lo que yo hubiera hecho y me decía que era una mierda sin tener ni idea de lo que era o de por qué lo había hecho», afirmó Wigginton, que por entonces acababa de terminar el instituto.

También estaba el problema de la higiene. Jobs seguía convencido, contra toda evidencia, de que sus dietas vegetarianas le ahorraban la necesidad de utilizar desodorante o ducharse con regularidad. «Teníamos que ponerlo literalmente en la puerta y obligarle a que fuera a ducharse —comentó Markkula—. Y en las reuniones nos tocaba contemplar sus pies sucios». En ocasiones, para aliviar el estrés, se remojaba los pies en el inodoro, una práctica que no producía el mismo efecto en sus colegas.

Markkula rehuía la confrontación, así que decidió contratar a un presidente, Mike Scott, para que ejerciera un control más estricto sobre Jobs. Markkula y Scott habían entrado a trabajar en Fairchild el mismo día de 1967, sus despachos se encontraban puerta con puerta y su cumpleaños, el mismo día, lo celebraban juntos todos los años. Durante la comida de celebración en febrero de 1977, cuando Scott cumplía treinta y dos años, Markkula le propuso ser el nuevo presidente de Apple.

Sobre el papel, parecía una gran elección. Era responsable de una línea de productos en National Semiconductor, y tenía la ventaja de ser un directivo que comprendía el campo de la ingeniería. En persona, no obstante, presentaba algunas peculiaridades. Tenía exceso de peso, varios tics y problemas de salud, y tendía a estar tan tenso que iba por los pasillos con los puños apretados. También solía discutirlo todo, y a la hora de tratar con Jobs eso podía ser bueno o malo.

Wozniak respaldó rápidamente la idea de contratar a Scott. Como Markkula, odiaba enfrentarse a los conflictos creados por Jobs. Este último, como era de esperar, no lo tenía tan claro. «Yo solo tenía veintidós años y sabía que no estaba preparado para dirigir una empresa de verdad —diría—, pero Apple era mi bebé, y no quería entregárselo a nadie». Ceder una porción de control le resultaba angustioso. Le dio vueltas al asunto durante largas comidas celebradas en la hamburguesería Bob's Big Boy (la favorita de Woz) y en el restaurante de productos naturales Good Earth (el favorito de Jobs). Al final acabó por dar su aprobación, aunque con reticencias.

Mike Scott —llamado Scotty para distinguirlo de Mike Markkula— tenía una misión principal: gestionar a Jobs. Y eso era algo que normalmente había que hacer a través del sistema preferido de Jobs para celebrar un encuentro: dando un paseo. «Mi primer paseo fue para decirle que se lavara más a menudo —recordaba Scott—. Respondió que, a cambio, yo tenía que leer su libro de dietas frutarianas y tomarlo en cuenta para perder peso». Scott nunca siguió la dieta ni perdió demasiado peso, y Jobs solo realizó algunas pequeñas modificaciones en su rutina higiénica. «Steve se empeñaba en ducharse solo una vez a la semana, y estaba convencido de que aquello resultaba suficiente siempre y cuando siguiera con su dieta de frutas», comentó Scott.

Jobs adoraba el control y detestaba la autoridad. Aquello estaba destinado a convertirse en un problema con el hombre que había llegado para controlarlo, especialmente cuando Jobs descubrió que Scott era una de las escasísimas personas a las que había conocido que no estaba dispuesto a someterse a su voluntad. «La cuestión entre Steve y yo era quién podía ser más testarudo, y yo resultaba bastante bueno en aquello —afirmó Scott—. Él necesitaba que le pusieran freno, pero estaba claro que no le hacía ninguna gracia». Tal y como Jobs comentó posteriormente, «nunca le he gritado a nadie tanto como a Scotty».

Uno de los primeros enfrentamientos tuvo lugar por el orden de la numeración de los empleados. Scott le asignó a Wozniak el número 1 y a Jobs el número 2. Como era de esperar, Jobs exigió ser el número 1. «No se lo acepté, porque aquello hubiera hecho que su ego creciera aún más», afirmó Scott. A Jobs le dio un berrinche, e incluso se echó a llorar. Al final propuso una solución: él podía tener el número 0. Scott cedió, al menos en lo referente a sus tarjetas de identificación, pero el Bank of America necesitaba un entero positivo para su programa de nóminas, y allí Jobs siguió siendo el número 2.

Existía un desacuerdo fundamental que iba más allá de la vanidad personal. Jay Elliot, que fue contratado por Jobs tras un encuentro fortuito en un restaurante, señaló un rasgo destacado de su antiguo jefe: «Su obsesión es la pasión por el producto, la pasión por la perfección del producto». Mike Scott, por su parte, nunca permitió que la búsqueda de la perfección tuviera prioridad sobre el pragmatismo. El diseño de la carcasa del Apple II fue uno de los muchos ejemplos. La compañía Pantone, a la que Apple recurría para especificar los colores de sus cubiertas plásticas, contaba con más de dos mil tonos de beis. «Ninguno de ellos era suficientemente bueno para Steve —se maravilló Scott—. Quería crear un tono diferente, y yo tuve que pararle los pies». Cuando llegó la hora de fijar el diseño de la carcasa, Jobs se pasó días angustiado acerca de cómo de redondeadas debían estar las esquinas. «A mí no me importaba lo redondeadas que estuvieran —comentó Scott—. Yo solo quería que se tomara la decisión». Otra disputa tuvo que ver con las mesas de montaje. Scott quería un gris estándar, y Jobs insistió en pedir mesas de color blanco nuclear hechas a medida. Todo aquello desembocó finalmente en un enfrentamiento ante Markkula acerca de si era Jobs o Scott quien podía firmar los pedidos. Markkula se puso de parte de Scott. Jobs también insistía en que Apple fuera diferente en la manera de tratar a sus clientes: quería que el Apple II incluyera una garantía de un año. Aquello dejó boquiabierto a Scott, porque la garantía habitual era de noventa días. Una vez más, Jobs prorrumpió en sollozos durante una de sus discusiones acerca del tema. Dieron un paseo por el aparcamiento para calmarse, y Scott decidió ceder en este punto.

Wozniak comenzó a molestarse ante la actitud de Jobs. «Steve era demasiado duro con la gente —afirmó—. Yo quería que nuestra empresa fuera como una familia en la que todos nos divirtiéramos y compartiésemos lo que estuviéramos haciendo». Jobs, por su parte, opinaba que Wozniak sencillamente se negaba a madurar. «Era muy infantil —comentó—. Había escrito una versión estupenda de BASIC, pero nunca lograba sentarse a escribir la versión de BASIC con coma flotante que necesitábamos, así que al final tuvimos que hacer un trato con Microsoft. No se centraba».

Sin embargo, por el momento los choques entre ambas personalidades eran manejables, principalmente porque a la compañía le iba muy bien. Ben Rosen, el analista que con sus boletines creaba opinión en el mundo tecnológico, se convirtió en un entusiasta defensor del Apple II. Un desarrollador independiente diseñó la primera hoja de cálculo con un programa de economía doméstica para ordenadores personales, VisiCalc, y durante un tiempo solo estuvo disponible para el Apple II, lo que convirtió al ordenador en algo que las empresas y las familias podían comprar de forma justificada. La empresa comenzó a atraer a nuevos inversores influyentes. Arthur Rock, el pionero del capital riesgo, no había quedado muy impresionado en un primer momento, cuando Markkula envió a Jobs a verlo. «Tenía unas pintas como si acabara de regresar de ver a ese gurú suyo de la India —recordaba Rock—, y olía en consonancia». Sin embargo, después de ver el Apple II, decidió invertir en ello y se unió al consejo de administración.

El Apple II se comercializó, en varios modelos, durante los siguientes dieciséis años, con unas ventas de cerca de seis millones de unidades. Aquella, más que ninguna otra máquina, impulsó la industria de los ordenadores personales. Wozniak merece el reconocimiento por haber diseñado su impresionante placa base y el software que la acompañaba, lo que representó una de las mayores hazañas de la invención individual del siglo. Sin embargo, fue Jobs quien integró las placas de Wozniak en un conjunto atractivo, desde la fuente de alimentación hasta la elegante carcasa. También creó la empresa que se levantó en torno a las máquinas de Wozniak. Tal y como declaró posteriormente Regis McKenna: «Woz diseñó una gran máquina, pero todavía seguiría arrinconada en las tiendas para aficionados a la electrónica de no haber sido por Steve Jobs». Sin embargo, la mayoría de la gente consideraba que el Apple II era una creación de Wozniak. Aquello motivó a Jobs a ir en pos del siguiente gran avance, uno que pudiera considerar totalmente suyo.

7

Chrisann y Lisa

El que ha sido abandonado...

Desde que vivieron juntos en una cabaña durante el verano siguiente a su salida del instituto, Chrisann Brennan había estado entrando y saliendo de la vida de Jobs. Cuando este regresó de la India en 1974, pasaron un tiempo juntos en la granja de Robert Friedland. «Steve me invitó a acompañarlo, y éramos jóvenes y libres y llevábamos una vida relejada —recordaba—. Allí había una energía que me llegó al corazón».

Cuando regresaron a Los Altos, su relación evolucionó hasta convertirse, en líneas generales, en una mera amistad. Él vivía en su casa y trabajaba para Atari, mientras que ella tenía un pequeño apartamento y pasaba mucho tiempo en el centro zen de Kobun Chino. A principios de 1975, Chrisann comenzó una relación con un amigo común de la pareja, Greg Calhoun. «Estaba con Greg, pero de vez en cuando volvía con Steve —comentó Elizabeth Holmes—. Aquello era de lo más normal para todos nosotros. Íbamos pasando de unos a otros. Al fin y al cabo, eran los setenta».

Calhoun había estado en Reed con Jobs, Friedland, Kottke y Holmes. Al igual que los demás, se interesó profundamente por la espiritualidad oriental, dejó los estudios en Reed y se abrió camino hasta la granja de Friedland. Allí, se instaló en un gallinero de unos quince metros cuadrados que transformó en una casita tras elevarla sobre bloques de hormigón y construir un dormitorio en su interior. En la primavera de 1975, Brennan se mudó al gallinero con Calhoun, y el año siguiente decidieron realizar también un peregrinaje a la India. Jobs le aconsejó a su amigo que no se llevase a Brennan consigo, porque aquello iba a interferir en su búsqueda espiritual, pero la pareja no desistió de sus planes. «Había quedado tan impresionada por lo que le había pasado a Steve durante su viaje a la India que yo también quise ir allí», comentó ella.

Aquel fue un viaje con todas las de la ley, que comenzó en marzo de 1976 y duró casi un año. En un momento dado se quedaron sin dinero, así que Calhoun hizo autoestop hasta Irán para impartir clases de inglés en Teherán. Brennan se quedó en la India, y cuando él acabó su labor como profesor, ambos hicieron de nuevo autoestop para encontrarse en un punto intermedio, en Afganistán. El mundo era un lugar muy diferente por aquel entonces.

Tras un tiempo, su relación se fue desgastando, y ambos regresaron de la India por separado. En el verano de 1977, Brennan había vuelto a Los Altos, donde vivió durante un tiempo en una tienda de campaña situada en terrenos del centro zen de Kobun Chino. Para entonces, Jobs ya había salido de la casa de sus padres y alquilado, por 600 dólares al mes y a medias con Daniel Kottke, un chalé en una urbanización de Cupertino. Aquella era una escena extraña, dos hippies de espíritu libre viviendo en una casa a la que llamaban «Rancho Residencial». «Era una casa de cuatro habitaciones, y a veces alquilábamos alguna de ellas durante un tiempo a todo tipo de chiflados, como una bailarina de *striptease*», recordaba Jobs. Kottke no podía comprender por qué Jobs no se había mudado él solo a una casa, puesto que por aquel entonces ya podía permitírselo. «Creo que, sencillamente, quería tener un compañero de residencia», especuló Kottke.

A pesar de que solo había mantenido una relación esporádica con Jobs, Brennan pronto acabó viviendo también allí. Aquello condujo a una serie de acuerdos de convivencia dignos de una comedia francesa. La casa contaba con dos grandes dormitorios y dos pequeños. Jobs, como era de esperar, se adjudicó el mayor de todos ellos, y Brennan (puesto que no estaba realmente viviendo con Steve) se mudó a la otra habitación grande. «Los otros dos cuartos tenían un tamaño como para bebés, y yo no quería quedarme en ninguno de los dos, así que me mudé al salón y dormía en un colchón de espuma», comentó Kottke. Convirtieron una de las salas pequeñas en un espacio para meditar y consumir ácido, igual que en el ático anteriormente utilizado en Reed. Estaba lleno de espuma de embalaje proveniente de las cajas de Apple. «Los chicos del barrio solían venir, nosotros los metíamos en aquella habitación y se lo pasaban en grande —relató Kottke—. Hasta que Chrisann trajo a casa unos gatos que se mearon en la espuma, y tuvimos que deshacernos de ella».

Convivir en aquella casa reavivaba en ocasiones la relación física que Chrisann Brennan mantenía con Jobs, y pasados unos meses la chica se quedó embarazada. «Steve y yo estuvimos entrando y saliendo de aquella relación durante los cinco años anteriores a yo me quedara embarazada —dijo ella—. No sabíamos estar juntos y tampoco sabíamos estar separados». Cuando Greg Calhoun llegó haciendo autoestop desde Colorado para visitarlos el día de Acción de Gracias de 1977, Chrisann le contó la noticia. «Steve y yo hemos vuelto y ahora estoy embarazada, pero seguimos rompiendo y volviendo a juntarnos, y no sé qué hacer», anunció.

Calhoun advirtió que Jobs parecía estar desconectado de aquella situación. Incluso trató de convencer a Calhoun para que se quedara con ellos y fuera a trabajar a Apple. «Steve no se estaba enfrentando a la situación con Chrisann y al embarazo —recordaba—. Podía volcarse completamente en ti un instante, para desapegarse al siguiente. Había una faceta de su personalidad que resultaba aterradoramente fría».

Cuando Jobs no quería enfrentarse a una distracción, a veces optaba por ignorarla, como si pudiera conseguir que dejara de existir simplemente gracias a la fuerza de su voluntad. En ocasiones era capaz de distorsionar la realidad, no solo para los demás, sino incluso para sí mismo. En el caso del embarazo de Brennan, sencillamente lo expulsó de su mente. Cuando se vio obligado a afrontar la situación, negó saber que él era el padre, a pesar de que reconoció que había estado acostándose con ella. «No tenía la certeza de que fuera hijo mío, porque estaba bastante seguro de que yo no era el único con el que se había estado acostando —me contó más

pequeñas modificaciones en su rutina higiénica. «Steve se empeñaba en ducharse solo una vez a la semana, y estaba convencido de que aquello resultaba suficiente siempre y cuando siguiera con su dieta de frutas», comentó Scott.

Jobs adoraba el control y detestaba la autoridad. Aquello estaba destinado a convertirse en un problema con el hombre que había llegado para controlarlo, especialmente cuando Jobs descubrió que Scott era una de las escasísimas personas a las que había conocido que no estaba dispuesto a someterse a su voluntad. «La cuestión entre Steve y yo era quién podía ser más testarudo, y yo resultaba bastante bueno en aquello —afirmó Scott—. Él necesitaba que le pusieran freno, pero estaba claro que no le hacía ninguna gracia». Tal y como Jobs comentó posteriormente, «nunca le he gritado a nadie tanto como a Scotty».

Uno de los primeros enfrentamientos tuvo lugar por el orden de la numeración de los empleados. Scott le asignó a Wozniak el número 1 y a Jobs el número 2. Como era de esperar, Jobs exigió ser el número 1. «No se lo acepté, porque aquello hubiera hecho que su ego creciera aún más», afirmó Scott. A Jobs le dio un berrinche, e incluso se echó a llorar. Al final propuso una solución: él podía tener el número 0. Scott cedió, al menos en lo referente a sus tarjetas de identificación, pero el Bank of America necesitaba un entero positivo para su programa de nóminas, y allí Jobs siguió siendo el número 2.

Existía un desacuerdo fundamental que iba más allá de la vanidad personal. Jay Elliot, que fue contratado por Jobs tras un encuentro fortuito en un restaurante, señaló un rasgo destacado de su antiguo jefe: «Su obsesión es la pasión por el producto, la pasión por la perfección del producto». Mike Scott, por su parte, nunca permitió que la búsqueda de la perfección tuviera prioridad sobre el pragmatismo. El diseño de la carcasa del Apple II fue uno de los muchos ejemplos. La compañía Pantone, a la que Apple recurría para especificar los colores de sus cubiertas plásticas, contaba con más de dos mil tonos de beis. «Ninguno de ellos era suficientemente bueno para Steve —se maravilló Scott—. Quería crear un tono diferente, y yo tuve que pararle los pies». Cuando llegó la hora de fijar el diseño de la carcasa, Jobs se pasó días angustiado acerca de cómo de redondeadas debían estar las esquinas. «A mí no me importaba lo redondeadas que estuvieran —comentó Scott—. Yo solo quería que se tomara la decisión». Otra disputa tuvo que ver con las mesas de montaje. Scott quería un gris estándar, y Jobs insistió en pedir mesas de color blanco nuclear hechas a medida. Todo aquello desembocó finalmente en un enfrentamiento ante Markkula acerca de si era Jobs o Scott quien podía firmar los pedidos. Markkula se puso de parte de Scott. Jobs también insistía en que Apple fuera diferente en la manera de tratar a sus clientes: quería que el Apple II incluyera una garantía de un año. Aquello dejó boquiabierto a Scott, porque la garantía habitual era de noventa días. Una vez más, Jobs prorrumpió en sollozos durante una de sus discusiones acerca del tema. Dieron un paseo por el aparcamiento para calmarse, y Scott decidió ceder en este punto.

Wozniak comenzó a molestarse ante la actitud de Jobs. «Steve era demasiado duro con la gente —afirmó—. Yo quería que nuestra empresa fuera como una familia en la que todos nos divirtiéramos y compartiésemos lo que estuviéramos haciendo». Jobs, por su parte, opinaba que Wozniak sencillamente se negaba a madurar. «Era muy infantil —comentó—. Había escrito una versión estupenda de BA-SIC, pero nunca lograba sentarse a escribir la versión de BASIC con coma flotante que necesitábamos, así que al final tuvimos que hacer un trato con Microsoft. No se centraba».

Sin embargo, por el momento los choques entre ambas personalidades eran manejables, principalmente porque a la compañía le iba muy bien. Ben Rosen, el analista que con sus boletines creaba opinión en el mundo tecnológico, se convirtió en un entusiasta defensor del Apple II. Un desarrollador independiente diseñó la primera hoja de cálculo con un programa de economía doméstica para ordenadores personales, VisiCalc, y durante un tiempo solo estuvo disponible para el Apple II, lo que convirtió al ordenador en algo que las empresas y las familias podían comprar de forma justificada. La empresa comenzó a atraer a nuevos inversores influyentes. Arthur Rock, el pionero del capital riesgo, no había quedado muy impresionado en un primer momento, cuando Markkula envió a Jobs a verlo. «Tenía unas pintas como si acabara de regresar de ver a ese gurú suyo de la India —recordaba Rock—, y olía en conso-

tarde—. Ella y yo ni siquiera estábamos saliendo cuando se quedó embarazada. Simplemente tenía una habitación en nuestra casa». A Brennan no le cabía ninguna duda de que Jobs era el padre. No había estado viéndose con Greg ni con ningún otro hombre por aquella época.

¿Estaba Jobs engañándose a sí mismo, o realmente no sabía que él era el padre? «Creo que no podía acceder a esa parte de su cerebro o a la idea de tener que ser responsable», suponía Kottke. Elizabeth Holmes estaba de acuerdo: «Consideró la posibilidad de la paternidad y consideró la posibilidad de no ser padre, y decidió creerse esta última. Tenía otros planes para su vida».

No se discutió el tema del matrimonio. «Yo sabía que ella no era la persona con la que me quería casar y que nunca seríamos felices, que no duraría mucho —comentaba Jobs después—. Estaba a favor de que abortara, pero ella no sabía qué hacer. Lo pensó mucho y al final decidió no hacerlo, o puede que realmente no llegara a decidirlo, creo que el tiempo tomó la decisión por ella». Brennan me contó que había tomado la decisión consciente de tener al bebé. «Él dijo que el aborto le parecía una buena opción, pero nunca me presionó al respecto». Resulta interesante ver cómo, a la luz de su propio pasado, hubo una opción que rechazó de plano. «Insistió e insistió en que no entregara al bebé en adopción», comentó ella.

Se produjo entonces una inquietante ironía. Jobs y Brennan tenían ambos veintitrés años, la misma edad que Joanne Schieble y Abdulfattah Jandali cuando tuvieron a Jobs. Él todavía no había localizado a sus padres biológicos, pero sus padres adoptivos le habían informado parcialmente de su historia. «No sabía en aquel momento que nuestras edades coincidían, así que aquello no tuvo ningún efecto en mis discusiones con Chrisann», declaró él posteriormente. Jobs rechazó la idea de que estuviera de alguna forma siguiendo la pauta de su padre biológico de no enfrentarse a la realidad o asumir su responsabilidad a los veintitrés años, pero sí reconoció que aquella irónica similitud le hizo reflexionar. «Cuando me enteré de que Joanne tenía veintitrés años cuando se quedó embarazada de mí, pensé: "¡Guau!"».

La relación entre Jobs y Brennan se deterioró rápidamente. «Chrisann adoptaba una postura victimista y denunciaba que Steve y yo estábamos en su contra —recordaba Kottke—. Steve se limitaba a reírse y a no tomársela en serio». Brennan no tenía una gran estabilidad emocional, como ella misma reconoció posteriormente. Comenzó a romper platos, arrojar objetos, destrozar la casa y escribir palabras obscenas con carbón en las paredes. Aseguró que, con su insensibilidad, Jobs se empeñaba en provocarla. «Es un ser iluminado, y también cruel. Resulta una combinación extraña». Kottke se vio atrapado entre ambos. «Daniel carecía de esa crueldad, así que estaba algo desconcertado por el comportamiento de Steve —afirmó Brennan—. Pasaba de afirmar: "Steve no te está tratando bien" a reírse con él de mí».

Entonces Robert Friedland llegó al rescate. «Se enteró de que yo estaba embarazada y me dijo que fuera a la granja a tener al bebé —recordaba—, así que eso hice». Elizabeth Holmes y otros amigos suyos todavía vivían allí, y encontraron a una matrona de Oregón para que los ayudara con el parto. El 17 de mayo de 1978, Brennan dio a luz a una niña. Tres días más tarde, Jobs tomó un avión para estar con ellas y ayudar a elegir el nombre de la pequeña. La práctica habitual en la comuna era la de darles a los niños nombres relacionados con la espiritualidad oriental, pero Jobs insistió en que, puesto que la niña había nacido en Estados Unidos, había que ponerle un nombre adecuado. Brennan estuvo de acuerdo. La llamaron Lisa Nicole Brennan, y no le pusieron el apellido de Jobs. A continuación, se marchó para volver a trabajar en Apple. «No quería tener nada que ver con la niña ni conmigo», afirmaría Brennan.

Ella y Lisa se mudaron a una casa diminuta y destartalada situada en la parte trasera de un edificio de Menlo Park. Vivían de lo que les ofrecían los servicios sociales, porque Brennan no se sentía con ánimos de denunciar al padre para que le pagara la manutención de la pequeña. Al final, el condado de San Mateo demandó a Jobs y le obligó a hacerse la prueba de paternidad para asumir sus responsabilidades económicas. Al principio, Jobs estaba decidido a presentar batalla. Sus abogados querían que Kottke testificara que nunca los había visto juntos en la cama, y trataron de acumular pruebas que demostraran que Brennan se había estado acostando con otros hombres. «Hubo un momento en que le grité a Steve por teléfono: "Sabes que eso no es cierto" —recordaba Brennan—. Estaba dispuesto a arrastrarme ante el tribunal con mi bebé y a tratar de demostrar que yo era una puta, que cualquiera podría haber sido el padre de mi hija».

Un año después de que Lisa naciera, Jobs accedió a someterse a la prueba de paternidad. La familia de Brennan se sorprendió, pero Jobs sabía que Apple iba a salir pronto a Bolsa y decidió que lo mejor era resolver aquel asunto cuanto antes. Las pruebas de ADN eran algo nuevo, y la que se hizo Jobs fue llevada a cabo en la Universidad de California en Los Ángeles. «Había leído algo sobre aquellas pruebas de ADN, y estaba dispuesto a pasar por ellas para dejarlo todo claro», afirmó. Los resultados fueron bastante concluyentes. «La probabilidad de paternidad [...] es del 94,41 %», rezaba el informe. Los tribunales de California ordenaron a Jobs que empezara a pagar 385 dólares mensuales para la manutención de la pequeña, que firmara un acuerdo en el que reconocía su paternidad y que le devolviera al condado 5.856 dólares en concepto de asistencia de los servicios sociales. A cambio le otorgaron el derecho a visitar a su hija, aunque durante mucho tiempo no hizo uso de él.

Incluso entonces, Jobs seguía a veces alterando la realidad que le rodeaba. «Al final nos lo dijo a los miembros del consejo de administración —recordaba Arthur Rock—, pero seguía insistiendo en que había muchas probabilidades de que él no fuera el padre. Deliraba». Según le dijo a Michael Moritz, un periodista de *Time*, si se analizaban las estadísticas, quedaba claro que «el 28 % de la población masculina de Estados Unidos podría ser el padre». Aquella no solo era una afirmación falsa, sino también muy extraña. Peor aún, cuando Chrisann Brennan se enteró más tarde de lo que él había dicho, creyó equivocadamente que Jobs había realizado la hiperbólica declaración de que ella podría haberse acostado con el 28 % de los varones estadounidenses. «Estaba tratando de presentarme como una guarra —recordaba ella—. Intentó asignarme la imagen de una puta para no asumir su responsabilidad».

Años más tarde, Jobs se mostró arrepentido por la forma en que se había comportado, y fue una de las pocas ocasiones de su vida en las que lo reconoció:

> Me gustaría haber enfocado el asunto de una forma diferente. En aquel momento no podía verme como padre, así que no me enfrenté a la situación. Sin embargo, cuando los resultados de la prueba demostraron que era mi hija, no es cierto que yo lo pusiera en duda. Accedí a mantenerla hasta que cumpliera los dieciocho años de edad y le di también algo de dinero a Chrisann. Encontré una casa en Palo Alto, la amueblé y les dejé vivir allí sin que tuvieran que pagar alquiler alguno. Su madre le buscó colegios estupendos que yo pagué. Traté de hacer lo correcto, pero si pudiera hacerlo de nuevo, lo haría mejor.

Una vez que el caso quedó resuelto, Jobs siguió adelante con su vida y maduró en algunos aspectos, aunque no en todos. Abandonó las drogas, dejó de mantener una dieta vegana tan estricta y redujo el tiempo que pasaba en sus retiros zen. Comenzó a hacerse elegantes cortes de pelo y a comprar trajes y camisas en la distinguida tienda de ropa para hombres Wilkes Bashford, de San Francisco. Además, comenzó una relación formal con una de las empleadas de Regis McKenna, una hermosa mujer mitad polaca y mitad polinesia llamada Barbara Jasinski.

Por supuesto, todavía quedaba en él una veta de rebeldía. Jasinski, Kottke y él disfrutaban bañándose desnudos en el lago Felt, situado al borde de la carretera interestatal 280, junto a Stanford, y Jobs se compró una motocicleta BMW R60/2 de 1966 que decoró con borlas naranjas para el manillar. Sin embargo, todavía podía comportarse como un niño malcriado. Solía menospreciar a las camareras de los restaurantes y a menudo devolvía los platos que le servían, asegurando que eran «una basura». En la primera fiesta de Halloween de la empresa, celebrada en 1979, se disfrazó con una túnica como Jesucristo, un acto de egolatría semiirónico que a él le pareció divertido, pero que hizo que muchos asistentes pusieran los ojos en blanco. Además, incluso los primeros indicios de su domesticación mostraban algunas peculiaridades. Se compró una casa en las colinas de Los Gatos, que decoró con un cuadro de Maxfield Parrish, una cafetera de Braun y unos cuchillos Henckel. Sin embargo, como era tan obsesivo a la hora de elegir los muebles, la vivienda permaneció prácticamente desnuda, sin camas, ni sillas ni sofás. En vez de eso, su habitación contaba con un colchón en el centro, fotografías enmarcadas de Einstein y Maharaj-ji, y un Apple II en el suelo.

8

Xerox y Lisa

Interfaces gráficas de usuario

El Apple II llevó a la compañía desde el garaje de Jobs hasta la cima de una nueva industria. Sus ventas aumentaron espectacularmente, de 2.500 unidades en 1977 a 210.000 en 1981. Sin embargo, Jobs estaba inquieto. El Apple II no iba a seguir siendo un éxito eterno, y él sabía, independientemente de lo mucho que hubiera contribuido a ensamblarlo, desde los cables hasta la carcasa, que siempre se vería como la obra maestra de Wozniak. Necesitaba su propia máquina. Más aún, quería un producto que, según sus propias palabras, dejara una marca en el universo.

En un primer momento, esperaba que el Apple III desempeñara esa función. Tendría más memoria, la pantalla podría mostrar líneas de hasta 80 caracteres (en lugar de los 40 anteriores) y utilizaría mayúsculas y minúsculas. Jobs, centrándose en su pasión por el diseño industrial, determinó el tamaño y la forma de la carcasa exterior, y se negó a permitir que nadie lo modificara, ni siquiera cuando distintos equipos de ingenieros fueron añadiendo más componentes a las placas base. El resultado fueron varias placas superpuestas mal interconectadas que fallaban frecuentemente. Cuando el Apple III empezó a comercializarse en mayo de 1980, fue un fracaso estrepitoso. Randy Wigginton, uno de los ingenieros, lo resumió de la siguiente forma: «El Apple III fue una especie de bebé concebido durante una orgía en la que todo el mundo acaba con un terrible dolor de cabeza, y cuando aparece este hijo bastardo todos dicen: "No es mío"».

Para entonces, Jobs se había distanciado del Apple III y estaba buscando la forma de producir algo que fuera radicalmente diferente. En un primer momento flirteó con la idea de las pantallas táctiles, pero sus intentos se vieron frustrados. En una presentación de aquella tecnología, llegó tarde, se revolvió inquieto en la silla durante un rato y de pronto cortó en seco a los ingenieros en medio de su exposición con un brusco «gracias». Se quedaron perplejos. «¿Quiere que nos vayamos?», preguntó uno. Jobs dijo que sí, y a continuación amonestó a sus colegas por hacerle perder el tiempo.

Entonces Apple y él contrataron a dos ingenieros de Hewlett-Packard para que diseñaran un ordenador completamente nuevo. El nombre elegido por Jobs habría hecho trastabillar hasta al más curtido psiquiatra: Lisa. Otros ordenadores habían sido bautizados con el nombre de hijas de sus diseñadores, pero Lisa era una hija a la que Jobs había abandonado y que todavía no había reconocido del todo. «Puede que lo hiciera porque se sentía culpable —opinó Andrea Cunningham, que trabajaba con Regis McKenna en las relaciones públicas del proyecto—. Tuvimos que buscar un acrónimo para poder defender que el nombre no se debía a la niña, Lisa». El acrónimo que buscaron a posteriori fue «Local Integrated Systems Architecture», o «Arquitectura de Sistemas Integrados Locales», y a pesar de no tener ningún sentido se convirtió en la explicación oficial para el nombre. Entre los ingenieros se referían a él como «Lisa: Invented Stupid Acronym» («Lisa: Acrónimo Estúpido e Inventado»). Años más tarde, cuando le pregunté por aquel nombre, Jobs se limitó a admitir: «Obviamente, lo llamé así por mi hija».

El Lisa se concibió como una máquina de 2.000 dólares basada en un microprocesador de 16 bits, en lugar del de 8 bits que se utilizaba en el Apple II. Sin la genialidad de Wozniak, que seguía trabajando discretamente en el Apple II, los ingenieros comenzaron directamente a producir un ordenador con una interfaz de texto corriente, incapaz de aprovechar aquel potente microprocesador para que hiciera algo interesante. Jobs comenzó a impacientarse por lo aburrido que estaba resultando aquello.

Sin embargo, sí que había un programador que aportaba algo de vida al proyecto: Bill Atkinson. Se trataba de un estudiante de doctorado de neurociencias, que había experimentado bastante con el ácido. Cuando le pidieron que trabajara para Apple, rechazó la oferta, pero cuando le enviaron un billete de avión no reembolsable, Atkinson decidió utilizarlo y dejar que Jobs tratara de persuadirlo. «Estamos inventando el futuro —le dijo Jobs al final de una presentación de tres horas—. Piensa que estás haciendo surf en la cresta de una ola. Es una sensación emocionante. Ahora imagínate nadando como un perrito detrás de la ola. No sería ni la mitad de divertido. Vente con nosotros y deja una marca en el mundo». Y Atkinson lo hizo.

Con su melena enmarañada y un poblado bigote que no ocultaba la animación de su rostro, Atkinson tenía parte de la ingenuidad de Woz y parte de la pasión de Jobs por los productos elegantes de verdad. Su primer trabajo consistió en desarrollar un programa que controlara una cartera de acciones al llamar automáticamente al servicio de información del Dow Jones, recibir los datos y colgar. «Tenía que crearlo rápidamente porque ya había un anuncio a prensa para el Apple II en el que se mostraba a un marido sentado a la mesa de la cocina, mirando una pantalla de Apple llena de gráficos con los valores de las acciones, y a su esposa sonriendo encantada. Pero no existía tal programa, así que había que desarrollarlo». A continuación generó para el Apple II una versión de Pascal, un lenguaje de programación de alto nivel. Jobs se había resistido, porque pensaba que el BASIC era todo lo que le hacía falta al Apple II, pero le dijo a Atkinson: «Ya que tanto te apasiona, te daré seis días para que me demuestres que me equivoco». Bill lo logró y se ganó para siempre el respeto de Jobs.

En el otoño de 1979, Apple criaba tres potrillos como herederos potenciales de su bestia de carga, el Apple II. Por una parte estaba el malhadado Apple III y por otra el proyecto Lisa, que estaba comenzando a defraudar a Jobs. Y en algún punto, oculto al radar de Steve, al menos por el momento, existía un pequeño proyecto semiclandestino para desarrollar una máquina de bajo coste que por aquel entonces llevaba el nombre en clave de «Annie» y que estaba siendo desarrollado por Jef Raskin, un antiguo profesor universitario con el que había estudiado Bill Atkinson. El objetivo de Raskin era producir un «ordenador para las masas». Tenía que ser económico, funcionar como un electrodoméstico más (una unidad independiente en la cual el ordenador, el teclado, la pantalla y el software estuvieran integrados) y tener una interfaz gráfica. Así que Raskin trató de dirigir la atención de sus colegas de Apple hacia un centro de investigación muy de moda, situado en el propio Palo Alto, que era pionero en aquellas ideas.

El Xerox PARC

El Centro de Investigación de Palo Alto propiedad de la Xerox Corporation —conocido por sus siglas en inglés como Xerox PARC— había sido fundado en 1970 para crear un lugar de difusión de las ideas digitales. Se encontraba situado en un lugar seguro (para bien y para mal), a casi cinco mil kilómetros de la sede central de Xerox en Connecticut. Entre sus visionarios estaba el científico Alan Kay, que seguía dos grandes máximas también compartidas por Jobs: «La mejor forma de predecir el futuro es inventarlo» y «La gente que se toma en serio el software debería fabricar su propio hardware». Kay defendía la visión de un pequeño ordenador personal, bautizado como «Dynabook», que sería lo suficientemente sencillo como para ser utilizado por niños de cualquier edad. Así, los ingenieros del Xerox PARC comenzaron a desarrollar gráficos sencillos que pudieran reemplazar todas las líneas de comandos e instrucciones de los sistemas operativos DOS, responsables de que las pantallas de los ordenadores resultaran tan intimidantes. La metáfora que se les ocurrió fue la de un escritorio. La pantalla contendría diferentes documentos y carpetas, y se podría utilizar un ratón para señalar y pulsar en la que se deseara utilizar.

Esta interfaz gráfica de usuario resultaba posible gracias a otro concepto aplicado por primera vez en el Xerox PARC: la configuración en mapa de bits. Hasta entonces, la mayoría de los ordenadores utilizaban líneas de caracteres. Si pulsabas un botón del teclado, el ordenador generaba la letra correspondiente en la pantalla, normalmente en un color verde fosforescente sobre fondo oscuro. Como existe un número limitado de letras, números y símbolos, no hacía falta todo el código del ordenador o toda la energía del procesador para articular este modelo. En un sistema de mapa de bits, al contrario, todos y cada uno de los píxeles de la pantalla están controlados por bits de la memoria del ordenador. A la hora de mostrar cualquier elemento en la pantalla —como una letra, por ejemplo—, el ordenador tiene que decirle a cada píxel si tiene que estar encendido o apagado o, en el caso de las pantallas en color, de qué color debe ser. Este formato absorbe gran parte de la energía del ordenador, pero permite crear impresionantes gráficos y tipos de letra, así como sorprendentes imágenes.

Los mapas de bits y las interfaces gráficas pasaron a integrarse en los prototipos de ordenadores del Xerox PARC, como en el caso del ordenador Alto y su lenguaje de programación orientado a objetos, el Smalltalk. Jef Raskin estaba convencido de que aquellas características representaban el futuro de la informática, así que comenzó a presionar a Jobs y a otros compañeros de Apple para que fueran a echarle un vistazo al Xerox PARC.

Raskin tenía un problema. Jobs lo consideraba un teórico insufrible o, por usar la terminología del propio Jobs, mucho más precisa, «un capullo inútil». Así pues, Raskin recurrió a su amigo Atkinson, quien se encontraba en lado opuesto de la división cosmológica de Jobs entre capullos y genios, para que lo convenciera de que se interesara por lo que estaba ocurriendo en el Xerox PARC. Lo que Raskin no sabía es que Jobs estaba tratando, por su cuenta, de llegar a un acuerdo más complejo. El departamento de capital riesgo de Xerox quería participar en la segunda ronda de financiación de Apple durante el verano de 1979. Jobs realizó una oferta: «Os dejaré invertir un millón de dólares en Apple si vosotros levantáis el telón y nos mostráis lo que tenéis en el PARC». Xerox aceptó. Accedieron a enseñarle a Apple su nueva tecnología y a cambio pudieron comprar 100.000 acciones por unos 10 dólares cada una.

Para cuando Apple salió a Bolsa un año después, el millón de dólares en acciones de Xerox había alcanzado un valor de 17,6 millones de dólares. Sin embargo, Apple se llevó la mejor parte en aquel trato. Jobs y sus compañeros fueron a conocer la tecnología del Xerox PARC en diciembre de 1979 y, cuando Jobs insistió en que no le habían mostrado lo suficiente, consiguió una presentación todavía más completa unos días más tarde. Larry Tesler fue uno de los científicos de Xerox a los que les correspondió preparar las presentaciones, y estuvo encantado de poder exhibir un trabajo que sus jefes de la Costa Este nunca habían parecido valorar. Sin embargo, la otra responsable de la exposición, Adele Goldberg, quedó horrorizada al ver cómo su compañía parecía dispuesta a desprenderse de sus joyas de la corona. «Era un movimiento increíblemente estúpido, completamente absurdo, y yo luché para evitar que Jobs recibiera demasiada información de cualquiera de los temas», afirmó.

Goldberg se salió con la suya en la primera reunión. Jobs, Raskin y el jefe del equipo de Lisa, John Couch, fueron conducidos al vestíbulo principal, donde habían instalado un ordenador Xerox Alto. «Era una presentación muy controlada de unas cuantas aplicaciones, principalmente del procesador de textos», recordaba Goldberg. Jobs no quedó satisfecho y llamó a la sede central de Xerox exigiendo más.

Lo invitaron a regresar pasados unos días, y en esa ocasión llevó consigo una comitiva mayor que incluía a Bill Atkinson y Bruce Horn, un programador de Apple que había trabajado en el Xerox PARC. Ambos sabían lo que debían buscar. «Cuando llegué a trabajar había un gran alboroto. Me dijeron que Jobs y un grupo de sus programadores se encontraban en la sala de reuniones», contó Goldberg. Uno de sus ingenieros estaba tratando de entretenerlos con más muestras del procesador de textos. Sin embargo, Jobs estaba comenzando a impacientarse. «¡Basta ya de toda esta mierda!», gritó. Vista la situación, el personal de Xerox formó un corrillo y entre todos decidieron levantar un poco más el telón, aunque lentamente. Accedieron a que Tesler les mostrara el Smalltalk, el lenguaje de programación, pero solo podría presentar la versión «no clasificada» de la presentación. «Eso lo deslumbrará y nunca sabrá que no le presentamos la versión confidencial completa», le dijo el jefe del equipo a Goldberg.

Se equivocaban. Atkinson y algunos otros habían leído algunos de los artículos publicados por el Xerox PARC, así que sabían que no les estaban presentando una descripción completa del producto. Jobs llamó por teléfono al director del departamento de capital riesgo de Xerox para quejarse. Instantes después, se produjo una llamada desde la sede central de Connecticut en la que se ordenaba que le mostraran absolutamente todo a Jobs y su equipo. Goldberg salió de allí hecha una furia.

Cuando Tesler les mostró finalmente lo que se escondía tras el telón, los chicos de Apple quedaron asombrados. Atkinson miraba fijamente la pantalla, examinando cada píxel con tanta intensidad que Tesler podía sentir su aliento sobre la nuca. Jobs se puso a dar saltos y a agitar los brazos entusiasmado. «Se movía tanto que no sé si llegó a ver la mayor parte de la presentación, pero debió de hacerlo, porque seguía haciendo preguntas —contó Tesler más tarde—. Ponía el acento en cada nuevo paso que le iba mostrando». Jobs seguía repitiendo que no podía creerse que Xerox no hubiera comercializado aquella tecnología. «¡Estáis sentados sobre una mina de oro! —gritó—. ¡No puedo creer que Xerox no esté aprovechando esta tecnología!».

La presentación del Smalltalk sacó a la luz tres increíbles características. Una era la posibilidad de conectar varios ordenadores en red. La segunda consistía en el funcionamiento de los lenguajes de programación orientados a objetos. Sin embargo, Jobs y su equipo le prestaron poca atención a aquellos atributos, porque estaban demasiado sorprendidos por la interfaz gráfica y la pantalla con mapa de bits. «Era como si me retiraran un velo de los ojos —recordaría posteriormente—. Pude ver hacia dónde se dirigía el futuro de la informática».

Cuando acabó la reunión en el Xerox PARC, después de más de dos horas, Jobs llevó a Bill Atkinson al despacho de Apple en Cupertino. Iba a toda velocidad, igual que su mente y su boca. «¡Eso es! —gritó, resaltando cada palabra—. ¡Tenemos que hacerlo!». Aquel era el avance que había estado buscando: la forma de acercarle los ordenadores a la gente, con el diseño alegre pero económico de las casas de Eichler y la sencillez de uso de un elegante electrodoméstico de cocina.

«¿Cuánto tiempo tardaríamos en aplicar esta tecnología?», preguntó. «No estoy seguro —fue la réplica de Atkinson—. Puede que unos seis meses». Aquella era una afirmación tremendamente optimista, pero también muy motivadora.

«LOS ARTISTAS GENIALES ROBAN»

El asalto de Apple al Xerox PARC ha sido descrito en ocasiones como uno de los mayores atracos industriales de todos los tiempos. En ocasiones, hasta el propio Jobs respaldaba con orgullo semejante teoría. «Al final todo se reduce a tratar de estar expuestos a las mejores obras de los seres humanos y después tratar de incluirlas en lo que tú estás haciendo —declaró en una ocasión—. Picasso tenía un dicho: "Los artistas buenos copian y los artistas geniales roban", y nosotros nunca hemos tenido reparo alguno en robar ideas geniales».

Otra interpretación, que también corroboraba Jobs en ocasiones, es que la operación no fue tanto un atraco por parte de Apple como una metedura de pata por parte de Xerox. «Eran unos autómatas fotocopiadores que no tenían ni idea de lo que podía hacer un ordenador —afirmó, refiriéndose a los directores de Xerox—. Sencillamente, cayeron derrotados por la mayor victoria en la historia de la informática. Xerox podría haber sido la dueña de toda aquella industria».

Ambas versiones son ciertas en buena medida, pero eso no es todo. Como dijo T. S. Eliot, cae una sombra entre la concepción y la creación. En los anales de la innovación, las nuevas ideas son solo una parte de la ecuación. La ejecución es igualmente importante. Jobs y sus ingenieros mejoraron significativamente las ideas sobre la interfaz gráfica que vieron en el Xerox PARC, y fueron capaces de implementarla de formas que Xerox nunca habría podido lograr. El ratón de Xerox, sin ir más lejos, tenía tres botones, era una herramienta complicada que costaba 300 dólares y no rodaba con suavidad. Unos días después de su segunda visita al Xerox PARC, Jobs acudió a una empresa de diseño industrial de la zona y le dijo a uno de sus fundadores, Dean Hovey, que quería un modelo sencillo con un único botón que costara 15 dólares, «y quiero poder utilizarlo sobre una mesa de formica y sobre mis vaqueros azules». Hovey accedió.

Las mejoras no solo se encontraban en los detalles, sino en el concepto mismo. El ratón del Xerox PARC no podía utilizarse para arrastrar una ventana por la pantalla. Los ingenieros de Apple diseñaron una interfaz donde no solo se podían arrastrar las ventanas y los archivos, sino que también podían meterse en carpetas. El sistema de Xerox requería elegir un comando para hacer cualquier cosa, desde cambiar el tamaño de una ventana hasta modificar la dirección que lleva a un archivo. El sistema de Apple transformaba la metáfora del escritorio en una realidad virtual al permitirte tocar, manipular, arrastrar y reubicar elementos directamente. Además, los ingenieros de Apple trabajaban conjuntamente con los diseñadores —con Jobs espoleándolos diariamente— para mejorar el concepto del escritorio mediante la adición de atractivos iconos, menús que se desplegaban desde una barra en la parte superior de cada ventana y la capacidad de abrir archivos y carpetas con un doble clic.

Tampoco es que los ejecutivos de Xerox ignorasen lo que habían creado sus científicos en el PARC. De hecho, habían tratado de rentabilizarlo, y en el proceso evidenciaron por qué una buena ejecución es tan importante como las buenas ideas. En 1981, mucho antes del Apple Lisa o del Macintosh, presentaron el Xerox Star, una máquina que incluía la interfaz gráfica de usuario, un ratón, una configuración en mapa de bits, ventanas y un planteamiento global como el del escritorio. Sin embargo, era un sistema torpe (podía tardar minutos en guardar un archivo grande), caro (16.595 dólares en las tiendas minoristas) y dirigido principalmente al mercado de las oficinas en red. Resultó un fracaso estrepitoso, con solo 30.000 ejemplares vendidos.

En cuanto salió a la venta, Jobs, junto con su equipo, se encaminaron hasta una tienda de Xerox para echarle un vistazo al Star. Le pareció tan inservible que informó a sus compañeros de que no valía la pena gastar el dinero en uno de ellos. «Nos quedamos muy aliviados —recordaba—. Sabíamos que ellos no lo habían hecho bien y que nosotros podríamos conseguirlo por una mínima fracción de su precio». Unas semanas más tarde, Jobs llamó a Bob Belleville, uno de los diseñadores de hardware del equipo del Xerox Star. «Todo lo que has hecho en la vida es una mierda —le dijo Jobs—, así que, ¿por qué no te vienes a trabajar para mí?». Belleville accedió, y Larry Tesler lo acompañó.

Entre tanto entusiasmo, Jobs comenzó a ocuparse de la gestión diaria del proyecto Lisa, que estaba siendo dirigido por John Couch, el antiguo ingeniero de Hewlett-Packard. Jobs puenteó a Couch y comenzó a tratar directamente con Atkinson y Tesler para introducir sus propias ideas, especialmente en lo relativo a la interfaz gráfica del Lisa. «Me llamaba a todas horas, aunque fueran las dos o las cinco de la madrugada —afirmó Tesler—. A mí me encantaba, pero aquello molestó a mis jefes del departamento encargado del Lisa». Le pidieron a Jobs que dejara de hacer llamadas saltándose el escalafón y él se contuvo durante una temporada, pero no por mucho tiempo.

Uno de los enfrentamientos más importantes tuvo lugar cuando Atkinson decidió que la pantalla debía tener fondo blanco, en lugar de negro. Esto permitiría añadir una característica que tanto Atkinson como Jobs deseaban: que el usuario pudiera ver exactamente lo que iba a obtener después al imprimir, un sistema abreviado con el acrónimo WYSIWYG, por las siglas en inglés de la expresión «lo que ves es lo que obtienes». Por tanto, lo que se veía en pantalla era lo que posteriormente salía en el papel. «El equipo de hardware puso el grito en el cielo —recordaba Atkinson—. Según ellos, aquello nos obligaría a utilizar un fósforo menos estable que parpadearía mucho más». Atkinson llamó a Jobs, y este se puso de su parte. Los encargados del hardware se quejaron, pero cuando se pusieron manos a la obra encontraron la forma de llevarlo adelante. «Steve no era demasiado adepto a la ingeniería, pero se le daba muy bien evaluar la respuesta de los demás. Podía adivinar si los ingenieros estaban poniéndose a la defensiva o si no se fiaban de él».

Una de las hazañas más impresionantes de Atkinson (hoy en día estamos tan acostumbrados a ella que nos parece normal) fue la de permitir que las ventanas pudieran superponerse en pantalla, de forma que la que estuviera «encima» tapase a las que se encontraban «debajo». Atkinson creó además un sistema por el que las ventanas podían desplazarse, igual que si se mueven hojas de papel sobre un escritorio, ocultando o dejando al descubierto las de debajo cuando se mueven las de arriba. Obviamente, en la pantalla de un ordenador no hay varias capas de píxeles debajo de los que pueden verse, así que en realidad las ventanas no están escondidas debajo de las que parecen estar en la parte superior. Para crear la ilusión de que las ventanas se superponen es necesario escribir un complejo código que utiliza las llamadas «regiones». Atkinson se esforzó por lograr que aquel truco funcionara porque pensaba que había visto aquella función durante su visita al Xerox PARC. En realidad, los científicos de PARC nunca habían conseguido algo así, y más tarde le confesaron lo sorprendidos que se habían quedado al ver que él lo había logrado. «Aquello me hizo darme cuenta del poder de la inocencia —reconoció Atkinson—. Fui capaz de hacerlo porque no sabía que no podía hacerse». Atkinson trabajaba tanto que una mañana, en las nubes como estaba, estrelló su Corvette contra un camión aparcado y casi se mata. Jobs acudió inmediatamente al hospital para verlo. «Estábamos muy preocupados por ti», le dijo cuando recuperó la conciencia. Atkison esbozó una sonrisa dolorida y contestó: «No te preocupes, todavía recuerdo cómo funciona lo de las regiones».

Jobs también insistía mucho en lograr unos desplazamientos suaves sobre la pantalla. Los documentos no debían trastabillar de línea en línea mientras los desplazabas, sino que debían fluir. «Estaba empeñado en que todos los elementos de la interfaz causaran buenas sensaciones al usuario», relató Atkinson. También querían un ratón que pudiera mover el cursor con sencillez en cualquier dirección, y no simplemente de arriba abajo y de izquierda a derecha. Eso obligaba a utilizar una bola en lugar de las dos ruedecillas habituales. Uno de los ingenieros le dijo a Atkinson que no había forma de construir un ratón rentable de esas características. Después de que este se quejara ante Jobs durante una cena, llegó a la oficina al día siguiente para descubrir que Jobs había despedido al ingeniero. Y cuando conoció a su sustituto, Atkinson, las primeras palabras de este fueron: «Yo puedo construir ese ratón».

Atkinson y Jobs se hicieron íntimos amigos durante una época, y cenaban juntos en el restaurante Good Earth casi todas las noches. Sin embargo, John Couch y los otros ingenieros profesionales del equipo del Lisa, muchos de ellos hombres serios llegados de la Hewlett-Packard, se mostraban resentidos ante las interferencias de Jobs y muy molestos por sus frecuentes insultos. También existía un choque de visiones. Jobs quería construir una especie de «VolksLisa», un producto sencillo y económico para las masas. «Había un tira y afloja entre la gente como yo, que quería una máquina ligera, y los de Hewlett-Packard, como Couch, que estaban tratando de llegar al mercado empresarial», recordaba Jobs.

Tanto Scott como Markkula, que trataban de poner algo de orden en Apple, estaban cada vez más preocupados por el difícil comportamiento de Jobs. Así, en septiembre de 1980 planearon en secreto una reestructuración de la compañía. Couch fue nombrado el director indiscutible de la división del Lisa. Jobs perdió el control del ordenador al que había bautizado como a su hija. También lo desposeyeron de su función como vicepresidente de investigación y desarrollo. Lo convirtieron en el presidente no ejecutivo del consejo de administración, lo que le permitía seguir siendo el rostro público de Apple, pero ello implicaba que no tenía control operativo alguno. Aquello le dolió. «Estaba disgustado y me sentí abandonado por Markkula —declaró—. Scotty y él pensaron que no estaba a la altura para dirigir la división del Lisa. Aquello me amargó mucho».

9

La salida a Bolsa

Un hombre de fama y fortuna

OPCIONES

Cuando Mike Markkula se unió a Jobs y a Wozniak para convertir su recién creada sociedad en la Apple Computer Company en enero de 1977, la compañía estaba valorada en 5.309 dólares. Menos de cuatro años más tarde, decidieron que había llegado la hora de salir a Bolsa. Aquella fue la oferta pública de venta con mayor demanda desde la de Ford Motors en 1956. A finales de diciembre de 1980, Apple estaba valorada en 1.790 millones de dólares. Sí, millones. Durante aquel lapso de tiempo, convirtió a trescientas personas en millonarios.

Daniel Kottke no era uno de ellos. Había sido el mejor amigo de Jobs en la universidad, en la India, en la comuna del huerto de manzanos de la All One Farm y en la casa de alquiler que compartieron durante la crisis de Chrisann Brennan. Había entrado a formar parte de Apple cuando su sede todavía era el garaje de los Jobs, y aún trabajaba en la compañía como empleado por horas. Sin embargo, no estaba en un nivel suficientemente alto del escalafón como para que le asignaran algunas de las opciones de compra de acciones que se repartieron antes de la oferta pública de venta. «Yo confiaba completamente en Steve, y pensé que cuidaría de mí igual que yo había cuidado de él, así que no lo presioné», afirmó Kottke. El motivo oficial era que Kottke era un técnico que trabajaba por horas y no un ingeniero en nómina, lo cual era condición indispensable para recibir opciones de compra. Aun así, podrían habérselas ofrecido por haber formado parte de la empresa desde su fundación. Sin embargo, Jobs no fue nada sentimental con aquellos que lo habían acompañado en su camino. «Steve es todo menos una persona leal —reconoció Andy Hertzfeld, un antiguo ingeniero de Apple que, no obstante, seguía manteniendo la amistad con él—. Es lo opuesto a la lealtad. Necesita abandonar a la gente más cercana».

Kottke decidió defender su situación ante Jobs y se dedicó a rondar por su despacho para poder pillarlo y reclamarle. Sin embargo, en cada uno de esos encuentros, Jobs lo ignoró por completo. «Lo más duro fue que Steve nunca me dijo que yo no era candidato a las opciones —afirmó Kotkke—. Como amigo, me lo debía. Cada vez que le preguntaba por aquel asunto, me decía que tenía que ir a hablar con mi supervisor». Al final, casi seis meses después de la oferta pública de venta, Kottke reunió el valor suficiente para entrar en el despacho de Jobs y tratar de aclarar el asunto. Sin embargo, cuando lo hizo Jobs se mostró tan frío que Kottke se quedó paralizado. «Se me atragantaron las palabras. Me eché a llorar y no fui capaz de hablar con él —recordaba Kottke—. Nuestra amistad había desaparecido. Era muy triste».

Rod Holt, el ingeniero que había construido la fuente de alimentación, estaba recibiendo muchas opciones de compra. Trató de convencer a Jobs: «Tenemos que hacer algo por tu colega Daniel —le dijo, y sugirió que entre ellos dos le dieran algunas de sus propias opciones de compra—. Yo igualaré la cantidad de opciones que tú le des», propuso Holt. Jobs replicó: «De acuerdo. Yo voy a darle cero».

Wozniak, como era de esperar, mostró la actitud contraria. Antes de que las acciones salieran a la venta decidió vender dos mil de sus opciones a muy bajo precio a cuarenta empleados de nivel medio. La mayoría de ellos ganaron lo suficiente como para comprarse una casa. Wozniak se compró una casa de ensueños para él y su nueva esposa, pero esta se divorció de él al poco tiempo y se quedó con ella. Más adelante también les entregó directamente acciones a aquellos empleados que, en su opinión, habían recibido menos de lo debido, entre ellos Kottke, Fernandez, Wigginton y Espinosa. Todo el mundo adoraba a Wozniak, y más todavía tras sus muestras de generosidad, pero muchos también coincidían con Jobs en que era «terriblemente inocente e infantil». Unos meses más tarde apareció un cartel de la organización benéfica United Way en uno de los tablones de noticias de la empresa en el que se mostraba a un indigente. Alguien había escrito encima: «Woz en 1990».

Jobs no era tan inocente. Se había asegurado de firmar el acuerdo con Chrisann Brennan antes de que tuviera lugar la oferta pública de venta.

Jobs, la cara visible de aquella oferta, ayudó a elegir los dos bancos de inversiones que iban a gestionarla: la banca Morgan Stanley, bien asentada en Wall Street, y la nada tradicional firma Hambrecht y Quist, de San Francisco. «Steve se mostraba muy irreverente con los tipos de Morgan Stanley, una compañía muy estricta por aquella época», recordaba Bill Hambrecht. Morgan Stanley planeaba fijar un precio de 18 dólares por acción, aunque era obvio que su valor aumentaría rápidamente. «¿Qué pasa con esas acciones que vamos a vender a 18 dólares? —les preguntó a los banqueros—. ¿No pensáis vendérselas a vuestros mejores clientes? Si eso es así, ¿por qué a mí me cobráis una comisión del 7%?». Hambrecht reconoció que el sistema traía consigo algunas injusticias inherentes y propuso la idea de una subasta inversa para fijar el precio de las acciones antes de la oferta pública de venta.

Apple salió a Bolsa en la mañana del 12 de diciembre de 1980. Para entonces, los banqueros habían fijado el precio a 22 dólares por acción. El primer día subieron hasta los 29. Jobs había llegado al despacho de Hambrecht y Quist justo a tiempo para ver las primeras transacciones. A sus veinticinco años, era un hombre con 256 millones de dólares.

MUCHACHO, ERES UN HOMBRE RICO

Antes y después de hacerse rico, y sin duda a lo largo de toda una vida en la que fue sucesivamente un hombre arruinado y un multimillonario, la actitud de Steve Jobs hacia la riqueza resultaba algo compleja. Fue un hippy antimaterialista, pero supo capitalizar los inventos de un amigo que quería regalarlos; un devoto del budismo zen y antiguo peregrino en la India, decidió que su vocación eran los negocios. Y a pesar de ello, de algún modo, semejantes actitudes parecían entrelazarse en lugar de entrar en conflicto.

Jobs adoraba algunos objetos, especialmente aquellos que estuvieran diseñados y fabricados con elegancia, como los Porsche y los Mercedes, los cuchillos Henckel y los electrodomésticos Braun, las motocicletas BMW y las fotografías de Ansel Adams, los pianos Bösendorfer y los equipos de sonido Bang & Olufsen. Aun así, las casas en las que vivió, independientemente de lo rico que fuera, no eran ostentosas y estaban amuebladas con tanta sencillez que habrían hecho enrojecer de vergüenza a un cuáquero. Ni entonces ni después viajó con un séquito ni contrató a asistentes personales o un servicio de guardaespaldas. Se compró un buen coche, pero lo conducía él mismo. Cuando Markkula le propuso que se compraran juntos un avión Learjet, rechazó la oferta (aunque posteriormente acabó por pedirle a Apple un avión Gulfstream para él solo). Al igual que su padre, podía ser despiadado a la hora de regatear con los proveedores, pero no permitía que su pasión por obtener beneficios tuviese prioridad sobre su pasión por construir grandes productos.

Treinta años después de que Apple saliera a Bolsa, reflexionaba acerca de lo que había supuesto para él ganar tanto dinero de pronto:

> Nunca me preocupé por el dinero. Me crié en una familia de clase media, así que nunca pensé que me fuera a morir de hambre. Además, en Atari aprendí que podía ser un ingeniero decente, por lo que siempre supe que podría arreglármelas. Fui pobre por voluntad propia cuando asistí a la universidad y viajé a la India, y llevé una vida bastante sencilla incluso cuando trabajaba. Así que pasé de ser bastante pobre, lo que era estupendo porque no tenía que preocuparme por el dinero, a ser increíblemente rico, punto en el cual tampoco tenía que preocuparme por el dinero.
>
> Yo veía a gente en Apple que había ganado mucho dinero y que sentía que debía llevar una vida diferente. Algunos se compraron un Rolls Royce y varias casas, cada una con un encargado, y tenían que

contratar a un encargado para controlar a los demás encargados. Sus esposas se hacían la cirugía estética y se convertían en personas extrañas. No es así como yo quería vivir. Era una locura. Me prometí a mí mismo que no iba a permitir que ese dinero me arruinara la vida.

No era especialmente filántropo. Durante un breve período de tiempo creó una fundación, pero descubrió que le incomodaba tener que tratar con la persona a la que había contratado para que la dirigiera, que no hacía más que hablar de nuevas formas de filantropía y de cómo «influir» en la gente para que donasen. A Jobs no le gustaba la gente que hacía gala de su filantropía o que pensaba que podía reinventar ese concepto. Anteriormente, había enviado con discreción un cheque de 5.000 dólares para ayudar a crear la Seva Foundation, de Larry Brilliant, que lucha contra las enfermedades derivadas de la pobreza, e incluso accedió a formar parte de su consejo de administración. Sin embargo, en una de las reuniones se enzarzó en una discusión con un célebre médico del consejo acerca de si la fundación debía, tal y como defendía Jobs, contratar a Regis McKenna para que los ayudara con las recaudaciones de fondos y la publicidad. Aquella refriega acabó con Jobs llorando de rabia en el aparcamiento. Brilliant y él se reconciliaron la noche siguiente entre bastidores, en un concierto benéfico de los Grateful Dead para la Seva Foundation. Sin embargo, cuando Brilliant llevó a algunos de los miembros del consejo —entre los que se contaba gente creativa como Wavy Gravy y Jerry Garcia— a Apple justo después de la oferta pública de venta para solicitar una donación, Jobs no se mostró receptivo. En vez de eso, trató de encontrar la forma de que un Apple II y un programa VisiCalc que se habían donado pudieran facilitarle a la fundación el realizar una encuesta sobre la ceguera en Nepal que estaban planeando.

Su mayor regalo personal fue para sus padres, Paul y Clara Jobs, a quienes entregó acciones por un valor aproximado de 750.000 dólares. Ellos vendieron algunas para cancelar la hipoteca de la casa de Los Altos, y su hijo fue a verlos para una pequeña celebración. «Aquella era la primera vez en su vida en que no tenían una hipoteca —recordaba Jobs—. Habían invitado a un grupo de amigos a la fiesta, y fue todo muy agradable». Aun así, no se plantearon comprar una casa mejor. «No les interesaba —afirmó Jobs—. Estaban contentos con la vida que llevaban». Su único derroche fue embarcarse en un crucero de vacaciones cada año. El que cruzó el canal de Panamá «fue el más importante para mi padre», según Jobs, porque le recordó el momento en que su barco de la Guardia Costera lo atravesó de camino a San Francisco para ser retirarado del servicio.

Con el éxito de Apple llegó la fama pública. *Inc* fue la primera revista que presentó a Jobs en portada, en octubre de 1981. «Este hombre ha cambiado los negocios para siempre», proclamaba. Mostraba a Jobs con la barba bien arreglada, el pelo largo y peinado, unos vaqueros azules y una camisa de vestir con una americana tal vez demasiado brillante. Se inclinaba sobre un Apple II y miraba directamente a la cámara con la cautivadora mirada que había aprendido de Robert Friedland. «Cuando Steve Jobs habla, lo hace con el entusiasmo embriagador de alguien que puede ver el futuro y se está asegurando de que funciona correctamente», informaba la revista.

Time fue la siguiente, en febrero de 1982, con una serie sobre jóvenes emprendedores. La portada era un dibujo de Jobs, nuevamente con su mirada hipnótica. Según el artículo principal, Jobs «había creado prácticamente él solo toda la industria de los ordenadores personales». El texto adjunto, escrito por Michael Moritz, señalaba: «A los veintiséis años, Jobs encabeza una compañía que hace seis se encontraba ubicada en una habitación y un garaje en casa de sus padres. Sin embargo, este año se espera que sus ventas alcancen los 600 millones de dólares. [...] Como ejecutivo, Jobs a veces se muestra irascible y brusco con sus subordinados. Según él mismo reconoce, "tengo que aprender a controlar mis sentimientos"».

A pesar de su nueva fama y fortuna, todavía se veía a sí mismo como un hijo de la contracultura. En una visita a una clase de Stanford, se quitó su cara chaqueta y sus zapatos, se subió a una mesa y cruzó las piernas en la posición del loto. Los estudiantes planteaban preguntas como la de cuándo iba a aumentar el precio de las acciones de Apple, a las que Jobs hizo caso omiso. Cuando las cuestiones empresariales se fueron apagando, Jobs invirtió los papeles con aquellos estudiantes tan arreglados. «¿Cuántos de vosotros sois vírgenes? —preguntó. Se oyeron risitas nerviosas— ¿Cuántos habéis probado el LSD?». Hubo más risitas, y solo se alzaron una o dos manos. Posteriormente, Jobs se quejaba de las nuevas generaciones de jóvenes, que le parecían más materialistas y centrados en el trabajo que la suya. «Cuando yo iba a la escuela era justo después de los sesenta, y antes de que esta oleada general de determinación práctica se instalara entre los jóvenes —afirmó—. Ahora los estudiantes ni siquiera piensan en términos idealistas, o al menos no en la misma medida. Lo que está claro es que no dejan que los problemas filosóficos de hoy en día roben demasiado tiempo a sus estudios». Según él, su generación era diferente. «Los aires idealistas de los sesenta siguen acompañándonos, y la mayoría de la gente de mi edad que conozco tiene muy arraigado ese sentimiento».

10

El nacimiento del Mac

Dices que quieres una revolución...

El bebé de Jef Raskin

Jef Raskin era el tipo de persona que podía cautivar a Steve Jobs. O irritarlo. Por lo visto, logró ambas cosas. Raskin tenía un temperamento filosófico y podía mostrarse a la vez risueño y serio. Había estudiado informática, impartido clases de música y artes gráficas, dirigido una compañía de ópera de cámara y organizado un teatro subversivo. Su tesis doctoral, presentada en 1967 en la Universidad de California en San Diego, defendía que los ordenadores debían contar con interfaces gráficas en lugar de interfaces de comandos de texto. Cuando se hartó de ser profesor, alquiló un globo aerostático, sobrevoló la casa del rector y desde allí le comunicó a gritos su decisión de dimitir.

Cuando Jobs andaba buscando a alguien que escribiera un manual para el Apple II en 1976, llamó a Raskin, que tenía un pequeño gabinete de consultoría propio. Raskin llegó al garaje, vio a Wozniak trabajando como una hormiguita sobre el banco de trabajo, y Jobs le convenció de que escribiera el manual por 50 dólares. Acabaría convirtiéndose en director del departamento de publicaciones de Apple. Uno de sus sueños era construir un ordenador económico para las masas, y en 1979 convenció a Mike Markkula para que lo pusiera a cargo del diminuto proyecto semioficial y semiclandestino bautizado como «Annie». Como a Raskin le parecía que resultaba sexista poner nombres de mujer a los ordenadores, renombró el proyecto en honor a su variedad favorita de manzana, la McIntosh. Sin embargo, cambió a propósito la ortografía de la palabra para que no entrara en conflicto con el fabricante de equipos de sonido McIntosh Laboratory. El ordenador de aquel proyecto pasó a conocerse como Macintosh.

Raskin quería crear una máquina que se vendiera por 1.000 dólares y que fuera una herramienta sencilla, con la pantalla, el teclado y la unidad de procesamiento en un mismo equipo. Para mantener los costes controlados, propuso una pantalla diminuta de cinco pulgadas y un microprocesador muy barato y de poca potencia, el Motorola 6809. Raskin, que se veía a sí mismo como un filósofo, escribía sus pensamientos en un cuaderno cada vez más abultado al que llamaba *El libro del Macintosh*. También redactaba manifiestos de vez en cuando. Uno de ellos, titulado *Ordenadores a millones*, daba inicio con un deseo: «Si los ordenadores personales han de ser realmente personales, al final lo más probable será que cualquier familia elegida al azar tenga uno en casa».

A lo largo de 1979 y principios de 1980, el proyecto Macintosh llevó una existencia discreta. Cada pocos meses pendía sobre él la amenaza de la cancelación, pero Raskin siempre lograba convencer a Markkula para que se mostrara clemente. Contaban con un equipo de investigación de solo cuatro ingenieros, situado en el despacho original de Apple, junto al restaurante Good Earth, a unas calles de distancia de la nueva sede central de la compañía. La zona de trabajo estaba tan repleta de juguetes y maquetas de aviones por control remoto (la pasión de Raskin) que parecía una guardería para aficionados a la electrónica. Y de vez en cuando el trabajo se detenía para librar un combate algo desorganizado con pistolas de dardos de espuma. Como narró Andy Hertzfeld, «esto motivó que todo el mundo rodeara su área de trabajo con barricadas de cartón, para que sirvieran como refugio durante los juegos, con lo que parte de la oficina semejaba un laberinto de cartón».

La estrella del equipo era un joven ingeniero autodidacta, rubio, con rasgos angelicales y una intensa personalidad llamado Burrell Smith, que adoraba los códigos diseñados por Wozniak y trataba de alcanzar hazañas igualmente deslumbrantes. Atkinson descubrió a

Smith mientras este trabajaba en el departamento de atención al cliente de Apple y, sorprendido por su habilidad para improvisar soluciones, se lo recomendó a Raskin. En años posteriores sucumbiría a la esquizofrenia, pero a principios de la década de 1980 era capaz de canalizar su frenética actividad de ingeniero en rachas de brillantez que duraban semanas enteras.

Jobs estaba cautivado por la visión de Raskin, pero no por su disposición a ceder en aras de mantener un bajo coste. En algún momento del otoño de 1979, Jobs le pidió que se centrara en construir lo que él llamaba una y otra vez un producto «absurdamente genial». «No te preocupes por el precio, tú detállame las funciones que tiene que tener el ordenador», le ordenó. Raskin respondió con una nota sarcástica. En ella se enumeraba todo lo que uno podría desear en un ordenador: una pantalla en color de alta resolución con espacio para 96 caracteres por línea, una impresora sin cinta que pudiera generar cualquier gráfico en color a una velocidad de una página por segundo, acceso ilimitado a la red ARPA, reconocimiento de voz y la capacidad de sintetizar música «e incluso de emular a Caruso cantando con el Coro del Tabernáculo Mormón, con reverberación variable». La nota concluía: «Comenzar por una lista de las funciones deseadas no tiene sentido. Debemos empezar fijando un precio y un conjunto de funciones, y tener controladas la tecnología actual y la de un futuro inmediato». En otras palabras, Raskin no tenía paciencia para adaptarse a la creencia de Jobs de que podías distorsionar la realidad si sentías una pasión suficientemente intensa por tu producto.

Así pues, estaban destinados a entrar en conflicto, especialmente después de que Jobs se viera apartado del proyecto Lisa en septiembre de 1980 y comenzara a buscar algún otro lugar en el que dejar su impronta. Era inevitable que su mirada acabara recayendo en el proyecto Macintosh. Los manifiestos de Raskin acerca de una máquina económica para las masas, con una interfaz gráfica sencilla y un diseño nítido, le llegaron a lo más hondo. Y también era inevitable que, en cuanto Jobs se fijara en el proyecto Macintosh, los días de Raskin pasaran a estar contados. «Steve comenzó a planear lo que él pensaba que debíamos hacer, Jef empezó a mostrarse resentido y al instante quedó claro cuál sería el resultado», recordaba Joanne Hoffman, que formaba parte del equipo del Mac.

El primer conflicto tuvo lugar acerca de la devoción de Raskin por el poco potente microprocesador Motorola 6809. Una vez más, aquel fue un enfrentamiento entre el deseo de Raskin de mantener el precio del Mac por debajo de los 1.000 dólares y la determinación de Jobs de construir una máquina «absurdamente genial». Así pues, Jobs comenzó a presionar para que el Mac se pasara a un microprocesador más potente, el Motorola 68000, que era el que utilizaba el Lisa. Justo antes de la Navidad de 1980, desafió a Burrell Smith, sin decírselo a Raskin, para que presentara un prototipo rediseñado que emplease el nuevo chip. Al igual que habría hecho su héroe, Wozniak, Smith se zambulló en la tarea día y noche y trabajó sin parar durante tres semanas, con todo tipo de impresionantes saltos cualitativos en la programación. Cuando lo logró, Jobs consiguió forzar el cambio al Motorola 68000. Raskin tuvo que disimular su disgusto y recalcular el precio del Mac.

Había en juego un factor más importante. El microprocesador barato de Raskin no habría sido capaz de gestionar los asombrosos gráficos —ventanas, menús, ratón, etcétera— que el equipo había descubierto en sus visitas al Xerox PARC. Raskin había convencido a todo el mundo para que acudiera al Xerox PARC, y le gustaba la idea de la configuración en mapa de bits y las ventanas. Sin embargo, no había quedado prendado de todos los bonitos gráficos e iconos, y detestaba por completo la idea de utilizar un ratón con puntero y botón en lugar del teclado. «Algunas de las personas del proyecto se obsesionaron por tratar de hacerlo todo con el ratón —refunfuñó después—. Otro ejemplo es la absurda aplicación de los iconos. Un icono es un símbolo igualmente incomprensible en todos los lenguajes humanos. Si el ser humano inventó los idiomas fonéticos, es por algo».

El antiguo alumno de Raskin, Bill Atkinson, se puso de parte de Jobs. Ambos querían un procesador potente que pudiera soportar mejores gráficos y el uso de un ratón. «Steve tuvo que apartar a Jef del proyecto —aseguró Atkinson—. Jef era bastante firme y testarudo, y Steve hizo bien en hacerse cargo de la situación. El mundo obtuvo un resultado mejor».

Los desacuerdos eran algo más que disputas filosóficas. Se convirtieron en choques entre sus personalidades. «Le gusta que la gente salte cuando él lo ordena —dijo Raskin en una ocasión—. Me parecía que no era de fiar, y que no le hacía gracia que no lo satisficieran por completo. No parece que le guste la gente que lo ve sin una aureola de admiración». Jobs tampoco valoraba demasiado a Raskin. «Jef era extremadamente pedante —afirmó—. No sabía mucho de interfaces, así que decidí reclutar a algunos miembros de su equipo que sí eran muy buenos, como Atkinson, traer a algunos de mis chicos, hacerme con el control de la situación y construir una versión más económica del Lisa en lugar de un pedazo de chatarra».

A algunos de los miembros del equipo les resultó imposible trabajar con él. «Jobs parece introducir en el proyecto la tensión, los problemas derivados de la política de empresa y los conflictos, en lugar de disfrutar de un remanso de paz ante esas distracciones —escribió un ingeniero en una nota a Raskin en diciembre de 1980—. Disfruto enormemente hablando con él y admiro sus ideas, su perspectiva pragmática y su energía, pero no creo que ofrezca el entorno relajado de apoyo y confianza que yo necesito».

Sin embargo, muchos otros advirtieron que Jobs, a pesar de los defectos de su temperamento, contaba con el carisma y la influencia empresarial que los podrían llevar a dejar una marca en el universo. Jobs le dijo a su personal que Raskin solo era un soñador, mientras que él era un hombre de acción que iba a tener el Mac acabado en cuestión de un año. Quedó claro que quería vengarse por haberse visto apartado del grupo del Lisa y que se sentía estimulado por la competición. Apostó públicamente 5.000 dólares con John Couch a que el Mac estaría listo antes que el Lisa. «Podemos fabricar un ordenador más barato y mejor que el Lisa, y podemos sacarlo antes que ellos al mercado», arengó a su equipo.

Jobs reafirmó su control sobre el grupo al cancelar un seminario que Raskin debía impartir a la hora de comer ante toda la compañía en febrero de 1981. Raskin acudió a la sala de conferencias de todas formas y descubrió que había allí unas cien personas esperando para escucharlo. Jobs no se había molestado en notificarle a nadie más su orden de cancelación, así que Raskin siguió adelante y dio su charla. Aquel incidente llevó a Raskin a enviarle una virulenta nota a Mike Scott, de nuevo ante la difícil tesitura de ser un presidente que trataba de manejar al temperamental cofundador de la compañía y a uno de sus principales accionistas. El texto se titulaba «Trabajar para/con Steve Jobs», y en él Raskin afirmaba:

> Es un directivo horrible. [...] Siempre me gustó Steve, pero he descubierto que resulta imposible trabajar con él. [...] Jobs falta con regularidad a sus citas. Esto es algo tan conocido que ya es casi un chiste común entre los trabajadores. [...] Actúa sin pensar y con criterios erróneos. [...] No reconoce los méritos de aquellos que lo merecen. [...] Muy a menudo, cuando le presentan una nueva idea, la ataca de inmediato y asegura que es inútil o incluso estúpida, que ha sido una pérdida de tiempo trabajar en ella. Esto, por sí mismo, ya es muestra de una mala gestión, pero si la idea es buena, no tarda en hablarle a todo el mundo de ella como si hubiera sido suya. [...] Interrumpe a los demás y no escucha.

Esa tarde, Scott llamó a Jobs y a Raskin para que se enfrentaran ante Markkula. Jobs comenzó a llorar. Raskin y él solo se pusieron de acuerdo en una cosa: ninguno de ellos podía trabajar para el otro. En el proyecto de Lisa, Scott se había puesto de parte de Couch. En esta ocasión, decidió que lo mejor era dejar que ganara Jobs. Al fin y al cabo, el Mac era un proyecto de desarrollo menor situado en un edificio lejano que podía mantener a Jobs ocupado y alejado de la sede principal. A Raskin le pidieron que se tomara una temporada de permiso. «Querían contentarme y darme algo que hacer, lo cual me parecía bien —recordaba Jobs—. Para mí era como regresar al garaje. Tenía mi propio equipo con gente variopinta y estaba al mando».

Puede que la expulsión de Raskin parezca injusta, pero al final acabó siendo buena para el Macintosh. Raskin quería una aplicación con poca memoria, un procesador anémico, una cinta de casete, ningún ratón y unos gráficos mínimos. A diferencia de Jobs, quizá hubiera sido capaz de mantener ajustados los precios hasta unos 1.000 dólares, y aquello podría haber ayudado a Apple a ganar algo de cuota de mercado. Sin embargo, no podría haber logrado lo que hizo Jobs, que fue crear y comercializar una máquina que transformó el mundo de los ordenadores personales. De hecho, podemos ver adónde lleva ese otro camino que no tomaron. Raskin fue contratado por Canon para construir la máquina que él quería. «Fue el Canon Cat, y resultó un fracaso absoluto —comentó Atkinson—. Nadie lo quería. Cuando Steve convirtió el Mac en una versión compacta del Lisa, lo transformó en una plataforma informática, más que un electrodoméstico casero».*

LAS TORRES TEXACO

Unos días después de que se marchara Raskin, Jobs apareció por el cubículo de Andy Hertzfeld, un joven ingeniero del equipo del Apple II con rasgos angelicales y una actitud angelical, un poco como su colega Burrell Smith. Hertzfeld recordaba que la mayoría de sus colegas temían a Jobs «por sus arranques de cólera y su tendencia a decirle a todo el mundo exactamente lo que pensaba, lo que en muchos casos no era demasiado positivo». Sin embargo, a Hertzfeld le entusiasmaba aquel hombre. «¿Eres bueno? —preguntó Jobs nada más entrar—. Solo queremos a los mejores en el Mac, y no estoy seguro de si eres lo suficientemente bueno». Hertzfeld sabía cómo debía contestar. «Le dije que sí, que pensaba que era lo bastante bueno».

Jobs se marchó y Hertzfeld volvió a su trabajo. Esa misma tarde, lo sorprendió mirando por encima de la pared de su cubículo. «Te traigo buenas noticias —anunció—. Ahora trabajas en el equipo del Mac. Ven conmigo».

Hertzfeld respondió que necesitaba un par de días más para acabar el producto en el que estaba trabajando para el Apple II. «¿Qué

---

* Cuando el millonésimo Mac salió de la cadena de producción en marzo de 1987, Apple inscribió el nombre de Raskin en él y se lo entregó, para gran irritación de Jobs. Raskin murió de cáncer de páncreas en 2005, poco después de que a Jobs le diagnosticaran la misma enfermedad.

es más importante que trabajar en el Macintosh?», quiso saber Jobs. Hertzfeld le explicó que necesitaba darle forma a su programa de DOS para el Apple II antes de podérselo pasar a alguien más. «¡Estás perdiendo el tiempo con eso! —contestó Jobs—. ¿A quién le importa el Apple II? El Apple II estará muerto en unos años. ¡El Macintosh es el futuro de Apple, y vas a ponerte con ello ahora mismo!». Y acto seguido, Jobs desenchufó el cable de su Apple II, lo que hizo que el código en el que estaba trabajando se desvaneciera. «Ven conmigo —ordenó—. Voy a llevarte a tu nuevo despacho». Jobs se llevó a Hertzfeld, con ordenador y todo, en su Mercedes plateado hasta las oficinas de Macintosh. «Aquí está tu nuevo despacho —anunció, dejándolo caer en un hueco junto a Burrell Smith—. ¡Bienvenido al equipo del Mac!». Cuando Hertzfeld abrió el primer cajón, descubrió que la mesa había sido la de Raskin. De hecho, Raskin se había marchado tan apresuradamente que algunos de los cajones todavía estaban llenos de sus trastos, incluidos sus aviones de juguete.

En la primavera de 1981, el criterio principal de Jobs a la hora de reclutar a gente para a formar parte de su alegre banda de piratas era el de asegurarse que sintieran una auténtica pasión por el producto. En ocasiones llevaba un candidato a una sala donde había un prototipo del Mac cubierto por una tela, lo descubría con teatralidad y observaba la escena. «Si se les iluminaban los ojos, si se lanzaban derechos a por el ratón y comenzaban a moverlo y a pulsarlo, Steve sonreía y los reclutaba —recordaba Andrea Cunningham—. Quería que todos gritaran sorprendidos ante el Mac».

Bruce Horn era uno de los programadores del Xerox PARC. Cuando algunos de sus amigos, como Larry Tesler, decidieron unirse al grupo del Macintosh, Horn se planteó la posibilidad de marcharse también. Sin embargo, había recibido una buena oferta con una bonificación inicial de 15.000 dólares para entrar a trabajar en otra empresa. Jobs lo llamó un viernes por la noche. «Tienes que venir a Apple mañana por la mañana —le soltó—. Tengo un montón de cosas que enseñarte». Horn lo hizo, y Jobs lo cautivó. «Steve tenía una enorme pasión por construir un artilugio increíble que pudiera cambiar el mundo —recordaba Horn—. Solo con la pura fuerza de su personalidad me hizo cambiar de opinión». Jobs le mostró a Horn los detalles de cómo se moldearía el plástico y se ensamblaría en ángulos perfectos, y el buen aspecto que tendría el teclado integrado. «Quería que viera que todo aquel asunto ya estaba en marcha y que estaba bien pensado de principio a fin. "Vaya —me dije—, no veo ese tipo de pasión todos los días". Así que me uní a ellos».

Jobs trató incluso de recuperar a Wozniak. «Me molestaba el hecho de que él no hubiera estado trabajando demasiado, pero entonces pensé: "Qué demonios, yo no estaría aquí sin su genio"», contaba Jobs tiempo después. Sin embargo, a poco de haber empezado a interesar a Wozniak en el Mac, este estrelló su nuevo Beechcraft monomotor durante un despegue cerca de Santa Cruz. Sobrevivió por poco y acabó con amnesia parcial. Jobs pasó mucho tiempo con él en el hospital, pero cuando Wozniak se recuperó, pensó que había llegado la hora de tomarse un respiro y apartarse de Apple. Diez años después de abandonar los estudios en Berkeley, decidió regresar allí para acabar la licenciatura, y se matriculó con el nombre de Rocky Raccoon Clark.

Para que el proyecto fuera realmente suyo, Jobs decidió que su nombre en clave ya no debía ser el de la manzana favorita de Raskin. En varias entrevistas, Jobs se había estado refiriendo a los ordenadores como una bicicleta para la mente: la capacidad de los humanos para crear la bicicleta les permitía moverse con mayor eficacia que un cóndor, y, de igual modo, la capacidad de crear ordenadores iba a multiplicar la eficacia de sus mentes. Así pues, un día Jobs decretó que en adelante el Macintosh pasaría a ser conocido como «la Bicicleta». Aquello no fue demasiado bien recibido. «Burrell y yo pensamos que aquella era la idea más tonta que jamás habíamos oído, y sencillamente nos negamos a utilizar el nuevo nombre», recordaba Hertzfeld. En menos de un mes, la propuesta quedó desestimada.

A principios de 1981, el equipo del Mac había crecido hasta unas veinte personas, y Jobs pensó que debían tener unas oficinas mayores, así que trasladó a todo el mundo a la segunda planta de un edificio con planchas de madera marrón de dos alturas, a unas tres calles de distancia de la sede central de Apple. Estaba cerca de una gasolinera de Texaco, y por lo tanto pasó a ser conocido como «las Torres Texaco». Recurrieron a Daniel Kottke, aún resentido por las pocas opciones sobre acciones recibidas, para que montara algunos prototipos del ordenador. Bud Tribble, el principal desarrollador de software, creó una pantalla de arranque en la que aparecía un simpático «¡hola!». Jobs sentía que la oficina debía estar más animada, así que le ordenó a su gente que fuera a comprar un equipo de música. «Burrell y yo corrimos inmediatamente a comprar un radiocasete plateado, antes de que pudiera cambiar de opinión», recordaba Hertzfeld.

El triunfo de Jobs pronto fue total. Unas semanas después de vencer en su lucha de poder con Raskin por hacerse con el control de la división del Mac, ayudó a expulsar a Mike Scott de su puesto de presidente de Apple. Scotty se había vuelto cada vez más impredecible. Podía mostrarse intimidante y comprensivo según el caso. Acabó por perder la mayor parte del apoyo de los empleados cuando los sorprendió con una ronda de despidos perpetrados con una crueldad nada común en él. Además, había comenzado a sufrir toda una serie de afecciones, desde infecciones oculares hasta narcolepsia. Así que, mientras Scott se encontraba de vacaciones en Hawai, Markkula llamó a todos los directivos de alto nivel para preguntar si debían sustituirlo por otra persona. La mayoría de ellos, incluidos Jobs y John Couch, dijeron que sí. Por tanto, Markkula asumió el cargo de forma provisional y mostró una actitud bastante pasiva. Jobs descubrió que ahora tenía carta blanca para hacer lo que quisiera con el grupo del Mac.

11

El campo de distorsión de la realidad

Jugando con sus propias reglas

Cuando Andy Hertzfeld se unió al equipo del Mac, recibió una charla informativa de Bud Tribble, el otro diseñador de software, acerca de la ingente cantidad de trabajo que quedaba por hacer. Jobs quería que todo estuviera listo en enero de 1982, y para eso faltaba menos de un año. «Es una locura —aseguró Hertzfeld—. Es imposible». Tribble señaló que Jobs no estaba dispuesto a aceptar ningún contratiempo. «La mejor forma de describir aquella situación es con un término de *Star Trek* —explicó Tribble—. Steve crea un campo de distorsión de la realidad». Cuando Hertzfeld mostró su desconcierto, Tribble profundizó un poco más. «En su presencia, la realidad es algo maleable. Puede convencer a cualquiera de prácticamente cualquier cosa. El efecto se desvanece cuando él ya no está, pero hace que sea difícil plantear plazos realistas».

Tribble recuerda que adoptó aquel término a partir de los célebres episodios de *Star Trek* titulados «La colección de fieras». «En ellos los alienígenas crean su propio mundo usando solo la fuerza de sus mentes». Afirmó haber pretendido que aquella expresión fuera un cumplido, además de una advertencia. «Era peligroso quedar atrapado en el campo de distorsión de Steve, pero era aquello lo que le permitía ser realmente capaz de alterar la realidad».

Al principio, Hertzfeld pensó que Tribble estaba exagerando. Sin embargo, tras dos semanas de ver a Jobs en acción, se convirtió en un observador atento de aquel fenómeno. «El campo de distorsión de la realidad era una confusa mezcla de estilo retórico y carismático, una voluntad indomable y una disposición a adaptar cualquier dato para que se adecuase al propósito perseguido —aseguró—. Si una de sus argumentaciones no lograba convencerte, pasaba con gran destreza a la siguiente. En ocasiones era capaz de dejarte sin argumentos al adoptar de pronto tu misma postura como si fuera la suya, sin reconocer en ningún momento que antes él había pensado de forma diferente».

Hertzfeld descubrió que no había gran cosa que se pudiera hacer para defenderse de aquella fuerza. «Lo más sorprendente es que el campo de distorsión de la realidad parecía dar resultado incluso si tú eras perfectamente consciente de su existencia —afirmó—. A menudo discutíamos técnicas para poder contrarrestarlo, pero tras un tiempo la mayoría nos rendíamos y pasábamos a aceptarlo como una fuerza más de la naturaleza». Después de que Jobs decidiera en una ocasión sustituir todos los refrescos de la oficina por zumos orgánicos de naranja y zanahoria de la marca Odwalla, alguien del equipo preparó unas camisetas. La parte frontal rezaba: «Campo de distorsión de la realidad», y la trasera añadía: «¡El secreto está en el zumo!».

Hasta cierto punto, denominarlo «campo de distorsión de la realidad» era solo una forma rebuscada de decir que Jobs tenía una cierta tendencia a mentir. Sin embargo, el hecho es que aquella era una ocultación de la verdad más compleja que un simple embuste. Jobs realizaba algunas afirmaciones —ya fueran un dato sobre historia del mundo o el relato de quién había sugerido una u otra idea en una reunión— sin tener en cuenta la verdad. Aquello representaba un deseo voluntario de desafiar a la realidad, no solo de cara a los demás, sino a sí mismo. «Es capaz de engañarse él solo —afirmó Bill Atkinson—. Eso le permite lograr que los demás se crean su visión del mundo, porque él mismo la ha asumido y hecho suya».

Obviamente, existen muchas personas que distorsionan la realidad. Cuando Jobs lo hacía, a menudo era una táctica para lograr algo. Wozniak, que resultaba ser tan radicalmente sincero como Jobs estratega, se maravillaba ante la eficacia de aquella maniobra. «Su distorsión de la realidad se pone en funcionamiento cuando él tiene una visión ilógica del futuro, como la de decirme que podía diseñar el juego de los ladrillos en tan solo unos días. Te das cuenta de que no puede ser cierto, pero de alguna forma él consigue que lo sea».

Cuando los miembros del equipo del Mac se veían atrapados por su campo de distorsión de la realidad, quedaban casi hipnotizados. «Me recordaba a Rasputín —afirmó Debi Coleman—. Era como si te lanzara un rayo láser y no pudieras ni pestañear. Daba igual que te estuviera sirviendo un vaso de cicuta. Te lo bebías». Sin embargo, al igual que Wozniak, cree que el campo de distorsión de la realidad le daba poderes: permitía a Jobs inspirar a su equipo para que alterase el curso de la historia de la informática con solo una porción de los recursos de Xerox o de IBM. «Era una distorsión autorrecurrente —precisó—. Hacías lo imposible porque no sabías que era imposible».

En la base misma de la distorsión de la realidad se encontraba la profunda e inalterable creencia de Jobs de que las normas no iban con él. Disponía de algunas pruebas que lo respaldaban: ya en su infancia, a menudo había sido capaz de modificar la realidad para que se adaptara a sus deseos. Sin embargo, la razón más profunda para justificar esa idea de que podía hacer caso omiso de las reglas era la rebeldía y la testarudez que tenía grabadas a fuego en su personalidad. Creía ser especial, alguien elegido e iluminado. «Cree que hay pocas personas especiales (Einstein, Gandhi y los gurús a los que conoció en la India), y que él es uno de ellos —afirmó Hertzfeld—. Así se lo dijo a Chrisann. En una ocasión llegó a sugerirme que era un iluminado. Como Nietzsche». Jobs nunca había estudiado la obra de Nietzsche, pero el concepto del filósofo de la voluntad de poder y de la naturaleza especial del superhombre parecía encajar en él de forma natural. *Así habló Zaratustra*: «El espíritu quiere ahora su voluntad, el retirado del mundo conquista ahora su mundo». Si la realidad no se amoldaba a su voluntad, se limitaba a ignorarla, igual que había hecho con el nacimiento de su hija Lisa e igual que hizo años más tarde cuando le diagnosticaron cáncer por primera vez. Incluso en sus pequeñas rebeliones diarias, tales como no ponerle matrícula a su coche o aparcarlo en las plazas para discapacitados, actuaba como si las normas y realidades que lo rodeaban no fueran con él.

Otro aspecto fundamental de la cosmovisión de Jobs era su forma binaria de categorizar las cosas. La gente se dividía ene «iluminados» y «gilipollas». Su trabajo era «lo mejor» o «una mierda absoluta». Bill Atkinson, el diseñador de Mac que había caído en el lado bueno de estas dicotomías, describe cómo funcionaba aquel sistema:

> Trabajar con Steve era difícil porque había una gran polaridad entre los dioses y los capullos. Si eras un dios, estabas subido a un pedestal y nada de lo que hicieras podía estar mal. Los que estábamos en la categoría de los dioses, como era mi caso, sabíamos que en realidad éramos mortales, que tomábamos decisiones de ingeniería equivocadas y que nos tirábamos pedos como cualquier otra persona, así que vivíamos con el miedo constante de ser apartados de nuestro pedestal. Los que estaban en la lista de los capullos, ingenieros brillantes que trabajaban muy duro, sentían que no había ninguna manera de conseguir que se valorase su trabajo y de poder elevarse por encima de aquella posición.

Sin embargo, estas categorías no eran inmutables. Especialmente cuando sus opiniones eran sobre ideas y no sobre personas, Jobs podía cambiar de parecer rápidamente. Cuando informó a Hertzfeld acerca del campo de distorsión de la realidad, Tribble le advirtió específicamente acerca de la tendencia de Jobs a parecerse a una corriente alterna de alto voltaje. «Si te dice que algo es horrible o fantástico, eso no implica necesariamente que al día siguiente vaya a tener la misma opinión —le explicó Tribble—. Si le presentas una idea nueva, normalmente te dirá que le parece estúpida. Pero después, si de verdad le gusta, exactamente una semana después, vendrá a verte y te propondrá la misma idea como si la hubiera tenido él».

La audacia de esta última pirueta dialéctica habría dejado anonadado al mismísimo Diaghilev, pero aquello ocurrió en repetidas ocasiones, por ejemplo con Bruce Horn, el programador al que había atraído junto con Tesler desde el Xerox PARC. «Una semana le presentaba una idea que había tenido, y él decía que era una locura —comentó Horn—. A la semana siguiente aparecía y decía: "Oye, tengo una idea genial". ¡Y era la mía! Si se lo hacías notar y le decías:

"Steve, yo te dije eso mismo hace una semana", él contestaba: "Sí, sí, claro...", y pasaba a otra cosa».

Era como si a los circuitos del cerebro de Jobs les faltara un aparato que modulara las erupciones repentinas de opiniones que le venían a la mente, así que, para tratar con él, el equipo del Mac recurrió a un concepto electrónico llamado «filtro de paso bajo». A la hora de procesar la información que él emitía, aprendieron a reducir la amplitud de sus señales de alta frecuencia. Aquello servía para suavizar el conjunto de datos y ofrecer una media móvil menos agitada de su cambiante actitud. «Tras unos cuantos ciclos en los que adoptaba posiciones extremas de forma alterna —señaló Hertzfeld—, aprendimos a hacer pasar sus señales por un filtro de paso bajo y de esta manera no reaccionar ante las más radicales».

¿Acaso el comportamiento sin restricciones de Jobs estaba causado por una falta de sensibilidad emocional? No. Era casi justo lo contrario. Tenía una personalidad muy sensible. Contaba con una habilidad asombrosa para interpretar a la gente y averiguar dónde estaban los puntos fuertes de su psicología, sus zonas vulnerables y sus inseguridades. Podía sorprender a una víctima desprevenida con un golpe seco emocional perfectamente dirigido. Sabía de forma intuitiva cuándo alguien estaba fingiendo o cuándo sabía de verdad cómo hacer algo. Aquello lo convertía en un maestro a la hora de embaucar, presionar, persuadir, halagar e intimidar a los demás. «Tenía una inquietante capacidad para saber cuál era exactamente tu punto débil, cómo hacerte sentir insignificante, cómo hacerte sentir vergüenza —afirmó Hoffman—. Es un rasgo común en las personas carismáticas que saben cómo manipular a los demás. Saber que él puede aplastarte te hace sentir más débil y desear recibir su aprobación, de forma que puede elevarte, ponerte en un pedestal y hacer contigo lo que quiera».

Había algunas ventajas en todo aquello. La gente que no sucumbía aplastada se volvía más fuerte. Su trabajo era mejor, tanto por el miedo como por el deseo de agradar y de averiguar qué se esperaba exactamente de ellos. «Su comportamiento puede resultar emocionalmente agotador, pero si sobrevives a él da resultados», comentó Hoffman. También cabía la posibilidad de rebelarse —en ocasiones— y no solo sobrevivir, sino florecer. Aquello no funcionaba siempre. Raskin lo intentó y le salió bien durante un tiempo, aunque después quedó destruido, pero si mostrabas una confianza tranquila y correcta, si Jobs te evaluaba y se convencía de que sabías lo que estabas haciendo, entonces te respetaba. A lo largo de los años, tanto en su vida profesional como personal, su círculo más cercano tendió a incluir a muchas más personas fuertes que serviles.

El equipo del Mac sabía todo aquello. Todos los años, desde 1981, repartían un premio para la persona a la que mejor se le hubiera dado resistir a Jobs. El premio era en parte una broma, pero también tenía algo de real, y Jobs lo sabía y le gustaba. Joanna Hoffman lo ganó el primer año. Esta mujer, criada en el seno de una familia de refugiados del este de Europa, tenía un temperamento y una voluntad de hierro. Un día, por ejemplo, descubrió que Jobs había alterado sus proyecciones de marketing de una forma que, según ella, distorsionaba completamente la realidad. Furiosa, irrumpió en su despacho. «Mientras subía las escaleras, le dije a su asistente que iba a agarrar un cuchillo y clavárselo en el corazón —narró. Al Eisenstat, el abogado de la empresa, llegó corriendo para detenerla—. Pero Steve escuchó lo que tenía que decir y se echó atrás en su empeño».

Hoffman volvió a ganar el premio en 1982. «Recuerdo que estaba celosa de Joanna porque ella le plantaba cara a Steve y yo todavía no tenía el valor suficiente —comentó Debi Coleman, que entró en el equipo del Mac ese mismo año—. Pero, en 1983, lo gané yo. Había aprendido que tenía que defender aquello en lo que creía, y eso es algo que Steve respetaba. Comenzó a ascenderme en la empresa a partir de entonces». De hecho, al final llegó a ser la directora del departamento de producción.

Un día, Jobs entró de pronto en el cubículo de uno de los ingenieros de Atkinson y soltó su habitual «esto es una mierda». Según Atkinson, «el chico dijo: "No, no lo es. De hecho, es la mejor forma de hacerlo", y le explicó a Steve las modificaciones técnicas que había aplicado». Jobs se retractó. Atkinson le enseñó a su equipo a pasar las palabras de Jobs a través de un traductor. «Aprendimos a interpretar el "esto es una mierda" como una pregunta que significaba: "Dime por qué es esta la mejor forma de hacerlo"». Pero la historia tiene un epílogo que a Atkinson también le pareció instructivo. Al final, el ingeniero encontró una forma todavía mejor de implementar la función que Jobs había criticado. «Lo hizo mejor aún porque Steve lo había desafiado —comentó Atkinson—, y ello te demuestra que puedes defender tu postura pero que también debes prestarle atención, porque suele tener razón».

El comportamiento irritable de Jobs se debía en parte a su perfeccionismo y a su impaciencia para con aquellos que llegaban a soluciones prácticas, de compromiso —incluso si eran sensatas—, con el fin de que el producto estuviera listo a tiempo y dentro del presupuesto establecido. «No se le daba bien realizar concesiones —afirmó Atkinson—. Era un perfeccionista y un controlador. Si alguien no se preocupaba por que el producto estuviera perfecto, entonces él los clasificaba como gentuza». En la Feria de Informática de la Costa Oeste organizada en abril de 1981, por ejemplo, Adam Osborne presentó el primer ordenador personal realmente portátil. No era un producto genial —tenía una pantalla de cinco pulgadas y no demasiada memoria—, pero funcionaba suficientemente bien. Como él mismo afirmó en una célebre cita, «lo aceptable es suficiente. Todo lo demás es superfluo». A Jobs le pareció que aquella premisa era moralmente vergonzosa, y pasó días enteros burlándose de Osborne. «Ese tío no se entera —repetía Jobs una y otra vez mientras iba por los pasillos de Apple—. No está creando arte, está creando mierda».

Un día, Jobs entró en el cubículo de Larry Kenyon, el ingeniero que trabajaba en el sistema operativo del Macintosh, y se quejó de que aquello tardaba demasiado en arrancar. Kenyon comenzó a explicarle la situación, pero Jobs lo cortó en seco. «Si con ello pudieras salvarle la vida a una persona, ¿encontrarías la forma de acortar en diez segundos el tiempo de arranque?», le preguntó. Kenyon concedió que posiblemente podría. Jobs se dirigió a una pizarra y le mostró que si había cinco millones de personas utilizando el Mac y tardaban diez segundos de más en arrancar el ordenador todos los días, aquello sumaba unos 300 millones de horas anuales que la gente podía ahorrarse, lo que equivalía a salvar cien vidas cada año. «Larry quedó impresionado, como era de esperar, y unas semanas más tarde se presentó con un sistema operativo que arrancaba veintiocho segundos más rápido —recordaba Atkinson—. Steve tenía una forma de motivar a la gente haciéndoles ver una perspectiva más amplia».

El resultado fue que el equipo del Macintosh llegó a compartir la pasión de Jobs por crear un gran producto, y no solo uno que resultara rentable. «Jobs se veía a sí mismo como un artista, y nos animaba a los del equipo de diseño a que también pensáramos en nosotros mismos como artistas —comentó Hertzfeld—. El objetivo nunca fue el de superar a la competencia o ganar mucho dinero, sino el de fabricar el mejor producto posible, o incluso uno todavía mejor». Hasta el punto de que llevó a su equipo a ver una exposición de cristales de Tiffany en el Museo Metropolitano de Nueva York, porque creía que podrían aprender del ejemplo de Louis Tiffany, que había creado un tipo de arte susceptible de ser reproducido en serie. «Hablamos acerca de cómo Louis Tiffany no había producido todo aquello con sus propias manos, sino que había sido capaz de transmitir sus diseños a otras personas —recordaba Bud Tribble—. Entonces nosotros nos dijimos: "Oye, ya que vamos a dedicar nuestra vida a construir estos aparatos, más vale que los hagamos bonitos"».

¿Era necesario todo este comportamiento temperamental e insultante? Probablemente no, y tampoco estaba justificado. Había otras formas de motivar a su equipo. Aunque el Macintosh resultó ser un gran producto, se retrasó mucho en los plazos y superó ampliamente el presupuesto planeado debido a las impetuosas intervenciones de Jobs. También se cobró un precio en sensibilidades heridas, lo que causó que gran parte del equipo acabara quemado. «Las contribuciones de Steve podrían haberse llevado a cabo sin tantas escenas de terror entre sus colaboradores —opinó Wozniak—. A mí me gusta ser más paciente y no generar tantos conflictos. Creo que una compañía puede ser como una buena familia. Si yo hubiera dirigido el proyecto del Macintosh, probablemente todo se hubiera embrollado demasiado. Sin embargo, creo que si hubiésemos combinado nuestros estilos, el resultado habría sido mejor que el que logró Steve».

Pero el estilo de Jobs tenía su lado positivo. Los empleados de Apple sentían una irrefrenable pasión por crear productos de vanguardia y un sentimiento de que podían lograr lo que parecía imposible. Encargaron camisetas en las que podía leerse: «¡Noventa horas a la semana, y encantados!». La mezcla entre el miedo hacia Jobs y una necesidad increíblemente fuerte de impresionarlo los llevó a superar sus propias expectativas. Aunque él había impedido que su equipo llegara a compromisos que habrían abaratado los costes del Mac y habrían permitido terminarlo antes, también había evitado que se contentaran con los arreglos chapuceros camuflados en forma de soluciones sensatas.

«Aprendí con los años que, cuando cuentas con gente muy buena, no necesitas estar siempre encima de ellos —explicó Jobs posteriormente—. Si esperas que hagan grandes cosas, puedes conseguir que hagan grandes cosas. El equipo original del Mac me enseñó que a los jugadores de primera división les gusta trabajar juntos, y que no les gusta que toleres un trabajo de segunda. Pregúntaselo a cualquiera de los miembros de aquel equipo. Todos te dirán que el sufrimiento mereció la pena».

La mayoría de ellos así lo hacen. «En medio de una reunión podía gritar: "Pedazo de imbécil, nunca haces nada a derechas" —recordaba Debi Coleman—. Aquello ocurría aproximadamente cada hora. Aun así, me considero la persona más afortunada del universo por haber trabajado con él».

12

El diseño

Los auténticos artistas simplifican

UNA ESTÉTICA BAUHAUS

A diferencia de la mayoría de los chicos que se criaron en las casas de Eichler, Jobs sabía lo que eran y por qué eran tan buenas. Le gustaba la noción de un estilo moderno, diáfano y sencillo producido en serie. También le encantaba cómo su padre describía los detalles del diseño de diferentes coches. Así pues, desde sus comienzos en Apple, siempre creyó que un buen diseño industrial —un logotipo sencillo y lleno de color, una carcasa elegante para el Apple II— distinguirían a su compañía y harían diferentes a sus productos.

El primer despacho de la empresa, una vez que salieron del garaje familiar, estaba situado en un pequeño edificio que compartían con una oficina de ventas de Sony. Esta compañía era célebre por su imagen de marca y sus memorables diseños de productos, así que Jobs se pasaba por allí para estudiar su material de marketing. «Entraba con su aspecto desaliñado y rebuscaba entre los folletos de los productos para señalar algunas características de los diseños —comentó Dan'l Lewin, que trabajaba allí—. De vez en cuando nos preguntaba: "¿Puedo llevarme este folleto?"». Para 1980, Jobs ya había contratado a Lewin.

Su afición por la imagen oscura e industrial de Sony fue menguando cuando comenzó a asistir, desde junio de 1981, a la Conferencia Internacional de Diseño de Aspen. La reunión de ese año se centraba en el estilo italiano, y contaba con el arquitecto y diseñador Mario Bellini, el cineasta Bernardo Bertolucci, el proyectista de coches Sergio Pininfarina y la política y heredera de Fiat, Susanna Agnelli. «Había llegado a adorar a los diseñadores italianos, igual que el chico de la película *El relevo* adora a los ciclistas italianos —recordaba Jobs—, así que para mí eran una increíble fuente de inspiración».

En Aspen entró en contacto con la filosofía de diseño claro y funcional del movimiento Bauhaus, personificado por Herbert Bayer en los edificios, apartamentos, tipos de letra sin remates y muebles del campus del Instituto Aspen. Al igual que sus mentores Walter Gropius y Ludwig Mies van der Rohe, Bayer creía que no debía existir distinción alguna entre las bellas artes y el diseño industrial aplicado. El moderno Estilo Internacional que defendían en la escuela Bauhaus mostraba que el diseño debía ser sencillo pero con un espíritu expresivo. En él se destacaban la racionalidad y la funcionalidad por medio de líneas y formas muy nítidas. Entre las máximas predicadas por Mies y Gropius se encontraban «Dios está en los detalles» y «Menos es más». Como en el caso de las casas de Eichler, la sensibilidad artística se combinaba con la capacidad para producir sus creaciones en serie.

Jobs habló públicamente de su apego por el movimiento de la Bauhaus en una charla impartida en la conferencia de diseño de Aspen del año 1983, cuyo tema principal era: «El futuro ya no es lo que era». En su discurso bajo la gran carpa del campus, Jobs predijo el declive del estilo de Sony en favor de la sencillez de la escuela Bauhaus. «La tendencia actual del diseño industrial sigue el aspecto de la alta tecnología de Sony, que consiste en el uso de grises metalizados que a veces pueden ir pintados de negro o combinados con experimentos extraños —afirmó—. Eso es fácil de hacer, pero no es un estilo genial». Propuso una alternativa, surgida del estilo Bauhaus, que se mantenía más fiel a la función y naturaleza de los productos. «Lo que vamos a hacer es crear productos de alta tecnología y darles una presentación diáfana para que todo el mundo sepa que son de alta tecnología. Los meteremos en un paquete de pequeño tamaño, y podemos hacer que sean bonitos y blancos, igual que hace Braun con sus electrodomésticos».

Puso énfasis en varias ocasiones en que los productos de Apple debían tener un aspecto nítido y sencillo. «Queremos que sean brillantes y puros y que no oculten el hecho de que son de alta tecnología, en lugar de darles un aspecto industrial basado en el negro, negro, negro y negro, como Sony —proclamó—. Este va a ser nuestro enfoque: un producto muy sencillo en el que de verdad estemos tratando de alcanzar una calidad digna de un museo de arte contemporáneo. La forma en que dirigimos nuestra empresa, el diseño de los productos, la publicidad, todo se reduce a lo mismo: vamos a hacerlo sencillo. Muy sencillo». El mantra de Apple siguió siendo aquel que figuraba en su primer folleto: «La sencillez es la máxima sofisticación».

Jobs sentía que uno de los elementos clave de la sencillez en el diseño era conseguir que los productos fueran intuitivamente fáciles de utilizar. Ambas características no siempre van de la mano. En ocasiones un diseño puede ser tan sencillo y elegante que el usuario lo encuentra intimidante o difícil de utilizar. «El factor principal de nuestro diseño es que tenemos que tratar de hacer que las cosas resulten obvias de forma intuitiva —expuso Jobs ante la multitud de expertos en diseño. Para ilustrarlo, alabó la metáfora del escritorio que estaba creando para el Macintosh—. La gente sabe de forma intuitiva cómo manejarse en un escritorio. Si entras en un despacho, verás que sobre la mesa hay varios papeles. El que está arriba del todo es el más importante. La gente sabe cómo asignar prioridades a sus tareas. Parte de la razón por la que basamos nuestros ordenadores en metáforas como la del escritorio es que así podemos aprovechar la experiencia que la gente ya tiene».

Una oradora que intervino a la misma hora que Jobs ese miércoles por la tarde, aunque en una sala de menor tamaño, era Maya Lin, de veintitrés años, catapultada a la fama el noviembre anterior cuando se inauguró su Monumento a los Veteranos de Vietnam en Washington, D.C. Ambos entablaron una gran amistad, y Jobs la invitó a visitar Apple. Como Jobs se mostraba tímido en presencia de alguien como Lin, recabó la ayuda de Debi Coleman para que le enseñara las instalaciones. «Fui a trabajar con Steve una semana —recordaba Lin—. Le pregunté: "¿Por qué los ordenadores parecen televisores aparatosos? ¿Por qué no fabricáis algo más fino? ¿Por qué no un ordenador portátil y plano?"». Jobs respondió que ese era su objetivo final, en cuanto la tecnología lo permitiera.

A Jobs le parecía que por aquella época no había demasiados movimientos interesantes en el campo del diseño industrial. Tenía una lámpara de Richard Sapper, a quien admiraba, y también le gustaban los muebles de Charles y Ray Eames y los productos que Dieter Rams había diseñado para Braun. Sin embargo, no había figuras imponentes que surgieran en el campo del diseño industrial con la fuerza con la que lo habían hecho Raymond Loewy y Herbert Bayer. «No había demasiadas novedades en el mundo del diseño industrial, especialmente en Silicon Valley, y Steve estaba más que dispuesto a cambiar aquella situación —afirmó Lin—. Su sensibilidad para el diseño es elegante sin resultar chillona, y también es algo juguetona. Adoptó el minimalismo, que le venía de su devoción por el zen y la sencillez, pero evitó que aquello convirtiera sus productos en algo frío. Seguían siendo divertidos. Se apasiona y se toma extremadamente en serio el diseño, pero al mismo tiempo le da un aire lúdico».

Mientras la sensibilidad diseñadora de Jobs evolucionaba, se sentía particularmente atraído por el estilo japonés y comenzó a pasar más tiempo con sus estrellas, como Issey Miyake e I. M. Pei. Su formación budista supuso una gran influencia para él. «Siempre he pensado que el budismo, y el budismo zen japonés en particular, tiene una estética magnífica —señaló—. Lo más sublime que jamás he visto son los jardines que rodean Kioto. Me conmueve profundamente todo lo que esa cultura ha creado, y eso proviene directamente del budismo zen».

Como un Porsche

La visión de Jef Raskin del Macintosh era la de una especie de maletín abultado que pudiera cerrarse al plegar el teclado sobre la pantalla. Cuando Jobs se encargó del proyecto, decidió sacrificar la portabilidad en aras de un diseño distintivo que no ocupara demasiado espacio sobre un escritorio. Dejó caer un listín telefónico sobre una mesa y afirmó, para espanto de los ingenieros, que el ordenador no debía ocupar una superficie mayor que aquella. Así pues, el jefe del equipo de diseñadores, Jerry Manock, y Terry Oyama, un diseñador de gran talento al que había contratado, comenzaron a trabajar con diferentes ideas en las cuales la pantalla se encontraba encima de la torre del ordenador, con un teclado que podía separarse del conjunto.

Un día de marzo de 1981, Andy Hertzfeld regresó a su despacho después de cenar y se encontró a Jobs inclinado sobre el prototipo de Mac, enzarzado en una intensa discusión con el director de servicios creativos, James Ferris. «Necesitamos darle un aire clásico que no pase de moda, como el del Volkswagen Escarabajo», afirmó Jobs. Había aprendido de su padre a apreciar el contorno de los coches clásicos. «No, eso no puede ser —contestó Ferris—. Las líneas deben ser voluptuosas, como las de un Ferrari». «No, un Ferrari no, eso tampoco puede ser —replicó Jobs—. ¡Debería ser más como un Porsche!».

No es de extrañar que por aquella época Jobs condujera un Porsche 928. (Posteriormente Ferris pasó a trabajar en Porsche como director publicitario.) Durante un fin de semana en que Bill Atkinson fue a verlo, Jobs lo sacó al jardín para que admirase el Porsche. «El buen arte se aparta de la moda, no la sigue», le dijo a Atkinson. También admiraba el diseño de los Mercedes. «Con los años han suavizado las líneas, pero les han dado más contraste a los detalles —comentó un día mientras caminaba por el aparcamiento—. Eso es lo que tenemos que hacer con el Macintosh».

Oyama preparó un diseño preliminar y mandó construir un modelo en yeso. El equipo del Mac se reunió para la presentación y expresó sus ideas al respecto. A Hertzfeld le pareció «mono». Otros también parecían satisfechos. Entonces Jobs dejó escapar un torrente de virulentas críticas. «Es demasiado cuadrado, tiene que tener más curvas. El radio del primer achaflanado tiene que ser más grande, y no me gusta el tamaño de ese bisel». Con sus nuevos conocimientos de la jerga del diseño industrial, se refería a los bordes angulares o curvos que conectaban dos caras del ordenador. Pero a continuación acabó con un rotundo cumplido: «Es un comienzo», sentenció.

Aproximadamente cada mes, Manock y Oyama regresaban para presentar una nueva versión, basada en las críticas previas de Jobs. La tela que cubría el último modelo de yeso se retiraba con gran teatralidad, con todos los modelos previos alineados junto a él. Aquello no solo servía para apreciar la evolución, sino que evitaba que Jobs insistiera en que habían pasado por alto alguna de sus sugerencias o críticas. «Para cuando íbamos por el cuarto modelo, yo apenas podía distinguirlo del tercero —reconoció Hertzfeld—. Sin embargo, Steve siempre se mostraba crítico y decidido, y aseguraba que le encantaba o le repugnaba algún detalle que yo apenas podía percibir».

Un fin de semana, Jobs se dirigió al centro comercial Macy's de Palo Alto y se dispuso a estudiar los aparatos de cocina, especialmente el robot de la marca Cuisinart. Ese lunes llegó dando saltos de emoción a la oficina del Mac, le pidió al equipo de diseño que fuera a comprar uno y realizó toda una serie de nuevas sugerencias basadas en sus líneas, curvas y biseles. Entonces Oyama presentó un nuevo diseño más similar al de un utensilio de cocina, pero incluso Jobs reconoció que no era lo que estaba buscando. Aquello retrasó el progreso una semana, pero al final Jobs acabó por aceptar una propuesta para la carcasa del Mac.

Siguió insistiendo en que la máquina tuviera un aspecto agradable. Como consecuencia, evolucionaba continuamente para parecerse cada vez más a un rostro humano. Al colocar la disquetera bajo la pantalla, el conjunto era más alto y estrecho que la mayoría de los ordenadores, de forma que evocaba una cara. El hueco junto a la base recordaba a un suave mentón, y Jobs afinó la franja de plástico de la parte superior para evitar la frente de cromañón que había hecho del Lisa algo poco atractivo. La patente para el diseño de la carcasa de Apple se emitió a nombre de Steve Jobs, Jerry Manock y Terry Oyama. «Aunque Steve no había dibujado ninguna de las líneas, sus ideas y su inspiración hicieron del diseño lo que es —declararía Oyama posteriormente—. Para ser sincero, no teníamos ni idea de qué quería decir que un ordenador fuera "agradable" hasta que Steve nos lo dijo».

Jobs estaba igualmente obsesionado por el aspecto de lo que iba a aparecer en pantalla. Un día, Bill Atkinson entró en las Torres Texaco muy emocionado. Acababa de hallar un algoritmo estupendo con el cual podían dibujarse sin esfuerzo círculos y óvalos sobre la pantalla. Los cálculos matemáticos necesarios para trazar círculos normalmente requerían el uso de raíces cuadradas, algo que no podía hacer el microprocesador 68000. Sin embargo, Atkinson encontró otra vía, basándose en el hecho de que la suma de una serie de números impares consecutivos da como resultado una serie de cuadrados perfectos (por ejemplo: $1 + 3 = 4$, $1 + 3 + 5 = 9$, etcétera). Hertzfeld recuerda que cuando Atkinson mostró la versión de prueba todo el mundo quedó impresionado menos Jobs. «Bueno, los círculos y los óvalos están bien —dijo—, pero ¿qué hay de los rectángulos con los bordes redondeados?».

«No creo que nos hagan falta», respondió Atkinson, que pasó a explicarle que aquello sería casi imposible de hacer. «Yo quería que las pautas de los gráficos fueran sencillas, y limitarlas a las primitivas geométricas que de verdad son necesarias», recordaba.

«¡Los rectángulos con bordes redondeados están por todas partes! —gritó Jobs, levantándose de un salto y con tono más vehemente—. ¡Échale un vistazo a esta habitación!». Señaló la pizarra, la superficie de la mesa y otros objetos que eran rectangulares pero tenían los bordes curvados. «¡Y mira fuera, hay todavía más, prácticamente en cualquier sitio al que mires!». Arrastró a Atkinson a dar un paseo, y fue señalando las ventanas de los coches, los carteles publicitarios y las señales de tráfico. «En menos de tres calles habíamos encontrado diecisiete ejemplos —afirmó Jobs—. Comencé a señalarlos uno por uno hasta que quedó completamente convencido».

«Cuando por fin llegó hasta un cartel de "Prohibido aparcar" le dije: "Vale, tú ganas, me rindo. ¡Necesitamos agregar el rectángulo de esquinas redondeadas como una primitiva más!"». Según Hertzfeld, «Bill regresó a las Torres Texaco la tarde siguiente, con una gran sonrisa en el rostro. Su versión de prueba ahora podía dibujar rectángulos con hermosos bordes redondeados a una velocidad de vértigo». Los cuadros de diálogo y las ventanas del Lisa y del Mac, y de casi todos los ordenadores posteriores, acabaron por tener las esquinas redondeadas.

En la asignatura de caligrafía a la que había asistido en Reed, Jobs había aprendido a adorar los tipos de letra en todas sus variantes, con y sin remates, con espaciado proporcional y diferentes interlineados. «Cuando estábamos diseñando el primer ordenador Macintosh, recordé todo aquello», afirmó, refiriéndose a aquellas clases. Como el Mac tenía una configuración en mapa de bits, era posible diseñar un conjunto interminable de fuentes, desde las más elegantes a las más alocadas, y que aparecieran píxel por píxel en la pantalla.

Para diseñar estas fuentes, Hertzfeld recurrió a una amiga del instituto que vivía a las afueras de Filadelfia, Susan Kare. Bautizaron las fuentes con los nombres de las paradas del viejo tren de cercanías de la línea principal de Filadelfia: Overbrook, Merion, Ardmore y Rosemont. A Jobs le fascinó todo el proceso. Después, una tarde, se pasó a verlos y comenzó a criticar los nombres de las fuentes. Eran «puebluchos de los que nadie ha oído hablar —se quejó—. ¡Deberían tener los nombres de ciudades de fama mundial!». Y por eso, según Kare, ahora hay fuentes con nombres de ciudades importantes: Chicago, New York, Geneva, London, San Francisco, Toronto, Venice.

Markkula y algunos otros trabajadores nunca llegaron a apreciar la obsesión de Jobs por la tipografía. «Tenía un notable conocimiento acerca de las fuentes, y seguía insistiendo en que las nuestras fueran las mejores —recordaba Markkula—. Yo le repetía: "¿Fuentes? ¿De verdad no tenemos cosas más importantes que hacer?"». De hecho, la maravillosa variedad de las fuentes del Macintosh, en combinación con las impresoras láser y las grandes capacidades gráficas de esos ordenadores, sirvieron para crear la industria de la autoedición y supusieron una gran ayuda para el balance económico de Apple. También sirvió para que todo tipo de personas corrientes, desde los chicos que trabajaban en los periódicos de los institutos hasta las madres que redactaban los boletines de la AMPA, pudieran gozar de la extravagante alegría que produce saber más acerca de las fuentes tipográficas, un mundo hasta entonces reservado a impresores, editores canosos y otros tantos infelices con las manos manchadas de tinta.

Kare desarrolló asimismo los iconos —como la papelera a la que iban a parar los archivos eliminados— que sirvieron para definir las interfaces gráficas. Jobs y ella congeniaron de inmediato porque compartían un instinto de búsqueda de la sencillez junto con el deseo de hacer que el Mac tuviera un aire de fantasía. «Normalmente se pasaba por aquí al final de la jornada —recordaba—. Siempre quería saber qué novedades había, y siempre ha tenido buen gusto y un buen ojo para los detalles visuales». En ocasiones, Jobs también iba a verla los domingos por la mañana, así que Kare se aseguró de trabajar en esos días para poderle mostrar las nuevas opciones que había diseñado. De vez en cuando, se encontraba con algún problema. Él rechazó una de sus propuestas, un icono en forma de conejo para subir la velocidad de los dobles clics en un ratón, con el argumento de que aquella criatura peluda le parecía «muy gay».

Jobs le dedicó una atención similar a las barras de menú que se situaban en la parte superior de las ventanas, los cuadros y los documentos. Hizo que Atkinson y Kare las repitieran una y otra vez mientras él le daba vueltas y más vueltas al aspecto que debían tener. A Jobs no le gustaban las barras del Lisa, porque eran demasiado negras y toscas. Quería que las del Mac resultaran más suaves, con un fondo de rayas. «Tuvimos que presentar unos veinte diseños diferentes antes de que se quedara satisfecho», comentó Atkinson. Hubo un momento en que Kare y Atkinson se quejaron de que les estaba haciendo emplear demasiado tiempo en aquellos detalles ínfimos de la barra del menú cuando tenían cosas más importantes que hacer. Jobs se puso hecho una furia. «¿Podéis imaginaros cómo sería ver esto todos los días? —gritó—. No es un detalle ínfimo, es algo que tenemos que hacer bien».

Chris Espinosa encontró una forma de satisfacer las exigencias de diseño de Jobs y su tendencia a ser obsesivamente controlador. Jobs había convencido a Espinosa, uno de los jóvenes acólitos de Wozniak en sus días del garaje, para que dejara los estudios en Berkeley, con el argumento de que siempre tendría la oportunidad de continuar con ellos, pero solo una de trabajar en el Mac. Decidió por su cuenta diseñar una calculadora para el ordenador. «Todos nos reunimos para mirar cuando Chris le mostró la calculadora a Steve y contuvo la respiración, a la espera de su reacción», recordaba Hertzfeld.

«Bueno, es un comienzo —afirmó Jobs—, pero básicamente es un asco. El color de fondo es demasiado oscuro, algunas líneas no tienen el grosor adecuado y los botones son demasiado grandes». Espinosa siguió refinando el modelo en respuesta a los comentarios de Jobs, día tras día, pero con cada nueva versión llegaban nuevas críticas, así que al final, una tarde en la que Jobs fue a verlo, Espinosa presentó una solución muy inspirada: el «Set de Construcción de Steve Jobs para Crear su Propia Calculadora». Aquello le permitía al usuario alterar y personalizar el aspecto de la calculadora cambiando el grosor de las líneas, el tamaño de los botones, el sombreado, el fondo y otros detalles. En lugar de echarse a reír, Jobs se sumergió en ello y comenzó a modificar el aspecto de la aplicación para que se adaptara a sus gustos. Tras cerca de diez minutos consiguió la presentación deseada. No es de extrañar que su diseño fuera el que acabó incluido en el Mac y que permaneciera como el estándar durante quince años.

Aunque estaba principalmente centrado en el Macintosh, Jobs quería crear un lenguaje de diseño coherente para todos los productos de Apple. Así pues, con la ayuda de Jerry Manock y de un grupo informal bautizado como el Gremio de Diseñadores de Apple, organizó un concurso para elegir un diseñador de talla mundial que representase para Apple lo que Dieter Rams suponía para Braun. El proyecto recibió el nombre en clave de Blancanieves, no por ninguna preferencia especial por el personaje sino porque los productos que se diseñaron tenían el nombre en clave de cada uno de los siete enanitos. El ganador fue Hartmut Esslinger, un diseñador alemán que fue el responsable del diseño de los televisores Trinitron de Sony. Jobs voló hasta la región de Baviera, en la Selva Negra, para conocerlo, y quedó impresionado no solo por la pasión de Esslinger por su trabajo, sino también por su enérgica forma de conducir su Mercedes a más de 160 kilómetros por hora.

Aunque era alemán, Esslinger propuso crear un «gen genuinamente americano para el ADN de Apple», el cual le aportaría un aspecto «globalmente californiano», inspirado por «Hollywood y la música, un poco de rebeldía y un atractivo sexual natural». Se guiaba por el principio de que «la forma sigue a la emoción», un juego de palabras con la conocida expresión de que la forma sigue a la función. Desarrolló cuarenta modelos de productos para ilustrar su concepto, y cuando Jobs los vio exclamó: «¡Sí, esto es!». La estética del proyecto Blancanieves, que fue inmediatamente adoptada para el Apple IIc, contaba con carcasas blancas, curvas cerradas y líneas con delgadas ranuras para la ventilación y la decoración. Jobs le ofreció a Esslinger un contrato con la condición de que se mudara a California. Se estrecharon la mano y, según las nada modestas palabras de Esslinger, «aquel apretón de manos dio origen a una de las colaboraciones más decisivas en la historia del diseño industrial». La compañía de Esslinger, frogdesign,* se estrenó en Palo Alto a mediados de 1983 con un contrato de trabajo con Apple por 1,2 millones de dólares al año, y desde entonces todos los productos de Apple han incluido una orgullosa afirmación: «Diseñado en California».

De su padre, Jobs había aprendido que el sello de cualquier artesano apasionado consiste en asegurarse de que incluso las partes que van a quedar ocultas están acabadas con gusto. Una de las aplicaciones más extremas —y reveladoras— de esa filosofía llegó cuando inspeccionó el circuito impreso sobre el que irían colocados los chips y demás componentes en el interior del Macintosh. Ningún consumidor iba a verlo nunca, pero Jobs comenzó a criticarlo desde un punto de vista estético. «Esta parte es preciosa —opinó—, pero fíjate en todos esos chips de memoria. Esto es muy feo, las líneas están demasiado juntas».

Uno de los nuevos ingenieros lo interrumpió y le preguntó qué importancia tenía aquello. «Lo único que importa es si funciona bien. Nadie va a ver la placa base».

Jobs reaccionó como de costumbre: «Quiero que sea tan hermoso como se pueda, incluso si va a ir dentro de la caja. Un gran carpintero no utiliza madera mala para la parte trasera de una vitrina, aunque nadie vaya a verla». En una entrevista realizada unos años más tarde, después de que el Macintosh saliera a la venta, Jobs volvió a repetir aquella lección aprendida de su padre: «Cuando eres carpintero y estás fabricando un hermoso arcón, no utilizas un trozo de con-

---

* La empresa cambió de nombre, de «frogdesign» a «frog design», en el año 2000 y se trasladó a San Francisco. Esslinger no solo eligió el nombre porque las ranas tuvieran la capacidad de metamorfosearse, sino también como homenaje a sus raíces en la República Federal de Alemania, cuyas siglas en inglés forman la palabra *frog*. Él mismo declaró que «las letras en minúscula son un guiño a la noción de la Bauhaus del lenguaje no jerárquico, a la vez que refuerzan el espíritu de la empresa de instituirse como una sociedad democrática».

trachapado en la parte de atrás, aunque vaya a estar colocado contra la pared y nadie lo vea nunca. Tú sí que sabes que está ahí, así que utilizas una buena pieza de madera para la parte trasera. Para poder dormir bien por las noches, la estética y la calidad tienen que mantenerse durante todo el proceso».

De Mike Markkula aprendió un corolario a la lección de su padre sobre cuidar de la belleza de lo oculto: también era importante que el empaquetado y la presentación resultaran bonitos. La gente sí que juzga los libros por su portada, así que para la caja y el empaquetado del Macintosh, Jobs eligió un diseño a todo color y siguió tratando de mejorarlo. «Hizo que los encargados del embalaje lo rehicieran todo cincuenta veces —recordaba Alain Rossmann, un miembro del equipo del Mac que acabó casándose con Joanna Hoffman—. Iba a terminar en la basura en cuanto el comprador lo abriera, pero él estaba obsesionado con el aspecto que tendría». Para Rossmann, aquello mostraba una cierta falta de equilibrio: estaban gastando dinero en un embalaje caro mientras trataban de ahorrar en los chips de memoria. Sin embargo, para Jobs cada detalle resultaba esencial a la hora de hacer que el Macintosh no solo fuera impresionante, sino que también lo pareciera.

Cuando el diseño quedó finalmente decidido, Jobs reunió a todo el equipo del Macintosh para una ceremonia. «Los verdaderos artistas firman su obra», afirmó, y entonces sacó un cuaderno y un bolígrafo de la marca Sharpie e hizo que todos ellos estamparan su firma. Las firmas quedaron grabadas en el interior de cada Macintosh. Nadie las vería nunca, a excepción de algún técnico de reparación ocasional, pero cada miembro del equipo sabía que su firma estaba ahí dentro, de la misma manera que sabían que la placa base había sido dispuesta con toda la elegancia posible. Jobs fue llamándolos uno a uno por su nombre. Burrell Smith fue el primero. Jobs esperó hasta el último, hasta que los otros cuarenta y cinco miembros hubieron firmado. Encontró un hueco justo en el centro de la hoja y escribió su nombre en letras minúsculas con una gran floritura final. Entonces propuso un brindis con champán. «Gracias a momentos como este, consiguió que viéramos nuestro trabajo como una forma de arte», dijo Atkinson.

13

La construcción del Mac

El viaje es la recompensa

COMPETENCIA

Cuando IBM presentó su ordenador personal en agosto de 1981, Jobs le ordenó a su equipo que compraran uno y lo diseccionaran. El consenso general fue que era una porquería. Chris Espinosa lo denominó «un intento torpe y trillado», y había algo de cierto en aquella afirmación. Utilizaba viejas instrucciones de línea de comandos y una pantalla con caracteres en lugar de una presentación gráfica en mapa de bits. A Apple se le subió a la cabeza, y no se dieron cuenta de que los directores tecnológicos de las empresas quizá se sintieran más seguros comprando sus productos a una compañía establecida como IBM en lugar de a otra que había tomado su nombre de una fruta. Bill Gates estaba precisamente visitando la sede de Apple para asistir a una reunión el día en que anunciaron la presentación del ordenador personal de IBM. «No parecía importarles —aseguró—. Tardaron un año en darse cuenta de lo que había sucedido».

Un ejemplo de su chulería fue el anuncio a toda página que Apple insertó en el *Wall Street Journal* con el mensaje: «Bienvenidos, IBM. En serio». Aquella era una astuta manera de presentar la futura batalla informática como un enfrentamiento cara a cara entre la valiente y rebelde Apple y el coloso del *establishment*, IBM. Además, conseguía relegar a una posición irrelevante a empresas como Commodore, Tandy y Osborne, que estaban teniendo tanto éxito como Apple.

A lo largo de su carrera, a Jobs siempre le gustó verse a sí mismo como un rebelde iluminado que debía enfrentarse a imperios malvados, como un guerrero jedi o un samurái budista que se enfrenta a las fuerzas de la oscuridad. IBM era su oponente perfecto. Tuvo la inteligencia de presentar la inminente batalla no como una mera competición entre empresas, sino como una lucha espiritual. «Si por el motivo que sea cometemos una serie de enormes errores e IBM vence en esta carrera, creo personalmente que vamos a entrar en una especie de Edad Oscura de la informática durante los próximos veinte años —le dijo a un entrevistador—. Cada vez que IBM se hace con el control de un sector del mercado, casi siempre se detiene cualquier innovación». Incluso treinta años después, al reflexionar sobre la competencia de aquella época, Jobs la interpreta como una cruzada santa: «IBM era, básicamente, la peor versión posible de Microsoft. No eran una fuerza de innovación; eran una fuerza del mal. Eran como lo que son ahora AT&T, Microsoft o Google».

Desgraciadamente para Apple, Jobs también dirigió sus ataques a otro oponente en potencia para su Macintosh, el Lisa, de su misma empresa. En parte era un asunto psicológico. Lo habían expulsado de aquel grupo y ahora quería vencerlo. Jobs también interpretaba la sana rivalidad como una forma de motivar a sus tropas. Por eso apostó 5.000 dólares con John Couch a que el Mac saldría al mercado antes que el Lisa. El problema llegó cuando la rivalidad dejó de ser tan sana. Jobs presentó en repetidas ocasiones a su grupo de ingenieros como a los chicos más modernos del barrio, a diferencia de los anticuados ingenieros llegados de Hewlett-Packard que trabajaban en el Lisa.

Pero, más importante aún, cuando se apartó del plan previsto por Jef Raskin para construir un aparato económico, portátil y de poca potencia y reinventó el Mac como una máquina de escritorio con una interfaz gráfica de usuario, lo convirtió en una versión del Lisa a menor escala que probablemente iba a arrebatarle una importante cuota de mercado. Este hecho quedó probado de manera fehaciente cuando Jobs presionó a Burrell Smith para que diseñara el

Mac con el microprocesador Motorola 68000 y él lo hizo de forma que el Mac resultaba ser más rápido incluso que el Lisa.

Larry Tesler, que se encargaba de las aplicaciones para el Lisa, se dio cuenta de que era importante diseñar ambas máquinas de forma que emplearan muchos de los mismos programas informáticos, así que, para calmar las aguas, dispuso que Smith y Hertzfeld fueran a la oficina donde se trabajaba con el Lisa para demostrar cómo funcionaba su prototipo del Mac. Allí se reunieron veinticinco ingenieros, y todos se encontraban escuchando educadamente cuando, hacia la mitad de la presentación, la puerta se abrió de par en par. Era Rich Page, un ingeniero de carácter imprevisible y responsable de gran parte del diseño del Lisa. «¡El Macintosh va a destruir al Lisa! —gritó—. ¡El Macintosh va a arruinar a Apple!». Ni Smith ni Hertzfeld respondieron, así que Page continuó con su perorata. «Jobs quiere destruir al Lisa porque no le permitimos que lo controlase —afirmó, y parecía estar a punto de echarse a llorar—. ¡Nadie va a comprarse un Lisa porque saben que el Mac está a punto de salir! ¡Pero eso a vosotros ni siquiera os importa!». Salió hecho una furia de la sala y cerró dando un portazo, pero acto seguido volvió a aparecer. «Ya sé que no es culpa vuestra —les dijo a Smith y a Hertzfeld—. El problema es Steve Jobs. ¡Decidle a Steve que está destruyendo Apple!».

Lo cierto es que Jobs sí que convirtió al Macintosh en un competidor del Lisa mucho más asequible y con software incompatible. Y, para empeorar la situación, ninguna de las dos máquinas era compatible con el Apple II. Sin nadie que dirigiera Apple de manera coordinada, no había ninguna oportunidad de mantener controlado a Jobs.

Control absoluto

La reticencia de Jobs a permitir que el Mac fuera compatible con la arquitectura del Lisa estaba motivada por algo más que la simple rivalidad o la venganza. Había también un componente filosófico, relacionado con su tendencia a controlarlo todo. Creía que para que un ordenador fuera de verdad extraordinario, el hardware y el software debían estar estrechamente relacionados. Cuando un ordenador se abre a la posibilidad de operar con software que también funciona en otros ordenadores, al final acaba por sacrificar alguna de sus funcionalidades. Los mejores productos, en su opinión, son aquellos «aparatos integrales» con un diseño único de principio a fin, en los que el software se encuentra programado específicamente para el hardware, y viceversa. Esto es lo que distinguió al Macintosh —cuyo sistema operativo solo funcionaba con su hardware— del entorno creado por Microsoft (y más tarde del Android de Google), en el cual el sistema operativo podía funcionar sobre hardware fabricado por muchas marcas diferentes.

«Jobs es un artista testarudo y elitista que no quiere ver cómo sus creaciones sufren desafortunadas mutaciones a manos de programadores indignos —escribió el director de *ZDNET*, Dan Farber—. Sería como si un ciudadano de a pie le añadiera algunas pinceladas a un cuadro de Picasso o cambiase la letra de una canción de Bob Dylan». En los años posteriores, el concepto de un aparato integral con un diseño uniforme también sirvió para diferenciar al iPhone, al iPod y al iPad de sus competidores. El resultado fueron productos impresionantes, pero aquella no fue siempre la mejor estrategia para controlar el mercado. «Desde el primer Mac hasta el último iPhone, los sistemas de Jobs siempre han estado sellados a cal y canto para evitar que los usuarios puedan trastear con ellos y modificarlos», apunta Leander Kahney, autor de *The Cult of Mac* («El culto al Mac»).

El deseo de Jobs de controlar la experiencia final de los usuarios se encontraba en el núcleo mismo de su debate con Wozniak sobre si debía haber ranuras en el Apple II en las que un usuario pudiera conectar componentes añadidos a la placa base del ordenador y así incorporar alguna funcionalidad nueva. Wozniak había vencido en aquella discusión, y el Apple II contaba con ocho ranuras. Sin embargo, en esta ocasión se trataba de la máquina de Jobs, no la de Wozniak. El Macintosh no iba a tener ninguna ranura. El usuario ni siquiera iba a ser capaz de abrir la carcasa para llegar a la placa base. Para los aficionados a la electrónica y los *hackers*, aquello no resultaba nada atractivo. Sin embargo, Jobs pretendía dirigir el Macintosh a las masas. Quería ofrecerles una experiencia controlada. No quería que nadie mancillara su elegante diseño conectando circuitos aleatorios a diferentes ranuras.

«Es un reflejo de su personalidad, que quiere controlarlo todo —afirmó Berry Cash, a quien Jobs contrató en 1982 para que definiera las estrategias de marketing y ofreciera una perspectiva adulta y madura al equipo de las Torres Texaco—. Steve hablaba del Apple II y se quejaba: "No podemos controlarlo, y fijaos en todas las locuras que la gente está tratando de hacer con él. Es un error que nunca volveré a cometer"». Llegó al extremo de diseñar herramientas especiales para que la carcasa del Macintosh no pudiera abrirse con un destornillador estándar. «Vamos a crear un diseño que impida que nadie, salvo los empleados de Apple, pueda entrar en esta caja», le dijo a Cash.

Jobs también decidió eliminar las flechas de cursor en el teclado del Macintosh. La única forma de mover el cursor era mediante el ratón. Aquella era una manera de forzar a los usuarios chapados a la antigua a adaptarse a la navegación basada en el puntero y los clics de ratón, quisieran o no. A diferencia de otros desarrolladores de producto, Jobs no creía que el cliente siempre tuviera la razón. Si querían resistirse al uso del ratón, entonces estaban equivocados. Este es otro ejemplo de cómo Jobs colocaba su pasión a la hora de crear un gran producto por delante del deseo de atender las exigencias del cliente.

Había otra ventaja (y desventaja) asociada a la eliminación de las flechas de cursor: aquello forzaba a los desarrolladores de software ajenos a Apple a escribir sus programas específicamente para el sistema operativo del Mac, en lugar de limitarse a escribir un software genérico que pudiera trasladarse a diferentes plataformas. Aquello simbolizaba el tipo de estricta integración vertical que Jobs deseaba entre las aplicaciones de software, los sistemas operativos y los soportes de hardware.

El deseo de Jobs de mantener bajo control todo el proceso también lo había vuelto alérgico a las propuestas de que Apple permitiera que el sistema operativo del Macintosh funcionase con los ordenadores de otros fabricantes, y de permitir que se fabricaran ordenadores clónicos del Macintosh. Mike Murray, el nuevo y enérgico director de la campaña publicitaria del Macintosh, le propuso a Jobs un programa de licencias en una nota confidencial enviada en mayo de 1982. «Nos gustaría que el entorno de Macintosh se convirtiera en un estándar para la industria —escribió—. El problema, por supuesto, es que el usuario tiene que comprar el hardware de Mac para poder acceder a dicho entorno. Son pocas (si es que ha habido alguna) las ocasiones en que una empresa ha conseguido crear y mantener un amplio estándar industrial que no pueda compartirse con otros fabricantes». Su propuesta era abrir el sistema operativo del Macintosh a los ordenadores de la marca Tandy. Según Murray, como Radio Shack, la cadena que comercializaba estos ordenadores, estaba dirigida a un tipo diferente de cliente, aquello no afectaría gravemente a las ventas de Apple. Sin embargo, Jobs se opuso por completo a un plan así. No podía ni imaginarse el permitir que su hermosa creación escapara de su control. Al final, aquello supuso que el Macintosh permaneciera como un entorno controlado a la altura de los estándares de Jobs, pero también significó, como Murray temía, que le iba a resultar problemático asegurarse un hueco como estándar industrial en un mundo plagado de clones de IBM.

LA «MÁQUINA DEL AÑO»

Cuando 1982 llegaba a su fin, Jobs llegó a creer que iba a ser nombrado Hombre del Año por la revista *Time*. Se presentó un día en el trabajo con el jefe de redacción de la revista en San Francisco, Michael Moritz, y animó a sus compañeros a que le concedieran entrevistas. Sin embargo, Jobs no acabó en la portada. En vez de eso, la publicación eligió «El ordenador» como tema para su número de fin de año, y lo denominó la «Máquina del Año». Junto al artículo principal había un pequeño texto sobre Jobs, basado en los reportajes llevados a cabo por Moritz y escrito por Jay Cocks, un redactor que normalmente se encargaba de la música rock para la revista. «Con su elegante estilo de ventas y una fe ciega que habría sido la envidia de los primeros mártires cristianos, es Steve Jobs, más que ningún otro, quien abrió la puerta de una patada y permitió que el ordenador personal entrara en los hogares», afirmaba la historia. Era un artículo con mucha información, pero también algo duro en ocasiones; tanto que Moritz (después de escribir un libro sobre Apple y pasar a ser socio de la empresa de capital riesgo Sequoia Capital junto con Don Valentine) lo repudió y se quejó de que su reportaje se había visto «maleado, filtrado y envenenado con ponzoñosos chismorreos por parte de un redactor de Nueva York cuya tarea habitual era la de actuar como cronista del díscolo mundo de la música rock». El artículo citaba a Bud Tribble hablando del «campo de distorsión de la realidad» de Jobs, y en él se afirmaba que «en ocasiones rompía a llorar en medio de una reunión». Tal vez la mejor cita sea una de Jef Raskin en la que declaraba que Jobs «habría sido un excelente rey de Francia».

Para desconsuelo de Jobs, la revista sacó a la luz pública la existencia de la hija a la que él había abandonado, Lisa Brennan. Fue para este artículo que Jobs había pronunciado la frase («el 28% de la población masculina de Estados Unidos podría ser el padre») que tanto había enfurecido a Chrisann. Sabía que en el origen de la filtración sobre Lisa estaba Kottke, y se lo reprochó abiertamente en la oficina frente a media docena de personas. «Cuando el reportero de *Time* me preguntó si Steve tenía una hija llamada Lisa, le dije que por supuesto —recordaba Kottke—. Los amigos no dejan que sus amigos nieguen que son los padres de un bebé. No voy a dejar que mi amigo sea un capullo y niegue su paternidad. Él se enfadó muchísimo, sentía que había violado su intimidad y me dijo ante todos los presentes que lo había traicionado».

Sin embargo, lo que de verdad había dejado desconsolado a Jobs era que al final no había sido elegido Hombre del Año. Según él mismo me contó después:

> *Time* decidió que iban a nombrarme Hombre del Año y yo tenía veintisiete, así que todavía me preocupaban esas cosas. Me parecía que molaba mucho. Enviaron a Mike Moritz a que escribiera un artículo. Teníamos la misma edad y yo ya había triunfado, así que enseguida me di cuenta de que estaba celoso, de que no estaba del todo cómodo. Escribió una crítica terrible, así que los editores de Nueva York recibieron el texto y pensaron: «No podemos nombrar Hombre del Año a este tío». Aquello me dolió mucho, pero también fue una buena lección. Aquello me enseñó a no preocuparme demasiado por ese tipo de cosas, puesto que los medios de comunicación no son más que un circo. Me enviaron la revista por mensajero, y recuerdo que abrí el paquete esperando ver mi cara en la portada, pero allí había una escul-

tura de un ordenador. Me quedé desconcertado y entonces leí el artículo, tan terrible que incluso me hizo llorar.

En realidad, no hay motivos para creer que Moritz pudiera estar celoso o que no quisiera un reportaje justo. Y nunca estuvo en los planes de la revista que Jobs fuera Hombre del Año, a pesar de lo que él pensara. Ese año, los editores (por aquel entonces yo trabajaba allí como ayudante de redacción) decidieron desde un primer momento elegir al «ordenador» en lugar de a una persona, y le encargaron con meses de antelación una pieza al célebre escultor George Segal, de forma que figurase en una portada desplegable. Ray Cave dirigía por aquel entonces la revista. «Nunca tuvimos en cuenta a Jobs —afirmó—. No se puede personificar un ordenador, así que aquella fue la primera vez que decidimos elegir un objeto inanimado. La escultura de Segal era un asunto importante, y nunca buscamos un rostro al que presentar en portada».

Apple presentó el Lisa en enero de 1983 —un año antes de que estuviera listo el Mac— y Jobs le pagó a Couch su apuesta de 5.000 dólares. Aunque ya no formaba parte del equipo del Lisa, Jobs se desplazó a Nueva York para publicitarlo en su papel de presidente de Apple y de imagen de la empresa.

Jobs había aprendido gracias a Regis McKenna, su asesor en materia de relaciones públicas, la manera de ofrecer teatrales entrevistas en exclusiva. A razón de una hora por persona, los periodistas de las publicaciones más consagradas iban entrando de uno en uno para entrevistarlo en una suite del hotel Carlyle. Sobre una mesa, y rodeado de flores recién cortadas, había un ordenador Lisa. El plan publicitario consistía en que Jobs se centrara en el Lisa y no mencionara el Macintosh, porque la especulación al respecto podía afectar a las ventas del ordenador que estaban presentando. Sin embargo, Jobs no pudo contenerse. En la mayoría de los artículos basados en las entrevistas concedidas aquel día —para las revistas *Time*, *Business Week* y *Fortune* o el diario *Wall Street Journal*— se mencionaba al Macintosh. «Más adelante, este mismo año, Apple presentará una versión menos potente y más económica del Lisa, el Macintosh —informaba *Fortune*—. El propio Jobs ha dirigido ese proyecto». *Business Week* incluía la siguiente cita: «Cuando salga al mercado, el Mac va a ser el ordenador más increíble del mundo». También reconocía que el Mac y el Lisa no iban a ser compatibles. Aquello era como presentar al Lisa herido de muerte.

De hecho, el Lisa sufrió una lenta agonía, y en menos de dos años dejó de fabricarse. «Era demasiado caro y estábamos tratando de vendérselo a las grandes empresas cuando en realidad nuestra especialidad era el gran público», aseguró Jobs posteriormente. Sin embargo, había algo positivo para él en todo aquello: escasos meses después de la presentación del Lisa, quedó claro que Apple iba a tener que fijar sus esperanzas en el Macintosh.

¡SEAMOS PIRATAS!

Cuando el equipo del Macintosh fue creciendo, se trasladó primero de las Torres Texaco a la sede principal de Apple, situada en Bandley Drive, hasta instalarse finalmente, a mediados de 1983, en unas oficinas denominadas Bandley 3. El edificio contaba con un moderno vestíbulo equipado con videojuegos elegidos por Burrell Smith y Andy Hertzfeld, un equipo de alta fidelidad con compact disc Toshiba y altavoces de la marca Martin-Logan, y un centenar de CD. El equipo de desarrolladores de software era visible desde el vestíbulo, rodeado por unas paredes de cristal que parecían una pecera, mientras que en la cocina no faltaban los zumos Odwalla. Con el tiempo, el vestíbulo fue atrayendo todavía más juguetes, como un piano Bösendorfer y una motocicleta BMW que, según Jobs, inspirarían en su equipo una obsesión por tratar a sus propias obras de artesanía como si fueran piedras preciosas.

Jobs mantenía un estricto control sobre el proceso de contratación de personal, con el objetivo de conseguir personas creativas, tremendamente inteligentes y un tanto rebeldes. Los desarrolladores de software hacían que los candidatos jugaran una partida de *Defender*, el videojuego favorito de Smith, y Jobs formulaba sus típicas preguntas poco convencionales para ver si el candidato podía razonar correctamente ante situaciones inesperadas, si tenía sentido del humor y si se mantenía firme. Un día entrevistó, junto con Hertzfeld y Smith, a un candidato al puesto de director de software que, tal y como se puso de manifiesto en cuanto entró en la oficina, era demasiado estricto y convencional como para controlar a los genios de la pecera. Jobs comenzó a acosarlo sin piedad. «¿Qué edad tenías cuando perdiste la virginidad?», preguntó. El candidato parecía perplejo. «¿Cómo ha dicho?». «¿Eres virgen?», preguntó Jobs. El candidato enrojeció de vergüenza, así que Jobs cambió de tema. «¿Cuántas veces has probado el LSD?». Según recordaba Hertzfeld, «el pobre hombre se estaba poniendo cada vez más colorado, así que traté de cambiar de tema y plantearle una pregunta claramente técnica». Sin embargo, cuando el candidato comenzó a perorar en su respuesta, Jobs lo interrumpió. «Bla, bla, bla», dijo, haciendo que Smith y Hertzfeld soltaran una carcajada. «Supongo que no soy la persona adecuada», contestó el pobre hombre mientras se levantaba para irse.

A pesar de su odioso comportamiento, Jobs también tenía la habilidad de dotar a su equipo con un gran espíritu de compañerismo. Tras arremeter contra alguien, encontraba la forma de levantarle la moral y hacerle sentir que formar parte del proyecto del Macintosh era una misión fascinante. Y una vez por semestre, se llevaba a gran parte de su equipo a un retiro de dos días en algún cercano destino vacacional. El de septiembre de 1982 se celebró en Pajaro Dunes, cerca de la localidad californiana de Monterrey. Allí, sentados junto al fuego en el interior de una cabaña, se encontraban unos cincuenta miembros del equipo. Frente a ellos, Jobs se situaba en una mesa. Habló con voz queda durante un rato, y a continuación se acercó a un atril provisto de grandes hojas de papel, donde comenzó a escribir sus ideas.

La primera era: «No cedáis». Se trataba de una máxima que, con el tiempo, resultó ser beneficiosa y dañina a la vez. Con frecuencia, los equipos técnicos tenían que llegar a soluciones de compromiso, de manera que el Mac iba a terminar siendo todo lo «absurdamente genial» que Jobs y su equipo pudieran, aunque no fue lanzado al mercado hasta pasados otros dieciséis meses, mucho más tarde de lo previsto. Tras mencionar una fecha estimada para el fin del proyecto, les dijo que «sería preferible no cumplirla antes que entregar el producto equivocado». Otro director de proyecto habría estado dispuesto a realizar algunas concesiones, fijando fechas parciales tras las cuales no podría realizarse cambio alguno. Jobs no. Y escribió otra máxima: «No está acabado hasta que sale al mercado».

Otra de las páginas contenía una frase similar a un kōan que, según me contó, era su máxima favorita. «El viaje es la recompensa», rezaba. A Jobs le gustaba resaltar que el equipo del Mac era un grupo especial con una misión muy elevada. Algún día todos echarían la vista atrás para reflexionar sobre el tiempo que habían pasado juntos y, tras olvidarse o reírse de los momentos más dolorosos, lo verían como una de las etapas más importantes y mágicas de su vida.

Al final de la presentación preguntó: «¿Queréis ver algo bueno?». Entonces sacó un aparato del tamaño aproximado de una agenda de escritorio. Cuando lo abrió resultó ser un ordenador que podías colocarte sobre el regazo, con el teclado y la pantalla unidos como en un cuaderno. «Esto es lo que sueño que haremos entre mediados y finales de los ochenta», anunció. Estaban construyendo una empresa estadounidense duradera, una que iba a inventar el futuro.

Durante los dos días siguientes asistieron a presentaciones preparadas por varios jefes de equipo y por el influyente analista de la industria informática Ben Rosen. Por las tardes contaban con mucho tiempo para celebrar fiestas y bailes en la piscina. Al final, Jobs se presentó ante los allí reunidos y pronunció un discurso. «Con cada día que pasa, el trabajo que están llevando a cabo las cincuenta personas aquí presentes envía una onda gigantesca por el universo —afirmó—. Ya sé que a veces es un poco difícil tratar conmigo, pero esta es la cosa más divertida que he hecho en mi vida». Años más tarde, la mayoría de los que se encontraban entre aquel público todavía se reían con el recuerdo del fragmento en el que afirmó que era «un poco difícil de tratar» y coincidían con él en que crear aquella onda gigante fue lo más divertido que habían realizado en su vida.

El retiro siguiente tuvo lugar a finales de enero de 1983, el mismo mes en que se presentó el Lisa en el mercado, aunque en él se produjo un sutil cambio en la tónica de la reunión. Cuatro meses antes, Jobs había escrito en su atril: «¡No cedáis!». En esta ocasión, una de las máximas era: «Los auténticos artistas acaban sus productos». La gente estaba muy estresada. Atkinson, que había sido apartado de las entrevistas publicitarias para la presentación del Lisa, irrumpió en la habitación de hotel de Jobs y lo amenazó con dimitir. Jobs trató de minimizar aquel desaire, pero Atkinson se negaba a calmarse. Jobs se mostró contrariado. «No tengo tiempo para hablar de esto ahora —afirmó—. Hay sesenta personas ahí fuera que están dejándose la piel en el Macintosh, y esperan a que yo dé comienzo a la reunión». Tras decir aquello, pasó junto a Atkinson y salió por la puerta para dirigirse a sus fieles.

Jobs pronunció entonces un vehemente discurso en el que dijo que ya había resuelto la disputa con la empresa de aparatos de audio McIntosh para utilizar el nombre Macintosh (en realidad aquel asunto todavía se estaba negociando, pero la situación requería echar mano del clásico campo de distorsión de la realidad). Luego sacó una botella de agua mineral y bautizó simbólicamente al prototipo en el escenario. Atkinson, desde el fondo de la sala, oyó cómo la multitud lo vitoreaba, y con un suspiro se unió al grupo. La fiesta que tuvo lugar a continuación incluía bañarse desnudos en la piscina, una hoguera en la playa y música a todo volumen durante la noche entera, lo que motivó que el hotel, llamado La Playa y situado en Carmel, les pidiera que no volvieran nunca más. Unas semanas después, Jobs nombró a Atkinson «socio de Apple», lo que suponía un aumento de sueldo, la asignación de opciones de compra y el derecho a elegir sus propios proyectos. Además, se acordó que cada vez que en el Macintosh se abriera el programa de dibujo que él estaba creando, en la pantalla podría leerse «MacPaint, por Bill Atkinson».

Otra de las máximas de Jobs durante aquel retiro de enero fue: «Es mejor ser un pirata que ingresar en la marina». Quería despertar en su equipo un espíritu rebelde, lograr que se comportaran como aventureros orgullosos de su trabajo, pero también dispuestos a robárselo a los demás. Tal y como señaló Susan Kare, «quería que en nuestro grupo tuviéramos un espíritu de renegados, la sensación de que podíamos movernos rápido, de que podíamos conseguir nuestros objetivos». Para celebrar el cumpleaños de Jobs una semana después, el equipo contrató una valla publicitaria en la carretera que llevaba a la sede central de Apple. En ella se podía leer: «Felices 28, Steve. El viaje es la recompensa. Los Piratas».

Uno de los programadores más innovadores del Mac, Steve Capps, decidió que este nuevo espíritu merecía izar una bandera pirata. Cortó un trozo de tela negra y le pidió a Kare que dibujara en él una calavera y unas tibias. El parche en el ojo que colocó sobre la calavera era el logotipo de Apple. A última hora de una noche de domingo, Capps trepó al tejado del recién construido Bandley 3 y colocó la bandera en la barra de uno de los andamios que los obreros habían dejado allí. Ondeó orgullosa durante unas semanas hasta que los miembros del equipo del Lisa, en un asalto en mitad de la noche, robaron la bandera y enviaron a sus rivales del equipo del Mac una nota de rescate. Capps encabezó una incursión para recuperarla y logró arrebatársela a una secretaria que la estaba protegiendo para el equipo del Lisa. Algunos de los llamados «adultos» que supervisaban Apple temieron que el espíritu bucanero de Jobs se le estuviera yendo de las manos. «Izar aquella bandera fue una completa estupidez —afirmó Arthur Rock—. Era como decirle al resto de la compañía que no estaban planeando nada bueno». No obstante, a Jobs le encantaba, y se aseguró de que ondeara orgullosa durante todo el tiempo que les llevó acabar el proyecto del Mac. «Éramos los renegados, y queríamos que la gente lo supiera», recordaba.

Los veteranos del equipo del Mac habían aprendido que podían hacerle frente a Jobs. Si de verdad conocían el tema del que hablaban, él toleraba aquella resistencia, e incluso sonreía y la admiraba. En 1983, los que estaban más familiarizados con su campo de distorsión de la realidad habían descubierto algo más: podían, en caso necesario, hacer caso omiso —discretamente— de aquello que él hubiera ordenado. Si al final resultaba que tenían razón, él valoraba su actitud rebelde y su disposición a ignorar la autoridad. Al fin y al cabo, eso era lo que hacía él.

Sin duda, el ejemplo más importante de esta postura tuvo que ver con la elección de la unidad de disco para el Macintosh. Apple contaba con una división de su empresa que fabricaba dispositivos de almacenamiento en serie, y habían desarrollado un sistema de discos, cuyo nombre en clave era «Twiggy», que podía leer y escribir en aquellos disquetes finos y delicados de cinco pulgadas y cuarto que los lectores mayores (aquellos que sepan quién era la modelo Twiggy) recordarán. Sin embargo, para cuando el Lisa estaba listo para salir al mercado en la primavera de 1983, quedó claro que el proyecto Twiggy adolecía de algunos errores de base. Como el Lisa también venía provisto con un disco duro, aquello no representó un desastre completo. Sin embargo, el Mac no contaba con disco duro, así que se enfrentaban a una crisis importante. «En el equipo del Mac empezaba a cundir el pánico —comentó Hertzfeld—. Estábamos usando una única unidad de disco Twiggy para los disquetes, y no contábamos con un disco duro al que poder recurrir».

Discutieron el problema en el retiro de enero de 1983 en Carmel, y Debi Coleman le proporcionó a Jobs los datos sobre la tasa de fallos del sistema Twiggy. Unos días más tarde, él se dirigió a la fábrica de Apple en San José para ver cómo se producían aquellos discos. Más de la mitad se rechazaban en cada fase del proceso. Jobs montó en cólera. Con el rostro enrojecido, comenzó a gritar y a amenazar con despedir a todos los que allí trabajaban. Bob Belleville, el jefe del equipo de ingenieros del Mac, lo condujo suavemente hasta el aparcamiento, para poder dar un paseo y hablar sobre las alternativas.

Una posibilidad que Belleville había estado explorando era la de utilizar unos nuevos disquetes de tres pulgadas y media que había desarrollado Sony. El disco se encontraba envuelto en un plástico más duro y cabía en el bolsillo de una camisa. Otra opción era hacer que Alps Electronics Co., un proveedor japonés de menor tamaño que había estado produciendo los disquetes para el Apple II, fabricara un clon del disquete de tres pulgadas y media de Sony. Alps ya había obtenido una licencia de Sony para fabricar aquella tecnología, y si lograban construir a tiempo su propia versión, el resultado sería mucho más barato.

Jobs y Belleville, junto con el veterano de la empresa Rod Holt (el hombre al que Jobs había contratado para diseñar la primera fuente de alimentación destinada al Apple II), volaron a Japón para decidir qué debían hacer. En Tokio se embarcaron en el tren bala para visitar la fábrica de Alps. Los ingenieros que se encontraban presentes no contaban con un prototipo que funcionara, solo con un modelo muy rudimentario. A Jobs le pareció fantástico, pero Belleville quedó horrorizado. Le parecía imposible que Alps pudiera tener aquel sistema listo para el Mac en menos de un año.

Se dedicaron a visitar otras empresas japonesas, y Jobs hizo gala de su peor comportamiento. Llevaba vaqueros y zapatillas de deporte a reuniones con directivos japoneses ataviados con trajes oscuros, y cuando le hacían entrega formal de pequeños regalos, como era la costumbre, a menudo los dejaba allí y nunca respondía con obsequios propios. Adoptaba un aire despectivo ante los ingenieros que, colocados en fila para saludarlo, se inclinaban y le mostraban educadamente sus productos para que los inspeccionara. Jobs detestaba aquellos aparatos y aquel servilismo. «¿Para qué me estás enseñando esto? —soltó durante una de sus escalas—. ¡Esto es una basura! Cualquiera puede construir un disco mejor que este». Aunque la mayor parte de sus anfitriones quedaban horrorizados, algunos parecían divertirse. Habían oído las historias que se contaban sobre su desagradable estilo y su brusco comportamiento, y ahora tenían la oportunidad de contemplarlo en todo su esplendor.

La última parada fue la fábrica de Sony, situada en un monótono barrio a las afueras de Tokio. Para Jobs, aquello tenía un aspecto desordenado y caro. Gran parte de la producción se llevaba a cabo a mano. Lo odiaba. De regreso al hotel, Belleville defendió que debían utilizar los discos de Sony, ya listos para su uso. Jobs no estaba de acuerdo. Decidió que iban a trabajar con Alps para producir sus propios discos, y le ordenó a Belleville que cancelase todo contacto laboral con Sony.

Belleville decidió que lo mejor era ignorar en parte a Jobs. Le explicó la situación a Mike Markkula, quien le pidió discretamente hacer todo lo necesario para asegurarse de que pronto tuvieran listo un disco, pero que no se lo dijera a Jobs. Con el apoyo de sus principales ingenieros, Belleville le pidió a un ejecutivo de Sony que preparara sus unidades de disco para poder utilizarlas en los Macintosh. Así, para cuando quedase claro que Alps no podría entregar a tiempo las suyas, Apple se pasaría a Sony. Por lo tanto, Sony les envió al ingeniero que había desarrollado la unidad de disco, Hidetoshi Komoto, un graduado de la Universidad de Purdue que, afortunadamente, se tomaba con un gran sentido del humor aquella tarea clandestina.

Cada vez que Jobs llegaba desde su oficina para visitar a los ingenieros del equipo del Mac —cosa que ocurría casi todas las tardes—, estos se apresuraban a encontrar algún rincón para que Komoto pudiera esconderse. En una ocasión, Jobs se encontró con él en un quiosco de Cupertino y lo reconoció de cuando se habían conocido en Japón, pero no sospechó nada. Y casi lo descubre cuando llegó un día sin avisar, mientras Komoto se encontraba en uno de los cubículos. Un ingeniero lo agarró y señaló un armario para guardar escobas. «¡Rápido, escóndete en el armario! ¡Por favor! ¡Vamos!». Komoto se mostró confundido, según recordaba Hertzfeld, pero se metió dentro e hizo lo que le ordenaron. Tuvo que quedarse allí durante cinco minutos, hasta que Jobs se marchó. Los ingenieros del equipo del Mac le pidieron disculpas. «No hay problema —contestó—, pero las prácticas empresariales americanas son muy extrañas. Muy extrañas».

La predicción de Belleville acabó por cumplirse. En mayo de 1983, los encargados de Alps reconocieron que iban a necesitar al menos dieciocho meses más para que el clon de las unidades de disco de Sony llegase a la etapa de producción. En uno de los retiros celebrados en Pajaro Dunes, Markkula interrogó a Jobs acerca de lo que pensaba hacer. Al final, Belleville los interrumpió y aseguró que quizá pudiera tener pronto lista una alternativa a las unidades de disco de Alps. Jobs pareció desconcertado durante un instante, y entonces comprendió por qué había visto al principal diseñador de disquetes de Sony en Cupertino. «¡Qué hijo de perra!», exclamó, pero no estaba furioso. Sobre su rostro se dibujaba una amplia sonrisa. Según Hertzfeld, en cuanto se dio cuenta de lo que Belleville y los otros ingenieros habían hecho a sus espaldas, «Steve se tragó su orgullo y les dio las gracias por desobedecerlo y haber hecho lo correcto». Aquello era, al fin y al cabo, lo que él mismo habría hecho en su situación.

14

La llegada de Sculley

El desafío Pepsi

Mike Markkula nunca había querido ser el presidente de Apple. A él le gustaba diseñar sus nuevas casas, pilotar su avión privado y vivir bien gracias a sus opciones sobre acciones; no le agradaba la idea de mediar en conflictos o mimar los susceptibles egos de los demás. Había aceptado el cargo con reparos, tras haberse visto obligado a echar a Mike Scott, y le prometió a su esposa que el puesto sería solo temporal. A finales de 1982, tras casi dos años, ella le dio un ultimátum: debía encontrar un sustituto de inmediato.

Jobs sabía que no estaba listo para dirigir la compañía, aunque hubiera una parte de él que quisiera intentarlo. A pesar de su arrogancia, era consciente de sus limitaciones. Markkula estaba de acuerdo. Le dijo a Jobs que todavía era un poco inmaduro y brusco para ser el presidente de Apple, así que se pusieron a buscar a alguien de fuera.

La persona más deseada era Don Estridge. Este había levantado de la nada el departamento de ordenadores personales de IBM y creado una línea de productos que, aunque menospreciada por Jobs y su equipo, vendía más que Apple. Estridge había emplazado su departamento en Boca Ratón, Florida, apartado y a salvo de la mentalidad empresarial reinante en la sede central de Armonk, en el estado de Nueva York. Al igual que Jobs, era un hombre decidido, motivador, inteligente y algo rebelde, pero, a diferencia de él, tenía la habilidad de permitir que los demás pensaran que las ideas brillantes salidas de su cabeza eran de ellos. Jobs voló a Boca Ratón con una oferta consistente en un sueldo anual de un millón de dólares más una bonificación de otro millón al firmar el contrato, pero Estridge rechazó la propuesta. No era el tipo de persona dispuesta a cambiarse de bando y pasarse al enemigo. Además, le gustaba formar parte del *establishment*, ser un miembro de la marina en lugar de un pirata. Le desagradaron las historias de Jobs sobre cómo estafar a la compañía telefónica. Cuando le preguntaban dónde trabajaba, le gustaba poder contestar: «En IBM».

Así pues, Jobs y Markkula recurrieron a Gerry Roche, un conocido cazatalentos empresarial, para que encontrara otra opción. Decidieron no centrarse en ejecutivos del mundo de la tecnología. Lo que necesitaban era alguien que pudiera venderles el producto a los consumidores, alguien que supiera de publicidad y de análisis de mercados y con el lustre corporativo que encajaba en Wall Street. Roche fijó su objetivo en el mago del marketing más de moda en aquella época, John Sculley, presidente de la división de Pepsi-Cola propiedad de la PepsiCo, cuya campaña «El desafío Pepsi» había resultado todo un éxito publicitario. Cuando Jobs fue a impartir una charla a los estudiantes de empresariales de Stanford, oyó comentarios favorables acerca de Sculley, que se había dirigido a ellos justo antes. Así pues, le dijo a Roche que estaría encantado de reunirse con él.

Los antecedentes de Sculley eran muy diferentes de los de Jobs. Su madre, una señora de clase alta que vivía en el prestigioso Upper East Side de Manhattan, se ponía guantes blancos antes de salir a la calle, y su padre era un respetable abogado de Wall Street. Sculley estudió en la escuela St. Mark, después se licenció en Brown y obtuvo un título de Ciencias Empresariales en Wharton. Había escalado puestos en PepsiCo por ser un publicista y vendedor innovador, y no le interesaban especialmente el desarrollo de productos o la informática.

Sculley voló a Los Ángeles en Navidad para ver a sus dos hijos adolescentes, de un matrimonio anterior. Los llevó a visitar una tienda de ordenadores, donde le sorprendió la mala presentación de aquellos productos. Cuando sus hijos le preguntaron por qué parecía tan interesado, él respondió que pensaba ir a Cupertino a reunirse con Steve Jobs. Aquello los dejó completamente boquiabiertos. Se habían criado entre estrellas de cine, pero para ellos, Jobs era una auténtica celebridad. Aquello hizo que Sculley se tomara más en serio la perspectiva de ser contratado como jefe de aquel hombre.

Cuando llegó a la sede de Apple, Sculley quedó sorprendido con las discretas oficinas y el ambiente distendido. «La mayoría de la gente iba vestida más informalmente que el personal de mantenimiento de PepsiCo», señaló. A lo largo de la comida, Jobs se limitó a remover calladamente su ensalada, pero cuando Sculley aseguró que a la mayoría de los ejecutivos los ordenadores les parecían más problemáticos que otra cosa, se activó su vena evangélica. «Queremos cambiar la manera en que la gente utiliza los ordenadores», anunció.

Durante el vuelo de regreso, Sculley puso en orden sus pensamientos. El resultado fue un informe de ocho páginas sobre cómo crear publicidad de ordenadores tanto para el gran público como para los ejecutivos de las empresas. Estaba algo verde en algunos fragmentos —lleno de frases subrayadas, diagramas y recuadros—, pero mostraba el recién descubierto entusiasmo de Sculley por averiguar la forma de vender algo más interesante que los refrescos. Entre sus recomendaciones se encontraba «invertir en productos publicitarios para las tiendas que enamoren al consumidor con la perspectiva de ¡enriquecer sus vidas!» (le gustaba enfatizar ideas). Todavía no estaba decidido a marcharse de Pepsi, pero Jobs lo había dejado intrigado. «Me cautivó aquel genio joven e impetuoso y pensé que sería divertido conocerlo un poco más», recordaría después.

Por consiguiente, Sculley accedió a celebrar una nueva reunión cuando Jobs viajara a Nueva York, cosa que ocurrió en enero de 1983, fecha de la presentación del Lisa en el hotel Carlyle. Tras todo un día de entrevistas con la prensa, el equipo de Apple quedó sorprendido al ver en la suite a un visitante inesperado. Jobs se aflojó la corbata y les presentó a Sculley como presidente de Pepsi y gran cliente empresarial en potencia. Mientras John Couch le mostraba el funcionamiento del Lisa, Jobs intervenía con ráfagas de comentarios salpicados de sus palabras favoritas, «revolucionario» e «increíble», acerca de cómo aquello cambiaría la naturaleza de la interacción entre humanos y ordenadores.

A continuación se dirigieron al restaurante Four Seasons, un resplandeciente refugio de elegancia y poder diseñado por Mies van der Rohe y Philip Johnson. Mientras Jobs disfrutaba de una cena vegana especialmente cocinada para él, Sculley describió los éxitos de marketing de Pepsi. Le contó que la campaña «Generación Pepsi» no solo había logrado vender un producto, sino también un estilo de vida y una sensación de optimismo. «Creo que Apple tiene la oportunidad de crear una Generación Apple». Jobs asintió entusiasmado. La campaña «El desafío Pepsi», por otra parte, era una forma de centrarse en el producto; en ella se combinaban los anuncios, los espectáculos y las relaciones públicas para despertar el interés del público. La capacidad de convertir la presentación de un nuevo producto en un momento de expectación nacional era, como señaló Jobs, lo que Regis McKenna y él querían lograr en Apple.

Cuando acabaron de hablar ya era casi medianoche. «Esta ha sido una de las veladas más apasionantes de mi vida —aseguró Jobs mientras Sculley lo llevaba de regreso al Carlyle—. No puedo expresar lo mucho que me he divertido». Cuando esa noche llegó a su casa en Greenwich, Connecticut, Sculley no logró conciliar el sueño. Colaborar con Jobs era mucho más divertido que negociar con los embotelladores. «Aquello me estimulaba, despertaba el deseo que siempre había tenido de ser un arquitecto de ideas», declaró posteriormente. A la mañana siguiente, Roche llamó a Sculley. «No sé qué hicisteis vosotros dos anoche, pero permíteme que te diga que Steve Jobs está extasiado», le informó.

Y así prosiguió el cortejo, con Sculley haciéndose el duro, aunque no demasiado. Jobs viajó a la Costa Este para visitarlo un sábado de febrero y se subió a una limusina que lo llevó a Greenwich. Le pareció que la mansión recién construida de Sculley era algo ostentosa, con ventanas del suelo al techo, pero admiró las puertas de roble de más de 130 kilos hechas a medida, instaladas con tanto cuidado y precisión que bastaba un dedo para abrirlas. «Steve quedó fascinado por aquello porque es, al igual que yo, un perfeccionista», recordaba Sculley. Así comenzó un proceso algo malsano en el que Sculley, cegado por la fama de Jobs, comenzó a ver en él cualidades que se atribuía a sí mismo.

Sculley normalmente conducía un Cadillac, pero (al advertir cuáles eran los gustos de su invitado) tomó prestado el Mercedes 450SL descapotable de su esposa para llevar a Jobs a ver la sede central de Pepsi, un recinto de casi sesenta hectáreas, tan espléndido como austero resultaba el de Apple. Para Jobs, aquello representaba la diferencia entre la nueva y pujante economía digital y el grupo de empresas establecidas que aparecían en el Top 500 de la revista *Fortune*. Un sinuoso paseo los condujo por los cuidados campos y el jardín de esculturas (con piezas de Rodin, Moore, Calder y Giacometti) hasta llegar a un edificio de cristal y hormigón diseñado por Edward Durrell Stone. El inmenso despacho de Sculley tenía una alfombra persa, nueve ventanas, un pequeño jardín privado, un estudio en un rincón y cuarto de baño propio. Cuando Jobs vio el gimnasio de la empresa, quedó sorprendido al ver que los ejecutivos contaban con una zona independiente, con su propia piscina de hidromasaje, separada de la del resto de empleados. «Qué raro es eso», opinó. Sculley se apresuró a darle la razón. «De hecho, yo me opuse a que lo separasen, y a veces voy a entrenar a la zona de los empleados», afirmó.

La siguiente reunión se celebró en Cupertino, cuando Sculley hizo una escala mientras regresaba de un congreso de embotelladores de Pepsi en Hawai. Mike Murray, el director de marketing de Macintosh, se encargó de preparar al equipo para la visita, pero Jobs no le informó de cuáles eran sus auténticos motivos. «PepsiCo podría acabar comprando literalmente miles de Macs a lo largo de los próximos años —anunció Murray en un informe dirigido al equipo del Macintosh—. Durante el pasado año, el señor Sculley y un tal señor Jobs se han hecho amigos. El señor Sculley está considerado como una de las mentes más brillantes del marketing entre las grandes empresas, y debemos hacer que disfrute de su visita».

Jobs quería que Sculley compartiera su entusiasmo por el Macintosh. «Este producto significa para mí más que cualquier otro que haya creado —dijo—. Quiero que seas la primera persona ajena a Apple en verlo». Entonces, con un gesto teatral, extrajo el prototipo de una bolsa de vinilo y realizó una demostración de su funcionamiento. A Sculley la máquina le pareció tan extraordinaria como el propio Jobs. «Parecía más un hombre del espectáculo que del mundo de los negocios. Cada movimiento parecía calculado, como si lo hubiera ensayado para hacer que aquel momento resultara especial».

Jobs había pedido a Hertzfeld y al resto del equipo que prepararan una presentación gráfica especial para entretener a Sculley. «Es muy inteligente —les advirtió Jobs—. No os creeríais lo inteligente que es». La explicación de que Sculley quizá comprara un montón de ordenadores Macintosh para Pepsi «me sonaba algo sospechosa», comentó Hertzfeld, pero él y Susan Kare crearon una animación de botellas y latas de Pepsi que surgían entre otras con el logotipo de Apple. Hertzfeld estaba tan entusiasmado que comenzó a agitar los brazos durante la presentación, pero no parecía que Sculley estuviera impresionado. «Realizó algunas preguntas, pero no parecía tener demasiado interés», recordaba Hertzfeld. De hecho, nunca llegó a caerle del todo bien. «Era un enorme farsante, todo en él era pura pose —aseguró más tarde—. Fingía estar interesado en la tecnología, pero no lo estaba. Era un hombre entregado al marketing, y eso es a lo que se dedican los de su cuerda: a cobrar por fingir».

La situación llegó a un punto crítico cuando Jobs visitó Nueva York en marzo y consiguió convertir aquel cortejo en un romance ciego y cegador por igual. «En serio, creo que eres el hombre adecuado —le dijo Jobs mientras paseaban por Central Park—. Quiero que vengas a trabajar conmigo. Puedo aprender muchas cosas de ti». Jobs, que en el pasado había mostrado una tendencia a buscar figuras paternas, sabía además cómo manejar el ego y las inseguridades de Sculley. Aquello dio resultado. «Estaba cautivado por él —señaló posteriormente Sculley—. Steve era una de las personas más brillantes a las que había conocido. Compartía con él la pasión por las ideas».

Sculley, un amante del pasado artístico, desvió el paseo hacia el Museo Metropolitano con el fin de realizar una pequeña prueba y averiguar si Jobs estaba de verdad dispuesto a aprender de los demás. «Quería saber qué tal se le daba recibir formación sobre un tema del que no tuviera referencias», recordaba. Mientras deambulaban por las secciones de antigüedades griegas y romanas, Sculley habló largo y tendido sobre la diferencia entre la escultura arcaica del siglo VI antes de Cristo y las esculturas de la época de Pericles, creadas cien años después. Jobs, a quien le encantaba enterarse de las curiosidades históricas nunca estudiadas en la universidad, pareció absorber toda aquella información. «Me dio la sensación de que podía actuar de profesor con un estudiante brillante —recordaba Sculley. Una vez más, caía en la presunción de que ambos eran parecidos—. Veía en él el reflejo mismo de mi juventud. Yo también era impaciente, testarudo, arrogante e impetuoso. También a mí me bullía la cabeza con un montón de ideas, a menudo hasta el punto de excluir todo lo demás. Yo tampoco toleraba a aquellos que no estaban a la altura de mis exigencias».

Mientras proseguían su largo paseo, Sculley le confió que en vacaciones iba a la margen izquierda del Sena con su cuaderno de dibujo para pintar. De no haberse convertido en un hombre de negocios, habría sido artista. Jobs le contestó que si no estuviera trabajando en el mundo de los ordenadores, podía imaginarse como poeta en París. Siguieron caminando por Broadway hasta llegar a la tienda de discos Colony Records, en la calle 49, donde Jobs le enseñó a Sculley la música que le gustaba, incluidos Bob Dylan, Joan Baez, Ella Fitzgerald y los músicos de jazz que grababan con la discográfica Windham Hill. A continuación recorrieron a pie todo el camino de vuelta hasta los apartamentos San Remo, en la esquina de la avenida Central Park West y la calle 74, donde Jobs estaba planeando comprar un ático de dos plantas en una de las torres.

La consumación tuvo lugar en una de las terrazas, con Sculley pegado a la pared porque le daban miedo las alturas. Primero hablaron del dinero. «Le dije que quería un sueldo anual de un millón de dólares, otro millón como bonificación de entrada y otro millón más como indemnización por despido si la cosa no funcionaba», relató Sculley. Jobs aseguró que se podía hacer. «Aunque tenga que pagarlo de mi propio bolsillo —le dijo Jobs—. Tendremos que resolver esos problemas, porque eres la mejor persona que he conocido nunca. Sé que eres perfecto para Apple, y Apple se merece a los mejores». Añadió que nunca antes había trabajado para alguien a quien de verdad respetara, pero sabía que Sculley era la persona de la que más podía aprender. Jobs se lo quedó mirando fijamente y sin parpadear. Sculley se sorprendió al ver de cerca su espeso cabello negro.

Sculley puso una última pega, sugiriendo que tal vez fuera mejor ser simplemente amigos. En ese caso él podría ofrecerle a Jobs su consejo desde fuera. Posteriormente, el propio Sculley narró aquel momento de máxima intensidad: «Steve agachó la cabeza y se miró los pies. Tras una pausa pesada e incómoda, planteó una pregunta que me atormentó durante días: "¿Quieres pasarte el resto de tu vida vendiendo agua azucarada o quieres una oportunidad para cambiar el mundo?"».

Sculley se sintió como si le hubieran dado un puñetazo en el estómago. No tenía más remedio que acceder. «Tenía una sorprendente habilidad para conseguir siempre lo que quería, para evaluar a una persona y saber exactamente qué decir para llegar hasta ella —recordaba Sculley—. Aquella fue la primera vez en cuatro meses en que me di cuenta de que no podía negarme». El sol invernal estaba comenzando a ponerse. Abandonaron el apartamento y regresaron a través del parque hasta el Carlyle.

La luna de miel

Markkula logró convencer a Sculley para que aceptara un salario de medio millón de dólares anuales y la misma cantidad como bonificación inicial, y él llegó a California en 1983, justo a tiempo para el retiro de Apple en Pajaro Dunes. Aunque había dejado todos sus trajes oscuros salvo uno en Greenwich, Sculley todavía tenía algunos problemas para adaptarse a aquella atmósfera informal. Jobs se encontraba en el estrado de la sala de reuniones, sentado en la postura del loto y jugando distraídamente con los dedos de sus pies. Sculley trató de fijar una agenda. Debían hablar de cómo distinguir sus diferentes productos —el Apple II, el Apple III, el Lisa y el Mac— y de si debían estructurar la compañía en torno a las líneas de producto, a los sectores de mercado o a las funciones desarrolladas. En vez de eso, la discusión degeneró en un batiburrillo colectivo de ideas, quejas y debates.

Llegado cierto momento, Jobs atacó al equipo del Lisa por haber fabricado un producto que había fracasado. «¡Pero bueno! —gritó alguien—. ¡Tú todavía no has sacado el Macintosh! ¿Por qué no esperas hasta tener un producto en el mercado antes de empezar a criticar?». Sculley quedó sorprendido. En Pepsi nadie se habría atrevido a desafiar así al presidente. «Pero allí todo el mundo empezó a meterse con Steve». Aquello le recordó un viejo chiste que le había oído a uno de los publicistas de Apple: «¿Cuál es la diferencia entre Apple y los Boy Scouts? Que los Boy Scouts están supervisados por adultos».

En medio de la refriega, un pequeño terremoto comenzó a sacudir la sala. «¡Todo el mundo a la playa!», gritó una persona. Todos echaron a correr por la puerta en dirección al agua. Entonces alguien recordó que el último terremoto había ocasionado un maremoto, así que se dieron la vuelta y echaron a correr en dirección contraria. «La indecisión, las órdenes contradictorias y el fantasma de los desastres naturales eran solo un aviso de lo que estaba por llegar», relataría más adelante Sculley.

La rivalidad entre los grupos que desarrollaban diferentes productos iba en serio, pero también tenía un aspecto lúdico, como demuestran travesuras como las de la bandera pirata. Cuando Jobs se jactó de que su equipo trabajaba noventa horas a la semana, Debi Coleman preparó unas sudaderas en las que se podía leer «¡Noventa horas a la semana, y encantados!». Aquello había empujado al grupo del Lisa a ordenar que les confeccionaran camisetas con una respuesta: «Trabajamos setenta horas a la semana y conseguimos vender nuestro producto». A lo cual el equipo del Apple II, fiel a su naturaleza lenta pero rentable, correspondió con: «Trabajamos sesenta horas a la semana, y ganamos dinero para financiar el Lisa y el Mac». Jobs se refería desdeñoso a quienes trabajaban en el Apple II como «los percherones», pero era dolorosamente consciente de que esos caballos de tiro eran en realidad los que hacían avanzar el carro de Apple.

Una mañana de sábado, Jobs invitó a Sculley y a su esposa, Leezy, a que fueran a desayunar con él. Por aquel entonces vivía en una casa de estilo tudor, bonita aunque nada excepcional, situada en Los Gatos, junto con su novia de aquella época, Barbara Jasinski, una joven hermosa, inteligente y reservada que trabajaba para Regis

McKenna. Leezy trajo una sartén y preparó unas tortillas vegetarianas (Jobs se había apartado de su estricta dieta vegana por el momento). «Siento no tener más muebles —se disculpó Jobs—. Todavía no me he puesto a ello». Aquella era una de sus peculiaridades más duraderas: sus exigentes estándares para la artesanía, combinados con una veta espartana, lo hacían resistirse a comprar cualquier mueble por el cual no se apasionara. Tenía una lámpara de Tiffany, una antigua mesa de comedor y un laserdisc conectado a un televisor Sony Trinitron, pero en lugar de sofás y sillas había cojines de espuma en el suelo. Sculley sonrió y pensó erróneamente que aquello se parecía a la «vida frenética y espartana en un apartamento de Nueva York completamente abarrotado» que él había llevado al empezar su carrera.

Jobs le confesó a Sculley su convencimiento de que iba a morir joven, y por eso necesitaba alcanzar sus objetivos rápidamente y dejar su impronta en la historia de Silicon Valley. «Todos contamos con un período de tiempo muy breve en este mundo —le dijo al matrimonio mientras se sentaban a la mesa aquella mañana—. Probablemente solo tengamos la oportunidad de hacer unas cuantas cosas que de verdad sean excepcionales y de hacerlas bien. Ninguno de nosotros tiene ni idea de cuánto vamos a estar aquí, y yo tampoco, pero tengo la sensación de que debo lograr muchas de esas cosas mientras todavía soy joven».

Jobs y Sculley charlaban decenas de veces al día en los primeros meses de su relación. «Steve y yo nos convertimos en almas gemelas, estábamos juntos casi todo el tiempo —afirmó Sculley—. Tendíamos a acabar las frases del otro». Jobs halagaba constantemente a Sculley. Cuando iba a verlo para explicarle algo, siempre decía algo como: «Eres el único que lo va a entender». Ambos se repetían mutuamente, con tanta frecuencia que debía de resultar preocupante, lo felices que les hacía estar juntos y trabajar codo con codo. A cada paso, Sculley encontraba similitudes con Jobs y las ponía de manifiesto:

> Podíamos completar las frases del otro porque estábamos en la misma onda. Steve podía despertarme a las dos de la mañana con una llamada para charlar sobre una idea que acababa de cruzársele por la

mente. «¡Hola! Soy yo», saludaba inofensivo a su adormilado interlocutor, sin ser en absoluto consciente de la hora. Lo curioso es que yo había hecho lo mismo durante mi época en Pepsi. Steve era capaz de hacer trizas una presentación que tuviera que realizar a la mañana siguiente, y de deshacerse de las diapositivas y el texto. Lo mismo había hecho yo mientras luchaba por hacer de la oratoria una importante herramienta de gestión durante mis primeros días en Pepsi. Cuando era un joven ejecutivo, siempre me impacientaba hasta conseguir que se hiciera cualquier cosa, y a menudo creía que yo podía hacerlo mejor. A Steve también le pasaba. En ocasiones me sentía como si estuviera viendo a Steve representar a mi personaje en una película. Las similitudes eran asombrosas, y la razón de la increíble simbiosis que llegamos a desarrollar.

Aquel era un autoengaño que sentó las bases para el desastre. Jobs comenzó a notarlo desde las primeras etapas. «Teníamos una forma diferente de ver el mundo, opiniones distintas sobre la gente, distintos valores —contó Jobs—. Comencé a darme cuenta de ello a los pocos meses de su llegada. No era rápido aprendiendo, y la gente a la que quería ascender eran por lo general unos inútiles».

Aun así, Jobs sabía que podía manipular a Sculley fomentando su creencia de que se parecían mucho. Y cuanto más manipulaba a Sculley, más lo despreciaba. Los observadores más avezados del grupo del Mac, como Joanna Hoffman, pronto advirtieron lo que estaba ocurriendo, y sabían que aquello haría de la inevitable ruptura algo aún más explosivo. «Steve hacía que Sculley se sintiera como alguien excepcional —comentó—. Sculley nunca se había sentido así y aquello lo cautivó, porque Steve proyectaba en él un montón de atributos que en realidad no poseía, de manera que estaba como atolondrado y obsesionado con él. Cuando quedó claro que Sculley no se correspondía con todas aquellas expectativas, la distorsión de la realidad de Steve había fomentado una situación peligrosa».

El ardor también comenzó a apagarse por parte de Sculley. Uno de los puntos débiles que mostró a la hora de tratar de gestionar una compañía tan disfuncional fue su deseo de agradar a los demás, uno de los muchos rasgos que no compartía con Jobs. Por decirlo en pocas palabras, era una persona educada, y Jobs no. Aquello lo llevaba a alterarse ante la actitud grosera con la que Jobs trataba a sus compañeros de trabajo. «A veces íbamos al edificio donde trabajaban en el Mac a las once de la noche —recordaba— y ellos le traían algún nuevo código para mostrárselo. En algunos casos ni siquiera le echaba un vistazo. Se limitaba a cogerlo y devolvérselo bruscamente. Yo le preguntaba cómo podía rechazarlo así, y él me contestaba: "Sé que pueden hacerlo mejor"». Sculley trató de darle algunos consejos. «Tienes que aprender a controlarte», le dijo una vez. Jobs se mostró de acuerdo, pero no estaba en su naturaleza el filtrar sus sentimientos a través de un tamiz.

Sculley comenzó a creer que la personalidad volátil de Jobs y su manera errática de tratar a la gente se encontraban profundamente enraizadas en su constitución psicológica, quizá como el reflejo de una bipolaridad leve. Era víctima de bruscos cambios de humor. En ocasiones se mostraba exultante y en otras deprimido. A veces se enzarzaba en brutales invectivas sin previo aviso, y entonces Sculley tenía que ayudarlo a calmarse. «Veinte minutos después me volvían a llamar para que fuera a verlo porque había vuelto a perder los estribos», comentó.

Su primer desacuerdo importante se centró en el precio del Macintosh. Había sido concebida como una máquina de 1.000 dólares, pero los cambios en el diseño ordenados por Jobs habían elevado el coste, por lo que el nuevo plan era venderlo por 1.995 dólares. Sin embargo, cuando Jobs y Sculley comenzaron a planear una inmensa presentación y una gran campaña publicitaria, Sculley decidió que necesitaban añadir otros 500 dólares al precio. Para él, los gastos de publicidad eran iguales que cualquier otro gasto de producción y, por tanto, debían incorporarse al precio de venta. Jobs se resistió, furioso. «Eso destruiría todo aquello por lo que luchamos —afirmó—. Quiero que esto sea una revolución, no un esfuerzo por exprimir al cliente en busca de beneficios». Sculley le respondió que la elección era sencilla: podía tener un producto de 1.995 dólares o podía contar con un presupuesto de publicidad con el que preparar una gran presentación, pero no las dos cosas.

«Esto no os va a gustar —les comunicó Jobs a Hertzfeld y a los otros ingenieros—, pero Sculley insiste en que cobremos 2.495 dó-

lares por el Mac en lugar de 1.995». En efecto, los ingenieros quedaron horrorizados. Hertzfeld señaló que estaban diseñando el Mac
para gente como ellos, y que subir tanto el precio sería una «traición» a todo aquello en lo que creían. Así que Jobs les hizo una
promesa: «¡No os preocupéis, no permitiré que se salga con la
suya!». Sin embargo, al final prevaleció la postura de Sculley. Incluso
veinticinco años después, a Jobs le hervía la sangre al recordar aquella decisión. «Fue la razón principal por la cual las ventas del Macintosh se redujeron y Microsoft llegó a dominar el mercado», aseguró.
La decisión le hizo sentir que estaba perdiendo el control de su
producto y de su empresa, y aquello era tan peligroso como un ti-
gre que se siente acorralado.

15

La presentación

Una marca en el universo

LOS AUTÉNTICOS ARTISTAS ACABAN SUS PRODUCTOS

El momento cumbre de la conferencia de ventas de Apple celebrada en Hawai en octubre de 1983 fue un número cómico organizado por Jobs y basado en un programa de televisión llamado *El juego de las citas*. Jobs actuaba como presentador, y sus tres concursantes eran Bill Gates y otros dos ejecutivos de software, Mitch Kapor y Fred Gibbons. Mientras sonaba la cantarina sintonía del programa, los tres participantes se sentaron en sus banquetas y se presentaron. Gates, con su aspecto de estudiante de instituto, recibió una gran salva de aplausos por parte de los 750 vendedores de Apple cuando afirmó: «A lo largo de 1984, Microsoft espera que la mitad de sus ingresos provengan de la venta de software para el Macintosh». Jobs, recién afeitado y muy animado, esbozó una gran sonrisa y le preguntó si pensaba que el nuevo sistema operativo del Macintosh llegaría a convertirse en uno de los nuevos estándares de la industria. Gates contestó: «Para crear un nuevo estándar no basta con producir algo que sea ligeramente diferente; ha de ser realmente nuevo y cautivar la imaginación de la gente. Y el Macintosh, de todas las máquinas que yo he visto, es el único que cumple con esos requisitos».

Sin embargo, mientras Gates pronunciaba estas palabras, Microsoft estaba apartándose ya cada vez más de su función principal como colaborador de Apple para convertirse en parte de la competencia. La empresa seguía produciendo programas de software, como el Microsoft Word, para Apple, pero un porcentaje cada vez mayor de sus ingresos procedía del sistema operativo escrito para los ordenadores personales de IBM. Si el año anterior se habían vendido 279.000 Apple II, comparados con 240.000 PC de IBM y sus clones, las cifras de 1983 ofrecían un claro contraste: 420.000 Apple II frente a 1,3 millones de ordenadores de IBM y sus clones. Por su parte, tanto el Apple III como el Lisa se habían quedado estancados.

Justo cuando el personal de ventas de Apple llegaba a Hawai, ese cambio quedó dolorosamente patente en la portada del *Business Week*, cuyo titular rezaba: «Ordenadores personales: y el ganador es... IBM». El artículo interior detallaba el ascenso del PC de IBM. «La batalla por la supremacía del mercado ya ha llegado a su fin. En una sorprendente maniobra, IBM se ha apropiado de más del 26% de la cuota en dos años, y se espera que controle la mitad de todo el mercado mundial en 1985. Otro 25% más de consumidores se pasará a máquinas compatibles con IBM».

Aquello supuso una presión todavía mayor para el Macintosh, que debía salir a la calle en enero de 1984, tres meses más tarde, para salvar la situación ante IBM. En la conferencia de ventas, Jobs decidió llevar el enfrentamiento hasta el final. Subió al estrado y detalló todos los errores cometidos por IBM desde 1958, para describir después, con un tono fúnebre, de qué manera estaba ahora tratando de hacerse con el mercado de los ordenadores personales: «¿Logrará IBM dominar toda la industria informática? ¿Toda la era de la información? ¿Tenía razón George Orwell en *1984*?». En ese momento descendió una pantalla del techo y mostró el preestreno de un futuro anuncio de televisión de sesenta segundos para el Macintosh que parecía salido de una película de ciencia ficción. En unos meses, aquel anuncio iba a hacer historia en el mundo de la publicidad, pero mientras tanto cumplió su objetivo de elevar la moral de los comerciales de Apple. Jobs siempre había sido capaz de reunir energías imaginándose como un rebelde enfrentado a las fuerzas de la oscuridad. Ahora también era capaz de animar a sus tropas con aquella técnica.

Sin embargo, todavía habría que superar un obstáculo más: Hertzfeld y los otros genios informáticos tenían que acabar de escribir la programación para el Macintosh, cuya fecha de salida al mercado era el lunes 16 de enero. Pero, una semana antes, los ingenieros concluyeron que no podían llegar a tiempo. El código tenía errores.

Jobs se encontraba en el hotel Grand Hyatt de Manhattan, preparándose de cara al preestreno ante los medios, con una rueda de prensa prevista para el domingo por la mañana. El director de software le explicó con calma la situación a Jobs, mientras Hertzfeld y los demás se apiñaban en torno al interfono conteniendo la respiración. Todo lo que necesitaban eran dos semanas más. Los primeros envíos a las tiendas podían contar con una versión del software etiquetada como «de prueba», que sería sustituida tan pronto como acabaran el nuevo código a finales de ese mes. Se produjo una pausa durante un instante. Jobs no se enfadó. En vez de eso, les habló con un tono frío y sombrío. Les dijo que eran realmente fantásticos. Tanto, de hecho, que sabía que podían lograrlo. «¡No pienso sacarlo así al mercado! —dijo. Se oyó un grito ahogado colectivo en el edificio Bandley 3—. Lleváis trabajando en esto durante meses, así que un par de semanas más o menos no van a suponer demasiada diferencia. Más vale que os pongáis a trabajar. Voy a presentar el código una semana después de este lunes, con vuestros nombres en él».

«Bueno, tenemos que acabarlo», resumió Steve Capps. Y eso hicieron. Una vez más, el campo de distorsión de la realidad de Jobs los forzó a hacer algo que habían creído imposible. El viernes, Randy Wigginton llevó una inmensa bolsa de granos de café recubiertos de chocolate para resistir durante las tres noches de trabajo ininterrumpido que les aguardaban. Cuando Jobs llegó al trabajo a las 8:30 de aquel lunes, se encontró a Hertzfeld tirado en un sofá, al borde del coma. Hablaron brevemente sobre un problema técnico mínimo que aún se les resistía, y Jobs decidió que no era relevante. Hertzfeld se arrastró hasta su Volkswagen Golf de color azul (cuya matrícula era: MACWIZ) y se marchó a casa a dormir. Poco tiempo después, la fábrica de Apple en Fremont comenzó a producir cajas estampadas con el colorido diseño del Macintosh. Jobs había asegurado que los auténticos artistas acababan sus productos, y ahora el equipo del Macintosh lo había logrado.

EL ANUNCIO DE 1984

Cuando Jobs comenzó a planear, en la primavera de 1983, la presentación del Macintosh, encargó un anuncio de televisión que resultara tan revolucionario y sorprendente como el producto que habían creado. «Quiero algo que haga que la gente se detenga en seco —pidió—. Quiero que resuene como un trueno». La tarea recayó en la agencia publicitaria Chiat/Day, que había incorporado a Apple como cliente cuando absorbió el departamento de publicidad de la empresa de Regis McKenna. La persona al cargo era un surfista desgarbado con una espesa barba, pelo enmarañado, sonrisa bobalicona y ojos brillantes llamado Lee Clow, por entonces el director creativo de la oficina de la agencia en la sucursal de Los Ángeles, situada en Venice Beach. Clow, un tipo divertido y a la vez con sentido común, relajado pero concentrado, forjó una relación con Jobs que duraría tres décadas.

Clow y dos miembros de su equipo —el redactor publicitario Steve Hayden y el director artístico Brent Thomas— habían estado considerando la posibilidad de utilizar un eslogan que utilizara el título de la novela de George Orwell: «Por qué 1984 no será como *1984*». A Jobs le encantó, y les pidió que lo tuvieran listo para la presentación del Macintosh, así que prepararon un guión gráfico para un anuncio de sesenta segundos que debía parecer la escena de una película de ciencia ficción. En ella se presentaba a una joven rebelde que huía de la policía del pensamiento orwelliana y que arrojaba un martillo contra una pantalla donde se mostraba al Gran Hermano mientras este pronunciaba un alienante discurso.

El concepto capturaba el espíritu de aquella época, el de la revolución de los ordenadores personales. Muchos jóvenes, especialmente aquellos que formaban parte de la contracultura, habían visto a los ordenadores como instrumentos que podían ser utilizados por gobiernos orwellianos y grandes empresas con el fin de socavar la individualidad de la gente. Sin embargo, hacia el final de la década de los setenta, también se veían como una herramienta en potencia para lograr la realización personal de sus usuarios. El anuncio presentaba a Macintosh como un guerrero que defendía esta última causa: una compañía joven, rebelde y heroica que era lo único que se interponía entre la gran empresa malvada y su plan para dominar el mundo y controlar la mente de los ciudadanos.

A Jobs le gustaba aquello. De hecho, el concepto que articulaba el anuncio tenía para él una relevancia especial. Se veía a sí mismo como un rebelde, y le gustaba asociarse con los valores de la variopinta banda de piratas y *hackers* que había reclutado para el grupo del Macintosh. Por algo sobre su edificio ondeaba la bandera pirata. Aunque hubiera abandonado la comuna de manzanos en Oregón para crear la empresa Apple, todavía quería que lo vieran como un miembro de la contracultura, y no como un elemento más de la estructura empresarial.

Sin embargo, se daba cuenta, en lo más profundo de su ser, de que había ido abandonando cada vez más aquel espíritu pirata. Algunos podrían acusarlo incluso de haberse vendido. Cuando Wozniak se mantuvo fiel a los principios del Homebrew Club al repartir gratuitamente su diseño del Apple I, fue Jobs quien insistió en que le vendieran los circuitos impresos a sus compañeros. También fue él quien quiso, a pesar de la reticencia de Wozniak, convertir a Apple en una empresa, sacarla a Bolsa y no repartir alegremente las opciones de compra de acciones entre los amigos que habían empezado con ellos en el garaje. Ahora estaba a punto de presentar el Macintosh, y sabía que violaba muchos de los principios del código de los *hackers*. Era muy caro y había decidido que no tendría ninguna ranura, lo que implicaba que los aficionados a la electrónica no podrían conectar sus propias tarjetas de ampliación o acceder a la placa madre para añadir sus propias funciones. Incluso había diseñado el ordenador de forma que no se pudiera llegar a su interior. Hacían falta herramientas especiales únicamente para abrir la carcasa de plástico. Era un sistema cerrado y controlado, como algo que hubiera diseñado el Gran Hermano en lugar de un pirata informático.

Así pues, el anuncio de «1984» fue una forma de reafirmar ante sí mismo y ante el mundo la imagen que deseaba ofrecer. La heroína, con el dibujo de un Macintosh estampado sobre su camiseta, de un blanco puro, era una insurgente que pretendía derrocar al poder establecido. Y al contratar a Ridley Scott, que como director acababa de cosechar un gran éxito con *Blade Runner*, Jobs podía asociarse a sí mismo y a Apple con el espíritu ciberpunk de aquella época. Gracias a aquel anuncio, Apple podía identificarse con los rebeldes y los piratas que pensaban de forma diferente, y Jobs podía reclamar su derecho a identificarse también con ellos.

Sculley se mostró escéptico en un primer momento cuando vio el guión del anuncio, pero Jobs insistió en que necesitaban algo revolucionario. Logró que se aceptara un presupuesto sin precedentes de 750.000 dólares solo para la filmación del anuncio. Ridley Scott lo rodó en Londres empleando a decenas de auténticos cabezas rapadas como parte de las masas absortas que escuchaban al Gran Hermano hablar en la pantalla. Para el papel de la heroína eligieron a una lanzadora de disco. Con un escenario frío e industrial dominado por tonos grises metalizados, Scott evocaba el ambiente distópico de *Blade Runner*. En el momento exacto en que el Gran Hermano anuncia «¡venceremos!», el mazo hace añicos la pantalla, que se evapora entre un estallido de humo y luces.

Cuando Jobs le enseñó el anuncio al equipo de ventas de Apple en la conferencia de Hawai, todos quedaron encantados, así que decidió presentárselo al consejo de administración durante la reunión de diciembre de 1983. Cuando se encendieron de nuevo las luces de la sala de juntas, todo el mundo guardó silencio. Philip Schlein, el consejero delegado de la cadena de supermercados Macy's en California, había apoyado la cabeza contra la mesa. Markkula seguía mirando fijamente y en silencio, y al principio parecía como si la potencia del anuncio lo hubiera dejado sin habla, pero entonces preguntó: «¿Quién quiere que busquemos una nueva agencia?». Según recuerda Sculley, «la mayoría pensó que era el peor anuncio nunca visto».

Sculley se echó atrás. Le pidió a la agencia Chiat/Day que vendiera los dos espacios publicitarios —uno de sesenta segundos y otro de treinta— ya contratados. Jobs estaba fuera de sí. Una tarde, Wozniak, que había estado manteniendo una relación intermitente con Apple durante los últimos dos años, se pasó por el edificio donde se trabajaba en el Macintosh. Jobs lo agarró y le dijo: «Ven a ver esto».

Sacó un reproductor de vídeo y le mostró el anuncio. «Estaba alucinando —recordaba Woz—. Me pareció la cosa más increíble que había visto». Cuando Jobs anunció que el consejo de administración había decidido no emitir el anuncio durante la disputa de la Super Bowl, Wozniak le preguntó cuánto costaba contratar el espacio para aquel anuncio. Jobs le respondió que 800.000 dólares. Con su bondad impulsiva habitual, Wozniak se ofreció inmediatamente: «Bueno, yo pago la mitad si tú pones la otra mitad».

Al final no le hizo falta. La agencia logró revender el espacio de treinta segundos, pero en un acto de desafío pasivo no vendió el más largo. «Les dijimos que no habíamos logrado revender el espacio de sesenta segundos, aunque en realidad ni siquiera lo intentamos», señaló Lee Clow. Sculley, quizá en un intento por evitar el enfrentamiento con el consejo o con Jobs, recurrió a Bill Campbell, director de marketing, para que decidiera qué hacer. Campbell, un antiguo entrenador de fútbol americano, optó por jugársela. «Creo que deberíamos intentarlo», le dijo a su equipo.

Al principio del tercer cuarto de la 18.ª Super Bowl, los Raiders se anotaron un ensayo contra los Redskins, pero en lugar de mostrar al instante la repetición de la jugada, los televisores de todo el país se fundieron en negro durante dos segundos funestos. Entonces, una inquietante imagen en blanco y negro de autómatas que avanzaban al ritmo de una música espeluznante comenzó a llenar las pantallas. Más de 96 millones de personas vieron un anuncio que no se parecía a nada de lo que hubieran visto antes. Al final, mientras los autómatas observaban horrorizados la desaparición del Gran Hermano, un locutor anunciaba en tono calmado: «El 24 de enero, Apple Computer presentará el Macintosh. Y entonces verás por qué 1984 no será como *1984*».

Fue todo un fenómeno. Esa noche, los tres principales canales de televisión y cincuenta emisoras locales hablaron del anuncio en sus informativos, lo que creó una expectación publicitaria desconocida en una época en la que no existía YouTube. Tanto la revista *TV Guide* como *Advertising Age* lo eligieron como el mejor anuncio de todos los tiempos.

Estallido publicitario

Con el paso de los años, Steve Jobs se convirtió en el gran maestro de las presentaciones de productos. En el caso del Macintosh, el sorprendente anuncio de Ridley Scott fue solo uno de los ingredientes, pero otro elemento de la receta fue la cobertura mediática. Jobs encontró la forma de desencadenar estallidos publicitarios tan potentes que la propia energía liberada se alimentaba de sí misma, como en una reacción en cadena. Se trató de un fenómeno que logró replicar con regularidad cada vez que debía llevar a cabo una gran presentación de alguno de sus productos, desde el Macintosh en 1984 hasta el iPad en 2010. Como si de un prestidigitador se tratase, podía realizar aquel truco una y otra vez, incluso después de que los periodistas lo hubieran visto en una decena de ocasiones y supieran cómo se hacía. Algunas de las maniobras las había aprendido de Regis McKenna, un profesional a la hora de mimar y controlar a los reporteros más vanidosos. Sin embargo, Jobs tenía una intuición propia acerca de cómo debía provocar entusiasmo, manipular el instinto competitivo de los periodistas y mercadear con las exclusivas para recibir un trato generoso.

En diciembre de 1983 se llevó consigo a Nueva York a sus dos jóvenes magos de la ingeniería, Andy Hertzfeld y Burrell Smith, para visitar la redacción de *Newsweek* y preparar un artículo sobre «los chicos que crearon el Mac». Tras ofrecer una demostración del funcionamiento del Macintosh, subieron al piso de arriba para conocer a Katherine Graham, la legendaria editora y dueña de la revista, que tenía un interés insaciable por conocer cualquier novedad. La revista envió a su columnista de tecnología y a un fotógrafo a pasar un tiempo en Palo Alto junto a Hertzfeld y Smith. El resultado fue un artículo elegante y halagador de cuatro páginas sobre ellos dos, con fotografías de ambos en sus casas que los hacían parecer querubines de una nueva era. El artículo citaba a Smith hablando de lo siguiente que quería hacer: «Quiero construir el ordenador de los noventa, pero quiero hacerlo a partir de mañana mismo». El artículo también describía la mezcla de volubilidad y carisma que mostraba su jefe. «Jobs defiende en ocasiones sus ideas con un gran despliegue vocal de su carácter en el que no siempre va de farol. Se rumorea que ha amenazado con despedir a algunos empleados porque insistían en que los ordenadores contaran con teclas de cursor, un complemento que Jobs considera ya obsoleto. Sin embargo, cuando decide mostrar su lado más amable, Jobs presenta una curiosa mezcla de encanto e impaciencia que oscila entre una personalidad reservada y astuta y otra que se define con una de sus expresiones favoritas, "absurdamente genial"».

Steven Levy, un escritor especializado en tecnología que por aquel entonces trabajaba para la revista *Rolling Stone*, fue a entrevistar a Jobs, quien le pidió de inmediato que el equipo del Macintosh apareciera en la portada de la revista. «Las probabilidades de que el redactor jefe de la revista, Jann Werner, esté dispuesto a retirar a Sting para colocar en portada a un puñado de empollones informáticos serán de aproximadamente una entre un cuatrillón», pensó Levy, y no se equivocaba. Jobs se llevó a Levy a una pizzería y siguió presionándolo: *Rolling Stone* estaba «contra las cuerdas, publicando artículos de tercera, buscando desesperadamente nuevos temas y nuevos lectores. ¡El Mac podría ser su salvación!». Levy se mantuvo firme. En realidad, le dijo, *Rolling Stone* era una revista muy buena, y le preguntó si la había leído últimamente. Jobs contestó que, durante un vuelo, le había echado un vistazo a un artículo sobre la MTV en la revista y que le había parecido «una auténtica mierda». Levy contestó que él había escrito aquel artículo. En honor a Jobs hay que decir que no se retractó de su opinión, aunque sí que cambió de objetivo y atacó a *Time* por la «crítica brutal» que había publicado un año antes. A continuación comenzó a hablar del Macintosh y se puso filosófico. «Siempre estamos aprovechándonos de los avances que llegaron antes que nosotros y utilizando objetos desarrollados por gente que nos precedió —expuso—. Crear algo que puede añadirse a esa fuente de experiencia y conocimiento humanos es una sensación maravillosa y eufórica».

El artículo de Levy no llegó a la portada. Sin embargo, en los años siguientes, cada una de las grandes presentaciones en las que participó Jobs —en NeXT, en Pixar y años más tarde, cuando regresó a Apple— acabó en la portada de *Time*, *Newsweek* o *Business Week*.

24 DE ENERO DE 1984: LA PRESENTACIÓN

La mañana en que él y sus compañeros de equipo acabaron el software para el Macintosh, Andy Hertzfeld se había marchado agotado y esperaba poder quedarse en la cama durante al menos un día entero. Sin embargo, esa misma tarde, tras apenas seis horas de sueño, regresó a la oficina. Quería pasarse para comprobar si había habido algún problema, y descubrió que lo mismo pasaba con la mayoría de sus compañeros. Estaban todos repantingados en sofás, exhaustos pero nerviosos, cuando Jobs entró en la sala. «¡Eh, levantaos de ahí, todavía no habéis acabado! —anunció—. ¡Necesitamos una demostración para la presentación!». Su plan era realizar una presentación espectacular del Macintosh frente a un gran público y hacer que luciera algunas de sus funciones con el inspirador tema de fondo de *Carros de fuego*. «Tiene que estar acabado el fin de semana y listo para las pruebas», añadió. Todos refunfuñaron, según recuerda Hertzfeld, «pero mientras nos quejábamos nos dimos cuenta de que sería divertido preparar algo realmente impresionante».

El acto de presentación iba a tener lugar en la reunión anual de accionistas de Apple que se iba a celebrar el 24 de enero —faltaban solo ocho días— en el auditorio Flint de la Universidad Comunitaria De Anza. Era el tercer elemento —tras el anuncio de televisión y la expectación creada con las presentaciones ante la prensa— de lo que pasaría a ser la guía de Steve Jobs para hacer que el lanzamiento de un nuevo producto pareciera un hito trascendental en la historia universal: dar a conocer el producto, por fin, en medio de fanfarrias y florituras, frente a un público de fieles adoradores mezclados con periodistas preparados para verse arrastrados por todo aquel entusiasmo.

Hertzfeld logró la admirable hazaña de escribir un programa de reproducción de música en dos días para que el propio ordenador pudiera tocar la melodía de *Carros de fuego*. Sin embargo, cuando Jobs lo oyó, le pareció una porquería, así que decidieron utilizar una grabación. Jobs, por otra parte, quedó absolutamente atónito con el generador de voz, que convertía el texto en palabras habladas con un adorable acento electrónico, y decidió que aquello formara parte de la demostración. «¡Quiero que el Macintosh sea el primer ordenador que se presenta solo!», insistió. Llamaron a Steve Hayden, el redactor del anuncio de 1984, para que escribiera el guión. Steve Capps buscó la forma de conseguir que la palabra «Macintosh» atravesara la pantalla con grandes letras, y Susan Kare diseñó unos gráficos para empezar la animación.

En el ensayo de la noche anterior, ninguna de todas aquellas cosas funcionaba correctamente. Jobs detestaba la forma en que las letras cruzaban la pantalla, y no hacía más que ordenar distintos cambios. Tampoco le agradaba la iluminación de la sala, e hizo que Sculley fuera moviéndose de asiento en asiento por el auditorio para que diera su opinión a medida que iban realizando ajustes. Sculley nunca se había preocupado demasiado por las variaciones en la iluminación de un escenario, y ofrecía el tipo de respuestas vacilantes que un paciente le da a un oculista cuando este le pregunta con qué lente puede ver mejor las letras del fondo. Los ensayos y los cambios se prolongaron durante cinco horas, hasta bien entrada la noche. «Pensé que era imposible conseguir tenerlo todo listo para el espectáculo de la mañana siguiente», comentó Sculley.

Jobs estaba especialmente histérico con su presentación. «Iba descartando diapositivas —recordaba Sculley—. Estaba volviéndolos a todos locos, gritándoles a los tramoyistas por cada problema técnico de la presentación». Sculley se tenía por un buen escritor, así que sugirió algunos cambios en el guión. Jobs recuerda que aquello lo molestó un poco, pero su relación todavía se encontraba en la fase en la que lo mimaba con halagos y alimentaba su ego. «Para mí tú eres igual que Woz y Markkula —le dijo—. Eres como uno de los fundadores de la compañía. Ellos fundaron la empresa, pero tú y yo estamos fundando el futuro». Sculley se deleitó con aquel comentario, y años más tarde citó esas mismas palabras de Jobs.

A la mañana siguiente, el auditorio Flint, con sus 2.600 localidades, se encontraba lleno a rebosar. Jobs llegó ataviado con una chaqueta azul de doble hilera de botones, una camisa blanca almidonada y una pajarita de un verde pálido. «Este es el momento más importante de toda mi vida —le confesó a Sculley mientras esperaban entre bambalinas a que comenzara la presentación—. Estoy muy nervioso. Probablemente eres la única persona que sabe cómo me siento». Él lo cogió de la mano, la sostuvo un momento y le deseó buena suerte en un susurro.

Como presidente de la compañía, Jobs salió el primero al escenario para dar comienzo oficialmente a la reunión de accionistas. Lo hizo con una invocación a su manera. «Me gustaría comenzar esta reunión —anunció— con un poema escrito hace veinte años por Dylan. Bob Dylan, quiero decir». Esbozó una pequeña sonrisa y entonces bajó la vista para leer la segunda estrofa de la canción «The Times They Are A-Changin'». La voz le salía aguda y veloz mientras recitaba a toda prisa los diez primeros versos y acababa con: «... For the loser now / Will be later to win / For the times they are a-changin'».* Aquella canción era el himno que mantenía al presidente multimillonario del consejo en contacto con la imagen que tenía de sí mismo como miembro de la contracultura. Su versión favorita era la del concierto en el que Dylan la interpretó junto a Joan Baez el día de Halloween de 1964 en la sala de la Orquesta Filarmónica de Nueva York situada en el Lincoln Center, del cual tenía una copia pirata.

Sculley subió al escenario para informar sobre los beneficios de la compañía, y el público comenzó a impacientarse al ver que la perorata no parecía acabar. Al fin, terminó con un apunte personal. «Lo más importante de los últimos nueve meses que he pasado en Apple ha sido el tener la oportunidad de entablar amistad con Steve Jobs —afirmó—. La relación que hemos forjado significa muchísimo para mí».

Las luces se atenuaron cuando Jobs volvió al escenario y se embarcó en una versión dramática del grito de guerra que había pronunciado en la conferencia de ventas de Hawai. «Estamos en 1958 —comenzó—. IBM desaprovecha la oportunidad de adquirir una compañía joven y nueva que ha inventado una nueva tecnología llamada xerografía. Dos años más tarde nace Xerox, e IBM se ha estado dando cabezazos contra la pared por aquello desde entonces».

---

* «... porque el que ahora pierde / ganará después, / porque los tiempos están cambiando». (*N. del T.*)

El público se rió. Hertzfeld había escuchado versiones de aquel discurso en Hawai y en algún otro lugar, pero esta vez le sorprendió la pasión con la que resonaba. Tras narrar otros errores de IBM, Jobs fue incrementando el ritmo y la emoción mientras se dirigía al momento presente:

> Ahora estamos en 1984. Parece que IBM lo quiere todo. Apple emerge como la única esperanza de hacer que IBM tenga que ganarse su dinero. Los vendedores, tras recibir a IBM en un primer momento con los brazos abiertos, ahora temen un futuro controlado y dominado por esa compañía y recurren a Apple como la única fuerza que puede garantizar su libertad venidera. IBM lo quiere todo, y apunta sus armas al último obstáculo que lo separa del control del mercado, Apple. ¿Dominará IBM toda la industria informática? ¿Toda la era de la información? ¿Estaba George Orwell en lo cierto?

Mientras avanzaba hacia el clímax, el público había pasado de murmurar a aplaudir en un arrebato de hurras y gritos de apoyo. Sin embargo, antes de que pudieran contestar a la pregunta sobre Orwell, el auditorio quedó a oscuras y apareció en la pantalla el anuncio de 1984. Cuando acabó, todo el público se encontraba en pie, vitoreando.

Jobs, con su facilidad para el dramatismo, cruzó el escenario en penumbra hasta llegar a una mesita con una bolsa de tela. «Ahora me gustaría mostrarles el Macintosh en persona —anunció—. Todas las imágenes que van a ver en la pantalla grande han sido generadas por lo que hay en esta bolsa». Sacó el ordenador, el teclado y el ratón, los conectó con pericia, y entonces se sacó uno de los nuevos disquetes de tres pulgadas y media del bolsillo de la camisa mientras el público volvía a estallar en aplausos. Arrancó la melodía de *Carros de fuego* y empezaron a proyectarse imágenes del Macintosh. Jobs contuvo la respiración durante un segundo o dos, porque la demostración no había funcionado bien la noche anterior. Sin embargo, en esta ocasión todo salió a las mil maravillas. La palabra «MACINTOSH» atravesó horizontalmente la pantalla, y entonces, por debajo, fueron apareciendo las palabras «absurdamente genial» con una cuidada caligrafía, como si realmente las estuvieran escribiendo a mano con esmero. El público, que no estaba acostumbrado a tales despliegues de hermosos gráficos, guardó silencio durante unos instantes. Podían oírse algunos gritos entrecortados. Y entonces, en rápida sucesión, aparecieron una serie de imágenes: el programa de dibujo Quick-Draw, de Bill Atkinson, seguido por una muestra de diferentes tipos de letra, documentos, tablas, dibujos, un juego de ajedrez, una hoja de cálculo y una imagen de Steve Jobs con un bocadillo de pensamiento que contenía un Macintosh.

Cuando terminó aquello, Jobs sonrió y propuso una última sorpresa. «Hemos hablado mucho últimamente acerca del Macintosh —comentó—. Pero hoy, por primera vez en la historia, me gustaría permitir que sea el propio Macintosh el que hable». Tras esto, regresó hasta el ordenador, apretó el botón del ratón y, con una leve vibración pero haciendo gala de una atractiva e intensa voz electrónica, el Macintosh se convirtió en el primer ordenador en presentarse. «Hola. Soy Macintosh. Cómo me alegro de haber salido de esa bolsa», comenzó. Lo único que aquel ordenador parecía no saber controlar era el clamor de vítores y aplausos. En lugar de disfrutar por un instante del momento, siguió adelante sin detenerse. «No estoy acostumbrado a hablar en público, pero me gustaría compartir con ustedes una idea que se me ocurrió la primera vez que conocí a uno de los ordenadores centrales de IBM: "Nunca te fíes de un ordenador que no puedas levantar"». Una vez más, la atronadora ovación estuvo a punto de ahogar sus últimas palabras. «Obviamente, puedo hablar, pero ahora mismo me gustaría sentarme a escuchar. Así pues, me siento enormemente orgulloso de presentarles a un hombre que ha sido como un padre para mí: Steve Jobs».

Aquello fue el caos más absoluto, con la gente entre el público dando saltos y agitando los puños en un frenesí entusiasta. Jobs asintió lentamente, con una sonrisa tensa pero amplia sobre el rostro, y entonces bajó la vista y se le hizo un nudo en la garganta. La ovación se prolongó durante casi cinco minutos.

Una vez que el equipo del Macintosh hubo regresado al edificio Bandley 3 aquella tarde, un camión se detuvo en el aparcamiento y Jobs les pidió a todos que se reunieran a su alrededor. En su interior se encontraban cien ordenadores Macintosh completamente nuevos, cada uno personalizado con una placa. «Steve se los fue entregando uno por uno a cada miembro del equipo, con un apretón de manos y una sonrisa, mientras los demás aplaudíamos y vitoreábamos», recuerda Hertzfeld. Aquel había sido un trayecto extenuante, y el estilo de dirección irritante y en ocasiones brutal de Jobs había herido muchas susceptibilidades. Sin embargo, ni Raskin, ni Wozniak, ni Sculley ni ningún otro miembro de la empresa podrían haber logrado una hazaña como la de la creación del Macintosh. Tampoco es probable que pudiera haber surgido como resultado de comités de diseño y estudios de mercado. El día en que presentó el Macintosh, un periodista de *Popular Science* le preguntó a Jobs qué tipo de investigación de mercados había llevado a cabo. A lo cual Jobs respondió, burlón: «¿Acaso Alexander Graham Bell realizó un estudio de mercado antes de inventar el teléfono?».

16

Gates y Jobs

Cuando las órbitas se cruzan

LA SOCIEDAD DEL MACINTOSH

En astronomía, el término «sistema binario» hace referencia a las órbitas de dos estrellas que se entrelazan debido a su interacción gravitatoria. A lo largo de la historia se han dado situaciones similares en las que una época cobra forma a través de la relación y rivalidad entre dos grandes estrellas orbitando una en torno a la otra: Albert Einstein y Niels Bohr en el campo de la física del siglo XX, por ejemplo, o Thomas Jefferson y Alexander Hamilton en las primeras etapas de la política estadounidense. Durante los primeros treinta años de la era de los ordenadores personales, desde principios de la década de los setenta, el sistema estelar binario más poderoso estuvo compuesto por dos astros llenos de energía, ambos nacidos en 1955 y ninguno de los cuales había terminado la universidad.

Bill Gates y Steve Jobs, a pesar de sus ambiciones similares en lo referente a la tecnología y el mundo de los negocios, provenían de entornos algo diferentes y contaban con personalidades radicalmente distintas. El padre de Gates era un destacado abogado de Seattle y su madre, un miembro prominente de la sociedad civil que participaba en distintos comités de gran prestigio. Él se convirtió en un obseso de la tecnología en una de las mejores escuelas privadas de la zona, el instituto Lakeside, pero nunca fue un rebelde, un hippy en busca de guía espiritual o un miembro de la contracultura. En lugar de construir una caja azul para estafar a la compañía telefónica, Gates preparó en su instituto un programa para organizar las diferentes asignaturas que lo ayudó a coincidir en ellas con las chicas que le gustaban, así como un programa de recuento de vehículos para los ingenieros de tráfico de la zona. Fue a Harvard, y cuando decidió abandonar los estudios no fue para buscar la iluminación con un gurú indio, sino para fundar su propia empresa de software.

Gates sabía programar, a diferencia de Jobs, y su mente era más práctica y disciplinada, con mayor capacidad de procesamiento analítico. Por su parte, Jobs era más intuitivo y romántico, y tenía un mejor instinto para hacer que la tecnología resultara útil, que el diseño fuera agradable y las interfaces, poco complicadas de usar. Además, era un apasionado de la perfección, lo que lo volvía tremendamente exigente, y salía adelante gracias a su carisma y omnipresente intensidad. Gates, más metódico, celebraba reuniones milimétricamente programadas para revisar los productos, y en ellas iba directo al núcleo de los problemas, con una habilidad quirúrgica. Ambos podían resultar groseros, pero en el caso de Gates —que al principio de su carrera pareció inmerso en el típico flirteo de los obsesionados por la tecnología con los límites de la escala de Asperger— el comportamiento cortante tendía a ser menos personal, a estar más basado en la agudeza intelectual que en la insensibilidad emocional. Jobs se quedaba mirando a la gente con una intensidad abrasadora e hiriente, mientras que a Gates en ocasiones le costaba establecer contacto visual, pero en lo esencial era una persona amable.

«Cada uno de ellos creía ser más listo que el otro, pero Steve trataba por lo general a Bill como a alguien un poco inferior, especialmente en temas relacionados con el gusto y el estilo —comentó Andy Hertzfeld—. Y Bill despreciaba a Steve porque este no sabía programar». Desde el comienzo de su relación, Gates quedó fascinado por Jobs, del cual envidiaba un tanto el efecto cautivador que ejercía sobre los demás. No obstante, también le parecía que era «raro como un perro verde» y que tenía «extraños fallos como ser humano». Además, le desagradaban la grosería de Jobs y su tendencia a «actuar como si quisiera seducirte o como si te fuera a decir que eres una mierda». Por su parte, a Jobs le parecía que Gates era desconcertantemente estrecho de miras. «Habría sido más abierto si hubiera probado el ácido o viajado a algún centro de meditación hindú cuando era más joven», declaró Jobs en una ocasión.

Aquellas diferencias de carácter y personalidad los llevaron a los lados opuestos de lo que llegó a ser una división fundamental de la era digital. Jobs, un perfeccionista con ansias de controlarlo todo, desplegaba el temperamento intransigente de un artista. Apple y él se convirtieron en los ejemplos de una estrategia digital que integraba el hardware, el software y los contenidos digitales en un conjunto homogéneo. Gates era un analista de tecnología y negocios inteligente, calculador y pragmático, que estaba dispuesto a ofrecerles licencias de uso del sistema operativo y el software de Microsoft a diferentes fabricantes.

Pasados treinta años, Gates desarrolló a regañadientes un cierto respeto hacia Jobs. «En realidad nunca supo demasiado sobre tecnología, pero tenía un instinto increíble para saber qué productos iban a funcionar», afirmó. Sin embargo, Jobs, que nunca le correspondió, tendía a infravalorar los puntos fuertes de Gates. «Bill es, en esencia, una persona sin imaginación que nunca ha inventado nada, y por eso creo que se encuentra más cómodo ahora en el mundo de la filantropía que en el de la tecnología —fue el injusto veredicto de Jobs—. Se dedicó a copiar con todo descaro las ideas de los demás».

Cuando el Macintosh se encontraba todavía en la fase de desarrollo, Jobs fue a visitar a Gates. Microsoft había escrito algunas aplicaciones para el Apple II entre las que se incluía un programa de hoja de cálculo llamado Multiplan, y Jobs quería animar a Gates y su equipo a que crearan más productos para el futuro Macintosh. Jobs, sentado en la sala de conferencias de Gates en el extremo opuesto a Seattle del lago Washington, presentó la atractiva perspectiva de un ordenador para las masas, con una interfaz sencilla que pudiera producirse por millones en una fábrica californiana. Su descripción de aquella factoría de ensueño que absorbía los componentes de silicio de California y producía ordenadores Macintosh ya acabados llevó al equipo de Microsoft a bautizar el proyecto como «Sand», o «Arena». Incluso elaboraron un acrónimo a partir del nombre: «El increíble nuevo aparato de Steve» («SAND», en sus siglas en inglés).

Gates había llevado a Microsoft a la fama tras escribir una versión de BASIC para el Altair (BASIC, cuyo acrónimo en inglés corresponde a las siglas de «Código de instrucciones simbólicas de uso general para principiantes», es un lenguaje de programación que facilita a los usuarios no especializados el poder escribir programas de software intercambiables entre diferentes plataformas). Jobs quería que Microsoft escribiera una versión de BASIC para el Macintosh, porque Wozniak —a pesar de la gran insistencia de Jobs— nunca había mejorado su versión de aquel lenguaje para el Apple II de manera que utilizara números de coma flotante. Además, Jobs quería que Microsoft escribiera aplicaciones de software —tales como un procesador de textos, programas de gráficos y hojas de cálculo— para el Macintosh. Gates accedió a preparar versiones gráficas de una nueva hoja de cálculo llamada «Excel», un procesador de textos llamado «Word» y una versión de BASIC.

Por aquel entonces, Jobs era un rey y Gates todavía un cortesano: en 1984, las ventas anuales de Apple llegaron a los 1.500 millones de dólares, mientras que las de Microsoft eran de tan solo 100 millones de dólares. Así pues, Gates se desplazó a Cupertino para asistir a una demostración del sistema operativo del Macintosh y se llevó consigo a tres compañeros de Microsoft, entre los que se encontraba Charles Simonyi, que había trabajado en el Xerox PARC. Como todavía no contaban con un prototipo del Macintosh que funcionara por completo, Andy Hertzfeld modificó un Lisa para que presentara el software del Macintosh y lo mostrara en el prototipo de una pantalla de Macintosh.

Gates no quedó muy impresionado. «Recuerdo la primera vez que fuimos a verlo. Steve tenía una aplicación en la que solo había objetos rebotando por la pantalla —rememoró—. Aquella era la única aplicación que funcionaba. El MacPaint todavía no estaba acabado». A Gates también le resultó antipática la actitud de Jobs. «Aquella era una especie de extraña maniobra de seducción en la que Steve nos decía que en realidad no nos necesitaba y que ellos estaban trabajando en un producto fantástico todavía secreto. Aquella era la actitud de vendedor de Steve Jobs, pero el tipo de vendedor que dice: "No te necesito, pero a lo mejor te dejo que participes"».

A los piratas del Macintosh no les acabó de convencer Gates. «Podías ver que a Bill Gates no se le daba demasiado bien escuchar, no podía soportar que nadie le explicara cómo funcionaba algo. En vez de eso tenía que interrumpir y tratar de adivinarlo él mismo», recordaba Herztfeld. Le mostramos cómo se movía suavemente el cursor del Macintosh por la pantalla sin parpadear. «¿Qué tipo de hardware utilizáis para dibujar el cursor?», preguntó Gates. Hertzfeld, que estaba muy orgulloso de poder conseguir aquello utilizando únicamente software, respondió: «¡No utilizamos ningún hardware especial!». Gates no quedó convencido e insistió en que era necesario contar con elementos específicos especiales para que el cursor se desplazase de aquella forma. «Entonces, ¿qué le puedes decir a alguien así?», comentó Hertzfeld. Bruce Horn, uno de los ingenieros del Macintosh, declaró posteriormente: «Para mí quedó claro que Gates no era el tipo de persona que pudiera comprender o apreciar la elegancia de un Macintosh».

A pesar de este atisbo de recelo mutuo, ambos equipos estaban entusiasmados ante la perspectiva de que Microsoft crease un software gráfico para el Macintosh que llevase los ordenadores personales a un nuevo nivel, y todos se fueron a cenar a un restaurante de postín para celebrarlo. Microsoft puso inmediatamente a un gran equipo a trabajar en aquello. «Teníamos más gente trabajando en el Mac que ellos mismos —afirmó Gates—. Él tenía unas catorce o quince personas, y nosotros unas veinte. Estábamos jugándonoslo todo a aquel proyecto». Y aunque Jobs creía que no tenían demasiado gusto, los programadores de Microsoft eran muy constantes. «Venían con aplicaciones terribles —recordaba Jobs—, pero seguían trabajando en ellas y las mejoraban». Llegó un punto en que Jobs quedó tan cautivado por el Excel que llegó a un pacto secreto con Gates. Si Microsoft se comprometía a producir el Excel en exclusiva para el Macintosh durante dos años y a no hacer una versión para los PC de IBM, entonces Jobs detendría al equipo que tenía trabajando en una versión de BASIC para el Macintosh y adquiriría una licencia indefinida para utilizar el BASIC de Microsoft. En una inteligente maniobra, Gates aceptó el trato, lo cual enfureció al equipo de Apple, cuyo proyecto fue cancelado, y le otorgó a Microsoft una ventaja de cara a futuras negociaciones.

Por el momento, Gates y Jobs habían establecido un vínculo. Aquel verano asistieron a una conferencia celebrada por el analista de la industria Ben Rosen en un centro de retiro del Club Playboy situado en la ciudad de Lake Geneva, en Wisconsin, donde nadie sabía nada acerca de las interfaces gráficas que estaba desarrollando Apple. «Todo el mundo actuaba como si el PC de IBM lo fuera todo, lo cual estaba bien, pero Steve y yo sonreíamos confiados, porque nosotros también teníamos algo —recordaba Gates—. Él estuvo a punto de soltarlo, pero nadie llegó a enterarse de nada». Gates se convirtió en un asiduo de los retiros de Apple. «Acudía a todas aquellas fiestas hawaianas —comentó Gates—. Era parte del equipo».

Gates disfrutaba de sus frecuentes visitas a Cupertino, donde podía observar cómo Jobs interactuaba de forma errática con sus empleados y dejaba ver sus obsesiones. «Steve estaba muy metido en su papel de maestro de ceremonias, proclamando cómo el Mac iba a cambiar el mundo. Se dedicaba como un poseso a hacer que la gente trabajara demasiado, creando unas tensiones increíbles y forjando una compleja red de relaciones personales». En ocasiones Jobs se ponía a hablar con gran energía, y de pronto le cambiaba el humor y se ponía a compartir sus temores con Gates. «Salíamos un viernes por la noche, nos íbamos a cenar y Steve no paraba de afirmar que todo iba genial. Entonces, al día siguiente, invariablemente, empezaba a decir cosas como: "Oh, mierda, ¿vamos a poder vender esto? Oh, Dios, tengo que aumentar el precio, siento haberte hecho esto, mi equipo está formado por un montón de idiotas"».

Gates pudo experimentar una demostración del campo de distorsión de la realidad de Jobs cuando salió al mercado el Xerox Star. Jobs le preguntó a Gates, en una cena conjunta entre ambos equipos un viernes por la noche, cuántos Stars se habían vendido hasta entonces. Gates contestó que seiscientos. Al día siguiente, frente a Gates y todo el equipo, Jobs aseguró que se habían vendido trescientas unidades del Star, olvidando que Gates le acababa de mencionar a todo el mundo una cifra dos veces superior. «En ese instante todo su equipo se me quedó mirando para ver si yo lo acusaba de mentir como un bellaco —recordaría Gates—, pero en aquella ocasión no mordí el anzuelo». En otro momento en que Jobs y su equipo se encontraban visitando las instalaciones de Microsoft y fueron a cenar al Club de Tenis de Seattle, Jobs se embarcó en un sermón acerca de cómo el Macintosh y su software iban a ser tan sencillos de utilizar que no harían falta manuales de instrucciones. «Parecía como si cualquiera que hubiese pensado alguna vez en un manual de instrucciones para cualquier aplicación del Mac fuera el mayor idiota del mundo —comentó Gates—, así que todos estábamos pensando: "¿Lo estará diciendo en serio? ¿No deberíamos decirle que tenemos a gente trabajando en esos mismos manuales de instrucciones?"».

Pasado un tiempo, la relación se volvió algo más tormentosa. El plan original consistía en hacer que algunas de las aplicaciones de Microsoft —tales como el Excel, el gestor de archivos o el programa para dibujar gráficos— llevaran el logotipo de Apple y vinieran incluidas con la compra de un Macintosh. Jobs creía en los sistemas uniformes de principio a fin, de forma que el ordenador pudiera comenzarse a utilizar nada más salir del embalaje, y también planeaba incluir las aplicaciones MacPaint y MacWrite de Apple. «Íbamos a ganar diez dólares por aplicación y máquina», comentó Gates. Sin embargo, aquel acuerdo enfadó a otros fabricantes de software de la competencia, tales como Mitch Kapor, de Lotus. Además, parecía que algunos de los programas de Microsoft iban a retrasarse, así que Jobs recurrió a una cláusula de su acuerdo con Microsoft y decidió no incluir su software en el Macintosh. Microsoft tendría que arreglárselas para distribuir sus programas y venderlos directamente al consumidor.

Gates siguió adelante sin quejarse demasiado. Ya se estaba acostumbrando al hecho de que Jobs podía resultar inconstante y desconsiderado, y sospechaba que el hecho de que su software no fuera incluido en el Mac podría incluso ayudar a Microsoft. «Podíamos ganar más dinero si vendíamos nuestros programas por separado —afirmó Gates—. Ese sistema funciona mejor si estás dispuesto a pensar en que vas a contar con una cuota de mercado razonable». Microsoft acabó vendiéndoles su software a varias plataformas diferentes, y aquello hizo que el Microsoft Word para Macintosh ya no tuviera que estar acabado al mismo tiempo que la versión para el PC de IBM. Al final, la decisión de Jobs de echarse atrás a la hora de incluir aquellos programas acabó por dañar a Apple más que a Microsoft.

Cuando el Excel para Macintosh salió al mercado, Jobs y Gates lo celebraron juntos en una cena con los medios de comunicación en el restaurante neoyorquino Tavern on the Green. Cuando le preguntaron si Microsoft iba a preparar una versión del programa para los PC de IBM, Gates no reveló el pacto al que había llegado con Jobs, sino que se limitó a contestar que, «con el tiempo», aquella era una posibilidad. Jobs se hizo con el micrófono: «Estoy seguro de que, "con el tiempo", todos estaremos muertos», bromeó.

LA BATALLA DE LAS INTERFACES GRÁFICAS DE USUARIO

Desde el principio de sus tratos con Microsoft, a Jobs le preocupaba que sus socios se apropiaran de la interfaz gráfica de usuario de Macintosh y produjeran su propia versión. Microsoft ya producía un sistema operativo, conocido como DOS, que comercializaba con IBM y otros ordenadores compatibles. Se basaba en una vieja interfaz de línea de comandos que enfrentaba a los usuarios con comandos tales como «C:\>». Jobs y su equipo temían que Microsoft copiara el concepto gráfico del Macintosh. «Le dije a Steve que sospechaba que Microsoft iba a clonar el Mac —explicó Hertzfeld—, pero contestó que no estaba preocupado porque no creía que fueran capaces de crear un producto decente, ni siquiera con el Mac como ejemplo». En realidad, Jobs estaba preocupado, muy preocupado, pero no quería admitirlo.

Tenía motivos para estarlo. Gates opinaba que las interfaces gráficas eran el futuro, y sentía que Microsoft tenía tanto derecho como Apple a copiar la tecnología que se había desarrollado en el Xerox PARC. Como admitió libremente el propio Gates más tarde: «Nos dijimos: "Eh, creemos en las interfaces gráficas, nosotros también vimos el Xerox Alto"».

En su acuerdo original, Jobs había convencido a Gates para que accediera a que Microsoft no produjese ningún software gráfico hasta un año después de la salida al mercado del Macintosh en enero de

1983. Desgraciadamente para Apple, en el acuerdo no se especificaba la posibilidad de que el estreno del Macintosh se retrasara todo un año, así que Gates estaba en su derecho al revelar, en noviembre de 1983, que Microsoft planeaba desarrollar un nuevo sistema operativo para los PC de IBM —con una interfaz gráfica a base de ventanas, iconos y un ratón con botones para navegar con un puntero— llamado Windows. Gates presidió un acto de presentación similar al de Jobs, el más espléndido hasta la fecha en toda la historia de Microsoft, celebrado en el hotel Helmsley Palace de Nueva York. Ese mismo mes pronunció su primer discurso inaugural en la exposición COMDEX, en Las Vegas, en la que su padre lo ayudó a pasar las diapositivas. En su charla, titulada «La ergonomía del software», afirmó que los gráficos informáticos serían «superimportantes», que las interfaces debían volverse más sencillas de utilizar y que el ratón pronto se convertiría en un elemento estándar en todos los ordenadores.

Jobs estaba furioso. Sabía que no había mucho que pudiera hacer al respecto —Microsoft tenía derecho a hacer aquello puesto que su acuerdo con Apple de no producir software que operase con un soporte gráfico estaba llegando a su fin—, pero eso no le impidió arremeter contra ellos. «Tráeme aquí a Gates inmediatamente», le ordenó a Mike Boich, que era el encargado de promocionar a Apple entre las diferentes compañías de software. Gates acudió a la oficina, a solas y dispuesto a tratar de aquel asunto con Jobs. «Me llamó para poder cabrearse conmigo —recordaba Gates—. Viajé a Cupertino como si fuera a presentarme ante el rey. Le dije: "Vamos a crear Windows", y añadí: "Vamos a apostar el futuro de nuestra empresa a las interfaces gráficas"».

El encuentro tuvo lugar en la sala de reuniones de Jobs, donde Gates se encontró rodeado de diez empleados de Apple ansiosos por ver cómo su jefe se enfrentaba a él. «Yo estaba allí como un observador fascinado cuando Steve comenzó a gritarle a Bill», afirmó Hertzfeld. Jobs no defraudó a sus tropas. «¡Nos estás estafando! —gritó—. ¡Yo confiaba en ti y ahora nos estás robando!». Hertzfeld recuerda que Gates se limitó a aguardar tranquilamente, mirando a Steve a los ojos. Luego replicó con su voz chillona, en una ocurrente respuesta convertida hoy en todo un clásico: «Bueno, Steve, creo que hay más de una forma de verlo. Yo creo que es como si los dos tuviéramos un vecino rico llamado Xerox y yo me hubiese colado en su casa para robarle el televisor y hubiera descubierto que tú ya lo habías mangado antes».

La visita de Gates duró dos días y sacó a la luz toda la gama de respuestas emocionales y de técnicas manipuladoras de Jobs. También dejó claro que la simbiosis entre Apple y Microsoft se había convertido en un baile de escorpiones en el que ambos oponentes se movían cautelosamente en círculos, conscientes de que la picadura de cualquiera de ellos podría causarles problemas a ambos. Tras el enfrentamiento en la sala de reuniones, Gates le hizo a Jobs una tranquila demostración privada de lo que estaban planeando para Windows. «Steve no sabía qué decir —recordaba Gates—. Podría haber dicho: "Esto viola algunos términos del acuerdo", pero no lo hizo. Optó por decir: "Pero bueno, vaya montón de mierda"». Gates estaba encantado, porque aquello le daba la oportunidad de tranquilizar a Jobs por un instante. «Yo contesté: "Sí, es un precioso montón de mierda"», y Jobs experimentó todo un abanico de emociones diferentes. «A lo largo de la reunión se mostró tremendamente grosero —recordaba Gates— y después hubo una parte en la que casi se echó a llorar, como diciendo: "Por favor, dame una oportunidad para que este programa no salga a la luz"». La reacción de Gates consistió en mantenerse muy tranquilo. «Se me da bien tratar a la gente cuando se deja llevar por sus emociones, porque yo soy algo menos emotivo».

Jobs, como hacía habitualmente cuando quería mantener una conversación seria, propuso que dieran un largo paseo. Atravesaron las calles de Cupertino, llegaron hasta la Universidad De Anza, se detuvieron en un restaurante y caminaron un poco más. «Tuvimos que ir a dar un paseo, y esa no es una técnica que yo utilice para gestionar las crisis —afirmó Gates—. Fue entonces cuando comenzó a decir cosas como: "Vale, vale, pero no lo hagáis demasiado parecido a lo que estamos haciendo nosotros"».

No había mucho más que pudiera decir. Necesitaba asegurarse de que Microsoft iba a seguir escribiendo aplicaciones para el Macintosh. De hecho, cuando Sculley los amenazó posteriormente con denunciarlos, Microsoft los amenazó a su vez con dejar de producir versiones de Word, Excel y otros programas para Macintosh. Aquello habría supuesto el fin de Apple, así que Sculley se vio forzado a llegar a un pacto de rendición. Accedió a entregarle a Microsoft la licencia para utilizar algunas de las presentaciones gráficas de Apple en el futuro software de Windows. A cambio, Microsoft accedía a seguir generando software para el Macintosh y a ofrecerle a Apple un período de exclusividad para el Excel, durante el cual el programa de hojas de cálculo estaría disponible en los Macintosh pero no en los ordenadores compatibles con IBM.

Al final, Microsoft no logró tener listo el Windows 1.0 hasta el otoño de 1985. Incluso entonces, era un producto chapucero. Carecía de la elegancia de la interfaz de Macintosh, y sus ventanas se colocaban en mosaico en lugar de contar con la magia de las ventanas solapadas diseñadas por Bill Atkinson. Los críticos lo ridiculizaron y los consumidores lo desdeñaron. Sin embargo, como ocurre con frecuencia con los productos de Microsoft, la persistencia acabó por mejorar Windows y convertirlo en el sistema operativo dominante.

Jobs nunca superó su rabia por aquello. «Nos timaron completamente porque Gates no tiene vergüenza», me dijo Jobs casi treinta años más tarde. Al enterarse de esto, Gates respondió: «Si de verdad cree eso es porque ha entrado en uno de sus propios campos de distorsión de la realidad». Desde un punto de vista legal, Gates llevaba razón, según han dictado varios tribunales a lo largo de los años. Y desde un punto de vista pragmático, sus argumentos también eran sólidos. Aunque Apple hubiera llegado a un acuerdo y adquirido el derecho a utilizar la tecnología que vieron en el Xerox PARC, era inevitable que otras compañías desarrollasen similares interfaces gráficas de usuario. Tal y como Apple descubrió, «el aspecto y la sensación» del diseño de una interfaz informática son algo difícil de proteger, tanto de forma legal como en la práctica.

Y, aun así, el disgusto de Jobs resulta comprensible. Apple había sido más innovadora e imaginativa, con una ejecución más elegante y un diseño más brillante. Sin embargo, aunque Microsoft creó una serie de productos toscamente copiados, acabó ganando la guerra de los sistemas operativos. Este hecho ponía de manifiesto un error estético en la forma en que funciona el universo: los productos mejores y más innovadores no siempre ganan. Esa fue la causa de que Jobs, diez años más tarde, pronunciara un discurso algo arrogante y desmedido, pero que tenía un tanto de verdad: «El único problema con Microsoft es que no tienen gusto, no tienen absolutamente nada de gusto —declaró—. Y no hablo de una falta de gusto en las cosas pequeñas, sino en general, en el sentido de que no tienen ideas originales y no le aportan ninguna cultura a sus productos... Así que supongo que me siento triste, pero no por el éxito de Microsoft; no tengo ningún problema con su éxito, se lo han ganado en su mayor parte. Lo que me supone un problema es que sus productos son de muy mala calidad».

17

Ícaro

Todo lo que sube...

La presentación del Macintosh elevó a Jobs a una órbita de notoriedad todavía más alta, como quedó de manifiesto durante un viaje a Manhattan que realizó por aquella época. Asistió a la fiesta que Yoko Ono había preparado para su hijo, Sean Lennon, y le regaló al niño de nueve años un Macintosh. Al chico le encantó. Allí se encontraban los artistas Andy Warhol y Keith Haring, y ambos quedaron tan maravillados por lo que podían crear con aquella máquina que el mundo del arte contemporáneo estuvo a punto de tomar un rumbo funesto. «He dibujado un círculo», exclamó Warhol con orgullo tras utilizar el QuickDraw. Warhol insistió en que Jobs debía llevarle un ordenador a Mick Jagger. Cuando Jobs llegó al chalé de la estrella del rock junto con Bill Atkinson, Jagger se mostró perplejo. No sabía muy bien quién era Jobs. Posteriormente, este le contó a su equipo: «Creo que estaba colocado. O eso o ha sufrido daños cerebrales». A Jade, la hija de Jagger, no obstante, le encantó el ordenador desde el primer momento y comenzó a dibujar con el MacPaint, así que Jobs se lo regaló a ella en lugar de a su padre.

Compró el dúplex que le había mostrado a Sculley en las dos plantas superiores de los apartamentos San Remo de la avenida Central Park West, en Manhattan, y contrató a James Freed, del estudio de diseño de I. M. Pei, para que lo renovara, pero debido a su habitual obsesión por los detalles nunca llegó a mudarse allí (posteriormente se lo vendió al cantante Bono por 15 millones de dólares). También adquirió una antigua mansión de catorce habitaciones y de estilo colonial español situada en Woodside, en las colinas que dominan Palo Alto, construida originalmente por un magnate del cobre. A esta sí se mudó, pero nunca llegó a amueblarla.

En Apple, su estatus quedó igualmente restablecido. En lugar de buscar la forma de restringir su autoridad, Sculley le otorgó más aún. Las divisiones del Lisa y del Macintosh se fusionaron en una sola, y él quedó al mando. Volaba muy alto, y aquello no sirvió precisamente para volverlo más afable. De hecho, se produjo un memorable ejemplo de su honestidad brutal cuando se plantó frente a los grupos mezclados del Lisa y del Macintosh a fin de describir cómo iba a tener lugar la fusión. Aseguró que los responsables de grupo del Macintosh iban a pasar a los puestos de mayor responsabilidad y que la cuarta parte del personal encargado del Lisa iba a ser despedido. «Vosotros habéis fracasado —los acusó, mirando directamente a quienes habían trabajado en el Lisa—. Sois un equipo de segunda. Jugadores de segunda. Aquí hay demasiada gente que son jugadores de segunda o de tercera, así que hoy vamos a dejar que algunos de vosotros os vayáis para que tengáis la oportunidad de trabajar en alguna de nuestras compañías hermanas de este mismo valle».

A Bill Atkinson, que había trabajado tanto en el equipo del Lisa como en el del Macinotsh, le pareció que aquella no solo era una decisión insensible, sino también injusta. «Todas aquellas personas se habían esforzado muchísimo y eran ingenieros brillantes», afirmó. Sin embargo, Jobs se había aferrado a lo que él consideraba una lección fundamental aprendida tras su experiencia con el Macintosh: tienes que ser despiadado si quieres formar un equipo de jugadores de primera. «Mientras el equipo crece, resulta muy fácil admitir a unos pocos jugadores de segunda, y entonces estos atraen a otros jugadores de segunda más, y pronto tienes incluso jugadores de tercera —recordaba—. La experiencia con el Macintosh me enseñó que a los jugadores de primera les gusta jugar únicamente con otros de su misma división, lo que significa que no puedes tolerar a los de segunda».

Por el momento, Jobs y Sculley aún eran capaces de convencerse a sí mismos de la fortaleza de su amistad. Se declaraban su cariño con tanta frecuencia y efusividad que parecían enamorados de instituto ante un puesto de tarjetas de regalo. El primer aniversario de la llegada de Sculley tuvo lugar en mayo de 1984, y para celebrarlo, Jobs lo llevó a cenar a Le Mouton Noir, un sitio elegante en las colinas al sudoeste de Cupertino. Para sorpresa de Sculley, Jobs había reunido allí al consejo de administración de Apple, a los principales directivos e incluso a algunos inversores de la Costa Este. Sculley recordaba que, mientras todos lo felicitaban durante el cóctel, «Steve, radiante, se encontraba retirado en un segundo plano, asintiendo con la cabeza y mostrando una sonrisa de oreja a oreja». Jobs comenzó la cena con un brindis exageradamente efusivo. «Los dos días más felices de mi vida fueron cuando presentamos el Macintosh y cuando John Sculley accedió a unirse a Apple —afirmó—. Este ha sido el mejor año de toda mi vida, porque he aprendido muchísimas cosas de John». Entonces le regaló a Sculley un paquete lleno de recuerdos de aquel año.

Sculley, a su vez, pontificó de forma similar sobre la alegría que le había causado tener a aquel compañero durante el año anterior, y concluyó con una frase que, por motivos diferentes, a todos los presentes en la mesa les pareció memorable: «Apple tiene un líder —concluyó—: Steve y yo». Recorrió la sala con la mirada, encontró la de Jobs y observó cómo sonreía. «Era como si hubiera telepatía entre nosotros», recordaba Sculley. Sin embargo, también advirtió que Arthur Rock y algunos otros asistentes mostraban un aire burlón, quizá incluso escéptico. Les preocupaba que Jobs lo tuviera dominado por completo. Habían contratado a Sculley para que controlase a Jobs, y ahora estaba claro que era Jobs quien llevaba las riendas. «Sculley estaba tan ansioso por recibir la aprobación de Jobs que era incapaz de oponerse a él en nada», comentó posteriormente Rock.

Conseguir que Jobs estuviera contento y respetar sus expertas decisiones podría haber sido una inteligente estrategia por parte de Sculley, quien asumió, no sin razón, que aquello era preferible a la alternativa. Sin embargo, no logró darse cuenta de que Jobs no era el tipo de persona dispuesta a compartir ese control. Para él la deferencia no era algo que llegara con naturalidad, y comenzó a expresar cada vez con menos reservas cómo creía que debía dirigirse la empresa. En la reunión de 1984 en la que se iba a defender la estrategia empresarial, por ejemplo, trató de lograr que el personal de los departamentos centralizados de ventas y marketing de la compañía subastara el derecho a ofrecer sus servicios a los diferentes departamentos de productos. Nadie más se mostró a favor, pero Jobs seguía tratando de obligarlos a aceptarlo. «La gente me miraba para que asumiera el control, para que le ordenase que se sentara y se callase, pero no lo hice», recordaba Sculley. Cuando la reunión llegó a su fin, oyó que alguien susurraba: «¿Por qué Sculley no lo manda callar?».

Cuando Jobs decidió construir una fábrica de última tecnología en Fremont para producir el Macintosh, sus pasiones estéticas y su naturaleza controladora se desbocaron por completo. Quería que las máquinas estuvieran pintadas con tonos brillantes, como el logotipo de Apple, pero estuvo tanto tiempo mirando catálogos de colores que Matt Carter, el director de producción de Apple, acabó por instalarlas con sus tonos normales, grises y beis. Y cuando Jobs fue por allí a visitar la factoría, ordenó repintar las máquinas con los colores brillantes que él quería. Carter se opuso. Aquel era un equipo de precisión, y cubrir las máquinas de pintura podía causar algunos problemas. Al final resultó que tenía razón. Una de las máquinas más caras, repintada de un azul brillante, acabó por no funcionar adecuadamente, y la bautizaron como «el capricho de Steve». Al final, Carter presentó su dimisión. «Enfrentarse a él requería demasiada energía, y normalmente era por motivos tan absurdos que al final no pude más», comentó.

Jobs nombró como su sustituta a Debi Coleman, la encargada de las finanzas de Macintosh, una mujer valiente pero bondadosa que había ganado una vez el premio anual del equipo por ser la persona que mejor había sabido enfrentarse a Jobs. Sin embargo, también sabía cómo ceder a sus caprichos cuando la situación lo requería. Cuando el director artístico de Apple, Clement Mok, le informó de que Jobs quería que las paredes estuvieran pintadas de un blanco puro, ella protestó: «No se puede pintar de blanco nuclear una fábrica. Va a haber polvo y cacharros por todas partes». Mok contestó: «Ningún blanco es demasiado blanco para Steve». Al final, ella acabó por acceder a la propuesta. La planta principal de la fábrica, con sus paredes completamente blancas y máquinas de un azul, amarillo o rojo brillantes, «parecía como una exposición de Alexander Calder», comentó Coleman.

Ante la pregunta de por qué aquella preocupación obsesiva por el aspecto de la fábrica, Jobs respondió que era una forma de garantizar la pasión por la perfección:

> Yo iba a la fábrica y me ponía un guante blanco para comprobar si había polvo. Lo encontraba por todas partes: en las máquinas, encima de los estantes, en el suelo. Y entonces le decía a Debi que ordenara su limpieza. Le dije que tenía que ser posible comer en el suelo mismo de la fábrica. Pues bien, aquello enfurecía completamente a Debi. Ella no entendía por qué deberías poder comer en el suelo de una fábrica, y yo no podía expresarlo con palabras por aquel entonces. Verás, me influyó mucho todo lo que vi en Japón. En parte, lo que más admiré allí —y era una parte de la que nuestra fábrica carecía— fue el espíritu de trabajo en equipo y la disciplina. Si no éramos lo suficientemente disciplinados como para que la fábrica estuviera impecable, entonces no tendríamos la disciplina suficiente para que todas aquellas máquinas funcionaran correctamente.

Una mañana de domingo, Jobs llevó a su padre a ver la fábrica. Paul Jobs siempre había sido muy exigente a la hora de asegurarse de que sus piezas de artesanía quedaban perfectas y de que las herramientas estaban ordenadas, y su hijo se enorgullecía al poder mostrarle que él también era capaz de conseguirlo. Coleman los acompañó durante la visita. «Steve se encontraba radiante —recordaría—. Estaba muy orgulloso de enseñarle a su padre su creación». Jobs le explicó cómo funcionaba todo, y su padre parecía admirar sinceramente las instalaciones. «Steve no hacía más que mirar a su padre, que lo tocaba todo y a quien le encantaba lo limpio y perfecto que parecía aquel lugar».

Las cosas no marcharon igual de bien cuando Danielle Mitterrand, la esposa filocubana del presidente socialista francés, François Mitterrand, fue a conocer la fábrica durante una visita de Estado de su marido. Jobs recurrió a Alain Rossmann, el esposo de Joanna

Hoffman, para que actuase como intérprete. Madame Mitterrand planteó muchas preguntas, a través de su propio intérprete, acerca de las condiciones de trabajo de la fábrica, mientras Jobs se empeñaba en mostrarle las avanzadas instalaciones robóticas y tecnológicas. Después de que Jobs le hablara acerca de sus modelos de producción *just-in-time*, ella le preguntó cómo se pagaban las horas extra. Aquello lo enfadó, así que describió cómo la automatización de los procesos servía para controlar el gasto en mano de obra, un tema que, lo sabía, no iba a agradar a su invitada. «¿Es un trabajo muy duro? —preguntó ella—. ¿Cuántos días de vacaciones tienen los trabajadores?». Jobs no pudo contenerse. «Si tanto le interesa su bienestar —le soltó a la intérprete—, dígale que puede venir a trabajar aquí cuando quiera». La intérprete palideció y no dijo nada. Tras un instante, Rossmann intervino en francés: «El señor Jobs dice que le agradece su visita y su interés por la fábrica». Ni Jobs ni Madame Mitterrand sabían qué estaba ocurriendo, pero la intérprete parecía muy aliviada.

Mientras atravesaba a toda velocidad la autopista hasta Cupertino en su Mercedes, Jobs estaba que echaba humo por la actitud de Madame Mitterrand. Hubo un momento, según recordaba un nervioso Rossmann, en que circulaba a más de 160 kilómetros por hora cuando un policía lo hizo detenerse y se dispuso a multarlo. Tras unos instantes, mientras el agente apuntaba los datos, Jobs tocó el claxon. «¿Quería algo?», preguntó el policía. Jobs contestó: «Tengo prisa». Sorprendentemente, el agente no se enfadó. Sencillamente acabó de poner la multa y advirtió a Jobs de que si volvían a pillarlo a más de 90 kilómetros por hora lo meterían en la cárcel. En cuanto el agente se fue, Jobs regresó a la carretera y volvió a acelerar hasta los 160 kilómetros por hora. «Jobs tenía la firme creencia de que las reglas normales no se le aplicaban a él», se maravillaba Rossmann.

La esposa de Rossmann, Joanna Hoffman, advirtió el mismo comportamiento cuando acompañó a Jobs a Europa unos meses después de que el Macintosh saliera al mercado. «Su comportamiento era completamente odioso y creía que podía salirse siempre con la suya», recordaba. En París, ella había organizado una cena formal con algunos desarrolladores de software franceses, pero de pronto

Jobs dijo que no quería ir. En vez de eso, le cerró a Hoffman la puerta del coche en las narices y le informó de que se iba a ver a Folon, el artista francés. «Los desarrolladores se enfadaron tanto que ni siquiera quisieron estrecharnos la mano», se lamentó ella.

En Italia, a Jobs le desagradó al instante el consejero delegado de Apple en la zona, un hombre fofo y rechoncho que procedía de una empresa convencional. Jobs le dijo sin rodeos que no había quedado impresionado ni por su equipo ni por su estrategia de ventas. «No se merece poder vender el Mac», concluyó fríamente Jobs. Sin embargo, aquello no fue nada en comparación con su reacción en el restaurante que el desafortunado consejero había elegido. Jobs pidió una comida vegana, pero el camarero procedió con grandes florituras a servirle una salsa preparada con crema agria. Jobs se mostró tan desagradable que Hoffman tuvo que amenazarlo. Le susurró que si no se calmaba, iba a verterle el café hirviendo en el regazo.

Los desacuerdos más notables a los que se enfrentó Jobs en su viaje por Europa tuvieron que ver con las predicciones de ventas. Con su campo de distorsión de la realidad, Jobs siempre estaba forzando a su equipo a presentarle pronósticos más altos. Eso era lo que había hecho cuando estaba redactando el plan de negocios del primer Macintosh, y aquel recuerdo lo perseguía; ahora estaba haciendo lo mismo en Europa. Se empeñaba en amenazar a los directivos europeos con que no les asignaría ningún recurso a menos que presentaran predicciones de ventas mayores. Ellos insistían en ser realistas, y Hoffman tuvo que actuar como mediadora. «Hacia el final del viaje me temblaba todo el cuerpo de manera incontrolada», recordaba ella.

Ese fue el viaje en el que Jobs se encontró por primera vez con Jean-Louis Gassée, el consejero delegado de Apple en Francia. Gassée se encontraba entre los pocos que lograron enfrentarse con éxito a Jobs durante aquel periplo. «Maneja las verdades a su manera —señaló Gassée posteriormente—. La única forma de tratarlo es siendo el más intimidante de los dos». Cuando Jobs planteó su amenaza habitual de que reduciría los recursos asignados a Francia si él no aumentaba los pronósticos de ventas, Gassée se enfadó. «Recuerdo que lo agarré por las solapas y le ordené que dejara de insistir, y entonces él se retractó —dijo—. Yo también solía tener mucha rabia contenida por aquel entonces. Me estoy recuperando de mi adicción a comportarme como un imbécil, así que pude reconocer aquella misma actitud en Steve».

Gassée quedó impresionado, no obstante, al ver cómo Jobs podía mostrarse encantador cuando quería. Mitterrand había estado predicando su evangelio de *informatique pour tous* —«informática para todos»—, y varios profesores expertos en tecnología como Marvin Minsky y Nicholas Negroponte se unieron para cantar sus alabanzas desde el coro. Durante su visita, Jobs ofreció un discurso para ese grupo de expertos en el hotel Bristol y presentó una imagen de cómo Francia podía avanzar si instalaba ordenadores en todos los colegios. Al mismo tiempo, París también le sacaba su lado más romántico. Tanto Gassée como Negroponte cuentan historias de cómo Jobs quedó prendado de varias mujeres mientras se encontraba por allí.

La caída

Tras el estallido de entusiasmo que acompañó a su presentación, las ventas del Macintosh comenzaron a disminuir de forma dramática en la segunda mitad de 1984. El problema era muy básico. Se trataba de un ordenador deslumbrante pero horriblemente lento y de poca potencia, y no había ningún malabarismo o juego de manos que pudiera disfrazar aquel hecho. Su belleza radicaba en que su interfaz de usuario parecía un soleado cuarto de juegos en lugar de una pantalla oscura y sombría con parpadeantes letras verdes y enfermizas y desabridas líneas de comandos. Sin embargo, aquella también era su mayor debilidad. La aparición de un carácter en la pantalla de un ordenador basado en texto requería menos de un byte de código, mientras que cuando el Mac dibujaba una letra, píxel a píxel, con cualquier fuente elegante que quisieras, aquello exigía una cantidad de memoria veinte o treinta veces superior. El Lisa lo arreglaba al ir equipado con más de 1.000 kilobytes de RAM, pero el Macintosh solo contaba con 128 kilobytes.

Otro problema era la falta de un disco duro interno. Jobs había acusado a Joanna Hoffman de ser una «fanática de Xerox» cuando ella propuso que incluyeran ese dispositivo de almacenamiento. En vez de eso, el Macintosh solo contaba con una disquetera. Si querías copiar datos, podías acabar con una nueva variante del codo de tenista al tener que estar metiendo y sacando disquetes continuamente de una única ranura. Además, el Macintosh carecía de ventilador, otro ejemplo de la dogmática testarudez de Jobs. En su opinión, los ventiladores les restaban calma a los ordenadores. Esto provocó que muchos componentes fallaran y le valió al Macintosh el apodo de «la tostadora beis», lo que no servía precisamente para aumentar su popularidad. Era una máquina tan atractiva que se vendió bien durante los primeros meses, pero cuando la gente fue siendo más consciente de sus limitaciones, las ventas decayeron. Tal y como se lamentó posteriormente Hoffman, «el campo de distorsión de la realidad puede servir como acicate inicial, pero después te acabas encontrando con la cruda realidad».

A finales de 1984, con las ventas del Lisa en valores casi nulos y las del Macintosh por debajo de 10.000 unidades al mes, Jobs tomó una decisión chapucera y nada típica en él, movido por la desesperación. Ordenó tomar todo el inventario de ordenadores Lisa que no se habían vendido, instalarle un programa que emulaba al Macintosh y venderlo como un producto nuevo, el «Macintosh XL». Como los ordenadores Lisa ya no se fabricaban y no iban a volverse a producir, este fue uno de los raros casos en los que Jobs sacó al mercado algo en lo que no creía. «Me puse furiosa porque el Mac XL no era real —comentó Hoffman—. Aquello solo se hacía para que pudiéramos deshacernos de los Lisa sobrantes. Se vendieron bien, y después hubo que poner fin a todo aquel horrible engaño, así que presenté mi dimisión».

Ese clima sombrío quedó de manifiesto en el anuncio creado en enero de 1985, que debía retomar el sentimiento anti-IBM de la campaña anterior sobre *1984*. Desgraciadamente, había una diferencia fundamental: el primer anuncio había acabado con una nota heroica y optimista, pero el guión que Lee Clow y Jay Chiat presentaron para el nuevo anuncio, titulado «Lemmings», mostraba a unos ejecutivos con trajes negros y los ojos vendados que avanzaban por un acantilado hacia su muerte. Desde el primer momento, Jobs y Sculley se sintieron incómodos con semejante campaña. No parecía que aquello presentara una imagen positiva o gloriosa de Apple, sino que se limitaba a insultar a cualquier ejecutivo que hubiera comprado un IBM.

Jobs y Sculley pidieron que les enviaran otras ideas, pero la gente de la agencia publicitaria se resistió. «El año pasado no queríais que pusiéramos el anuncio de *1984*», les recordó uno de ellos. Según Sculley, Lee Clow añadió: «Me apuesto toda mi reputación en este anuncio». Cuando llegó la versión rodada —filmada por Tony Scott, hermano de Ridley—, el concepto parecía incluso peor. Los ejecutivos que se arrojaban de forma mecánica por el acantilado iban cantando una versión fúnebre de la canción de *Blancanieves* «Aibó, aibó...», y la lóbrega ambientación hacía que el resultado fuera todavía más deprimente de lo que podía esperarse del guión. Tras verlo, Debi Coleman le gritó a Jobs: «No me puedo creer que vayas a poner ese anuncio y a insultar a los empresarios de todo el país». En las reuniones de marketing, ella se quedaba de pie para dejar claro cuánto lo detestaba. «Llegué a depositar una carta de dimisión en su despacho. La escribí en mi Mac. Me parecía que aquello era una afrenta a todos los ejecutivos de las empresas. Justo cuando estábamos comenzando a entrar en el mundo de la autoedición».

No obstante, Jobs y Sculley cedieron a las súplicas de la agencia y emitieron el anuncio durante la Super Bowl. Los dos acudieron juntos a ver el partido en el estadio de Stanford, con la esposa de Sculley, Leezy (que no podía soportar a Jobs), y la briosa nueva novia de Jobs, Tina Redse. Cuando emitieron el anuncio hacia el final del último cuarto del partido, que estaba resultando aburridísimo, los aficionados lo vieron en la gran pantalla del estadio y no mostraron una gran reacción. Por todo el país, la respuesta fue en su mayor parte negativa. «El anuncio insultaba a las personas a las que Apple trataba de atraer», le dijo a *Fortune* el presidente de una empresa de investigación de mercados. El director de marketing de Apple sugirió posteriormente que la compañía debía comprar un espacio publicitario en el *Wall Street Journal* para disculparse. Jay Chiat aseguró que si Apple hacía aquello, entonces su agencia compraría el espacio de la página siguiente para disculparse por la disculpa.

La incomodidad de Jobs, tanto con el anuncio como por la situación de Apple en general, quedó de manifiesto cuando viajó a Nueva York en enero con el propósito de realizar otra ronda de entrevistas individuales para la prensa. Como en la ocasión anterior, Andy Cunningham, de la compañía de Regis McKenna, se encargaba de los pormenores y la logística en el hotel Carlyle. Cuando llegó Jobs, decidió que debían reamueblar completamente su suite, a pesar de que eran las diez de la noche y de que las entrevistas debían comenzar a la mañana siguiente. El piano no estaba en el lugar correcto y las fresas no eran de la variedad adecuada, pero el mayor problema era que no le gustaban las flores. Quería calas. «Nos enzarzamos en una gran discusión acerca de qué era una cala —comentó Cunningham—. Yo ya sabía lo que eran, porque son las que se utilizaron en mi boda, pero él insistía en que quería unas flores diferentes, parecidas a los lirios, y me acusaba de ser una "estúpida" por no saber cómo era realmente una cala». Así pues, Cunningham salió del hotel y, como aquello era Nueva York, a medianoche fue capaz de encontrar un lugar donde pudo comprar las flores que él quería. Para cuando por fin consiguieron recolocar toda la habitación, Jobs comenzó a meterse con la ropa que ella llevaba. «Ese traje es horroroso», le soltó. Cunningham sabía que había ocasiones en las que Jobs se veía inundado por una especie de cólera difusa, así que trató de calmarlo. «Mira, ya sé que estás enfadado, y sé cómo te sientes», le dijo. «No tienes ni puta idea de cómo me siento —replicó él—, ni puta idea de lo que supone ser yo».

Treinta años

Cumplir treinta años es un hito para la mayoría de la gente, especialmente para los miembros de aquella generación que había proclamado que no había que fiarse nunca de nadie mayor de esa edad. Para celebrar su trigésimo aniversario, en febrero de 1985, Jobs organizó una espléndida fiesta formal, pero también algo lúdica —corbata negra y zapatillas de deporte—, para un millar de personas en el salón de baile del hotel St. Francis de San Francisco. La invitación rezaba: «Hay un viejo dicho hindú que afirma: "En los primeros treinta años de tu vida, tú defines tus hábitos. Durante los últimos treinta, tus hábitos te definen a ti". Ven a festejar los míos».

En una mesa se sentaban los magnates del software, entre los que se encontraban Bill Gates y Mitch Kapor. Otra contaba con viejos amigos como Elizabeth Holmes, que trajo consigo a una mujer vestida con un esmoquin. Andy Hertzfeld y Burrell Smith habían alquilado la ropa y calzaban unas flexibles zapatillas de deporte, lo cual dio lugar a un momento inolvidable cuando se pusieron a bailar los valses de Strauss que interpretaba la Orquesta Sinfónica de San Francisco.

Ella Fitzgerald ofreció un espectáculo, puesto que Bob Dylan había rechazado la oferta. Cantó temas salidos principalmente de su repertorio habitual, aunque adaptó alguna letra como la de «La chica de Ipanema» para que hablara de un chico de Cupertino. Preguntó si había alguna petición, y Jobs realizó algunas. Al final, concluyó con una pausada interpretación del «Cumpleaños feliz».

Sculley subió al escenario para proponer un brindis por «el visionario tecnológico más destacado». Wozniak también apareció para entregarle a Jobs una copia enmarcada del folleto del Zaltair de la Feria de Ordenadores de la Costa Oeste de 1977, en la que habían presentado el Apple II. Don Valentine se maravilló por los cambios ocurridos desde aquella época. «Había pasado de ser una especie de Ho Chi Minh que te aconsejaba no fiarte de nadie de más de treinta años a ser el tipo de persona que se prepara una fabulosa fiesta de cumpleaños con Ella Fitzgerald», comentó.

Mucha gente había elegido regalos especiales para una persona a la que no resultaba fácil comprarle nada. Debi Coleman, por ejemplo, encontró una primera edición de *El último magnate*, de F. Scott Fitzgerald. Sin embargo, Jobs, en una maniobra extraña, aunque no impropia de su carácter, dejó todos los regalos en una habitación del hotel y no se llevó ninguno a casa. Wozniak y algunos de los veteranos de Apple, a quienes no les gustaba el queso de cabra y la *mousse* de salmón que se estaban sirviendo, se reunieron tras la fiesta y se fueron a cenar a un restaurante de la cadena Denny's.

«No es normal ver un artista de treinta o cuarenta años capaz de crear algo que sea realmente increíble —le comentó Jobs, nostálgico, al escritor David Sheff, que publicó una entrevista larga e íntima con él en *Playboy* el mes en que cumplió treinta años—. Obviamente, hay gente con una curiosidad innata, que durante toda su existencia son como niños pequeños maravillados ante la vida, pero resultan poco comunes». La entrevista se centraba en varios aspectos, pero sus reflexiones más conmovedoras tenían que ver con el hecho de envejecer y enfrentarse al futuro:

> Las ideas forman una especie de andamiaje en tu mente. Es como la pauta de un diseño químico. En la mayoría de los casos, la gente se atasca en esas pautas, como en los surcos de un disco de vinilo, y nunca logra salir de ellas.
>
> Siempre me mantendré en contacto con Apple. Espero que, a lo largo de mi vida, el hilo conductor de mi existencia y el de Apple se entrelacen como en un tapiz. Puede que haya algunos años en los que no esté allí, pero siempre acabaré regresando. Y puede que sea eso precisamente lo que quiera hacer. Lo más importante que hay que recordar sobre mí es que todavía soy un estudiante, todavía estoy en el campo de entrenamiento.
>
> Si quieres vivir de forma creativa, como un artista, no debes mirar demasiado hacia atrás. Tienes que estar dispuesto a recoger todo lo que eres y todo lo que has hecho y arrojarlo por la ventana.
>
> Cuanto más se esfuerza el mundo exterior por fijar una imagen de quién eres, más difícil resulta seguir siendo un artista, y por esa razón muchas veces los artistas tienen que decir: «Adiós, tengo que irme. Me estoy volviendo loco y tengo que salir de aquí». Y entonces se van a hibernar a algún otro sitio. A lo mejor después resurgen levemente cambiados.

Con cada una de estas declaraciones, Jobs parecía estar teniendo una premonición acerca de que su destino iba a cambiar pronto. Era posible que el hilo de su vida se entrelazara con el de Apple. Quizás había llegado la hora de arrojar parte de su identidad por la ventana. Quizás era el momento de decir: «Adiós, tengo que irme» y después resurgir con ideas diferentes.

ÉXODO

Andy Hertzfeld se había tomado un período de permiso después de que el Macintosh saliera al mercado en 1984. Necesitaba recuperar energías y alejarse de su supervisor, Bob Belleville, que no le caía bien. Un día se enteró de que Jobs había repartido primas de hasta 50.000 dólares a ingenieros del equipo del Macintosh que habían estado ganando un sueldo menor que el de sus compañeros del equipo del Lisa, así que fue a ver a Jobs para pedir la suya. Jobs respondió que Belleville había decidido no repartir las primas entre aquellas personas que estuvieran de permiso. Hertzfeld se enteró después de que en realidad había sido Jobs quien había tomado aquella decisión, así que volvió a reunirse con él. Al principio Jobs trató de escabullirse con evasivas, y entonces dijo: «Bueno, supongamos que lo que dices es cierto. ¿Cómo cambiaría eso la situación?». Hertzfeld respondió que si estaba reteniendo la prima para asegurarse de que él iba a regresar a Apple, entonces no pensaba regresar, por una cuestión de principios. Jobs transigió, pero aquello dejó a Hertzfeld con una mala sensación.

Cuando su período de permiso llegaba a su fin, Hertzfeld concertó una cita con Jobs para cenar, y ambos fueron caminando desde su despacho hasta un restaurante italiano situado a unas manzanas de distancia. «Tengo muchas ganas de volver —le confesó Andy—, pero la situación está muy revuelta ahora mismo —Jobs parecía un tanto molesto y distraído, pero Hertzfeld siguió adelante—. El equipo de software está completamente desmoralizado y apenas han hecho nada en los últimos meses, y Burrell está tan frustrado que no creo que aguante hasta final de año».

En ese momento, Jobs lo interrumpió. «¡No tienes ni idea de lo que estás diciendo! —gritó—. El equipo del Macintosh está haciendo un gran trabajo, y yo estoy pasando los mejores momentos de mi vida ahora mismo. Lo que pasa es que estás completamente desconectado del resto». Su mirada era fulminante, pero también trataba de parecer divertido por la evaluación de Hertzfeld.

«Si de verdad crees eso, no creo que haya ninguna manera de hacer que yo vuelva —replicó Hertzfeld, sombrío—. El equipo del Mac al que yo quiero regresar ya ni siquiera existe».

«El equipo del Mac tenía que madurar, y tú también —respondió Jobs—. Quiero que vuelvas, pero si tú no quieres, es cosa tuya. Tampoco es que seas tan imprescindible como crees».

Y así fue, Hertzfeld no regresó.

A principios de 1985, Burrell Smith también estaba preparando su marcha. Le preocupaba que pudiera resultarle difícil irse si Jobs trataba de convencerlo para que se quedase. Por lo general, el campo de distorsión de la realidad le resultaba demasiado fuerte como para resistirlo, así que planeó con Hertzfeld distintos métodos que pudiera emplear para liberarse de él. «¡Ya lo tengo! —le comunicó un día a Hertzfeld—. Conozco la forma perfecta de presentar mi dimisión que anulará el campo de distorsión de la realidad. Voy a entrar en el despacho de Steve, me bajaré los pantalones y mearé sobre su mesa. ¿Qué podría decir él ante eso? Seguro que funciona». Las apuestas en el equipo del Mac eran que ni siquiera el atrevido Burrell Smith tendría agallas para hacer algo así. Cuando finalmente decidió que había llegado la hora, en torno a la fecha de la descomunal fiesta de cumpleaños de Jobs, concertó con él una cita para verlo. Al entrar le sorprendió encontrarse a Jobs con una sonrisa de oreja a oreja. «¿Vas a hacerlo? ¿De verdad vas a hacerlo?», le preguntó. Se había enterado de su plan.

Smith se quedó mirando a Jobs. «¿Voy a tener que hacerlo? Lo haré si es necesario». Jobs le lanzó una mirada y Smith pensó que no era necesario, así que presentó su dimisión de una forma menos dramática y salió de allí en términos amistosos.

A Smith lo siguió rápidamente otro de los grandes ingenieros del Macintosh, Bruce Horn. Cuando entró para despedirse, Jobs lo acusó: «Todos los fallos que tiene el Mac son culpa tuya». Horn contestó: «Bueno, Steve, en realidad hay muchas cosas del Mac que están bien y que son culpa mía, y tuve que luchar como un loco para conseguir que se incluyeran». «Tienes razón —reconoció Jobs—. Te doy 15.000 acciones si te quedas». Cuando Horn rechazó la oferta, Jobs le mostró su lado más amable. «Bueno, dame un abrazo», le dijo. Y eso hizo.

Sin embargo, la noticia más sorprendente de aquel mes fue la salida de Apple, una vez más, de su cofundador, Steve Wozniak. Quizá por sus personalidades diferentes —Wozniak todavía era un soñador con alma de niño y Jobs, más brusco y radical que nunca—, los dos nunca llegaron a protagonizar un enfrentamiento serio. Sin embargo, no estaban de acuerdo en las bases mismas de la gestión y las estrategias de Apple. Wozniak se encontraba por aquel entonces trabajando discretamente como ingeniero de nivel medio en el grupo del Apple II, donde actuaba como símbolo de las raíces de la compañía y se mantenía tan alejado de los puestos de dirección y de las políticas empresariales como podía. Sentía, con razón, que Jobs no apreciaba el Apple II, a pesar de seguir siendo la gallina de los huevos de oro de la empresa, responsable del 70% de las ventas navideñas en 1984. «El resto de la compañía trataba a la gente del grupo del Apple II como si no tuvieran ninguna importancia —declaró posteriormente—, a pesar del hecho de que el Apple II había sido, sin duda, el producto más vendido durante mucho tiempo, y siguió siéndolo en los años venideros». Aquello lo llevó incluso a hacer algo nada propio de su carácter: agarró un día el teléfono y llamó a Sculley para reprocharle que dedicase tanta atención a Jobs y al equipo del Macintosh.

Frustrado, Wozniak decidió marcharse con discreción para fundar una nueva compañía que iba a fabricar un mando a distancia universal inventado por él. Serviría para controlar el televisor, el equipo de música y otros aparatos electrónicos con un sencillo conjunto de botones que se podrían programar con facilidad. Le comunicó sus intenciones al jefe de ingeniería de la división del Apple II, pero no pensaba que fuera lo suficientemente importante como para saltarse la línea de mando e informar a Jobs o a Markkula, así que Jobs se enteró de ello cuando la noticia apareció en el *Wall Street Journal*. Wozniak, con su naturaleza siempre dispuesta, había contestado abiertamente a las preguntas del entrevistador cuando este lo llamó. Declaró que, efectivamente, sentía que Apple había estado tratando con poca deferencia al grupo encargado del Apple II. «La dirección de la empresa ha sido terriblemente mala durante cinco años», afirmó.

Menos de dos semanas más tarde, Wozniak y Jobs viajaron juntos hasta la Casa Blanca, donde Ronald Reagan les hizo entrega de la primera Medalla Nacional de la Tecnología. Reagan citó las palabras pronunciadas por el presidente Rutherford Hayes cuando le enseñaron por primera vez un teléfono: «Un invento increíble, pero ¿quién podría querer utilizar uno?». Después bromeó: «En aquel momento pensé que a lo mejor se equivocaba». Debido a la violenta situación que rodeaba a la salida de Wozniak, Apple no organizó una cena de celebración después del acto, y ni Sculley ni ninguno de los principales ejecutivos acudieron a Washington. Así pues, los dos galardonados se fueron después a dar un paseo y comieron en un puesto de bocadillos. Charlaron amigablemente, según recuerda Wozniak, y evitaron cualquier discusión acerca de sus desacuerdos.

Wozniak quería una despedida amistosa. Ese era su estilo, así que accedió a permanecer como empleado a tiempo parcial para Apple con un salario anual de 20.000 dólares, y a representar a la compañía en las presentaciones y ferias comerciales. Aquella podría haber sido una elegante manera de irse distanciando, pero Jobs no parecía dispuesto a dejar estar la situación. Un sábado, unas semanas después de que visitaran Washington juntos, Jobs se dirigió a los nuevos estudios en Palo Alto de Helmut Esslinger, cuya compañía, frogdesign, se había trasladado allí para gestionar el trabajo que llevaban a cabo para Apple. Allí se encontró con algunos bocetos que la empresa había preparado para el nuevo mando a distancia de Wozniak y montó en cólera. Apple incluía una cláusula en su contrato que le otorgaba el derecho de prohibirle a frogdesign que trabajara en otros proyectos relacionados con la informática, y Jobs decidió hacer uso de ella. «Les informé —recordaba Jobs— de que trabajar con Wozniak era inaceptable para nosotros».

Cuando el *Wall Street Journal* se enteró de lo sucedido, se puso en contacto con Wozniak, quien, como de costumbre, se mostró abierto y sincero. Declaró que Jobs lo estaba castigando. «Steve Jobs me odia, probablemente por las cosas que he dicho acerca de Apple», informó al periodista. Aquella jugarreta de Jobs era bastante mezquina, pero también estaba causada en parte por el hecho de que él entendía, de formas que otros no podían ver, que el aspecto y el estilo de un producto servían para crear su imagen de marca. Un aparato que llevara el nombre de Wozniak y que utilizara el mismo lenguaje de diseño que los productos de Apple podía confundirse con algo que hubiera producido la propia Apple. «No es nada personal —le dijo Jobs al periodista, y le explicó que quería asegurarse de que el mando a distancia de Wozniak no iba a parecerse a ningún producto de Apple—. No queremos que nuestros códigos de diseño aparezcan en otros productos. Woz tiene que buscar sus propios recursos. No puede aprovechar los de Apple, ni nosotros podemos darle un trato de favor».

Jobs se ofreció a pagar de su bolsillo el trabajo que frogdesign ya había hecho para Wozniak, pero, aun así, los ejecutivos de la agencia estaban desconcertados. Cuando Jobs les ordenó que le enviaran los dibujos que habían hecho para Wozniak o que los destruyeran, ellos se negaron. Jobs tuvo que enviarles una carta en la que declaraba que invocaba el derecho contractual adquirido por Apple. Herbert Pfeifer, director de diseño de la empresa, se arriesgó a ser víctima de la ira de Jobs al rechazar públicamente su afirmación de que la disputa con Wozniak no era personal. «Es una lucha de poder —informó Pfeifer al *Wall Street Journal*—. Tienen problemas personales entre ellos».

Hertzfeld se puso furioso cuando se enteró de lo que había hecho Jobs. Vivía a unas doce manzanas de distancia de él, y Jobs a veces pasaba a visitarlo durante sus paseos, incluso después de que Hertzfeld se marchara de Apple. «Me enfadé tanto con la historia del mando a distancia de Wozniak que la siguiente vez que Steve vino a verme no lo dejé entrar en casa —recordaba—. Él sabía que se había equivocado, pero trató de racionalizarlo, y puede que en su mundo de realidad distorsionada fuera capaz de hacerlo». Wozniak, que siempre había sido un buenazo, incluso cuando estaba enfadado, encontró otra empresa de diseño y accedió incluso a permanecer en la nómina de Apple como portavoz.

PRIMAVERA DE 1985: EL ENFRENTAMIENTO

Hay muchas razones que explican el choque entre Jobs y Sculley en la primavera de 1985. Algunas son simples desacuerdos empresariales, como el intento de Sculley de maximizar los beneficios subiendo el precio del Macintosh cuando Jobs quería que fuera más asequible. Otros motivos, rebuscadamente psicológicos, radicaban en el extraño y tórrido encaprichamiento que ambos sentían el uno por el otro. Sculley había buscado con denuedo el afecto de Jobs, y este, a su vez, había estado tratando de encontrar una figura paterna y un mentor, y cuando el ardor comenzó a disiparse quedaron secuelas emocionales. Sin embargo, en su núcleo mismo, la creciente brecha entre ambos tenía dos causas fundamentales, cada una debida a uno de ellos.

Para Jobs, el problema era que su compañero nunca llegó a apasionarse por los productos. Nunca hizo el esfuerzo necesario o mostró la capacidad para comprender los detalles más concretos de lo que se estaba produciendo en Apple. Bien al contrario, Sculley, que había pasado su carrera vendiendo refrescos y aperitivos cuyas recetas le resultaban completamente irrelevantes, creía que la pasión de Jobs por los detalles del diseño y las nimiedades técnicas resultaba obsesiva y contraproducente. No estaba en su naturaleza entusiasmarse por los productos, y ese era uno de los peores pecados que Jobs pudiera imaginar. «Traté de educarlo acerca de los detalles de la ingeniería —recordaba posteriormente Jobs—, pero él no tenía ni idea de cómo se creaban los productos, y tras hablar de ello durante un tiempo siempre acabábamos discutiendo. Sin embargo, aprendí que mi perspectiva era la correcta. Los productos lo son todo». Al final llegó a pensar que Sculley no tenía ni idea de aquel mundo, y su desprecio se vio exacerbado por la necesidad de Sculley de obtener su afecto y por sus absurdas ideas acerca de que ambos eran muy parecidos.

Para Sculley, el problema era que Jobs, que ya no trataba de cortejarlo o de manipularlo, se mostraba con frecuencia insoportable, grosero, egoísta y desagradable con las demás personas. En opinión de Sculley, que era el pulido resultado de internados y reuniones de ventas, el zafio comportamiento de Jobs resultaba tan despreciable como para Jobs su falta de pasión por los detalles. Sculley era un hombre amable, atento y educado hasta la médula. Jobs no. En una ocasión, planearon reunirse con el vicepresidente de Xerox, Bill Glavin, y Sculley le suplicó a Jobs que se comportara. Sin embargo, en cuanto se sentaron a la mesa, Jobs le soltó a

Glavin: «No tenéis ni idea de lo que estáis haciendo», y la reunión se canceló al instante. «Lo siento, pero no pude contenerme», se disculpó Jobs ante Sculley. Aquel fue uno de muchos ejemplos. Tal y como señaló posteriormente Al Alcorn, de Atari, «Sculley trataba de mantener a la gente contenta, se preocupaba por las relaciones. A Steve todo aquello le importaba una mierda. Sin embargo, sí se preocupaba por los productos hasta un extremo inalcanzable para Sculley, y podía evitar que hubiera demasiados capullos trabajando en Apple porque insultaba a todo aquel que no fuera un jugador de primera línea».

El consejo de administración estaba cada vez más preocupado por aquella agitación, y a principios de 1985, Arthur Rock y algunos otros consejeros descontentos les soltaron un severo sermón a ambos. Le recordaron a Sculley que se suponía que él dirigía la compañía: debía empezar a hacerlo con mayor autoridad y menos ansias por hacerse amiguito de Jobs. Y a Jobs le indicaron que debía estar arreglando el desbarajuste del equipo del Macintosh en lugar de decirles a otros grupos cómo hacer su trabajo. Jobs se retiró entonces a su despacho y escribió en su Macintosh: «No criticaré al resto de la organización. No criticaré al resto de la organización...».

A medida que el Macintosh seguía defraudando las expectativas —las ventas en marzo de 1985 solo representaron el 10 % de lo previsto— Jobs se encerraba a rumiar su enfado en su despacho o deambulaba por las diferentes habitaciones echándole la culpa a todo el mundo por los problemas del ordenador. Sus cambios de humor empeoraron, así como el trato abusivo que dispensaba a quienes le rodeaban. Los encargados de puestos intermedios comenzaron a rebelarse contra él. Mike Murray, jefe de marketing, concertó una reunión privada con Sculley durante un congreso sobre informática. Mientras se dirigían a la habitación de hotel de Sculley, Jobs los vio y les preguntó si podía acompañarlos. Murray le contestó que no. A continuación le contó a Sculley que Jobs estaba sembrando el caos y que había que apartarlo de la dirección del grupo del Macintosh. Sculley le contestó que todavía no estaba preparado para mantener un enfrentamiento así con Jobs. Posteriormente, Murray le envió una nota directamente a Jobs en la que criticaba la forma en que trataba a sus compañeros y lo acusaba de «dirigir al grupo mediante la difamación de sus miembros».

A lo largo de las siguientes semanas, pareció que había surgido una solución a toda aquella agitación. Jobs quedó fascinado por una tecnología de pantallas planas que se había desarrollado en una empresa situada cerca de Palo Alto llamada Woodside Design, cuyo director era un excéntrico ingeniero llamado Steve Kitchen. También había quedado impresionado por otra joven compañía que había fabricado una pantalla táctil controlable con el dedo, de forma que no hacía falta ratón. Puede que aquellos dos descubrimientos sirviesen para forjar la visión de Jobs de crear un «Mac en un libro». Durante uno de sus paseos con Kitchen, Jobs observó un edificio situado en el cercano Menlo Park y aseguró que deberían abrir allí un taller para trabajar en aquellas ideas. Podría llamarse AppleLabs y Jobs podría ser su director. De esta forma volvería a disfrutar de la emoción de contar con un pequeño equipo y desarrollar un gran producto nuevo.

Sculley quedó encantado con la idea. Aquello resolvería la mayor parte de sus diferencias de gestión con Jobs, lo devolvería a la tarea que mejor se le daba y haría que dejase de alterar la actividad en Cupertino con su presencia. También tenía a un candidato para sustituir a Jobs como director del equipo del Macintosh: Jean-Louis Gassée, el jefe de Apple en Francia que lo había recibido durante su visita. Gassée voló a Cupertino y aseguró que aceptaría el trabajo si le garantizaban que iba a dirigir la división, en lugar de trabajar a las órdenes de Jobs. Uno de los miembros del consejo, Phil Schlein, de los supermercados Macy's, trató de convencer a Jobs de que estaría más a gusto pensando en nuevos productos e inspirando a un equipo pequeño y apasionado.

Sin embargo, tras reflexionar sobre ello, Jobs decidió que ese no era el camino que quería tomar. Rechazó la propuesta de cederle el control a Gassée, quien, con gran sentido común, regresó a París para evitar un choque a todas luces inevitable. Durante el resto de la primavera, Jobs se mostró vacilante. En ocasiones quería reafirmarse como gerente empresarial, e incluso redactó una nota en la que proponía el ahorro de gastos mediante la eliminación de las bebidas gratis y de los vuelos en primera clase, y otras veces parecía estar de acuerdo con quienes lo animaban a marcharse para dirigir un nuevo grupo de investigación y desarrollo en AppleLabs.

En marzo, Murray se desahogó con otra nota en la que escribió: «No difundir», pero que les entregó a múltiples compañeros. «En mis tres años en Apple, nunca había observado tanta confusión, miedo y falta de coordinación como en los últimos noventa días —comenzaba—. Nuestros trabajadores nos perciben como un barco sin timón que se dirige a un olvido neblinoso». Murray había estado jugando a dos bandas, y en ocasiones conspiraba con Jobs para minar la autoridad de Sculley. Sin embargo, en esa nota le echaba toda la culpa a Steve. «Ya sea como causa del mal funcionamiento de la empresa o debido a él, Steve Jobs controla ahora ámbitos de poder aparentemente intocables».

A finales de ese mes, Sculley reunió por fin el valor suficiente para decirle a Jobs que debía dejar de dirigir la división del Macintosh. Llegó una tarde al despacho de este y llevó consigo al director de recursos humanos, Jay Elliot, para que la confrontación resultase más formal. «No hay nadie que admire tu brillantez y tu visión más que yo —comenzó Sculley. Ya había pronunciado aquellos halagos antes, pero en esa ocasión estaba claro que iba a llegar un "pero" brutal para matizar la idea, y así fue—. Sin embargo, esta situación no va a funcionar», afirmó. Los halagos salpicados de «peros» siguieron su curso. «Hemos entablado una gran amistad entre tú y yo —continuó, engañándose hasta cierto punto a sí mismo—, pero he perdido la confianza en tu capacidad para dirigir al equipo del Macintosh». También le reprochó a Jobs que lo fuera poniendo verde llamándolo «capullo» a sus espaldas.

Jobs, que pareció asombrado, contestó con la extraña petición de que Sculley debía ayudarlo más y ofrecerle más consejos. «Tienes que pasar más tiempo conmigo», aseguró, y entonces contraatacó. Le reprochó que no sabía nada sobre ordenadores, que estaba haciendo un trabajo terrible dirigiendo la compañía y que había estado defraudándolo desde que puso el pie en Apple. A lo cual siguió la tercera reacción de Jobs: se puso a llorar. Sculley se quedó allí sentado, mordiéndose las uñas.

«Voy a llevar este asunto ante el consejo —dijo Sculley—. Voy a recomendar que te aparten de tu puesto como director del equipo del Macintosh. Quiero que lo sepas». Le pidió a Jobs que no se resistiera y que accediera a trabajar en el desarrollo de nuevas tecnologías y productos.

Jobs se levantó de un salto de su asiento y clavó su intensa mirada en Sculley. «No creo que vayas a hacerlo —lo desafió—. Si lo haces, destruirás la compañía».

A lo largo de las siguientes semanas, el comportamiento de Jobs resultó muy errático. En cierto momento hablaba de irse a dirigir AppleLabs y al siguiente estaba recabando apoyos para conseguir deponer a Sculley. Trataba de acercarse a él para después criticarlo a sus espaldas, en ocasiones a lo largo de una misma jornada. Una noche, a las nueve, llamó al consejero general de Apple, Al Eisenstat, para decirle que estaba perdiendo su confianza en Sculley y que necesitaba su ayuda para convencer al consejo. A las once de esa misma noche, despertó por teléfono a Sculley para decirle: «Eres fantástico y solo quiero que sepas que me encanta trabajar contigo».

En la reunión del consejo celebrada el 11 de abril, Sculley hizo pública oficialmente su intención de pedirle a Jobs que se retirase como director del grupo del Macintosh y se centrara en el desarrollo de nuevos productos. Arthur Rock, el miembro más irascible e independiente del consejo, tomó la palabra a continuación. Estaba harto de ellos dos; de Sculley por no tener las agallas necesarias para hacerse con el control de la situación durante el último año, y de Jobs por «comportarse como un malcriado caprichoso». El consejo necesitaba zanjar aquella disputa, y para ello iba a reunirse en privado con cada uno de ellos.

Sculley salió de la sala para que Jobs pudiera presentarse el primero. Este insistió en que Sculley era el problema. No comprendía los ordenadores. La respuesta de Rock fue reprender a Jobs. Con su atronadora voz, aseguró que Jobs había estado comportándose como un idiota durante un año y que no tenía ningún derecho a estar dirigiendo a todo un grupo. Incluso el mayor apoyo de Jobs en el consejo, Phil Schlein, de la cadena de supermercados Macy's, trató de convencerlo para que se retirase con elegancia a dirigir un laboratorio de investigación para la compañía.

Cuando llegó el turno de Sculley para reunirse en privado con los miembros del consejo, les presentó un ultimátum. «Podéis respaldarme, y entonces aceptaré toda la responsabilidad de la dirección de esta empresa, o podemos no hacer nada, y entonces vais a tener que buscar un nuevo consejero delegado», afirmó. Añadió que si le otorgaban la autoridad necesaria no realizaría cambios bruscos, sino que iría acostumbrando a Jobs a su nueva función a lo largo de los siguientes meses. El consejo decidió de forma unánime respaldar a Sculley. Recibió la autorización para apartar a Jobs de su cargo cuando decidiera que había llegado el momento adecuado. Mientras Jobs esperaba junto a la puerta de la sala de juntas, plenamente consciente de que iba a perder en aquel enfrentamiento, vio a Del Yocam, un viejo compañero suyo, y se puso a llorar.

Después de que el consejo tomara su decisión, Sculley trató de mostrarse conciliador. Jobs le pidió que la transición fuera lenta, a lo largo de los siguientes meses, y Sculley accedió. Más tarde, esa misma noche, la secretaria de Sculley, Nanette Buckhout, llamó a Jobs para comprobar qué tal estaba. Permanecía en su despacho en estado de shock. Sculley ya se había marchado y Jobs fue a hablar con Buckhout. Una vez más, mostró una actitud cambiante respecto a Sculley. «¿Por qué me ha hecho John algo así? —preguntó—. Me ha traicionado». Y luego cambió de postura. Comentó que quizá debería tomarse un tiempo de descanso para tratar de reparar su relación con Sculley. «La amistad de John es más importante que cualquier otra cosa, y creo que a lo mejor eso es lo que debería hacer, concentrarme en nuestra amistad».

TRAMANDO UN GOLPE

A Jobs no se le daba bien aceptar un «no» por respuesta. Acudió al despacho de Sculley a principios de mayo de 1985 y le pidió que le diera algo más de tiempo para probar que era capaz de dirigir al grupo del Macintosh. Prometió demostrar que podía controlar las actividades del equipo. Sculley no se echó atrás. A continuación, Jobs lo intentó con un desafío directo: le pidió a Sculley que dimitiera. «Creo que has perdido completamente el norte —le dijo Jobs—. Estuviste fantástico el primer año, y todo iba de maravilla, pero algo te ocurrió». Sculley, normalmente un hombre tranquilo, se defendió con brío, y señaló que Jobs había sido incapaz de conseguir que se terminara el software para el Macintosh, de proponer nuevos modelos o de lograr nuevos clientes. La reunión degeneró en una pelea a gritos sobre quién de los dos era el peor directivo. Después de que Jobs saliera de allí hecho una furia, Sculley se apartó de la pared de cristal de su despacho, donde los demás habían estado contemplando la reunión, y se echó a llorar.

La situación llegó a un punto crítico el martes, 14 de mayo, cuando el equipo del Macintosh realizó su presentación con los datos del último trimestre ante Sculley y otros responsables de Apple. Jobs, que todavía no había cedido el control del grupo, se mostró desafiante cuando llegó a la sala de juntas junto con sus hombres. Sculley y él comenzaron a discutir sobre cuál era la misión del equipo del Macintosh. Jobs dijo que era la de vender más ordenadores Macintosh, y Sculley afirmó que era servir a los intereses de la compañía Apple en su conjunto. Como de costumbre, había poca cooperación entre los diferentes equipos, y los hombres del Macintosh estaban planeando utilizar nuevas unidades de disco diferentes de las que estaba desarrollando el equipo del Apple II. El debate, según las actas, se prolongó durante toda una hora.

A continuación, Jobs describió los proyectos que estaban en marcha: un Mac más potente, que iba a ocupar el puesto del Lisa, ya cancelado, y un software llamado FileServer, que les permitiría a los usuarios del Macintosh compartir sus archivos en red. Sin embargo, Sculley oyó por primera vez en ese momento que los proyectos iban a retrasarse, y a continuación ofreció una fría crítica de las maniobras de marketing de Murray, de las fechas límite de producción que Bob Belleville no había cumplido y de la gestión general de Jobs. A pesar de todo ello, Jobs acabó la reunión con una súplica dirigida a Sculley, frente a todos los allí presentes, para que le diera una oportunidad más de demostrar que podía dirigir un equipo. Sculley se negó.

Esa noche, Jobs se llevó al equipo del Macintosh a cenar al restaurante Nina's Café, en Woodside. Jean-Louis Gassée se encontraba en la ciudad, porque Sculley quería que se preparase para hacerse cargo del equipo del Macintosh, y Jobs lo invitó a que se uniera a ellos. Bob Belleville propuso un brindis «por todos los que de verdad comprendemos cómo funciona el mundo según Steve Jobs». Esa frase —«el mundo según Steve»— ya había sido utilizada con tono displicente por otros miembros de Apple que menospreciaban la alteración de la realidad que él creaba. Cuando todos los demás se habían marchado, Belleville se sentó junto a Jobs en su Mercedes y le suplicó que organizara una batalla a muerte contra Sculley.

Jobs tenía una bien ganada reputación de manipulador, y de hecho podía embelesar y engatusar a los demás con todo descaro si se lo proponía. Sin embargo, no se le daba demasiado bien ser calculador o intrigante, a pesar de lo que algunos pensaban, y tampoco tenía la paciencia o la disposición necesarias para congraciarse con los demás. «Steve nunca se embarcó en maniobras políticas de empresa. Aquello no estaba ni en sus genes ni en su actitud», señaló Jay Elliot. Además, tenía demasiada arrogancia innata como para hacerles la pelota a los demás. Por ejemplo, cuando trató de recabar el apoyo de Del Yocam no pudo contenerse, asegurando que sabía más sobre cómo ser director de operaciones que el propio Yocam.

Meses antes, Apple había conseguido los derechos para exportar ordenadores a China, así que Jobs había sido invitado para que firmara un acuerdo en el Gran Salón del Pueblo durante el puente del Día de los Caídos. Él se lo había comunicado a Sculley, que decidió que quería ser él quien fuera, y aquello le pareció bien a Jobs. Jobs planeaba aprovechar la ausencia de Sculley para llevar a cabo su golpe. A lo largo de la semana anterior al Día de los Caídos, celebrado el último lunes de mayo, se fue a pasear con mucha gente para compartir sus planes. «Voy a organizar un golpe mientras John está en China», le confió a Mike Murray.

1985: SIETE DÍAS DE MAYO

Jueves, 23 de mayo: en su reunión habitual de los jueves con los principales responsables del equipo del Macintosh, Jobs le habló a su círculo más íntimo acerca de su plan para derrocar a Sculley, y dibujó un gráfico sobre cómo iba a reorganizar la empresa. También le confió sus intenciones al director de recursos humanos, Jay Elliot, que le dijo sin rodeos que el plan no iba a funcionar. Elliot había estado hablando con algunos miembros del consejo para pedirles que se pusieran de parte de Jobs, pero había descubierto que la mayor parte de ellos apoyaban a Sculley, así como la mayoría de los miembros de mayor rango de Apple. Aun así, Jobs siguió adelante. Incluso le reveló sus planes a Gassée durante un paseo por el aparcamiento, a pesar del hecho de que aquel hombre había venido desde París para ocupar su puesto. «Cometí el error de contárselo a Gassée», reconoció Jobs años más tarde con el gesto torcido.

Esa tarde, el consejero general de Apple, Al Eisenstat, celebró una pequeña barbacoa en su casa para Sculley, Gassée y sus esposas. Cuando Gassée le contó a Eisenstat lo que Jobs tramaba, este le recomendó que informara a Sculley. «Steve estaba tratando de organizar una conspiración y dar un golpe para deshacerse de John —recordaba Gassée—. En el estudio de la casa de Al Eisenstat, coloqué el dedo índice suavemente sobre el esternón de John y le dije: "Si te vas mañana a China, podrían destituirte. Steve está planeando deshacerse de ti"».

Viernes, 24 de mayo: Sculley canceló el viaje y decidió enfrentarse con Jobs en la reunión de directivos de Apple del viernes por la mañana. Jobs llegó tarde y vio que su asiento habitual, junto a Sculley, que presidía la mesa, estaba ocupado. Optó por sentarse en el extremo opuesto. Iba vestido con un traje a medida de Wilkes-Bashford y tenía un aspecto saludable. Sculley estaba pálido. Anunció que iba a prescindir del orden del día para tratar del asunto que ocupaba la mente de todos. «Se me ha hecho saber que te gustaría expulsarme de la compañía —afirmó, mirando directamente a Jobs—. Me gustaría preguntarte si es eso cierto».

Jobs no esperaba aquello, pero nunca le dio vergüenza hacer uso de una brutal honestidad. Los ojos se le entrecerraron y, sin pestañear, fijó su mirada en Sculley. «Creo que eres malo para Apple, y creo que eres la persona equivocada para dirigir la compañía —replicó calmado y con un tono cortante—. Creo que deberías abandonar esta empresa. No sabes cómo manejarla y nunca lo has sabido». Acusó a Sculley de no comprender el proceso de desarrollo de los productos, y a continuación añadió un ataque centrado en sí mismo. «Te quería aquí para que me ayudaras a crecer y has resultado inútil a la hora de ayudarme».

Mientras el resto de la sala aguardaba inmóvil, Sculley acabó por perder los estribos. Un tartamudeo de infancia que no había sufrido durante veinte años comenzó a reaparecer. «No confío en ti, y no toleraré la falta de confianza», balbuceó. Cuando Jobs aseguró que él sería un mejor consejero delegado de Apple que Sculley, este optó por jugarse el todo por el todo. Decidió realizar una encuesta al respecto entre los allí presentes. «Recurrió a una maniobra muy inteligente —recordaría Jobs, aún resentido por aquello, treinta y cinco años más tarde—. Estábamos en la reunión de ejecutivos y él preguntó: "Steve o yo, ¿por quién votáis?". Lo planteó de tal forma que solo un idiota hubiera votado por mí».

Entonces, los inmóviles espectadores comenzaron a revolverse. El primero en intervenir fue Del Yocam. Aseguró que adoraba a Jobs, que quería que siguiera desempeñando alguna función en la empresa, pero reunió el valor para concluir, ante la mirada impasible de Jobs, que «respetaba» a Sculley y que lo apoyaba como director de la compañía. Eisenstat se encaró directamente con Jobs y dijo algo muy parecido: le gustaba Jobs pero su apoyo era para Sculley. Regis McKenna, que se sentaba junto a los directivos en calidad de consultor externo, fue más directo. Miró a Jobs y le espetó que todavía no estaba listo para dirigir la empresa, algo que ya le había comentado en otras ocasiones. Otros miembros del consejo también se pusieron de parte de Sculley. Para Bill Campbell aquello resultó especialmente duro. Le había cogido cariño a Jobs, y Sculley no le caía especialmente bien. La voz le tembló un poco mientras le aseguraba a Jobs lo mucho que lo apreciaba. A pesar de que había decidido respaldar a Sculley, les rogó a ambos que buscaran una solución y encontraran un puesto que Jobs pudiera desempeñar en la compañía. «No puedes dejar que Steve se marche de esta empresa», le dijo a Sculley.

Jobs parecía destrozado. «Supongo que ahora ya sé cuál es la situación», dijo, y entonces salió corriendo de la sala. Nadie lo siguió.

Regresó a su despacho, reunió a sus antiguos partidarios del equipo del Macintosh y se echó a llorar. Les comunicó que iba a tener que irse de Apple. Cuando se marchaba de la habitación, Debi Coleman lo retuvo. Ella y los otros allí presentes le suplicaron que se calmara y no actuara con precipitación. Le pidieron que se tomara el fin de semana para reflexionar. Tal vez hubiera una forma de evitar que la empresa se desintegrase.

Por su parte, Sculley quedó destrozado por su propia victoria. Como un guerrero herido, se retiró al despacho de Al Eisenstat y le pidió al consejero de la compañía que fueran a dar una vuelta. Cuando entraron en el Porsche de Eisenstat, Sculley se lamentó: «No sé si puedo seguir adelante con todo esto». Cuando Eisenstat le preguntó a qué se refería, respondió: «Creo que voy a dimitir».

«No puedes —repuso Eisenstat—. Apple se vendrá abajo».

«Voy a dimitir —repitió Sculley—. No creo que sea la persona adecuada para la compañía. ¿Puedes llamar al consejo para avisarlos?». «De acuerdo —replicó Eisenstat—, pero creo que haces esto para evadirte. Tienes que enfrentarte a él».

A continuación, llevó a Sculley a su casa.

Leezy, la esposa de Sculley, se sorprendió al verlo regresar en mitad de la mañana. «He fracasado», dijo con tristeza. Ella era una mujer psicológicamente voluble a la que nunca le había caído bien Jobs ni valoraba el embelesamiento que su esposo sentía hacia él, así que, cuando se enteró de lo que había ocurrido, subió corriendo al coche y condujo a toda velocidad hasta el despacho de Jobs. Cuando le informaron de que se había ido al restaurante Good Earth, se fue a buscarlo y se encaró con él mientras salía de allí con Debi Coleman y otros partidarios del equipo del Macintosh.

«Steve, ¿puedo hablar contigo? —quiso saber. Él se quedó boquiabierto—. ¿Tienes idea del privilegio que supone llegar siquiera a conocer a alguien tan bueno como John Sculley? —prosiguió. Él evitó su mirada—. ¿No vas ni a mirarme a los ojos cuando te hablo?

—preguntó. Sin embargo, cuando Jobs lo hizo, con su mirada impasible y ensayada, ella dio un paso atrás—. No importa, no hace falta que me mires —afirmó—. Cuando miro a los ojos de la mayoría de la gente, veo un alma. Cuando miro a los tuyos veo un pozo sin fondo, un hueco vacío, una zona muerta». Tras esto, se marchó.

Sábado, 25 de mayo: Mike Murray acudió a la casa de Jobs en Woodside para ofrecerle algunos consejos. Le pidió que considerase la posibilidad de aceptar su función como un visionario de los nuevos productos, que fundara AppleLabs y se apartara de la sede central de la empresa. Jobs parecía dispuesto a reflexionar sobre aquello, pero primero tenía que arreglar su relación con Sculley, así que cogió el teléfono y sorprendió a su rival con una oferta de paz. Jobs le preguntó si podían reunirse la tarde siguiente y dar un paseo por las colinas que rodean la Universidad de Stanford. Ya habían caminado por allí en el pasado, en épocas más felices, y quizá con un paseo por la zona podrían arreglar las cosas.

Jobs no sabía que Sculley le había contado a Eisenstat que quería dimitir, pero para entonces ya no tenía importancia. Sculley lo había consultado con la almohada y había cambiado de opinión. Había decidido quedarse, y a pesar del encontronazo del día anterior, todavía deseaba caerle bien a Jobs, así que accedió a encontrarse con él la tarde siguiente.

Si Jobs estaba preparándose para una reconciliación, desde luego no lo demostró con la elección de la película que quería ver con Murray aquella noche. Eligió *Patton*, la historia épica de un general nunca dispuesto a rendirse. Sin embargo, le había prestado su copia del vídeo a su padre, que en una ocasión había trasladado tropas para ese mismo general, así que condujo a la casa de su infancia junto con Murray para recuperarla. Sus padres no estaban allí y él no tenía llave. Rodearon la vivienda hasta la parte trasera, buscaron puertas o ventanas abiertas y al final se dieron por vencidos. En el videoclub no tenían ninguna copia de *Patton* disponible, así que al final tuvo que contentarse con la película *El riesgo de la traición*.

Domingo, 26 de mayo: tal y como habían planeado, Jobs y Sculley se reunieron en la parte trasera del campus de Stanford el domingo por la tarde y estuvieron caminando durante varias horas entre las onduladas colinas y los pastos para caballos. Jobs reiteró su ruego de conservar un puesto desde el que tuviera poder de decisión operativo en Apple. En esta ocasión, Sculley se mantuvo firme y le repitió una y otra vez que no era posible. Le rogó que aceptara la función de ser un visionario de nuevos productos con un laboratorio independiente para él solo, pero Jobs rechazó la propuesta porque, según él, aquello lo relegaría al papel de una mera figura decorativa. En un gesto que desafiaba cualquier conexión con la realidad y que habría resultado sorprendente en cualquiera que no fuera Jobs, este contraatacó con la propuesta de que Sculley le cediera a él todo el control de la compañía. «¿Por qué no te conviertes en el presidente del consejo y yo paso a ser presidente de la empresa y consejero delegado?», preguntó. A Sculley le sorprendió que planteara aquello con toda seriedad.

«Steve, eso no tiene ningún sentido», repuso Sculley. Entonces Jobs propuso que dividieran los deberes de la dirección de la compañía, con él en el apartado de los productos y Sculley en las áreas de marketing y gestión. El consejo no solo le había dado ánimos a Sculley, le había ordenado que pusiera a Jobs en su sitio. «Solo una persona puede dirigir la compañía —contestó—. Yo cuento con el apoyo necesario y tú no». Al final, se estrecharon la mano y Jobs accedió de nuevo a pensar en aceptar su papel como desarrollador de nuevos productos.

En el camino de vuelta, Jobs hizo una parada en casa de Mike Markkula. No estaba allí, así que le dejó un mensaje en el que lo invitaba a cenar al día siguiente. También iba a invitar al núcleo duro de sus partidarios del equipo del Macintosh. Esperaba que juntos pudieran persuadir a Markkula de lo absurdo de apoyar a Sculley.

Lunes, 27 de mayo: el Día de los Caídos resultó cálido y soleado. Los fieles del equipo del Macintosh —Debi Coleman, Mike Murray, Susan Barnes y Bob Belleville— llegaron a la casa de Jobs en Woodside una hora antes de la cena para preparar su estrategia. Reunidos en el patio mientras se ponía el sol, Coleman le dijo a Jobs, igual que había hecho Murray, que debía aceptar la oferta de Sculley de convertirse en un visionario y crear AppleLabs. De todos los miembros del círculo íntimo de Jobs, Coleman era la más dispuesta a mostrarse realista. En el nuevo plan organizativo, Sculley la había ascendido para que dirigiera el departamento de producción, porque sabía que su lealtad era para con Apple y no solamente hacia Jobs. Algunos de los otros se mostraban más duros. Querían pedirle a Markkula que apoyara un proyecto de reorganización según el cual Jobs quedaría al mando, o al menos tendría el control operativo del departamento de productos.

Cuando apareció Markkula, accedió a escuchar las propuestas con una condición: Jobs tenía que permanecer en silencio. «Lo cierto es que quise escuchar las ideas del equipo del Macintosh, no ver como Jobs los reclutaba para una rebelión», recordaba. Cuando comenzó a hacer frío, accedieron al interior de la mansión, apenas amueblada, y se sentaron en torno a la chimenea. El cocinero de Jobs preparó una pizza vegetariana con trigo integral, que se sirvió sobre una mesa de cartón. Markkula, por su parte, picoteó de una pequeña caja de madera llena de cerezas de la zona que Jobs tenía guardada. En lugar de dejar que aquello se convirtiera en una sesión de quejas, Markkula les hizo concentrarse en aspectos muy específicos de la gestión, como cuál había sido el problema a la hora de producir el programa FileServer y por qué el sistema de distribución del Macintosh no había respondido adecuadamente al cambio de la demanda. Cuando acabaron, Markkula aseguró sin rodeos que no iba a apoyar a Jobs. «Yo dije que no iba a respaldar su plan, y esa era mi última palabra —recordaba—. Sculley era el jefe. Ellos estaban enfadados y alterados y querían montar una revolución, pero no es así como se hacen las cosas».

Mientras tanto, Sculley también pasaba el día en busca de consejo. ¿Debía ceder a las peticiones de Jobs? Casi todas las personas a las que había consultado afirmaron que era una locura pensar siquiera en ello. Incluso el hecho de plantear esas preguntas ya lo hacía parecer vacilante y tristemente ansioso por recuperar el afecto de Jobs. «Tienes nuestro apoyo —le recordó uno de los directivos—, pero confiamos en que demuestres un liderazgo fuerte. No puedes dejar que Steve vuelva a un puesto con control operativo».

Martes, 28 de mayo: envalentonado por sus partidarios y con su ira reavivada tras enterarse por Markkula de que Steve había pasado la noche anterior tratando de derrocarlo, Sculley entró en el despacho de Jobs el martes por la mañana para enfrentarse a él. Dijo que ya había hablado con los miembros del consejo y que contaba con su apoyo. Quería que Jobs se fuera. Entonces condujo hasta la casa de Markkula, donde le mostró una presentación de sus planes de reorganización. Markkula planteó algunas preguntas muy concretas y al final le dio su bendición a Sculley. Cuando este regresó a su despacho, llamó a los demás miembros del consejo para comprobar que seguía contando con su apoyo. Así era.

En ese momento llamó a Jobs para asegurarse de que él lo había entendido. El consejo había dado su aprobación final a sus planes de reorganización, que iban a tener lugar esa semana. Gassée iba a hacerse con el control de su amado Macintosh y de otros productos, y no había ningún otro departamento para que Jobs lo dirigiera. Sculley todavía trataba de mostrarse algo conciliador. Le dijo a Jobs que podía quedarse con el título de presidente del consejo y pensar en nuevos productos, pero sin responsabilidades operativas. Sin embargo, a esas alturas ya ni siquiera se consideraba la posibilidad de comenzar un proyecto como AppleLabs.

Al final, Jobs acabó por aceptarlo. Se dio cuenta de que no había forma de recurrir la decisión, no había manera de distorsionar la realidad. Rompió a llorar y comenzó a realizar llamadas de teléfono: a Bill Campbell, a Jay Elliot, a Mike Murray y otros. Joyce, la esposa de Murray, estaba manteniendo una conversación telefónica con el extranjero cuando llamó Jobs; la operadora la interrumpió y dijo que era una emergencia. Joyce respondió a la operadora que más valía que fuera importante. «Lo es», oyó decirle a Jobs. Cuando Murray se puso al aparato, Jobs estaba llorando. «Todo se ha acabado», dijo, y entonces colgó.

A Murray le preocupaba que el abatimiento llevara a Jobs a cometer alguna locura, así que lo llamó por teléfono. Al no obtener respuesta, condujo hasta Woodside. Cuando llamó a la puerta nadie contestó, así que se dirigió a la parte trasera, subió algunos escalones exteriores y echó un vistazo a su habitación. Allí estaba Jobs, tumbado en un colchón de su cuarto sin amueblar. Jobs dejó pasar a Murray y estuvieron hablando casi hasta el amanecer.

Miércoles, 29 de mayo: Jobs consiguió por fin la cinta de *Patton* y la vio el miércoles por la noche, pero Murray le previno para que no preparase otra batalla. En vez de eso, le pidió que fuera el viernes a escuchar el anuncio de Sculley sobre el nuevo plan de reorganización. No le quedaba más remedio que actuar como un buen soldado en lugar de como un comandante rebelde.

DEAMBULANDO POR EL MUNDO

Jobs se sentó en silencio en la última fila del auditorio para ver cómo Sculley les explicaba a las tropas el nuevo plan de batalla. Hubo muchas miradas de reojo, pero pocos lo saludaron y nadie se acercó para ofrecer una muestra pública de afecto. Se quedó mirando fijamente y sin pestañear a Sculley, quien años después todavía recordaba «la mirada de desprecio de Steve». «Es implacable —comentó—, como unos rayos X que te penetran hasta los huesos, hasta el punto en el que te sientes desvalido, frágil y mortal». Durante un instante, mientras se encontraba en el escenario y fingía no darse cuenta de la presencia de Jobs, Sculley recordó un agradable viaje que habían realizado un año antes a Cambridge, en Massachusetts, para visitar al héroe de Jobs, Edwin Land. Aquel hombre había sido destronado de Polaroid, la empresa que creara años antes, y Jobs le había comentado a Sculley con disgusto: «Todo lo que hizo fue perder unos cuantos cochinos millones y le arrebataron su propia compañía». Ahora, Sculley pensó que era él quien le estaba arrebatando a Jobs su empresa.

Sin embargo, prosiguió con su presentación y siguió haciendo caso omiso de Jobs. Cuando pasó al esquema organizativo, presentó a Gassée como el nuevo director del grupo combinado del Macintosh y el Apple II. En el esquema había un pequeño recuadro con el título «presidente» del que no salía ninguna línea a otros puestos, ni a Sculley ni a nadie más. Sculley señaló brevemente que en aquel puesto Jobs desempeñaría la función de «visionario global». Sin embargo, siguió sin hacer referencia a la presencia de Jobs en la sala. Se oyeron algunos aplausos forzados.

Hertzfeld se enteró de las noticias a través de un amigo y, en una de sus pocas visitas desde su dimisión, regresó a la sede central de Apple. Quería lamentarse junto con los miembros de su viejo grupo que todavía quedaban por allí. «Para mí todavía resultaba inconcebible que el consejo pudiera echar a Steve, claramente el alma de la compañía, por difícil que pudiera llegar a resultar tratar con él —recordaría—. Unos cuantos miembros del grupo del Apple II a quienes les molestaba la actitud de superioridad de Steve parecían eufóricos, y algunos otros veían aquella reorganización como una oportunidad para progresar en sus carreras, pero la mayoría de los empleados de Apple se mostraban sombríos, deprimidos e inseguros acerca de lo que les deparaba el futuro». Por un instante, Hertzfeld pensó que Jobs podría haber accedido a crear AppleLabs. Fantaseó con que entonces él volvería para trabajar bajo sus órdenes. Sin embargo, aquello nunca sucedió.

Jobs se quedó en casa durante los días siguientes, con las persianas bajadas, el contestador automático encendido y las únicas visitas de su novia, Tina Redse. Durante horas y horas, se quedó allí escuchando sus cintas de Bob Dylan, especialmente «The Times They Are A-Changin'». Había recitado la segunda estrofa el día en que presentó el Macintosh ante los accionistas de Apple, dieciséis meses antes. Aquella cita tenía un buen final: «Porque el que ahora pierde / ganará después...».

Un escuadrón de rescate de su antigua banda del Macintosh llegó para disipar aquel ambiente sombrío el domingo por la noche, encabezado por Andy Hertzfeld y Bill Atkinson. Jobs tardó un rato en abrirles la puerta, y a continuación los llevó a un cuarto junto a la cocina que era una de las pocas estancias amuebladas de la casa. Con la ayuda de Redse, les sirvió un poco de comida vegetariana que había pedido por teléfono. «Bueno, ¿entonces qué ha pasado? —preguntó Hertzfeld—. ¿Es tan malo como parece?».

«No, es peor. —Jobs hizo una mueca—. Es mucho peor de lo que puedas imaginarte». Culpó a Sculley por haberlo traicionado y afirmó que Apple no iba a ser capaz de funcionar sin él. Se quejó de que sus atributos como presidente eran completamente ceremoniales. Lo habían expulsado de su despacho en el Bandley 3 para trasladarlo a un edificio pequeño y casi vacío al que él llamaba «Siberia». Hertzfeld cambió de tema para centrarse en tiempos más felices, y todos comenzaron a recordar con nostalgia el pasado.

Dylan había publicado a principios de aquella semana un nuevo álbum, *Empire Burlesque*, y Hertzfeld llevó una copia que escucharon en el tocadiscos de alta tecnología de Jobs. La canción más destacada, «When the Night Comes Falling from the Sky», con su mensaje apocalíptico, parecía apropiada para la velada, pero a Jobs no le gustó. Le parecía que sonaba casi como a música de discoteca, y aseguró con tono sombrío que Dylan había ido decayendo desde *Blood on the Tracks*, así que Hertzfeld movió la aguja hasta la última canción del disco, «Dark Eyes», que era un tema acústico sencillo en el que Dylan cantaba únicamente con una guitarra y una armónica. Era una canción triste y lenta, y Hertzfeld esperaba que le recordara a Jobs los primeros temas del cantante que tanto adoraba. Sin embargo, a Jobs tampoco le gustó, y ya no tenía ganas de escuchar el resto del álbum.

La exagerada reacción de Jobs resultaba comprensible. Sculley había sido en una ocasión como un padre para él, igual que Mike Markkula y Arthur Rock. En el transcurso de la semana, los tres lo habían abandonado. «Aquello trajo de vuelta ese sentimiento tan enraizado de que lo abandonaron cuando era pequeño —comentó su amigo y abogado George Riley—. Forma parte intrínseca de su propia mitología, y define quién es ante sí mismo». Cuando se vio rechazado por aquellas figuras paternas, tales como Markkula y Rock, volvió a sentirse abandonado. «Me sentí como si me hubieran dado un puñetazo, como si me hubiera quedado sin aliento y no pudiera respirar», recordaba Jobs años después.

Perder el apoyo de Arthur Rock resultó especialmente doloroso. «Arthur había sido como un padre para mí —comentaría Jobs más tarde—. Me tomó bajo su ala». Rock le había enseñado el mundo de la ópera, y su esposa y él lo habían acogido en San Francisco y en Aspen. Jobs, que nunca fue muy dado a hacer regalos, le llevaba algún detalle a Rock de vez en cuando, como por ejemplo un walkman de Sony al volver de Japón. «Recuerdo que un día iba por San Francisco y le dije: "Dios mío, qué feo es ese edificio del Bank of America", y Rock me contestó: "No, es uno de los mejores edificios que hay", y a continuación me enseñó por qué; él tenía razón, por supuesto». Incluso pasados varios años, los ojos de Jobs se llenaban de lágrimas al recordar la historia. «Prefirió a Sculley antes que a mí. Aquello me dejó completamente helado. Nunca pensé que fuera a abandonarme».

Lo peor de todo era que ahora su adorada compañía se encontraba en manos de un hombre al que consideraba un capullo. «El consejo pensaba que yo no podía dirigir una empresa, y estaban en su derecho de tomar aquella decisión —afirmó—. Pero cometieron un error. Deberían haber separado la elección de qué hacer conmigo y qué hacer con Sculley. Deberían haber despedido a Sculley, incluso si no creían que yo estuviera preparado para dirigir Apple». E incluso cuando su melancolía se fue atenuando lentamente, su enfado con Sculley —su sensación de haber sido traicionado— se acrecentó, algo que sus amigos mutuos trataron de suavizar. Una tarde del verano de 1985, Bob Metcalfe, que había coinventado la Ethernet mientras se encontraba en el Xerox PARC, los invitó a los dos a su nueva casa en Woodside. «Fue un terrible error —recordaba—. John y Steve se quedaron en extremos opuestos de la casa, no se dirigieron la palabra y yo me di cuenta de que no podía hacer nada para arreglarlo. Steve, que puede ser un gran pensador, también es capaz de comportarse como un auténtico cretino con los demás».

La situación empeoró cuando Sculley le comentó a un grupo de analistas que consideraba a Jobs irrelevante para la compañía, a pesar de su cargo de presidente. «Desde el punto de vista del control operacional, no hay sitio ni ahora ni en el futuro para Steve Jobs —aseguró—. No sé qué piensa hacer». Aquella rotunda afirmación conmocionó al grupo, y un grito ahogado de asombro recorrió la sala.

Jobs pensó que marcharse a Europa podría ser de ayuda, así que en junio se dirigió a París, donde habló en un acto organizado por Apple y acudió a una cena en honor del vicepresidente estadounidense, George H. W. Bush. Desde allí se fue a Italia, donde su novia de aquel momento y él atravesaron las colinas de la Toscana y Jobs compró una bicicleta para poder pasar algo de tiempo montando a solas. En Florencia, Jobs se empapó de la arquitectura de la ciudad y la textura de los materiales de construcción. Quedó particularmente impresionado por las losas del suelo, que provenían de la cantera Il Casone, situada junto a la localidad toscana de Firenzuola. Eran de un gris azulado muy relajante, intenso pero agradable. Veinte años después, decidiría que el suelo de la mayoría de las principales tiendas de Apple usara aquella arenisca de la cantera Il Casone.

El Apple II estaba a punto de salir al mercado en Rusia, así que Jobs se dirigió a Moscú, donde se encontró con Al Eisenstat. Allí se enfrentaron con algunos problemas para obtener la aprobación de Washington sobre ciertas licencias de exportación que necesitaban, así que visitaron al agregado comercial de la embajada estadounidense en Moscú, Mike Merwin. Este les advirtió de que existían leyes estrictas que prohibían compartir tecnología con los soviéticos. Jobs estaba molesto. En la reunión de París, el vicepresidente Bush lo había animado a introducir ordenadores en Rusia para «fomentar una revolución desde abajo». Mientras cenaban en un restaurante georgiano especializado en *shish kebabs*, Jobs prosiguió con su perorata. «¿Cómo puede sugerir que esto viola las leyes estadounidenses cuando es algo que favorece tan claramente nuestros intereses?», le preguntó a Merwin. «Si ponemos los Mac en manos de los rusos, podrían imprimir todos sus periódicos», contestó este.

Jobs también mostró su lado más batallador en Moscú cuando insistió en hablar de Trotsky, el carismático revolucionario que había perdido el favor de Stalin y a quien este había mandado asesinar. En un momento dado, un agente de la KGB que le había sido asignado le sugirió moderar su fervor. «No debe hablar de Trotsky —le indicó—. Nuestros historiadores han estudiado la situación y ya no creemos que sea un gran hombre». Aquello empeoró las cosas. Cuando llegaron a la Universidad Estatal de Moscú para dirigirse a los estudiantes de informática, Jobs comenzó su discurso con una alabanza a Trotsky. Era un revolucionario con el que Jobs podía identificarse.

Jobs y Eisenstat asistieron a la fiesta de celebración del 4 de Julio en la embajada estadounidense, y en su carta de agradecimiento al embajador, Arthur Hartman, Eisenstat advirtió de que Jobs planeaba proseguir las operaciones de Apple en Rusia con mayor vigor al año siguiente. «Estamos planeando la posibilidad de regresar a Moscú en septiembre». Por un instante, pareció que las esperanzas de Sculley de que Jobs se convirtiera en un «visionario global» para la compañía fueran a hacerse realidad. Sin embargo, aquello no fue posible. Septiembre lo aguardaba con acontecimientos muy diferentes.

18

NeXT

Prometeo liberado

Durante una comida en Palo Alto organizada por el presidente de la Universidad de Stanford, Donald Kennedy, Jobs se encontró sentado junto al bioquímico Paul Berg, ganador del Premio Nobel, que describió los avances que se estaban realizando en el campo de la genética y del ADN recombinante. A Jobs le encantaba aprender cosas nuevas, especialmente en aquellas ocasiones en las que sentía que la otra persona sabía más que él. Así, al regresar de Europa en agosto de 1985, mientras buscaba nuevos proyectos que emprender en su vida, llamó a Berg y le preguntó si podían volver a reunirse. Pasearon por el campus de Stanford y acabaron charlando mientras comían en una cafetería.

Berg le explicó lo difícil que era realizar experimentos en un laboratorio de biología, donde podían pasar semanas hasta acabar las pruebas y obtener un resultado. «¿Por qué no los simuláis en un ordenador? —preguntó Jobs—. Eso no solo os permitiría acabar antes con los experimentos, sino que algún día todos los estudiantes de Microbiología de primer año del país podrían jugar con el software recombinante de Paul Berg».

Berg le explicó que los ordenadores con esas capacidades eran demasiado caros para los laboratorios universitarios. «De pronto comenzó a entusiasmarse acerca de las posibilidades —comentó Berg—. Había decidido fundar una nueva empresa. Era joven y rico, y tenía que encontrar algo que hacer el resto de su vida».

Jobs ya había estado sondeando a otros académicos, preguntándoles qué elementos necesitarían en una estación de trabajo. Este era un tema que le interesaba desde 1983, cuando había visitado el departamento de informática de la Universidad de Brown para presentar el Macintosh y le dijeron que era necesaria una máquina mucho más potente para realizar cualquier experimento útil en un laboratorio académico. El sueño de los investigadores era contar con una estación de trabajo que fuera a la vez potente y personal. Como jefe del grupo del Macintosh, Jobs había iniciado un proyecto para construir una máquina así, que había sido bautizada con el nombre de «Big Mac». Iba a tener un sistema operativo UNIX, pero con la atractiva interfaz del Macintosh. Sin embargo, cuando retiraron a Jobs de su puesto de director de equipo en el verano de 1985, su sustituto, Jean-Louis Gassée, canceló el proyecto Big Mac.

Cuando eso ocurrió, Jobs recibió una llamada consternada de Rich Page, que había estado preparando la disposición de chips del Big Mac. Aquella era la última de una serie de conversaciones que Jobs había estado manteniendo con empleados de Apple disgustados, todos rogándole que crease una nueva compañía y los rescatara. Los planes al respecto comenzaron a fraguarse durante el puente del Día del Trabajo, cuando Jobs habló con Bud Tribble, el jefe de software del primer Macintosh, y dejó caer la idea de crear una empresa para construir un ordenador potente pero personal. También recurrió a dos empleados del equipo del Macintosh que habían estado comentando la posibilidad de dejar su trabajo, el ingeniero George Crow y la directora financiera Susan Barnes.

Aquello dejaba una única vacante en el equipo: alguien que pudiera publicitar ese nuevo producto entre las universidades. El candidato más evidente era Dan'l Lewin, la persona que trabajaba en la oficina de Sony donde Jobs solía consultar los folletos. Jobs había contratado a Lewin en 1980, y este había conseguido coordinar una red de universidades que iban a comprar grandes cantidades de ordenadores Mac. Además de faltarle dos letras en el nombre, Lewin tenía los rasgos cincelados de Clark Kent, la pulida presencia de un estudiante de Princeton y la elegancia de uno de los miembros más destacados del equipo de natación de dicha universidad. A pesar de sus diferentes procedencias, Jobs y él compartían un vínculo: Lewin había redactado su tesis en Princeton sobre Bob Dylan y el liderazgo carismático, y algo sabía Jobs de ambos temas.

El consorcio universitario de Lewin había llegado como caído del cielo para el equipo del Macintosh, pero el proyecto se vio frustrado cuando Jobs se fue y Bill Campbell reorganizó el departamento de marketing de forma que se reducía el papel de las ventas directas a las universidades. Lewin había estado pensando en llamar a Jobs cuando, ese puente del Día del Trabajo, Jobs lo llamó a él, así que fue a la mansión sin amueblar de Jobs y ambos dieron un paseo mientras discutían la posibilidad de crear una nueva compañía. Lewin estaba entusiasmado, aunque no listo para comprometerse. Iba a viajar a Austin con Bill Campbell la semana siguiente, y quería esperar hasta entonces para tomar una decisión.

Lewin le dio una respuesta al regresar de Austin: podía contar con él. La noticia llegó justo a tiempo para la reunión del consejo de Apple del 13 de septiembre. Aunque Jobs era todavía oficialmente el presidente del consejo, no había asistido a ninguna de las reuniones desde que lo apartaron de su puesto anterior. Llamó a Sculley, le dijo que iba a asistir y le pidió que añadiera un punto al final del orden del día para un «informe del presidente». No le contó de qué trataba, y Sculley pensó que sería una crítica a la última reorganización de la empresa. En vez de eso, Jobs describió sus planes para crear una nueva compañía. «He estado pensándolo mucho, y ha llegado la hora de seguir con mi vida —comenzó—. Es obvio que debo hacer algo. Tengo treinta años». A continuación recurrió a algunas notas que había preparado para detallar su plan de construir un ordenador destinado al mercado de la educación superior. Prometió que la nueva compañía no sería competidora de Apple y que solo se llevaría consigo a un puñado de trabajadores no esenciales para esta última. Se ofreció a dimitir como presidente de Apple, pero expresó sus esperanzas de que pudieran trabajar juntos. Sugirió que Apple podría querer comprar los derechos de distribución de su producto o venderle licencias de uso del software del Macintosh.

Mike Markkula se mostró herido ante la posibilidad de que Jobs fuera a contratar personal de Apple.

«¿Por qué habrías de llevarte a ninguno de ellos?», le preguntó. «No te alteres —lo tranquilizó Jobs—. Se trata de personal de las escalas más bajas al que no echaréis de menos, y ellos pensaban irse de todas formas».

El consejo pareció en un primer momento dispuesto a desearle todo lo mejor a Jobs en su nueva aventura. Tras una discusión privada, los consejeros llegaron incluso a proponer que Apple invirtiera en un 10% de la nueva compañía y que Steve permaneciera en el consejo.

Esa noche, Jobs y sus cinco piratas rebeldes volvieron a reunirse en su casa para cenar. Jobs se mostraba a favor de aceptar la inversión de Apple, pero los demás lo convencieron de que no era una buena idea. También coincidieron en que sería mejor que todos dimitieran a la vez y de inmediato para que la ruptura fuera limpia y clara.

Así pues, Jobs le envió una carta formal a Sculley para informarle de los cinco empleados que iban a marcharse, la firmó con su caligrafía de trazos finos y se dirigió a Apple a primera hora de la mañana siguiente para entregársela antes de la reunión de personal de las 7:30 de la mañana.

«Steve, esta gente no pertenece a las escalas más bajas», lo acusó Sculley cuando acabó de leer la carta. «Bueno, es gente que iba a dimitir de todas formas —replicó Jobs—. Van a entregar sus cartas de dimisión hoy a las nueve de la mañana».

Desde el punto de vista de Jobs, había sido sincero. Las cinco personas que abandonaban el barco no eran directores de ningún departamento ni miembros del equipo ejecutivo de Sculley. De hecho, todos se habían sentido menospreciados por la nueva organización de la compañía. Sin embargo, desde la perspectiva de Sculley, se trataba de jugadores importantes: Page era socio de la empresa, y Lewin resultaba fundamental para el mercado de la educación superior. Además, todos conocían los planes del Big Mac, y aunque el proyecto se hubiera cancelado, aquella información seguía siendo propiedad de Apple. Pero Sculley se mostró confiado, al menos por el momento. En lugar de discutir sobre aquel asunto, le preguntó a Jobs si pensaba quedarse en el consejo. Jobs respondió que se lo pensaría.

Sin embargo, cuando Sculley apareció en la reunión de personal de las 7:30 de la mañana y les contó a sus principales ejecutivos quiénes iban a dimitir, se originó un gran alboroto. Muchos pensaron que Jobs había roto sus compromisos como presidente y que estaba mostrando una sorprendente deslealtad hacia la empresa. «Deberíamos denunciarlo como el impostor que es para que la gente deje de adorarlo como a un mesías», gritó Campbell, según afirma Sculley.

Campbell reconoció que, aunque después se convirtió en un gran defensor de Jobs y en uno de sus valedores en el consejo de administración, aquella mañana estaba que echaba chispas. «Joder, estaba furioso, especialmente cuando supe que se llevaba a Dan'l Lewin —afirmó—. Lewin había forjado una relación con las universidades. Siempre estaba quejándose acerca de lo duro que era trabajar con Steve, y de pronto va y se marcha». De hecho, Campbell estaba tan enfadado que abandonó la reunión para llamar a Lewin a su casa. Cuando su esposa le dijo que estaba en la ducha, Campbell contestó: «Esperaré». Unos minutos más tarde, ella anunció que su marido seguía en la ducha, y Campbell respondió de nuevo: «Esperaré». Cuando Lewin se puso por fin al aparato, Campbell le preguntó si era cierto que dimitía. Lewin reconoció que así era. Campbell no dijo nada y colgó el teléfono.

Tras sentir la cólera de su equipo directivo, Sculley sondeó a los miembros del consejo. Ellos, a su vez, también sentían que Jobs los había engañado al afirmar que no iba a llevarse consigo a empleados importantes. Arthur Rock estaba especialmente enfadado. Aunque había apoyado a Sculley durante el enfrentamiento del Día de los Caídos, había sido capaz de reparar su relación paternofilial con Jobs. Una semana antes lo había invitado a que fuera con su novia, Tina Redse, hasta San Francisco, para que él y su esposa pudieran conocerla. Los cuatro disfrutaron de una agradable cena en la casa de Rock, en Pacific Heights. En aquel momento, Jobs no mencionó la nueva empresa que estaba creando, así que Rock se sintió traicionado cuando se enteró por Sculley. «Vino ante el consejo y nos mintió —se quejó Rock, furioso—. Nos dijo que estaba pensando en formar una nueva compañía cuando en realidad ya la había preparado. Dijo que se iba a llevar a algunos trabajadores de puestos intermedios. Resultó que eran cinco de los miembros más antiguos».

Markkula, con su carácter apagado, también se mostró ofendido. «Se llevó a algunos de los principales ejecutivos, a los que había convencido en secreto antes de irse. Esa no es la forma correcta de hacer las cosas. Fue muy poco caballeroso».

Durante el fin de semana, los miembros del consejo de administración y los ejecutivos de la empresa convencieron a Sculley de que Apple tenía que declararle la guerra a su cofundador. Markkula redactó una declaración formal en la que se acusaba a Jobs de actuar «en contradicción directa con sus declaraciones de que no reclutaría a ningún miembro clave de Apple para su empresa». El texto añadía amenazante: «Estamos evaluando las posibles acciones que deben emprenderse». El *Wall Street Journal* citó a Bill Campbell al señalar que «estaba asombrado y sorprendido» por el comportamiento de Jobs. También aparecía una declaración anónima de otro directivo: «Nunca había visto a un grupo de gente tan furiosa en las empresas por las que he pasado a lo largo de mi vida. Todos creemos que ha tratado de engañarnos».

Jobs salió de su reunión con Sculley pensando que todo iba a ir sobre ruedas, así que no había hecho declaraciones. Sin embargo, tras leer la prensa, sintió que debía responder. Telefoneó a algunos de sus periodistas más fieles y los invitó a su casa al día siguiente para ofrecerles entrevistas privadas. A continuación llamó a Andrea Cunningham, que había gestionado sus relaciones públicas en la empresa de Regis McKenna, para que fuera a ayudarlo. «Acudí a su mansión sin amueblar en Woodside —recordaba— y me lo encontré en la cocina rodeado de sus cinco colegas, con unos cuantos periodistas esperando en el jardín de la entrada». Jobs le informó de que iba a ofrecer una rueda de prensa en toda regla y comenzó a enumerar algunos de los comentarios peyorativos que iba a incluir. Cunningham quedó horrorizada. «Esto te va a dar una imagen pésima», le dijo a Jobs. Al final, logró que cejara en su empeño. Él decidió que les entregaría a los periodistas una copia de su carta de dimisión, y limitaría cualquier comentario oficial a unas pocas declaraciones inofensivas.

Jobs había considerado la posibilidad de enviar simplemente por correo su carta de dimisión, pero Susan Barnes lo convenció de que aquello resultaría demasiado despectivo. En vez de eso, condujo hasta la casa de Markkula, donde también encontró a Al Eisenstat, consejero general de Apple. Mantuvieron una tensa conversación durante unos quince minutos y entonces Barnes tuvo que ir para a llevárselo antes de que dijese nada que luego pudiera lamentar. Jobs dejó allí la carta, que había redactado en un Macintosh e impreso con la nueva impresora LaserWriter:

17 de septiembre de 1985

Querido Mike:

Los periódicos de esta mañana hablaban de rumores según los cuales Apple está pensando en la posibilidad de apartarme de mi cargo como presidente. Desconozco cuál es la fuente de estas informaciones, pero resultan engañosas para los lectores e injustas para mí.

Recordarás que en la reunión del consejo del pasado jueves declaré que había decidido crear una nueva empresa y presenté mi dimisión como presidente.

El consejo se negó a aceptar mi dimisión y me pidió que postergase la decisión una semana. Yo accedí en vista del apoyo ofrecido por ellos con respecto a mi nueva empresa y de los indicios que apuntaban a que Apple podría invertir en ella. El viernes, después de informar a John Sculley acerca de quiénes se unirían a mí, confirmó la disposición de Apple a hablar de las áreas de posible colaboración entre ellos y mi nueva empresa.

Desde entonces, la compañía parece estar adoptando una postura hostil hacia mí y la nueva empresa. Consecuentemente, debo insistir en la aceptación inmediata de mi dimisión. [...]

Como sabes, la reciente reorganización de la compañía me ha dejado sin nada que hacer y sin acceso siquiera a los informes de gestión habituales. Solo tengo treinta años y todavía quiero contribuir a alcanzar nuevos logros.

Después de lo que hemos conseguido juntos, espero que nuestra despedida sea amistosa y digna.

Atentamente,

STEVEN P. JOBS

Cuando un encargado de mantenimiento entró en el despacho de Jobs para guardar sus pertenencias en cajas, se encontró en el suelo una fotografía enmarcada. En ella se veía a Jobs y Sculley manteniendo una agradable conversación, con una dedicatoria escrita siete meses atrás: «¡Por las grandes ideas, las grandes experiencias y una gran amistad! John». El cristal del marco estaba hecho añicos. Jobs lo había arrojado contra la pared antes de marcharse. Desde ese día, nunca más volvió a dirigirle la palabra a Sculley.

Las acciones de Apple subieron un punto completo, o casi un 7%, cuando se anunció la dimisión de Jobs. «Los accionistas de la Costa Este siempre estuvieron preocupados por los bichos raros de California que dirigían la compañía —explicó el redactor de una revista sobre inversiones en tecnología—. Ahora que Wozniak y Jobs se han ido, esos accionistas respiran aliviados». Sin embargo, Nolan Bushnell, el fundador de Atari que se había divertido siendo su mentor diez años atrás, le dijo a *Time* que echarían mucho de menos a Jobs. «¿De dónde va a venir la inspiración de Apple? ¿Va a tener Apple ahora todo el romanticismo de una nueva marca de Pepsi?».

Después de algunos días de infructuosos esfuerzos por llegar a un acuerdo con Jobs, Sculley y el consejo de administración de Apple decidieron denunciarlo por «incumplimiento de responsabilidades fiduciarias». La demanda enumeraba sus presuntas infracciones:

> A pesar de sus responsabilidades fiduciarias para con Apple, Jobs, en su calidad de presidente de el consejo de administración de Apple y directivo de Apple, y bajo una presunta lealtad hacia los intereses de Apple [...]
> a) planeó en secreto la formación de una empresa competidora de Apple;
> b) conspiró en secreto para que dicha empresa competidora utilizara y se aprovechara injustamente de los planes de Apple para diseñar, desarrollar y comercializar productos de nueva generación; [...]
> c) captó en secreto a empleados clave para Apple. [...]

Por aquel entonces, Jobs, dueño de 6,5 millones de acciones de Apple (el 11% de la compañía, con un valor de más de 100 millones de dólares), comenzó inmediatamente a vender sus participaciones. En menos de cinco meses se había deshecho de todas ellas salvo una, que guardó para poder asistir a las juntas de accionistas si le apetecía.

Estaba furioso, y aquello quedó reflejado en su pasión por dar comienzo a lo que era, por mucho que tratara de ocultarlo, una compañía rival. «Estaba enfadado con Apple —comentó Joanna Hoffman, que trabajó brevemente para aquella nueva empresa—. Dirigirse al mercado de la educación, donde Apple era una empresa fuerte, era sencillamente un acto de desquite y mezquindad por parte de Steve. Lo estaba haciendo para vengarse».

Jobs, por supuesto, no lo veía de la misma manera. «Tampoco es que yo vaya por ahí buscando pelea», le dijo a *Newsweek*. Una vez más, invitó a sus periodistas favoritos a su casa de Woodside, y en esta ocasión no contaba con Andy Cunningham para que le suplicase contención. Rechazó la acusación de que hubiera captado de forma impropia a los cinco empleados de Apple. «Todos ellos me llamaron —informó al grupo de periodistas arremolinados en su salón sin amueblar—. Estaban pensando en abandonar la compañía. Apple tiene tendencia a descuidar a sus trabajadores».

Decidió colaborar con una portada en el *Newsweek* para poder presentar su versión de los hechos, y las entrevistas que ofreció para el reportaje resultaron muy reveladoras. «Lo que mejor se me da es encontrar un grupo de personas con talento y crear cosas con ellos —le dijo a la revista. Añadió que siempre guardaría un franco afecto por Apple—: Siempre recordaré a Apple como cualquier hombre recuerda a la primera mujer de la que se enamoró». Sin embargo, también estaba dispuesto a enfrentarse a su consejo de administración si era necesario. «Cuando alguien te llama ladrón en público, tienes que responder». La amenaza de Apple de demandarlos a él y a sus compañeros era un escándalo. También era motivo de tristeza. Demostraba que Apple ya no era una empresa confiada y rebelde. «Nadie se cree que una empresa valorada en dos mil millones de dólares y con 4.300 empleados no pueda competir con seis personas vistiendo vaqueros».

En un intento por desmentir la versión de Jobs, Sculley llamó a Wozniak para pedirle que interviniera. Wozniak nunca fue una persona manipuladora o vengativa, pero tampoco dudó nunca en hablar con sinceridad acerca de sus sentimientos. «Steve puede ser una persona ofensiva e hiriente», le dijo a *Time* aquella semana. Reveló que Jobs lo había llamado para que se uniera a su nueva empresa —habría sido una astuta forma de asestarle otro golpe al consejo de administración de Apple en funciones—, pero añadió que no pensaba intervenir en aquellas maniobras y no le había devuelto la llamada. Al *San Francisco Chronicle* le contó como Jobs había impedido que frogdesign interviniera en su proyecto de un mando a distancia con la excusa de que aquello podría entrar en conflicto con los productos de Apple. «Espero que cree grandes productos y le deseo un gran éxito, pero no puedo fiarme de su integridad», le confesó Wozniak al periódico.

POR SU CUENTA

«Lo mejor que le pudo pasar a Steve es que lo despidiéramos, que le dijéramos que no queríamos volverlo a ver», declaró posteriormente Arthur Rock. La teoría, compartida por muchos, es que aquel mal trago lo volvió más sabio y maduro. Sin embargo, en la vida nada es tan sencillo. En la compañía que fundó tras verse expulsado de Apple, Jobs pudo desarrollar sus instintos naturales, tanto los buenos como los malos. No tenía límites. El resultado fue una serie de productos espectaculares que resultaron ser enormes fracasos de ventas. Esa fue la auténtica experiencia formativa. Lo que lo preparó para el gran éxito que tuvo en el tercer tramo de su vida no fue la expulsión de Apple durante el primero, sino sus brillantes fracasos en el segundo.

El primer instinto que dejó crecer sin cortapisas fue la pasión por el diseño. El nombre que eligió para su nueva compañía era bastante directo: «Next» («Siguiente», en inglés). Para hacer que fuera más identificable, decidió que necesitaba un logotipo de primer orden, así que cortejó al mandamás de los logotipos empresariales, Paul Rand. Este diseñador gráfico de setenta y un años nacido en Brooklyn ya había creado algunos de los logotipos más conocidos del mercado, como los de la revista *Esquire*, IBM, la firma Westinghouse, la cadena de televisión ABC y el servicio de mensajería UPS. Por aquel entonces había firmado un contrato con IBM, y sus supervisores afirmaron que, obviamente, supondría un conflicto de intereses que diseñara la imagen de otra empresa informática, así que Jobs cogió el teléfono y llamó a John Akers, consejero delegado de IBM.

No estaba en la ciudad, pero Jobs fue tan insistente que al final lo pasaron con el vicepresidente, Paul Rizzo. Tras dos días, Rizzo concluyó que era inútil resistirse a Jobs y le dio permiso a Rand para que llevara a cabo el encargo.

Rand voló a Palo Alto y estuvo allí un tiempo paseando con Jobs y escuchando su propuesta. Jobs decidió que el ordenador tendría forma cúbica. Le encantaba aquella forma, era perfecta y sencilla. Así pues, Rand decidió que el logotipo también fuera un cubo, uno inclinado con un atrevido ángulo de 28 grados. Cuando Jobs le preguntó si pensaba diseñar varias opciones para que él eligiera una, Rand aseguró que él no creaba opciones diferentes para sus clientes. «Resolveré tu problema y tú me pagarás —le dijo a Jobs—. Puedes utilizar lo que yo produzca o no, pero no presentaré varias opciones, y en cualquiera de los casos me pagarás».

Jobs admiraba aquel tipo de razonamiento. Podía sentirse identificado con él, así que propuso un trato bastante arriesgado. La compañía le haría entrega de 100.000 dólares como único pago a cambio de un único diseño. «Nuestra relación era muy clara —afirmó Jobs—. Él era un artista muy puro, pero también astuto en las negociaciones. Tenía un exterior duro, y había perfeccionado su imagen de cascarrabias, pero por dentro era como un osito de peluche». Aquel fue uno de los mayores halagos de Jobs: un artista muy puro.

Rand solo necesitó dos semanas. Regresó en avión para presentarle el resultado a Jobs en su casa de Woodside. Primero cenaron y después Rand le entregó un elegante cuaderno en el que describía el proceso mental que había seguido. En la última página, Rand presentó el logotipo, que había elegido: «Por su diseño, disposición del color y orientación, el logotipo es un estudio de contrastes —proclamaba el cuaderno—. El cubo, inclinado en un desenfadado ángulo, rebosa de la informalidad, la simpatía y la espontaneidad de un sello navideño y de la autoridad de un cuño oficial». La palabra «Next» estaba dividida en dos líneas para llenar la cara cuadrada del cubo, y solo la letra «e» iba en minúscula. Esa letra, según explicaba el cuaderno de Rand, destacaba por connotar «educación, excelencia [...] $e=mc^2$».

En ocasiones era difícil predecir cómo iba a reaccionar Jobs ante una presentación. Podía clasificarla como horrenda o como brillante, y nunca sabías cuál de las dos opciones iba a ser. Sin embargo, con un diseñador legendario como Rand, lo más probable era que aceptara la propuesta. Jobs se quedó mirando la última hoja, levantó la vista hacia Rand y entonces lo abrazó. Solo tuvieron un desacuerdo de poca importancia: el diseñador había utilizado un amarillo oscuro para la «e» del logotipo, y Jobs quería que lo cambiara por un tono amarillo más brillante y tradicional. Rand golpeó la mesa con el puño y espetó: «Llevo cincuenta años dedicándome a esto y sé lo que hago». Jobs no insistió.

La compañía no solo tenía un nuevo logotipo, sino también un nuevo nombre. Ya no era «Next», sino «NeXT». Puede que algunos no comprendieran aquella obsesión por un logotipo, y mucho menos que se pagasen 100.000 dólares por uno. Sin embargo, para Jobs significaba que NeXT llegaba a la vida con una identidad y un aspecto mundialmente reconocibles, incluso sin haber diseñado todavía su primer producto. Tal y como le había enseñado Markkula, puedes juzgar un libro por sus tapas, y una gran compañía debe ser capaz de atribuirse valores desde la primera impresión que causa. Además, el logotipo era increíblemente moderno y atractivo.

Como propina, Rand accedió a diseñar una tarjeta de visita personalizada para Jobs y le presentó un modelo lleno de color que le gustó, pero al final acabaron enzarzados en una larga y animada discusión acerca de la colocación del punto tras la «P» de «Steven P. Jobs». Rand había colocado el punto a la derecha de la «P», tal y como aparecería si se escribiera con tipos de imprenta. Steve prefería el punto desplazado a la izquierda, bajo la curva de la «P», tal y como permitía la tipografía digital. «Aquella fue una discusión bastante larga sobre un elemento relativamente pequeño», recordaba Susan Kare. En aquella ocasión, Jobs se salió con la suya.

A la hora de trasladar el logotipo de NeXT a la imagen de productos reales, Jobs necesitaba a un diseñador industrial en el que confiara. Habló con algunos candidatos, pero ninguno lo impresionó tanto como el alocado bávaro que había traído a Apple, Hartmut Esslinger, cuya empresa, frogdesign, se había instalado en Silicon Valley y que, gracias a Jobs, disfrutaba de un lucrativo contrato con su anterior empresa. Conseguir que IBM autorizase a Paul Rand a que trabajara en NeXT fue un pequeño milagro hecho posible gracias a la creencia de Jobs de que la realidad podía distorsionarse. Sin embargo, aquello había sido pan comido comparado con las probabilidades de que pudiera convencer a Apple de permitirle a Esslinger trabajar para NeXT.

Pero al menos lo intentó. A principios de noviembre de 1985, solo cinco semanas después de que Apple hubiera interpuesto una demanda contra él, Jobs escribió a Eisenstat (el consejero general de Apple que había presentado la denuncia) y le pidió el permiso correspondiente. «He hablado con Hartmut Esslinger este fin de semana y él me sugirió que te escribiera una nota en la que te cuente por qué quiero trabajar con él y con frogdesign en los nuevos productos para NeXT», afirmaba. Sorprendentemente, su argumento fundamental era que no sabía en qué estaba trabajando Apple, pero Esslinger sí. «NeXT no tiene conocimiento acerca de la evolución actual o futura de los diseños de productos de Apple, ni tampoco otras firmas de diseño con las que podemos tener relación, así que es posible que diseñemos de forma accidental productos con un aspecto similar. Resultaría beneficioso tanto para Apple como para NeXT recurrir a la profesionalidad de Hartmut para asegurarnos de que eso no ocurre». Eisenstat recordaba que quedó anonadado por la audacia de Jobs, y su respuesta fue cortante: «Ya he expresado con anterioridad mi preocupación en nombre de Apple por el hecho de que estés siguiendo una línea de negocio en la que utilizas información empresarial confidencial de Apple —escribió—. Tu carta no alivia mi inquietud en ningún sentido. De hecho, acrecienta dicho desasosiego, porque en ella afirmas que no tienes "conocimiento acerca de la evolución actual o futura de los diseños de productos de Apple", una aseveración que no es cierta». Lo que para Eisenstat resultaba más sorprendente de toda aquella petición era que había sido el propio Jobs quien, apenas un año antes, había obligado a frogdesign a abandonar su trabajo en el proyecto del mando a distancia de Wozniak.

Jobs se dio cuenta de que, para poder trabajar con Esslinger (y por muchas otras razones), iba a tener que arreglar el asunto de la demanda interpuesta por Apple. Afortunadamente, Sculley dio muestras de buena voluntad. En enero de 1986 alcanzaron un acuerdo fuera de los tribunales en el que no hubo que compensar daños económicos. A cambio de la retirada de la demanda por parte de Apple, NeXT accedió a una serie de restricciones: su producto se comercializaría como una estación de trabajo de alta gama, se vendería directamente a centros universitarios y no saldría al mercado antes de marzo de 1987. Apple también insistió en que la máquina de NeXT «no utilizara un sistema operativo compatible con el del Macintosh», aunque cabe pensar que les habría ido mejor si hubieran insistido justo en lo contrario.

Tras el acuerdo, Jobs siguió rondando a Esslinger hasta que el diseñador decidió rebajar las condiciones de su contrato con Apple. Eso permitió, a finales de 1986, que frogdesign pudiera trabajar con NeXT. La firma insistió en tener vía libre, igual que había hecho Paul Rand. «En ocasiones hay que ponerse duro con Steve», afirmó Esslinger. Sin embargo, al igual que Rand, él era un artista, por lo que Jobs estaba dispuesto a mostrar una indulgencia que les negaba a los demás mortales.

Jobs especificó que el ordenador debía ser un cubo absolutamente perfecto, con lados de un pie de longitud (30,48 centímetros) exactamente y ángulos de noventa grados justos. Le gustaban los cubos. Comportan una cierta dignidad, pero al tiempo mantienen una ligera connotación de juguete. Sin embargo, el cubo de NeXT fue un típico ejemplo de Jobs en los que la función sigue a la forma (en lugar de al revés, como exigían la escuela de la Bauhaus y otros diseñadores funcionalistas). Las placas base, que encajaban sin problemas en las torres tradicionales, con forma de caja aplastada, tenían que reconfigurarse y apilarse para caber dentro de un cubo.

Peor todavía, la perfección del cubo lo hacía difícil de producir. La mayoría de las piezas que se crean en moldes tienen ángulos de algo más de noventa grados para que resulte más fácil extraerlas (igual que es más sencillo sacar un bizcocho de su caja si los ángulos son algo superiores a los noventa grados). Sin embargo, Esslinger decretó, con la entusiasmada aquiescencia de Jobs, que no debían utilizarse aquellos «ángulos de desmoldeo», que podrían arruinar la pureza y perfección del cubo. Así pues, los laterales tuvieron que producirse por separado, con moldes que costaron 650.000 dólares, en un taller especializado de Chicago. La pasión de Jobs por la perfección estaba fuera de control. Cuando advirtió una línea diminuta en la carcasa causada por los moldes, algo que cualquier otro fabricante de ordenadores aceptaría como inevitable, voló a Chicago y convenció al fundidor para que empezara de nuevo y lo repitiera sin fallos. «No muchos fundidores esperan que alguien tan famoso vaya en avión a verlos», señaló David Kelley, uno de los ingenieros. Jobs también ordenó que la compañía comprara una máquina lijadora de 150.000 dólares para eliminar todas las aristas en las que se unieran dos piezas diferentes. Además, Jobs insistió en que la carcasa de magnesio fuera de un negro mate, lo que hacía que cualquier marca pudiera verse con mayor facilidad.

Kelley también debía averiguar cómo lograr que funcionara el soporte de la pantalla, con su elegante curvatura, una tarea que se volvió todavía más complicada cuando Jobs insistió en que debía contar con un mecanismo que permitiera regular su inclinación. «Yo intentaba ser la voz de la razón —se quejó Kelley a *Business Week*—, pero cuando decía: "Steve, eso va a ser demasiado caro" o "es imposible", llegaba su respuesta: "Eres un cobardica". Me hacía sentir estrecho de miras». Así pues, Kelley y su equipo pasaron noches enteras tratando de averiguar cómo convertir esos caprichos estéticos en un producto utilizable. Un candidato que estaba siendo entrevistado para un puesto en el departamento de marketing observó como Jobs retiraba con gesto teatral una pieza de tela para mostrar el soporte curvado de la pantalla, con un bloque de hormigón situado en el lugar donde se colocaría algún día la pantalla. Ante la mirada atónita del visitante, Jobs demostró con entusiasmo cómo funcionaba el mecanismo regulador de la inclinación, que había patentado personalmente con su nombre.

Jobs siempre había hecho gala de su obsesión por lograr que las partes ocultas de un producto tuvieran un acabado tan cuidado como el de cualquier fachada, lo mismo que hacía su padre cuando utilizaba un trozo de buena madera para la parte trasera y oculta de un arcón. También llevó esta costumbre hasta el extremo cuando en

NeXT se encontró libre de restricciones. Se aseguró de que los tornillos del interior de la máquina estuvieran recubiertos por un caro cromado, e incluso insistió en que el acabado negro mate se aplicara también al interior de la carcasa cúbica, a pesar de que solo los técnicos de reparación podrían verlo.

El periodista Joe Nocera, que por aquel entonces trabajaba en *Esquire*, plasmó la vitalidad de Jobs en una reunión de personal de NeXT:

> No sería correcto decir que ocupó su asiento durante la reunión de personal, porque Jobs no ocupa casi ningún asiento; una de las técnicas que utiliza para controlar una situación es el movimiento puro. Tan pronto está arrodillado en la silla como repantingado en ella, o de repente se levanta de un salto y se pone a escribir en la pizarra que tiene justo tras él. No para de hacer gestos. Se muerde las uñas. Se queda mirando con una fijación enervante a cualquiera que esté hablando. Las manos, de un suave e inexplicable tono amarillento, se encuentran en constante movimiento.

Lo que más sorprendió a Nocera fue la «falta de tacto casi deliberada» de Jobs. Aquello iba más allá de una simple incapacidad para ocultar sus opiniones cuando alguien decía algo que le parecía tonto; era una predisposición consciente —e incluso un entusiasmo perverso— a aplastar a los demás, humillarlos y demostrar que él era más inteligente. Cuando Dan'l Lewin repartió un gráfico con el organigrama, por ejemplo, Jobs puso los ojos en blanco. «Estos gráficos son una mierda», declaró al fin. Aun así, todavía mostraba enormes cambios de humor, como cuando trabajaba en Apple, en torno al eje *héroe-capullo*. Un empleado del departamento de finanzas entró en la reunión y Jobs le dedicó toda suerte de halagos por haber hecho «un trabajo muy, muy bueno con este acuerdo». El día anterior, Jobs le había dicho: «Este acuerdo es una bazofia».

Uno de los primeros diez empleados de NeXT fue un diseñador de interiores para la primera sede de la compañía, en Palo Alto. Aunque Jobs había alquilado un edificio nuevo con un diseño agradable, hizo que lo desmontaran por completo y lo volvieran a construir. Se sustituyeron las paredes por paneles de cristal y la moqueta se cambió por un suelo de madera noble de tonos claros. El proceso se repitió cuando en 1989 NeXT se trasladó a un local de mayor tamaño en Redwood City. Aunque el edificio era completamente nuevo, Jobs insistió en que debían desplazar los ascensores para que la entrada resultara más espectacular. Como elemento central para el vestíbulo, Jobs le encargó a I. M. Pei el diseño de unas grandes escaleras que parecieran flotar en el aire. El arquitecto aseguró que no podía construirse algo así. Jobs repuso que sí se podía, y se pudo. Años más tarde, Jobs convirtió ese modelo de escaleras en un rasgo característico de las tiendas de Apple.

El ordenador

Durante los primeros meses de NeXT, Jobs y Dan'l Lewin se echaron a la carretera, a menudo acompañados por algunos de sus compañeros, para visitar diferentes universidades y recabar opiniones. En Harvard se reunieron con Mitch Kapor, el presidente de Lotus Software, y fueron a cenar al restaurante Harvest. Cuando Kapor comenzó a untar mantequilla en el pan en grandes cantidades, Jobs lo miró y preguntó: «¿Has oído hablar alguna vez del colesterol?». Kapor respondió: «Hagamos un trato. Tú te abstienes de comentar mis hábitos alimentarios y yo me abstengo de entrar en el tema de tu personalidad». Pretendía que el comentario fuera gracioso, y Lotus accedió a escribir un programa de hoja de cálculo para el sistema operativo de NeXT, pero como el propio Kapor comentó posteriormente, «las relaciones interpersonales no eran su fuerte».

Jobs quería incluir contenidos atractivos en el aparato, así que Michael Hawley, uno de los ingenieros, desarrolló un diccionario digital. Un día compró una nueva edición de las obras de Shakespeare y advirtió que un amigo suyo que trabajaba en la editorial Oxford University Press había participado en la maquetación del texto. Aquello significaba que probablemente hubiera alguna cinta magnética de almacenamiento de datos que él podía conseguir y, en ese caso, incorporar a la memoria del NeXT. «Llamé a Steve, él aseguró que aquello sería increíble y tomamos juntos un avión a Oxford».

Durante un hermoso día primaveral de 1986, se reunieron en el gran edificio de la editorial en el centro de Oxford, donde Jobs hizo una oferta de 2.000 dólares más 74 centavos por cada ordenador vendido a cambio de los derechos de la edición de Oxford de las obras de Shakespeare. «Todo son ventajas para vosotros —argumentó—. Estaréis en la vanguardia de la tecnología, esto es algo que nunca se ha hecho antes». Llegaron a un acuerdo preliminar y después se fueron a jugar a los bolos y a beber unas cervezas en un pub cercano que solía frecuentar lord Byron. Para cuando saliera al mercado, el NeXT también iba a incluir un diccionario, un tesauro y el *Diccionario Oxford de citas*, lo cual lo convirtió en uno de los pioneros en el concepto de los libros electrónicos con motor de búsqueda.

En lugar de utilizar chips corrientes para el NeXT, Jobs hizo que sus ingenieros diseñaran unos a medida que integraban varias funciones en un único procesador. Esta tarea puede parecer suficientemente ardua, pero Jobs la convirtió en una empresa casi imposible al revisar continuamente las funciones que quería que incluyeran. Después de un año, quedó claro que aquel sería un importante motivo de retrasos.

También insistió en construir su propia fábrica completamente automatizada y futurista, igual que había hecho con el Macintosh. Por lo visto, no había escarmentado con la experiencia previa. En esta ocasión cometió los mismos errores, solo que de forma más exagerada. Las máquinas y los robots se pintaron y repintaron mientras él revisaba de forma compulsiva la combinación de colores. Las paredes eran de un blanco nuclear, como en la fábrica del Macintosh, e introdujo sillas de cuero negro de 20.000 dólares y una escalera a medida, como en la sede de la empresa. Jobs insistió en que la maquinaria situada a lo largo de los cincuenta metros de la línea de montaje estuviera configurada de forma que las placas de circuitos se movieran de derecha a izquierda mientras se iban montando, de forma que los visitantes que contemplaran el proceso desde la galería de observación pudieran verlo mejor. Las placas vacías entraban por un extremo y veinte minutos después, sin que ningún ser humano las hubiera tocado, salían completamente montadas por el otro. El proceso seguía un principio japonés conocido como *kanban,* en el que cada máquina llevaba a cabo su tarea únicamente cuando la siguiente estaba lista para recibir otra pieza.

Jobs no había suavizado la exigencia a la hora de tratar a los empleados. «Utilizaba el encanto o la humillación pública de una forma que resultaba muy eficaz en la mayoría de los casos», recordaba Tribble. Sin embargo, esto no ocurría en todas las ocasiones. Un ingeniero, David Paulsen, trabajó en jornadas semanales de noventa horas durante los diez primeros meses en NeXT. Dimitió, según él mismo recuerda, cuando «Steve entró un viernes por la tarde y nos dijo lo poco contento que estaba con lo que estábamos haciendo». Cuando *Business Week* le preguntó por qué trataba con tanta brusquedad a sus empleados, Jobs respondió que aquello hacía que la compañía fuera mejor. «Parte de mi responsabilidad consiste en establecer un patrón de calidad. Algunas personas no están acostumbradas a un entorno en el que se exige la excelencia». Pero, al mismo tiempo, todavía mantenía su temple y su carisma. Se organizaron numerosos viajes educativos, visitas de maestros de aikido y retiros lúdicos, y Jobs aún irradiaba la rebeldía de un pirata. Cuando Apple prescindió de Chiat/Day, la empresa de publicidad responsable del anuncio de *1984* y del anuncio de prensa que rezaba «Bienvenidos, IBM. En serio», Jobs contrató un anuncio a toda plana en el *Wall Street Journal* en el que proclamaba: «Felicidades, Chiat/Day. En serio... Porque, os lo garantizo, hay vida después de Apple».

Puede que la mayor semejanza respecto a sus días en Apple era que Jobs trajo consigo su campo de distorsión de la realidad. Lo demostró durante el primer retiro de la empresa, en Pebble Beach, a finales de 1985. Jobs afirmó ante su equipo que el primer ordenador NeXT estaría listo en tan solo dieciocho meses. Estaba muy claro que aquello era imposible, pero Jobs desoyó la sugerencia de uno de los ingenieros de que fueran realistas y planearan sacar el ordenador al mercado en 1988. «Si hacemos eso, el mundo no va a quedarse quieto, la tecnología que utilizamos quedará obsoleta y todo el trabajo que hemos hecho habrá que tirarlo por el retrete», argumentó.

Joanna Hoffman, la veterana del equipo del Macintosh que estaba dispuesta a enfrentarse a Jobs, se encaró con él. «La distorsión de la realidad tiene valor como herramienta de motivación, y eso me parece estupendo —comentó mientras él aguardaba junto a la pizarra—. Sin embargo, cuando se trata de fijar una fecha que afecta al diseño del producto, entonces estamos entrando en temas más peliagudos». Jobs no estaba de acuerdo. «Creo que tenemos que marcar un límite en algún punto, y creo que si perdemos esta oportunidad, entonces nuestra credibilidad comenzará a deteriorarse». Lo que no dijo, aunque todos lo sospechaban, era que si no cumplían aquellos objetivos podían quedarse sin dinero. Jobs había aportado siete millones de dólares de sus fondos personales, pero a aquel ritmo de gasto se quedaría sin nada en dieciocho meses si no comenzaban a recibir ingresos gracias a los productos vendidos.

Tres meses más tarde, cuando regresaron a Pebble Beach a principios de 1986 para su siguiente retiro, Jobs comenzó su lista de máximas con: «La luna de miel ha llegado a su fin». Para cuando se fueron a su tercer retiro, celebrado en Sonoma en septiembre de 1986, toda la planificación temporal se había venido abajo, y parecía que la compañía iba a chocar contra un muro económico.

PEROT AL RESCATE

A finales de 1986, Jobs envió un prospecto informativo a diferentes empresas de capital riesgo en el que ofrecía una participación en el 10% de NeXT por tres millones de dólares. Aquello suponía fijar el valor de toda la compañía en 30 millones de dólares, una cifra que Jobs se había inventado por completo. Hasta la fecha llevaban invertidos menos de siete millones de dólares en la empresa, y no había grandes resultados que mostrar a excepción de un logotipo vistoso y unas oficinas muy llamativas. No tenía ingresos ni productos en el mercado, ni tampoco perspectivas de tenerlos, así que, como era de esperar, los inversores rechazaron la oferta.

Hubo, sin embargo, un vaquero con agallas que quedó deslumbrado. Ross Perot, el valiente tejano que había fundado la empresa Electronic Data Systems y después se la había vendido a la General Motors por 2.400 millones de dólares, vio un documental en la PBS titulado *Los empresarios* que incluía un fragmento sobre Jobs y

NeXT en noviembre de 1986. Se identificó al instante con Jobs y su banda, tanto que, mientras veía la televisión, «iba acabando las frases que ellos decían». Aquello se parecía de manera inquietante a las declaraciones realizadas a menudo por Sculley. Perot llamó a Jobs al día siguiente y le hizo una oferta: «Si alguna vez necesitas a un inversor, llámame».

Jobs sí que necesitaba a uno, y con urgencia, pero tuvo la elegancia suficiente como para no demostrarlo. Esperó una semana antes de devolver la llamada. Perot envió a algunos de sus analistas a que evaluaran la empresa, pero Jobs se encargó de hablar directamente con él. El empresario aseguró posteriormente que una de las cosas que más lamentaba en la vida era no haber comprado Microsoft, o al menos un gran porcentaje de la compañía, cuando un jovencísimo Bill Gates fue a visitarlo a Dallas en 1979. En la época en que Perot llamó a Jobs, Microsoft acababa de salir a Bolsa con una valoración de mil millones de dólares. El inversor había perdido la oportunidad de ganar mucho dinero y de disfrutar de una divertida aventura. No estaba dispuesto a volver a cometer ese error.

Jobs realizó una oferta con un coste tres veces superior al que habían estado ofreciendo discretamente a los inversores en capital riesgo que no se mostraron interesados unos meses antes. Por 20 millones de dólares, Perot adquiriría una participación del 16 % de la empresa, después de que Jobs invirtiera otros cinco millones más. Aquello significaba que la compañía estaría valorada en 126 millones de dólares, pero el dinero no era un gran problema para Perot. Tras una reunión con Jobs, aseguró que iba a participar. «Yo elijo a los jinetes, y los jinetes eligen a los caballos y los montan —le dijo a Jobs—. Vosotros sois los jinetes por los que apuesto, así que vosotros os encargáis del resto».

Perot aportó a NeXT algo casi tan valioso como su inversión de 20 millones de dólares: era un animador enérgico y respetable que podía ofrecerle a la empresa un aire de credibilidad en un mundo de adultos. «Para ser una compañía nueva, es la que comporta los menores riesgos de todas las que he visto en veinticinco años en la industria informática —informó al *New York Times*—. Enviamos a algunos expertos a inspeccionar el hardware, y quedaron anonadados.

Steve y todo su equipo del NeXT son la pandilla de perfeccionistas más rocambolesca que he visto nunca».

Perot también se desenvolvía en círculos sociales y comerciales selectos que se complementaban con los de Jobs. Lo llevó a una cena y baile de etiqueta en San Francisco que habían organizado Gordon y Ann Getty en honor del rey Juan Carlos I de España. Cuando el rey le preguntó a Perot a quién deberían presentarle, este convocó inmediatamente a Jobs. Pronto ambos se encontraron inmersos en lo que Perot posteriormente describió como una «conversación eléctrica», en la que Jobs describió con gran animación la siguiente generación de ordenadores. Al final, el rey garabateó algo en una nota y se la entregó a Jobs. «¿Qué ha pasado?», preguntó Perot, y Jobs respondió: «Le he vendido un ordenador».

Estas y otras historias se incorporaron a las narraciones mitificadas sobre Jobs que Perot contaba allá a donde iba. Durante una reunión informativa en el National Press Club de Washington, acabó por convertir la historia de la vida de Jobs en una saga épica sobre un joven

> ... tan pobre que no podía permitirse ir a la universidad, que trabajaba en su garaje por las noches, jugando con chips informáticos, que eran toda su afición. Y un buen día, su padre —que parece un personaje sacado de un cuadro de Norman Rockwell— llega y le dice: «Steve, o fabricas algo que se pueda vender o tendrás que buscarte un trabajo». Sesenta días después nació el primer ordenador Apple en una caja de madera que su padre le había fabricado. Y este chico que apenas acabó el instituto ha cambiado literalmente el mundo.

La única frase cierta de todo aquello era la que afirmaba que Paul Jobs se parecía a los personajes de los cuadros de Rockwell. Y quizá también la última, la que sostenía que Jobs estaba cambiando el mundo. Lo cierto es que Perot así lo creía. Como Sculley, se veía a sí mismo reflejado en él. «Steve es como yo —le dijo Perot a David Remnick, del *Washington Post*—. Tenemos las mismas rarezas. Somos almas gemelas».

Gates y NeXT

Bill Gates no era su alma gemela. Jobs lo había convencido para que escribiera aplicaciones destinadas al Macintosh, que habían resultado ser enormemente rentables para Microsoft. Sin embargo, Gates era una de las pocas personas capaces de resistirse al campo de distorsión de la realidad de Jobs y, como resultado, decidió no crear software a medida para los ordenadores NeXT. Gates viajaba a California con regularidad para asistir a las demostraciones del producto, pero en todas las ocasiones se iba de allí sin quedar impresionado. «El Macintosh era realmente único, pero personalmente no entiendo qué tiene de único el nuevo ordenador de Steve», le dijo a *Fortune.*

Parte del problema era que los dos titanes enfrentados tenían una incapacidad congénita para mostrarse respeto el uno al otro. Cuando Gates realizó su primera visita a la sede de NeXT en Palo Alto, en el verano de 1987, Jobs lo mantuvo esperando durante media hora en el vestíbulo, a pesar de que Gates podía ver a través de las paredes de cristal que su anfitrión estaba deambulando por allí y charlando tranquilamente con sus empleados. «Llegué a NeXT y me tomé un zumo de zanahoria de Odwalla, la marca más cara que hay, y nunca había visto unas oficinas tan espléndidas —recordaba Gates, negando con la cabeza y esbozando una sonrisa—. Y Steve va y llega media hora tarde a nuestra reunión».

El argumento que presentó Jobs, según Gates, fue sencillo: «Hicimos juntos el Mac —señaló—. ¿Qué tal fue aquello para ti? Muy bueno. Ahora vamos a hacer esto juntos y va a ser genial».

Pero Gates fue brutal con Jobs, igual que Jobs podía serlo con los demás. «Esta máquina es una basura —afirmó—. El disco óptico tiene una latencia pésima, la puta carcasa es demasiado cara. Todo el aparato es ridículo». Entonces decidió algo que se vería reafirmado en cada una de sus visitas posteriores: que no tenía sentido para Microsoft desviar recursos de otros proyectos y destinarlos a desarrollar aplicaciones para NeXT. Lo peor es que aquella misma afirmación la sostuvo en público en varias ocasiones, lo que reducía las probabilidades de que otras empresas invirtieran su tiempo en crear productos para NeXT. «¿Desarrollar productos para ellos? Yo me meo en su ordenador», le dijo a *InfoWorld*.

Cuando se encontraron de nuevo en el vestíbulo de un centro de conferencias, Jobs comenzó a reprender a Gates por haberse negado a fabricar software para NeXT. «Cuando consigas hacerte con una cuota de mercado, me lo pensaré», respondió Gates. Jobs se enfureció. «Era una pelea a gritos enfrente de todo el mundo», comentó Adele Goldberg, la ingeniera del Xerox PARC, que se encontraba allí. Jobs insistía en que NeXT era la siguiente generación de ordenadores. Gates, como hacía habitualmente, fue mostrándose cada vez más impertérrito a medida que Jobs se iba enfureciendo. Al final se limitó a negar con la cabeza y marcharse.

Más allá de su rivalidad personal —y del respeto a regañadientes que se concedían de vez en cuando—, ambos mantenían diferencias filosóficas fundamentales. Jobs creía en una integración uniforme y completa del hardware y el software, lo que le llevaba a construir una máquina incompatible con otras. Gates creía y basaba sus beneficios en un mundo en el que diferentes compañías producían máquinas compatibles entre sí, cuyo hardware utilizaba un sistema operativo estándar (el Windows de Microsoft), y todos podían utilizar las mismas aplicaciones (como por ejemplo Word y Excel, de Microsoft). «Su producto viene equipado con una interesante característica llamada "incompatibilidad" —comentó Gates al *Washington Post*—. No puede ejecutar ningún programa existente. Es un ordenador extremadamente agradable. No creo que si yo tratara de diseñar un ordenador incompatible pudiera obtener un resultado tan bueno como el suyo».

En un foro sobre informática celebrado en Cambridge, Massachusetts, en 1989, Jobs y Gates aparecieron uno después del otro y expusieron sus visiones enfrentadas del mundo. Jobs habló de cómo llegan a la industria informática nuevas oleadas de productos cada pocos años. Macintosh había presentado una perspectiva nueva y revolucionaria con la interfaz gráfica. Ahora NeXT lo estaba haciendo mediante su programación orientada a objetos, unida a una máquina nueva y poderosa que utilizaba un disco óptico. Afirmó que todos los fabricantes de software más importantes se habían dado cuenta de que tenían que formar parte de aquella nueva generación, «excepto Microsoft». Cuando Gates subió al escenario, repitió su convicción de que el control absoluto del software y del hardware propugnado por Jobs estaba destinado al fracaso, igual que Apple había fracasado en su competición contra el estándar del sistema operativo Windows de Microsoft. «El mercado del hardware y el del software son independientes», añadió. Cuando le preguntaron acerca del gran diseño que podía esperarse de la iniciativa de Jobs, Gates señaló con un gesto el prototipo de NeXT que seguía en el escenario y comentó con sorna: «Si lo que quieres es color negro, te puedo traer un bote de pintura».

IBM

Jobs recurrió a una brillante maniobra de jiu-jitsu contra Gates, una que podría haber cambiado el equilibrio de poder en la industria informática para siempre. Para ello, Jobs tenía que hacer dos cosas que iban en contra de su naturaleza: conceder licencias de su software a otro fabricante de hardware y encamarse con IBM. Se vio invadido por un arranque de pragmatismo que, aunque breve, le permitió superar sus reticencias. Sin embargo, nunca se entregó de lleno a aquella maniobra, y por eso la alianza tuvo una vida tan corta.

Todo comenzó en una fiesta, una realmente memorable, la del septuagésimo cumpleaños de la editora del *Washington Post*, Katharine Graham, en junio de 1987. Acudieron seiscientos invitados entre los que se encontraba el presidente estadounidense, Ronald Reagan. Jobs tomó un avión desde California, y el presidente de IBM, John Akers, viajó desde Nueva York. Aquella era la primera vez que se encontraban. Jobs aprovechó la oportunidad para criticar a Microsoft y tratar de lograr que IBM se distanciara de ellos y dejara de utilizar su sistema operativo Windows. «No pude resistir la tentación de decirle que pensaba que IBM estaba embarcándose en una apuesta inmensa en la que toda su estrategia de software dependía de Microsoft, porque yo no creía que su software fuera demasiado bueno», recordaba Jobs.

Para deleite de Jobs, Akers respondió: «¿Cómo te gustaría ayudarnos?». Tras pocas semanas, Jobs se presentó en la sede de IBM en Armonk, en el estado de Nueva York, junto con el ingeniero de software Bud Tribble. Allí presentaron una demostración de NeXT que impresionó a los ingenieros de IBM. Les pareció especialmente relevante el sistema operativo orientado a objetos del ordenador, el NeXTSTEP. «NeXTSTEP se encargaba de muchas tareas de programación triviales que ralentizan el proceso de desarrollo del software», comentó Andrew Heller, el consejero delegado de las estaciones de trabajo de IBM, quien quedó tan impresionado con Jobs que llamó Steve a su hijo.

Las negociaciones se prolongaron hasta 1988, y Jobs seguía mostrándose quisquilloso con respecto a detalles mínimos. Salía furioso de las reuniones por desavenencias con respecto al color o el diseño, y Tribble o Dan'l Lewin tenían que ir a calmarlo. No parecía saber qué le asustaba más, si IBM o Microsoft. En abril, Perot decidió ser el anfitrión de una sesión de mediación en su sede de Dallas, y alcanzaron un acuerdo. IBM obtendría una licencia para la versión existente del software de NeXTSTEP y, si les gustaba, la utilizarían en algunas de sus estaciones de trabajo. IBM envió a Palo Alto un contrato de 125 páginas en el que se especificaban los detalles. Jobs lo arrojó a la basura sin leerlo. «No habéis entendido nada», dijo mientras salía de la sala. Exigió un contrato más sencillo de tan solo unas páginas, y lo obtuvo en menos de una semana.

Jobs no quería que el acuerdo llegara a oídos de Bill Gates hasta la gran presentación del ordenador de NeXT, programada para octubre. Sin embargo, IBM insistió en fomentar la comunicación. Gates se puso furioso. Se daba cuenta de que aquello podía minar la dependencia que IBM tenía de los sistemas operativos de Microsoft. «NeXTSTEP no es compatible con nada», protestó ante los directivos de IBM.

Al principio, parecía que Jobs había logrado hacer realidad la peor pesadilla de Gates. Otros fabricantes de ordenadores que dependían por completo de los sistemas operativos de Microsoft, entre los cuales se encontraban principalmente Compaq y Dell, acudieron a Jobs para pedirle los derechos para clonar los ordenadores de

NeXT y utilizar el NeXTSTEP. Realizaron incluso ofertas en las que estaban dispuestos a pagar mucho más dinero si NeXT se apartaba del campo de la producción de hardware.

Aquello era demasiado para Jobs, al menos por el momento. Puso fin a las discusiones sobre la clonación de sus productos y comenzó a mantener una postura más distante hacia IBM. La frialdad se hizo recíproca. Cuando la persona que había llegado al acuerdo en IBM cambió de puesto de trabajo, Jobs viajó a Armonk para conocer a su sustituto, Jim Cannavino. Pidieron a todo el mundo que saliera de la habitación y hablaron a solas. Jobs pidió más dinero para que la relación comercial siguiera su curso y para ofrecerle a IBM licencias de uso de las nuevas versiones de NeXTSTEP. Cannavino no se comprometió a nada y a partir de ese momento dejó de devolverle las llamadas telefónicas a Jobs. El trato expiró. NeXT consiguió algo de dinero por la licencia ya pactada, pero nunca llegó a cambiar el mundo.

Octubre de 1988: la presentación

Jobs había perfeccionado el arte de convertir las presentaciones de sus creaciones en producciones teatrales, y para el estreno mundial del ordenador de NeXT —el 12 de octubre de 1988 en el auditorio de la Orquesta Sinfónica de San Francisco— quería superarse a sí mismo. Necesitaba convencer a todos los escépticos. En las semanas anteriores al acto, condujo a San Francisco casi a diario para refugiarse en la casa victoriana de Susan Kare, diseñadora gráfica en NeXT, que había creado las primeras fuentes y los iconos del Macintosh. Ella lo ayudó a preparar cada una de las diapositivas mientras Jobs se obsesionaba con todos los detalles, desde el texto que iba a incluirse hasta el tono apropiado de verde para el color de fondo. «Me gusta ese verde», aseguró orgulloso mientras realizaban una prueba delante de algunos empleados. «Un verde genial, un verde genial», murmuraron todos, dando su aprobación. Jobs preparó, pulió y revisó cada una de las diapositivas como si fuera T. S. Eliot incorporando las sugerencias de Ezra Pound a *La tierra baldía*.

No había detalle lo suficientemente insignificante. Jobs revisó personalmente la lista de invitados e incluso el menú de los aperitivos (agua mineral, cruasanes, queso para untar y brotes de soja). Seleccionó una empresa de proyección de vídeo, le pagó 60.000 dólares en concepto de asistencia audiovisual y contrató a George Coates, el productor de teatro posmoderno, para que organizase el espectáculo. Coates y Jobs decidieron, como era de esperar, que la ambientación fuera austera y radicalmente sencilla. La presentación de aquel cubo perfecto y negro iba a tener lugar en un escenario marcadamente minimalista con un fondo negro, una mesa cubierta por un mantel negro, un velo negro que tapase el ordenador y un sencillo jarrón con flores. Como ni el hardware ni el sistema operativo estaban todavía listos, Jobs tenía que preparar una simulación para los ensayos, pero se negó. Consciente de que sería como caminar por la cuerda floja sin red, decidió que la presentación tuviera lugar en directo.

Más de tres mil personas se presentaron para asistir a la ceremonia, y la cola para entrar en el auditorio de la Orquesta Sinfónica se formó dos horas antes del comienzo del acto. No quedaron defraudados, al menos en lo que a espectáculo se refiere. Jobs permaneció sobre el escenario durante tres horas, y de nuevo demostró ser, según las palabras de Andrew Pollack, del *New York Times*, «el Andrew Lloyd Webber de las presentaciones de productos, un maestro del encanto escénico y los efectos especiales». Wes Smith, del *Chicago Tribune,* afirmó que el acto había representado «para las presentaciones de productos el equivalente a lo que el Concilio Vaticano II representó para las reuniones eclesiásticas».

Jobs consiguió que el público lo vitoreara desde la frase de presentación: «Me alegro de haber vuelto». Comenzó presentando la historia de la arquitectura de los ordenadores informáticos, y les prometió que iban a presenciar un acontecimiento «que solo tiene lugar una o dos veces en una década, un momento en el que se presenta una nueva arquitectura que va a cambiar el rostro de la informática». Añadió que el software y el hardware del NeXT habían sido diseñados después de tres años de consultas con universidades de todo el país. «Lo que observamos es que los centros de educación superior quieren ordenadores centrales, pero también personales».

Como de costumbre, se oyeron varios superlativos. Jobs afirmó que el producto era «increíble, lo mejor que podíamos haber imaginado». Alabó incluso la belleza de las partes que no estaban a la vista. Mientras sostenía en equilibrio sobre las puntas de los dedos la placa base cuadrada que iba a ir instalada en el cubo, comentó entusiasmado: «Espero que tengáis la oportunidad de echarle un vistazo a esto más tarde. Es el circuito impreso más hermoso que he visto en mi vida». A continuación, Jobs les enseñó como el ordenador podía pronunciar discursos —mostró el célebre discurso de Martin Luther King que comienza con «Tengo un sueño» y aquel en el que Kennedy pronunciaba la frase: «No os preguntéis qué puede hacer vuestro país por vosotros. Preguntaos qué podéis hacer vosotros por vuestro país»— y enviar correos electrónicos con archivos de audio adjuntos. Se inclinó sobre el micrófono del ordenador para grabar un discurso propio: «Hola, soy Steve y estoy enviando este mensaje en un día histórico». Entonces le pidió al público que le añadiera «unos cuantos aplausos» al mensaje, y así lo hizo.

Una de las filosofías de gestión de Jobs era que resultaba crucial, de vez en cuando, tirar el dado y «apostarse la empresa» en alguna idea o tecnología nueva. En la presentación del NeXT lo demostró con un envite que, según se comprobó después, no resultó ser muy inteligente: incluir un disco óptico de lectura y escritura de alta capacidad (aunque lento) y no añadir una unidad de disquetes como refuerzo. «Hace dos años tomamos una decisión —anunció—. Vimos una tecnología nueva y decidimos arriesgar nuestra empresa».

A continuación se centró en una característica que resultó ser más profética. «Lo que hemos hecho aquí es crear los primeros libros digitales auténticos —aseguró, señalando la inclusión de la edición de Oxford de las obras de Shakespeare, entre otras—. No ha habido un avance así en la evolución tecnológica de los libros impresos desde Gutenberg».

En ocasiones, Jobs podía ser cómicamente consciente de su propia situación, y utilizó la presentación del libro electrónico para burlarse de sí mismo. «Una palabra que en ocasiones se utiliza para describirme es "voluble"», comentó, y a continuación hizo una pausa. El público rió con complicidad, especialmente los que estaban sentados en las primeras filas, llenas de empleados de NeXT y de antiguos miembros del equipo del Macintosh. A continuación buscó la palabra en el diccionario del ordenador y leyó la primera definición: «Que fácilmente puede volverse alrededor». Siguió buscando y dijo: «Creo que se refieren a la tercera definición: "Caracterizado por cambios de humor impredecibles". —Se oyeron algunas risas más—. Si seguimos bajando hasta llegar al tesauro, no obstante, podemos observar que uno de sus antónimos es "saturnino". ¿Y eso qué es? Basta con hacer doble clic sobre la palabra y podemos encontrarla inmediatamente en el diccionario, aquí está: "De humor frío y constante. Que actúa o cambia con lentitud. De disposición sombría u hosca". —En su rostro apareció una sonrisilla mientras esperaba las carcajadas del público—. Bueno —concluyó—, no creo que "voluble" esté tan mal al fin y al cabo». Tras los aplausos, utilizó el libro de citas para presentar un argumento más sutil acerca de su campo de distorsión de la realidad. La cita que eligió estaba sacada de *A través del espejo*, de Lewis Carroll. Cuando Alicia se lamenta al ver que, por más que lo intente, no consigue creer en cosas imposibles, la Reina Blanca replica: «Bueno, yo a veces he creído hasta seis cosas imposibles antes siquiera del desayuno». Se oyó una oleada de risotadas cómplices, especialmente en las primeras filas del auditorio.

Todo aquel entusiasmo servía para endulzar, o al menos para distraer, la atención de las malas noticias. Cuando llegó la hora de anunciar el precio de la nueva máquina, Jobs hizo algo que se convertiría en una costumbre a lo largo de sus presentaciones de productos: enumeraba todas las características, las describía como elementos cuyo valor intrínseco era de «miles y miles de dólares», y conseguía así que el público imaginase lo prohibitivo que iba a resultar. Entonces anunció cuán caro iba a ser en realidad: «Vamos a fijar para los centros de educación superior un precio fijo y único de 6.500 dólares». Se oyeron algunos aplausos aislados de los seguidores más fieles, pero su comité de asesores académicos había estado presionando para que el precio se mantuviera entre los 2.000 y los 3.000 dólares, y pensaron que Jobs había accedido a ello. Algunos quedaron horrorizados, y más todavía cuando descubrieron que la impresora, un elemento opcional, iba a costar otros 2.000 dólares y que la lentitud del disco óptico hacía que fuera recomendable adquirir un disco duro externo por valor de otros 2.500 dólares.

Aún les esperaba otra decepción que Jobs trató de disfrazar al final de su intervención: «A principios del año que viene saldrá a la venta la versión 0.9, apta para desarrolladores de software y usuarios especializados». Se oyeron algunas risillas nerviosas. Lo que estaba diciendo en realidad era que la salida al mercado de la máquina final y su software —la conocida como versión 1.0— no tendría lugar a principios de 1989. De hecho, ni siquiera estaba fijando una fecha determinada. Se limitó a sugerir que podría estar acabado para el segundo trimestre de ese año. En el primer retiro de NeXT, celebrado a finales de 1985, se había negado a ceder, a pesar de la insistencia de Joanna Hoffman, en su compromiso de tener la máquina lista para principios de 1987. Ahora estaba claro que la salida al mercado tendría lugar con más de dos años de retraso.

El acto de presentación acabó con un tono más animado, literalmente. Jobs presentó ante el público a un violinista de la Orquesta Sinfónica de San Francisco, que interpretó el *Concierto para violín en la menor* de Bach a dúo con el ordenador NeXT instalado en el escenario. El precio y el retraso en los plazos de venta quedaron olvidados en medio del alboroto subsiguiente. Cuando un periodista le preguntó inmediatamente después por qué iba a llegar la máquina con tanto retraso, Jobs se jactó: «No llega con retraso. Llega cinco años adelantada a su tiempo».

Jobs, en una práctica habitual en él, ofreció entrevistas «exclusivas» a algunas publicaciones consagradas a cambio de que prometieran incluir la noticia en portada. En esta ocasión concedió una «exclusiva» de más, aunque no le ocasionó demasiados problemas. Accedió a la petición de Katie Hafner, de *Business Week*, de entrevistarse en exclusiva con él antes de la presentación. También llegó a acuerdos similares con *Newsweek* y con *Fortune*. Lo que no tuvo en cuenta es que una de las principales redactoras de *Fortune*, Susan Fraker, estaba casada con Maynard Parker, redactor de *Newsweek*. En medio de la reunión editorial de *Fortune* en la que todos hablaban entusiasmados acerca de aquella entrevista, Fraker intervino con timidez y mencionó que se había enterado de que a *Newsweek* también le había prometido una exclusiva, y que se iba a publicar unos días antes que la de *Fortune*. Al final, como resultado, Jobs acabó apareciendo esa semana en dos portadas de revista solamente. *Newsweek* utilizó el titular «Mr. Chips» y lo presentó inclinado sobre un hermoso NeXT, al que proclamó «la máquina más apasionante de los últimos años». *Business Week* lo mostró con aspecto angelical y vestido con traje oscuro, con las puntas de los dedos juntas como si fuera un predicador o un profesor. Sin embargo, Hafner hizo una clara mención a la manipulación que había rodeado a su entrevista en exclusiva. «NeXT ha separado cuidadosamente las entrevistas con su personal y sus proveedores, y las ha controlado con mirada censora —escribió—. Esa estrategia ha dado resultado, pero a cambio de un precio: todas estas maniobras, implacables e interesadas, muestran la imagen de Steve Jobs que tanto lo dañó cuando estaba en Apple. El rasgo más destacado de Jobs es su necesidad de controlar todo lo que ocurre».

Cuando el entusiasmo se desvaneció, la reacción ante el ordenador NeXT enmudeció, especialmente en vista de que todavía no se había comercializado. Bill Joy, el irónico y brillante científico jefe de la empresa rival Sun, lo llamó «el primer terminal de trabajo para yuppies», lo cual no era exactamente un cumplido. Bill Gates, como era de esperar, siguió mostrándose abiertamente desdeñoso. «Para ser sincero, me ha defraudado —le dijo al *Wall Street Journal*—. Años atrás, en 1981, todos quedamos entusiasmados con el Macintosh cuando Steve nos lo mostró, porque cuando lo ponías al lado de cualquier otro ordenador, era diferente de cualquier cosa que nadie hubiera visto antes». La máquina de NeXT no era así. «Si miramos las cosas con perspectiva, la mayoría de las funciones del ordenador son totalmente triviales». Declaró que Microsoft se mantenía firme en su postura de no crear software para el NeXT. Inmediatamente después del acto de presentación, Gates escribió un paródico correo electrónico a sus empleados. «Todo atisbo de realidad ha quedado completamente suspendido», comenzaba. Cuando piensa en aquello, Gates se ríe y afirma que ese puede haber sido «el mejor mensaje que he escrito nunca».

Cuando el ordenador de NeXT se puso por fin en venta a mediados de 1989, la fábrica estaba preparada para producir 10.000 unidades al mes. Al final, las ventas rondaron las 400 unidades mensuales. Los hermosos robots de la fábrica, con sus bellas capas de pintura, permanecían ociosos casi todo el tiempo, y NeXT seguía desangrándose económicamente.

19

Pixar

El encuentro entre la tecnología y el arte

Durante el verano de 1985, durante la época en que Jobs estaba perdiendo el control sobre Apple, fue a dar un paseo con Alan Kay, antiguo miembro del equipo del Xerox PARC y por aquel entonces socio de la empresa de la manzana. Kay sabía de la posición de Jobs a medio camino entre la creatividad y la tecnología, así que le sugirió que fueran a visitar a un amigo suyo, Ed Catmull, que dirigía el departamento de informática en los estudios cinematográficos de George Lucas. Alquilaron una limusina y llegaron a Marin County, en los límites del Rancho Skywalker propiedad de Lucas, donde se encontraba la sede del pequeño departamento de informática de Catmull. «Me quedé anonadado, y a la vuelta traté de convencer a Sculley de que lo comprara para la compañía —recordaba Jobs—, pero la gente que dirigía Apple no estaba interesada, y en cualquier caso parecían demasiado ocupados tratando de echarme».

El departamento de informática de Lucasfilm se componía de dos elementos fundamentales: por una parte, estaban desarrollando un ordenador a medida que podía digitalizar las secuencias rodadas e integrar en ellas novedosos efectos especiales, y también contaban con un grupo de animadores informáticos preparando cortometrajes, como por ejemplo *Las aventuras de André y Wally B.*, que había lanzado a la fama a su director, John Lasseter, cuando se proyectó en un festival en 1984. Lucas, que ya había completado la primera trilogía de *La guerra de las galaxias*, se hallaba inmerso en un divorcio conflictivo y necesitaba liquidar aquel departamento, así que le dijo a Catmull que encontrara un comprador lo antes posible.

Después de que algunos candidatos se echaran atrás en el otoño de 1985, Catmull y el otro cofundador, Alvy Ray Smith, decidieron buscar inversores para poder comprar el departamento ellos mismos, así que llamaron a Jobs, concertaron otra reunión y acudieron a su casa de Woodside. Tras desahogarse un rato acerca de la perfidia e imbecilidad de Sculley, Jobs se ofreció a comprar todos los derechos de aquella división de Lucasfilm. Catmull y Smith se resistieron. Querían un inversor principal, no un nuevo propietario. Sin embargo, pronto quedó claro que podían llegar a un término medio: Jobs compraría una participación mayoritaria y actuaría como presidente, pero Catmull y Smith serían los encargados de la dirección.

«Quería comprarla porque estaba muy interesado en los gráficos por ordenador —recordó Jobs posteriormente—. Cuando vi a los informáticos de Lucasfilm, me di cuenta de que estaban muy avanzados en su mezcla de arte y tecnología, algo que siempre me ha llamado la atención». Jobs sabía que los ordenadores lograrían en pocos años volverse cien veces más potentes, y creía que aquello podría permitir enormes avances en el campo de la animación, con gráficos realistas en tres dimensiones. «El grupo de Lucas se enfrentaba a problemas que requerían una enorme potencia de procesamiento, y me di cuenta de que la evolución de la historia tendería a jugar en su favor. Me gustan ese tipo de tendencias».

Jobs se ofreció a pagarle a Lucas cinco millones de dólares y a invertir otros cinco millones para convertir el departamento en una compañía independiente. Aquello era mucho menos de lo que Lucas había estado pidiendo, pero Jobs llegó en el momento justo. Decidieron llegar a un acuerdo. Al director financiero de Lucasfilm le pareció que Jobs era arrogante e irritable, así que cuando llegó la hora de reunir a todos los interesados, le dijo a Catmull: «Tenemos que establecer una jerarquía adecuada». El plan era reunir a todo el mundo en una sala con Jobs, y entonces el director financiero llegaría algo después para dejar claro que él era la persona encargada de dirigir la reunión. «Sin embargo, ocurrió algo curioso —recordaba

Catmull—. La reunión comenzó a la hora prevista sin la presencia del director financiero y, para cuando este entró en la sala, Steve ya se había hecho con el control de la situación».

Jobs solo se reunió en una ocasión con George Lucas, quien le advirtió de que la gente de aquel departamento estaba más preocupada por crear películas de animación que por fabricar ordenadores. «Estos chicos están obsesionados con la animación», le dijo Lucas. Según él mismo recordaba, «le avisé de que aquel era todo el plan de Ed y John. Creo que en el fondo compró la empresa porque también era su plan».

Llegaron al acuerdo definitivo en enero de 1986. En él se especificaba que, a cambio de su inversión de diez millones de dólares, Jobs sería el dueño del 70 % de la compañía, mientras que el resto de las participaciones se distribuían entre Ed Catmull, Alvy Ray Smith y los otros treinta y ocho empleados fundadores, incluida la recepcionista. El elemento de hardware más importante de aquel departamento era un ordenador llamado «Pixar Image Computer», y la nueva empresa tomó su nombre de él. El último punto que tuvieron que acordar fue el lugar de la firma: Jobs quería hacerlo en su despacho de NeXT, y los trabajadores de Lucasfilms preferían que fuera en el rancho Skywalker. Al final llegaron a una solución de compromiso y se reunieron en un bufete de abogados de San Francisco.

Durante un tiempo, Jobs dejó que Catmull y Smith dirigieran Pixar sin interferir demasiado. Aproximadamente cada mes celebraban una reunión del consejo, normalmente en la sede de NeXT, donde Jobs se centraba principalmente en la economía y la estrategia empresarial. Sin embargo, debido a su personalidad y a sus instintos controladores, Jobs pronto se encontró desempeñando una función bastante más influyente, sin duda mucho más de lo que Catmull y Smith habían esperado. Presentó un torrente de ideas —algunas razonables, otras absurdas— sobre el potencial del hardware y del software de Pixar. Además, en sus visitas ocasionales a las oficinas de Pixar, se convirtió en una presencia inspiradora. «Yo me eduqué en la fe de la Iglesia baptista del Sur, y allí celebrábamos reuniones evangelizadoras con predicadores fascinantes aunque corruptos —afirmó Alvy Ray Smith—. Steve tiene la misma habilidad: el poder del habla y la red de palabras que atrapan a la gente. Fuimos conscientes de ello durante las reuniones del consejo, así que desarrollamos un sistema de señales (rascarnos la nariz o tirarnos de una oreja) para indicar que alguien había quedado atrapado en el campo de distorsión de Steve y necesitaba que lo devolvieran a la realidad».

Jobs siempre había apreciado la virtud de integrar el hardware y el software, que es lo que Pixar había hecho con su ordenador principal y su software de generación de imágenes. De hecho, Pixar incluía un tercer elemento: también producía contenidos muy interesantes, como películas de animación y gráficos animados. Los tres elementos se beneficiaron de la combinación que Jobs ofrecía de creatividad artística y afición tecnológica. «La gente de Silicon Valley no respeta en realidad a los personajes creativos de Hollywood, y en Hollywood creen que los encargados de la tecnología son gente a la que basta con contratar y a la que no necesitas ver —declaró después Jobs—. Pixar era un lugar en el que se respetaban ambas culturas».

En un primer momento, se suponía que los ingresos iban a llegar desde la sección de hardware. El ordenador que dio nombre a la empresa, el Pixar Image Computer, se vendió por 125.000 dólares. Los principales clientes eran animadores y diseñadores gráficos, pero la máquina encontró pronto su lugar en los mercados especializados de la industria médica (los datos de las tomografías axiales computerizadas podían transformarse en imágenes tridimensionales) y de los servicios de inteligencia (para crear imágenes a partir de los vuelos de reconocimiento y de los satélites). Debido a las ventas realizadas a la Agencia Nacional de Seguridad estadounidense, Jobs tuvo que conseguir un pase de seguridad, tarea que debió de parecerle divertida al agente del FBI a quien le correspondió investigarlo. Hubo un punto, según cuenta un directivo de Pixar, en que el investigador le pidió a Jobs que repasara las preguntas sobre el uso de drogas, y Jobs respondió con sinceridad y sin tapujos. Utilizaba frases como «la última vez que consumí eso...», aunque a veces podía contestar que no, que nunca había llegado a probar una droga en particular.

Jobs insistió en que Pixar construyera una versión más económica del ordenador que pudiera venderse por unos 30.000 dólares. Insistió en que la diseñara Hartmut Esslinger, a pesar de las protestas de

Catmull y Smith, motivadas por los honorarios del alemán. Acabó teniendo el mismo aspecto que el ordenador original de Pixar, un cubo con una muesca circular en el centro de una de las caras, pero también contaba con los finos surcos característicos de Esslinger.

Jobs quería vender los ordenadores de Pixar al mercado de masas, así que hizo que el personal de Pixar abriera oficinas de venta en algunas grandes ciudades —y aprobó el diseño de las mismas—, con la teoría de que la gente creativa pronto descubriría todo tipo de usos para la máquina. «Me parece que los seres humanos son animales creativos capaces de descubrir formas nuevas e inteligentes de utilizar una herramienta nunca imaginada por su inventor —declaró posteriormente—. Pensé que eso es lo que ocurriría con el ordenador de Pixar, igual que había sucedido con el Mac». Sin embargo, aquellos aparatos nunca llegaron a cosechar un gran éxito entre el público general. Costaban demasiado y no había muchas aplicaciones escritas para ellos.

Desde el punto de vista del software, Pixar contaba con un programa de renderizado llamado Reyes (un acrónimo de la expresión en inglés «Crea todo lo que has visto jamás»), que generaba gráficos e imágenes en tres dimensiones. Después de que Jobs se convirtiera en el presidente de la compañía, crearon un nuevo lenguaje y una nueva interfaz —llamados RenderMan— que, según esperaban, se iba a convertir en un estándar para la creación de imágenes tridimensionales, de la misma manera que el PostScript de Adobe había llegado a ser el estándar de la impresión láser.

Al igual que con el hardware, Jobs decidió que debían tratar de encontrar un mercado amplio —en lugar de limitarse a un nicho especializado— para el software que producían. Nunca le atrajo especialmente la idea de centrarse solo en los sectores empresariales o de gama alta. «Se siente muy atraído por los productos de masas —afirmó Pam Kerwin, que fue directora de marketing en Pixar—. Tenía grandes propuestas sobre cómo hacer que RenderMan fuera apto para cualquier usuario. Siempre estaba presentando ideas en las reuniones sobre cómo los consumidores de a pie podrían utilizarlo para crear impresionantes gráficos tridimensionales e imágenes tan realistas como una fotografía». El equipo de Pixar trató de disuadirlo con el argumento de que RenderMan no era tan sencillo de utilizar como, por ejemplo, el Excel o el Adobe Illustrator. Entonces Jobs se acercó a una pizarra y les mostró cómo hacer que resultara más sencillo y cómodo de utilizar. «De pronto todos estábamos asintiendo entusiasmados y diciendo: "¡Sí, sí, va a ser genial!" —comentó Kerwin—. Y entonces se iba y nos quedábamos pensándolo un momento y decíamos: "¿Pero en qué demonios estaba pensando?". Era tan carismático que casi tenían que desprogramarte después de hablar con él». Por lo visto, el consumidor medio no se moría de ganas de conseguir un programa tan caro que le permitiera crear imágenes tan realistas como fotografías. RenderMan nunca llegó a tener éxito.

Sin embargo, sí que había una compañía ansiosa por automatizar el proceso por el cual los dibujos de los animadores se convierten en imágenes en color para fotogramas en celuloide. Cuando Roy Disney encabezó una revolución en el consejo de administración de la compañía que había fundado su tío Walt, el nuevo consejero delegado, Michael Eisner, le preguntó por la función que quería desempeñar en la empresa. Disney aseguró que le gustaría resucitar el venerable aunque marchito departamento de animación. Una de sus primeras iniciativas consistió en buscar la manera de informatizar el proceso, y Pixar ganó el contrato para ello. Creó un paquete de hardware y software a medida conocido como CAPS, formado a partir de las siglas en inglés de «Sistema de Producción de Animación Informática». Se utilizó por primera vez en 1988 para la escena final de *La Sirenita*, en la que el rey Tritón se despide de Ariel. Disney compró decenas de ordenadores a Pixar a medida que el CAPS se fue convirtiendo en parte integral de su sistema de producción.

ANIMACIÓN

El apartado de animación digital de Pixar —el grupo que creó los pequeños cortometrajes animados— era en un primer momento un proyecto secundario cuyo objetivo principal radicaba en demostrar el potencial del software y del hardware de la compañía. Estaba dirigido por John Lasseter, un hombre de rostro y actitud angelicales que ocultaban un perfeccionismo artístico a la altura del de Jobs. Lasseter, nacido en Hollywood, adoraba desde niño los dibujos animados de los sábados por la mañana. En su primer año de instituto escribió un informe sobre el libro *El arte de la animación*, una historia de los Estudios Disney, y en ese momento se dio cuenta de lo que deseaba hacer el resto de su vida.

Cuando acabó el instituto, Lasseter se matriculó en el programa de animación del Instituto de Arte de California, fundado por Walt Disney. Durante su tiempo libre y en verano, investigaba en los archivos de Disney y trabajaba en Disneyland como guía en la atracción del crucero de la selva. Esta última experiencia le enseñó la importancia de controlar los tiempos y el ritmo a la hora de contar una historia, un concepto importante, pero difícil de controlar cuando se crean secuencias animadas, fotograma a fotograma. Ganó el premio Oscar para estudiantes de la Academia de las Artes y las Ciencias Cinematográficas por el cortometraje que realizó en su penúltimo año de instituto, *La dama y la lámpara*, que demostraba lo mucho que le debía a largometrajes de Disney como *La dama y el vagabundo*. En esa película, además, ya dejaba entrever su característico talento para dotar a objetos inanimados, como las lámparas, de una personalidad humana. Tras graduarse, entró a trabajar en el puesto para el que estaba destinado: animador en los Estudios Disney.

El único problema es que aquello no funcionó. «Algunos de los chicos más jóvenes queríamos aportar al arte de la animación la calidad de *La guerra de las galaxias*, pero no nos daban apenas libertad —recordaba Lasseter—. Aquello me desilusionó, después me vi involucrado en una disputa entre dos jefes, y el jefe de animación me despidió». Así pues, en 1984, Ed Catmull y Alvy Ray Smith pudieron contratarlo para que trabajara en el estudio responsable de la calidad de *La guerra de las galaxias*, Lucasfilm. No tenían muy claro que George Lucas, ya por entonces preocupado por el coste de su departamento de informática, fuera a aprobar la contratación de un animador a tiempo completo, así que a Lasseter se le dio el título de «diseñador de interfaz».

Cuando Jobs entró en escena, Lasseter y él comenzaron a compartir su pasión por el diseño gráfico. «Yo era el único artista de

Pixar, así que conecté con Steve por su sentido del diseño», afirmó. Lasseter era un hombre sociable, elegre y cariñoso que vestía con floridas camisas hawaianas, tenía el despacho abarrotado de juguetes de época y adoraba las hamburguesas con queso. Jobs era un personaje irritable, vegetariano, delgado como un fideo y a quien le gustaban los entornos austeros y despejados. Sin embargo, resultaron estar hechos el uno para el otro. Lasseter entraba en la categoría de los artistas, lo cual lo colocaba en una posición ventajosa dentro del mundo de Jobs, poblado por héroes y capullos. Steve lo trataba con deferencia y estaba realmente impresionado por su talento. Por su parte, Lasseter veía en Jobs un jefe que podía apreciar la calidad artística y que sabía cómo combinarla con la tecnología y el sentido comercial. Y no se equivocaba en su valoración.

Jobs y Catmull decidieron que, para demostrar el potencial de su software y su hardware, sería bueno que Lasseter produjera otro cortometraje animado en 1986 para SIGGRAPH, el congreso anual de gráficos informáticos, donde *Las aventuras de André y Wally B.* había causado sensación dos años antes. Por entonces, Lasseter estaba renderizando un flexo de la marca Luxo que había en su mesa, y decidió convertirlo en un personaje animado llamado Luxo. El hijo pequeño de un amigo suyo lo inspiró para crear a Luxo Jr., y le mostró algunos fotogramas de prueba a otro animador. Este le rogó que, por favor, contara una historia completa con aquellos personajes, y Lasseter dijo que solo estaba preparando un cortometraje. Entonces el animador le recordó que una historia puede contarse en apenas unos segundos. Lasseter se tomó a pecho aquella lección. *Luxo Jr.*, que acabó teniendo una duración de poco más de dos minutos, contaba la historia de un papá lámpara y un hijo lámpara que se van pasando una pelota hasta que esta explota, para disgusto del pequeño.

Jobs, entusiasmado, se tomó un respiro de las presiones en NeXT para viajar en avión con Lasseter hasta SIGGRAPH, que se celebraba en Dallas en el mes de agosto. «Hacía tanto calor y era tan bochornoso que cuando salimos al exterior el aire nos golpeó como una raqueta de tenis», recordaba Lasseter. Había diez mil personas en aquel congreso, y a Jobs le encantó. La creatividad artística lo llenaba de energía, especialmente cuando iba de la mano de la tecnología.

Había una larga cola para entrar en el auditorio en el que se proyectaban las películas, así que Jobs, poco dispuesto a esperar su turno, engatusó a los allí presentes para pasar el primero. *Luxo Jr.* recibió una prolongada ovación con el público en pie y fue nombrada la mejor película. «¡Oh, vaya! —exclamó Jobs al final—. Ya lo he pillado, ya entiendo de qué va todo esto». Como él mismo explicó posteriormente, «nuestra película era la única que tenía algo de arte, y no solo buena tecnología. La esencia de Pixar consistía en crear esa combinación, igual que había hecho el Macintosh».

Luxo Jr. recibió una nominación para los Oscar, y Steve voló a Los Ángeles para asistir a la ceremonia. No ganó el premio, pero Jobs se comprometió a producir nuevos cortometrajes animados todos los años, a pesar de que no había grandes motivos empresariales para ello. De hecho, cuando llegaron épocas más duras para Pixar, Jobs era capaz de presidir, sin piedad alguna, reuniones en las que se llevaban a cabo brutales recortes de presupuesto. Entonces Lasseter le pedía que el dinero que acababan de ahorrar se invirtiera en la siguiente película, y él accedía.

«TIN TOY»

No todas las relaciones de Jobs en Pixar fueron tan buenas. Su peor enfrentamiento tuvo lugar con el cofundador y compañero de Catmull, Alvy Ray Smith. Smith, criado en una familia baptista del norte rural de Texas, se convirtió en un hippy de espíritu libre, además de en ingeniero de gráficos informáticos, con una gran complexión, una gran sonrisa y una gran personalidad. Y, algunas veces, un ego a la altura de todo lo demás. «Alvy brilla con luz propia y con colores intensos, tiene una risa agradable y toda una pandilla de admiradores en las conferencias —comentó Pam Kerwin—. Era probable que una personalidad como la de Alvy irritara a Steve. Ambos son visionarios con gran energía y mucho ego. Alvy no estaba tan dispuesto como Ed a hacer las paces y pasar por alto los desaires».

Smith veía a Jobs como alguien cuyo carisma y ego lo habían llevado a abusar de su poder. «Era como uno de esos telepredicadores —afirmó Smith—. Quería controlar a la gente, pero yo no pensaba dejarme esclavizar por él, y por eso chocamos. A Ed se le daba mucho mejor seguirle la corriente». En ocasiones, Jobs reforzaba su poder en una reunión haciendo alguna afirmación escandalosa o directamente falsa al principio de la misma. A Smith le encantaba hacérselo notar: lo acompañaba de una gran carcajada y después de una sonrisilla de suficiencia. Aquello no le granjeó el cariño de Jobs.

Un día, durante una reunión del consejo, Jobs comenzó a regañar a Smith y a otros altos ejecutivos de Pixar porque las placas base acabadas para la nueva versión del Pixar Image Computer llegaban con retraso. En aquel momento, NeXT también llevaba mucho retraso en la finalización de sus propias placas base, y Smith lo puso de manifiesto. «Eh, vosotros tenéis un retraso todavía mayor con vuestras placas del NeXT, así que deja de presionarnos». Jobs se puso hecho una furia o, según las palabras de Smith, «perdió la linealidad». Cuando Smith se sentía atacado o en medio de un enfrentamiento, tendía a recuperar su acento del sudoeste. Jobs comenzó a parodiarlo con su estilo sarcástico. «Aquella era una táctica de matón de colegio, y exploté con todo lo que tenía —recordaba Smith—. Antes de darme cuenta, estábamos encarados el uno con el otro, a escasos centímetros de distancia, gritándonos sin parar».

Jobs era muy posesivo con el control de la pizarra durante las reuniones, así que el fornido Smith lo apartó de un empujón y comenzó a escribir en ella. «¡No puedes hacer eso!», gritó Jobs. «¿Cómo? —respondió Smith— ¿Qué no puedo escribir en tu pizarra? Y una mierda». En aquel momento, Jobs salió enfurecido de la sala.

Smith terminó dimitiendo para formar una nueva compañía que crease un software de dibujo digital y edición de imágenes. Jobs le negó el permiso para utilizar algunos de los códigos que había creado mientras trabajaba en Pixar, lo que inflamó aún más su enemistad. «Alvy acabó por obtener lo que necesitaba —afirmó Catmull—, pero estuvo muy estresado durante un año y contrajo una infección pulmonar». Al final, todo salió bastante bien; Microsoft acabó comprando la empresa de Smith, lo que le confería la distinción de haber creado una compañía vendida a Jobs y otra vendida a Gates.

Jobs, un hombre con malas pulgas incluso en sus mejores momentos, se volvió particularmente insufrible cuando quedó claro que las tres vías de actuación de Pixar —hardware, software y contenidos animados— estaban perdiendo dinero. «Tenía una serie de planes, y al final tuve que seguir invirtiendo dinero», recordaba. Puso el grito en el cielo, pero después firmó el cheque. Lo habían despedido de Apple y estaba al borde del desastre en NeXT; no podía permitirse un tercer fracaso.

Para recortar las pérdidas, ordenó una serie de despidos en todos los niveles de la plantilla, y los llevó a cabo con su característico síndrome de deficiencia de empatía. Tal y como lo describió Pam Kerwit, no tenía «la capacidad emocional ni económica para portarse como una persona decente con aquellos a quienes estaba despidiendo». Jobs insistió en que los despidos se llevaran a cabo de inmediato, sin indemnización alguna. Kerwin se llevó a Jobs a dar un paseo por el aparcamiento y le rogó que los empleados recibieran al menos un aviso con dos semanas de anticipación. «De acuerdo —respondió él—, pero el aviso es retroactivo desde hace dos semanas». Catmull se encontraba en Moscú, y Kerwin trató desesperadamente de contactar con él por teléfono. Cuando regresó, apenas pudo organizar un exiguo plan de indemnizaciones y calmar un poco la situación.

Hubo un momento en que el equipo de animación de Pixar estuvo tratando de convencer a Intel para que les dejara producir algunos de sus anuncios, y Jobs se impacientó. Durante una reunión, en medio de una serie de reproches hacia el director de marketing de Intel, Jobs cogió el teléfono y llamó directamente al consejero delegado, Andy Grove. Grove, que sentía que debía ejercer el papel de mentor, trató de darle una lección a Jobs: apoyó a su director de marketing. «Me puse de parte de mi empleado —recordó—. A Steve no le gusta que lo traten como a un mero proveedor».

Pixar consiguió crear algunos potentes productos de software dirigidos al gran público, o al menos a aquellos usuarios que compartían la pasión de Jobs por el diseño. Él todavía confiaba en que la capacidad de crear en casa imágenes tridimensionales hiperrealistas pudiera convertirse en parte de la moda de la autoedición. El programa Showplace de Pixar, por ejemplo, permitía a los usuarios cambiar las sombras de los objetos tridimensionales que creaban para poderlos presentar desde varios ángulos con el sombreado adecuado. A Jobs le parecía una idea absolutamente genial, pero la mayoría de los consumidores estaban dispuestos a vivir sin ella. Era uno de los casos en que sus pasiones lo llevaron a tomar decisiones equivocadas: el software contaba con tantas capacidades sorprendentes que carecía de la sencillez que Jobs acostumbraba a exigir. Pixar no podía competir con Adobe, que estaba produciendo un software menos sofisticado, pero también menos complejo y más económico.

Incluso mientras las líneas de productos de hardware y software de Pixar zozobraban, Jobs siguió protegiendo al grupo de animación. Para él se habían convertido en una pequeña isla de arte mágico que le ofrecía un enorme placer emocional, y estaba dispuesto a fomentarlo y apostar por ellos. En la primavera de 1988 andaban tan cortos de dinero que Jobs tuvo que convocar otra dolorosa reunión para ordenar importantes recortes de gasto en todos los niveles. Cuando acabó, Lasseter y su equipo de animación estaban tan asustados que dudaban de si pedirle a Jobs que autorizara la asignación de algo más de dinero para otro cortometraje. Al final plantearon el tema y Jobs se quedó allí sentado en silencio, con aire escéptico. Aquello iba a requerir casi 300.000 dólares más de su bolsillo. Tras unos instantes, preguntó si había algún guión preparado. Catmull lo llevó a las oficinas de animación, y una vez que Lasseter comenzó con su demostración —presentando los guiones, simulando las voces, mostrando su pasión por el producto—, Jobs comenzó a animarse. La historia giraba en torno a la pasión de Lasseter, los juguetes clásicos. Estaba narrada desde la perspectiva de un hombre orquesta de hojalata llamado Tinny que conoce a un bebé, el cual le cautiva y le horroriza al mismo tiempo. Tinny escapa y se esconde bajo el sofá, donde encuentra otros juguetes asustados. Sin embargo, cuando el bebé se da un golpe en la cabeza, Tinny sale para animarlo.

Jobs les dijo que les dejaría el dinero. «Yo creía en lo que estaba haciendo John —declaró después—. Aquello era arte. Resultaba importante para él, y también para mí. Siempre le decía que sí». Su único comentario al final de la presentación de Lasseter fue este: «Todo lo que te pido, John, es que hagas que sea genial».

El resultado, *Tin Toy* («Juguete de hojalata»), obtuvo el Oscar de 1988 al mejor cortometraje animado, y fue el primero creado por ordenador en obtener el premio. Para celebrarlo, Jobs se llevó a Lasseter y su equipo a Greens, un restaurante vegetariano de San Francisco. Lasseter cogió el Oscar, que se encontraba en el centro de la mesa, lo sostuvo en alto y pidió un brindis para Jobs diciendo: «Lo único que pediste fue que hiciéramos una película genial».

El nuevo equipo de Disney —Michael Eisner como consejero delegado y Jeffrey Katzenberg en el departamento encargado de las películas— comenzó una campaña para que Lasseter regresara a Disney. Les había gustado *Tin Toy*, y creían que podía hacerse algo más con las historias animadas de juguetes que cobran vida y poseen emociones humanas. Sin embargo, Lasseter, agradecido por la confianza que Jobs había depositado en él, sentía que Pixar era el único lugar donde podía crear un nuevo mundo de animación generada por ordenador. Según le dijo a Catmull: «Puedo irme a Disney y ser un director, o puedo quedarme aquí y hacer historia». Así pues, Disney cambió de táctica y comenzó a tratar de llegar a un acuerdo de producción con Pixar. «Los cortometrajes de Lasseter eran realmente impresionantes, tanto por su narración como por su uso de la tecnología —recordaba Katzenberg—. Traté con todas mis fuerzas de hacer que viniera a Disney, pero se mantuvo leal a Steve y a Pixar, así que pensé: "Si no puedes vencerlos, únete a ellos". Decidimos buscar la forma de asociarnos con Pixar y conseguir que creasen para nosotros una película sobre juguetes».

Por aquel entonces, Jobs ya había invertido cerca de 50 millones de su bolsillo en Pixar —más de la mitad de lo que se había embolsado al salir de Apple—, y también seguía perdiendo en NeXT. Adoptó una postura dura al respecto; obligó a todos los empleados de Pixar a entregar sus opciones sobre acciones como parte del acuerdo mediante el cual él inyectaría fondos propios en 1991. Sin embargo, también tenía una vena romántica que adoraba lo que el arte y la tecnología podían conseguir juntos. Su fe en que los usuarios de la calle estarían encantados de poder realizar modelos en tres dimensiones con el software de Pixar resultó equivocada, pero pronto se vio sustituida por un instinto que sí fue clarividente: pensaba que la combinación de la tecnología digital con el buen arte podía transformar las películas de animación más que cualquier otro avance desde 1937, cuando Walt Disney le había dado vida a Blancanieves.

Al reflexionar sobre el pasado, Jobs aseguró que, de haber sabido lo que iba a ocurrir, se habría centrado antes en la animación, dejando de lado las aplicaciones de software o los diseños de hardware de la empresa. Pero, por otra parte, si hubiera sabido que el hardware y el software de Pixar nunca llegarían a ser rentables, no habría invertido en la compañía. «La vida me puso en una posición comprometida en la que tuve que seguir aquel camino, y quizá haya sido mejor así».

20

Un tipo corriente

«Amor» solo es una palabra de cuatro letras

JOAN BAEZ

En 1982, cuando todavía trabajaba en el Macintosh, Jobs conoció a la célebre cantante folk Joan Baez a través de la hermana de esta, Mimi Fariña, que presidía una organización benéfica cuyo objetivo era conseguir la donación de ordenadores para las cárceles. Unas semanas más tarde, Baez y él comieron juntos en Cupertino. «Yo no esperaba demasiado, pero resultó ser tremendamente inteligente y divertida», recordaba Jobs. Por aquel entonces, Steve se acercaba al final de su relación con Barbara Jasinski, una hermosa mujer de ascendencia polinesia y polaca que había trabajado a las órdenes de Regis McKenna. Los dos habían pasado las vacaciones en Hawai, compartieron una casa en las montañas de Santa Cruz e incluso asistieron juntos a uno de los conciertos de Baez. A medida que se iba apagando su relación con Jasinski, Jobs comenzó a compartir algo más serio con Baez. Él tenía veintisiete años y la cantante cuarenta y uno, pero durante algunos años mantuvieron un romance. «Se transformó en una relación formal entre dos amigos por accidente que se convirtieron en amantes», recordaba Jobs con un tono algo nostálgico.

Elizabeth Holmes, la amiga de Jobs en el Reed College, creía que una de las razones por las que salió con Baez —además del hecho de que era hermosa y divertida y de que tenía gran talento— era que ella había sido una vez amante de Bob Dylan. «A Steve le fascinaba aquella conexión con Dylan», afirmó posteriormente. Los dos músicos habían sido amantes a principios de la década de los sesenta, y después de aquello, ya como amigos, fueron a giras juntos, incluida la Rolling Thunder Revue de 1975 (Jobs se había hecho con copias pirata de aquellos conciertos).

Cuando conoció a Jobs, Baez tenía un hijo de catorce años llamado Gabriel, fruto de su matrimonio con el activista antibélico David Harris. Durante la comida, le dijo a Jobs que estaba tratando de enseñarle mecanografía a Gabe. «¿Te refieres a una máquina de escribir?», preguntó Jobs. Cuando ella contestó afirmativamente, él replicó: «Pero una máquina de escribir es algo anticuado». «Si una máquina de escribir es anticuada, ¿entonces yo qué soy?», preguntó ella. Se produjo un silencio incómodo. Tal y como Baez me contó después, «en cuanto lo dije, me di cuenta de que la respuesta era muy obvia. La pregunta se quedó allí, colgando en el aire. Yo estaba horrorizada».

Para gran sorpresa del equipo del Macintosh, Jobs irrumpió un día en el despacho junto con Baez y le mostró el prototipo del ordenador. Quedaron anonadados al ver que le enseñaba la máquina a alguien ajeno a la empresa, dada su obsesión por el secretismo, pero estaban todavía más atónitos por encontrarse en presencia de Joan Baez. Jobs le regaló un Apple II a Gabe y después un Macintosh a Baez, y los visitaba a menudo para mostrarles sus programas preferidos. «Era dulce y paciente, pero también tenía un conocimiento tan profundo que a veces le costaba enseñarme lo que sabía», recordaba ella.

Él era multimillonario desde hacía muy poco tiempo y ella una mujer de fama mundial, pero dulcemente sensata y no tan acaudalada. Baez no sabía por aquel entonces qué hacer con él, y todavía se mostraría desconcertada al hablar de Jobs treinta años más tarde. Durante una cena, al principio de su relación, Jobs empezó a hablar de Ralph Lauren y su tienda de polo, que ella reconoció que nunca había visitado. «Tienen un vestido rojo precioso allí que te quedaría perfecto», aseguró, y entonces la llevó a la tienda en el centro comercial de Stanford. Baez recordaba: «Pensé para mí: "Fantástico, qué pasada, estoy con uno de los hombres más ricos del mundo y él quiere regalarme un vestido maravilloso"». Cuando llegaron a la tienda, Jobs se compró unas cuantas camisas, le enseñó el vestido rojo y afirmó que estaría increíble con él. Ella se mostró de acuerdo. «Deberías comprártelo», le dijo. Ella se quedó algo sorprendida, y respondió que en realidad no podía permitírselo. Él no contestó nada y se fueron. «¿Tú no pensarías, si alguien te hubiera estado diciendo esas cosas toda la tarde, que te lo iba a comprar? —me preguntó, y parecía sinceramente confusa por aquel incidente—. El misterio del vestido rojo queda en tus manos. Yo me sentí muy extraña a raíz de aquello». Jobs podía regalarle ordenadores, pero no un vestido, y cuando le llevaba flores, se aseguraba de informarle de que habían sobrado de alguna celebración en el despacho. «Era romántico y a la vez temía ser romántico», comentaba ella.

Cuando Steve trabajaba en el ordenador de NeXT, fue a casa de Baez en Woodside para mostrarle lo buenas que eran sus aplicaciones de música. «Hizo que el ordenador interpretara un cuarteto de Brahms, y me dijo que llegaría un punto en el que los ordenadores sonarían mejor que los humanos tocando un instrumento, e incluso conseguirían mejorar la interpretación y las cadencias —recordaba Baez. A ella le daba náuseas aquella idea—. Él iba animándose cada vez más hasta el éxtasis, mientras yo me agarrotaba de rabia pensando: "¿Cómo puedes denigrar así la música?"».

Jobs acudía a Debi Coleman y Joanna Hoffman como confidentes acerca de su relación con Baez, y se preocupaba por si podría casarse con alguien que tenía un hijo adolescente y probablemente ya no quisiera tener más hijos. «Había veces en que la menospreciaba por ser una mera cantante de "temas controvertidos" y no una auténtica cantante "política" como Dylan —comentó Hoffman—. Ella era una mujer fuerte, y él quería demostrar que controlaba la situación. Además, Jobs siempre decía que quería formar una familia, y sabía que con ella no podría hacerlo».

Y así, después de unos tres años, acabaron su romance y pasaron a ser simplemente amigos. «Pensé que estaba enamorado de ella, pero en realidad solamente me gustaba mucho —afirmó él posteriormente—. No estábamos destinados a permanecer juntos. Yo quería tener hijos, y ella ya no quería ninguno más». En sus memorias de 1989, Baez habla acerca de la ruptura con su esposo y de por qué nunca volvió a casarse. «Estaba mejor sola, que es como he estado desde entonces, con interrupciones ocasionales que no han sido demasiado serias», escribió. Sí que añadió un simpático agradecimiento al final del libro para «Steve Jobs, por obligarme a utilizar un procesador de textos al instalar uno en mi cocina».

En busca de Joanne y Mona

Cuando Jobs tenía treinta y un años, y al siguiente de su salida de Apple, su madre, Clara, que era fumadora, se vio afectada por un cáncer de pulmón. Él pasó mucho tiempo junto a su cama, hablándole con una intensidad pocas veces mostrada en el pasado y planteando algunas preguntas que se había abstenido de sacar a la luz anteriormente. «Cuando papá y tú os casasteis, ¿tú eras virgen?», le preguntó. A ella le costaba hablar, pero forzó una sonrisa. En aquel momento le contó que había estado casada anteriormente con un hombre que nunca regresó de la guerra. También le ofreció algunos detalles de cómo ella y Paul Jobs habían llegado a adoptarlo.

En torno a aquella época, Jobs consiguió averiguar el paradero de la madre que lo había dado en adopción. La discreta búsqueda de su madre biológica había comenzado a principios de la década de los ochenta, con la contratación de un detective que no había logrado aportar ninguna información. Entonces Jobs advirtió el nombre de un médico de San Francisco en su certificado de nacimiento. «Estaba en el listín telefónico, así que lo llamé», recordaba Jobs. El médico no fue de ninguna ayuda. Dijo que todos sus registros se habían perdido durante un incendio. Aquello no era cierto. De hecho, justo después de que Jobs le llamara, el médico redactó una carta, la metió en un sobre sellado y escribió en él: «Entregar a Steve Jobs tras mi muerte». Cuando falleció, poco tiempo después, su viuda le envió la carta a Jobs. En ella, el médico explicaba que su madre había sido una licenciada universitaria y soltera de Wisconsin llamada Joanne Schieble.

Necesitó algunos meses más y la labor de otro detective para hallar su paradero. Tras haberlo dado en adopción, Joanne se había casado con su padre biológico, Abdulfattah *John* Jandali, y la pareja había tenido una hija, llamada Mona. Jandali los abandonó cinco años más tarde, y Joanne se casó con un pintoresco profesor de patinaje sobre hielo, George Simpson. Aquel matrimonio tampoco duró mucho, y en 1970 ella comenzó un errático viaje que las llevó a ella y a Mona (las cuales utilizaban ahora el apellido Simpson) hasta Los Ángeles.

Jobs se mostraba reticente a contarles a Paul y a Clara —a quienes consideraba sus auténticos padres— que había emprendido la búsqueda de su madre biológica. Con una sensibilidad poco común en él, prueba del profundo afecto que sentía por sus padres, le preocupaba que pudieran ofenderse. Así pues, no contactó con Joanne Simpson hasta después de la muerte de Clara Jobs, a principios de 1986. «Yo nunca quise que sintieran que no los consideraba mis padres, porque para mí lo eran al cien por cien —recordaba—. Los quería tanto que nunca quise que supieran nada de mis pesquisas, e incluso hice que los periodistas lo mantuvieran en secreto si llegaban a enterarse». Tras la muerte de Clara, decidió contárselo a Paul Jobs, quien se mostró perfectamente cómodo con la idea y aseguró que no le importaba en absoluto que Steve se pusiera en contacto con su madre biológica.

Así pues, Jobs llamó un día a Joanne Simpson, le dijo quién era y se preparó para viajar a Los Ángeles y conocerla. Posteriormente declaró que había actuado movido sobre todo por la curiosidad. «Creo que el entorno influye más que la herencia a la hora de determinar tus rasgos, pero aun así siempre te preguntas un poco cuáles son tus raíces biológicas», dijo. También quería asegurarle a Joanne que lo que había hecho estaba bien. «Quería conocer a mi madre biológica principalmente para ver si ella estaba bien y para darle las gracias, porque me alegro de que no abortara. Ella tenía veintitrés años y tuvo que pasar por muchas dificultades para tenerme».

Joanne quedó embargada por la emoción cuando Jobs llegó a su casa de Los Ángeles. Sabía que él era rico y famoso, pero no estaba exactamente segura de por qué. Comenzó inmediatamente a confesar todo lo que sentía. Dijo que la habían presionado para que firmase los papeles de la adopción, y que solo lo hizo cuando le informaron de que él estaba feliz en la casa de sus nuevos padres. Siempre lo había echado de menos, y sufrió por lo que había hecho. Se disculpó una y otra vez, a pesar de que Jobs continuaba asegurándole que lo comprendía, que todo había salido bien.

Una vez calmada, le dijo a Jobs que tenía una hermana carnal, Mona Simpson, que por aquel entonces vivía en Manhattan y aspiraba a convertirse en novelista. Nunca le había contado a Mona que tenía un hermano, y ese día le dio la noticia —o al menos una parte— por teléfono. «Tienes un hermano, es maravilloso, es famoso, y voy a llevarlo a Nueva York para que puedas conocerlo», anunció. Mona estaba a punto de acabar una novela sobre su madre y la peregrinación que ambas habían hecho desde Wisconsin a Los Ángeles, titulada *A cualquier otro lugar*. Quienes hayan leído la novela no se sorprenderán ante la forma algo extravagante que tuvo Joanna de darle a Mona la noticia sobre su hermano. Se negó a decirle quién era, solo le contó que había sido pobre, se había vuelto rico, era guapo y famoso, tenía el pelo largo y negro, y vivía en California. Por aquel entonces Mona trabajaba en *The Paris Review*, una revista literaria de George Plimpton situada en la planta baja de su casa junto al río Este, en Manhattan. Sus compañeros de trabajo y ella comenzaron a jugar a tratar de adivinar quién podía ser su hermano. ¿John Travolta? Aquella era una de las opciones favoritas de los presentes. Otros actores también se nombraron como perspectivas interesantes. Hubo un momento en que alguien sugirió que «a lo mejor era uno de esos tíos que habían fundado Apple Computer», pero nadie pudo recordar los nombres.

El encuentro tuvo lugar en el vestíbulo del hotel St. Regis. Joanne Simpson le presentó a Mona a su hermano, y sí que resultó ser uno de esos tipos que habían fundado Apple. «Se mostró muy directo y afable, como un chico dulce y normal», recordaba Mona. Se sentaron en unos sofás del vestíbulo y estuvieron hablando unos minutos. Entonces él se llevó a su hermana a dar un largo paseo, los dos solos. Jobs estaba encantado por haber descubierto que tenía una hermana tan parecida. Ambos hacían gala de una enorme pasión por lo artístico y gran capacidad de observación de aquello que los rodeaba, y eran sensibles pero a la vez decididos. Cuando se fueron a cenar juntos, ambos señalaban los mismos detalles arquitectónicos u objetos interesantes y los comentaban animadamente. «¡Mi hermana es escritora!», le anunció exultante a sus compañeros de Apple cuando se enteró.

Cuando Plimptom organizó una fiesta por la publicación de *A cualquier otro lugar* a finales de 1986, Jobs voló a Nueva York para acompañar a Mona. Su relación se volvió cada vez más cercana, aunque su amistad estaba sometida a las complejas restricciones que eran de esperar, habida cuenta de quiénes eran y de cómo se habían conocido. «Al principio, a Mona no le entusiasmaba demasiado que yo entrara en su vida y que su madre se mostrara tan emotiva y afectuosa conmigo —comentó Jobs después—. Cuando llegamos a conocernos mejor, nos hicimos muy buenos amigos, y ella es parte de mi familia. No sé qué haría sin ella. No puedo imaginarme una hermana mejor. Mi hermana adoptiva, Patty, y yo nunca tuvimos una relación tan estrecha». Asimismo, Mona desarrolló un gran afecto por él, y en ocasiones podía mostrarse muy protectora, aunque después escribió una tensa novela sobre él, *A Regular Guy* («Un tipo cualquiera»), en la que describe sus rarezas con inquietante precisión.

Uno de los pocos temas sobre los que discutían era la forma de vestir de Mona. Él la acusaba de vestir como una novelista en apuros y la reñía por no llevar ropa «lo suficientemente atractiva». Hubo un momento en que sus comentarios le molestaron tanto que le escribió una carta. «Soy una joven escritora y esta es mi vida, y tampoco es que esté tratando de ser modelo», afirmaba. Él no contestó, pero poco después llegó a su casa una caja de la tienda de Issey Miyake, el diseñador de moda japonés cuyo estilo de corte tecnológico era uno de los favoritos de Jobs. «Se había ido de compras por mí —afirmó ella después— y había elegido cosas estupendas, exactamente de mi talla y con colores muy favorecedores». Había un traje de chaqueta y pantalón que le había gustado especialmente, y el envío incluía tres modelos idénticos. «Todavía recuerdo los primeros trajes que le envié a Mona —comentó él—. Tenían pantalones de lino y la parte de arriba con un verde grisáceo pálido que combinaba muy bien con su pelo rojizo».

El padre perdido

Mona Simpson, mientras tanto, había estado tratando de localizar a su padre, que se había ido de casa cuando ella tenía cinco años. A través de Ken Auletta y Nick Pileggi, destacados escritores de Manhattan, conoció a un policía retirado de Nueva York que había fundado su propia agencia de detectives. «Le pagué con el poco dinero que tenía», recordaba Simpson, pero la búsqueda resultó infructuosa. Entonces conoció a otro detective privado en California que logró encontrar la dirección de un Abdulfattah Jandali en Sacramento a través de una búsqueda en el Departamento de Tráfico. Simpson se lo dijo a su hermano y tomó un vuelo desde Nueva York para ver al hombre que, supuestamente, era su padre.

Jobs no estaba interesado en conocerlo. «No me trató bien —explicó posteriormente—. No es que tenga nada en su contra, estoy contento de estar vivo. Pero lo que más me molesta es que no tratara bien a Mona. La abandonó». El propio Jobs había abandonado a Lisa, su hija ilegítima, y ahora estaba tratando de recuperar esa relación, pero la complejidad del asunto no dulcificó sus sentimientos por Jandali. Simpson fue sola a Sacramento.

«El encuentro fue muy intenso», recordaba ella. Encontró a su padre trabajando en un pequeño restaurante. Parecía contento de verla, aunque extrañamente pasivo ante toda la situación. Hablaron durante algunas horas y él le contó que, después de irse de Wisconsin, había abandonado la docencia y se había dedicado al negocio de los restaurantes. Estuvo casado brevemente por segunda vez, y después por tercera vez durante más tiempo con una mujer mayor y adinerada, pero no había tenido más hijos.

Jobs le había pedido a Simpson que no mencionara su existencia, así que ella no lo hizo. Sin embargo hubo un momento en que su padre mencionó, como de pasada, que su madre y él habían tenido otro hijo, un chico, antes de que naciera ella. «¿Qué pasó con él?», preguntó Simpson. Él contestó: «Nunca volveremos a ver a aquel bebé. Se nos ha ido para siempre». Ella se estremeció pero no dijo nada.

Una revelación todavía más sorprendente tuvo lugar cuando Jandali estaba describiendo los restaurantes anteriores que había regentado. Insistió en que algunos habían sido agradables, más elegantes que el tugurio de Sacramento en el que se encontraban. Le dijo con algo de emoción que ojalá pudiera haberlo visto mientras dirigía un restaurante mediterráneo al norte de San José. «Era un lugar maravilloso —comentó—. Todos los triunfadores del mundo de la tecnología solían venir por allí. Incluso Steve Jobs». Simpson se mostró sorprendida. «Oh, sí, solía venir. Era un tipo muy agradable y dejaba buenas propinas», añadió su padre. Mona logró contenerse y no gritar: «¡Steve Jobs es tu hijo!».

Cuando la visita llegó a su fin, Simpson llamó a escondidas a su hermano desde el teléfono del restaurante y quedó en encontrarse con él en la cafetería Expresso Roma de Berkeley. Para sumarle emoción a aquel drama personal y familiar, Jobs llevó consigo a Lisa, que por aquel entonces ya estudiaba en la escuela primaria y vivía con su madre, Chrisann. Cuando llegaron todos a la cafetería eran casi las diez de la noche, y Simpson le contó toda la historia. Jobs quedó comprensiblemente atónito cuando ella mencionó el restaurante junto a San José. Él recordaba haber estado allí e incluso haber conocido al hombre que era su padre biológico. «Era increíble —aseguró después con respecto a aquella revelación—. Yo había ido a aquel restaurante algunas veces, y recuerdo que me presentaron al dueño. Era sirio. Nos estrechamos la mano».

Jobs, sin embargo, todavía no tenía la intención de verlo. «Yo era por aquel entonces un hombre rico, y no me fiaba; tal vez tratara de chantajearme o contarle la historia a la prensa —recordaba—. Le pedí a Mona que no le hablara de mí».

Mona Simpson nunca lo hizo, pero años más tarde Jandali vio una mención a su relación con Jobs en internet (el autor de un blog, advirtiendo que Simpson había señalado a Jandali como su padre en una obra de referencia, supuso que también debía de ser el padre de Jobs). Por aquel entonces, Jandali se había casado por cuarta vez y trabajaba como gerente de alimentos y bebidas en el centro de vacaciones y casino Boomtown, justo al oeste de Reno, Nevada. Cuando llevó a su nueva esposa, Roscille, a visitar a Simpson en 2006, planteó la cuestión. «¿Qué es esa historia de Steve Jobs?», preguntó. Ella confirmó el relato, pero añadió que creía que Jobs no tenía interés en conocerlo. Jandali pareció aceptar aquello. «Mi padre es una persona considerada y un gran narrador, pero también resulta extremadamente pasivo —afirmó Simpson—. Nunca volvió a mencionarlo. Nunca se puso en contacto con Steve».

Simpson convirtió su búsqueda de Jandali en la base de su segunda novela, *The Lost Father* («El padre perdido»), que se publicó en 1992. (Jobs convenció a Paul Rand, el diseñador que había creado el logotipo de NeXT, para que realizara la portada, pero, según Simpson, «era horrorosa y nunca llegamos a utilizarla».) También localizó a varios miembros de la familia Jandali en Homs y en Estados Unidos, y en 2011 se encontraba escribiendo una novela sobre sus raíces sirias. El embajador sirio en Washington organizó una cena para ella a la que asistieron un primo y su esposa, que por aquel entonces vivían en Florida y viajaron en avión hasta allí para la ocasión.

Simpson pensaba que Jobs acabaría por encontrarse con Jandali, pero según pasaba el tiempo él mostraba cada vez menos interés. Incluso en 2010, cuando Jobs y su hijo Reed acudieron a la cena de cumpleaños de Simpson en su casa de Los Ángeles, el joven pasó tiempo mirando fotografías de su abuelo biológico, pero Jobs las ignoró. Tampoco llegó a importarle su ascendencia siria. Cuando salía Oriente Próximo en alguna conversación, el tema no parecía atraerle especialmente o despertar en él sus opiniones siempre vehementes, incluso después de que Siria se convirtiera en un foco de los levantamientos de la Primavera Árabe de 2011. «No creo que nadie sepa realmente qué pintamos allí —declaró cuando le preguntaron si la Administración Obama debería reforzar su intervención en Egipto, Libia y Siria—. Van a estar jodidos si lo hacen y van a estar jodidos si no lo hacen».

Jobs, por otra parte, sí que mantuvo una amistosa relación con su madre biológica, Joanne Simpson. A lo largo de los años, Mona y ella viajaban con frecuencia en avión para pasar la Navidad en casa de Jobs. Las visitas podían resultar muy dulces, pero también emocionalmente agotadoras. Joanne a menudo lloraba a lágrima viva, le decía lo mucho que lo había querido y se disculpaba por haberlo dado en adopción. Jobs siempre le aseguraba que todo había sido para bien. Tal y como le dijo durante unas Navidades, «no te preocupes, tuve una infancia estupenda. Al final he salido bien».

LISA

Lisa Brennan, por otra parte, no había tenido una gran infancia. Cuando era joven, su padre casi nunca iba a verla. «No quería ser padre, así que no lo fui», afirmó después Jobs, con solo un ápice de remordimiento en la voz. Aun así, a veces sentía la llamada de la paternidad. Un día, cuando Lisa tenía tres años, Jobs estaba conduciendo cerca de la casa que había comprado para que Chrisann y la pequeña se instalaran en ella y decidió parar. Lisa no sabía quién era. Se sentó en el umbral de la puerta, sin atreverse a entrar, y habló con Chrisann. La escena se repetía una o dos veces al año. Jobs se presentaba sin avisar, hablaba un poco con Chrisann sobre las posibles escuelas para Lisa o algún otro asunto, y después se marchaba en su Mercedes.

Sin embargo, en 1986, cuando Lisa cumplió los ocho años, las visitas comenzaron a producirse con mayor frecuencia. Jobs ya no se encontraba inmerso en la agotadora tarea de crear el Macintosh o en las subsiguientes luchas de poder con Sculley. Trabajaba en NeXT, un lugar más tranquilo y agradable cuya sede se encontraba en Palo Alto, cerca de donde vivían Chrisann y Lisa. Además, para cuando la pequeña llegó a su tercer y cuarto cursos, estaba claro que era una chica inteligente y con sentido artístico, que ya había destacado a ojos de sus profesores por su habilidad con la escritura. Era una persona de fuerte carácter y llena de vida, y tenía un poco de la actitud desafiante de su padre. También se le parecía un poco, con las cejas arqueadas y unos rasgos angulosos que recordaban levemente a Oriente Próximo. Un día, para sorpresa de sus compañeros, Jobs la llevó a su despacho. Mientras ella daba volteretas por los pasillos, iba gritando: «¡Mírame!».

Avie Tevanian, un ingeniero sociable y desgarbado de NeXT que se había hecho amigo de Jobs, recordaba que de vez en cuando, cuando salían a cenar, se paraban en la casa de Chrisann para recoger a Lisa. «Era muy dulce con ella —rememoró Tevanian—. Él era vegetariano y Chrisann también, pero ella no. A él le parecía bien. Le sugería que pidiera pollo, y eso es lo que hacía».

Comer pollo se convirtió en un capricho que se permitía mientras se criaba entre dos padres vegetarianos con una afición espiritual por los alimentos naturales. «Comprábamos las verduras (la lechuga puntarella, la quinoa, los rábanos, la algarroba) en tiendas que olían a levadura, donde las mujeres no se teñían el pelo —escribió Lisa posteriormente—. Sin embargo, a veces recibíamos productos de importación. Alguna vez comprábamos un pollo especiado y picante de una tienda de *delicatessen* con hileras y más hileras de pollos girando en sus espitas, y nos lo comíamos en el coche directamente con los dedos, sacándolo de su envoltorio de aluminio». Su padre, cuyas fijaciones alimentarias variaban según sus fanáticos impulsos, era más quisquilloso con la comida. Ella lo vio escupir un día una cucharada de sopa tras enterarse de que contenía mantequilla. Tras relajar un poco aquellas dietas mientras se encontraba en Apple, volvió a convertirse en un vegano estricto. Incluso desde una edad temprana, Lisa comenzó a darse cuenta de que sus obsesiones alimentarias reflejaban una filosofía de vida en la que el ascetismo y el minimalismo podían despertar sensaciones nuevas. «Él creía que las mejores cosechas procedían de los terrenos más áridos, que el placer surgía de la contención —señaló—. Conocía las ecuaciones que la mayoría de la gente ignoraba: todo conduce a su contrario».

De manera similar, las ausencias y la frialdad de su padre hacían que los ocasionales momentos de ternura resultaran mucho más gratificantes. «No vivía con él, pero a veces se pasaba por nuestra casa, y era como un dios que se apareciera ante nosotros durante unos momentos mágicos o unas horas», recordaba. Lisa pronto se volvió lo suficientemente interesante como para que él la acompañara a dar paseos. También recorrían en patines las tranquilas calles de Palo Alto, y a menudo se detenían en las casas de Joanna Hoffman y Andy Hertzfeld. La primera vez que la llevó a ver a Hoffman, se limitó a llamar a la puerta y anunciar: «Esta es Lisa». Hoffman comprendió la situación de inmediato. «Era obvio que se trataba de su hija —me contó—. Nadie más podría tener esa mandíbula. Es típica». Hoffman, que había sufrido por no haber conocido hasta los diez años a su padre divorciado, animó a Jobs a que fuera mejor padre. Él siguió su consejo, y después se lo agradeció.

Una vez se llevó a Lisa en un viaje de negocios a Tokio, y allí se quedaron en el elegante y formal hotel Okura. En el fino restaurante de *sushi* del sótano, Jobs pidió grandes bandejas de *sushi* de *unagi*, un plato de anguila que le encantaba hasta el punto de saltarse su dieta vegetariana. Los trozos iban cubiertos con sal fina o con una ligera capa de salsa dulce, y Lisa recordaba después cómo se disolvían en la boca, igual que lo hacía la distancia que los separaba. Según ella misma escribió más tarde, «aquella era la primera vez que me sentía tan relajada y contenta a su lado, junto a aquellas bandejas de comida. Aquel exceso, aquella permisividad y ternura tras las frías ensaladas significaban que se había abierto un espacio hasta entonces inaccesible. Se mostraba menos rígido consigo mismo, incluso parecía humano bajo aquellos grandes techos y con aquellas sillas diminutas, con la comida y conmigo».

Sin embargo, no todo era dulzura y resplandor. Jobs mostraba cambios de humor tan repentinos con Lisa como con casi todos los demás. Era un ciclo recurrente de afecto y abandono. Un día se mostraba risueño y al siguiente estaba frío o no se presentaba. «Ella siempre se sintió insegura dentro de aquella relación —comentó Hertzfeld—. Fui a una de sus fiestas de cumpleaños, y se suponía que Steve también iba a ir, pero llegó muy, muy tarde. Ella se puso extremadamente nerviosa y se mostró disgustada. Sin embargo, cuando él apareció por fin, se le iluminó el rostro por completo».

Lisa aprendió también a mostrarse temperamental. A lo largo de los años, su relación fue como una montaña rusa, con cada una de las etapas de distanciamiento prolongadas por culpa de su mutua testarudez. Tras una pelea podían pasar meses sin hablarse. A ninguno de los dos se le daba bien dar el primer paso, disculparse o realizar el esfuerzo necesario para recuperar la relación, incluso cuando él se enfrentaba a sus sucesivos problemas de salud. Un día, en el otoño de 2010, Jobs estaba conmigo, repasando con nostalgia una caja de viejas fotografías, y se detuvo en una en la que aparecía visitando a Lisa cuando ella era pequeña. «Probablemente no estuve allí el tiempo suficiente», reconoció. Como llevaba en ese momento todo un año sin hablar con ella, le pregunté si quizá querría intentar un acercamiento mediante una llamada o un correo electrónico. Me miró con rostro inexpresivo durante un instante, y a continuación volvió a revisar otras fotografías.

El romántico

Cuando se trataba de mujeres, Jobs podía ser romántico hasta el extremo. Tendía a enamorarse perdidamente, a compartir con sus amigos todos los pormenores de la relación y a suspirar por sus amores en público cada vez que se veía apartado de la novia que tuviera en aquel momento. En el verano de 1983 asistió a la celebración de una pequeña cena en Silicon Valley con Joan Baez y se sentó junto a una estudiante de la Universidad de Pensilvania llamada Jennifer Egan, que no estaba del todo segura de quién era él. Por aquel entonces, Baez y Jobs se habían dado cuenta de que no estaban destinados a estar juntos para siempre, y él quedó fascinado por Egan, que trabajaba en un semanario de San Francisco durante las vacaciones de verano. Averiguó su teléfono, la llamó y la llevó al Café Jacqueline, un pequeño restaurante junto a Telegraph Hill especializado en suflés vegetarianos.

Estuvieron saliendo durante un año, y Jobs tomaba a menudo vuelos para ir a visitarla a la Costa Este. Durante una de las conferencias de la convención de Macworld en Boston, declaró ante una gran concurrencia que estaba muy enamorado, y que por eso necesitaba irse corriendo para coger un vuelo a Filadelfia y ver a su novia. Al público le divirtió mucho. Y cuando visitaba Nueva York, ella se acercaba hasta allí en tren para quedarse con él en el Carlyle o en el apartamento de Jay Chiat, en el Upper East Side. La pareja solía ir a comer al Café Luxembourg, visitaron (en repetidas ocasiones) el apartamento de los edificios San Remo que él planeaba remodelar e iban al cine o (al menos en una ocasión) a la ópera.

Egan y él también hablaban por teléfono durante horas muchas noches. Un tema sobre el que discutían a menudo era la creencia de Jobs, heredada de sus estudios sobre el budismo, de que era importante evitar sentirse demasiado ligado a los objetos materiales. Le dijo a Egan que nuestros deseos de consumo son malsanos, y que para alcanzar la iluminación hacía falta llevar una vida desapegada y alejada del materialismo. Incluso le envió una cinta de vídeo en la que Kobun Chino, su maestro zen, hablaba de los problemas causados por nuestras ansias de obtener bienes materiales. Egan se resistió.

Le preguntó si no estaba contradiciendo aquella filosofía al fabricar ordenadores y otros productos que la gente deseaba poseer. «A él le irritaba aquella dicotomía, y manteníamos acalorados debates al respecto», recordaría Egan.

Al final, el orgullo de Jobs por los objetos que creaba superó a su noción de que la gente debía evitar su deseo por tales posesiones. Cuando el Macintosh salió a la venta en enero de 1984, Egan se encontraba en el apartamento de su madre, en San Francisco, durante las vacaciones navideñas de la universidad. Los invitados a la cena en casa de su madre quedaron atónitos cuando Steve Jobs —por entonces de fama repentina y reciente— apareció en la puerta con un Macintosh recién empaquetado y entró en el dormitorio de Egan para instalarlo.

Jobs le confió a Egan, igual que había hecho con algunos otros amigos, su premonición de que no tendría una vida larga, y por eso se mostraba tan decidido e impaciente. «Sentía una especie de urgencia por todo lo que quería conseguir», comentó Egan después. La relación se enfrió en el otoño de 1984, cuando ella le dejó claro que todavía era demasiado joven para pensar en casarse.

Poco después de aquello, a principios de 1985, justo cuando comenzaba a formarse en Apple todo el alboroto con Sculley, Jobs se dirigía a una reunión cuando reparó en un hombre que trabajaba para la Fundación Apple, que se ocupaba de suministrar ordenadores a organizaciones sin ánimo de lucro. En el despacho de aquel hombre se encontraba una mujer esbelta y rubísima que combinaba un aire de pureza natural propia del hippy con la sólida sensibilidad de una consultora informática. Se llamaba Tina Redse, y había trabajado en la People's Computer Company. «Era la mujer más guapa que había visto en mi vida», recordaba Jobs.

La llamó al día siguiente y le pidió que fuera a cenar con él. Ella le dijo que no, puesto que vivía con su novio. Unos días más tarde, Jobs la llevó a dar un paseo por un parque cercano y volvió a pedirle una cita, y en esta ocasión ella le dijo a su novio que quería ir. Era una mujer muy sincera y abierta. Tras la cena, Tina se puso a llorar, porque sabía que su vida estaba a punto de verse perturbada. Y así fue. A los pocos meses, se mudó a la mansión sin amueblar de Wood-

Un álbum de fotos de Diana Walker

*Durante casi treinta años, la fotógrafa Diana Walker ha tenido
un acceso privilegiado a su amigo Steve Jobs. Presentamos aquí
una selección de su álbum.*

En su casa de Cupertino, en 1982: era tan perfeccionista que le costaba encontrar
muebles a su gusto.

2

En su cocina: «Al regresar tras siete meses por los pueblos de la India, pude darme cuenta de la locura que invade al mundo occidental y de cómo nos centramos en desarrollar un pensamiento racional».

3

En 1982, con alumnos de la Universidad de Stanford: «¿Cuántos de vosotros sois vírgenes? ¿Cuántos habéis probado el LSD?».

4

Con el Lisa: «Picasso tenía un dicho: "Los artistas buenos copian y los artistas geniales roban", y nosotros nunca hemos tenido reparo alguno en robar las ideas geniales».

5

Con John Sculley en Central Park, 1984: «¿Quieres pasarte el resto de tu vida vendiendo agua azucarada o quieres una oportunidad para cambiar el mundo?».

6

En su despacho de Apple, en 1982: cuando le preguntaron si quería realizar una investigación de mercado, respondió: «No, porque los clientes no saben lo que quieren hasta que se lo mostramos».

7

Durante su etapa de NeXT, en 1988: libre de las restricciones de Apple, dio rienda suelta a sus mejores y peores instintos.

8

Con John Lasseter, en agosto de 1997: el comportamiento de Lasseter y su rostro angelical ocultaban un perfeccionismo artístico que rivalizaba con el de Jobs.

9

En 1997 en su casa, trabajando en el discurso de la conferencia Macworld de Boston, una vez recuperado el mando de Apple: «En esa locura nosotros vemos genialidad».

Al habla con Gates, cerrando por teléfono el acuerdo con Microsoft: «Bill, gracias por tu apoyo a esta compañía. Creo que el mundo es ahora un lugar mejor».

10

En la conferencia Macworld de Boston, mientras Gates hablaba de su acuerdo: «Aquel fue el peor acto de presentación y el más estúpido de mi vida. Me hacía parecer insignificante».

En agosto de 1997, con su esposa, Laurene Powell, en su jardín de Palo Alto. Ella fue el contrapunto de sensatez de su vida.

En el despacho de su casa de Palo Alto, en 2004: «Me gusta vivir en la intersección entre las humanidades y la tecnología».

Del álbum familiar de Jobs

En agosto de 2011, cuando Jobs se encontraba muy enfermo,
nos sentamos en su salón y repasamos algunas fotografías de su boda
y de sus vacaciones para que yo las utilizara en este libro.

14

La ceremonia de boda, en 1991: Kobun Chino, el maestro de zen sōtō de Steve, agitó
un palo, golpeó un gong, encendió varillas de incienso y entonó un cántico.

15

Con su orgulloso padre, Paul Jobs: cuando Mona, la hermana de Steve, localizó
al padre biológico, Steve se negó incluso a conocerlo.

Cortando la tarta
con la forma del Medio
Domo junto a Laurene
y Lisa Brennan, su hija
de una relación anterior.

Laurene, Lisa y Steve.
Lisa se mudó a su casa
poco después y se quedó
allí durante los años
de instituto.

16

17

18

Steve, Eve, Reed, Erin y Laurene en el pueblo italiano de Ravello en 2003: incluso estando de vacaciones, Steve se recluía a menudo en su trabajo.

Sujetando a Eve en Foothills Park, Palo Alto: «Eve es como un polvorín, y nunca he conocido a ningún niño con una voluntad de hierro parecida a la suya. Es lo que me merezco».

19

20

En 2006 con Laurene, Eve, Erin y Lisa en el canal griego de Corinto: «Para los jóvenes, el mundo entero es un mismo lugar».

Con Erin en Kioto, en el año 2010: al igual que Reed y Lisa, recibió como regalo un viaje a Japón solo para ella y su padre.

21

22

Con Reed en Kenia, en 2007: «Cuando me diagnosticaron cáncer, hice un trato con Dios o con quien fuera: lo que realmente quería era ver la graduación de Reed».

Y una imagen más de Diana Walker, un retrato de Jobs realizado en 2004 en su casa de Palo Alto.

side. «Fue la primera persona de la que estuve realmente enamorado —declaró Jobs después—. Teníamos una conexión muy profunda. No creo que nadie llegue nunca a comprenderme mejor que ella».

Redse venía de una familia problemática, y Jobs compartió con ella su propio dolor por haber sido dado en adopción. «A ambos nos habían hecho daño durante nuestra infancia —recordaba Redse—. Él me dijo que los dos éramos unos inadaptados, y que por eso estábamos tan bien juntos». Ambos eran muy apasionados y propensos a las muestras públicas de afecto. Las sesiones de besuqueos en el vestíbulo de NeXT son muy recordadas por los empleados. También lo eran las peleas, que tenían lugar en los cines y frente a los visitantes de Woodside. Aun así, él alababa constantemente la pureza y naturalidad de Redse. También le atribuía todo tipo de virtudes espirituales. Como bien señaló la sensata Joanna Hoffman cuando habló del enamoramiento de Jobs con aquella *mujer de otro planeta*, «Steve tenía una cierta tendencia a ver las vulnerabilidades y neurosis de la gente y a convertirlas en atributos espirituales».

Durante la destitución de Jobs de Apple en 1985, Redse viajó con él a Europa, adonde Steve había ido a lamerse las heridas. Mientras paseaban una tarde por un puente sobre el Sena, juguetearon con la idea —más romántica que seria— de quedarse en Francia e instalarse allí, quizá de manera indefinida. Redse estaba dispuesta, pero Jobs no quería. Había salido escaldado, pero todavía era ambicioso. «Soy un reflejo de lo que hago», le dijo. Ella recordó aquel momento en París en un emotivo correo electrónico que le envió veinticinco años más tarde, después de que hubieran seguido caminos separados, aunque manteniendo su conexión espiritual:

> Nos encontrábamos sobre un puente parisino en el verano de 1985. El cielo estaba nublado. Nos inclinamos sobre la suave barandilla de piedra y nos quedamos mirando como el agua verde pasaba bajo nosotros. Tu mundo se había partido y después se detuvo, a la espera de volver a articularse en torno a lo que fuera que eligieras a continuación. Yo quería huir de lo que nos había precedido. Traté de convencerte de que empezaras una nueva vida junto a mí en París, para que nos desembarazáramos de quienes éramos antes y nos dejáramos arrastrar por algo nuevo. Yo quería que atravesáramos a rastras el abis-

mo negro de tu mundo destruido y surgiéramos, anónimos y nuevos, en unas vidas sin complicaciones en las que yo pudiera prepararte sencillas cenas y pudiéramos estar juntos todos los días, como niños que juegan sin otro propósito que el de jugar. Me gusta creer que lo meditaste antes de reír y contestar: «¿Y qué iba a hacer? A mí ya nadie me va a dar trabajo». Me gusta creer que en ese momento de duda, antes de que nuestro audaz futuro nos reclamara, compartimos juntos aquella posible vida hasta llegar a una pacífica vejez, con un montón de nietos a nuestro alrededor en una granja del sur de Francia, mientras transcurrían los días calmados, cálidos y plenos como una hogaza de pan tierno, con nuestro pequeño mundo lleno del aroma de la paciencia y la familiaridad.

La relación siguió adelante de forma irregular durante cinco años. Redse detestaba vivir en la casa apenas amueblada de Woodside. Jobs había contratado a una pareja joven muy moderna, que había trabajado en Chez Panisse, como administradores de la casa y cocineros vegetarianos, y le hacían sentirse como una intrusa. Algunas veces se marchaba a su apartamento en Palo Alto, especialmente después de mantener alguna de sus apasionadas discusiones con Jobs. «La desatención es una forma de abuso», garabateó en una ocasión en la pared que conducía desde la entrada a su dormitorio. Estaba cautivada por él, pero también le frustraba lo poco atento que podía llegar a ser. Más tarde recordó lo increíblemente doloroso que resultaba estar enamorada de alguien tan egocéntrico. Sentía que preocuparse profundamente de alguien aparentemente incapaz de prestarte su atención era un tipo particular de infierno que no le desearía a nadie.

Eran diferentes en muchísimos aspectos. «En la escala entre la amabilidad y la crueldad, se encuentran cerca de los polos opuestos», afirmó Hertzfeld en una ocasión. La amabilidad de Redse se hacía notar en los gestos grandes y en los pequeños. Siempre les daba limosna a los mendigos, participaba como voluntaria en la atención de pacientes con enfermedades mentales (como su padre, convaleciente) y se aseguró de que Lisa —e incluso Chrisann— se sintieran cómodas con ella. Fue la persona que más contribuyó a la hora de convencer a Jobs para que pasara más tiempo con Lisa. Sin embargo, le faltaban la ambición o la determinación que él poseía. El aire etéreo que le hacía parecer tan espiritual a ojos de Jobs también dificultaba que ambos sintonizaran. «Su relación era increíblemente tormentosa —comentó Hertzfeld—. Debido a su diferente personalidad, se enzarzaban en montones y montones de peleas».

También mantenían una diferencia filosófica básica acerca de si los gustos estéticos eran algo fundamentalmente individual, como defendía Redse, o si había una estética ideal y universal que la gente debía aprender, como pensaba Jobs. Ella lo acusaba de estar demasiado influido por el movimiento Bauhaus. «Steve creía que nuestra misión era formar el sentido estético de los demás, enseñarles qué debería gustarles —recordaba—. Yo no comparto esa perspectiva. Creo que si escuchamos con atención, tanto dentro de nosotros mismos como al resto, somos capaces de permitir que las ideas innatas y verdaderas que hay en nosotros salgan a la luz».

Cuando pasaban juntos largos períodos de tiempo, las cosas no funcionaban bien. Sin embargo, cuando estaban separados, Jobs suspiraba de amor por ella. Al final, en el verano de 1989, él le pidió matrimonio. Redse no podía hacerlo. Les dijo a sus amigos que algo así acabaría volviéndola loca. Se había criado en un hogar inestable, y su relación con Jobs mostraba demasiadas similitudes. Añadió que eran polos opuestos que se atraían, pero que la combinación resultaba demasiado explosiva. «Yo no podría haber sido una buena esposa para "Steve Jobs", el icono —explicó posteriormente—. Se me habría dado fatal en muchos sentidos. En lo relativo a nuestras interacciones personales, yo no podía tolerar su falta de amabilidad. No quería herirlo, pero tampoco quería quedarme allí plantada y ver cómo hería a otras personas. Era una tarea dolorosa y agotadora».

Después de la ruptura, Redse ayudó a fundar OpenMind, una red californiana de recursos sobre salud mental. Una vez leyó en un manual de psiquiatría información acerca del trastorno narcisista de la personalidad y pensó que Jobs se adecuaba perfectamente a la descripción. «Se ajustaba con tanta claridad y explicaba tantos conflictos a los que nos habíamos enfrentado, que me di cuenta de que esperar que se volviera más agradable o menos egocéntrico era como esperar que un ciego pudiera ver —afirmó—. También explicaba alguna de las elecciones que tomó con respecto a su hija Lisa por aquel entonces. Creo que el problema es la empatía, el hecho de carecer de ella».

Posteriormente, Redse se casó, tuvo dos hijos y se divorció. De vez en cuando, Jobs suspiraba por su amor, incluso estando felizmente casado. Y cuando comenzó su batalla contra el cáncer, ella se puso de nuevo en contacto con él para ofrecerle su apoyo. Se volvía muy sensible siempre que recordaba su relación con Jobs. «Aunque nuestros valores estaban enfrentados y hacían imposible tener la relación que una vez habíamos deseado —me dijo—, el amor y el cariño que sentí por él hace décadas han seguido vivos». Del mismo modo, Jobs comenzó de pronto a llorar una tarde mientras estaba sentado en su salón recordando el tiempo pasado con ella. «Era una de las personas más puras que he conocido —afirmó con las lágrimas resbalándole por las mejillas—. Había algo espiritual en ella y algo espiritual en la conexión que compartíamos». Aseguró haber lamentado siempre su incapacidad para lograr que la relación funcionase, y sabía que ella también lo sentía. Sin embargo, no estaba destinado a ocurrir, y así lo habían acordado los dos.

LAURENE POWELL

A estas alturas, y basándose en los datos de su historial amoroso, una casamentera podría haber elaborado un retrato robot de la mujer adecuada para Jobs. Inteligente pero sencilla. Suficientemente dura como para hacerle frente, pero suficientemente zen como para elevarse por encima de la agitación de su vida. Con buena formación e independiente, pero dispuesta a adaptarse a él y a la creación de una familia. Sensata, pero con un toque etéreo. Con sentido común suficiente como para saber controlarlo, pero lo suficientemente segura de sí misma como para no necesitar hacerlo constantemente. Y tampoco le vendría mal ser una rubia guapa y esbelta con sentido del humor a la que le gustara la comida vegetariana orgánica. En octubre de 1989, después de la ruptura con Tina Redse, una mujer exactamente así entró en su vida.

Para ser más concretos, una mujer exactamente así entró en su aula. Jobs había accedido a impartir una charla como parte de una serie de ponencias de expertos en la Facultad de Estudios Empresariales de Stanford un jueves por la tarde. Laurene Powell era una estudiante recién llegada a la facultad, y un chico de su clase la invitó a asistir al acto. Llegaron tarde y todos los asientos estaban ocupados, así que se aposentaron en el pasillo. Cuando un bedel les dijo que debían moverse, Powell se llevó a su amigo a la primera fila y se instalaron en dos de los puestos reservados que había allí. Al llegar, a Jobs le habían asignado el asiento contiguo al de ella. «Miré a mi derecha y me encontré con una chica muy guapa, así que empezamos a hablar mientras yo esperaba a que me presentaran», recordaba Jobs. Estuvieron charlando un poco, y Lauren bromeó asegurando que estaba allí sentada porque había ganado un sorteo. Dijo que su premio era que él debía llevarla a cenar. «Era un tipo adorable», afirmó ella después.

Tras el discurso, Jobs se quedó al borde del escenario charlando con algunos estudiantes. Vio como Powell se iba, regresaba hasta la muchedumbre y volvía a irse. Salió corriendo tras ella, chocándose con el decano, que trataba de llamar su atención para hablar con él. Tras alcanzarla en el aparcamiento, le dijo: «Perdona, pero ¿no habías dicho algo sobre una rifa que habías ganado en la que se supone que debo llevarte a cenar?». Ella se rió. «¿Qué tal te va el sábado?», preguntó él. Ella accedió y le dio su número. Jobs se dirigió a su coche para conducir hasta la bodega de Thomas Fogarty, en las montañas de Santa Cruz, sobre Woodside, donde el grupo encargado de las ventas a centros educativos de NeXT estaba celebrando una cena. Entonces, de pronto, se detuvo y dio media vuelta. «Pensé: "Vaya, prefiero cenar con ella antes que con el grupo de ventas", así que volví a su coche y le pregunté qué le parecería ir a cenar esa misma noche». Ella aceptó. Era una hermosa tarde de otoño, caminaron hasta Palo Alto y entraron en un original restaurante vegetariano llamado St. Michael's Alley. Al final se quedaron allí cuatro horas. «Hemos estado juntos desde entonces», aseguró él.

Avie Tevanian se encontraba en el restaurante-bodega a la espera del resto del grupo de NeXT. «A veces no podías confiar en que Steve acudiera a sus compromisos, pero cuando hablé con él me di cuenta de que le había surgido algo especial», comentó. En cuanto Powell llegó a casa, después de medianoche, llamó a su mejor amiga, Kathryn (Kat) Smith, que se encontraba en Berkeley, y le dejó un mensaje en el contestador. «¡No te vas a creer lo que me acaba de pasar! —anunciaba—. ¡No te vas a creer a quién he conocido!». Smith la llamó a la mañana siguiente y escuchó su historia. «Habíamos oído hablar de Steve, y era una persona que nos interesaba porque éramos estudiantes de empresariales», recordaba ella.

Andy Hertzfeld y algunos otros especularon más tarde sobre la posibilidad de que Powell hubiera estado urdiendo un plan para encontrarse con Jobs. «Laurene es muy agradable, pero puede ser algo calculadora, y creo que Steve fue su objetivo desde el principio —afirmó Hertzfeld—. Su compañera de piso en la universidad me dijo que Laurene tenía portadas de revistas con la cara de Steve y había jurado que acabaría conociéndolo. Si fuera cierto que Steve fue manipulado, la cosa tendría su gracia». Sin embargo, Powell insistió después en que aquel no había sido el caso. Solo acudió a la charla porque su amigo quería ir, y no estaba muy segura ni de a quién iban a ver. «Sabía que Steve Jobs era el orador, pero el rostro en el que pensaba era el de Bill Gates —recordaba—. Los tenía confundidos. Era el año 1989. Él trabajaba en NeXT, y tampoco era para tanto la impresión que me causaba. No me entusiasmaba demasiado la idea de asistir, pero a mi amigo sí, así que allá fuimos».

«Solo hay dos mujeres en mi vida de las que haya estado realmente enamorado: Tina y Laurene —confesó Jobs después—. Creí que estaba enamorado de Joan Baez, pero en realidad solo me gustaba mucho. Fueron únicamente Tina y después Laurene».

Laurene Powell, nacida en Nueva Jersey en 1963, había aprendido a ser autosuficiente desde una edad muy temprana. Su padre era un piloto del Cuerpo de Marines de Estados Unidos que murió heroicamente cuando se estrelló en Santa Ana, California. Había estado guiando a un avión averiado de forma que pudiera aterrizar, y cuando este golpeó al suyo, siguió pilotando para evitar estrellarse contra un área residencial, en lugar de pulsar el botón de eyección y salvar su vida. El segundo matrimonio de la madre de Laurene dio lugar a una situación familiar terrible, pero ella sentía que no podía divorciarse porque no tenía medios para mantener a su gran familia. Durante diez años, Laurene y sus tres hermanos tuvieron que sufrir en un hogar cargado de tensión y mantener un buen comportamiento mientras trataban de aislarse de sus problemas. Ella lo logró. «La lección que aprendí estaba muy clara, y era que siempre quise ser autosuficiente —afirmó—. Aquello me enorgullecía. Mi relación con el dinero es la de una herramienta que sirve para ser independiente, pero no es algo que forme parte de quien soy».

Tras licenciarse en la Universidad de Pensilvania, trabajó en Goldman Sachs como estratega de inversiones de renta fija, un puesto en el que manejaba enormes sumas de dinero, que debía invertir por cuenta de la empresa. Jon Corzine, su jefe, trató de hacer que se quedara en Goldman, pero ella decidió que el trabajo le resultaba poco edificante. «Podías llegar a tener un gran éxito —comentó—, pero simplemente contribuías a la formación de capital». Así pues, después de tres años, dejó su trabajo y se fue a Italia, a Florencia, donde vivió durante ocho meses antes de matricularse en la Escuela de Estudios Empresariales de Stanford.

Después de la cena del jueves por la noche, aquel mismo sábado Powell invitó a Jobs a su apartamento de Palo Alto. Kat Smith condujo desde Berkeley y fingió ser su compañera de piso para poderlo conocer también. Recordaba que la relación se volvió muy apasionada. «Se andaban besuqueando todo el rato —comentó Smith—. Él estaba cautivado por ella, y me llamaba para preguntarme: "¿Tú qué crees, le gusto?". Y a mí me parecía una situación muy extraña, con un personaje así de importante llamándome por teléfono».

Esa Nochevieja de 1989, los tres fueron a Chez Panisse, el célebre restaurante de Alice Waters en Berkeley. Les acompañaba Lisa, la hija de Jobs, que tenía por aquel entonces once años. Algo ocurrido durante la cena hizo que Jobs y Powell comenzaran a discutir. Abandonaron el restaurante por separado y Powell acabó pasando la noche en el apartamento de Kat Smith. A las nueve de la mañana siguiente oyeron como llamaban a la puerta y Smith fue a abrir. Allí estaba Jobs, aguantando bajo la lluvia mientras sujetaba unas flores silvestres que había recogido. «¿Puedo pasar para ver a Laurene?», preguntó. Ella aún seguía dormida, y él entró en su habitación. Pasaron un par de horas, mientras Smith esperaba en el salón, sin poder entrar a por su ropa. Al final optó por ponerse un abrigo encima del camisón y bajar a la cafetería Pete's Coffee a comer algo. Jobs no salió de allí hasta pasado el mediodía. «Kat, ¿puedes venir un momento? —le preguntó. Todos se reunieron en el dormitorio—. Como sabes, el padre de Laurene murió y su madre no está aquí, y dado que eres su mejor amiga, voy a preguntarte algo —anunció—. Me gustaría casarme con Laurene. ¿Querrás darme tu bendición?».

Smith trepó a la cama y reflexionó un momento. «¿A ti te parece bien?», le preguntó a Powell. Cuando ella asintió, Smith anunció: «Bueno, ahí tienes tu respuesta».

Sin embargo, aquella no era una contestación definitiva. Jobs tenía tendencia a concentrarse en algo con intensidad malsana durante un tiempo y entonces, de pronto, desviaba su atención hacia otra cosa. En el trabajo se concentraba en lo que quería, cuando quería, y todos los demás asuntos le resultaban indiferentes, independientemente del esfuerzo que hubieran puesto los demás por lograr que él se involucrara. En su vida personal se comportaba de la misma forma. Había ocasiones en las que Powell y él realizaban muestras públicas de afecto tan intensas que avergonzaban a quienes se encontraran en su presencia, incluidas Kat Smith y la madre de Powell. Por las mañanas, en la mansión apenas amueblada de Woodside, él despertaba a Powell con la canción a todo volumen «She Drives Me Crazy», de los Fine Young Cannibals. Sin embargo, en otras ocasiones la ignoraba por completo. «Steve fluctuaba entre una intensa concentración en la que ella era el centro del universo y un estado frío y distante centrado en su trabajo —afirmó Smith—. Tenía la capacidad de concentrarse como un rayo láser, y cuando te apuntaba con él, podías deleitarte con la luz de su atención. Sin embargo, cuando se desviaba a cualquier otro punto, te quedabas completamente a oscuras. Aquello le resultaba muy confuso a Laurene».

Una vez que ella aceptó la propuesta de matrimonio el primer día de 1990, él no volvió a mencionarlo durante varios meses. Al final, Kat Smith se encaró con él mientras se sentaban al borde del arenero de un parque en Palo Alto. ¿Qué estaba pasando? Jobs respondió que necesitaba sentirse seguro de que Laurene podía hacer frente a la vida que él llevaba y al tipo de persona que era. En septiembre ella se hartó de esperar y se fue de casa. Al mes siguiente, Jobs le regaló un anillo de compromiso con un diamante y ella regresó de nuevo.

En diciembre, Jobs llevó a Powell a su lugar de vacaciones favorito, Kona Village, en Hawai. Había comenzado a ir allí nueve años antes, cuando, estresado por su trabajo en Apple, le había pedido a su ayudante que le eligiera un lugar al que escapar. A primera vista, no le agradó el grupo de bungalows con techo de paja repartidos sobre una playa en la gran isla de Hawai. Era un lugar de vacaciones familiar, con un comedor comunitario. Sin embargo, en cuestión de horas, había comenzado a verlo como un paraíso. Había allí una sencillez y una belleza austera que lo conmovían, y regresaba a aquel lugar siempre que podía. Disfrutó especialmente de estar allí ese diciembre junto a Powell. Su amor había madurado. En Nochebuena le había vuelto a decir, con mayor formalidad aún, que quería casarse con ella. Pronto se sumó otro factor a la toma de aquella decisión. Mientras se encontraban en Hawai, Powell se quedó embarazada. «Sabemos exactamente dónde ocurrió», comentó después Jobs con una carcajada.

18 DE MARZO DE 1991: LA BODA

El embarazo de Powell no puso punto final al asunto. Jobs comenzó de nuevo a mostrarse reacio ante la idea del matrimonio, a pesar de que se había declarado en dos ocasiones con gran teatralidad, tanto al principio como al final del año 1990. Ella, furiosa, se fue de casa de Jobs y regresó a su apartamento. Durante un tiempo, él se mostraba enfurruñado o ignoraba la situación. Entonces, pensó que podía estar todavía enamorado de Tina Redse. Le envió rosas y trató de convencerla para que volviera con él, puede que incluso para que se casaran. No estaba seguro de lo que quería, y sorprendió a una gran cantidad de amigos e incluso de conocidos al consultarles qué debía hacer. Les preguntaba quién era más guapa, ¿Tina o Laurene? ¿Cuál de las dos les gustaba más? ¿Con quién debería casarse? En un capítulo al respecto en la novela de Mona Simpson *A Regular Guy*, el personaje de Jobs «le preguntó a más de cien personas quién pensaban que era más guapa». Sin embargo, aquello no era ficción, aunque en realidad probablemente fueran menos de cien.

Al final acabó adoptando la decisión correcta. Tal y como Redse ya les había dicho a sus amigos, ella no habría sobrevivido en caso de volver con Jobs, y su matrimonio tampoco. Aunque él aún suspiraba por la naturaleza espiritual de su conexión con Redse, mantenía una relación mucho más sólida con Powell. Le gustaba, la quería, la respetaba y se sentía cómodo con ella. Quizá pensara que no era demasiado mística, pero representaba una base de sensatez sobre la que asentar su vida. Muchas de las otras mujeres con las que había estado, empezando por Chrisann Brennan, tenían un gran componente de debilidad emocional e inestabilidad, pero Powell no. «Tiene la mayor suerte del mundo por haber acabado junto a Laurene; es lista y puede hacerle frente intelectualmente, controlar sus altibajos y su tempestuosa personalidad —afirmó Joanna Hoffman—. Al no ser una neurótica, Steve puede pensar que no es tan mística como Tina o algo parecido, pero eso es una tontería». Andy Hertzfeld estaba de acuerdo. «Laurene se parece mucho a Tina, pero es completamente diferente porque es más dura y con un mayor blindaje. Por eso su matrimonio funciona».

Jobs era muy consciente de todo aquello. A pesar de su confusión sentimental, el matrimonio resultó duradero y estuvo marcado por la lealtad y la fidelidad. Juntos lograron superar todos los contratiempos y las dificultades emocionales que salieron a su paso.

Avie Tevanian pensó que Jobs necesitaba una despedida de soltero. Esta no era una empresa tan fácil como pudiera parecer. A Jobs no le gustaba salir de fiesta y no contaba con una pandilla de amigos varones. Ni siquiera contaba con un padrino. Así pues, la fiesta consistió simplemente en Tevanian y Richard Crandall, un profesor de informática de Reed que había pedido una excedencia para trabajar en NeXT. Tevanian alquiló una limusina y, cuando llegaron a casa de Jobs, Powell abrió la puerta vestida con un traje y adornada con un falso bigote, y les dijo que quería acompañarlos como uno más de los chicos. Aquello solo era una broma, y al rato los tres solteros, ninguno de los cuales solía beber alcohol, se dirigían a San Francisco para ver si podían organizar su propia versión edulcorada de una despedida de soltero.

Tevanian no había conseguido reservar mesa en Greens, el restaurante vegetariano situado en Fort Mason que le gustaba a Jobs, así que se dirigieron a un elegante restaurante de un hotel. «No quiero comer aquí», anunció Jobs en cuanto les pusieron el pan en la mesa. Los hizo levantarse y marcharse, ante el horror de Tevanian, que todavía no estaba acostumbrado a los modales de Jobs en los restaurantes. Así pues, él los llevó al Café Jacqueline, en North Beach, el restaurante especializado en suflés que tanto le gustaba, y que era de hecho una opción mejor. Posteriormente, atravesaron el puente Golden Gate con la limusina hasta llegar a un bar de Sausalito, donde los tres pidieron chupitos de tequila, pero solo les dieron pequeños sorbos. «No fue una despedida de soltero para tirar cohetes, la verdad, pero era lo mejor que pudimos preparar para alguien como Steve, y nadie más se ofreció voluntario para ello», recordaba Tevanian. Jobs apreció su esfuerzo. Dijo que quería que Tevanian se casara con su hermana, Mona Simpson. Aunque aquello no llegó a fraguar, él lo interpretó como un símbolo de afecto.

Powell ya iba sobre aviso acerca de dónde iba a meterse. Mientras planeaba la boda, la persona que iba a diseñar la caligrafía de las invitaciones llegó a casa para mostrarle algunas opciones. No había ningún mueble donde pudiera sentarse, así que se instaló en el suelo y allí desplegó sus muestras. Jobs las miró durante unos instantes y entonces se levantó y salió del salón. Esperaron a que regresara, pero no lo hizo. Pasado un rato, Powell fue a buscarlo a su habitación. «Deshazte de ella —le pidió—. No puedo seguir mirando esas porquerías. Son una mierda».

El 18 de marzo de 1991, Steven Paul Jobs, de treinta y seis años, se casó con Laurene Powell, de veintisiete, en el pabellón Ahwahnee del Parque Nacional de Yosemite. Construido durante los años veinte, el Ahwahnee es una inmensa mole de piedra, hormigón y madera diseñada con un estilo mezcla del art decó, el movimiento Arts and Crafts y la predilección de los responsables del parque por las inmensas chimeneas de piedra. Sus mayores ventajas son las vistas. Cuenta con ventanas que van del suelo al techo, desde las cuales se divisan el Medio Domo y las cataratas de Yosemite.

Acudieron unas cincuenta personas, incluidos el padre de Steve, Paul Jobs, y su hermana, Mona Simpson, que llegó acompañada de su prometido, Richard Appel, un abogado más tarde convertido en escritor de comedia televisiva (como guionista de *Los Simpson*, bautizó a la madre de Homer con el nombre de su esposa). Jobs insistió en que todos llegaran al sitio a bordo de un autocar contratado por él; quería controlar todos los pormenores del acontecimiento.

La ceremonia se celebró en el solárium, en medio de una fuerte nevada y con el Glacier Point apenas visible en la lejanía. La ofició el que había sido durante mucho tiempo maestro de sōtō zen de Jobs, Kobun Chino, quien agitó un palo, golpeó un gong, encendió varillas de incienso y entonó un cántico entre dientes que resultó incomprensible para la mayoría de los invitados. «Pensé que estaba borracho», comentó Tevanian. No lo estaba. La tarta de boda tenía la forma del Medio Domo, la cima granítica situada en un extremo del valle de Yosemite, pero, como era estrictamente vegana —preparada sin huevos, leche o cualquier alimento refinado—, buena parte de los invitados opinaron que resultaba incomestible. Posteriormente todos fueron a hacer un poco de excursionismo, y los tres robustos hermanos de Powell se enzarzaron en una batalla de bolas de nieve llena de placajes y alboroto. «Ya ves, Mona —le dijo Jobs a su hermana—, Laurene desciende de Joe Namath, y nosotros de John Muir».

UN HOGAR FAMILIAR

Powell compartía el interés de su esposo por los productos naturales. Mientras se encontraba en la Facultad de Estudios Empresariales había trabajado a tiempo parcial en Odwalla, la empresa fabricante de zumos, y allí colaboró en el desarrollo del primer plan de marketing de esa marca. Tras casarse con Jobs pensó que era importante seguir con su vida profesional, puesto que había aprendido de su madre la necesidad de ser autosuficiente. Así pues, fundó su propia compañía, Terravera, que preparaba comida orgánica lista para su consumo y la distribuía por las tiendas de todo el norte de California.

En lugar de instalarse en la aislada y algo inquietante mansión sin amueblar de Woodside, la pareja se mudó a una casita sencilla y encantadora situada en la esquina de un barrio familiar de Palo Alto. Era un entorno ciertamente privilegiado —entre sus vecinos estaban John Doerr, el visionario inversor de capital riesgo; Larry Page, el fundador de Google, y Mark Zuckerberg, el fundador de Facebook, además de Andy Hertzfeld y Joanna Hoffman—, pero las viviendas no eran ostentosas, y no había altos setos o largos caminos de entrada que ocultaran las casas. En vez de eso, se encontraban cobijadas y alineadas en parcelas a lo largo de calles tranquilas y rectas flanqueadas por agradables aceras. «Queríamos vivir en un barrio donde los niños pudieran ir caminando a ver a sus amigos», comentó Jobs en una ocasión.

La casa no tenía el estilo moderno y minimalista que Jobs habría elegido de haber construido la vivienda desde cero. Tampoco era una gran mansión inconfundible que hiciera que la gente se parase a admirarla mientras conducía por esa calle de Palo Alto. Había sido erigida en la década de los treinta por un arquitecto local llamado Carr Jones, especializado en la construcción de detalladas viviendas con el estilo de cuento de hadas típico de algunas casitas de campo inglesas y francesas.

La casa, de dos plantas, estaba hecha de ladrillo rojo y vigas de madera vistas, contaba con un tejado de líneas curvas y recordaba a una clásica cabaña de campo inglesa o quizá a la vivienda donde habría podido residir un hobbit acomodado. El único toque californiano eran los jardines laterales característicos de la zona, inspirados en las misiones españolas. El salón, de dos plantas y con el techo abovedado, era de estilo informal, con suelo de baldosas de terracota. En un extremo se encontraba una ventana triangular acabada en punta en el techo. Los cristales eran de colores cuando Jobs compró la casa, como los de una capilla, pero él los sustituyó por unos transparentes. La otra remodelación que Powell y él llevaron a cabo fue la de ampliar la cocina para incluir un horno de leña para pizzas y espacio suficiente para una larga mesa de madera, que pasó a convertirse en el punto de reunión principal de la familia. Se suponía que aquellas reformas iban a durar un total de cuatro meses, pero se alargaron hasta los dieciséis, porque Jobs seguía modificando el diseño una y otra vez. También compraron la pequeña casa situada en la parcela trasera y la echaron abajo para crear un patio, que Powell convirtió en un hermoso huerto natural abarrotado de un sinfín de flores de temporada, además de verduras y hierbas aromáticas.

Jobs quedó fascinado ante la forma en que Carr Jones empleaba materiales viejos, como ladrillos usados y madera sacada de postes telefónicos, para ofrecer una estructura sencilla y sólida. Las vigas de la cocina habían sido utilizadas para los moldes de los cimientos de hormigón del puente Golden Gate, que se estaba construyendo en la época en la que se erigió la casa. «Era un artesano cuidadoso y autodidacta —comentó Jobs mientras señalaba diversos detalles—. Se preocupaba más por la innovación que por ganar dinero, y no llegó a hacerse rico. Nunca había salido de California. Todas sus ideas provenían de los libros que leía en la biblioteca y de la revista *Architectural Digest*».

Jobs nunca había llegado a amueblar su casa más allá de algunos elementos esenciales: un armario con cajones y un colchón en su dormitorio, además de una pequeña mesa y algunas sillas plegables en lo que habría sido el comedor. Quería rodearse únicamente de objetos que pudiera admirar, y aquello hacía que resultara difícil salir a comprar muchos muebles. Ahora que vivía en una casa normal con su esposa (y, en poco tiempo, con su hijo), tenía que realizar algunas concesiones por pura necesidad. Sin embargo, le resultaba duro. Compraron camas y armarios, y un equipo de música para el salón, pero algunos elementos, como los sofás, tardaron más en llegar. «Estuvimos hablando sobre hipotéticos muebles durante ocho años —recordaba Powell—. Pasamos mucho tiempo preguntándonos: "¿Cuál es el propósito de un sofá?"». Comprar los electrodomésticos también era una tarea filosófica y no un mero acto impulsivo. Años más tarde Jobs describió para la revista *Wired* el proceso que les llevó a comprar una nueva lavadora:

> Resulta que en Estados Unidos todas las lavadoras y secadoras están mal hechas. Los europeos las fabrican mucho mejor... ¡pero tardan el doble con la ropa! Por lo visto la lavan con la cuarta parte de agua, y las prendas acaban con mucho menos detergente, pero lo más importante es que no te destrozan la ropa. Utilizan mucho menos jabón y mucha menos agua, pero las prendas salen mucho más limpias y suaves, y duran mucho más tiempo. Pasé bastante tiempo con mi familia hablando acerca de cuál era el equilibrio al que queríamos llegar. Al final acabamos hablando mucho de diseño, pero también de los valores de nuestra familia. ¿Qué nos importaba más? ¿Que la colada estuviera lista en una hora en lugar de en una hora y media? ¿Que las prendas quedaran muy suaves y durasen más? ¿Nos preocupábamos por utilizar solo la cuarta parte del agua? Pasamos unas dos semanas hablando de estos temas todas las noches en la mesa del comedor.

Al final acabaron por comprar una lavadora y una secadora de Miele, fabricadas en Alemania. «Aquellos electrodomésticos me han hecho más ilusión que cualquier otro utensilio de alta tecnología en años», aseguró Jobs.

La única obra de arte que Jobs compró para el salón de techo abovedado era una impresión de una fotografía de Ansel Adams que representaba un amanecer invernal en la cordillera estadounidense de Sierra Nevada, tomada desde Lone Pine, en California. Adams había creado aquel inmenso mural para su propia hija, pero posteriormente lo puso en venta. En cierta ocasión la encargada de la limpieza en casa de Jobs la frotó con un paño húmedo, y Jobs localizó a una persona que había trabajado con Adams para que fuera a la casa, le retirara una capa y la restaurara.

La casa era tan sencilla que Bill Gates quedó algo desconcertado cuando fue a visitarlo con su esposa. «¿Aquí vivís todos vosotros?», preguntó Gates, que en aquel momento se encontraba en medio del proceso de comprar una mansión de más de seis mil metros cuadrados cerca de Seattle. Incluso tras regresar a Apple y convertirse en un multimillonario de renombre mundial, Jobs nunca tuvo un equipo de seguridad o criados internos, e incluso dejaba durante el día abierta la puerta trasera de su casa.

Desgraciadamente, su único problema de seguridad vino de la mano de Burrell Smith, el ingeniero de software del Macintosh de rostro angelical y cabello ensortijado que había sido compañero de Andy Hertzfeld. Tras marcharse de Apple, Smith cayó en un trastorno bipolar maniacodepresivo con brotes de esquizofrenia. Vivía en una casa en la misma calle que Hertzfeld, y a medida que su enfermedad empeoraba comenzó a deambular desnudo por las calles, destrozando en ocasiones las ventanas de coches e iglesias. Comenzó a tomar una fuerte medicación, pero resultaba difícil calibrar adecuadamente las dosis. Hubo un momento en que sus demonios volvieron a atormentarlo y comenzó a ir a casa de Jobs por las tardes para lanzar piedras a las ventanas, dejar allí cartas llenas de divagaciones y, en una ocasión, lanzar un petardo al interior de la vivienda. Smith fue arrestado, y los cargos se retiraron cuando se sometió a un nuevo tratamiento. «Burrell era muy divertido e inocente, y de pronto, un día de abril, enloqueció —recordaba Jobs—. Fue algo muy extraño y terriblemente triste».

A continuación, Smith se retiró por completo a su mundo interior, fuertemente sedado, y en 2011 todavía recorría las calles de Palo Alto, incapaz de hablar con nadie, ni siquiera con Hertzfeld. Jobs estaba dispuesto a colaborar, y a menudo le preguntaba a Hertzfeld qué más podía hacer para ayudarlo. En cierta ocasión Smith acabó incluso en el calabozo y se negó a identificarse. Cuando Hertzfeld se enteró, tres días más tarde, llamó a Jobs y le pidió que le echase una mano para conseguir que lo liberaran. Este se puso manos a la obra, pero sorprendió a Hertzfeld con una pregunta: «Si me ocurriera algo similar, ¿te preocuparías tanto de mí como de Burrell?».

Jobs se quedó con su mansión de Woodside, situada en las montañas a unos quince kilómetros de Palo Alto. Quería echar abajo aquella construcción de 1925 de estilo neocolonial español con catorce habitaciones y había planeado sustituirla por una casa moderna de inspiración japonesa extremadamente sencilla y de un tercio del tamaño de la anterior. Sin embargo, durante más de veinte años se vio inmerso en una serie de farragosas batallas judiciales con los conservacionistas que querían preservar la construcción original, amenazada de ruina. En 2011 consiguió por fin el permiso para derribar la casa, pero para entonces había decidido que ya no quería construirse una segunda residencia.

Algunas veces, Jobs utilizaba la casa semiabandonada de Woodside —y especialmente su piscina— para celebrar fiestas familiares. Cuando Bill Clinton era presidente, él y su esposa, Hillary, se quedaban en un chalé de los años cincuenta situado en la finca cuando iban a visitar a su hija, que estudiaba en Stanford. Como tanto la casa principal como el chalé estaban sin amueblar, Powell llamaba a decoradores y marchantes de arte cuando el matrimonio Clinton iba a ir y les pagaba para que amueblaran temporalmente las casas. En una ocasión, poco después de que estallara el escándalo de Monica Lewinsky, Powell estaba realizando una última inspección de los muebles y advirtió que faltaba uno de los cuadros. Preocupada, les preguntó al equipo encargado de los preparativos y a los responsables del servicio secreto qué había ocurrido. Uno de ellos la llevó aparte y le explicó que era el cuadro de un vestido colgado de una percha, y que en vista del escándalo con el vestido azul en el asunto Lewinsky habían decidido esconderlo.

LISA SE MUDA

En medio del último curso de primaria de Lisa, sus profesores llamaron a Jobs. Se habían producido unos graves problemas, y seguramente lo mejor era que ella se fuera de la casa de su madre. Jobs se fue a dar un paseo con la joven, le preguntó cuál era la situación y le ofreció mudarse a vivir con él. Era una chica madura que acababa de cumplir los catorce años, y meditó su decisión durante dos días antes de aceptar. Ya sabía qué habitación quería: la que se encontraba a la derecha del cuarto de su padre. En una ocasión en que había estado sola allí sin nadie más en casa, la había probado tumbándose directamente en el suelo.

Fue una época dura. Chrisann Brennan iba allí algunas veces desde su casa, que se encontraba a unas pocas manzanas de distancia, y les gritaba desde el patio. Cuando le pregunté acerca de su comportamiento y de los motivos que condujeron a que Lisa se fuera de su casa, ella aseguró que todavía no había sido capaz de procesar en su mente lo que había ocurrido durante ese período. No obstante, después me envió un largo correo electrónico que, según me dijo, serviría para explicar la situación. En él decía:

> ¿Sabes cómo consiguió Steve que la ciudad de Woodside le diera permiso para echar abajo la casa que tenía allí? Había un grupo de gente que quería conservar el edificio debido a su valor histórico, pero Steve quería derribarla para construirse una casa con un huerto, así que dejó que la casa quedara en un estado tan abandonado y deteriorado a lo largo de los años que ya no había manera de salvarla. La estrategia que empleó para lograr lo que quería era sencillamente la de seguir el camino que requiriese una menor implicación y resistencia. Así, al no hacer ninguna reparación en la casa, y puede que incluso al dejar las ventanas abiertas durante años, el edificio se fue viniendo abajo. Genial, ¿verdad? Así tenía vía libre para seguir adelante con sus planes. De manera similar, Steve se dedicó a socavar mi eficacia y mi bienestar en la época en que Lisa tenía trece y catorce años para conseguir que se mudara a su casa. Comenzó con una estrategia, pero después pasó a otra más sencilla que resultaba incluso más destructiva para mí y más problemática para Lisa. Puede que no fuera una maniobra muy íntegra, pero logró su objetivo.

Lisa vivió con Jobs y Powell durante los cuatro años de instituto en Palo Alto, y comenzó a utilizar el nombre de Lisa Brennan-Jobs. Él intentó ser un buen padre, pero en ocasiones se mostraba frío y distante. Cuando Lisa sentía que necesitaba escapar de allí, buscaba refugio en una familia amiga que vivía cerca. Powell trataba de apoyar a la joven, y era la que asistía a la mayoría de los actos escolares.

En su último curso de instituto, Lisa pareció florecer. Participó en el periódico de los estudiantes, *The Campanile*, y se convirtió en su codirectora. Junto con su compañero de clase Ben Hewlett, nieto del hombre que le dio su primer trabajo a su padre, formaba parte de un equipo que sacó a la luz unos aumentos de salario secretos que la junta del instituto les había asignado a algunos administradores. Cuando le llegó la hora de ir a la universidad, decidió que quería ir a la Costa Este. Pidió plaza en Harvard —falsificando la firma de su padre en la solicitud, porque él no estaba en la ciudad— y fue aceptada para el curso que comenzaba en 1996.

En Harvard, Lisa participó en el periódico universitario, *The Crimson*, y después en su revista literaria, *The Advocate*. Tras la ruptura con su novio de aquella época, pasó un año en el extranjero y estudió en el King's College de Londres. La relación con su padre siguió siendo tempestuosa a lo largo de sus años de universidad. Cuando volvía a casa, eran propensos a discutir por nimiedades —qué se iba a servir para cenar, si ella le prestaba suficiente atención a sus hermanastros—, y entonces dejaban de hablarse, durante semanas o incluso meses. Las peleas en ocasiones se enconaban tanto que Jobs dejaba de pasarle una asignación, y entonces ella le pedía prestado dinero a Andy Hertzfeld o a otras personas. En cierto momento Hertzfeld le prestó a Lisa 20.000 dólares cuando ella pensaba que su padre no iba a pagarle la matrícula de la universidad. «Él se enfadó conmigo por haberle prestado el dinero a su hija —recordaba Hertzfeld—, pero llamó a primera hora de la mañana para que su contable me transfiriera aquel dinero». Jobs no asistió a la graduación de Lisa en Harvard en el año 2000. Afirmó que no había sido invitado.

Hubo, no obstante, algunos momentos agradables durante aquellos años, incluido un verano en el que Lisa regresó a casa y actuó en un concierto benéfico para la Electronic Frontier Foundation en el célebre auditorio Fillmore de San Francisco, que había alcanzado la fama por las actuaciones de los Grateful Dead, los Jefferson Airplane y Jimmy Hendrix. Ella cantó el himno de Tracy Chapman, «Talkin' Bout a Revolution» (cuya letra en castellano comienza: «Los pobres se levantarán / y recibirán lo que les corresponde...»), mientras su padre la observaba desde el fondo sin dejar de acunar a su hija de un año, Erin.

Los altibajos entre Jobs y Lisa siguieron su curso después de que ella se mudase a Manhattan para trabajar como escritora por cuenta propia. Los problemas se exacerbaron debido a la frustrante relación de Jobs con Chrisann. Él había comprado una casa de 700.000 dólares para que viviera en ella y la había puesto a nombre de Lisa, pero Chrisann convenció a su hija para que le concediera su propiedad y, a continuación, la vendió y utilizó el dinero para viajar con un consejero espiritual e instalarse en París. Una vez que se le acabó el dinero, regresó a San Francisco y se convirtió en una artista que creaba «cuadros de luz» y mandalas budistas. «Soy una "conectora" y una visionaria que contribuye al futuro de la evolución de la humanidad y de la ascensión de la Tierra —anunciaba en su página web, que Hertzfeld le gestionaba—. Yo experimento las formas, los colores y las frecuencias sonoras de una vibración sagrada mientras creo los cuadros y convivo con ellos». Cuando Chrisann necesitó dinero para una molesta infección de los senos maxilares y un problema dental, Jobs se negó a dárselo, lo que hizo que Lisa volviera a dejar de hablarle durante unos años. Esta pauta se prolongó a lo largo del tiempo.

Mona Simpson utilizó todo aquello, además de su imaginación, como trampolín para su tercera novela, *A Regular Guy*, publicada en 1996. El personaje protagonista está basado en Jobs, y hasta cierto punto se mantiene fiel a la realidad: refleja su discreta generosidad y la compra de un coche especial para un amigo brillante que sufría una enfermedad degenerativa de los huesos, y también describe con precisión muchos aspectos de su relación con Lisa, incluida su negativa original a reconocer su paternidad. Sin embargo, otras partes son ficticias: Chrisann le había enseñado a Lisa a conducir desde una edad muy temprana, por ejemplo, pero la escena del libro en la que «Jane» conduce un camión sola por las montañas a los cinco años para encontrar a su padre, obviamente, no ocurrió nunca. Además, hay algunos detalles en la novela que, tal y como se dice en la jerga periodística, son demasiado jugosos para contrastarlos, como la desconcertante descripción del personaje basado en Jobs en la primera frase de la obra: «Era un hombre demasiado ocupado como para tirar de la cadena del retrete».

Desde un punto de vista superficial, la descripción ficticia de Jobs que se presenta en la novela parece algo dura. Simpson muestra a su protagonista como un hombre «incapaz de ver la necesidad de acoplarse a los deseos o caprichos de los demás». Su higiene también es tan cuestionable como la del auténtico Jobs. «No creía en el desodorante y a menudo defendía que con una dieta adecuada y un poco de jabón natural con menta ni se sudaba ni se desprendían malos olores». Con todo, la novela es lírica y compleja en muchos niveles, y hacia el final se presenta un retrato más completo de un hombre que pierde el control de la gran compañía que había fundado y aprende a apreciar a la hija a la que había abandonado. En la última escena el protagonista se queda bailando con su hija.

Jobs afirmó después que nunca había leído la novela. «Oí que trataba de mí —me dijo—, y si hubiera tratado de mí me habría cabreado muchísimo, y no quería cabrearme con mi hermana, así que no la leí». Sin embargo, le contó al *New York Times*, unas semanas después de la publicación del libro, que lo había leído y se había visto reflejado en el protagonista. «Cerca de una cuarta parte del personaje soy exactamente yo, incluidos los gestos —informó al periodista, Steve Lohr—, pero lo que no te voy a decir es qué cuarta parte es esa». Su esposa aseguró que, en realidad, Jobs le echó un vistazo al libro y le pidió a ella que lo leyera para ver qué debía pensar al respecto.

Simpson le envió el manuscrito a Lisa antes de su publicación, pero al principio ella no llegó más allá de la introducción. «En las primeras páginas me vi enfrentada a mi familia, mis anécdotas, mis cosas, mis pensamientos, a mí misma en el personaje de Jane —señaló—, y entre todas aquellas verdades había invenciones que para mí eran mentiras, y que se volvían más evidentes por su peligrosa similitud con la realidad». Lisa se sintió herida y escribió un artículo para el *Advocate* de Harvard en el que explicaba por qué. Su primer borrador estaba lleno de amargura, y entonces lo suavizó un poco antes de publicarlo. Se sentía traicionada por la amistad de Simpson. «Durante aquellos seis años, yo no sabía que Mona estaba recopilando información —escribió—. No sabía que, cuando buscaba consuelo en ella y recibía sus consejos, ella también estaba recibiendo algo». Al final, Lisa acabó reconciliándose con Simpson. Fueron a una cafetería a hablar sobre el libro, y Lisa le dijo que no había sido capaz de terminarlo. Simpson le aseguró que el final le gustaría. Lisa acabó, a lo largo de los años, manteniendo una relación intermitente con Simpson, pero fue más cercana que la que mantuvo con su padre.

NIÑOS

Cuando Powell dio a luz en 1991, unos meses después de casarse con Jobs, llamaron al niño «bebé Jobs» durante un par de semanas, porque decidirse por un nombre estaba resultando ser solo ligeramente menos difícil que elegir una lavadora. Al final, acabaron llamándolo Reed Paul Jobs. Su segundo nombre era el del padre de Jobs, y el primero (según insisten tanto Jobs como Powell) se lo pusieron porque sonaba bien y no porque fuera el nombre de la universidad de Jobs.

Reed resultó ser como su padre en muchos sentidos: incisivo e inteligente, con una mirada intensa y un encanto cautivador. Sin embargo, a diferencia de su padre, tenía unos modales agradables y una modesta elegancia. Era muy creativo —a veces incluso demasiado, puesto que le gustaba disfrazarse e interpretar a diferentes personajes cuando era niño—, y también un gran estudiante, interesado por la ciencia. Podía reproducir la mirada fija de su padre, pero era manifiestamente afectuoso y no parecía contar en su naturaleza ni con un ápice de la crueldad de su padre.

Erin Siena Jobs nació en 1995. Era un poco más callada y en ocasiones sufría por no recibir atención suficiente de su padre. Demostró el mismo interés que este por el diseño y la arquitectura, pero también aprendió a mantener razonablemente las distancias para que su desapego no le hiriese.

La hija menor, Eve, nació en 1998, y resultó ser una criatura enérgica, testaruda y divertida que, lejos de sentirse intimidada o necesitada de atención, sabía cómo tratar a su padre, negociar (y en ocasiones ganar) e incluso burlarse de él. Su padre bromeaba y afirmaba que ella sería la que acabaría por dirigir Apple algún día, eso si no llegaba antes a ser presidenta de Estados Unidos.

Jobs desarrolló una estrecha relación con Reed, pero con sus hijas se mostraba a menudo más distante. Igual que hacía con otras personas, en ocasiones les prestaba toda su atención, pero con la misma frecuencia las ignoraba por completo cuando tenía otras cosas en que pensar. «Se centra en su trabajo y a veces no ha estado presente cuando ellas lo necesitaban», declaró Powell. Hubo un momento en que Jobs le comentaba maravillado a su esposa lo bien que se estaban criando sus hijos, «especialmente teniendo en cuenta que yo no he estado siempre presente para ayudarlos». A Powell aquello le parecía divertido y algo irritante, porque ella había dejado su carrera profesional cuando Reed cumplió dos años y decidió que quería tener más hijos.

En 1995, el consejero delegado de Oracle, Larry Ellison, organizó una fiesta de cumpleaños cuando Jobs cumplió los cuarenta a la que asistieron todo tipo de magnates y estrellas de la tecnología. Se habían hecho buenos amigos, y a menudo se llevaba a la familia de Jobs en uno de sus muchos y lujosos yates. Reed comenzó a referirse a él como «nuestro amigo rico», lo cual ofrece una divertida prueba de cómo su padre evitaba las ostentosas demostraciones de riqueza. La lección que Jobs aprendió de sus días budistas era que las posesiones materiales tendían más a entorpecer la vida que a enriquecerla. «Todos los directores de empresa que conozco tienen un equipo de guardaespaldas —comentó—. Incluso los tienen metidos en casa. Es una forma absurda de vivir. Nosotros decidimos que no era así como queríamos criar a nuestros hijos».

21

Toy Story

Buzz y Woody al rescate

Jeffrey Katzenberg

«Hacer lo imposible es bastante divertido», declaró en una ocasión Walt Disney. Aquel era el tipo de actitud que atraía a Jobs. Admiraba la obsesión de Disney por el detalle y el diseño, y sentía que había una simbiosis natural entre Pixar y el estudio cinematográfico fundado por aquel hombre.

Pero, además, la Walt Disney Company había obtenido una licencia de uso para el CAPS de Pixar, y aquello la convertía en el mayor cliente de los ordenadores de la empresa. Un día, Jeff Katzenberg, jefe del departamento de películas de Disney, invitó a Jobs a que visitara los estudios Burbank para ver la tecnología en funcionamiento. Mientras los empleados de Disney le enseñaban las instalaciones, Jobs se giró hacia Katzenberg y le preguntó: «¿Estáis contentos en Disney con Pixar?». Con gran entusiasmo, Katzenberg contestó que así era. Entonces Jobs preguntó: «¿Creéis que en Pixar están contentos con Disney?». Katzenberg respondió que esperaba que así fuera. «Pues no lo estamos —anunció Jobs—. Queremos hacer una película con vosotros. Eso sí que nos pondría contentos».

Katzenberg estaba dispuesto a intentarlo. Admiraba los cortometrajes animados de John Lasseter y había intentado, sin éxito, conseguir que regresara a Disney, así que invitó al equipo de Pixar a reunirse con él para discutir la posibilidad de colaborar en una película. Cuando Catmull, Jobs y Lasseter se sentaron en la mesa de conferencias, Katzenberg se mostró directo. «John, ya que no vas a venir a trabajar para mí —comenzó, mirando a Lasseter—, voy a intentar que la cosa funcione así».

Al igual que la compañía Disney compartía algunas características con Pixar, Katzenberg también tenía rasgos en común con Jobs. Ambos podían ser encantadores cuando querían y mostrarse agresivos (o peor) cuando aquello convenía a sus intereses y a su estado de ánimo. Alvy Ray Smith, que estaba a punto de abandonar Pixar, se encontraba en la reunión. «Me impresionó observar que Katzenberg y Jobs se parecían mucho —recordaba—. Eran tiranos con un sorprendente don para la oratoria». Katzenberg era maravillosamente consciente de su propia habilidad. «Todo el mundo cree que soy un tirano —le dijo al equipo de Pixar—, y soy un tirano, pero normalmente tengo la razón». Es fácil imaginar a Jobs realizando la misma afirmación.

Como corresponde a dos hombres de igual carácter, las negociaciones entre Katzenberg y Jobs se prolongaron durante meses. Katzenberg insistía en que Disney tuviera derecho a acceder a la tecnología patentada por Pixar para producir animación en tres dimensiones. Jobs se negó, y acabó ganando aquella discusión. Él, por su parte, tenía sus propias exigencias: quería que Pixar tuviera la propiedad parcial de la película y de sus personajes y que compartiera el control de los derechos de los videojuegos y sus secuelas. «Si eso es lo que quieres —respondió Katzenberg—, dejamos aquí la conversación y puedes marcharte». Jobs se quedó y cedió en aquel asunto.

Lasseter observaba fascinado aquel toma y daca entre los dos enjutos y nerviosos ejecutivos. «Estaba alucinado viendo como Steve y Jeffrey se enzarzaban en la discusión —recordaba—. Era como un combate de esgrima. Los dos eran unos maestros». Sin embargo, Katzenberg acudió al enfrentamiento con un sable y Jobs, con un simple florete. Pixar se encontraba al borde de la bancarrota y necesitaba llegar a un acuerdo con Disney con mucha mayor urgencia que al contrario. Además, Disney podía permitirse costear todo el proyecto y Pixar no. El resultado fue un acuerdo alcanzado en mayo de 1991 según el cual Disney sería dueño de todos los derechos de la película y sus personajes, le entregaría a Pixar en torno al 12,5 % de los ingresos por venta de entradas de cine, mantendría el control creativo del proyecto, podría cancelar la película en cualquier momento a cambio de tan solo una pequeña penalización, tendría la opción (pero no la obligación) de producir las dos siguientes películas de Pixar y, por último, tendría el derecho de crear (con o sin Pixar) secuelas con los personajes de la película.

La idea que presentó John Lasseter se titulaba *Toy Story*. Se basaba en la idea, compartida por Jobs, de que los objetos tienen una esencia propia, un propósito para el que fueron creados. Si el objeto tuviera sentimientos, estos girarían en torno a su deseo de cumplir con su cometido. El objetivo de un vaso, por ejemplo, es contener agua; si tuviera sentimientos, sería feliz cuando estuviera lleno y se pondría triste al vaciarse. La esencia de una pantalla de ordenador es interactuar con un ser humano. La esencia de un monociclo es que lo utilicen en un circo. En cuanto a los juguetes, su propósito es que los niños jueguen con ellos, y por lo tanto su miedo existencial es el de verse apartados o sustituidos por juguetes más nuevos. Así pues, una película sobre la amistad en la que se unieran un juguete viejo y clásico con uno nuevo y brillante contaría con una esencia puramente dramática, especialmente cuando la acción se desarrolle en torno a la separación entre los juguetes y su niño. Así rezaba el texto previo al guión: «Todo el mundo ha pasado por la traumática experiencia infantil de perder un juguete. Nuestra historia arranca desde el punto de vista del juguete, que pierde y trata de recuperar la única cosa que le importa: que los niños jueguen con él. Esta razón fundamenta la existencia de todos los juguetes, y es la base emocional de su propio ser».

Los dos personajes principales pasaron por muchas modificaciones hasta acabar como Buzz Lightyear y Woody. Cada dos semanas aproximadamente, Lasseter y su equipo ponían en común su conjunto de guiones o secuencias más reciente para mostrárselo a la gente de Disney. En las primeras pruebas cinematográficas, Pixar demostró la sorprendente tecnología con la que contaban produciendo, por ejemplo, una escena en la que Woody correteaba sobre un tocador mientras la luz que entraba a través de unas persianas proyectaba sombras sobre su camisa de cuadros. Era un efecto que habría sido prácticamente imposible de dibujar a mano.

Impresionar a Disney con el argumento, sin embargo, resultó más difícil. En cada una de las presentaciones de Pixar, Katzenberg rechazaba gran parte del guión y exponía a gritos toda una serie de comentarios y apuntes detallados. Una cuadrilla de esbirros con cuadernos andaba siempre cerca para asegurarse de que cada sugerencia y capricho expuesto por Katzenberg recibiera un seguimiento posterior.

La gran contribución de Katzenberg fue añadir más intensidad a los dos personajes principales. Aseguró que, aunque se tratara de una película animada sobre juguetes titulada *Toy Story*, no tenía por qué estar dirigida únicamente a los niños. «Al principio no había ningún drama, no había una historia real ni conflicto alguno —recordaba Katzenberg—. El argumento carecía de fuerza». Sugirió que Lasseter viera algunas películas clásicas de parejas, como *Fugitivos* y *Límite: 48 horas*, en las que dos personajes con personalidades diferentes se ven obligados a permanecer juntos y tienen que establecer una relación. Además, siguió presionando para conseguir más «intensidad», y aquello significaba que había que hacer que el personaje de Woody fuera más celoso, mezquino y beligerante con Buzz, el nuevo intruso del baúl de los juguetes. «Vivimos en un mundo donde el juguete grande se come al chico», afirmaba Woody en una escena tras tirar a Buzz por una ventana.

Después de varias rondas de apuntes de Katzenberg y otros ejecutivos de Disney, Woody había perdido casi todo su encanto. En una escena arroja a los otros juguetes fuera de la cama y le ordena a Slinky que venga a ayudarlo. Cuando el perro se muestra dubitativo, Woody le espeta: «¿Quién te dijo que tu trabajo consistiera en pensar, muellesalchicha?». En ese instante, Slinky hace una pregunta que el equipo de Pixar pronto pasó a plantearse también: «¿Por qué da tanto miedo ese vaquero?». Tal y como exclamó Tom Hanks, que había sido contratado para darle voz a Woody: «¡Este tío es un capullo rematado!».

¡CORTEN!

Lasseter y su equipo de Pixar ya tenían la primera mitad de la película lista para su proyección en noviembre de 1993, así que la llevaron a Burbank para mostrársela a Katzenberg y otros ejecutivos de Disney. Uno de ellos, Peter Schneider, el jefe de largometrajes de animación, nunca había sido especialmente partidario de la idea de Katzenberg de permitir que gente externa a la compañía produjese dibujos animados para Disney. Schneider aseguró que aquellas secuencias eran muy confusas y ordenó que se interrumpiera la producción. Katzenberg estuvo de acuerdo. «¿Por qué el resultado es tan malo?», le preguntó a un compañero suyo, Tom Schumacher. «Porque ha dejado de ser su película», contestó él con rotundidad. Después explicó aquella respuesta: «Estaban siguiendo las indicaciones de Jeffrey Katzenberg, y el proyecto se había apartado completamente de su rumbo».

Lasseter se dio cuenta de que Schumacher tenía razón. «Yo estaba allí sentado y me sentía muy avergonzado al ver lo que se proyectaba en la pantalla —recordaba—. Era una historia llena de los personajes más infelices y mezquinos que hubiera visto nunca». Le pidió a Disney la oportunidad de regresar a Pixar y trabajar en una nueva versión del guión.

Jobs había adoptado el papel de coproductor ejecutivo de la película junto con Ed Catmull, pero no se involucró demasiado en el proceso creativo. En vista de su tendencia a controlarlo todo, especialmente en lo referente a asuntos de diseño y estilo, aquella contención era una buena muestra del respeto que sentía por Lasseter y los otros artistas de Pixar, pero también de la capacidad de Lasseter y Catmull para mantenerlo controlado. Sin embargo, sí que colaboró en la gestión de las relaciones con Disney, y el equipo de Pixar apreciaba aquel gesto. Cuando Katzenberg y Schneider detuvieron la producción de *Toy Story*, Jobs mantuvo a flote el proyecto gracias a sus inversiones personales. Además, se puso de parte de Lasseter ante Katzenberg. «Él había puesto *Toy Story* patas arriba —señaló Jobs después—. Quería que Woody fuera el malo de la película, y cuando detuvo la producción puede decirse que conseguimos apartarlo un poco del proyecto. Nos dijimos: "Esto no es lo que queremos", y lo hicimos tal y como siempre habíamos querido».

El equipo de Pixar regresó con un nuevo guión tres meses más tarde. El personaje de Woody había pasado de ser el tiránico jefe de los otros juguetes de Andy a convertirse en su sabio líder. Los celos ante la llegada de Buzz Lightyear se presentaron bajo una luz más comprensiva, al compás de una canción de Randy Newman titulada «Strange Things» («Cosas extrañas»). La escena en la que Woody tira a Buzz por la ventana se reescribió para hacer que la caída de Buzz fuera el resultado de un accidente desencadenado por una serie de maniobras iniciadas por Woody y en las que participaba (en homenaje al primer cortometraje de Lasseter) un flexo de la marca Luxo. Katzenberg y sus compañeros dieron luz verde a aquel nuevo enfoque, y en febrero de 1994 la película había vuelto a la fase de producción.

Katzenberg había quedado impresionado por la voluntad de Jobs de mantener controlados los gastos. «Incluso en las primeras etapas de la preparación del presupuesto, Steve era muy consciente de los costes de todo aquello y estaba dispuesto a que todo fuera lo más eficiente posible», afirmó. Sin embargo, el proyecto de producción de 17 millones de dólares aprobado por Disney estaba resultando ser insuficiente, especialmente tras la gran revisión que tuvieron que realizar después de que Katzenberg los hubiera forzado a hacer que Woody fuera demasiado «intenso», así que Jobs exigió más dinero para poder acabar correctamente la película. «Mira, hicimos un trato —le contestó Katzenberg—. Os dimos el control del proyecto y vosotros accedisteis a hacerlo por la cantidad que os ofrecimos». Jobs se puso furioso. Se dedicó a llamarlo por teléfono o a ir a visitarlo, y se mostró, en palabras de Katzenberg, «tan salvajemente implacable como solo Jobs puede mostrarse». Jobs insistía en que Disney debía hacerse cargo de los costes adicionales porque Katzenberg había destrozado de tal manera el concepto original que hacía falta un trabajo extra para devolver las cosas a su estado primigenio. «¡Espera un momento! —repuso Katzenberg—. Nosotros os estábamos ayudando. Os aprovechasteis de nuestra ayuda creativa, y ahora quieres que os paguemos por ella». Era un caso de dos obsesos del control discutiendo por ver quién le había hecho un favor a quién.

Ed Catmull, siempre más diplomático que Jobs, fue capaz de arreglar las cosas. «Yo tenía una imagen de Jeffrey mucho más positiva que algunos otros colaboradores de la película», comentó. Sin embargo, el incidente impulsó a Jobs a planear cómo conseguir de cara al futuro una mayor influencia frente a Disney. No le gustaba ser un mero contratista, quería estar al mando. Aquello significaba que Pixar iba a tener que conseguir su propia financiación en el futuro, y por tanto necesitarían un nuevo acuerdo con Disney.

A medida que la película progresaba, Jobs se fue entusiasmando cada vez más con ella. Había estado hablando con varias empresas —desde la compañía de tarjetas de felicitación Hallmark hasta Microsoft— sobre la posible venta de Pixar, pero ver a Woody y a Buzz cobrar vida le hizo darse cuenta de que quizá estaban a punto de transformar toda la industria cinematográfica. A medida que las escenas de la película iban quedando acabadas, las veía una y otra vez y llevaba amigos a casa para compartir con ellos su nueva pasión. «No sabría decirte el número de versiones de *Toy Story* que vi antes de su estreno en los cines —comentó Larry Ellison—. Aquello se convirtió en una especie de tortura. Iba a casa de Steve y veía la última mejora del diez por ciento de las secuencias. Él estaba obsesionado con que todo saliera bien, tanto la historia como la tecnología, y no quedaba satisfecho con nada que no fuera la perfección absoluta».

Su intuición de que las inversiones en Pixar podían resultar beneficiosas se vio reforzada cuando Disney lo invitó a asistir a la gala del preestreno para la prensa de algunas escenas de *Pocahontas* en enero de 1995, celebrada en una carpa instalada en el Central Park de Nueva York. En el acto, el consejero delegado de Disney, Michael Eisner, anunció que *Pocahontas* iba a estrenarse ante cien mil personas en pantallas de veinticinco metros de alto situadas en la gran extensión de césped conocida como «Great Lawn» de Central Park. Jobs era un maestro en el arte del espectáculo que sabía cómo organizar grandes estrenos, pero incluso él quedó sorprendido ante aquel plan. La gran frase de Buzz Lightyear —«¡Hasta el infinito y más allá!»— de pronto parecía estar a la altura de las circunstancias.

Jobs pensó que el estreno de *Toy Story* en noviembre sería la ocasión perfecta para sacar Pixar a Bolsa. Incluso los banqueros de inversiones, siempre expectantes por lo general, se mostraron dubitativos y aseguraron que era imposible. Pixar había pasado cinco años desangrándose económicamente. Sin embargo, Jobs lo tenía claro. «Yo estaba preocupado y sugerí que esperásemos hasta nuestra segunda película —recordaba Lasseter—. Steve pasó por alto mi petición con el argumento de que necesitábamos la inyección de capital para poder invertir la mitad en nuestras propias películas y así renegociar el acuerdo con Disney».

¡Hasta el infinito!

Hubo dos estrenos de *Toy Story* en noviembre de 1995. Disney organizó uno de ellos en El Capitan, una gran sala clásica de Los Ángeles, y construyó una atracción de feria en la que aparecían los personajes de la película. Pixar recibió un puñado de entradas, pero la velada y la lista de invitados célebres corrían principalmente a cargo de la producción de Disney. Jobs ni siquiera asistió. En vez de eso, alquiló para la noche siguiente el Regency, un teatro similar de San Francisco, y allí celebró su propio estreno. En lugar de Tom Hanks y Steve Martin, los invitados fueron personajes famosos de Silicon Valley: Larry Ellison, Andy Grove, Scott McNealy y, por supuesto, Steve Jobs. Aquel era un espectáculo claramente orquestado por Jobs, y fue él quien salió al escenario, y no Lasseter, para presentar la película.

Los estrenos organizados en competencia ponían de relieve un enconado debate. ¿Era *Toy Story* una película de Disney o de Pixar? ¿Era Pixar simplemente un proveedor de animación que ayudaba a Disney a crear películas? ¿O era Disney un simple distribuidor y publicista que ayudaba a Pixar a presentar sus creaciones? La respuesta correcta se encontraba en algún punto intermedio. La cuestión debería ser si los egos involucrados, principalmente los de Michael Eisner y Steve Jobs, podían mantener una asociación de aquel tipo.

Las apuestas subieron todavía más cuando *Toy Story* resultó ser un éxito arrollador ante la crítica y el público. Recuperó todas las inversiones realizadas en el primer fin de semana, con unos ingresos en Estados Unidos de 30 millones de dólares, y siguió ganando espectadores hasta convertirse en la película más taquillera del año —por encima de *Batman Forever* y *Apollo 13*—, con unos ingresos a escala nacional de 192 millones de dólares y un total de 362 millones de dólares recaudados en todo el mundo. Según *Rotten Tomatoes*, el sitio web de críticas cinematográficas, el ciento por ciento de las 73 críticas publicadas ofrecían un resultado favorable. Richard Corliss, de *Time*, la denominó «la comedia más innovadora del año»; David Ansen, de *Newsweek*, escribió que era una «maravilla», y Janet Maslin, del *New York Times*, se la recomendaba tanto a niños como a adultos por ser «una obra de ingenio increíble, en la línea de las mejores películas de Disney para ambos públicos».

El único problema para Jobs era que críticos como Maslin hablaban de las «películas de Disney» y no del surgimiento de Pixar. De hecho, su crítica ni siquiera mencionaba a su empresa. Jobs sabía que debía cambiar aquella percepción. Cuando John Lasseter y él aparecieron en el programa de entrevistas de Charlie Rose, Jobs subrayó que *Toy Story* era una película de Pixar, e incluso trató de poner de manifiesto el carácter histórico del nacimiento de un nuevo estudio cinematográfico. «Desde que se estrenó *Blancanieves*, los principales estudios han tratado de entrar en el negocio de la animación, y hasta el momento Disney era el único que había conseguido producir con éxito un largometraje de dibujos animados —le dijo a Rose—. Ahora, Pixar se ha convertido en el segundo estudio en lograrlo».

Jobs se esforzó por presentar a Disney como el mero distribuidor de una película de Pixar. «No hacía más que decir: "Nosotros, los de Pixar, somos los auténticos creadores, y vosotros, los de Disney, sois una mierda" —recordaba Michael Eisner—, pero fuimos nosotros quienes logramos que *Toy Story* saliera adelante. Nosotros ayudamos a darle forma a la película y reunimos a todos nuestros departamentos, desde los publicistas hasta Disney Channel, para que fuera un éxito». Jobs llegó a la conclusión de que el tema fundamental —¿de quién era la película?— tendría que resolverse mediante un contrato y no a través de una guerra dialéctica. «Tras el éxito de *Toy Story* —comentó—, me di cuenta de que necesitábamos llegar a un nuevo acuerdo con Disney si queríamos llegar a crear un estudio y no limitarnos a trabajar para el mejor postor». Sin embargo, para poder hablar con Disney en condiciones de igualdad, Pixar necesitaba aportar más dinero a la negociación. Para eso hacía falta una buena oferta pública de venta.

La salida a Bolsa tuvo lugar exactamente una semana después del estreno de *Toy Story*. Jobs se lo había jugado todo al éxito de una película, y la arriesgada apuesta había resultado rentable. Y mucho. Como ocurrió con la oferta pública de venta de Apple, se planeó una celebración en el despacho del líder de la emisión en San Francisco a las siete de la mañana, cuando las acciones iban a ponerse en venta. El plan original era fijar el precio de las primeras a unos 14 dólares, para asegurarse de que se venderían. Jobs insistió en darles un valor de 22 dólares, lo que supondría más dinero para la compañía si la oferta tenía éxito. Lo tuvo, y superó hasta las más optimistas expectativas. Superó a Netscape como la oferta pública de venta más grande del año. En la primera media hora, las acciones subieron hasta los 45 dólares, y hubo que retrasar las transacciones porque había demasiadas órdenes de compra. Y siguió subiendo hasta los 49 dólares antes de regresar, al final de la jornada, hasta los 39 dólares.

A principios de aquel año, Jobs había estado tratando de encontrar un comprador para Pixar que le permitiera simplemente recuperar los 50 millones de dólares invertidos. Al final de aquel día, las acciones que había conservado (el 80 % de la compañía) estaban valoradas en una cifra veinte veces superior a la invertida, la increíble suma de 1.200 millones de dólares. Aquello era unas cinco veces más de lo que había ganado cuando Apple salió a Bolsa en 1980. Sin embargo, Jobs le dijo a John Markoff, del *New York Times*, que el dinero no significaba demasiado para él. «No hay un yate en mi futuro ideal —declaró—. Nunca me metí en esto por el dinero».

El éxito de la salida a Bolsa significaba que Pixar ya no tendría que depender de Disney para financiar sus propias películas. Aquel era el argumento que Jobs quería. «Como ahora podíamos financiar la mitad del coste de nuestras películas, yo podía exigir la mitad de los beneficios —recordaba—. Pero lo más importante para mí era que se compartiera el protagonismo. Iban a ser películas de Pixar tanto como de Disney».

Jobs tomó un avión para ir a comer con Eisner, que se quedó pasmado ante su audacia. Habían firmado un acuerdo por tres películas, y Pixar solo había hecho una. Si aquello era la guerra, los dos bandos poseían la bomba atómica. Katzenberg había abandonado Disney tras una violenta ruptura con Eisner, para convertirse en uno de los fundadores, junto con Steven Spielberg y David Geffen, de DreamWorks SKG. Jobs anunció que si Eisner no estaba dispuesto a llegar a un nuevo acuerdo con Pixar, entonces Pixar se buscaría otro estudio, como por ejemplo el de Katzenberg, en cuanto hubieran cumplido con su compromiso de crear tres películas. La baza de Eisner era la amenaza de que, si aquello ocurría, Disney crearía sus propias secuelas de *Toy Story*, utilizando a Woody, Buzz y los demás personajes creados por Lasseter. «Eso habría sido como violar a nuestros hijos —recordó después Jobs—. John se puso a llorar al imaginarse esa posibilidad».

Así pues, tras no poco esfuerzo llegaron a un pacto. Eisner accedió a permitir que Pixar invirtiera la mitad del dinero que costaran las siguientes películas y que, a cambio, se quedara con la mitad de los beneficios. «No pensó que pudiéramos cosechar muchos éxitos, así que creyó estar ahorrándose algo de dinero —comentó Jobs—. Al final, aquello fue estupendo para nosotros, porque Pixar estrenó diez taquillazos seguidos». También accedieron a compartir la autoría, aunque para definir los detalles hizo falta regatear mucho. Eisner recordaba: «En mi opinión, era una película de Disney, así que había que comenzar con la frase "Disney presenta...", pero acabé por ceder —recordaba Eisner—. Comenzamos a negociar qué tamaño iban a tener las letras de Disney y cuál las de Pixar, como si fuéramos niños de cuatro años». Sin embargo, a comienzos de 1997 alcanzaron un acuerdo —para producir cinco películas a lo largo de los siguientes diez años—, e incluso se despidieron amigablemente, al menos por el momento. «Eisner se mostró justo y razonable conmigo en aquel momento —declaró Jobs posteriormente—. No obstante, a lo largo de la década siguiente llegué a la conclusión de que era un hombre siniestro».

En una carta dirigida a los accionistas de Pixar, Jobs explicó que haber conseguido el derecho a compartir la autoría con Disney en todas las películas —así como en la publicidad y los juguetes asociados— era el aspecto más importante del trato. «Queremos que Pixar se convierta en una marca con el mismo nivel de confianza que Disney —escribió—. Sin embargo, para que Pixar pueda ganarse esa confianza, los consumidores deben ser conscientes de que es Pixar quien crea las películas». Jobs fue conocido durante su carrera por crear grandes productos, pero igualmente importante era su habilidad para formar grandes compañías con valiosas marcas. Y, de hecho, creó dos de las mejores de su época: Apple y Pixar.

22

La segunda venida

¿Qué ruda bestia, cuya hora llegó por fin...?

TODO SE DESMORONA

Cuando Jobs presentó el ordenador de NeXT en 1988, generó una oleada de entusiasmo que se desvaneció cuando por fin se puso a la venta al año siguiente. La capacidad de Jobs para cautivar, intimidar y manejar a la prensa comenzó a fallarle, y se publicaron varios artículos sobre los apuros que atravesaba la compañía. «El NeXT es incompatible con otros ordenadores en una época en que la industria avanza hacia sistemas abiertos —informaba Bart Ziegler, de la agencia Associated Press—. Como existe una cantidad relativamente pequeña de software que pueda utilizarse en el NeXT, le resulta complicado atraer a los clientes».

NeXT trató de posicionarse como el líder de una nueva categoría, las estaciones de trabajo personales, para gente que quería la potencia de una estación de trabajo y la facilidad de uso de un ordenador personal. Sin embargo, esos clientes estaban por aquel entonces comprándole las máquinas a la pujante Sun Microsystems. Por tanto, los ingresos de NeXT en 1990 fueron de 28 millones de dólares, frente a los 2.500 millones de Sun. Además, IBM abandonó su acuerdo para comprar las licencias del software de NeXT, así que Jobs se vio obligado a hacer algo que iba en contra de su naturaleza: a pesar de su arraigada creencia de que el hardware y el software debían estar unidos inseparablemente, en enero de 1992 accedió a permitir que el sistema operativo NeXTSTEP estuviera disponible para otros ordenadores.

Sorprendentemente, uno de los defensores de Jobs fue Jean-Louis Gassée, que había coincidido con él en Apple y también había sido despedido posteriormente. Escribió un artículo en el que destacaba lo creativos que eran los productos de NeXT. «Puede que NeXT no sea Apple —sostenía Gassée—, pero Steve sigue siendo Steve». Unos días más tarde, su esposa fue a ver quién llamaba a la puerta y a continuación subió corriendo las escaleras para decirle a Gassée que Jobs estaba allí. Le agradeció haber escrito aquel artículo y lo invitó a un acto en el que Andy Grove, de Intel, iba a aparecer junto a Jobs para anunciar que el NeXTSTEP estaría disponible para la plataforma de IBM/Intel. «Me senté junto al padre de Steve, Paul Jobs, un hombre conmovedoramente digno —recordaba Gassée—. Había criado a un hijo difícil, pero estaba orgulloso y contento de verlo sobre el escenario junto a Andy Grove».

Un año después, Jobs dio el siguiente paso, que parecía inevitable: dejó de producir toda su línea de hardware. Aquella fue una decisión dolorosa, como lo había sido detener la fabricación de hardware en Pixar. Se preocupaba de todos los aspectos de sus productos, pero el hardware era una de sus pasiones particulares. Lo llenaba de energía conseguir grandes diseños, se obsesionaba con los detalles de la producción y podía pasarse horas viendo como sus robots fabricaban aquellas máquinas perfectas. Sin embargo, ahora se veía obligado a despedir a más de la mitad de sus empleados, venderle su amada fábrica a Canon (que subastó el extravagante mobiliario) y contentarse con una compañía que trataba de venderles un sistema operativo a los fabricantes de unas máquinas carentes de toda inspiración.

A mediados de la década de los noventa, Jobs había hallado un cierto placer en su nueva vida familiar y su sorprendente triunfo en el negocio cinematográfico, pero agonizaba ante la industria de los ordenadores personales. «La innovación se ha detenido prácticamente por completo —le dijo a Gary Wolf, de la revista *Wired*, a finales de 1995—. Microsoft se ha hecho con el control sin apenas novedades. Apple ha perdido. El mercado de los ordenadores de sobremesa ha entrado en la Edad Oscura».

También se mostró sombrío en una entrevista con Anthony Perkins y los redactores de la revista *Red Herring* concedida por aquellas fechas. En primer lugar, les mostró el lado más desagradable de su personalidad. Poco después de que llegaran Perkins y sus compañeros, Jobs se escabulló por la puerta trasera «para dar un paseo» y no regresó hasta pasados cuarenta y cinco minutos. Cuando la fotógrafa de la revista comenzó a tomar algunas imágenes, él hizo un par de comentarios sarcásticos para que parase. Según señaló Perkins después, «manipulación, egoísmo o simple grosería, no podíamos saber qué motivaba toda aquella tontería». Cuando al final se sentó para la entrevista, aseguró que ni siquiera la llegada de internet serviría para detener la supremacía de Microsoft. «Windows ha ganado —anunció—. Desgraciadamente, venció al Mac, venció a UNIX, venció al OS/2. El ganador ha sido un producto inferior».

El fracaso de NeXT a la hora de vender un producto que integrase hardware y software ponía en duda toda la filosofía de Jobs. «Cometimos un error, que fue tratar de aplicar la misma fórmula utilizada en Apple para crear todo el producto —admitió en 1995—. Deberíamos habernos dado cuenta de que el mundo estaba cambiando y haber pasado directamente a ser una compañía de software». Sin embargo, por más que lo intentara, no lograba entusiasmarse con aquella perspectiva. En lugar de crear grandes productos integrados que hicieran las delicias de los consumidores, ahora se había quedado con una empresa que trataba de vender software a otras empresas, las cuales instalarían sus programas en distintas plataformas de hardware. «Aquello no era lo que yo quería —se lamentó después—. Me aburría bastante no ser capaz de vender productos para los consumidores. Sencillamente, no estoy hecho para venderles productos a las empresas y conceder licencias de software para el hardware chapucero de otras personas. Nunca quise eso».

La caída de Apple

En los años que siguieron a la partida de Jobs, Apple fue capaz de arreglárselas cómodamente con un alto margen de beneficios basado en su dominio temporal del campo de la autoedición. John Sculley, creyéndose un genio, realizó allá por 1987 distintas declaraciones que hoy en día resultan vergonzosas. Según sus palabras, Jobs quería que Apple «se convirtiera en una maravillosa empresa de productos para los consumidores. Ese plan era una locura [...]. Apple nunca se iba a convertir en una empresa de productos de masas [...]. No podíamos adaptar la realidad a todos nuestros sueños de cambiar el mundo [...]. La alta tecnología no podía diseñarse y venderse como un producto para el gran público».

Jobs estaba horrorizado, y fue enfadándose más y volviéndose más despectivo a medida que la presidencia de Sculley era testigo de un descenso constante en el control del mercado y los beneficios de Apple a principios de la década de los noventa. «Sculley destruyó Apple al traer consigo a gente corrupta con valores corruptos —se lamentó Jobs posteriormente—. Estaban más preocupados por ganar dinero, principalmente para sí mismos, y también para Apple, que por crear grandes productos». Jobs sentía que el afán de aquel hombre por obtener beneficios solo fue posible a costa de perder cuota de mercado. «El Macintosh perdió ante Microsoft porque Sculley insistió en exprimir todos los beneficios que pudiera recaudar en lugar de mejorar el producto y hacer que resultase más asequible».

A Microsoft le había costado algunos años reproducir la interfaz gráfica de usuario del Macintosh, pero en 1990 presentó el Windows 3.0, que dio comienzo al avance de la compañía hasta llegar a controlar el mercado de los ordenadores de sobremesa. Windows 95, que salió a la venta en agosto de 1995, se convirtió en el sistema operativo de mayor éxito de todos los tiempos, y las ventas del Macintosh comenzaron a venirse abajo. «Microsoft se limitaba a copiar lo que hacían otras personas, y a continuación insistía en las mismas políticas y se aprovechaba de su control de los ordenadores compatibles con IBM —explicó después Jobs—. Apple se lo merecía. Tras mi marcha no inventaron nada nuevo. El Mac apenas mejoró. Aquello era pan comido para Microsoft».

Su frustración con Apple resultó evidente cuando pronunció un discurso para una asociación de estudiantes de la Facultad de

Estudios Empresariales de Stanford. El acto se celebró en la casa de un alumno, que le pidió que le firmase un teclado de Macintosh. Jobs accedió a hacerlo si le permitía eliminar las teclas que se le habían añadido al Mac después de su salida de la compañía. Se sacó las llaves del coche del bolsillo y arrancó las cuatro flechas del cursor, que ya había vetado en una ocasión, además de toda la fila de teclas de función. «F1, F2, F3... Voy cambiando el mundo teclado a teclado», afirmó con tono inexpresivo. A continuación firmó el teclado mutilado.

Durante las vacaciones de Navidad de 1995, celebradas en Kona Village, en Hawai, Jobs se fue a dar un paseo por la playa para charlar con su amigo Larry Ellison, el indomable consejero delegado de Oracle. Discutieron la posibilidad de hacer una oferta pública de adquisición a Apple y devolver a Jobs al frente de la empresa. Ellison aseguró que podía reunir 3.000 millones de dólares de financiación. «Compraré Apple, tú conseguirás el 25% de la compañía de inmediato al convertirte en su consejero delegado, y podremos devolverle su gloria de tiempos pasados». Sin embargo, Jobs se resistía. «Decidí que no soy el tipo de persona que presenta una opa hostil —explicó—. Si me hubieran pedido regresar, la situación habría sido diferente».

En 1996, la cuota de mercado de Apple había descendido hasta el 4%, desde el 16% del que gozaba a finales de la década de los ochenta. Michael Spindler, que había sustituido a Sculley en 1993, trató de venderles la compañía a Sun, a IBM y a Hewlett-Packard. No tuvo éxito y fue sustituido, en febrero de 1996, por Gil Amelio, un ingeniero de investigación que era también el consejero delegado de National Semiconductor. Durante su primer año, la compañía perdió 1.000 millones de dólares, y el valor de las acciones, que había llegado a los 70 dólares en 1991, cayó hasta los 14 dólares, a pesar de que por entonces la burbuja de las empresas tecnológicas elevaba otros valores hasta la estratosfera.

Amelio no era un gran admirador de Jobs. Su primera reunión había tenido lugar en 1994, justo después de que Amelio fuera nombrado miembro del consejo de administración de Apple. Jobs lo había llamado y le había dicho: «Quiero ir a verte». Este lo invitó a su despacho de National Semiconductor, y recordaría después como vio llegar a Jobs a través de la pared de cristal de su despacho. Parecía «una especie de boxeador, agresivo y con una elegancia esquiva, o como un felino de la jungla, listo para abalanzarse sobre su presa», señaló. Tras unos minutos intercambiando cortesías —mucho más de lo que acostumbraba Jobs—, el recién llegado anunció bruscamente el motivo de su visita. Quería que Amelio lo ayudase a regresar a Apple como consejero delegado. «Solo hay una persona capaz de dirigir a las tropas de Apple —dijo—, solo una persona que pueda enderezar la compañía». Jobs argumentó que la era del Macintosh ya había pasado y que había llegado la hora de que Apple creara algo nuevo e igual de innovador.

«Si el Mac ha muerto, ¿con qué vamos a sustituirlo?», le preguntó Amelio. La respuesta de Jobs no lo impresionó. «Steve no parecía tener una respuesta clara —declaró posteriormente—. Era como si viniera con una lista de frases preparadas». Amelio sintió que estaba siendo testigo del campo de distorsión de la realidad de Jobs, y se enorgulleció de ser inmune a él. Echó sin miramientos a Jobs de su despacho.

En el verano de 1996, Amelio se dio cuenta de que tenía un grave problema. Apple estaba fijando sus esperanzas en la creación de un nuevo sistema operativo llamado Copland, pero él había descubierto, poco después de ocupar el puesto de consejero delegado, que se trataba de un producto decepcionante sobre el que se habían inflado las expectativas; Copland no podría resolver la necesidad de Apple de mejorar las comunicaciones en red y la protección de memoria, y tampoco estaría listo para su comercialización en 1997, tal y como se había planeado. Amelio prometió en público que encontraría rápidamente una alternativa. Su problema era que no tenía ninguna.

Así pues, Apple necesitaba un socio, uno capaz de crear un sistema operativo estable, preferentemente uno que se pareciera a UNIX y que tuviera una capa de aplicación orientada a objetos. Había una compañía claramente capaz de ofrecer un software así —NeXT—, pero a Apple todavía le hizo falta algo de tiempo para considerar aquella posibilidad.

Apple se fijó en primer lugar en una empresa creada por Jean-Louis Gassée, llamada Be. Gassée comenzó a negociar la venta de

Be a Apple, pero en agosto de 1996 se le fue la mano durante una reunión con Amelio en Hawai. Exigió que su equipo de cincuenta trabajadores entrase en Apple y pidió que le entregaran el 15% de la compañía, con un valor de unos 500 millones de dólares. Amelio estaba atónito. Apple calculaba que Be tenía un valor de unos 50 millones de dólares. Tras unas cuantas ofertas y contraofertas, Gassée se negó a aceptar una cifra de menos de 275 millones de dólares. Pensaba que Apple no tenía alternativas. A Amelio le llegó el rumor de que Gassée había comentado: «Los tengo agarrados por las pelotas, y pienso apretar hasta que les duela». Aquello no le hizo ninguna gracia.

La directora jefe de tecnología, Ellen Hancock, propuso que optaran por el sistema operativo Solaris, de Sun, que estaba basado en UNIX, a pesar de que todavía no contaban con una interfaz de usuario sencilla de utilizar. Amelio comenzó a defender que se decidieran nada menos que por Windows NT, de Microsoft, porque creía que podrían retocarlo superficialmente para que ofreciera el aspecto y la sensación de un Mac pero fuera a la vez compatible con todo el software al alcance de los usuarios de Windows. Bill Gates, ansioso por cerrar un trato, comenzó a llamar personalmente a Amelio.

Por supuesto, había otra opción. Dos años antes, Guy Kawasaki, columnista de la revista *Macworld* (y antiguo predicador del software de Apple), había publicado una divertida nota de prensa según la cual, supuestamente, Apple iba a adquirir NeXT y nombrar a Jobs consejero delegado. Aquella parodia afirmaba que Mike Markkula le había preguntado a Jobs: «¿Quieres pasarte el resto de tu vida vendiendo versiones azucaradas de UNIX o quieres cambiar el mundo?». Jobs accedió a la propuesta y contestó: «Como ahora soy padre, necesitaba una fuente de ingresos más estable». La nota señalaba que «debido a su experiencia en NeXT, se espera que lleve consigo a Apple un recién descubierto sentido de la humildad». La nota de prensa citaba a Bill Gates afirmando que ahora Jobs iba a presentar más novedades que las que Microsoft podía llegar a copiar. Por supuesto, todo el texto de la nota de prensa pretendía ser una broma, pero la realidad tiene la extraña costumbre de amoldarse al sarcasmo.

Arrastrándose hacia Cupertino

«¿Alguien conoce lo suficiente a Steve como para llamarlo y hablarle de esto?», preguntó Amelio a su personal. Como su encuentro con Jobs dos años antes había tenido un mal desenlace, no quería ser él quien hiciera la llamada. Sin embargo, al final no le hizo falta. Apple ya estaba recibiendo señales de NeXT. Garrett Rice, un comercial de NeXT en un puesto intermedio, se había limitado a coger el teléfono y, sin consultárselo a Jobs, llamó a Ellen Hancock para ver si estaba interesada en echarle un vistazo a su software. Ella envió a alguien para reunirse con él.

En torno a finales de noviembre de 1996, las dos empresas habían establecido charlas entre trabajadores de nivel medio, y Jobs cogió el teléfono para llamar directamente a Amelio. «Voy de camino a Japón, pero volveré dentro de una semana y me gustaría verte en cuanto regrese —anunció Jobs—. No tomes ninguna decisión hasta que nos hayamos reunido». Amelio, a pesar de su experiencia anterior con Jobs, quedó encantado al tener noticias suyas y embelesado por la posibilidad de trabajar con él. «Para mí, la llamada telefónica de Steve fue como inhalar el aroma de la botella de un gran vino de reserva», recordaba. Le aseguró que no llegaría a ningún acuerdo con Be o con ninguna otra empresa antes de volverse a ver.

Para Jobs, la competencia con Be era tanto personal como profesional. NeXT estaba yéndose a pique, y la posibilidad de que Apple adquiriese la compañía parecía una alternativa muy tentadora. Además, Jobs era rencoroso, en ocasiones con gran encono, y Gassée se encontraba en los primeros puestos de su lista, quizá incluso por encima de Sculley. «Gassée es un hombre realmente malvado —aseguró Jobs después—. Es una de las pocas personas que he conocido en mi vida de las que podría afirmar que es realmente malo. Me apuñaló por la espalda en 1985». Hay que decir, en favor de Sculley, que al menos él fue lo suficientemente caballeroso como para apuñalar a Jobs en el pecho.

El 2 de diciembre de 1996, Steve Jobs puso un pie en los terrenos de Apple en Cupertino por primera vez desde su destitución, once años atrás. En la sala de conferencias de los ejecutivos, se reunió con

Amelio y Hancock para tratar de vender NeXT. Una vez más, se dedicó a escribir en la pizarra que había allí, y en esta ocasión ofreció un discurso acerca de las cuatro generaciones de sistemas informáticos que habían culminado, al menos según su versión, con la salida al mercado de NeXT. Argumentó que el sistema operativo de Be no estaba completo, y que no era tan sofisticado como el de NeXT. Mostró su lado más seductor, a pesar del hecho de que estaba hablando con dos personas a las que no respetaba. Puso especial énfasis en tratar de parecer modesto. «A lo mejor es una idea completamente loca», afirmó, pero si les parecía atractiva «podemos fijar el tipo de acuerdo que queráis: licencias de software, la venta de la empresa, lo que sea». De hecho, estaba ansioso por venderlo todo, y subrayó aquella posibilidad. «Cuando le echéis un vistazo más a fondo, os convenceréis de que no solo os interesa el software —les dijo—. Vais a querer comprar toda la compañía y llevaros a todos los trabajadores».

«¿Sabes qué, Larry? Creo que he encontrado la forma de regresar a Apple y hacerme con el control sin que necesites comprarla», le comentó Jobs a Ellison durante un largo paseo en Kona Village, en Hawai, cuando coincidieron allí en Navidades. Según recordaba Ellison, «me explicó su estrategia, que consistía en hacer que Apple comprara NeXT, y así él pasaría a formar parte del consejo de administración y estaría a un paso de convertirse en su consejero delegado». Ellison pensó que Jobs estaba pasando por alto un elemento crucial. «Pero Steve, hay una cosa que no entiendo —lo interrumpió—. Si no compramos la compañía, ¿cómo vamos a ganar dinero?». Aquello dejaba claro lo diferentes que eran sus deseos. Jobs apoyó la mano sobre el hombro izquierdo de Ellison, se acercó a él tanto que casi se tocaban con la nariz y dijo: «Larry, esta es la razón por la que es muy importante que yo sea tu amigo. No necesitas más dinero».

Ellison recuerda su reacción, al borde del sollozo, ante la afirmación de Jobs. «Bueno, puede que yo no necesite el dinero, pero ¿por qué tengo que dejar que se lo lleve el gestor de inversiones de cualquier banco? ¿Por qué se lo tiene que quedar otra persona? ¿Por qué no nosotros?». «Creo que si regresara a Apple sin que ni tú ni yo seamos dueños de ninguna porción de la compañía, eso me otorgaría autoridad moral», replicó Jobs. Y Ellison apostilló: «Steve, esa autoridad moral de la que hablas es un lujo muy caro. Mira, eres mi mejor amigo y Apple es tu compañía, así que haré lo que tú quieras».

Aunque Jobs afirmó posteriormente que no estaba planeando hacerse con el control de Apple por aquel entonces, Ellison pensó que era inevitable. «Cualquiera que pasara más de media hora con Amelio se daría cuenta de que no podía hacer nada más que auto-destruirse», señaló posteriormente.

El gran enfrentamiento entre NeXT y Be se celebró en el hotel Garden Court de Palo Alto el 10 de diciembre, con la presencia de Amelio, Hancock y otros seis ejecutivos de Apple. NeXT entró pri-mera, y Avie Tevanian les presentó el software mientras Jobs hacía gala de su hipnótica habilidad para las ventas. Mostraron cómo el programa permitía reproducir cuatro vídeos en pantalla a la vez, crear contenidos multimedia y conectarse a internet. «El discurso con el que Steve presentó el sistema operativo de NeXT fue des-lumbrante —comentó Amelio—. Exaltó sus virtudes y sus puntos fuertes como si estuviera describiendo la actuación de Lawrence Olivier en el papel de Macbeth».

Gassée entró a continuación, pero actuó como si el acuerdo ya estuviera en sus manos. No ofreció ninguna presentación nueva. Se limitó a decir que el equipo de Apple ya conocía las capacidades del sistema operativo de Be, y preguntó si alguien tenía alguna pregunta. Fue una sesión breve. Mientras Gassée realizaba su presentación, Jobs y Tevanian dieron un paseo por las calles de Palo Alto. Tras un rato, se encontraron con uno de los ejecutivos de Apple que habían estado presentes en las reuniones. «Vais a ganar el acuerdo», les dijo.

Tevanian afirmó posteriormente que aquello no era ninguna sorpresa. «Teníamos una tecnología mejor, podíamos ofrecer una so-lución integral y teníamos a Steve». Amelio sabía que devolver a Jobs al redil sería un arma de doble filo, pero lo mismo podía decirse de volver a contratar a Gassée. Larry Tesler, uno de los veteranos del equipo del Macintosh de épocas pasadas, le recomendó a Amelio que optara por NeXT, pero añadió: «Elijas la compañía que elijas, vas a traer a alguien que te va a quitar el puesto, Steve o Jean-Louis».

Amelio se decidió por Jobs. Lo llamó para informarle de que planeaba proponerle al consejo de administración de Apple que lo autorizaran para negociar la adquisición de NeXT y le preguntó si le gustaría estar presente en la reunión. Jobs contestó que allí estaría. Al entrar en la sala, se produjo un momento de tensión cuando vio a Mike Markkula. No habían vuelto a hablar desde que Markkula, que había sido su mentor y una figura paterna para él, se había puesto de parte de Sculley allá por 1985. Jobs siguió caminando y le estrechó la mano. Entonces, sin la ayuda de Tevanian o de algún otro apoyo, presentó la demostración de NeXT. Para cuando acabó la exposición, ya se había ganado a todo el consejo.

Jobs invitó a Amelio a que fuera a su casa de Palo Alto para que pudieran negociar en un entorno agradable. Cuando Amelio llegó con su Mercedes clásico de 1973, Jobs quedó impresionado. Le gustaba el coche. En la cocina, que por fin había quedado renovada, Jobs puso agua a hervir para preparar té, y entonces se sentaron a la mesa de madera situada frente al horno de leña de la cocina. La parte económica de las negociaciones transcurrió sin problemas. Jobs no estaba dispuesto a cometer el mismo error que Gassée y excederse con sus exigencias. Sugirió que Apple comprase las acciones de NeXT a 12 dólares. Aquello suponía un total de unos 500 millones de dólares. Amelio dijo que aquello era demasiado y propuso un precio de 10 dólares por acción, lo que representaba algo más de 400 millones de dólares. A diferencia de Be, NeXT contaba con un producto real, con ingresos reales y con un gran equipo. No obstante, Jobs quedó agradablemente sorprendido con aquella contraoferta y aceptó de inmediato.

Uno de los puntos conflictivos era que Jobs reclamaba el pago en efectivo. Amelio insistió en que necesitaba «poner algo de carne en el asador» y aceptar el pago en acciones que accedía a conservar durante al menos un año. Al final, llegaron a un consenso: Jobs recibiría 120 millones de dólares en efectivo y 37 millones en acciones, que se comprometía a no vender durante al menos seis meses.

Como de costumbre, Jobs quería mantener algunas de sus conversaciones dando un paseo. Mientras deambulaban por Palo Alto, planteó la posibilidad de que lo incluyeran en el consejo de administración de Apple. Amelio trató de evitar el tema y aseguró que Jobs tenía un historial demasiado abultado como para hacer algo así con tanta rapidez. «Gil, eso me hiere profundamente —afirmó Jobs—. Esta era mi empresa. Me dejaron fuera desde aquel día horrible con Sculley». Amelio contestó que lo comprendía, pero que no estaba seguro de lo que querría el consejo. Cuando estaba a punto de comenzar las negociaciones con Jobs, había tomado nota mentalmente para «avanzar con lógica, imparable, como mi sargento de instrucción» y «esquivar su carisma». Sin embargo, durante el paseo quedó atrapado, como tantos otros, en el campo de fuerza de Jobs. «Me quedé enganchado por la energía y el entusiasmo de Steve», recordaba.

Tras dar un par de vueltas a la manzana, regresaron a la casa justo cuando Laurene y los niños llegaban. Todos celebraron aquella relajada negociación, y después Amelio se marchó a bordo de su Mercedes. «Me hizo sentir como si fuera su amigo de toda la vida», recordaba. Es cierto que Jobs podía conseguirlo. Posteriormente, después de que Jobs hubiera urdido su destitución, Amelio reflexionó sobre la simpatía mostrada por Jobs aquel día y señaló con nostalgia: «Como descubrí con gran dolor, aquella solo era una de las facetas de una personalidad extremadamente compleja».

Tras informar a Gassée de que Apple iba a adquirir NeXT, Amelio tuvo que hacer frente a la que resultó ser una tarea todavía más incómoda: decírselo a Bill Gates. «Se puso hecho una fiera», recordaba Amelio. A Gates le pareció ridículo, aunque puede que no sorprendente, que Jobs se hubiera salido con la suya. «¿De verdad crees que Steve Jobs tiene algo en esa empresa? —le preguntó Gates a Amelio—. Yo conozco su tecnología, no es más que UNIX trucado, y nunca conseguirás que funcione en vuestros aparatos». Gates, al igual que Jobs, tenía la capacidad de ir enfadándose a medida que hablaba, y Amelio recordaba que lo hizo durante dos o tres minutos. «¿Es que no entiendes que Steve no sabe nada de tecnología? No es más que un supervendedor. No me puedo creer que vayáis a tomar una decisión tan estúpida... No sabe nada de ingeniería, y el 99 % de lo que dice y lo que piensa es incorrecto. ¿Para qué demonios estáis comprando esa basura?».

Años más tarde, cuando le planteé este asunto, Gates no recordaba haberse enfadado tanto. Comentó que la compra de NeXT no le ofrecía a Apple un nuevo sistema operativo. «Amelio pagó mucho dinero por NeXT y, seamos sinceros, su sistema operativo nunca llegó a utilizarse». En vez de eso, la adquisición hizo que se incorporara a la plantilla Avie Tevanian, que podía ayudar a mejorar el sistema operativo existente de Apple para que incorporase el núcleo de la tecnología de NeXT. Gates sabía que el trato estaba destinado a devolver a Jobs a un puesto de poder. «Sin embargo, aquel fue un vuelco del destino —declaró—. Lo que acabaron adquiriendo fue a un tipo que la mayoría de la gente no pensaría que fuera a ser un gran consejero delegado, porque no tenía mucha experiencia en ello, pero que era un hombre brillante con un gran gusto por el diseño y por la ingeniería. Contuvo su locura durante el tiempo suficiente como para conseguir que lo nombraran consejero delegado de forma provisional».

A pesar de lo que creían Ellison y Gates, Jobs tenía sentimientos muy encontrados acerca de si quería regresar para desempeñar una función activa en Apple, al menos mientras Amelio estuviera allí. Unos días antes del anuncio de la adquisición de NeXT, Amelio le pidió a Jobs que se uniera a Apple a tiempo completo para hacerse cargo del desarrollo del sistema operativo. Jobs, sin embargo, siguió evitando la petición de Amelio de que se comprometiera a ello.

Al final, el día previsto para el gran anuncio, Amelio convocó a Jobs. Necesitaba una respuesta. «Steve, ¿es que solo quieres coger tu dinero y marcharte? —preguntó—. No pasa nada si es eso lo que quieres». Jobs no respondió. Simplemente se le quedó mirando. «¿Quieres estar en nómina? ¿Ser un consejero?». Una vez más, Jobs se quedó callado. Amelio salió y buscó al abogado de Jobs, Larry Sonsini, y le preguntó qué pensaba que quería Jobs. «Ni idea», dijo Sonsini, así que Amelio regresó al despacho y lo intentó una vez más. «Steve, ¿en qué estás pensando? ¿Qué te parece esto? Por favor, necesito una decisión ahora mismo».

«Ayer no dormí nada», respondió Jobs. «¿Por qué? ¿Qué te pasa?». «Estaba pensando en todas las cosas que hay que hacer y en el acuerdo que hemos alcanzado, y se me está juntando todo. Ahora mismo estoy muy cansado y no puedo pensar con claridad. No quiero que me hagan más preguntas». Amelio aseguró que aquello no era posible. Necesitaba una respuesta.

Al final, Jobs contestó: «Mira, si tienes que decirle algo al consejo, diles que seré consejero del presidente». Y eso es lo que hizo Amelio.

El anuncio se llevó a cabo esa tarde —el 20 de diciembre de 1996— frente a 250 empleados que aplaudían y vitoreaban en la sede de Apple. Amelio hizo lo que Jobs le había pedido y describió su nueva función como la de un consejero a tiempo parcial. En lugar de aparecer por un lateral del escenario, Jobs se presentó en el fondo del auditorio y recorrió todo el pasillo central. Amelio les había advertido a los presentes que Jobs estaba demasiado cansado como para decir nada, pero en aquel momento recobró energías gracias a los aplausos. «Estoy entusiasmado —afirmó Jobs—. Tengo muchas ganas de volverme a encontrar con algunos viejos compañeros». Louise Kehoe, del *Financial Times*, salió al escenario justo después y le preguntó a Jobs, con tono casi acusatorio, si iba a acabar haciéndose con el control de Apple. «Oh, no, Louise —contestó—. Ahora hay muchas otras cosas en mi vida. Tengo una familia. Estoy metido en Pixar. El tiempo del que dispongo es limitado, pero espero poder compartir algunas ideas».

Al día siguiente, Jobs se presentó en Pixar. Cada vez le gustaba más aquel lugar, y quería que los trabajadores supieran que todavía iba a seguir siendo presidente, que seguiría profundamente implicado en sus actividades. Sin embargo, la gente de Pixar se alegró al verlo regresar a Apple a tiempo parcial; una dosis algo menor de la concentración de Jobs sería buena para ellos. Era un hombre útil cuando había que llevar a cabo grandes negociaciones, pero podía ser peligroso cuando tenía demasiado tiempo libre. Cuando llegó ese día a Pixar, entró en el despacho de Lasseter y le explicó que, aunque solo fuera consejero en Apple, aquello iba a ocupar gran parte de su tiempo. Afirmó que quería su bendición. «Sigo pensando en todo el tiempo que voy a pasar alejado de mi familia y en el tiempo que pasaré alejado de Pixar, mi otra familia —se lamentó Jobs—, pero la única razón por la que quiero hacerlo es porque el mundo será un lugar mejor si Apple está en él».

Lasseter sonrió con amabilidad. «Tienes mi bendición», le dijo.

23

La restauración

Porque el que ahora pierde ganará después

«No es normal ver a un artista de treinta o cuarenta años que sea capaz de crear algo realmente increíble», declaró Jobs cuando estaba a punto de llegar a la treintena.

Aquello resultó ser cierto durante toda aquella década para Jobs, la que comenzó con su destitución de Apple en 1985. Sin embargo, tras cumplir cuarenta años en 1995, su actividad floreció. Ese año se estrenó *Toy Story*, y al año siguiente la compra de NeXT por parte de Apple le permitió volver a la compañía que había fundado. Al regresar, Jobs iba a demostrar que incluso las personas de más de cuarenta años podían ser grandes innovadores. Tras haber transformado el mundo de los ordenadores personales mientras se encontraba en la veintena, ahora iba a ayudar a generar un cambio parecido con los reproductores de música, el modelo de la industria discográfica, los teléfonos móviles y sus aplicaciones, las tabletas electrónicas, los libros y el periodismo.

Le había dicho a Larry Ellison que su estrategia para regresar consistía en vender NeXT a Apple, ser nombrado miembro del consejo de administración y estar preparado para cuando Amelio cometiera algún error. Puede que Ellison quedara perplejo al insistirle Jobs en que no se sentía motivado por el dinero, pero en parte era cierto. No sentía las enormes necesidades consumistas de su amigo, ni los impulsos filántropos de Gates, ni un afán competitivo por ver cuánto podía ascender en la lista de *Forbes*. En vez de eso, las necesidades de su ego y sus instintos personales lo llevaban a tratar de realizarse mediante la creación de un legado que sobrecogiera a la gente. De hecho, se trataba de un legado doble: crear grandes productos que resultaran innovadores y transformaran la industria, por un lado, y construir una empresa duradera, por otro. Quería formar parte del panteón —y situarse incluso por encima— en el que se encontraban personas como Edwin Land, Bill Hewlett y David Packard, y la mejor forma de lograr todo aquello era regresando a Apple y reclamando su reino.

Y aun así... le embargó una extraña sensación de inseguridad cuando llegó la hora de recuperar su puesto. No es que tuviera reparos en socavar la autoridad de Gil Amelio. Aquello formaba parte de su naturaleza, y lo difícil habría sido que se contuviera, puesto que, en su opinión, Amelio no tenía ni idea de lo que hacía. Sin embargo, cuando acercó a sus labios la copa del poder, se volvió extrañamente dubitativo, incluso reticente, o quizá algo tímido.

Regresó en enero de 1997 como consejero informal a tiempo parcial, tal y como le había dicho a Amelio que haría. Comenzó a hacer valer su opinión en algunas áreas de personal, especialmente a la hora de proteger a los trabajadores que habían llegado desde NeXT. Sin embargo, en casi todos los demás sentidos, se mostró extrañamente pasivo. La decisión de no pedirle que se uniera al consejo de administración lo ofendió, y se sintió insultado por la sugerencia de que podía dirigir el departamento de sistemas operativos de la empresa. Así, Amelio fue capaz de crear una situación en la que Jobs estaba tanto dentro como fuera del juego, lo cual no era precisamente una buena receta para la tranquilidad. Según recordaba Jobs después:

> Gil no quería que yo estuviera por allí, y yo pensaba que él era un capullo. Lo supe antes de venderle la compañía. Pensaba que iban a recurrir a mí de vez en cuando para actos como las conferencias de Macworld, principalmente para lucirme. Aquello no me importaba porque yo estaba trabajando en Pixar. Alquilé una oficina en el centro de Palo Alto donde pudiera trabajar algunos días a la semana, y después me iba a Pixar durante un par de días. Era una vida agradable. Podía tomármelo con más calma y pasar algo de tiempo con mi familia.

Jobs apareció, de hecho, en la conferencia de Macworld justo a principios de enero, y reafirmó su opinión de que Amelio era un capullo. Cerca de cuatro mil fieles se pelearon por conseguir un asiento en el salón del hotel Marriott de San Francisco para escuchar el discurso inaugural de Amelio. La presentación corrió a cargo del actor Jeff Goldblum, que había salvado al mundo en *Independence Day* utilizando un PowerBook de Apple. «He encarnado a un experto en teoría del caos en *El mundo perdido: Parque Jurásico* —comentó—, así que, supongo, eso me cualifica para hablar en una presentación de Apple». A continuación le cedió la palabra a Amelio, que apareció en el escenario con una llamativa americana y una camisa de cuello mao completamente abotonada («parecía un cómico de Las Vegas», afirmó Jim Carlton, del *Wall Street Journal*, o, en palabras de Michael Malone, reportero especializado en tecnología: «Tenía el mismo aspecto que mostraría tu tío recién divorciado en una primera cita»).

El mayor problema era que Amelio se había ido de vacaciones, se había enzarzado en una desagradable discusión con los encargados de escribir su discurso y no había querido ensayar. Cuando Jobs apareció entre bastidores, quedó contrariado al ver todo aquel caos. Le hervía la sangre mientras Amelio, sobre el estrado, farfullaba a lo largo de una presentación inconexa e interminable. Amelio no estaba familiarizado con las notas que aparecían en la pantalla ante sí, y tardó poco en ponerse a improvisar su presentación. En repetidas ocasiones perdió el hilo de su discurso, y después de más de una hora, el público estaba horrorizado. Hubo algunas interrupciones muy bien recibidas, como cuando reclamó la presencia del cantante Peter Gabriel para presentar un nuevo programa de música. También señaló a Muhammad Ali, sentado en la primera fila. Se suponía que el campeón debía subir al escenario para promocionar una página web sobre la enfermedad de Parkinson, pero Amelio nunca llegó a pedirle que subiera o a explicar por qué se encontraba allí.

Amelio divagó durante más de dos horas antes de llamar por fin a la persona a la que todos querían vitorear. «Jobs, rezumando confianza, estilo y magnetismo puro, encarnó la antítesis del titubeante Amelio cuando subió al escenario —escribió Carlton—. El retorno de Elvis no habría despertado una reacción más entusiasta». La multitud se puso en pie y le ofreció una atronadora ovación durante más de un minuto. La década de aridez y sequía había llegado a su fin. Entonces, Jobs pidió silencio y pasó sin rodeos a tratar el desafío que se les presentaba. «Tenemos que recuperar nuestra chispa —anunció—. El Mac no progresó mucho en diez años, así que Windows se ha puesto a su altura. Por eso, tenemos que crear un sistema operativo que sea todavía mejor».

Aquella charla en la que Jobs trató de infundirles ánimo a los presentes podría haber sido un punto final que compensara la terrible actuación de Amelio. Desgraciadamente, Amelio regresó al escenario y prosiguió con sus divagaciones durante otra hora más. Al final, más de tres horas después de que comenzara el espectáculo, Amelio le puso punto final y llamó a Jobs al escenario. A continuación, y por sorpresa, llamó también a Steve Wozniak. Volvió a desatarse un caos enfervorecido, pero Jobs estaba claramente molesto. Evitó participar en una triunfante escena en la que los tres aparecieran juntos con los brazos en alto, y en vez de eso se deslizó lentamente fuera del escenario. «Arruinó sin piedad el momento de despedida que yo había planeado —se quejó Amelio después—. Sus sentimientos personales eran más importantes que ofrecer una buena imagen de Apple». Solo habían pasado siete días en aquel nuevo año para Apple, y ya parecía claro que su núcleo no iba a resistir.

Jobs comenzó inmediatamente a asignarles a personas de su confianza los principales puestos de Apple. «Quería asegurarme de que las personas realmente valiosas procedentes de NeXT no recibían puñaladas por la espalda por parte de gente menos competente que se encontrara en puestos de responsabilidad de Apple», recordaba. Ellen Hancock, que había defendido la elección de Solaris (de Sun Microsystems) en lugar de NeXT, se encontraba al frente de su lista de objetivos, especialmente cuando se empeñó en utilizar el núcleo de Solaris en el nuevo sistema operativo de Apple. En respuesta a la pregunta de un periodista acerca de la función que iba a desempeñar Jobs en la toma de aquella decisión, ella declaró cortante: «Ninguna». Se equivocaba. La primera maniobra de Jobs consistió en asegurarse de que dos de sus amigos de NeXT se adueñaban de sus funciones.

Para el puesto de jefe de ingeniería de software presentó a su colega Avie Tevanian. Para encargarse del departamento de hardware, llamó a Jon Rubinstein, que antes había desempeñado la misma función en NeXT cuando aún contaban con un departamento de hardware. Rubinstein se encontraba de vacaciones en la isla de Skye cuando Jobs lo llamó directamente. «Apple necesita algo de ayuda —anunció—. ¿Quieres apuntarte?». Rubinstein aceptó. Llegó a tiempo para asistir a la conferencia de Macworld y ver como Amelio fracasaba sobre el escenario. La situación era peor de lo que esperaba. Tevanian y él intercambiaban miradas durante las reuniones como si acabaran de irrumpir en un manicomio. La gente realizaba afirmaciones fantasiosas mientras Amelio permanecía sentado a un extremo de la mesa sumido en un aparente estupor.

Jobs no acudía con regularidad al despacho, pero a menudo hablaba con Amelio por teléfono. Una vez asegurado de que Tevanian, Rubinstein y otros trabajadores de su confianza accedían a los puestos de control, se concentró en la creciente línea de productos de la empresa. Una de sus nuevas manías era el Newton, el asistente digital personal y de bolsillo que, en teoría, era capaz de reconocer la escritura manual. No era tan malo como lo presentaban las viñetas cómicas de *Doonesbury*, pero Jobs lo detestaba. Despreciaba la idea de utilizar un lápiz o un puntero para escribir en una pantalla. «Dios nos dio diez punteros —solía decir, agitando los dedos—. No hace falta inventar otro». Además, Jobs veía el Newton como la mayor innovación de Sculley, como su proyecto favorito. Aquello bastaba para condenarlo ante sus ojos.

«Deberías acabar con el Newton», le dijo un día a Amelio por teléfono. Era una sugerencia que no venía a cuento, y Amelio se resistió. «¿A qué te refieres con "acabar con él"? —preguntó—. Steve, ¿tienes idea de lo caro que sería eso?». «Cancélalo, desactívalo, deshazte de él —insistió Jobs—. No importa cuánto cueste. La gente te vitorearía si te lo quitaras de encima».

«He estado estudiándolo y creo que va a ser muy rentable —afirmó Amelio—. No voy a pedir que nos deshagamos de él». En mayo, no obstante, anunció sus planes para independizar el departamento encargado del Newton, lo cual marcó el comienzo de un avance a trompicones hacia la tumba que duraría todo un año.

Tevanian y Rubinstein iban de vez en cuando a casa de Jobs para mantenerlo informado, y pronto todo Silicon Valley sabía que poco a poco Jobs estaba arrebatándole el poder a Amelio. No se trataba de una estratagema maquiavélica para hacerse con el poder, sino de que así es como era Jobs. Aspirar al control estaba grabado en su naturaleza. Louise Kehoe, la periodista del *Financial Times* que había previsto esta maniobra cuando entrevistó a Jobs y a Amelio durante la presentación de diciembre, fue la primera en publicar la historia. «Jobs se ha convertido en el poder en la sombra —escribió a finales de febrero—. Se rumorea que es él quien toma las decisiones sobre qué departamentos de Apple deben desaparecer. Jobs les ha pedido a unos cuantos de sus antiguos compañeros de Apple que regresen a la compañía y, según estos, ya ha dejado entrever que planea hacerse con el mando. Según uno de los confidentes del señor Jobs, este se ha convencido de que es improbable que Amelio y las personas designadas por él consigan reanimar Apple. Está dispuesto a reemplazarlos para asegurar la supervivencia de "su empresa"».

Ese mes, Amelio tuvo que enfrentarse a la reunión anual de accionistas y explicar por qué los resultados del último trimestre de 1996 se habían saldado con una caída de ventas del 30% en comparación con el año anterior. Los accionistas hacían cola ante los micrófonos para dar rienda suelta a su enfado. Amelio no era en absoluto consciente de lo mal que estaba gestionando aquella reunión. «Aquella presentación está considerada como una de las mejores que he ofrecido», se jactó después. Sin embargo, Ed Woolard, el antiguo consejero delegado de la industria química DuPont, que ahora presidía el consejo de administración de Apple (Markkula había sido degradado a vicepresidente), estaba horrorizado. «Esto es un desastre», le susurró su esposa en medio de la sesión. Woolard se mostró de acuerdo. «Gil vino con un traje muy elegante, pero tenía un aspecto estúpido y sonaba como tal —recordaba—. No pudo responder a las preguntas que le planteaban, no sabía de qué estaba hablando y no inspiraba ninguna confianza».

Woolard cogió el teléfono y llamó a Jobs, al que nunca había conocido en persona. Su pretexto era invitarlo a Delaware para que diera una charla para ejecutivos de DuPont. Jobs rechazó la oferta, pero, tal y como recordaba el propio Woolard, «la propuesta era una excusa para poder hablar con él sobre Gil». Dirigió la conversación en esa dirección y le preguntó sin tapujos a Jobs que cuál era su opinión sobre Amelio. Según Woolard, Jobs se mostró algo circunspecto y contestó que Amelio no se encontraba en el puesto adecuado. Jobs recordaba que se mostró más brusco:

> Pensé para mis adentros que podía contarle la verdad y decirle que Gil es un capullo, o mentir por omisión. Es un miembro del consejo de administración de Apple, y tengo el deber de decirle lo que pienso. Por otra parte, si lo hago, él se lo contará a Gil, en cuyo caso Gil nunca volverá a escuchar lo que yo tenga que decir y se dedicará a joder a la gente que traje a Apple. Todo aquello pasó por mi mente en menos de treinta segundos. Al final decidí que le debía contar la verdad a aquel hombre. Apple me importaba demasiado, así que dejé que la escuchara. Aseguré que aquel tipo era el peor consejero delegado que había visto nunca, que creía que si hiciera falta pasar un examen para ser consejero delegado él sería incapaz de aprobarlo. Cuando colgué el teléfono me di cuenta de que probablemente había hecho algo muy estúpido.

Aquella primavera, Larry Ellison, de Oracle, coincidió con Amelio en una fiesta y le presentó a Gina Smith, periodista especializada en tecnología, que le preguntó por cómo marchaba todo en Apple. «Verás, Gina, Apple es como un barco —contestó Amelio—. El barco está cargado de tesoros, pero hay un agujero en él. Y mi trabajo consiste en conseguir que todo el mundo reme en la misma dirección». Smith se mostró perpleja y preguntó: «Sí, pero ¿y qué pasa con el agujero?». Desde entonces, Ellison y Jobs bromeaban acerca de lo que llamaban «la parábola del barco». «Cuando Larry me contó aquella historia estábamos en un restaurante de *sushi*, y recuerdo que me caí de la silla por el ataque de risa que me dio —recordaba Jobs—. Amelio era un bufón que se tomaba a sí mismo demasiado en serio. Insistía en que todo el mundo le llamara "doctor Amelio". Con eso queda todo dicho».

Brent Schlender, un periodista de *Fortune* especializado en tecnología y con muy buenas fuentes, conocía a Jobs y estaba familiarizado con su forma de pensar, así que en marzo publicó un artículo en el que se detallaba toda aquella situación. «Apple Computer, el

paradigma de la gestión disfuncional y los tecnosueños atolondrados de Silicon Valley, ha vuelto a entrar en crisis. La empresa se esfuerza, a cámara lenta y en medio de un ambiente lúgubre, por enfrentarse a ventas que caen en picado, fomentar una estrategia tecnológica que consiga mantenerse a flote y reforzar una imagen de marca que pierde dinero a borbotones —escribió—. Para cualquiera con un ojo maquiavélico, se diría que Jobs, a pesar de la atracción de Hollywood (últimamente ha estado supervisando el trabajo en Pixar, creadora de *Toy Story* y de otras películas de animación por ordenador), podría estar conspirando para hacerse con el control de Apple».

Una vez más, Ellison discutió públicamente la idea de presentar una opa hostil y nombrar a su «mejor amigo», Jobs, como consejero delegado. «Steve es el único que puede salvar Apple —les dijo Ellison a los periodistas—. Estoy preparado para echarle una mano en cuanto él lo decida». Igual que el pastor mentiroso cuando gritó por tercera vez que venía el lobo, estas últimas reflexiones de Ellison sobre la adquisición de Apple no recibieron mucha atención, así que más tarde, ese mismo mes, le contó a Dan Gillmor, del *San Jose Mercury News*, que estaba formando un grupo de inversión con el que recaudar 1.000 millones de dólares para comprar una participación mayoritaria en Apple (el valor de la compañía en el mercado era de unos 2.300 millones de dólares). El día de la publicación del artículo, las acciones de Apple subieron un 11% en una intensa jornada. Para echar más leña al fuego de toda aquella frivolidad, Ellison creó una dirección de correo electrónico —savapple@us.oracle.com— en la que le pedía al público general que votara sobre si debía seguir adelante con su iniciativa. (Ellison había elegido en un primer momento «saveapple» como dirección, pero entonces descubrió que el sistema de correo electrónico de su compañía tenía un límite de ocho caracteres para las direcciones.)

Jobs se mostró algo divertido ante aquella función que Ellison se había arrogado, y como no estaba muy seguro de lo que se suponía que debía hacer al respecto, evitó hacer comentarios. «Larry saca el tema de vez en cuando —le comentó a un periodista—. Yo trato de explicarle que mi función en Apple es la de consejero». Amelio, por otra parte, estaba lívido. Llamó a Ellison para ponerlo en su sitio, pero Ellison no le cogió el teléfono, así que Amelio llamó a Jobs, que le ofreció una respuesta equívoca pero también parcialmente sincera. «Lo cierto es que no entiendo qué está pasando —le dijo a Amelio—. Creo que todo esto es una locura». Entonces añadió una frase para tranquilizarlo que ni siquiera era parcialmente sincera: «Tú y yo tenemos una buena relación». Jobs podría haber acabado con las especulaciones mediante una declaración en la que rechazase la idea de Ellison. Sin embargo, para mayor irritación de Amelio, no lo hizo. Mantuvo una posición distante, y aquello beneficiaba tanto a sus intereses como a su naturaleza.

El mayor problema de Amelio era que había perdido el apoyo del presidente del consejo de administración, Ed Woolard, un ingeniero industrial sensato y directo a quien se le daba bien escuchar. Jobs no era el único que le hablaba acerca de los defectos de A del consejo de administración melio. Fred Anderson, el director financiero de Apple, alertó a Woolard de que la compañía estaba a punto de incumplir las cláusulas de sus préstamos bancarios e iba a tener que declarar la suspensión de pagos. También le habló de cómo los ánimos de los trabajadores se iban deteriorando. En la reunión del consejo de marzo, los otros consejeros se mostraron intranquilos y rechazaron el presupuesto de publicidad propuesto por Amelio.

Además, la prensa se había vuelto en su contra. *Business Week* publicó una portada en la que preguntaba: «¿Ha quedado Apple hecha picadillo?»; la revista *Red Herring* incluyó un editorial titulado: «Gil Amelio, por favor, dimite», y *Wired* presentó en portada el logotipo de Apple crucificado como un Sagrado Corazón con una corona de espinas y el titular «Oremos». Mike Barnicle, del *Boston Globe*, quejándose por los años de mala gestión de Apple, escribió: «¿Cómo es posible que estos ineptos sean todavía capaces de pagar sus nóminas cuando cogieron los únicos ordenadores que no asustaban a la gente y los convirtieron en el equivalente tecnológico de una manada de búfalos viejos, pesados y con cara de pocos amigos?». A finales de mayo, Amelio le concedió una entrevista a Jim Carlton, del *Wall Street Journal*, quien le preguntó si iba a ser capaz de invertir la percepción de que Apple se encontraba inmersa en una «espiral de muerte». Amelio miró fijamente a los ojos a Carlton y contestó: «No sé cómo responder a esa pregunta».

Cuando Jobs y Amelio hubieron firmado los últimos documentos de su acuerdo en febrero, Jobs comenzó a dar saltos, eufórico, y gritó: «¡Tú y yo tenemos que salir a celebrarlo con una buena botella de vino!». Amelio se ofreció a llevar el vino de su bodega y sugirió que los acompañaran sus mujeres. Hasta junio no llegaron a fijar una fecha, y a pesar de las tensiones crecientes pasaron un rato muy agradable. La comida y el vino combinaban tan mal como los comensales. Amelio trajo una botella de Cheval Blanc de 1964 y un Montrachet que costaban unos 300 dólares cada una. Jobs eligió un restaurante vegetariano situado en Redwood City donde la cuenta total ascendió a 72 dólares. La esposa de Amelio señaló después: «Él es un encanto, y su esposa también».

Jobs era capaz de seducir y cautivar a voluntad a la gente, y le gustaba hacerlo. Las personas como Amelio y Sculley se permitían creer que, puesto que Jobs trataba de cautivarlos, aquello significaba que les gustaba y los respetaba. Esta es una impresión que a veces él mismo fomentaba con alguna sarta de halagos insinceros dirigidos a aquellos deseosos de recibirlos. Sin embargo, Jobs podía mostrarse encantador con gente a la que odiaba con la misma facilidad con la que podía ser grosero con gente que le caía bien. Amelio no era capaz de ver aquello porque, al igual que Sculley, estaba ansioso por ganarse su afecto. De hecho, las palabras que utilizó para describir las ganas que tenía de establecer una buena relación con Jobs son casi las mismas que empleó Sculley. «Cuando tenía que hacer frente a cualquier problema, daba un paseo con él para discutirlo —recordaba Amelio—, y en nueve de cada diez ocasiones estábamos de acuerdo sobre la solución». De alguna forma, se engañó para creer que Jobs sentía un respeto auténtico hacia él. «Estaba maravillado ante la forma en que la mente de Steve enfocaba los problemas, y tenía la sensación de que estábamos forjando una relación basada en la confianza mutua».

La desilusión de Amelio llegó unos días después de la cena. Durante sus negociaciones, había insistido en que Jobs conservara las acciones de Apple durante al menos seis meses, y preferiblemente durante más tiempo. Aquellos seis meses acabaron en junio. Cuando de pronto se vendió un paquete de un millón y medio de acciones,

Amelio llamó a Jobs. «Le estoy diciendo a todo el mundo que las acciones que se han vendido no eran tuyas —le informó—. Recuerda, tú y yo hicimos un trato por el que no ibas a vender ninguna sin avisarnos antes».

«Es cierto», replicó Jobs. Amelio entendió con aquella respuesta que Jobs no había vendido sus acciones, y emitió un comunicado en el que lo hacía saber. Sin embargo, cuando se publicó el informe de la comisión reguladora de la Bolsa, en él se dejaba claro que Jobs sí había vendido sus acciones. «Maldita sea, Steve, te pregunté claramente por las acciones y me negaste que hubieras sido tú». Jobs le dijo a Amelio que las había vendido movido por «una repentina depresión» causada por la dirección que seguía Apple y que no había querido admitirlo porque se sentía «un poco avergonzado». Cuando se lo pregunté años más tarde, contestó simplemente: «No me parecía que tuviera que contárselo a Gil».

Entonces, ¿por qué mintió Jobs a Amelio acerca de la venta de sus acciones? Hay una razón sencilla: Jobs evitaba en ocasiones la verdad. Helmut Sonnenfeld afirmó una vez, en referencia a Henry Kissinger: «No miente porque tenga un interés especial en ello, miente porque forma parte de su naturaleza». También formaba parte de la naturaleza de Jobs mentir o mostrarse hermético algunas veces, cuando pensaba que la ocasión lo exigía. Por otra parte, también podía resultar brutalmente sincero en ocasiones, y capaz de contar verdades que la mayoría de nosotros tratamos de endulzar o reprimir. Tanto sus posturas ante las mentiras como ante las verdades eran sencillamente facetas diferentes de su creencia nietzscheana de que las reglas comunes no se le aplicaban a él.

Mutis de Amelio

Jobs se había abstenido de acallar los rumores de Larry Ellison sobre la compra de Apple, había vendido en secreto sus acciones y se había mostrado engañoso al respecto, así que Amelio acabó por convencerse de que estaba yendo tras él. «Al final asumí el hecho de que había estado demasiado predispuesto, demasiado ansioso por creer que estaba de mi lado —recordó más tarde—. Los planes de Steve para promover mi cese seguían su curso».

De hecho, Jobs iba criticando a Amelio siempre que le surgía la oportunidad. No podía evitarlo, y sus críticas contaban con la virtud añadida de ser ciertas. Sin embargo, había un factor más importante a la hora de poner al consejo en contra de Amelio. Fred Anderson, el director financiero, pensó que era su deber personal informar a Ed Woolard y al resto del consejo de la precaria situación de Apple. «Fred era el que me contaba que el dinero se iba acabando, que la gente se estaba marchando y que otros empleados clave estaban pensando en irse también». Aquello se sumaba a la preocupación previa de Woolard tras ver a Amelio hablar de manera confusa en la reunión de accionistas.

Woolard le había pedido a Goldman Sachs que explorara la posibilidad de que Apple fuera puesta en venta, pero el banco de inversiones afirmó que sería poco probable encontrar un comprador estratégico adecuado porque su cuota de mercado se había reducido enormemente. Durante una sesión ejecutiva del consejo celebrado en junio en el que Amelio no se encontraba en la sala, Woolard describió ante los consejeros presentes los cálculos de probabilidades que había realizado. «Si nos quedamos con Gil como consejero delegado, creo que solo hay un 10 % de probabilidades de que evitemos la bancarrota —aseguró—. Si lo despedimos y convencemos a Steve para que ocupe su puesto, tenemos un 60 % de posibilidades de sobrevivir. Si despedimos a Gil, no recuperamos a Steve y tenemos que buscar un nuevo consejero delegado, entonces las probabilidades de resistir son del 40 %». El consejo lo autorizó a preguntarle a Jobs si querría volver y, en cualquier caso, a convocar reuniones de emergencia del consejo por teléfono durante la fiesta del 4 de Julio.

Woolard y su esposa volaron a Londres, donde planeaban asistir a partidos de tenis en Wimbledon. Él veía algo de tenis durante el día, pero por las tardes se quedaba en su suite del hotel Inn on the Park y llamaba a diferentes personas de Estados Unidos, donde todavía era temprano. Al final de su estancia, la factura telefónica ascendió a 2.000 dólares.

En primer lugar, llamó a Jobs. El consejo iba a despedir a Amelio, anunció, y querían que él regresara como consejero delegado. Jobs se había mostrado agresivo respecto a Amelio, por un lado ridiculizándolo, y por otro tratando de hacer prevalecer sus ideas sobre la dirección que debía tomar Apple. Sin embargo, de pronto, cuando le ofrecieron el trofeo, se volvió evasivo. «Os ayudaré», respondió. «¿Como consejero delegado?», preguntó Woolard.

Jobs dijo que no. Woolard insistió para que se convirtiera al menos en consejero delegado en funciones. Una vez más, Jobs se mostró esquivo. «Seré un consejero —dijo—. Sin sueldo». También accedió a entrar a formar parte del consejo de administración —aquello era algo que había estado deseando—, pero rehusó la invitación para convertirse en el presidente. «Por ahora es todo lo que puedo ofrecer», afirmó. A continuación, les envió una nota por correo electrónico a los empleados de Pixar para asegurarles que no iba a abandonarlos. «Hace tres semanas recibí una llamada del consejo de administración de Apple en la que me pedían que regresara a la compañía como consejero delegado —escribió—. Rechacé la oferta. Entonces me pidieron que fuera el presidente del consejo, y volví a rehusar. Por lo tanto, no debéis preocuparos, los absurdos rumores no son más que eso. No planeo dejar Pixar. Tendréis que seguir aguantándome».

¿Por qué no se hizo Jobs con el control? ¿Por qué se mostró reticente a aceptar el puesto que parecía haber deseado durante dos décadas? Cuando se lo pregunté, contestó:

Acabábamos de sacar a Pixar a Bolsa, y yo me contentaba con ser el consejero delegado de aquella empresa. Nunca había oído hablar de nadie que fuera consejero delegado de dos compañías que cotizaran en Bolsa, ni siquiera de forma temporal, y tampoco estaba seguro de que aquello fuera legal. No sabía qué hacer, o qué quería hacer. Disfrutaba de poder pasar más tiempo con mi familia. Estaba indeciso. Sabía que Apple estaba hecha un desastre, así que me pregunté: «¿Quiero renunciar a este estilo de vida tan agradable que tengo ahora? ¿Qué van a pensar todos los accionistas de Pixar?». Hablé con gente a la que respetaba. Al final llamé a Andy Grove hacia las ocho de la mañana de un sábado. Demasiado temprano. Le señalé los pros y los contras, y en medio de la conversación me interrumpió y dijo: «Steve, a mí Apple me importa una mierda». Me quedé pasmado. Fue entonces cuando me di cuenta de que a mí sí que me importa una mierda Apple. Es la compañía que yo creé y es bueno que siga en este mundo. En ese preciso instante decidí regresar de forma temporal para ayudarlos a elegir a un consejero delegado.

En realidad, la gente de Pixar se alegraba de que fuera a pasar menos tiempo allí. Estaban secretamente (y a veces abiertamente) encantados de que ahora también tuviera a Apple para ocupar su atención. Ed Catmull, que había sido un buen consejero delegado, podría recuperar fácilmente aquellas funciones de nuevo, ya fuera de forma oficial u oficiosa. Por lo que respectaba al tiempo que podría pasar con su familia, Jobs nunca sería candidato al trofeo de padre del año, ni siquiera cuando gozaba de tiempo libre. Se le daba cada vez mejor hacerles caso a sus hijos, especialmente a Reed, pero su atención se centraba principalmente en el trabajo. Con frecuencia se mostraba distante y reservado con sus hijas pequeñas, se había vuelto a distanciar de Lisa y a menudo era un marido irritable.

Entonces, ¿cuál era la auténtica razón de su reticencia a hacerse con el control de Apple? A pesar de su tozudez y su insaciable deseo de controlarlo todo, Jobs también podía mostrarse indeciso y renuente cuando se sentía inseguro con respecto a algo. Ansiaba la perfección, y no siempre se le daba bien averiguar cómo contentarse con menos o adaptarse a las posibilidades reales. No le gustaba enfrentarse a la complejidad. Esto se aplicaba a sus productos, su diseño y el mobiliario de la casa, pero también en lo relativo a los compromisos personales. Si sabía con certeza que una determinada vía de acción era la correcta se volvía imparable, pero, si tenía dudas, a veces prefería retirarse y no pensar en aquellas circunstancias que no se adaptaran perfectamente a su visión. Como en el caso en que Amelio le había preguntado qué función quería desempeñar en Apple, Jobs tendía a guardar silencio y evitar las situaciones que lo hacían sentirse incómodo.

Esta actitud se debía en parte a su tendencia a realizar clasificaciones binarias de la realidad. Una persona podía ser un héroe o un capullo, y un producto era fantástico o una mierda. Sin embargo, se frustraba con aquellas situaciones que fueran más complejas, con más matices o facetas: casarse, comprar el sofá adecuado o comprometerse a dirigir una compañía, por ejemplo. Además, no quería ponerse en una situación abocada al fracaso. «Creo que Steve quería asegurarse de que Apple todavía podía salvarse», comentó Fred Anderson.

Woolard y el consejo de administración decidieron seguir adelante y despedir a Amelio, a pesar de que Jobs todavía no había aclarado cuán activo sería su papel como «consejero». Amelio estaba a punto de irse de pícnic con su esposa, sus hijos y sus nietos cuando llegó la llamada de Woolard desde Londres. «Necesitamos que dejes el puesto», le dijo sencillamente. Amelio respondió que aquel no era un buen momento para discutir el tema, pero Woolard pensó que debía insistir: «Vamos a anunciar tu destitución».

Amelio se resistió. «Recuerda, Ed, que le dije al consejo de administración que iban a hacer falta tres años para que la compañía volviera a encontrarse en plenas condiciones —se defendió—. Todavía no han pasado ni la mitad».

«El consejo se encuentra en un punto en el que no quiere discutir más este asunto», replicó Woolard. Amelio le preguntó quién estaba al corriente de aquella decisión, y Woolard le dijo la verdad: el resto del consejo y Jobs. «Steve es una de las personas con las que hablamos sobre este tema —añadió—. Su opinión es que eres un tipo muy agradable, pero no sabes gran cosa sobre la industria informática».

«¿Y por qué narices está implicado Steve en una decisión como esta? —respondió Amelio, enfadándose cada vez más—. Steve ni siquiera es miembro del consejo de administración, así que, ¿qué demonios pinta en este asunto?». Sin embargo, Woolard no se echó atrás, y Amelio colgó el teléfono y se fue a disfrutar del pícnic en familia antes de contárselo a su esposa.

Jobs mostraba, en ocasiones, una extraña mezcla de irritabilidad y necesidad de aprobación. Normalmente le importaba un bledo lo que la gente pensara de él. Era capaz de cortar su relación con otras personas y no volverles a dirigir la palabra. Aun así, en ocasiones sentía la compulsión de explicar sus actos. Así pues, esa tarde, y para su sorpresa, Amelio recibió una llamada de Jobs. «Bueno, Gil, solo quería que supieras que he estado hablando hoy con Ed sobre todo este asunto y me siento muy mal por todo ello —afirmó—. Quiero que sepas que yo no he tenido absolutamente nada que ver con este giro de los acontecimientos. Es una decisión que ha tomado el consejo, pero me pidieron asesoramiento y consejo». Le dijo a Amelio que lo respetaba por ser «la persona más íntegra a la que jamás haya conocido», y a continuación le ofreció un consejo que él no le había pedido: «Tómate seis meses de descanso —le propuso—. Cuando me echaron de Apple, me puse a trabajar inmediatamente después, y después lo lamenté. Debería haberme tomado un tiempo para mí mismo». Se ofreció como apoyo si alguna vez quería más consejos.

Amelio se quedó bastante sorprendido y logró murmurar algunas palabras de agradecimiento. A continuación se giró hacia su esposa y le contó lo que le había dicho Jobs. «En cierto sentido, todavía me gusta ese hombre, pero no creo nada de lo que me dice», le comentó. «Steve me ha engañado por completo —aseguró ella—, y me siento como una idiota». «Bienvenida al club», replicó su marido.

Steve Wozniak, que también era un consejero informal de la empresa, quedó encantado al saber que Jobs iba a regresar. «Era justo lo que necesitábamos —afirmó—, porque independientemente de lo que uno piense sobre Steve, él sabrá cómo lograr que recuperemos la magia». El triunfo de Jobs sobre Amelio tampoco le sorprendió. Tal y como le contó a *Wired* poco después de que ocurriera, «si Gil Amelio se enfrenta a Steve Jobs perderá la partida».

Ese lunes, los principales empleados de Apple fueron convocados al auditorio. Amelio entró con aspecto tranquilo e incluso relajado. «Bueno, me entristece informaros de que ha llegado para mí la hora de seguir adelante», anunció. Fred Anderson, que había accedido a ser el consejero delegado en funciones, tomó la palabra a continuación y dejó claro que seguiría los consejos de Jobs. Entonces, exactamente doce años después de perder el poder en la lucha del fin de semana del 4 de Julio, Jobs volvió a subir al estrado de Apple.

Inmediatamente quedó claro que, aunque no quisiera admitirlo públicamente (ni siquiera reconocérselo a sí mismo), Jobs iba a estar al mando y no sería un simple «consejero». En cuanto subió al escenario ese día —con pantalones cortos, zapatillas de deporte y la su-

dadera de cuello alto que estaba convirtiéndose en su seña de identidad—, se puso a trabajar para darle un nuevo ímpetu a su amada
compañía. «De acuerdo, contadme qué es lo que no funciona por
aquí», propuso. Se oyeron algunos murmullos, pero Jobs los cortó en
seco. «¡Son los productos! —contestó—. Así que, ¿qué les pasa a los
productos?». Una vez más, se oyó algún conato de respuesta, hasta
que Jobs intervino para ofrecer la solución correcta. «¡Los productos
son un asco! —gritó—. ¡Ya no tienen ningún atractivo!».

Woolard fue capaz de convencer a Jobs para que accediera a desempeñar una función muy activa como «consejero». Este dio su visto
bueno a un comunicado en el que se informaba de que había «accedido a aumentar su participación en Apple durante un máximo de
noventa días para ayudarlos hasta que contraten a un nuevo consejero
delegado». La inteligente expresión que utilizó Woolard en su declaración era que Jobs iba a regresar «como consejero al frente del equipo».

Jobs se instaló en un pequeño despacho junto a la sala de juntas
en la planta de ejecutivos, y evitó claramente el gran despacho de
Amelio situado en una esquina. Se involucró en todos los aspectos
del negocio: el diseño de productos, dónde hacía falta realizar recortes, las negociaciones con los proveedores y la evaluación de la agencia de publicidad. También pensó que tenía que detener el éxodo de
empleados de Apple de alto nivel, así que decidió que debían fijar un
nuevo precio a sus opciones sobre acciones. Las participaciones de
Apple habían caído tanto que las opciones ya no valían nada. Jobs
quería rebajar el precio de compra de acciones para que volvieran a
recuperar su valor. En aquel momento, esa maniobra era legal, aunque no se consideraba una buena práctica empresarial. El primer
jueves tras su regreso a Apple, Jobs convocó por teléfono una reunión del consejo de administración y presentó a grandes rasgos el
problema. Los consejeros se mostraron reticentes y le pidieron tiempo para realizar un estudio legal y financiero de las consecuencias de
aquel cambio. «Esto hay que hacerlo rápido —les urgió Jobs—. Estamos perdiendo a gente valiosa».

Incluso su mayor apoyo, Ed Woolard, que dirigía la comisión de
retribuciones, se opuso. «En DuPont nunca hicimos nada semejante»,
afirmó.

«Me habéis traído aquí para arreglar la situación, y el personal es la clave», se defendió Jobs. Cuando el consejo de administración propuso un estudio que podía tardar dos meses, Jobs estalló: «¿Es que estáis majaras?». Luego se quedó callado durante unos instantes y entonces prosiguió: «Chicos, si no estáis dispuestos a hacer esto, no voy a volver el lunes, porque hay miles de decisiones importantes que tengo que tomar y que van a ser mucho más difíciles que esta, y si no podéis ofrecer vuestro apoyo a una decisión de este tipo, no voy a conseguir solucionar nada. Así pues, si no podéis hacer esto me largo de aquí, y podréis echarme la culpa, podréis decir: "Steve no estaba a la altura del trabajo"».

Al día siguiente, tras hablarlo con el consejo, Woolard volvió a llamar a Jobs. «Vamos a aprobar la maniobra —anunció—, pero algunos de los miembros del consejo no están contentos. Nos sentimos como si nos hubieras puesto una pistola en la cabeza». Las opciones de compra para los trabajadores de mayor nivel (Jobs no tenía ninguna) se fijaron en 13,25 dólares, el precio de las acciones el día en que destituyeron a Amelio.

En lugar de aprovechar su victoria y darle las gracias al consejo de administración, Jobs siguió lamentándose por tener que responder ante un consejo a la que no respetaba. «Que paren el tren, porque esto no va a funcionar —le dijo a Woolard—. Esta empresa está patas arriba, y no tengo tiempo para andar cuidando del consejo como si fuera su niñera, así que necesito que dimitan todos, o voy a tener que presentar mi dimisión y no regresaré el lunes». Añadió que la única persona que podía quedarse era Woolard.

La mayoría de los miembros del consejo estaban horrorizados. Jobs todavía se negaba a comprometerse a regresar a Apple a tiempo completo o a aceptar cualquier cargo superior al de consejero, pero aun así se creía con el poder suficiente como para obligarlos a todos a marcharse. La cruda realidad, no obstante, era que sí contaba con aquel poder. No podían permitirse que Jobs se marchara enfurecido de la compañía, ni la perspectiva de seguir siendo miembro del consejo de Apple resultaba demasiado atractiva por aquel entonces. «Después de todas las situaciones por las que habían pasado, la mayoría se alegraron de su propio despido», recordaba Woolard.

Una vez más, el consejo accedió. Solo presentaron una petición: ¿sería posible que se quedara otro consejero además de Woolard? Aquello ayudaría a la imagen de la empresa. Jobs estuvo de acuerdo. «Formaban un consejo horroroso, terrible —declaró posteriormente—. Accedí a que se quedaran Ed Woolard y un tipo llamado Gareth Chang, que resultó ser un inútil. No era horroroso, sino simplemente inútil. Woolard, por otra parte, era uno de los mejores miembros del consejo que hubiera visto. Era magnífico, una de las personas más sabias y entusiastas que he conocido nunca».

Entre aquellos que tuvieron que dimitir se encontraba Mike Markkula, quien en 1976, cuando todavía era un joven inversor de capital riesgo, había visitado el garaje de Jobs, se había enamorado del prototipo de ordenador que había sobre la mesa de trabajo, les había garantizado una línea de crédito de 250.000 dólares y se había convertido en el tercer socio y dueño de un tercio de la nueva compañía. A lo largo de las dos décadas siguientes, fue la única constante del consejo, y había visto entrar y salir a varios consejeros delegados. Apoyó a Jobs en ocasiones, pero también había tenido algunos encontronazos con él, especialmente cuando se puso de parte de Sculley en los enfrentamientos de 1985. Tras el retorno de Jobs, supo que le había llegado la hora de marcharse.

Jobs podía mostrarse cortante y frío, especialmente con la gente que le llevaba la contraria, pero también sentimental con quienes lo habían acompañado desde sus primeros días. Wozniak entraba en aquella categoría de favoritos, por supuesto, a pesar de que se habían distanciado; y también Andy Hertzfeld y algunos otros miembros del equipo del Macintosh. Al final, Mike Markkula también entró a formar parte del grupo. «Me sentí profundamente traicionado por él, pero era como un padre para mí y siempre me preocupé por él», recordaba Jobs después. Por tanto, cuando llegó la hora de pedirle que abandonara su puesto en el consejo de Apple, el propio Jobs condujo hasta la mansión palaciega de Markkula, situada en las colinas de Woodside, para hacerlo personalmente. Como de costumbre, le pidió que lo acompañara a dar un paseo, y deambularon por la zona hasta llegar a un bosquecillo de secuoyas con una mesa de pícnic. «Me dijo que prefería un consejo nuevo porque quería empezar desde cero —comentó Markkula—. Le preocupaba que yo pudiera tomármelo mal, y quedó muy aliviado cuando vio que no era así».

Pasaron el resto del tiempo hablando de la dirección que debía seguir Apple en el futuro. Jobs pretendía formar una compañía que resistiera el paso del tiempo, y le preguntó a Markkula cuál era la fórmula correcta para lograrlo. Su respuesta fue que las compañías duraderas saben cómo reinventarse. Hewlett-Packard lo había hecho muchas veces; había comenzado como una compañía de instrumentos técnicos, después pasó a producir calculadoras y posteriormente entró en la industria informática. «Apple se ha visto superada por Microsoft en el campo de los ordenadores personales —señaló Markkula—. Necesitas reinventar la compañía para que haga otras cosas, como otros aparatos o productos de consumo. Tienes que ser como una mariposa y pasar por una metamorfosis». Jobs no dijo gran cosa, pero se mostró de acuerdo.

El antiguo consejo de administración se reunió a finales de julio para ratificar la transición. Woolard, que tenía un carácter tan afable como irritable era el de Jobs, quedó un tanto sorprendido al ver a Steve presentarse en la reunión vestido con vaqueros y zapatillas de deporte, y le preocupó que pudiera ponerse a reprender a los miembros más veteranos del consejo por haberlo estropeado todo. Sin embargo, Jobs se limitó a saludar con un agradable «hola a todos». A continuación, abordaron el tema de la aceptación de las dimisiones, la elección de Jobs como miembro del consejo y la autorización a Jobs y a Woolard para que encontraran nuevos miembros.

La primera elección de Jobs, como era de esperar, fue Larry Ellison, que aseguró estar encantado de ser consejero, pero que detestaba acudir a las reuniones. Jobs dijo que bastaba con que asistiera a la mitad de ellas. (Pasado un tiempo, Ellison solo acudía a aproximadamente un tercio de las reuniones, así que Jobs cogió una foto suya que había aparecido en la portada de *Business Week*, la amplió a tamaño natural y la pegó sobre un cartón recortado para ponerla sobre su silla.)

Jobs también llevó al consejo a Bill Campbell, que había dirigido el departamento de marketing de Apple a principios de la década de los ochenta y se había visto atrapado en medio de la lucha entre

Jobs y Sculley. Campbell había acabado respaldando a Sculley, pero con el tiempo le cogió tanta manía que Jobs lo perdonó. Ahora era el consejero delegado de una compañía de software llamada Intuit, y acompañaba a menudo a Jobs en sus paseos. «Estábamos sentados en la parte trasera de su casa —recordaba Campbell, que vivía a solo cinco manzanas de distancia de Jobs, en Palo Alto—. Me dijo que iba a regresar a Apple y que quería que yo entrara en el consejo. Yo contesté: "Hostias, claro que quiero entrar"». Campbell había sido entrenador de fútbol americano en la Universidad de Columbia. Su gran talento, según Jobs, era que «podía conseguir que jugadores de segunda actuaran como jugadores de primera». Jobs le dijo que en Apple iba a poder trabajar con jugadores de primera.

Woolard lo ayudó a reclutar a Jerry York, que había sido el director financiero de Chrysler y de IBM. Jobs consideró a otros candidatos, pero los rechazó, incluida Meg Whitman, que por aquel entonces dirigía el departamento de Playskool, de Hasbro, y que había sido una de las responsables de planificación estratégica de Disney (en 1998 pasó a ser la consejera delegada de eBay, y después se presentó como candidata a gobernadora de California). Ambos fueron juntos a comer, y Jobs procedió a su acostumbrada clasificación instantánea de la gente en las categorías de «genio» o «capullo». En su opinión, Whitman no acabó en la primera categoría. «Pensé que era más tonta que un zapato», afirmó después, aunque se equivocaba.

A lo largo de los años, Jobs aportó algunos líderes fuertes al consejo de administración de Apple, entre los que se encontraban Al Gore, Eric Schmidt, de Google, Art Levinson, de Genentech, Mickey Drexler, de Gap y J. Crew, y Andrea Jung, de Avon. Sin embargo, siempre se aseguró de que fueran leales, en ocasiones incluso demasiado. A pesar de su talla, a veces parecían sobrecogidos o intimidados por Jobs, y estaban ansiosos por mantenerlo contento. En cierto momento, algunos años después de su regreso a Apple, invitó a Arthur Levitt, el antiguo presidente de la Comisión de Bolsa y Valores estadounidense, a que se convirtiera en miembro del consejo. Levitt, que había comprado su primer Macintosh en 1984 y que se confesaba un «adicto» orgulloso a los ordenadores de aquella marca, quedó encantado. Acudió entusiasmado a Cupertino a visitar las instalaciones, y allí discutió sus funciones con Jobs. Sin embargo, poco después Jobs leyó un discurso pronunciado por Levitt sobre dirección empresarial en el que defendía que los consejos de administración debían desempeñar una función fuerte e independiente, y entonces lo llamó para retirar su invitación. «Arthur, no creo que vayas a encontrarte a gusto en nuestro consejo, y creo que lo mejor sería que no te invitáramos —recordaba Levitt que le dijo Jobs—. Sinceramente, creo que algunos de los temas que planteaste en tu discurso, aunque sean adecuados para algunas empresas, no se ajustan realmente a la cultura empresarial de Apple». Levitt escribió después: «Me quedé helado [...]. Ahora tengo claro que el consejo de Apple no está pensado para actuar con independencia de su consejero delegado».

AGOSTO DE 1997: LA MACWORLD DE BOSTON

La nota para el personal en la que se anunciaba el nuevo precio de las acciones de compra de Apple iba firmada por «Steve y el equipo ejecutivo», y pronto la noticia de que él dirigía en la compañía todas las reuniones de inspección de productos fue de dominio público. Estos y otros indicios de que Jobs ahora se encontraba firmemente comprometido con Apple ayudaron a elevar el precio de las acciones desde los 13 dólares aproximadamente hasta los 20 a lo largo de julio. También sirvió para crear un clima de entusiasmo cuando los fieles de la marca se reunieron para la conferencia Macworld de agosto de 1997, que tuvo lugar en Boston. Más de cinco mil personas se presentaron con varias horas de antelación para abarrotar el auditorio Castle del hotel Park Plaza, donde tendría lugar la presentación de Jobs. Habían ido para ver el regreso de su héroe y para descubrir si realmente estaba dispuesto a volver a ser su líder.

Al aparecer en la gran pantalla una foto de Jobs hecha en 1984, se produjo un estallido de vítores. «¡Steve! ¡Steve! ¡Steve!», coreaba la multitud, incluso mientras anunciaban su entrada. Y cuando por fin se presentó en el escenario —camisa blanca sin cuello, chaleco, pantalón negro y una sonrisa pícara—, los gritos y los flashes de las cámaras habrían podido rivalizar con los de las estrellas de rock. Y eso que, al comenzar a hablar, suavizó aquel entusiasmo recordándole a todo el mundo cuál era oficialmente su puesto: «Soy Steve Jobs, presidente y consejero delegado de Pixar», se presentó, y apareció un texto en pantalla con aquel cargo. A continuación explicó su función en Apple. «Yo, al igual que muchas otras personas, estoy ayudando para conseguir que Apple recupere su vitalidad».

Sin embargo, mientras Jobs caminaba por el escenario e iba pasando las diapositivas con un mando a distancia, quedó claro que él era ahora la persona al mando en Apple, y que, con toda probabilidad, seguiría siéndolo. Realizó una presentación cuidadosamente preparada, con la ayuda de unas notas, en la que explicó por qué las ventas de la marca habían caído un 30 % en los últimos dos años. «Hay mucha gente estupenda trabajando en Apple, pero está siguiendo un camino equivocado porque el plan de ruta era incorrecto —afirmó—. He encontrado a gente más que dispuesta a respaldar una buena estrategia, pero hasta ahora no hemos tenido una». La multitud estalló en aplausos, silbidos y vítores.

Mientras hablaba, su pasión iba manifestándose con creciente intensidad, y comenzó a utilizar «nosotros» y «yo» en lugar de «ellos» para referirse a las próximas iniciativas de Apple. «Creo que todavía hace falta pensar de forma diferente para comprar un ordenador de Apple —comentó—. La gente que los compra piensa de manera diferente. Es la gente que en este mundo tiene espíritu creativo, y están dispuestos a cambiar el mundo. Nosotros creamos herramientas para ese tipo de personas». Cuando subrayó la palabra «nosotros» en la frase, se apoyó las dos manos en el pecho. A continuación, en su alocución final, siguió enfatizando el «nosotros» cuando se refería al futuro de Apple. «*Nosotros* también vamos a pensar de forma diferente, vamos a ponernos al servicio de la gente que ha estado comprando nuestros productos desde el principio. Muchos pensarán que son locos, pero en esa locura nosotros vemos genialidad». Durante la prolongada ovación con el público en pie, la gente intercambiaba miradas sobrecogidas, y algunos se secaban las lágrimas de los ojos. Jobs había dejado muy claro que él y el «nosotros» de Apple eran una misma cosa.

EL PACTO CON MICROSOFT

El momento culminante de la aparición de Jobs durante la conferencia de Macworld en agosto de 1997 fue un anuncio que cayó
como una bomba, uno que llegó a las portadas de *Time* y *Newsweek*.
Hacia el final de su discurso, se detuvo para beber un poco de agua
y comenzó a hablar con un tono más contenido: «Apple vive en un
ecosistema —afirmó—. Necesita la ayuda de otros compañeros. Las
relaciones destructivas no ayudan a nadie en esta industria». Hizo
otra pausa efectista y entonces se explicó: «Me gustaría anunciar hoy
el comienzo de una de nuestras primeras colaboraciones, una muy
significativa: la que llevaremos a cabo con Microsoft». Los logotipos
de Microsoft y Apple aparecieron en la pantalla ante los gritos aho-
gados de sorpresa del público.

Apple y Microsoft habían sostenido una guerra de una década a
causa de varios conflictos sobre derechos de autor y patentes, sobre
todo por el supuesto robo por parte de Microsoft de la interfaz gráfica de usuario creada en Apple. Justo cuando Jobs estaba saliendo de
Apple en 1985, John Sculley había llegado a un pacto de rendición:
Microsoft podía obtener la licencia para la interfaz gráfica de usuario de Apple para el Windows 1.0 y, a cambio, haría que su programa
Excel fuera exclusivo para el Mac durante un máximo de dos años.
En 1988, cuando Microsoft sacó al mercado el Windows 2.0, Apple
presentó una demanda. Sculley defendía que el acuerdo de 1985 no
se había aplicado a la nueva versión de Windows y que las mejoras
realizadas al sistema operativo (tales como copiar el truco de Bill
Atkinson de solapar las ventanas) habían hecho que el incumplimiento de lo pactado fuera aún más flagrante. En 1997, Apple había
perdido el caso y las sucesivas apelaciones, pero todavía quedaba en
el ambiente el recuerdo del litigio y de las amenazas de nuevas demandas. Además, el Departamento de Justicia del presidente Clinton
estaba preparando una fuerte denuncia contra Microsoft por violar
las leyes antimonopolio. Jobs invitó al fiscal jefe, Joel Klein, a Palo
Alto. Mientras tomaban café, le dijo que no se preocupara por conseguir una gran indemnización de Microsoft, sino que los mantuviera ocupados con el proceso judicial. Eso, según le explicó Jobs, le

daría a Apple la oportunidad de «buscar el hueco» para adelantar a Microsoft y comenzar a ofrecer productos competitivos.

Bajo la dirección de Amelio, el enfrentamiento entre ambas empresas había alcanzado proporciones explosivas. Microsoft había rechazado comprometerse a desarrollar los programas Word y Excel para los futuros sistemas operativos del Macintosh, y aquello podría suponer el fin de Apple. En defensa de Bill Gates hay que señalar que aquello no se debía a una simple venganza. Era comprensible que se mostrara reticente a garantizar el desarrollo de programas para el futuro sistema operativo del Macintosh cuando nadie —incluidos los responsables de Apple, que cambiaban constantemente— parecía saber qué aspecto tendría ese nuevo sistema operativo. Justo después de que Apple adquiriera NeXT, Amelio y Jobs viajaron juntos para visitar Microsoft, pero Gates no logró averiguar quién de los dos estaba al mando. Unos días más tarde, llamó a Jobs en privado. «Oye, ¿qué demonios pasa? ¿Voy a tener que meter mis aplicaciones en el sistema operativo de NeXT?», preguntó Gates. Jobs respondió con «unos comentarios sobre Gil propios de un listillo», según Gates, y añadió que la situación pronto se aclararía.

Cuando el tema del liderazgo quedó parcialmente resuelto tras la destitución de Amelio, una de las primeras llamadas de Jobs fue para Gates. Según recordaba Jobs:

> Llamé a Bill y le dije: «Voy a darle la vuelta por completo a esta empresa». Bill siempre sintió debilidad por Apple. Fuimos nosotros quienes le descubrimos el negocio de las aplicaciones de software. Los primeros programas de Microsoft fueron el Excel y el Word para el Mac. Así que lo llamé y le dije: «Necesito ayuda». Señalé que Microsoft estaba abusando de las patentes de Apple, y que si seguíamos adelante con las demandas, en unos años podíamos recibir una indemnización multimillonaria. «Tú lo sabes y yo lo sé, pero Apple no va a sobrevivir tanto tiempo si seguimos en guerra. También soy consciente de eso, así que vamos a averiguar la forma de ponerle fin a este asunto de inmediato. Todo lo que necesito es un compromiso de que Microsoft va a seguir desarrollando programas para el Mac, y que realicéis una inversión en Apple para demostrar que también os preocupáis por nuestro éxito».

Cuando le referí lo que me había contado Jobs, Gates confirmó la exactitud de la información. «Teníamos un grupo de gente a la que le gustaba trabajar en los programas del Mac, y a nosotros nos gustaba el propio Mac», recordaba Gates. Había estado negociando con Amelio durante seis meses, y las propuestas se volvían cada vez más largas y complejas. «Entonces Steve llega y me dice: "Mira, este acuerdo es demasiado complicado. Lo que yo quiero es un trato sencillo. Quiero el compromiso y quiero una inversión". Y así, conseguimos redactarlo todo en solo cuatro semanas».

Gates y su director financiero, Greg Maffei, viajaron a Palo Alto para trabajar en un acuerdo marco, y después Maffei regresó él solo el domingo siguiente para fijar los detalles. Cuando llegó a casa de Jobs, este sacó dos botellas de agua del frigorífico y se lo llevó a dar un paseo por el barrio de Palo Alto. Los dos hombres iban en pantalones cortos, y Jobs caminaba descalzo. Cuando se sentaron frente a una iglesia baptista, Jobs pasó directamente al asunto central. «Estos son los dos aspectos que nos interesan —afirmó—. Un compromiso para producir software para el Mac y una inversión».

Aunque las negociaciones se desarrollaron rápidamente, los detalles finales no quedaron ultimados hasta unas horas antes del discurso de Jobs en la conferencia Macworld de Boston. Se encontraba ensayando en el auditorio del hotel Park Plaza cuando sonó su teléfono móvil. «Hola, Bill», saludó, y sus palabras resonaron por toda la vieja sala. Entonces se dirigió a una esquina y habló en voz baja para que los demás no pudieran oírlo. La llamada duró una hora. Al final, los detalles restantes del acuerdo habían quedado resueltos. «Bill, gracias por tu apoyo a esta compañía —se despidió Jobs mientras se acuclillaba—. Creo que el mundo es ahora un lugar mejor».

Durante su discurso en la conferencia Macworld, Jobs analizó los detalles del acuerdo con Microsoft. Al principio se oyeron quejas y silbidos entre los fieles. El anuncio de Jobs de que, como parte del tratado de paz, «Apple ha decidido que Internet Explorer sea el navegador por defecto del Macintosh» resultó especialmente mortificante. El público comenzó a abuchear, y Jobs añadió rápidamente: «Como creemos en la libertad de elección, también vamos a incluir otros navegadores de internet, y el usuario, por supuesto, podrá cambiar la opción por defecto si así lo decide». Se oyeron algunas risas y aplausos aquí y allá. El público estaba comenzando a hacerse a la idea, especialmente cuando Jobs anunció que Microsoft invertiría 150 millones de dólares en Apple y que sus acciones no tendrían derecho a voto.

Sin embargo, el ambiente sosegado se vio por un instante alterado cuando Jobs cometió una de las pocas meteduras de pata que se le recuerdan sobre el escenario por lo que respecta a la imagen y las relaciones públicas. «Tengo aquí hoy conmigo a un invitado especial que llega a través de una conexión vía satélite», anunció, y de pronto el rostro de Bill Gates apareció en la inmensa pantalla que presidía todo el auditorio, situada detrás de Jobs. En los labios de Gates se apreciaba una tímida mueca que quería ser una sonrisilla. El público soltó un grito entrecortado de horror, seguido por algunos abucheos y silbidos. La escena traía un recuerdo tan brutal del anuncio del Gran Hermano hecho en 1984 que el público casi creía (¿o esperaba?) que una mujer atlética llegaría de pronto corriendo por el pasillo y haría añicos la imagen con un martillo bien lanzado.

Sin embargo, aquello era real, y Gates —que no era consciente de los abucheos— comenzó a hablar vía satélite desde la sede central de Microsoft. «Algunos de los trabajos más emocionantes que he llevado a cabo a lo largo de mi carrera han tenido lugar junto a Steve con el ordenador Macintosh», entonó con su vocecilla aguda y cantarina. Mientras procedía a presentar la nueva versión de Microsoft Office que se estaba preparando para el Macintosh, el público se tranquilizó y pareció aceptar poco a poco aquel nuevo orden mundial. Gates fue incluso capaz de provocar algunos aplausos cuando aseguró que las nuevas versiones de Word y Excel para Mac estarían «en muchos sentidos más avanzadas que las que hemos preparado para la plataforma Windows».

Jobs se dio cuenta de que aquella imagen de Gates presidiendo el auditorio era un error. «Yo quería que él viniera a Boston —declaró posteriormente—. Aquel fue el peor acto de presentación y el más estúpido de mi vida. Fue malo porque nos hacía parecer insignificantes a mí y a Apple, como si todo estuviera en manos de Bill».

Gates, por su parte, también se avergonzó cuando vio la grabación del acontecimiento. «No sabía que fueran a ampliarme la cara hasta hacer que los demás parecieran lemmings», comentó.

Jobs trató de tranquilizar al público con un sermón improvisado. «Si queremos avanzar y ver cómo Apple recobra la energía, tenemos que dejar atrás algunas cosas —les dijo a los presentes—. Tenemos que dejar atrás la idea de que, para que Microsoft gane, Apple tiene que perder [...]. Creo que si queremos que el Microsoft Office forme parte del Mac, más vale que tratemos a la empresa que nos lo suministra con un poco de gratitud».

El anuncio de Microsoft, junto con la renovada y apasionada implicación de Jobs en la compañía, supusieron un empujón que Apple necesitaba con urgencia. Al final de la jornada, sus acciones se habían disparado 6,56 dólares —un 33%—, hasta alcanzar un valor al cierre de 26,31 dólares, el doble de lo que costaban cuando Amelio presentó su dimisión. Aquel salto en un solo día supuso 830 millones de dólares más para el valor en Bolsa de Apple. La compañía, que casi acaba en la tumba, estaba de nuevo en marcha.

24

Piensa diferente

Jobs, consejero delegado en funciones

Lee Clow, el director creativo de Chiat/Day que había realizado el gran anuncio de 1984 para la presentación del Macintosh, iba conduciendo por Los Ángeles a principios de julio de 1997 cuando sonó el teléfono de su coche. Era Jobs: «Hola, Lee, soy Steve —saludó—. ¿Sabes qué? Amelio acaba de dimitir. ¿Puedes venir para acá?».

Apple estaba realizando entrevistas para seleccionar una nueva agencia, y a Jobs no le había emocionado nada de lo visto hasta entonces, así que quería que Clow y su empresa —por aquel entonces llamada TBWA\Chiat\Day— compitieran para hacerse con el contrato. «Tenemos que demostrar que Apple sigue viva —dijo Jobs— y que todavía representa unos valores especiales».

Clow aseguró que él ya no competía para conseguir contratos. «Ya conoces nuestro trabajo», respondió. Pero Jobs se lo suplicó. Sería difícil rechazar a los demás que se sometían a las entrevistas —como por ejemplo las firmas BBDO y Arnold Worldwide— y traer de vuelta «a un viejo amigote», según sus propias palabras. Clow accedió a tomar un vuelo a Cupertino con algo que pudieran presentar. Años más tarde, Jobs no podía evitar echarse a llorar mientras recordaba la escena.

Se me hace un nudo en la garganta, de verdad que se me hace un nudo en la garganta. Estaba muy claro que a Lee le encantaba Apple.

Era el mejor en el campo de la publicidad, y no había tenido que pasar por un proceso de selección en diez años. Y aun así, allí estaba, intentando con todas sus fuerzas resultar elegido, porque amaba a Apple tanto como nosotros. Su equipo y él presentaron una idea brillante, «Piensa diferente», diez veces mejor que cualquier otra cosa que hubieran propuesto las demás agencias. Me llegó a lo más hondo y todavía lloro cuando pienso en ello, tanto por el hecho de que Lee se preocupara hasta ese punto por nosotros como por lo genial que era su idea de «Piensa diferente». Muy de vez en cuando, me encuentro en presencia de la auténtica pureza —pureza de espíritu y amor—, y siempre me hace llorar. Es algo que me conmueve y se apodera de mí. Aquel fue uno de esos momentos. Había en ello una pureza que nunca olvidaré. Lloré en mi despacho mientras me mostraba su idea, y todavía lloro cuando pienso en ello.

Jobs y Clow estaban de acuerdo en que Apple era una de las marcas más importantes del mundo —probablemente una de las cinco con mayor atractivo emocional del planeta—, pero necesitaba recordarles a sus usuarios qué era lo que la distinguía de las demás. Así pues, planearon una campaña de imagen de marca, no un conjunto de anuncios de diferentes productos. No estaba diseñada para exaltar todo lo que podían hacer los ordenadores, sino lo que la gente creativa podía lograr con ellos. «No estábamos hablando sobre la velocidad de los procesadores o la memoria —recordaba Jobs—, sino sobre la creatividad». No solo estaba dirigida a los clientes potenciales, sino también a los propios empleados de Apple. «Aquí, en Apple, habíamos olvidado quiénes éramos. Una forma de recordar quién eres pasa por recordar quiénes son tus ídolos. Ese fue el origen de la campaña».

Clow y su equipo probaron con varios enfoques, todos ellos un elogio a los «locos» que «piensan diferente». Prepararon un vídeo con una canción de Seal, «Crazy» («We're never gonna survive unless we get a little crazy...»), pero no lograron hacerse con los derechos de reproducción. Entonces probaron diferentes versiones con una grabación en la que Robert Frost recitaba su poema «The Road Not Taken» y con los discursos de Robin Williams de *El club de los poetas muertos*. Al final decidieron que necesitaban escribir su propio texto, y comenzaron a trabajar en un borrador que comenzaba: «Este es un homenaje a los locos...».

Jobs se mostraba tan exigente como siempre. Cuando el equipo de Clow se presentó con una versión del texto, Jobs estalló ante el joven redactor. «¡Esto es una mierda! —gritó—. Es la mierda típica de agencia publicitaria, y lo odio». Era la primera vez que el joven redactor se encontraba con Jobs, y se quedó allí sin decir una palabra. Nunca regresó. Sin embargo, quienes consiguieron plantarse ante Jobs —incluidos Clow y sus colegas Ken Segall y Craig Tanimoto— fueron capaces de trabajar con él para crear un texto poético que le gustara. En su versión original, de sesenta segundos, decía:

Este es un homenaje a los locos. A los inadaptados. A los rebeldes. A los alborotadores. A las fichas redondas en los huecos cuadrados. A los que ven las cosas de forma diferente. A ellos no les gustan las reglas, y no sienten ningún respeto por el *statu quo*. Puedes citarlos, discrepar de ellos, glorificarlos o vilipendiarlos. Casi lo único que no puedes hacer es ignorarlos. Porque ellos cambian las cosas. Son los que hacen avanzar al género humano. Y aunque algunos los vean como a locos, nosotros vemos su genio. Porque las personas que están lo suficientemente locas como para pensar que pueden cambiar el mundo... son quienes lo cambian.

El propio Jobs escribió algunos de los fragmentos, incluido el que habla de como son ellos «los que hacen avanzar al género humano». En la celebración de la Macworld de Boston a primeros de agosto, habían producido una versión preliminar que Jobs mostró a su equipo. Todos coincidieron en que no estaba lista, pero él utilizó los mismos conceptos y la expresión «piensa diferente» en el discurso inaugural del acto. «He aquí el germen de una idea brillante —afirmó en aquel momento—. Apple tiene que ver con la gente que es capaz de desafiar los límites del razonamiento, que quiere utilizar los ordenadores para que estos les ayuden a cambiar el mundo».

Discutieron sobre los matices gramaticales: si se suponía que «diferente» iba a modificar al verbo «piensa», quizá debería quedar más claro el matiz adverbial, como en «piensa de modo diferente». Sin embargo, Jobs insistió en que quería que «diferente» se pudiera asimilar como un concepto propio, como en «piensa en la victoria» o «piensa en la belleza». Además, recordaba al uso coloquial de otras frases como «piensa en grande». Según explicó después el propio Jobs, «antes de incluirlo discutimos sobre si era correcto. Es gramaticalmente correcto si piensas en lo que estamos tratando de decir. No es "piensa lo mismo", es "piensa diferente". Piensa un poco diferente, piensa muy diferente, piensa diferente. "Piensa de modo diferente" no habría tenido el mismo significado para mí».

En un intento por evocar el espíritu de *El club de los poetas muertos*, Clow y Jobs querían que Robin Williams leyera el texto. Su agente aseguró que Williams no hacía anuncios, así que Jobs trató de llamarlo directamente. Consiguió hablar con la esposa de Williams, que no le pasó con el actor, porque sabía lo persuasivo que Jobs podía llegar a ser. También consideraron la posibilidad de contratar a Maya Angelou y a Tom Hanks. Durante una cena benéfica a la que asistió Bill Clinton ese otoño, Jobs se llevó al presidente a un lado y le pidió que llamara a Hanks para convencerlo, pero el presidente nunca llegó a atender aquella solicitud. Al final se decidieron por Richard Dreyfuss, que era un fan declarado de Apple.

Además de los anuncios de televisión, crearon una de las campañas de prensa más memorables de la historia. Cada anuncio mostraba el retrato en blanco y negro de un personaje histórico de especial simbología junto al logotipo de Apple y las palabras «Piensa diferente» en una esquina. Particularmente llamativos resultaban los rostros que no incluían ningún pie de foto. Algunos de ellos —Einstein, Gandhi, Lennon, Dylan, Picasso, Edison, Chaplin, Martin Luther King— eran fáciles de identificar. Sin embargo, otros hacían que la gente se detuviera, reflexionara y tal vez le pidiera a un amigo que lo ayudara a ponerle nombre a las caras: Martha Graham, Ansel Adams, Richard Feynman, Maria Callas, Frank Lloyd Wright, James Watson o Amelia Earhart.

La mayoría de ellos eran ídolos personales de Jobs, normalmente gente creativa que había asumido riesgos, había desafiado al fracaso y se había apostado su carrera entera por hacer las cosas de forma diferente. Como aficionado a la fotografía, se involucró en el proyecto para asegurarse de que contaban con los retratos perfectos desde el punto de vista simbólico. «Esta no es la mejor imagen de Gandhi», le soltó a Clow en cierto momento. Clow le explicó que la célebre fotografía del Mahatma junto a una rueca realizada por Margaret Bourke-White era propiedad de Time-Life Pictures, y que no estaba disponible para su uso comercial. Entonces Jobs llamó a Norman Pearlstine, el redactor jefe de Time Inc., y estuvo insistiendo hasta que accedió a hacer una excepción. También llamó a Eunice Shriver para convencer a su familia de que le permitiese emplear una imagen que él adoraba de su hermano, Bobby Kennedy, durante un viaje por los Apalaches, y habló con los hijos de Jim Henson en persona para conseguir la imagen adecuada del fallecido creador de los Teleñecos.

Asimismo, llamó a Yoko Ono para obtener una fotografía de su difunto marido, John Lennon. Ella le envió una, pero no era la favorita de Jobs. «Antes de que se estrenara la campaña, yo estaba en Nueva York, y fui a un pequeño restaurante japonés que me encanta. Le hice saber que iba a estar allí», recordaba. Cuando llegó, Yoko Ono se acercó a su mesa. «Esta es mejor —afirmó, entregándole un sobre—. Pensé que te iba a ver aquí, así que la traje conmigo». Era la clásica imagen de ella y John juntos en la cama, sujetando unas flores, y es la que Apple acabó utilizando. «Puedo comprender por qué John se enamoró de ella», comentó Jobs.

La narración de Richard Dreyfuss quedaba bien, pero Lee Clow tuvo otra idea. ¿Qué tal si el propio Jobs era el narrador? «Tú crees de verdad en esto —le propuso Clow—, así que deberías hacerlo tú». Así pues, Jobs se sentó en el estudio, realizó algunas tomas y pronto consiguió una pista de audio del gusto de todo el mundo. La idea era que, si al final la utilizaban, no divulgarían quién estaba pronunciando aquellas palabras, igual que no habían puesto pie de foto a los retratos de personajes célebres. La gente acabaría por darse cuenta de que era Jobs. «Contar con tu voz dará un resultado espectacular —argumentó Clow—. Será una forma de reclamar el valor de la marca».

Jobs no tenía claro si utilizar la versión con su voz o quedarse con la de Dreyfuss. Al final llegó la noche en la que tenían que enviar el anuncio. Iba a emitirse, en una apropiada coincidencia, durante el estreno en televisión de *Toy Story*. Como era habitual, a Jobs no le gustaba que lo obligaran a tomar una decisión. Al final le dijo a Clow que enviara ambas versiones, y así tendría de plazo hasta la mañana siguiente para elegir. Cuando llegó el momento, Jobs los llamó y les dijo que emplearan la versión de Dreyfuss. «Si utilizamos mi voz, cuando la gente se entere pensará que el anuncio es sobre mí —le dijo a Clow—, y no lo es. Es sobre Apple».

Desde que salió de la comuna del huerto de manzanos, Jobs se definió —y, por extensión, Apple se definió también así— como un hijo de la contracultura. En anuncios como el de «Piensa diferente» y «1984», presentaba la marca de Apple de forma que reafirmase su propia faceta rebelde, incluso después de convertirse en un multimillonario. Pero, además, era capaz de hacer que otros miembros de la generación del *baby boom*, y sus hijos, se sintieran de igual forma. «Desde el instante en que lo conocí, cuando era joven, siempre ha tenido una inmensa intuición sobre el impacto que quiere que su marca cause en los demás», afirmó Clow.

Hay muy pocas compañías o líderes empresariales —quizá ninguno— que pudieran haber salido bien parados tras el brillante atrevimiento de asociar su marca con Gandhi, Einstein, Martin Luther King, Picasso y el Dalai Lama. Jobs fue capaz de animar a los demás a que se definieran —como rebeldes innovadores, creativos y antiempresariales— simplemente a través del ordenador que utilizaban. «Steve creó la única marca de la industria tecnológica que promocionaba todo un estilo de vida —comentó Larry Ellison—. Hay coches que la gente se enorgullece de tener, como Porsche, Ferrari o Toyota Prius, porque lo que una persona conduce dice algo sobre su personalidad. La gente sentía lo mismo con respecto a los productos de Apple».

A partir de la campaña de «Piensa diferente» y a lo largo del resto de sus años en Apple, Jobs celebraba una reunión informal de tres horas todos los miércoles por la tarde con sus principales responsables de publicidad, marketing y comunicación, en la cual hablaban de estrategias de imagen. «No hay ningún consejero delegado en todo el planeta que se ocupe del marketing de la forma en que lo hace Steve —aseguró Clow—. Cada miércoles aprobaba un nuevo anuncio de televisión, prensa y vallas publicitarias». Al final de la reunión, a menudo se llevaba a Clow y a sus dos compañeros de la agencia —Duncan Milner y James Vincent— al estudio de diseño de Apple, celosamente vigilado, para que vieran con qué productos estaban trabajando. «Se apasiona mucho y se vuelve muy emotivo cuando nos muestra los proyectos en desarrollo», comentó Vincent. Al compartir con sus gurús del marketing su pasión por los productos a medida que se iban creando, era capaz de asegurarse de que casi todos los anuncios creados estaban imbuidos de sus emociones.

iCEO

Mientras ultimaba los detalles del anuncio de «Piensa diferente», Jobs seguía dándole vueltas a algunos temas. Decidió hacerse oficialmente con el control de la empresa, al menos de forma temporal. Había sido el líder de facto desde la destitución de Amelio diez semanas atrás, aunque solo en calidad de consejero. Fred Anderson ocupaba el puesto titular de consejero delegado en funciones (interim CEO), pero el 16 de septiembre de 1997, Jobs anunció que ocuparía aquel cargo, que quedó inevitablemente abreviado como «consejero delegado» (iCEO). Su compromiso tenía carácter provisional: no aceptó ningún salario ni firmó contrato alguno. Sin embargo, sus iniciativas no fueron provisionales. Él estaba al mando y ya no necesitaba alcanzar consensos para salirse con la suya.

Aquella semana reunió a sus principales directivos y empleados en el auditorio de Apple para ofrecer un discurso, seguido de un pícnic con cerveza y comida vegana, para celebrar su nuevo puesto y los nuevos anuncios de la compañía. Iba vestido con pantalones cortos, caminaba descalzo por el recinto y tenía una incipiente barba. «Llevo aquí unas diez semanas, y he estado trabajando muy duro —aseguró con aspecto cansado pero profundamente decidido—. Lo que tratamos de hacer no es algo pretencioso. Estamos intentando volver a las bases de los grandes productos, un gran marketing y una gran distribución. Apple se ha apartado de su filosofía de hacer un muy buen trabajo desde la base».

Durante algunas semanas más, Jobs y el consejo de administración siguieron buscando un consejero delegado permanente. Se propusieron varios nombres —George M. C. Fisher, de Kodak; Sam Palmisano, de IBM; Ed Zander, de Sun Microsystems—, pero la mayoría de los candidatos se mostraban comprensiblemente reticentes a considerar la posibilidad de convertirse en consejeros delegados si Jobs iba a seguir allí como miembro activo del consejo. El *San Francisco Chronicle* informó de que Zander rechazó la propuesta porque «no quería tener a Steve encima todo el día, cuestionando cada una de sus decisiones». Hubo un momento en que Jobs y Ellison le gastaron una broma a un pobre asesor informático que se había presentado al puesto; le enviaron un correo electrónico para decirle que había sido elegido, lo cual fue motivo de diversión y bochorno cuando la prensa publicó la noticia de que simplemente estaban tomándole el pelo.

En diciembre había quedado claro que la situación de Jobs como consejero delegado en funciones había pasado de temporal a indefinida. Mientras Jobs continuaba dirigiendo la compañía, el consejo de administración puso fin discretamente a la búsqueda. «Volví a Apple e intenté traer a un consejero delegado, con la ayuda de una agencia cazatalentos, durante casi cuatro meses —recordaba—, pero no me ofrecían a la gente adecuada. Por eso me quedé yo al final. Apple no estaba en condiciones de atraer a un directivo lo suficientemente bueno».

El problema al que se enfrentaba Jobs era que dirigir dos compañías requería un esfuerzo brutal. Cuando reflexionaba sobre ello, achacaba sus problemas de salud a aquella época:

> Fue duro, muy duro, la peor época de mi vida. Tenía una familia joven. Tenía a Pixar. Iba a trabajar a las siete de la mañana y regresaba a casa a las nueve de la noche, y los niños ya estaban en la cama. Y no podía ni hablar, era literalmente incapaz, de lo agotado que estaba. No podía hablar con Laurene. Todo lo que podía hacer era ver la televisión durante media hora y vegetar. Aquello estuvo a punto de acabar conmigo. Conducía para ir a Pixar y a Apple en un Porsche negro descapotable, y comencé a tener piedras en el riñón. Iba corriendo al hospital y allí me inyectaban Demerol en el culo y al final se me pasaba.

A pesar del extenuante horario, cuanto más se involucraba Jobs en Apple, más se daba cuenta de que no iba a poder marcharse. Cuando, en una feria de informática celebrada en octubre de 1997, le preguntaron a Michael Dell por lo que haría si fuese Steve Jobs y tuviera el control de Apple, respondió: «Cerraría la empresa y les devolvería el dinero a los accionistas». Jobs contraatacó con un correo electrónico a Dell. «Se supone que los consejeros delegados deben tener cierta clase —afirmaba—, pero ya veo que esa no es una opinión que vosotros compartáis». A Jobs le gustaba fomentar la rivalidad como forma de cohesionar a su equipo —lo había hecho con IBM y Microsoft—, y lo hizo con Dell. Cuando convocó a sus consejeros para crear un sistema de producción y distribución a medida, Jobs utilizó como telón de fondo una fotografía ampliada de Michael Dell con una diana sobre el rostro. «Vamos a por ti, colega», anunció entre los vítores de sus tropas.

Una de las pasiones que más lo motivaban era construir una compañía que perdurase. A la edad de trece años, cuando consiguió un trabajo de verano en Hewlett-Packard, aprendió que una empresa correctamente gestionada podía originar una mayor innovación que cualquier individuo creativo en solitario. «Descubrí que la mejor innovación es a veces la propia empresa, la forma en que la organizas —recordaba—. Todo el proceso de construir una compañía es fascinante. Cuando tuve la oportunidad de regresar a Apple, me di cuenta de que yo no iba a servir de nada sin la compañía, y por eso decidí quedarme y reconstruirla».

El fin de los clónicos

Uno de los grandes debates en Apple era si debería haber realizado una oferta de licencias de su sistema operativo más agresiva para otros fabricantes de ordenadores, igual que hacía Microsoft con Windows. Wozniak había defendido aquella táctica desde el principio. «Teníamos el sistema operativo más hermoso —afirmó—, pero para acceder a él tenías que comprar nuestro hardware por el doble de lo que costaban otros. Aquello era un error. Lo que deberíamos haber hecho es calcular un precio adecuado con el que comercializar el sistema operativo». Alan Kay, la estrella del Xerox PARC que entró a formar parte de Apple como socio en 1984, también luchó para que el software del sistema operativo del Mac pudiera utilizarse en otros ordenadores. «Los desarrolladores de software siempre defienden la creación de programas multiplataforma, porque quieren que puedan utilizarse en todas partes —recordaba—. Aquella fue una gran batalla, probablemente la mayor que yo perdí en Apple».

Bill Gates, que estaba amasando una fortuna mediante la venta del sistema operativo de Microsoft, le había pedido a Apple que hiciera lo mismo en 1985, justo cuando Jobs estaba abandonando la empresa. Gates creía que, incluso si Apple se llevaba a algunos de los clientes de su sistema operativo, su empresa podría ganar dinero a través de las versiones de sus programas, como Word y Excel, para los usuarios del Macintosh y sus clónicos. «Yo estaba tratando de hacer todo lo posible para que ellos se convirtieran en un competidor fuerte en la venta de licencias», recordaba. Le envió una nota formal a Sculley para presentar sus argumentos: «Apple debería vender licencias de la tecnología Macintosh a entre tres y cinco fabricantes importantes para que desarrollen máquinas compatibles con el Mac». Gates no recibió respuesta, así que redactó una segunda nota en la que sugería algunas compañías que podrían crear buenos clónicos del Mac, y añadió: «Quiero ayudaros en todo lo que pueda con el sistema de licencias. Por favor, llamadme».

Apple se resistió a vender licencias de su sistema operativo hasta 1994, cuando el consejero delegado, Michael Spindler, permitió que dos pequeñas empresas —Power Computing y Radius— crearan clónicos del Macintosh. Cuando Gil Amelio llegó al poder en 1996, añadió Motorola a la lista. Aquella resultó ser una estrategia empresarial discutible: en concepto de licencia, Apple recibía un canon de 80 dólares por cada ordenador vendido, pero en lugar de expandir su cuota de mercado, los ordenadores clónicos se hicieron con las ventas de los ordenadores de alta gama que hasta entonces le correspondían a Apple, y con los que esta obtenía unos beneficios de hasta 500 dólares por unidad.

Las objeciones de Jobs al programa de licencias para ordenadores clónicos, sin embargo, no eran meramente económicas. Sentía una aversión innata hacia aquel concepto. Uno de sus principios fundamentales era que el hardware y el software debían estar firmemente integrados. Le encantaba controlar todos los aspectos de sus creaciones, y la única forma de conseguir algo así con un ordenador era asegurarse de fabricar todo el producto y hacerse cargo de la experiencia del usuario de principio a fin.

Así pues, tras su regreso a Apple, una de sus prioridades fue acabar con los clónicos del Macintosh. Cuando se puso a la venta una nueva versión del sistema operativo del Mac en julio de 1997, semanas después de ayudar a la destitución de Amelio, Jobs no les permitió a los fabricantes de ordenadores clónicos que se hicieran con la actualización. El jefe de Power Computing, Stephen *King* Kahng, organizó varias protestas en pro de los ordenadores clónicos cuando Jobs apareció en agosto en la conferencia Macworld de Boston, y también aseguró públicamente que el sistema operativo del Macintosh moriría si Jobs se negaba a conceder licencias para su uso. «Si la plataforma se cierra, será su fin —amenazó Kahng—. La destrucción total. Cerrar la plataforma es como darle el beso de la muerte».

Jobs no estaba de acuerdo. Llamó a Woolard para informarle de que iba a sacar a Apple de todo aquel negocio de las licencias. El consejo dio su consentimiento, y en septiembre llegó a un acuerdo según el cual Apple le iba a pagar 100 millones de dólares a Power Computing para que renunciara a las licencias y permitiera a Apple acceder a la base de datos de sus clientes. Pronto canceló también las licencias con el resto de los fabricantes. «Permitir que compañías que fabricaban una porquería de hardware utilizaran nuestro sistema operativo y se quedaran con nuestras ventas fue la maniobra más estúpida del mundo», declaró posteriormente.

Revisión de la línea de productos

Una de las mayores virtudes de Jobs era que sabía cómo concentrarse. «Decidir qué es lo que no se debe hacer es tan importante como decidir qué se debe hacer —comentó—. Esto es válido para las empresas y es válido para los productos».

Jobs se puso manos a la obra y aplicó sus principios sobre concentración en cuanto llegó a Apple. Un día en que iba caminando por un pasillo, se encontró con un recién licenciado de la Wharton School que había sido ayudante de Amelio. El joven le informó de que estaba ultimando las tareas que este había dejado pendientes. «Bien, bien, porque necesito a alguien para que haga algunos recados», le dijo Jobs. Su nueva función pasó a ser la de tomar notas mientras Jobs se reunía con las decenas de equipos de productos que trabajaban en Apple, les pedía que le explicaran qué estaban haciendo y los obligaba a justificar por qué debían seguir adelante con sus productos o proyectos.

También recurrió a un amigo, Phil Schiller, que había trabajado en Apple pero que por entonces se encontraba en la empresa de software gráfico Macromedia. «Steve convocaba a los equipos a la sala de juntas, que tiene espacio para veinte personas, y ellos entraban en grupos de unos treinta e intentaban mostrarle presentaciones de Power-Point que él no quería ver», recordaba Schiller. De hecho, una de las primeras cosas que hizo Jobs durante el proceso de revisión de los productos fue prohibir los PowerPoints. «Detesto que la gente recurra a las presentaciones de diapositivas en lugar de pensar —recordaba Jobs—. La gente se enfrentaba a los problemas creando una presentación. Yo quería que se comprometieran, que discutieran los temas sentados a una mesa, en lugar de mostrarme un puñado de diapositivas. La gente que sabe de lo que está hablando no necesita PowerPoint».

Aquella inspección de los productos puso de manifiesto lo poco centrada que se había vuelto Apple. La empresa estaba fabricando múltiples versiones de cada producto por pura inercia burocrática y para satisfacer los caprichos de los minoristas. «Era una locura —recordaba Schiller—. Miles de productos, la mayoría de ellos pura porquería, hechos por equipos que preferían seguir engañados». Apple contaba con una docena de versiones del Macintosh, cada uno con un número confuso y diferente que iba desde el 1400 hasta el 9600. «Estuve tres semanas pidiéndole a la gente que me lo explicara —comentó Jobs— y no lograba comprenderlo». Al final comenzó a plantear preguntas sencillas, como: «¿Cuáles les digo a mis amigos que se compren?».

Cuando no lograba obtener respuestas sencillas, se ponía a suprimir modelos y productos. Al poco tiempo había acabado con el 70 % de ellos. «Sois gente brillante —le dijo a un equipo—. No deberíais estar perdiendo el tiempo con esta porquería de productos». Muchos de los ingenieros se pusieron furiosos con aquellas tácticas de recortes y cancelaciones, y aquello tuvo como resultado una serie de despidos masivos. Sin embargo, Jobs afirmó después que los buenos trabajadores, incluidos algunos cuyos proyectos se habían suspendido, le estaban agradecidos. «El equipo de ingenieros está completamente entusiasmado —anunció durante una reunión de personal en septiembre de 1997—. Salía de una reunión con gente cuyos productos acababan de ser cancelados y estaban que no cabían en sí de gozo porque por fin habían comprendido qué dirección estábamos tomando».

Tras unas cuantas semanas, Jobs había tenido suficiente. «¡Ya basta! —gritó durante una sesión en la que se planificaba la estrategia comercial de un gran producto—. Esto es una locura». Cogió un rotulador, se acercó a una pizarra y dibujó una línea horizontal y otra vertical para formar un gráfico con cuatro cuadrantes. «Aquí está lo que necesitamos», prosiguió. Sobre las dos columnas escribió «Consumidor» y «Profesional». Etiquetó las dos filas con «Escritorio» y «Portátil». Su trabajo, anunció, consistía en crear cuatro grandes productos, uno para cada cuadrante. «En la sala reinó un silencio sepulcral», recordaba Schiller.

También se produjo un silencio de asombro cuando Jobs presentó el plan en la reunión de septiembre del consejo de administración de Apple. «Gil había estado insistiendo en que aprobásemos más y más productos en cada reunión —comentó Woolard—. Seguía diciendo que necesitábamos más productos. Steve llegó y dijo que necesitábamos menos. Dibujó una tabla con cuatro cuadrantes y aseguró que era en eso en lo que debíamos centrarnos». Al principio el consejo se resistió. Le dijeron a Jobs que aquello era arriesgado. «Yo puedo hacer que funcione», replicó él. El consejo nunca llegó a votar aquella nueva estrategia. Jobs estaba al mando y siguió adelante con su plan.

El resultado fue que los ingenieros y directores de Apple de pronto se centraron con gran intensidad en solamente cuatro áreas.

Para el cuadrante de los ordenadores de escritorio destinados a profesionales, iban a crear el Power Macintosh G3. En el de portátiles para profesionales desarrollaron el PowerBook G3. Con respecto al ordenador de escritorio para consumidores generales, se pusieron a trabajar en lo que después se convertiría en el iMac, y para la versión portátil destinada a ese mismo público, se centraron en lo que después fue el iBook.

Aquello significaba que la compañía iba a abandonar otras vías empresariales, como la producción de impresoras y servidores. En 1997, Apple vendía impresoras en color StyleWriter, que eran básicamente una versión de las DeskJet de Hewlett-Packard, y esta compañía obtenía sus beneficios principales mediante la venta de cartuchos de tinta. «No lo entiendo —comenzó Jobs en la reunión en la que se revisaba aquel producto—. ¿Vais a vender un millón de unidades y no vais a obtener beneficios? Es absurdo». Se levantó, salió de la sala y llamó al responsable en Hewlett-Packard. Jobs le propuso que pusieran fin a su acuerdo, que Apple abandonara el negocio de las impresoras y que ellos se quedaran con todo. A continuación regresó a la sala de juntas y anunció que iban a dejar de vender impresoras. «Steve analizó la situación y supo al instante que necesitábamos cambiar de rumbo», recordaba Schiller.

La decisión más notoria que tomó fue la de poner punto final de una vez por todas al Newton, el asistente digital personal con el sistema de reconocimiento de escritura manual que casi funcionaba. Jobs lo odiaba porque era el proyecto favorito de Sculley, porque no marchaba a la perfección y porque sentía aversión por los aparatos con puntero. Había intentado que Amelio lo suspendiera a principios de 1997, y solo había logrado convencerlo para que independizara el departamento encargado de su producción. A finales de 1997, cuando Jobs se encontraba inmerso en las revisiones de los productos, todavía seguía activo. Posteriormente, él mismo analizó su decisión:

> Si Apple se hubiera encontrado en una situación menos precaria, yo mismo habría puesto todo mi empeño en averiguar cómo lograr que el producto funcionara. No confiaba en la gente que dirigía el proyecto. Tenía la sensación de que contaban con una tecnología muy

buena, pero había una mala gestión que lo estaba jodiendo todo. Al cerrar el proyecto dejé libres a algunos buenos ingenieros que podían trabajar en nuevos dispositivos móviles, y al final obtuvimos el resultado correcto cuando pasamos a los iPhones y al iPad.

Esta habilidad para concentrarse en lo fundamental fue la salvación de Apple. Durante el primer año tras su regreso, Jobs despidió a más de tres mil trabajadores, lo que tuvo un efecto desastroso en el balance general de la compañía. Durante el año fiscal que acabó cuando Jobs se convirtió en el consejero delegado interino en septiembre de 1997, Apple había perdido 1.040 millones de dólares. «Estábamos a menos de noventa días de la bancarrota», recordaba. En la conferencia Macworld de San Francisco celebrada en enero de 1998, Jobs subió al escenario en el que Amelio había realizado su desastrosa presentación un año atrás. Exhibía una poblada barba, jersey negro y vaqueros mientras presentaba la nueva estrategia comercial. Entonces, por primera vez, acabó su presentación con un epílogo que iba a convertir en su seña de identidad: «Ah, y una cosa más...». En esta ocasión, la «cosa más» era: «Pensad en los beneficios». Cuando pronunció aquellas palabras, la multitud estalló en aplausos. Tras dos años de inmensas pérdidas, Apple había acabado el trimestre con unos beneficios de 45 millones. Durante el año fiscal de 1998, acabó por lograr unas ganancias de 309 millones de dólares. Jobs había vuelto, y Apple también.

25

Principios de diseño

El estudio de Jobs e Ive

JONY IVE

Cuando Jobs reunió a sus principales directivos para darles una charla de ánimo justo después de convertirse en el consejero delegado en funciones en septiembre de 1997, entre el público se encontraba un británico de treinta años, sensible y apasionado, que dirigía el equipo de diseño de la compañía. Jonathan Ive —conocido por todos como Jony— estaba planeando dejar su trabajo. Estaba harto del enfoque de la empresa, centrado en la maximización de los beneficios en lugar de en el diseño de los productos. El discurso de Jobs le hizo reconsiderar su postura. «Recuerdo muy claramente como Steve anunció que nuestra meta no era simplemente ganar dinero sino también crear grandes productos —recordaba—. Las decisiones que se toman de acuerdo con esta filosofía son radicalmente diferentes de las que se habían estado adoptando en Apple». Ive y Jobs pronto forjaron una relación que llevaría a la mayor colaboración de su época en el campo del diseño industrial.

Ive se había criado en Chingford, una localidad al nordeste de Londres. Su padre era un orfebre que impartía clases en una universidad local. «Era un artesano magnífico —recordaba Ive—. Su regalo de Navidad consistía en un día de su tiempo en el taller de la universidad, durante las vacaciones, cuando no había nadie más por allí. Ese día me ayudaba a crear lo que yo quisiera». La única condición era que Jony tenía que dibujar a mano lo que planeaban hacer.

«Siempre fui consciente de la belleza de los productos hechos a mano. Llegué a darme cuenta de que lo realmente importante era el cuidado que se ponía en ellos. Lo que más rechazo me produce es ver un producto descuidado».

Ive, que se matriculó en la Universidad Politécnica de Newcastle, pasaba el tiempo libre y los veranos trabajando en un gabinete de diseño. Una de sus creaciones fue un bolígrafo con una bolita en la parte superior con la que se podía juguetear. Ayudaba a ofrecerle al usuario una conexión emocional lúdica con el objeto. En su trabajo de fin de carrera diseñó un micrófono con auricular —de plástico blanco puro— para comunicarse con niños sordos. Su piso estaba abarrotado de maquetas de espuma plástica que fabricaba como parte de su búsqueda del diseño perfecto. También diseñó un cajero automático y un teléfono curvo, los cuales ganaron sendos premios de la Royal Society of Arts. A diferencia de algunos diseñadores, no se limitaba a crear hermosos bocetos. También se preocupaba por cómo iban a funcionar el montaje y los componentes internos. Uno de sus descubrimientos en la universidad llegó cuando vio que podía diseñar con un Macintosh. «Descubrí el Mac y sentí que tenía una conexión con la gente que había fabricado aquel producto —recordaba—. De pronto comprendí cuál era el sentido de una empresa, o cuál se suponía que debía ser».

Tras licenciarse, ayudó a fundar una empresa de diseño en Londres, llamada Tangerine, que consiguió un contrato de consultoría con Apple. En 1992, Ive viajó a Cupertino para entrar a trabajar en el departamento de diseño de Apple. Se convirtió en el jefe del departamento en 1996, el año anterior a que Jobs regresara, pero no estaba contento allí. Amelio no valoraba el diseño. «No había un ambiente de atención a los productos, porque estábamos tratando de rentabilizar al máximo los beneficios que obteníamos —afirmó Ive—. Todo lo que nos pedían a los diseñadores era una maqueta del aspecto exterior que debía tener el producto, y entonces los ingenieros lo fabricaban con el menor coste posible. Estuve a punto de dimitir».

Cuando Jobs se hizo con el mando y pronunció su discurso inicial para infundir ánimo a los trabajadores, Ive decidió quedarse un poco más. Sin embargo, Jobs buscó primero un diseñador de renombre mundial fuera de la compañía. Habló con Richard Sapper, que había diseñado el ThinkPad de IBM, y con Giorgetto Giugiaro, responsable del diseño del Ferrari 250 y del Maserati Ghibli I. Sin embargo, después dio una vuelta por el estudio de diseño de Apple y conectó con el afable, trabajador y bien dispuesto Ive. «Hablamos sobre diferentes enfoques para distintas formas y materiales —recordaba Ive—. Estábamos en la misma onda. De pronto comprendí por qué me encantaba aquella empresa».

Ive le presentaba sus informes, al menos en un principio, a Jon Rubinstein, a quien Jobs había contratado para dirigir el departamento de hardware, pero entonces estableció una relación directa y extrañamente intensa con Jobs. Comenzaron a comer juntos con cierta frecuencia, y cuando Jobs acababa la jornada se pasaba por el estudio de diseño de Ive para charlar un rato. «Jony tenía una categoría especial —comentó Powell—. Solía venir a visitarnos a casa y nuestras familias se hicieron amigas. Steve nunca se muestra intencionadamente hiriente con él. La mayoría de las personas en la vida de Steve son reemplazables, pero Jony no».

Jobs describió después el respeto que sentía por Ive:

> La diferencia que ha supuesto Jony, no solo en Apple sino en todo el mundo, es inmensa. Es una persona tremendamente inteligente en todos los sentidos. Comprende los conceptos empresariales y los publicitarios. Asimila la información al instante, de forma automática. Comprende cuál es el núcleo de nuestra filosofía mejor que nadie. Si tuviera que nombrar a un compañero espiritual en Apple, ese es Jony. Los dos reflexionábamos juntos sobre la mayoría de los productos y después llamábamos a los demás y les preguntábamos: «Oye, ¿qué os parece esto?». Él comprende cuál es el propósito general además de los detalles más insignificantes de cada proyecto, y entiende que Apple es una compañía consagrada a sus productos. Ive no es un simple diseñador, y por eso trabaja directamente para mí. Tiene más poder operativo que nadie en Apple salvo yo. No hay nadie que le pueda decir qué debe hacer o que pueda echarlo de un proyecto. Así es como he dispuesto las cosas.

Como la mayoría de los diseñadores, Ive disfrutaba analizando la filosofía y haciendo los razonamientos paso a paso que desembocaban en un diseño concreto. Para Jobs, el proceso era más intuitivo: señalaba las maquetas y bocetos que le gustaban y rechazaba los que no. Entonces Ive recopilaba todas aquellas sugerencias y desarrollaba los conceptos que contaban con la bendición de Jobs.

Ive era seguidor del diseñador industrial alemán Dieter Rams, que trabajaba para la firma de electrodomésticos Braun. Rams predicaba el evangelio de «menos, pero mejor» —«Weniger aber besser»—, y, de la misma forma, Jobs e Ive se enfrentaban a cada nuevo diseño para ver cuánto podían simplificarlo. Desde que el primer folleto de Apple redactado por Jobs proclamó que «la sencillez es la máxima sofisticación», él había buscado la sencillez que se obtiene como resultado de controlar la complejidad, no de ignorarla. «Hace falta mucho trabajo —afirmó— para que algo resulte sencillo, para comprender de verdad los desafíos latentes y obtener soluciones elegantes».

En Ive, Jobs conoció a su alma gemela en la búsqueda de una sencillez auténtica y no superficial. Ive, sentado en su estudio de diseño, describió en una ocasión su filosofía.

> ¿Por qué asumimos que lo sencillo es bueno? Porque con los productos físicos tenemos que sentir que podemos dominarlos. Si consigues imponer el orden dentro de la complejidad, encuentras la forma de que el producto se rinda ante ti. La sencillez no es simplemente un estilo visual. No es solo el minimalismo o la ausencia de desorden. Es un concepto que requiere sumergirse en las profundidades de la complejidad. Para conseguir una auténtica simplicidad, hace falta llegar hasta lo más hondo. Por ejemplo, para que algo no lleve tornillos, a lo mejor necesitas un producto muy enrevesado y complejo. La mejor forma de enfrentarse a ello es profundizar más en la simplicidad, comprender todos los aspectos del producto y de su fabricación. Tienes que entender en profundidad la esencia de un producto para poder deshacerte de todos los elementos que no son esenciales.

Aquel era el principio fundamental que compartían Ive y Jobs. El diseño no era simplemente el aspecto superficial de un producto; tenía que reflejar la esencia del producto. «En el vocabulario de la mayoría de la gente, "diseño" significa "carcasa" —declaró Jobs a *Fortune* poco después de recuperar el mando de Apple—, pero para mí no podría haber un concepto más alejado del significado del diseño. El diseño es el alma fundamental de una creación humana que acaba por manifestarse en las sucesivas capas exteriores».

Como resultado, el proceso de diseño de un producto en Apple se encontraba íntegramente relacionado con el proceso de montaje y producción. Ive describió uno de los Power Mac de Apple: «Queríamos deshacernos de todo lo que no fuera absolutamente esencial —aseguró—. Para ello hacía falta una colaboración completa entre los diseñadores, los desarrolladores del producto, los ingenieros y el equipo de producción. No hacíamos más que volver al principio una y otra vez. ¿Necesitamos ese componente? ¿Podemos conseguir que cumpla él solo la función de las otras cuatro piezas?».

La conexión entre el diseño de un producto, su esencia y su producción quedó de manifiesto para Jobs e Ive cuando se encontraban viajando por Francia y entraron en una tienda de electrodomésticos de cocina. Ive cogió un cuchillo que le gustaba, pero después lo volvió a dejar en su sitio, desilusionado. Jobs hizo lo mismo. «Los dos advertimos una pizca de pegamento entre el mango y la hoja», recordaba Ive. Hablaron acerca de cómo el buen diseño del cuchillo había quedado arruinado por la forma en que se había fabricado. «No nos gusta pensar que nuestros cuchillos están pegados con pegamento —comentó Ive—. A Steve y a mí nos preocupaban ese tipo de cosas que arruinaban la pureza del objeto y nos apartaban de su esencia, y pensamos de forma similar sobre cómo deberían estar hechos los productos para que parezcan puros e íntegros».

En la mayoría de las otras empresas, la ingeniería tiende a ser la que determina el diseño. Los ingenieros plantean sus requisitos y especificaciones, y entonces los diseñadores crean cubiertas y tapas que puedan acomodarlos. Para Jobs, el proceso tendía a funcionar en sentido inverso. Durante los primeros días de Apple, Jobs había aprobado el diseño de la carcasa del primer Macintosh, y los ingenieros tuvieron que conseguir que sus placas y componentes cupieran en ella.

Tras su destitución, el proceso en Apple se invirtió para volver a estar dirigido por los procesos de ingeniería. «Antes de que Steve regresara, los ingenieros decían: "Aquí están las tripas" (el procesador y el disco duro), y entonces se las mandaban a los diseñadores para que las metieran en una caja —comentó el director de marketing de Apple, Phil Schiller—. Cuando haces las cosas así, obtienes productos horribles». Sin embargo, cuando Jobs regresó y entabló relación con Ive, la balanza volvió a inclinarse hacia los diseñadores. «Steve seguía insistiendo en que el diseño era una parte integral de lo que acabaría por hacernos grandes —afirmó Schiller—. El diseño volvía a dictar el proceso de fabricación de los componentes, y no a la inversa».

A veces esta técnica podía dar malos resultados, como cuando Jobs e Ive insistieron en utilizar una única pieza de aluminio pulido para el borde del iPhone 4, aun cuando los ingenieros les alertaron de que aquello podía hacer que la antena fuera menos efectiva. Sin embargo, por lo general, la distintiva apariencia de sus diseños —en el iMac, el iPod, el iPhone y el iPad— sirvió para distinguir a Apple y conducir la empresa a los triunfos obtenidos durante los años siguientes al retorno de Jobs.

Dentro del estudio

El estudio de diseño donde reina Jony Ive, en la planta baja del número 2 de Infinite Loop, en el campus de Apple, se encuentra protegido por cristales tintados y una pesada puerta cerrada a cal y canto. En el interior se encuentra una cabina acristalada de recepción con dos vigilantes. La mayoría de los empleados de Apple no tienen permiso para acceder a su interior. La mayor parte de las entrevistas con Jony Ive que mantuve para la redacción de este libro tuvieron lugar en algún otro sitio, pero un día de 2010 dispuso que yo pasara la tarde visitando el estudio y charlando acerca de cómo Jobs y él trabajan allí.

A la izquierda de la entrada se encuentra un conjunto de mesas con diseñadores jóvenes; a la derecha se abre un enorme y oscuro salón principal con seis largas mesas de acero sobre las que colocar los proyectos en curso y jugar con ellos. Tras la sala principal se halla un estudio de diseño asistido por ordenador, lleno de estaciones de trabajo, que conduce a una sala con máquinas de moldeado que convierten los objetos que aparecen en la pantalla en maquetas de espuma. Más allá, una cámara de pintura pulverizada controlada por un robot se encarga de hacer que los modelos parezcan reales. El ambiente es espartano e industrial, con una decoración de un gris metálico. Las hojas de los árboles del exterior proyectan pautas móviles de luz y sombra sobre las ventanas tintadas. De fondo, se escucha música techno y jazz.

Cuando Jobs estaba sano y trabajaba en su despacho, acudía casi a diario a comer con Ive y paseaban alrededor del estudio por las tardes. Cuando entraba, podía inspeccionar las mesas y observar el despliegue de productos proyectados, sentir cómo podían incluirse en la estrategia empresarial de Apple y comprobar con sus propias manos la evolución de cada uno de los diseños. Normalmente los dos realizaban a solas el recorrido, mientras los otros diseñadores levantaban la vista de su trabajo pero mantenían una respetuosa distancia. Si Jobs tenía alguna consulta concreta, podía llamar al jefe de diseños mecánicos o a algún otro de los subalternos de Ive. Si algo le entusiasmaba o despertaba en él alguna idea sobre la estrategia empresarial, podía recurrir al director de operaciones, Tim Cook, o al jefe de marketing, Phil Schiller, para que se unieran a ellos. Ive describe el proceso habitual:

> Esta gran sala es el único lugar de la compañía donde puedes echar un vistazo alrededor y ver todo aquello en lo que estamos trabajando. Cuando Steve entra, se sienta a una de esas mesas. Si estamos trabajando en un nuevo iPhone, por ejemplo, puede que coja un taburete y comience a jugar con diferentes maquetas y a sopesarlas con las manos, señalando cuáles le gustan más. A continuación paseamos entre las demás mesas, él y yo solos, para ver qué rumbo están siguiendo los otros productos. Así puede hacerse una idea de la dirección en la que avanza toda la empresa: el iPhone, el iPad, el iMac, los portátiles y todo lo demás que estamos creando. Esto le ayuda a ver dónde está invirtiendo Apple su energía y cómo se conectan los diferentes elementos. Puede preguntar cosas como: «¿Tiene sentido seguir esta dirección? Porque es por este otro camino donde estamos creciendo mucho». Consigue ver cómo se interrelacionan los productos, cosa bastante complicada de lograr en una gran compañía. Al

mirar las maquetas de estas mesas, puede ver el futuro de los próximos tres años.

Gran parte del proceso de diseño es una conversación, un toma y daca que tiene lugar mientras paseamos en torno a las mesas y jugamos con las maquetas. A él no le gusta enfrentarse a diseños complejos. Quiere poder ver y sentir una maqueta, y hace bien. Yo mismo me sorprendo cuando producimos una maqueta y entonces me doy cuenta de que es una porquería, aunque pareciera estupendo en las imágenes informáticas que habíamos diseñado.

A él le encanta venir aquí porque es un lugar tranquilo y pacífico. Es un paraíso si eres una persona visual. No hay inspecciones formales de diseño, así que no hay grandes tomas de decisiones. En vez de eso, nosotros hacemos que las decisiones sean algo fluido. Como repetimos el proceso a diario y nunca realizamos estúpidas presentaciones, no tenemos grandes desacuerdos.

El día en que yo lo visité, Ive estaba supervisando la creación de un nuevo enchufe europeo y un conector para el Macintosh. Decenas de maquetas de espuma, cada una de ellas con mínimas diferencias respecto a las demás, se habían moldeado y pintado para su inspección. A algunos puede parecerles extraño que el jefe de diseño se preocupe de detalles como estos, pero Jobs también participaba en el proceso. Desde que ordenó que se fabricara una fuente de alimentación especial para el Apple II, Jobs no solo se ha preocupado de los elementos de ingeniería de estas piezas, sino también de su diseño. Él mismo quedó registrado como inventor en la patente del alimentador blanco que utiliza el MacBook, así como en la de su conector magnético, con el satisfactorio ruidito que hace al unirse al ordenador. De hecho, a principios de 2011 Jobs aparecía incluido como uno de los inventores de 212 patentes diferentes en Estados Unidos.

Ive y Jobs se han obsesionado incluso por el embalaje de varios productos de Apple y los han llegado a patentar. La patente estadounidense D558.572, por ejemplo, registrada el 1 de enero de 2008, es la de la caja del iPod nano, con cuatro dibujos que muestran como el aparato queda sujeto por una pieza de plástico cuando se abre la caja. La patente D596.485, registrada el 21 de julio de 2009, es para el embalaje del iPhone, con su tapa maciza y la pequeña bandejita de plástico brillante en el interior.

Mike Markkula le había enseñado desde un primer momento a Jobs a «atribuir» —a comprender que la gente sí que juzga los libros por sus portadas—, y por lo tanto a asegurarse de que todos los envoltorios y embalajes de Apple señalaran que en el interior se encontraba una hermosa joya. Ya sea un iPod mini o un MacBook Pro, los clientes de Apple conocen la sensación de abrir una caja bien montada y encontrar dentro un producto que se presenta de forma atractiva. «Steve y yo pasamos mucho tiempo pensando en el empaquetado —comentó Ive—. Me encanta el proceso de desembalar las cosas. Diseñamos un ritual de desembalaje para hacer que el producto sea más especial. El empaquetado puede ser como el teatro, puede crear una historia».

Ive, que tiene el temperamento sensible de un artista, a veces se enfadaba con Jobs porque este se atribuía demasiado mérito, un hábito que ha incomodado a otros compañeros de trabajo suyos a lo largo de los años. Sus sentimientos hacia Jobs eran en ocasiones tan intensos que podía sentirse herido con facilidad. «Él procedía a pasar revista a mis ideas y aseguraba: "Eso no está bien, eso no es muy bueno, ese me gusta" —comentó Ive—. Y después yo me sentaba entre el público y él hablaba de aquellos productos como si fueran idea suya. Yo le presto una atención obsesiva a los orígenes de una idea, e incluso escribo cuadernos llenos de mis ideas, por eso me duele cuando alguien se arroga el mérito de uno de mis diseños». Ive también se irrita cuando observadores ajenos a la empresa presentan a Jobs como el encargado de las ideas de Apple. «Eso nos convierte en una compañía vulnerable», afirmó serio y en un tono contenido. Pero entonces se detuvo para reconocer la función que Jobs desempeña al fin y al cabo. «En muchas otras compañías, las ideas y los grandes diseños se pierden en el proceso. Las ideas que provienen de mí y de mi equipo habrían sido completamente irrelevantes y se habrían perdido si Steve no hubiera estado allí para animarnos, trabajar con nosotros y superar cualquier resistencia hasta convertir nuestras ideas en productos».

26

El iMac

Hola (de nuevo)

REGRESO AL FUTURO

El primer gran éxito de diseño surgido a partir de la colaboración entre Jobs e Ive fue el iMac, un ordenador de sobremesa dirigido al mercado general que se presentó en mayo de 1998. Jobs había impuesto algunos requisitos. Debía ser un producto integral, con el teclado, el monitor y la torre combinados en una sencilla unidad que pudiera comenzarse a utilizar en cuanto saliera de la caja. Tenía que aportar un diseño distintivo que supusiera una declaración de la imagen de la marca, y debía venderse por unos 1.200 dólares (por aquel entonces Apple no tenía ningún ordenador en el mercado que costara menos de 2.000 dólares). «Nos ordenó que volviéramos a las raíces del Macintosh original de 1984, un producto integrado de cara al consumidor —recordaba Schiller—. Aquello significaba que los procesos de diseño e ingeniería debían ir de la mano».

El plan inicial era construir un «ordenador en red», un concepto propuesto por Larry Ellison, de Oracle, consistente en un terminal económico sin disco duro que se empleara principalmente para conectarse a internet y a otras redes. Sin embargo, el director financiero, Fred Anderson, encabezó la iniciativa para hacer que el producto fuera más robusto, añadiéndole una unidad de disco para que pudiera convertirse en un ordenador de escritorio de pleno derecho destinado al uso doméstico. Jobs acabó por acceder a aquella petición.

Jon Rubinstein, que se encontraba a cargo del hardware, adaptó el microprocesador y las entrañas del Power Mac G3, el ordenador profesional de gama alta de Apple, para su uso en la nueva máquina que se estaba proyectando. El ordenador iba a contar con un disco duro y una bandeja para los discos compactos, pero, en una maniobra bastante audaz, Jobs y Rubinstein decidieron no incluir la acostumbrada disquetera. Jobs citó a la estrella del hockey Wayne Gretzky y su máxima de «patinar hacia el lugar a donde va a ir el disco, no hacia el lugar donde ya ha estado». Iba un poco adelantado a su tiempo, pero al final todos los ordenadores acabaron por eliminar las disqueteras.

Ive y su ayudante principal, Danny Coster, comenzaron a esbozar algunos diseños futuristas. Jobs rechazó categóricamente la decena de maquetas de espuma plástica que produjeron en un principio, aunque Ive sabía cómo guiarlo con tacto. Reconoció que ninguno de ellos era del todo bueno, pero señaló uno que parecía prometedor. Era un modelo curvo y de aspecto travieso que no parecía un bloque inmóvil clavado a la mesa. «Da la impresión de acabar de aparecer en tu escritorio o de estar a punto de bajarse de un salto para ir a algún otro lugar», le dijo a Jobs.

En la siguiente presentación, Ive había refinado aquel divertido modelo. En esta ocasión, Jobs, con su visión binaria del mundo, aseguró que le encantaba. Cogió el prototipo de espuma y comenzó a llevarlo consigo a la sede central para mostrárselo a miembros del consejo de administración y a colaboradores de confianza. Apple exaltaba en sus anuncios las virtudes de pensar diferente. Aun así, hasta entonces no habían propuesto nada demasiado diferente de los ordenadores existentes. Ahora Jobs tenía por fin algo nuevo.

La cubierta de plástico que Ive y Coster propusieron era de un azul aguamarina que después se rebautizó como azul bondi, por el color del agua en una playa australiana, y era translúcido para que pudiera verse el interior de la máquina desde fuera. «Estábamos tratando de transmitir la idea de que el ordenador es un elemento que puede cambiar según tus necesidades y ser como un camaleón —comentó Ive—. Por eso nos gustó la idea de que fuera translúcido. Se podía hacer con colores sólidos, pero así parece más dinámico y ofrece un aspecto más atrevido».

Tanto de forma metafórica como en la realidad, la translucidez conectaba los mecanismos interiores del ordenador con el diseño exterior. Jobs siempre había insistido en que las filas de chips de las placas de circuitos tuvieran un buen aspecto, aunque nunca iban a llegar a verse. Ahora sí podrían ser admiradas. La carcasa revelaría el cuidado que se había puesto en crear todos los componentes del ordenador y ensamblarlos juntos. El lúdico diseño transmitiría una idea de sencillez, a la vez que revelaba la profundidad que trae consigo la auténtica simplicidad.

Sin embargo, la aparente simplicidad de la propia carcasa plástica encerraba una gran complejidad. Ive y su equipo trabajaron junto con los fabricantes coreanos de Apple para perfeccionar el proceso de producción de las carcasas, y acudieron incluso a una fábrica de gominolas para estudiar cómo conseguir que los colores translúcidos resultaran atractivos. El coste de cada carcasa era de más de 60 dólares, el triple de lo habitual. En otras empresas probablemente hubieran sido necesarios estudios y presentaciones que probaran si las cubiertas translúcidas incrementarían las ventas lo suficiente como para justificar el gasto extra. Jobs no pidió ningún análisis de ese tipo.

Para coronar el diseño había un asa situada en la parte superior del iMac. Era un elemento más lúdico y semiótico que funcional. Lo cierto es que se trataba de un ordenador de sobremesa, y por tanto no habría mucha gente que fuera a dedicarse a transportarlo. Sin embargo, tal y como explicó Ive:

> Por aquel entonces la gente no se sentía cómoda ante la tecnología. Si algo te asusta, entonces no quieres tocarlo. Yo veía que a mi madre le daba miedo tocar esos aparatos, así que pensé que si le poníamos un asa, haríamos que la relación fuera posible. Sería accesible. Sería intuitivo. Te da permiso para tocarlo. Transmite una idea de deferencia hacia ti. Desgraciadamente, producir un asa empotrada cuesta mucho dinero. En la antigua Apple, yo habría perdido aquella discusión. Lo que resulta genial de Steve es que lo vio y dijo: «¡Eso es genial!». No le tuve que explicar todo mi razonamiento, lo captó de forma intuitiva. Sabía que aquello formaba parte de la cercanía del iMac y de su naturaleza lúdica.

Jobs tuvo que contener las objeciones planteadas por los ingenieros de montaje, apoyados por Rubinstein, que tendían a plantear los inconvenientes económicos cuando se enfrentaban a los deseos estéticos y los variados caprichos de diseño de Ive. «Cuando se lo llevamos a los ingenieros —comentó Jobs— ellos plantearon treinta y ocho razones por las que no podían fabricarlo, y yo les dije: "No, no, tenemos que hacerlo". Ellos replicaron: "Pero ¿por qué?".Y contesté: "Porque yo soy el consejero delegado y creo que puede hacerse", así que acabaron por hacerlo a regañadientes».

Jobs les pidió a Lee Clow, Ken Segall y otros miembros de la agencia publicitaria TBWA\Chiat\Day que cogieran un vuelo para ir a ver en qué estaban trabajando. Los llevó al estudio de diseño de acceso restringido y desveló con gesto teatral el diseño translúcido con forma de lágrima de Ive, que parecía como salido de *Los Supersónicos*, la futurista serie de dibujos animados de los ochenta. Durante un instante parecieron desconcertados. «Estábamos atónitos, pero no podíamos dar una opinión sincera —recordaba Segall—. En realidad estábamos pensando: "Madre mía, ¿sabe esta gente lo que están haciendo?". Era demasiado radical». Jobs les pidió que propusieran algunos nombres. Segall respondió con cinco opciones, y una de ellas era «iMac». A Jobs no le gustó ninguna de ellas al principio, así que Segall propuso una nueva lista una semana después, pero agregó que la agencia seguía prefiriendo «iMac». Jobs respondió: «Esta semana no lo detesto, pero sigue sin gustarme». Probó a serigrafiarlo en algunos prototipos y fue haciéndose a la idea de que le gustaba el nombre.Y así es como aquel ordenador se convirtió en el iMac.

A medida que se iba aproximando la fecha límite para la finalización del iMac, el legendario carácter de Jobs reapareció con fuerza, especialmente cuando tuvo que enfrentarse a problemas de producción. Durante una de las reuniones de revisión de productos, se dio cuenta de que el proceso avanzaba demasiado lento. «Se embarcó en una de sus demostraciones de increíble cólera, y su furia era absolutamente pura», recordaba Ive. Fue rodeando la mesa y encarándose con todos los presentes, empezando por Rubinstein. «¡Sabéis que estamos intentando salvar la empresa —gritó— y vosotros lo estáis jodiendo!».

Igual que el equipo del Macintosh original, los trabajadores del iMac llegaron a duras penas a terminarlo justo a tiempo para el gran acto de presentación, aunque no antes de que Jobs sufriera un último estallido de cólera. Cuando llegó la hora de ensayar la presentación, Rubinstein improvisó dos prototipos que funcionaban. Ni Jobs ni nadie más había visto antes el producto final, y cuando lo miró sobre el escenario vio un botón en la parte frontal, bajo la pantalla. Lo apretó y se abrió la bandeja para el CD. «¿Qué coño es esto?», preguntó con poca cortesía. «Ninguno de nosotros dijo nada —recordaba Schiller— porque era obvio que él sabía que era la bandeja para el CD», así que Jobs siguió despotricando. Insistía en que debía ser una simple ranura, como esas tan elegantes que ya podían verse en los coches de lujo. Estaba tan furioso que echó a Schiller, quien fue a llamar a Rubinstein para que se dirigiera al auditorio. «Steve, esta es exactamente la unidad de disco que te mostré cuando estuvimos hablando de los componentes», le explicó. «No, nunca hubo una bandeja, solo una ranura», insistió Jobs. Rubinstein no cedió en su postura y la furia de Jobs no remitió. «Casi me pongo a llorar, porque ya era demasiado tarde para hacer nada al respecto», recordaba Jobs después.

Suspendieron el ensayo, y durante un rato pareció que Jobs fuera a cancelar toda la presentación del producto. «Ruby me miró como para preguntarme: "¿Soy yo el que está loco?" —comentó Schiller—. Aquella era mi primera presentación de un producto con Steve y mi descubrimiento de su filosofía de "si no está perfecto, no lo vamos a presentar"». Al final, accedieron a sustituir la bandeja por una ranura para la siguiente versión del iMac. «Solo seguiré adelante con la presentación si me prometéis que vamos a pasar a la ranura tan pronto como sea posible», les advirtió Jobs con lágrimas en los ojos.

También había un problema con el vídeo que se pensaba proyectar. En él aparecía Jony Ive describiendo su filosofía del diseño y preguntando: «¿Qué ordenador tendrían los Supersónicos? Esto era el futuro ayer mismo». En ese momento se veía un fragmento de dos segundos del programa de dibujos en el que aparecía la madre, Ultra Sónico, mirando una pantalla de vídeo, seguido por otra secuencia de dos segundos en la que los Supersónicos se ríen junto a un árbol de Navidad. Durante el ensayo, un asistente de producción le dijo a Jobs que iban a tener que retirar aquellas imágenes porque Hanna-Barbera no les había dado permiso para utilizarlas. «Déjalas», le espetó Jobs. El asistente le explicó que había leyes que lo prohibían. «No me importa —dijo Jobs—. Vamos a usar esas imágenes». Las secuencias se quedaron en el vídeo.

Lee Clow estaba preparando una serie de anuncios de prensa llenos de color, y cuando le envió a Jobs las pruebas de imprenta recibió una llamada telefónica enfurecida. Jobs insistía en que el azul del anuncio era distinto del de la fotografía del iMac que habían elegido. «No tenéis ni idea de lo que hacéis —gritó Jobs—. Voy a pedirle a otro que haga los anuncios porque esto es una mierda». Clow se mantuvo en sus trece. Le dijo que comparara las imágenes. Jobs, que no estaba en su despacho, insistió en que tenía razón y siguió gritando. Finalmente, Clow consiguió que se sentara con las fotografías originales. «Al final le demostré que aquel era el mismo azul». Años más tarde, al hilo de una discusión sobre Steve Jobs publicada en la web *Gawker*, apareció la siguiente historia contada por alguien que había trabajado en el supermercado Whole Foods de Palo Alto, a unas manzanas de distancia de la casa de Jobs: «Estaba recogiendo los carritos una tarde cuando vi un Mercedes plateado aparcado en una plaza para discapacitados. Steve Jobs estaba dentro gritándole al teléfono de su coche. Eso fue justo antes de que se presentara el primer iMac, y estoy bastante seguro de que le oí gritar: "¡Tiene que ser más azul, joder!"».

Como siempre, Jobs demostró una actitud obsesiva durante la preparación de la teatral presentación. Tras haber detenido un ensayo debido a su enfado por la bandeja para los discos, prolongó los demás para asegurarse de que el espectáculo sería grandioso. Repasó en repetidas ocasiones el momento culminante en el que iba a cruzar el escenario y proclamar: «Saludad al nuevo iMac». Quería que la iluminación fuera perfecta para que la carcasa translúcida de la nueva máquina resaltase con fuerza. Sin embargo, después de unos cuantos intentos todavía no estaba satisfecho, lo que recordaba a su obsesión con la iluminación del escenario de la que Sculley había sido testigo en la presentación del primer Macintosh en 1984. Jobs ordenó que las luces fueran más brillantes y se encendieran antes, pero aquello todavía no le convencía, así que bajó del escenario y recorrió el pasillo del patio de butacas hasta acomodarse en un asiento central con las piernas apoyadas sobre el respaldo de la butaca que tenía delante. «Vamos a seguir probando hasta que lo consigamos, ¿de acuerdo?», dijo. Realizaron otra prueba. «No, no —se quejaba Jobs—. Esto no funciona». En la siguiente ocasión las luces eran lo suficientemente brillantes, pero se encendían demasiado tarde. «Me estoy cansando de pedíroslo», gruñó. Al final, el iMac brilló con la intensidad justa. «¡Ahí! ¡Justo ahí! ¡Eso es genial!», gritó.

Un año antes, Jobs había destituido del consejo de administración a Mark Markkula, su antiguo mentor y compañero. Sin embargo, estaba tan orgulloso de lo que había conseguido con el nuevo iMac, y tan sensible por su conexión con el primer Macintosh, que invitó a Markkula a ir a Cupertino para un preestreno privado. Markkula estaba impresionado. Su única objeción era con respecto al nuevo ratón diseñado por Ive. Markkula opinaba que se parecía a un disco de hockey y que la gente lo odiaría. Jobs no estaba de acuerdo, pero al final Markkula resultó tener razón. Por lo demás, la máquina acabó siendo, al igual que su predecesora, absurdamente genial.

6 DE MAYO DE 1998: LA PRESENTACIÓN

Con la presentación del primer Macintosh en 1984, Jobs había creado un nuevo género teatral: el estreno de un producto como un acontecimiento histórico culminado por una epifanía en la que los cielos se abren, una luz desciende de las alturas, los ángeles cantan y un coro de fieles elegidos canta el aleluya. Para la gran presentación del producto que, según Jobs esperaba, salvaría a Apple y volvería a transformar el mundo de los ordenadores personales, eligió el simbólico auditorio Flint de la Universidad Comunitaria De Anza, en Cupertino, el mismo que había utilizado en 1984. Iba a hacer todo lo posible por despejar las dudas, animar a sus tropas, recabar el apoyo de la comunidad de desarrolladores y arrancar la campaña de marketing de la nueva máquina. Sin embargo, también lo hacía porque le gustaba aquel papel de empresario teatral. Organizar un gran espectáculo reavivaba sus pasiones con la misma intensidad que crear un gran producto.

Haciendo gala de su lado sentimental, comenzó con un gentil reconocimiento a tres personas a las que había invitado a sentarse en primera fila. Se había distanciado de los tres, pero ahora quería que volvieran a reunirse. «Comencé esta compañía con Steve Wozniak en el garaje de mi padre, y Steve está aquí hoy —anunció, señalándolo y despertando una salva de aplausos—. Se nos unió Mike Markkula y poco después nuestro primer presidente, Mike Scott —continuó—. Ambos se encuentran hoy entre el público, y ninguno de nosotros estaría aquí sin ellos tres». Se le empañaron los ojos durante un momento mientras volvían a crecer las ovaciones. Entre los asistentes también se encontraban Andy Hertzfeld y gran parte del equipo original del Mac. Jobs les sonrió. Sentía que estaba a punto de hacer que se sintieran orgullosos.

Tras mostrar el gráfico de la nueva estrategia de productos de Apple y pasar algunas diapositivas sobre el rendimiento del nuevo ordenador, estaba listo para destapar a su bebé. «Este es el aspecto que tienen hoy los ordenadores —afirmó mientras en la gran pantalla que había tras él se proyectaba la imagen de un grupo de torres grises y cuadriculadas y un monitor—, y me gustaría permitirme el privilegio de mostraros qué aspecto van a tener de ahora en adelante». Retiró la tela que había en una mesa en el centro del escenario para revelar el nuevo iMac, que relucía y centelleaba mientras las luces subían de intensidad en el momento justo. Apretó el ratón, como había hecho en el estreno del primer Macintosh, y la pantalla brilló con imágenes que pasaban a toda velocidad y mostraban todas las cosas maravillosas que podía hacer el ordenador. Al final, la palabra «hola» apareció con el mismo tipo de letra juguetón que había adornado el de 1984, en esta ocasión sobre las palabras «de nuevo» entre paréntesis. «Hola (de nuevo)». Se oyó un aplauso atronador. Jobs dio un paso atrás y se quedó contemplando con orgullo su nuevo Macintosh. «Parece como venido de otro planeta —comentó mientras el público reía—. Un buen planeta. Un planeta con mejores diseñadores que este».

Una vez más, Jobs había creado un producto nuevo y con una gran carga simbólica, el precursor de un nuevo milenio. Aquella máquina cumplía la premisa de «pensar diferente». En lugar de cajas beis y pantallas con un montón de cables y un abultado manual de instrucciones, aquí había un aparato simpático y atrevido, suave al tacto y tan agradable a la vista como un día de primavera. Podías agarrar su linda y pequeña asa, levantarlo para sacarlo de su elegante caja blanca y enchufarlo directamente a la pared. Las personas a las que les asustaban los ordenadores ahora querían uno, y querían ponerlo en una habitación donde otras personas pudieran admirarlo, y puede incluso que envidiarlo. «Una muestra de hardware que mezcla el brillo de la ciencia ficción con la fantasía *kitsch* de la sombrilla de un cóctel —escribió Steven Levy en *Newsweek*—. No solo es el ordenador con mejor aspecto que se ha presentado en años, sino también una orgullosa declaración de que la empresa más soñadora de Silicon Valley ya no es una sonámbula». *Forbes* la denominó «un éxito que marcará un cambio en la industria», y John Sculley salió de su exilio posteriormente para deshacerse en elogios: «Ha aplicado la misma estrategia sencilla que tantos éxitos le otorgó a Apple hace quince años: crear grandes productos y promocionarlos con un marketing fantástico».

Solo se oyeron quejas de un rincón muy familiar. Mientras el iMac recibía halagos, Bill Gates aseguró en una reunión de analistas financieros que estaban visitando Microsoft que aquella sería una moda pasajera. «Lo único que Apple está ofreciendo ahora mismo es una innovación cromática —afirmó Gates mientras señalaba a un ordenador equipado con Windows al que, para bromear, había pintado de rojo—. No creo que nos lleve mucho tiempo alcanzarles en ese campo». Jobs se puso furioso, y le dijo a un periodista que Gates, el hombre al que había condenado en público por carecer del más mínimo gusto, no tenía ni idea de por qué el iMac era mucho más atractivo que otros ordenadores. «Nuestros competidores no parecen darse cuenta y creen que es una cuestión de moda, creen que solo tiene que ver con el aspecto superficial —comentó—. Ellos piensan que dándole un poco de color a una chatarra de ordenador también tendrán uno como este».

El iMac salió a la venta en agosto de 1998 por 1.299 dólares. Se vendieron 278.000 unidades en las seis primeras semanas, y a finales de año ya se había dado salida a 800.000, convirtiéndose así en el ordenador que más rápido se había vendido en la historia de Apple. Cabe destacar que el 32% de las ventas fueron para gente que compraba un ordenador por primera vez, y que otro 12% correspondió a usuarios que antes tenían ordenadores con Windows.

Ive no tardó en proponer para los iMacs cuatro nuevos colores de atractivo aspecto, además del azul bondi. Era obvio que ofrecer el mismo ordenador en cinco colores diferentes supondría un enorme desafío para los procesos de producción, inventariado y distribución. En la mayoría de las compañías, incluyendo incluso a la antigua Apple, habrían celebrado reuniones para hablar de los costes y los beneficios. Sin embargo, cuando Jobs vio los nuevos colores se entusiasmó por completo y convocó a otros ejecutivos al estudio de diseño. «¡Vamos a sacarlo con todo tipo de colores!», les contó con entusiasmo. Cuando se marcharon, Ive miró atónito a su equipo. «En la mayoría de las empresas esa decisión habría llevado meses —recordaba Ive—. Steve lo dejó fijado en media hora».

Había otra modificación importante que Jobs quería para el iMac: deshacerse de esa detestable bandeja para los discos. «Vi una unidad de disco con ranura en un equipo de música de Sony de altísima gama —declaró—, así que me fui a ver a los fabricantes del sistema y conseguí que crearan una unidad de disco con ranura para la nueva versión del iMac que sacamos nueve meses después». Rubinstein trató de convencerlo para que no aplicase aquel cambio. Predijo que acabarían llegando nuevas unidades capaces de grabar música en los discos compactos en lugar de limitarse a leerlos, y que estarían disponibles con bandeja antes de que se fabricaran con el sistema de ranura. «Si te pasas a las ranuras, siempre irás atrasado con la tecnología», defendía Rubinstein.

«No me importa, esto es lo que quiero», replicó Jobs. Estaban comiendo en un bar de *sushi* en San Francisco, y Jobs insistió en que prosiguieran con la conversación dando un paseo. «Quiero que instales la unidad de disco con ranura para mí como favor personal», le pidió Jobs. Rubinstein accedió, por supuesto, pero al final resultó estar en lo cierto. Panasonic sacó al mercado una unidad de disco que podía leer y escribir datos y grabar música, y que primero estuvo disponible para aquellos ordenadores que contaban con el clásico modelo con bandeja. Los efectos de esta decisión tuvieron interesantes consecuencias a lo largo de los años siguientes: aquello hizo que Apple fuera algo lenta a la hora de satisfacer las necesidades de los usuarios que querían grabar y copiar su propia música, pero eso obligó a la compañía a ser más imaginativa y atrevida en un intento por encontrar la forma de adelantarse a la competencia cuando Jobs se dio cuenta al fin de que debía entrar en el mercado de la música.

27

Consejero delegado

Todavía loco, después de tantos años

TIM COOK

Cuando Steve Jobs regresó a Apple y en su primer año sacó los anuncios de «Piensa diferente» y el iMac, confirmó lo que la mayoría de la gente ya sabía: que podía ser un visionario y un hombre creativo. Ya lo había demostrado durante su primera época en Apple. Lo que no estaba tan claro era si estaba capacitado para dirigir una compañía. Claramente, eso no lo había demostrado durante su primera etapa.

Jobs se zambulló en la tarea con un enfoque realista y de atención por el detalle que sorprendió a aquellos acostumbrados a su postura de que las normas rectoras del universo no se le aplicaban a él. «Se convirtió en un directivo, que es una tarea muy diferente de la de un ejecutivo o un visionario, y aquello me sorprendió agradablemente», recordaba Ed Woolard, el presidente del consejo de administración que lo había devuelto a Apple.

El mantra de su gestión era «céntrate». Eliminó las líneas de productos sobrantes y puso coto a algunas características superfluas del nuevo sistema operativo que estaba desarrollando Apple. Se libró de su deseo obsesivo y controlador de crear los productos en sus propias fábricas y, en vez de eso, delegó la producción de todos los elementos, desde las placas de circuitos hasta los ordenadores acabados. Además, impuso una rigurosa disciplina a los proveedores. Cuando se hizo con el control de la empresa, Apple contaba con un inventario equivalente a más de dos meses de producción en los almacenes, más que ninguna otra compañía tecnológica. Al igual que los huevos y la leche, los ordenadores tienen una fecha de caducidad breve, así que aquello suponía un recorte en los beneficios de al menos 500 millones de dólares. A principios de 1998 ya había reducido aquellos suministros a un mes de producción.

El éxito de Jobs tuvo un precio, puesto que la suavidad y la diplomacia todavía no formaban parte de su repertorio. Cuando pensó que un departamento de la empresa de mensajería Airborne Express no estaba entregando unos componentes suficientemente rápido, le ordenó a un directivo de Apple que pusiera fin a su contrato. Aquel ejecutivo protestó, y le advirtió de que se enfrentaban a una potencial demanda, a lo cual Jobs contestó: «Entonces diles que si intentan jodernos, no van a volver a ver un puto centavo de esta empresa nunca más». El directivo dimitió, la empresa de mensajería interpuso una denuncia e hizo falta todo un año para que se resolviera aquel asunto. «Mis opciones sobre acciones habrían llegado a valer 10 millones de dólares de haberme quedado —comentó el directivo—, pero sabía que no podría haber aguantado, y él me habría despedido de todas formas». La nueva empresa de distribución recibió órdenes de recortar el inventario en un 75 %, y eso hizo. «Con Steve Jobs hay una tolerancia cero ante la falta de rendimiento», dijo su consejero delegado. En cierta ocasión la empresa VLSI Technology estaba teniendo algunos problemas para entregar a tiempo chips suficientes, así que Jobs irrumpió en una reunión de la empresa y comenzó a gritar que eran todos unos «putos eunucos gilipollas». VLSI acabó consiguiendo que los chips llegaran a Apple a tiempo, y los ejecutivos de ese proveedor prepararon chaquetas bordadas que rezaban: «Equipo de PEG».

Después de tres meses de trabajar con Jobs, el jefe de operaciones de Apple decidió que no podía soportar tanta presión y dimitió. Durante casi un año, el propio Jobs se encargó de aquel departamento, porque todas las personas a las que había entrevistado «parecían encargados de producción de la vieja escuela», recordaba. Quería a alguien capaz de construir fábricas que siguieran sistemas del tipo *just-in-time* y cadenas de producción y distribución, como había hecho Michael Dell. Entonces, en 1998, conoció a Tim Cook, un distinguido director de compras y canales de distribución de treinta y siete años que trabajaba en Compaq Computers, y que no solo pasó a ser el director de operaciones de Apple, sino que llegó a convertirse en un compañero indispensable entre los bastidores de la empresa. Tal y como recordaba Jobs:

> Tim Cook venía de un departamento de compras, que era exactamente el tipo de experiencia que necesitábamos para el puesto. Me di cuenta de que él y yo veíamos las cosas exactamente de la misma manera. Yo había visitado en Japón muchas fábricas con sistemas de producción *just-in-time*, y había construido una para el Mac y otra en NeXT. Sabía lo que quería, conocí a Tim y vi que él quería lo mismo, así que comenzamos a trabajar juntos y, antes de que pasara mucho tiempo, confiaba en que él supiera exactamente qué había que hacer. Compartíamos una misma visión, y podíamos interactuar a unos niveles estratégicos muy altos, lo cual me permitía dejar en sus manos muchos asuntos a menos que él viniera a pedirme ayuda.

Cook, el hijo de un trabajador de los astilleros, se crió en Robertsdale, Alabama, un pequeño pueblo entre Mobile y Pensacola, a media hora de distancia de la costa del Golfo. Se licenció en Ingeniería Industrial en Auburn, consiguió un título de Estudios Empresariales por la Universidad de Duke y, durante los siguientes doce años, trabajó para IBM en el Triángulo de Raleigh, en Carolina del Norte. Cuando Jobs lo entrevistó, Cook acababa de entrar a trabajar en Compaq. Siempre había sido un ingeniero con una postura muy razonable, y Compaq parecía por aquel entonces una opción profesional más sensata, pero se vio atrapado por el aura de Jobs. «Cinco minutos después del comienzo de mi primera entrevista con Steve, quería arrojar por la borda toda precaución y lógica y unirme a Apple —afirmó posteriormente—. Mi intuición me decía que entrar en Apple iba a ser una oportunidad, que solo se presenta una vez en la vida, de trabajar para un genio creativo». Y la aprovechó. «A los ingenieros les enseñan a tomar decisiones analíticas, pero hay ocasiones en las que fiarse de la intuición o del corazón es absolutamente indispensable».

En Apple, su función era la de poner en práctica la intuición de Jobs, cosa que conseguía con una discreta diligencia. Permaneció soltero y se sumergió por completo en su trabajo. Estaba despierto casi todos los días a las 4:30 de la mañana para enviar correos electrónicos, después pasaba una hora en el gimnasio y llegaba a su despacho poco después de las seis. Convocaba teleconferencias los domingos por la tarde para preparar la semana que iba a comenzar. En una empresa encabezada por un consejero delegado propenso a los arranques de cólera y los estallidos fulminantes, Cook se enfrentaba a las situaciones con una actitud tranquila, un suave acento de Alabama y miradas calmadas. «Aunque es capaz de mostrar regocijo, la expresión facial por defecto de Cook es la del ceño fruncido, y su humor es más bien seco —escribió Adam Lashinsky, de *Fortune*—. En las reuniones se le conoce por sus pausas largas e incómodas, en las cuales todo lo que se oye es el sonido del envoltorio de las barritas energéticas que come constantemente».

Durante una reunión al principio de su etapa en Apple, a Cook le informaron de un problema con uno de los proveedores chinos. «Es un problema serio —afirmó—. Alguien debería ir a China para controlar la situación». Treinta minutos más tarde, miró a un ejecutivo de operaciones que se encontraba sentado en la sala y le preguntó con tono indiferente: «¿Por qué sigues todavía aquí?». El ejecutivo se levantó, condujo directamente hasta el aeropuerto de San Francisco sin pasar por su casa a hacer las maletas y compró un billete a China. Se convirtió en uno de los principales ayudantes de Cook.

Cook redujo el número de proveedores importantes de Apple, que eran un centenar, hasta veinticuatro. Los obligó a ofrecer mejores acuerdos para mantener sus contratos, convenció a muchos para que se trasladaran junto a las fábricas de Apple y cerró diez de los diecinueve almacenes de la marca. Y al eliminar los lugares donde podían acumularse las existencias, las redujo. A principios de 1998 Jobs había reducido el stock de producción de dos meses a uno, y en septiembre de ese año, Cook lo había rebajado hasta el equivalente a seis días. En septiembre del año siguiente se había recortado hasta la sorprendente cantidad de dos días (que, en ocasiones, bajaba hasta el equivalente a tan solo quince horas de producción). Además, acortó el proceso de fabricación de los ordenadores de cuatro a dos meses. Todo ello no solo servía para ahorrar dinero: también permitía que cada nuevo ordenador contara con los componentes más avanzados existentes en el mercado.

CUELLOS VUELTOS Y TRABAJO EN EQUIPO

Durante un viaje a Japón a principios de la década de los ochenta, Jobs le preguntó a Akio Morita, el presidente de Sony, por qué todos los trabajadores de su empresa llevaban uniforme. «Pareció avergonzarse mucho y me contó que, después de la guerra, nadie tenía ropa, así que las empresas como Sony tenían que darles a sus trabajadores algo que ponerse cada día», recordaba Jobs. Con el paso de los años, los uniformes fueron teniendo un estilo propio, especialmente en compañías como Sony, y aquello se convirtió en una forma de crear un vínculo entre los trabajadores y la empresa. «Decidí que quería crear ese tipo de vínculo para Apple», recordaba Jobs.

Sony, con su preocupación por el estilo, había contratado al célebre modisto Issey Miyake para que creara su uniforme. Era una chaqueta de nailon antirasgaduras, con las mangas unidas por una cremallera que podían retirarse para crear un chaleco. «Así pues, llamé a Issey Miyake y le pedí que diseñara un chaleco para Apple —recordaba Jobs—. Llegué con unas muestras y le dije a todo el mundo lo genial que sería llevar todos aquellos chalecos. Madre mía, ¡cuántos abucheos recibí! Todo el mundo detestó aquella idea».

En el proceso, no obstante, entabló amistad con Miyake, a quien visitaba con regularidad. También le gustó la idea de contar con un uniforme propio, tanto por la comodidad diaria (el argumento que él defendía) como por su capacidad para crear un estilo personal. «Le pedí a Issey que preparara algunas de las sudaderas de cuello vuelto que me gustaban, y me hizo como un centenar de ellas». Jobs advirtió mi sorpresa cuando me contó esta historia, así que me las enseñó, todas apiladas en el armario. «Esto es lo que llevo —afirmó—. Tengo suficientes para que me duren el resto de mi vida».

A pesar de su naturaleza autocrática —nunca fue un gran defensor del consenso—, Jobs se esforzó por promover en Apple una cultura de la colaboración. Muchas compañías se jactan de celebrar pocas reuniones. Jobs convocaba muchas: una sesión del personal directivo todos los lunes, una reunión estratégica de marketing los miércoles por la tarde, e interminables sesiones de revisión de productos. Jobs, siempre alérgico a las presentaciones formales y en PowerPoint, insistía en que los asistentes a la mesa discutieran los diferentes asuntos desde diversos puntos de vista y con la perspectiva de distintos departamentos.

Como Jobs defendía que la gran ventaja de Apple era la integración completa de sus productos —el diseño, el hardware, el software y los contenidos—, quería que todos los departamentos de la compañía trabajaran juntos y en paralelo. Las expresiones que utilizaba eran «colaboración profunda» e «ingeniería concurrente». En lugar de emplear un proceso de desarrollo en el que el producto pase de forma secuencial desde las etapas de ingeniería a las de diseño y de ahí a las de producción, marketing y distribución, todos estos departamentos trabajaban en el proceso de manera simultánea. «Nuestro método consistía en desarrollar productos integrados, y eso significa que el proceso tenía que ser a su vez integrado y colaborativo», afirmó Jobs.

Este enfoque también se aplicaba a la hora de contratar trabajadores clave. Jobs hacía que los candidatos se entrevistaran con los directivos de los diferentes departamentos —Cook, Tevanian, Schiller, Rubinstein, Ive—, en lugar de simplemente con el jefe de la sección en la que quisieran trabajar. «Entonces todos nos reuníamos sin el aspirante y hablábamos de si iba a encajar en el grupo», comentaba Jobs. Su objetivo era mantenerse alerta frente a «la proliferación de capullos» que lleva a que una empresa se vea lastrada por gente con talento de segunda:

> En muchos aspectos de la vida, la diferencia entre lo mejor y lo normal es de aproximadamente un 30 %. El mejor vuelo de avión o la mejor comida pueden ser un 30 % mejores que un vuelo o una comida normales. Lo que vi en Woz es que era alguien cincuenta veces mejor que el ingeniero medio. Podía celebrar reuniones enteras en su

cabeza. El equipo del Mac era un intento de construir todo un grupo así, de jugadores de primera. La gente dijo que no iban a llevarse bien, que iban a odiar trabajar en equipo, pero me di cuenta de que a los jugadores de primera les gusta trabajar con otros jugadores de primera, y no con gente de tercera. En Pixar teníamos toda una compañía de jugadores de primera. Cuando regresé a Apple, decidí que eso es lo que iba a intentar. Hace falta un proceso colaborativo de contratación. Cuando contratamos a alguien, incluso si van a formar parte del departamento de marketing, los mandaba a hablar con los encargados de diseño y los ingenieros. Mi modelo de conducta era J. Robert Oppenheimer. Leí acerca del tipo de gente a la que reclutó para el proyecto de la bomba atómica. Yo no era ni de lejos tan bueno como él, pero aspiraba a crear un equipo así.

El proceso podía resultar intimidante, pero Jobs tenía buen ojo para el talento. Cuando buscaban a gente que diseñara la interfaz gráfica del nuevo sistema operativo de Apple, Jobs recibió un correo electrónico de un joven y lo invitó a ir a verlo. Las reuniones no fueron bien. El aspirante estaba nervioso. Más tarde, ese día, Jobs se encontró con él, después de que lo hubieran rechazado, sentado en el vestíbulo. El chico le pidió a Jobs que le dejara mostrarle una de sus ideas, así que Jobs se acercó y vio una pequeña demostración, preparada con Adobe Director, en la que se mostraba una forma de colocar más iconos en la fila inferior de la pantalla. Cuando el chico movía el cursor sobre los símbolos que abarrotaban la parte inferior, el cursor hacía las veces de lupa y aumentaba la imagen del icono. «Me dije: "¡Dios mío!", y lo contraté al instante», recordaba Jobs. Aquella función se convirtió en una característica muy popular del Mac OS X, y aquel diseñador creó otros elementos, como el desplazamiento con inercia de las pantallas táctiles (esa característica tan estupenda que hace que la pantalla siga deslizándose un momento después de que hayas acabado de pasar el dedo).

Las experiencias de Jobs en NeXT lo habían hecho madurar, pero no habían suavizado demasiado su carácter. Seguía sin placas de matrícula en su Mercedes, aún aparcaba en los lugares reservados a los discapacitados junto a la puerta principal, y en ocasiones ocupaba dos plazas a la vez. Aquello se convirtió en motivo habitual de bromas. Los empleados crearon señales de tráfico en las que se podía leer «Aparca diferente», y alguien pintó sobre el símbolo de la silla de ruedas para que pareciera el logotipo de Mercedes.

Al final de la mayoría de las reuniones, Jobs anunciaba la decisión que había tomado o la estrategia que se iba a seguir, normalmente con su estilo brusco. «Tengo una idea genial», podía decir, aunque fuera una propuesta sugerida por otra persona anteriormente. A veces afirmaba: «Eso es un asco, no quiero hacerlo». En ocasiones, cuando no estaba listo para enfrentarse a algún asunto concreto, se limitaba a ignorarlo durante un tiempo.

A los demás se les permitía e incluso se les animaba a que lo desafiaran, y en ocasiones aquello los hacía merecedores de su respeto, pero tenían que estar preparados para que él los atacara e incluso se mostrara brutal mientras procesaba sus ideas. «Nunca puedes ganar una discusión con él al instante, pero a veces acabas por vencer con el tiempo —comentó James Vincent, el joven creativo publicitario que trabajaba con Lee Clow—. Tú propones algo y él te suelta: "Esa idea es una estupidez" y después viene y propone: "Esto es lo que vamos a hacer", y te entran ganas de gritarle: "Eso es lo que te dije yo hace dos semanas y contestaste que era una idea estúpida". Sin embargo, no puedes hacer eso, así que te limitas a asentir: "Sí, es una idea genial, hagámoslo"».

La gente también tenía que soportar las afirmaciones ocasionalmente irracionales o incorrectas de Jobs. Tanto con la familia como con sus compañeros de trabajo, tendía a presentar con gran convicción algún hecho científico o histórico de escasa relación con la realidad. «Puede no saber absolutamente nada de un tema, pero gracias a su estilo demente y a su absoluta seguridad, es capaz de convencer a los demás de que sabe de qué está hablando», afirmó Ive, que describió aquel rasgo como extrañamente atractivo. Lee Clow recordaba como le mostró a Jobs una secuencia de un anuncio en la que había introducido algunos cambios mínimos pedidos por él, y entonces fue víctima de una invectiva acerca de que todo el anuncio había quedado completamente arruinado. Entonces Clow le mostró algunas versiones anteriores para tratar de demostrar que se equivocaba. Aun así, con su ojo clínico para el detalle, en ocasiones Jobs localizó con acierto algunos detalles mínimos que otros habían pasado por alto. «Una vez descubrió que habíamos recortado dos fotogramas de más, algo tan breve que era casi imposible de advertir —comentó Clow—. Pero él quería asegurarse de que la imagen aparecía perfectamente sincronizada con la música, y tenía toda la razón».

EMPRESARIO TEATRAL

Tras el éxito del acto de presentación del iMac, Jobs comenzó a coreografiar estrenos de productos y presentaciones teatrales cuatro o cinco veces al año. Llegó a dominar aquel arte y, como era de esperar, ningún director de otra compañía trató nunca de igualarlo. «Una presentación de Jobs libera un chute de dopamina en el cerebro de su público», escribió Carmine Gallo en su libro *The Presentation Secrets of Steve Jobs*.

El deseo de crear presentaciones espectaculares exacerbó la obsesión de Jobs por mantener todos los detalles en secreto hasta que estuviera listo para anunciar alguna noticia. Apple llegó incluso a los tribunales para cerrar un encantador blog, *Think Secret*, propiedad de un estudiante de Harvard que adoraba los Macs llamado Nicholas Ciarelli, que publicaba rumores y chivatazos sobre futuros productos de Apple. Estas demandas (otro ejemplo fue la batalla de Apple en 2010 contra un bloguero de la web *Gizmodo*, que se había hecho con el prototipo de un iPhone 4) fueron objeto de críticas, pero ayudaron a fomentar la expectación con la que se esperaban las presentaciones de productos, en ocasiones hasta extremos febriles.

Los espectáculos de Jobs estaban minuciosamente orquestados. Entraba en el escenario con sus vaqueros y su cuello vuelto, sujetando una botella de agua. En auditorios siempre abarrotados de acólitos, las presentaciones parecían mítines evangélicos más que anuncios de productos comerciales, con los periodistas situados en la sección central. Jobs escribía y reescribía personalmente cada una de sus diapositivas y discursos, se las mostraba a sus amigos y se obsesionaba con ellas junto a sus compañeros. «Revisa cada diapositiva unas seis o siete veces —comentó su esposa, Laurene—. Yo me quedo despierta con él la noche anterior a cada presentación mientras las repasa». Jobs le mostraba tres variaciones de una misma diapositiva y le pedía que seleccionara la que le parecía mejor. «Se obsesiona mucho. Ensaya su discurso, cambia una o dos palabras y vuelve a ensayarlo otra vez».

Las presentaciones eran un reflejo de los productos de Apple en un sentido: parecían muy sencillas —un escenario casi vacío, pocos elementos de atrezo—, pero bajo ellas subyacía una gran sofisticación. Mike Evangelist, un ingeniero de productos de Apple, trabajó en el software del iDVD y ayudó a Jobs a preparar la presentación del programa. Su equipo y él, que comenzaron a trabajar semanas antes del espectáculo, pasaron cientos de horas localizando imágenes, música y fotografías que Jobs pudiera grabar en el DVD mientras estaba en el escenario. «Llamamos a todas las personas de Apple a las que conocíamos para que nos enviaran sus mejores películas caseras y fotografías —recordaba Evangelist—. A Jobs, fiel a su reputación de perfeccionista, le horrorizaron la mayoría de ellas». Evangelist pensaba que Jobs estaba siendo poco razonable, pero después reconoció que las constantes modificaciones lograron que la muestra final fuera mejor.

Al año siguiente, Jobs eligió a Evangelist para que subiera al escenario a presentar la demostración del Final Cut Pro, el software de edición de vídeo. Durante los ensayos en los que Jobs observaba la escena desde un asiento central del auditorio, Evangelist se puso nervioso. Jobs no era el tipo de persona propensa a dar palmaditas en la espalda. Lo interrumpió tras un minuto y le dijo con impaciencia: «Tienes que controlar la situación o vamos a tener que retirar tu demostración». Phil Schiller se lo llevó a un rincón y le dio algunos consejos para que pareciera más relajado. Evangelist consiguió llegar hasta el final en el siguiente ensayo y en la presentación pública. Afirmó que todavía atesoraba no solo el cumplido que Jobs le hizo al final, sino también su severa evaluación durante los ensayos. «Me obligó a esforzarme más, y al final el resultado fue mucho mejor de lo que esperaba —recordaría—. Creo que es uno de los aspectos más importantes del impacto de

Jobs en Apple. No tiene apenas paciencia (si es que tiene alguna) por nada que no sea la excelencia absoluta en su propia actuación o en la de los demás».

DE CONSEJERO DELEGADO EN FUNCIONES A DEFINITIVO

Ed Woolard, su mentor en el consejo de administración de Apple, presionó a Jobs durante más de dos años para que borrara el añadido de «en funciones» a su cargo como consejero delegado. Jobs no solo se negaba a comprometerse, sino que tenía a todo el mundo desconcertado al cobrar un salario de un dólar anual y no recibir ninguna opción de compra de acciones. «Gano cincuenta céntimos al año por presentarme al trabajo —solía bromear— y los otros cincuenta por la labor realizada». Desde su regreso en julio de 1997, las acciones habían pasado de valer menos de 14 dólares a superar los 102 dólares en el momento cumbre de la burbuja de internet a principios del año 2000. Woolard le había rogado que aceptase al menos una modesta asignación de acciones en 1997, pero Jobs rechazó la propuesta diciendo: «No quiero que la gente con la que trabajo en Apple piense que he vuelto para enriquecerme». De haber aceptado aquella humilde concesión, habría obtenido 400 millones de dólares. En vez de eso, ganó dos dólares y medio durante aquel período.

El motivo principal por el que se aferraba a su cargo «en funciones» era una cierta inseguridad acerca del futuro de Apple. Sin embargo, a medida que se acercaba el año 2000, parecía claro que Apple había resucitado gracias a él. Dio un largo paseo con su esposa Laurene y discutió lo que para mucha gente parecía una simple formalidad pero para él era una importante decisión. Si se deshacía del calificativo «en funciones» de su cargo, Apple podría ser la base de todos los proyectos que había ideado, incluida la posibilidad de involucrar a la empresa en la creación de productos más allá de la informática. Al final optó por dar el paso.

Woolard, que estaba encantado, dejó caer que el consejo estaba dispuesta a ofrecerle una enorme cantidad de acciones. «Déjame serte franco un momento —respondió Jobs—. Lo que me gustaría es un avión. Acabo de tener a mi tercera hija y no me gustan los vuelos comerciales. Me gusta llevar a mi familia a Hawai. Y cuando viajo a la Costa Este, me gusta hacerlo con pilotos a los que conozco». Jobs nunca fue el tipo de persona capaz de mostrar paciencia y educación en un avión comercial o en un aeropuerto, ni siquiera antes del refuerzo de las medidas de seguridad tras los atentados del 11 de septiembre. Larry Ellison, un miembro del consejo a cuyo avión recurría Jobs algunas veces (Apple le pagó 102.000 dólares a Ellison en 1999 por los viajes que realizó Jobs), no tuvo objeción. «¡En vista de lo que ha conseguido, deberíamos entregarle cinco aviones!», defendía. Posteriormente declaró: «Era el perfecto regalo de agradecimiento para Steve, que había salvado a Apple sin recibir nada a cambio».

Así pues, Woolard accedió con agrado al deseo de Jobs —con un Gulfstream V— y también le ofreció catorce millones de opciones sobre acciones. Jobs dio una respuesta inesperada. Quería más: veinte millones de opciones. Woolard estaba desconcertado y molesto. El consejo solo tenía permiso de los accionistas para conceder catorce millones de opciones. «Dijiste que no querías ninguna y te dimos un avión, que era lo que querías», lo acusó Woolard.

«No había insistido antes en lo de las opciones —replicó Jobs—, pero tú afirmaste que podían representar hasta un 5 % de la compañía, y eso es lo que quiero ahora». Aquella fue una incómoda riña en lo que debería haber sido un período de celebración. Al final se llegó a una compleja solución (que se complicó un poco más todavía con los planes de una división de acciones de dos por uno en junio del año 2000) según la cual le concedían 10 millones en acciones en enero de 2000 con el precio de aquel momento, pero con pleno derecho a beneficios como si se hubieran concedido en 1997, además de otra emisión de acciones en 2001. Para empeorar la situación, las acciones cayeron tras el estallido de la burbuja de internet, Jobs nunca llegó a hacer uso de sus opciones de compra y, a finales de 2001, le pidió al consejo que las sustituyera por una nueva concesión de acciones con un precio de compra menor. Esta lucha por las opciones fue en años posteriores un motivo de tormento para la compañía.

Aunque no llegó a aprovechar sus opciones de compra, estaba encantado con el avión. Como era de esperar, se obsesionó por cómo iban a diseñar su interior. Le hizo falta más de un año. Utilizó el avión de Ellison como punto de partida y contrató a la misma diseñadora. Al poco tiempo ya estaba volviéndose loca. El G-5 de Ellison tenía, por ejemplo, una puerta entre las cabinas que contaba con un botón para abrirse y otro para cerrarse. Jobs insistía en que en su avión solo hubiera un botón con dos posiciones. No le gustaba el acero inoxidable lustrado de los botones, así que los cambió por unos de metal pulido. Sin embargo, al final consiguió dejar el avión tal como quería, y le encantaba. «Cuando miro su avión y el mío, veo que todos los cambios que realizó fueron para mejor», reconoció Ellison.

En la conferencia Macworld de enero del año 2000, celebrada en San Francisco, Jobs presentó el nuevo sistema operativo para Macintosh, OS X, que utilizaba parte del software que Apple había comprado de NeXT tres años antes. Resulta apropiado, y no es del todo una coincidencia, que Jobs se mostrara dispuesto a incorporarse de nuevo a Apple en el mismo momento en que el sistema operativo de NeXT se incorporaba a la compañía. Avie Tevanian había tomado el núcleo Mach basado en UNIX del sistema operativo de NeXT y lo había convertido en el núcleo del sistema operativo del Mac, conocido como «Darwin». En él se ofrecía memoria protegida, conexión avanzada en red y multitarea preventiva. Era exactamente lo que el Macintosh necesitaba, y constituyó la base de los sistemas operativos del Mac de ahí en adelante. Algunos críticos, entre los que estaba Gates, señalaron que Apple acabó por no adoptar completamente el sistema operativo del NeXT. Hay algo de cierto en estas afirmaciones, porque Apple decidió no aventurarse a un sistema completamente nuevo, sino desarrollar el que ya existía. Las aplicaciones de software escritas para el sistema operativo del viejo Macintosh eran normalmente compatibles o fáciles de trasladar al nuevo sistema, y un usuario de Mac que actualizara su equipo podría disfrutar de gran cantidad de nuevas características, pero la interfaz no resultaría completamente nueva.

Los aficionados que acudieron a la Macworld recibieron la noticia con entusiasmo, por supuesto, y vitorearon especialmente cuando Jobs mostró con orgullo la barra de accesos directos y cómo los iconos que había en ella podían ampliarse al pasar el cursor del ratón sobre ellos. Sin embargo, el mayor aplauso estuvo dirigido al anuncio que Jobs reservaba para su epílogo habitual: «Ah, y una cosa más...». Habló de sus deberes en Pixar y en Apple, y afirmó que se encontraba satisfecho de que aquella dualidad hubiera funcionado bien. «Por eso me alegra anunciar hoy que voy a eliminar la parte de mi cargo que reza: "en funciones"», afirmó con una gran sonrisa. La multitud se puso en pie entre gritos, como si los Beatles se hubieran reunido de nuevo. Jobs se mordió el labio, se recolocó las gafas y realizó una elegante muestra de humildad. «Chicos, me estáis haciendo sentir violento. Tengo la oportunidad de ir a trabajar todos los días y de colaborar con la gente de mayor talento del planeta, tanto en Apple como en Pixar. Sin embargo, estos trabajos son un deporte de equipo. Acepto vuestro agradecimiento en nombre de todos los que trabajamos en Apple».

28

Las tiendas Apple

Genius Bars y arenisca de Siena

Jobs detestaba ceder el control, especialmente cuando aquello podía afectar a la experiencia del consumidor. Sin embargo, se enfrentaba con un problema. Había una parte del proceso que no controlaba: la experiencia de comprar un producto Apple en una tienda.

Los días de la Byte Shop habían llegado a su fin. Las ventas de la industria estaban pasando de tiendas locales especializadas en informática a grandes cadenas o inmensos centros comerciales, donde la mayoría de los empleados no tenían ni el conocimiento ni la motivación necesarios para explicar la naturaleza característica de los productos de Apple. «Todo lo que les preocupaba a los vendedores era su comisión de cincuenta dólares», comentó Jobs. Otros ordenadores eran bastante genéricos, pero Apple contaba con características innovadoras y un precio más elevado. Jobs no quería que el iMac se quedase en un estante entre un Dell y un Compaq mientras un empleado desinformado recitaba las características de cada uno. «A menos que pudiéramos encontrar la manera de que nuestro mensaje llegara a los clientes en las tiendas, estábamos jodidos».

En 1999 Jobs comenzó, con gran secretismo, a entrevistar a ejecutivos que pudieran ser capaces de desarrollar una cadena de tiendas Apple. Uno de los candidatos tenía una verdadera pasión por el diseño y el entusiasmo juvenil de un vendedor nato: Ron Johnson, vicepresidente de marketing de la cadena de supermercados Target y responsable de la presentación de productos con una imagen única, como la tetera diseñada por Michael Graves. «Steve es una persona con la que resulta muy fácil hablar —comentó Johnson al recordar su primer encuentro—. De pronto aparecen unos vaqueros gastados y un jersey de cuello vuelto, y él empieza enseguida a contarte por qué necesita unas buenas tiendas. Me dijo que para que Apple tuviera éxito iban a tener que llevar la delantera en la innovación, y no se puede avanzar en innovación si no hay una vía de comunicación con los clientes».

Cuando Johnson regresó en enero del año 2000 para una nueva entrevista, Jobs sugirió que fueran a dar un paseo. Se dirigieron al inmenso centro comercial con 140 tiendas de Stanford a las ocho y media de la mañana. Las tiendas todavía no habían abierto, así que caminaron arriba y abajo por todo el recinto varias veces y hablaron de cómo estaba organizado, qué función desempeñaban los grandes almacenes con respecto a las demás tiendas y qué es lo que hacía que algunas tiendas especializadas tuvieran éxito.

Todavía estaban paseando y charlando cuando abrieron las tiendas a las diez de la mañana, y entraron en la cadena de ropa de Eddie Bauer. Tenía una entrada situada fuera del centro comercial y otra que daba al aparcamiento. Jobs decidió que las tiendas Apple deberían tener una única entrada, lo que facilitaría controlar la experiencia del cliente. También se mostraron de acuerdo en que la tienda de Eddie Bauer era demasiado larga y estrecha. Era importante que los clientes advirtieran de forma intuitiva la disposición de la tienda nada más entrar.

En el centro comercial no había tiendas de aparatos de tecnología, y Johnson le explicó por qué: la idea compartida por el público general era que un cliente, a la hora de realizar una compra importante y poco común, como la de un ordenador, estaría dispuesto a acercarse en coche a algún lugar menos accesible, donde el alquiler del local sería más barato. Jobs no estaba de acuerdo. Las tiendas Apple deberían estar en centros comerciales y en calles importantes, en zonas con un montón de transeúntes, independientemente de su precio. «Puede que no consigamos que conduzcan diez kilómetros para echarles un vistazo a nuestros productos, pero podemos hacer que caminen diez pasos», afirmó. En concreto, había que tenderles una emboscada a los usuarios de Windows. «Si pasan frente a la tienda, entrarán por pura curiosidad, y si hacemos que sea lo suficientemente atractiva, en cuanto tengamos la oportunidad de mostrarles lo que tenemos, habremos ganado».

Johnson señaló que el tamaño de una tienda representaba la importancia de la marca. «¿Es Apple una marca tan grande como Gap?», preguntó. Jobs contestó que era mucho más grande. Johnson replicó que, en consecuencia, sus tiendas debían ser más grandes. «Si no, no serás relevante». Jobs describió la máxima de Mike Markkula de que una buena compañía debía «atribuir», debía plasmar sus valores y su importancia en todo lo que hace, desde el embalaje hasta el marketing. A Johnson le encantó la idea. Claramente, podía aplicarse a las tiendas de una compañía. «La tienda se convertirá en la expresión física más poderosa de la marca», aseguró. Describió como durante su juventud había entrado en la tienda abierta por Ralph Lauren en la esquina de Madison con la calle 72 en Nueva York, que parecía una mansión llena de obras de arte y con paredes de madera. «Cada vez que compro un polo, pienso en aquella mansión, que era la expresión física de los ideales de Ralph —comentó Johnson—. Mickey Drexler hizo lo mismo con Gap. No puedes pensar en una prenda de Gap sin pensar en su gran tienda, con todo ese espacio diáfano y los suelos de madera, las paredes blancas y los productos bien doblados».

Cuando acabaron, fueron en coche hasta Apple y se sentaron en una sala de reuniones mientras inspeccionaban algunos artículos de la marca. No había muchos, no eran suficientes para llenar las estanterías de una tienda convencional, pero aquello suponía una ventaja. Decidieron que el tipo de tienda que iban a construir se aprovecharía de tener pocos productos. Sería minimalista y espaciosa, y ofrecería muchos lugares para que los clientes pudieran probarlos. «La mayoría de la gente no conoce lo que fabrica Apple —afirmó Johnson—. Piensan en Apple como en una secta. Lo que necesitamos es pasar de ser una secta a ser una compañía atractiva, y contar con una tienda increíble donde los clientes puedan probar los artículos nos ayudará a conseguirlo». Las tiendas se atribuirían el espíritu de los productos de Apple: lúdicos, sencillos, modernos, creativos y claramente situados en el lado correcto de la línea que divide lo intimidante de lo novedoso.

EL PROTOTIPO

Cuando Jobs presentó por fin la idea ante el consejo de administración, la idea no les maravilló. La compañía informática Gateway se estaba hundiendo a pasos agigantados tras la apertura de tiendas a las afueras de las ciudades. Por tanto, el argumento expuesto por Jobs de que las de Apple tendrían más éxito porque iban a estar en locales más caros no resultaba demasiado tranquilizador, en su opinión. «Piensa diferente» y «Este es un homenaje a los locos» eran buenos eslóganes publicitarios, pero el consejo dudaba a la hora de convertirlos en el eje director de su estrategia empresarial. «Yo me rascaba la cabeza y seguía pensando que era una locura —recordaba Art Levinson, el consejero delegado de Genentech al que Jobs le pidió que se uniera al consejo de Apple en el año 2000—. Somos una empresa pequeña, un jugador marginal. Mi respuesta fue que no estaba seguro de poder apoyar una maniobra así». Ed Woolard también tenía sus dudas. «Gateway lo ha intentado y ha fracasado, mientras que Dell les vende sus productos directamente a los consumidores sin necesidad de tiendas y está teniendo éxito», defendió. Jobs no parecía agradecer toda aquella resistencia por parte del consejo. La última vez que ocurrió aquello, había sustituido a la mayoría de sus miembros. Por motivos personales y por estar cansado del constante tira y afloja con Jobs, Woolard decidió que en esta ocasión era Jobs quien debía dar un paso atrás. Sin embargo, antes de hacerlo, el consejo de administración aprobó un período de prueba para cuatro tiendas Apple.

Jobs tenía un apoyo en el consejo. En 1999 había reclutado a un hombre nacido en el Bronx que se había convertido en el príncipe de las ventas al por menor, Millard *Mickey* Drexler. En su etapa como consejero delegado de Gap había transformado una cadena moribunda en un icono de la cultura informal estadounidense. Era una de las pocas personas en el mundo con tanto éxito y conocimiento como Jobs en materia de diseño, imagen y deseos de los consumidores. Además, había insistido en un control absoluto sobre sus productos: las tiendas Gap solo vendían productos Gap, y los productos Gap se vendían casi exclusivamente en tiendas Gap. «Dejé el negocio de los grandes almacenes porque no podía soportar el hecho de no controlar mi propio producto, desde su producción hasta su venta —comentó Drexler—. A Steve le pasa lo mismo, y creo que por eso me contrató».

Drexler le dio un consejo a Jobs: le dijo que construyera un prototipo de la tienda junto al campus de Apple, que la equipara por completo y que no descansara hasta sentirse a gusto con ella. Así pues, Johnson y Jobs alquilaron un almacén vacío en Cupertino. Todos los martes, a lo largo de seis meses, se reunían durante toda la mañana para compartir allí sus ideas y depurar su filosofía de ventas mientras deambulaban por aquella sala. Aquella tienda iba a ser el equivalente al estudio de diseño de Ive, un paraíso en el que Jobs, gracias a su perspectiva visual, podría aportar diferentes innovaciones viendo y tocando las diferentes opciones a medida que evolucionaban. «Me encantaba caminar a solas por allí para inspeccionarlo todo», recordaba Jobs.

A veces les pedía a Drexler, Larry Ellison y otros amigos de confianza que fueran a echar un vistazo. «Durante muchos fines de semana, cuando no me estaba obligando a ver nuevas escenas de *Toy Story*, me hacía ir al almacén a mirar el prototipo de la tienda —comentó Ellison—. Estaba obsesionado por todos los detalles estéticos y por la experiencia del servicio. En un momento dado le advertí: "Steve, no pienso ir a verte si me obligas a ir a la tienda de nuevo"».

La compañía de Ellison, Oracle, estaba desarrollando software para un sistema portátil de cobro de las compras, lo que eliminaba la necesidad de contar con un mostrador dotado de caja registradora. En cada una de las visitas, Jobs presionaba a Ellison para que descubriera formas de hacer el proceso más eficiente, prescindiendo de algún paso innecesario, como el de entregar la tarjeta de crédito o imprimir la factura. «Si miras las tiendas y los productos, te darás cuenta de la obsesión de Steve por la belleza y la simplicidad. Es una estética Bauhaus y un minimalismo maravilloso que afectan incluso al proceso del pago en las tiendas —comentó Ellison—. Para ello hace falta la mínima cantidad posible de pasos. Steve nos dio la receta exacta y detallada de cómo quería que funcionase el sistema de pago».

Cuando Drexler fue a ver el prototipo casi acabado, planteó algunas críticas. «Pensé que el espacio estaba demasiado fragmentado y no resultaba lo suficientemente diáfano. Había demasiados rasgos arquitectónicos y colores que podían distraer al visitante». Resaltó que un cliente debía ser capaz de entrar en una tienda y, con un único vistazo, comprender el flujo de movimientos. Jobs se mostró de acuerdo en que la sencillez y la falta de distracciones resultaban fundamentales para crear una gran tienda, igual que ocurría con los productos. «Después de aquello, consiguió el resultado perfecto —afirmó Drexler—. La visión que tenía consistía en un control completo y absoluto de toda la experiencia relacionada con sus productos, desde su diseño hasta la forma en que se vendían».

En octubre de 2000, cuando se acercaban a lo que él pensaba que sería el fin del proceso, Johnson se despertó en medio de la noche, antes de una de las reuniones de los martes, con un doloroso pensamiento: se habían equivocado en un elemento fundamental. Estaban organizando la tienda en torno a cada una de las principales líneas de producto de Apple, con zonas para el Power Mac, el iMac, el iBook y el PowerBook. Sin embargo, Jobs había comenzado a desarrollar un nuevo concepto: el del ordenador como puerto central de toda la actividad digital. En otras palabras, el ordenador podría gestionar el vídeo y las fotos de las cámaras digitales, y quizás algún día también el reproductor de música y las canciones, o los libros y las revistas. La idea que le surgió a Johnson antes de aquel amanecer era que las tiendas no debían organizar sus mostradores en torno a las cuatro líneas de ordenadores de la marca, sino también en torno a cosas que los visitantes pudieran querer hacer. «Por ejemplo, pensé que debería haber una zona de contenido audiovisual donde tuviéramos varios Macs y PowerBooks con el programa iMovie en la que se mostrara cómo se puede importar y editar vídeo desde una cámara».

Johnson llegó al despacho de Jobs a primera hora de aquel martes y le expuso su repentina certeza de que debían reconfigurar las tiendas. Había oído historias acerca de la viperina lengua de su jefe, pero hasta entonces no había sentido sus latigazos. Jobs estalló: «¿Tienes idea del cambio que esto supone? —gritó—. He estado partiéndome el espinazo en esta tienda durante seis meses, y ahora quieres cambiarlo todo. —Jobs se calmó de pronto—. Estoy cansado, no sé si puedo diseñar otra tienda desde cero».

Johnson se había quedado sin habla, y Jobs se aseguró de que así continuara. Durante el trayecto hasta la tienda prototipo, donde la gente se había reunido para la reunión de los martes, le ordenó a Johnson que no dijera una palabra, ni a él ni a los demás miembros del equipo. Así pues, el viaje de siete minutos transcurrió en silencio. Cuando llegaron, Jobs había acabado de procesar la información. «Sabía que Ron tenía razón», recordaba. Así, ante la sorpresa de Johnson, Jobs dio comienzo a la reunión diciendo: «Ron cree que nos hemos equivocado por completo. Cree que no deberíamos organizar la tienda en torno a los productos sino a las actividades de los clientes. —Se produjo una pausa, y Jobs continuó—: ¿Y sabéis qué? Tiene razón». Dijo que iban a reconfigurar la disposición de la tienda, a pesar de que aquello probablemente retrasaría la apertura, planeada para enero, durante otros tres o cuatro meses. «Solo tenemos una oportunidad de hacerlo bien».

A Jobs le gustaba relatar la historia —y lo hizo ese día con su equipo— de que en su carrera todos los proyectos de éxito habían requerido un momento en el que tuvo que echar marcha atrás en el proceso. En cada caso tuvo que volver a trabajar sobre algún elemento tras descubrir que no era perfecto. Habló de cómo lo hizo en *Toy Story*, cuando el personaje de Woody había evolucionado hasta convertirse en un capullo, y de un par de ocasiones en las que había tenido que hacerlo con el primer Macintosh. «Si algo no está bien, no basta con ignorarlo y prometer que ya lo arreglarás más tarde —señaló—. Eso es lo que hacen otras compañías».

Cuando el prototipo revisado quedó acabado, en enero de 2001, Jobs les permitió a los miembros del consejo de administración que fueran a verlo por primera vez. Les explicó la teoría que había tras el diseño mediante una serie de bocetos en una pizarra, y a continuación metió a los miembros del consejo en una furgoneta para emprender aquel trayecto de tres kilómetros. Cuando vieron lo que Jobs y Johnson habían construido, aprobaron de forma unánime que el proyecto siguiera adelante. El consejo coincidió en que aquello llevaría la relación entre las ventas y la imagen de marca a un nuevo nivel. También garantizaría que los clientes no pensaran en los ordenadores de Apple como en meras máquinas, como en el caso de los Dell o los Compaq.

La mayoría de los expertos ajenos a la empresa no se mostraron de acuerdo. «A lo mejor ha llegado el momento de que Steve Jobs deje de pensar tan diferente», escribió *Business Week* en un artículo titulado «Lo sentimos, Steve, pero estas son las razones por las que las tiendas Apple no van a funcionar». El antiguo director financiero de Apple, Joseph Graziano, apareció citado cuando dijo: «El problema de Apple es que todavía cree que la mejor forma de crecer consiste en servir caviar en un mundo que parece bastante satisfecho con las tostadas con queso». Además, el consultor especializado en ventas minoristas David Goldstein declaró: «Les doy dos años antes de que tengan que ponerle fin a un error muy doloroso y muy caro».

MADERA, PIEDRA, ACERO, CRISTAL

El 19 de mayo de 2001 se abrió la primera tienda Apple en Tyson's Corner, a las afueras de Washington D.C., con unos mostradores blancos y relucientes, suelos de madera pulida y un gran cartel de «Piensa diferente» con John y Yoko Ono en la cama. Los escépticos se equivocaron. Las tiendas de Gateway contaban con una media de 250 visitantes a la semana. En 2005, las tiendas Apple recibían una media de 5.400 clientes semanales. Aquel año las tiendas recaudaron unos ingresos de 1.200 millones de dólares, lo que supuso un récord en el mercado minorista por alcanzar la cifra de los 1.000 millones de dólares. Las ventas de las tiendas se controlaban cada cuatro minutos gracias al software de Ellison, lo cual ofrecía una información instantánea acerca de cómo integrar la producción, la distribución y los canales de venta.

A medida que las tiendas iban floreciendo, Jobs siguió involucrado en todos sus detalles. «Durante una de nuestras reuniones de marketing, justo cuando las tiendas acababan de abrir, Jobs nos hizo pasar media hora decidiendo qué tono de gris debían tener las señales de los servicios», recordaba Lee Clow. El estudio de arquitectos de Bohlin Cywinski Jackson diseñó las tiendas insignia, pero fue Jobs quien tomó todas las decisiones principales.

Jobs se centró especialmente en las escaleras, que recordaban a la que había mandado construir en NeXT. Cuando visitaba una tienda durante el proceso de instalación, siempre sugería cambios en ellas. Su nombre se encuentra inscrito como inventor principal de dos solicitudes de patente sobre las escaleras, una de ellas por el aspecto transparente con escalones y soportes de cristal fusionados con titanio, y la otra por el sistema de ingeniería que utiliza una unidad monolítica de cristal conteniendo múltiples láminas de cristal unidas para soportar las cargas.

En 1985, cuando lo estaban destituyendo de su primer cargo en Apple, se había marchado a visitar Italia. Allí le impresionó la piedra gris de las aceras de Florencia. En 2002, cuando llegó a la conclusión de que los suelos de madera clara en las tiendas estaban comenzando a transmitir una impresión algo vulgar —una preocupación que difícilmente atormentaría a Steve Ballmer, consejero delegado de Microsoft—, decidió que quería utilizar piedra en su lugar. Algunos de sus compañeros trataron de reproducir el mismo color y textura con hormigón, que habría sido diez veces más barato, pero Jobs insistió en que tenía que ser piedra auténtica. La arenisca de un gris azulado de Pietra Serena, con una textura de grano fino, procede de una cantera familiar, Il Casone, situada en Firenzuola, a las afueras de Florencia. «Seleccionamos únicamente un 3% de lo que sale de la montaña, porque debe tener el tono, la pureza y las vetas adecuadas —comentó Johnson—. Steve defendía con fuerza que debíamos conseguir el color adecuado y que tenía que ser un material de absoluta integridad». Así pues, los diseñadores de Florencia elegían exclusivamente las piedras correctas, supervisaban el proceso de corte para crear las baldosas y se aseguraban de que cada una de ellas quedaba marcada con la pegatina adecuada para garantizar que iba a colocarse exactamente al lado de sus compañeras. «Saber que son las mismas piedras que se utilizan en las aceras de Florencia te garantiza que pueden resistir al paso del tiempo», afirmó Johnson.

Otra característica destacable de las tiendas era el Genius Bar. Johnson tuvo aquella idea durante un retiro de dos días con su equipo. Les había pedido a todos que describieran el mejor servicio del que hubieran disfrutado. Casi todo el mundo mencionó alguna experiencia agradable en un hotel Four Seasons o en un Ritz-Carlton, así que Johnson envió a los primeros cinco gerentes de las tiendas a participar en el programa de formación del Ritz-Carlton y les pidió que presentaran alguna idea que reprodujera una especie de cruce entre un mostrador de conserjería y una barra de bar. «¿Qué te parecería que pusiéramos tras la barra a los mayores expertos en el Mac? —le propuso a Jobs—. Podríamos llamarlo "Genius Bar"».

Muchas de las pasiones de Jobs aparecieron reunidas en la tienda de la Quinta Avenida, en Manhattan, inaugurada en 2006: un cubo, una de sus características escaleras, mucho cristal y una firme declaración de intenciones a través del minimalismo. «Realmente, aquella era la tienda de Steve», aseguró Johnson. Abierta las veinticuatro horas del día durante los siete días de la semana, reivindicó el valor de la estrategia de encontrar ubicaciones caracterizadas por su gran tráfico peatonal, al atraer a 50.000 visitantes a la semana durante su primer año (recordemos la afluencia de Gateway: 250 visitantes a la semana). «Esta tienda gana más por metro cuadrado que cualquier otra del mundo —señaló Jobs con orgullo en 2010—. También recauda más en total, en cifras absolutas (no por metro cuadrado), que cualquier otra tienda neoyorquina, incluidas Saks y Bloomingdale's».

Jobs consiguió despertar un gran entusiasmo por las inauguraciones de sus tiendas con la misma elegancia que utilizaba para las presentaciones de los productos. La gente comenzó a viajar expresamente a las aperturas de las tiendas, y pasaba la noche a la intemperie para poder encontrarse entre los primeros en acceder a su interior. «Mi hijo, que por aquel entonces tenía catorce años, me propuso por primera vez que pasáramos la noche en la apertura de Palo Alto, y la experiencia resultó ser una interesante reunión social —escribió Gary Allen, que creó una página web dedicada a los entusiastas de las tiendas Apple—. Los dos hemos pasado varias noches al raso, incluidas cinco en el extranjero, y he conocido a mucha gente fantástica».

En 2011, diez años después de las primeras aperturas, había 317 tiendas Apple repartidas por el mundo. La mayor se encontraba en el Covent Garden londinense, y la más alta en el barrio de Ginza, en Tokio. La afluencia media de visitantes por tienda y semana era de 17.600, los ingresos medios por tienda eran de 34 millones de dólares y las ventas netas totales durante el año fiscal 2010, de 9.800 millones de dólares. Sin embargo, las tiendas lograron también otros objetivos. Eran directamente responsables solo del 15 % de los ingresos de Apple, pero al crear tanta expectación y reforzar la imagen de marca, ayudaron de forma indirecta a promover todos los proyectos emprendidos por la compañía.

Incluso cuando luchaba contra los efectos del cáncer en 2010, Jobs se dedicaba a planear futuros proyectos de tiendas. Una tarde me mostró una fotografía de la tienda de la Quinta Avenida y señaló las dieciocho piezas de cristal de cada lado del cubo de la entrada. «Esto era la vanguardia de la tecnología del cristal en su época —señaló—. Tuvimos que construir nuestros propios autoclaves para crear las piezas». Entonces extrajo un dibujo en el que los dieciocho paneles habían sido sustituidos por cuatro de tamaño inmenso. Aseguró que eso era lo siguiente que quería hacer. Una vez más, un reto a medio camino entre la estética y la tecnología. «Si hubiésemos querido crearlo con la tecnología actual, habríamos tenido que hacer que el cubo fuera treinta centímetros más corto por cada lado —comentó—, y yo no quería hacer eso, así que tuvimos que construir unos autoclaves nuevos en China».

A Ron Johnson no le entusiasmaba aquella idea. Opinaba que los dieciocho paneles daban un mejor aspecto que aquellas cuatro grandes piezas. «Las proporciones actuales crean una combinación mágica con la columnata del edificio de la General Motors —afirmó—. Brilla como un joyero. Creo que si el cristal es demasiado transparente, llegará a ser demasiado invisible». Discutió aquella idea con Jobs, pero sin resultado. «Cuando la tecnología permite crear algo nuevo, él quiere aprovecharlo —declaró Johnson—. Además, para Steve, menos es siempre más. Cuanto más sencillo, mejor. Por lo tanto, si se puede construir una caja de cristal con menos elementos, es mejor, más simple y está en la vanguardia de la tecnología. Ahí es donde Steve quiere estar, tanto en sus productos como en sus tiendas».

29

El centro digital

Desde iTunes hasta el iPod

UNIENDO LOS PUNTOS

Una vez al año, Jobs se llevaba a un retiro a sus empleados más valiosos, a los que llamaba «el top 100», elegidos de acuerdo con un sencillo criterio: era la gente a la que te llevarías si solo pudieras quedarte con cien personas en una barca salvavidas para tu siguiente compañía. Al final de esos retiros, Jobs se plantaba frente a una pizarra (siempre le han gustado las pizarras: le daban un control completo de la situación y le ayudaban a centrar los temas) y preguntaba: «¿Cuáles son las próximas diez cosas que deberíamos hacer?». La gente iba discutiendo para conseguir que sus sugerencias entraran en la lista, y Jobs las escribía. Luego tachaba aquellas que le parecían una tontería. Tras muchas disputas, el grupo se quedaba con una relación de diez. Entonces Jobs tachaba las siete últimas y anunciaba: «Solo podemos hacer tres».

En 2001, Apple había renovado su oferta de ordenadores personales. Había llegado la hora de pensar diferente. Aquel año, nuevas posibilidades encabezaban la lista de la pizarra. Por aquellos días, una especie de velo mortuorio había caído sobre el reino digital. La burbuja de las empresas *punto com* había estallado, y el índice Nasdaq se había hundido más de un 50% desde su momento cumbre. Solo tres compañías tecnológicas contrataron anuncios publicitarios en la final de la Super Bowl de enero de 2001, comparadas con las diecisiete del año anterior. Sin embargo, la sensación de depresión llegó más allá. Durante los veinticinco años transcurridos desde que Jobs y Wozniak fundaron Apple, el ordenador personal había sido el elemento central de la revolución digital. Ahora, los expertos predecían que su función clave estaba llegando a su fin. Aquel producto había «madurado hasta convertirse en algo aburrido», escribió Walt Mossberg, del *Wall Street Journal*. Y Jeff Weitzen, el consejero delegado de Gateway, proclamó: «Está claro que nos estamos apartando del ordenador personal como elemento principal».

Fue entonces cuando Jobs lanzó una nueva y extraordinaria estrategia que transformó a Apple y, con ella, a toda la industria tecnológica. El ordenador personal, en lugar de pasar a un segundo plano, iba a convertirse en un «centro digital» que coordinara diversos dispositivos, desde reproductores de música hasta cámaras de vídeo y fotográficas. Sería posible conectar y sincronizar todos aquellos aparatos con el ordenador para que gestionase la música, las fotografías, los vídeos, la información y todos los aspectos de lo que Jobs denominaba «un estilo de vida digital». Apple ya no iba a ser simplemente una empresa informática —de hecho, la palabra «Computers» pasó a desaparecer de su nombre—, pero el Macintosh se vería reforzado durante al menos otra década al convertirse en el núcleo de una sorprendente gama de nuevos dispositivos, como el iPod, el iPhone y el iPad.

Cuando tenía treinta años, Jobs había utilizado una metáfora sobre los álbumes de música. Se preguntaba por qué las personas de más de treinta años desarrollaban rígidas pautas de pensamiento y tendían a ser menos innovadoras. «La gente se atasca en esas pautas, como en los surcos de un disco de vinilo, y nunca logra salir de ellas —afirmó—. Obviamente, hay gente con una curiosidad innata, que son durante toda su vida como niños pequeños maravillados ante la vida, pero resultan poco comunes». A sus cuarenta y cinco años, Jobs estaba a punto de salir de su surco.

Diferentes razones explican por qué fue capaz, más que ningún otro, de visualizar y hacer posible esta nueva era de la revolución digital. En primer lugar, seguía estando en la intersección entre las humanidades y la tecnología. Le encantaban la música, la pintura o las películas, pero también los ordenadores. La esencia del centro digital es precisamente que enlaza nuestra afición por las artes creativas con unos aparatos de gran calidad. Jobs comenzó a mostrar una sencilla diapositiva al final de muchas de sus presentaciones de productos: una señal de tráfico que mostraba la intersección de la calle de las «Humanidades» y la de la «Tecnología». Allí es donde él residía, y por eso fue capaz de concebir la idea del centro digital desde su inicio. Pero, además, Jobs, como gran perfeccionista, se sentía obligado a integrar todos los aspectos de un producto, desde el hardware hasta el software, pasando por los contenidos y el marketing. En el campo de los ordenadores personales aquella estrategia no había resultado frente a la de Microsoft-IBM, por la cual el hardware de una compañía se podía combinar con el software de otra y viceversa. Sin embargo, en el caso de los productos ligados al centro digital, sí habría una ventaja para marcas como Apple, que integraran el ordenador con los dispositivos electrónicos y el software. Aquello significaba que el contenido de un aparato móvil podía controlarse a la perfección desde un ordenador del mismo fabricante.

Otro de los motivos que contribuyeron al éxito de la estrategia fue el instinto natural de Jobs para la sencillez. Antes de 2001, otras empresas habían fabricado reproductores portátiles de música, software de edición de vídeo u otros productos que formaban parte del llamado «estilo de vida digital». Sin embargo, eran dispositivos complejos, con interfaces de usuario más intimidantes que las de un aparato de vídeo. No eran como el iPod o como el programa iTunes.

Y por último, pero no menos importante en esta nueva filosofía, Jobs estaba dispuesto, según una de sus expresiones favoritas, a «apostarse el todo por el todo» con un nuevo enfoque. El estallido de la burbuja informática había llevado a otras empresas tecnológicas a reducir el gasto en nuevos productos. «Cuando todos los demás estaban recortando presupuestos, decidimos que nosotros íbamos a invertir a lo largo de aquella etapa de depresión —recordaba—. Íbamos a gastar dinero en investigación y desarrollo y a inventar productos nuevos para que, cuando la recesión tecnológica llegara a su fin, estuviéramos por delante de la competencia». Aquel fue el origen de la mayor década de innovación constante que se recuerda en una empresa en los últimos tiempos.

FireWire

La visión de Jobs consistente en un ordenador como centro digital se remonta hasta una tecnología llamada FireWire, que Apple había desarrollado a principios de la década de los noventa. Se trataba de una conexión de alta velocidad que permitía transferir archivos digitales, como los vídeos, de un dispositivo a otro. Los fabricantes japoneses de cámaras de vídeo adoptaron aquel sistema, y Jobs decidió incluirlo en las versiones actualizadas del iMac que salieron a la venta en octubre de 1999. Entonces empezó a darse cuenta de que FireWire podría formar parte de un sistema que permitiera copiar los archivos de vídeo desde las cámaras al ordenador, para su edición y organización posteriores.

Para que aquello funcionara, el iMac necesitaba contar con un gran software de edición de vídeo, así que Jobs fue a visitar a sus viejos amigos de Adobe —la compañía de gráficos digitales que él había ayudado a levantar— y les pidió que crearan una nueva versión para Mac del Adobe Premiere, un programa popular en los ordenadores con Windows. Los ejecutivos de Adobe sorprendieron a Jobs al rechazar de plano su propuesta, con el argumento de que el Macintosh no tenía usuarios suficientes como para que aquello mereciera la pena. Jobs, sintiéndose traicionado, se puso furioso. «Yo puse a Adobe en el mapa y ellos me jodieron», explicó posteriormente. Adobe empeoró aún más la situación cuando se negó también a programar algunas otras aplicaciones muy extendidas, como el Photoshop, para el Mac OS X, a pesar de que el Macintosh sí era muy utilizado entre los diseñadores y otros usuarios creativos que necesitaban aquel software.

Jobs nunca perdonó a Adobe, y diez años más tarde se enzarzó en una guerra pública con esta empresa al no permitir que el Adobe Flash fuera compatible con el iPad. Lo que le había pasado fue una valiosa lección que reforzó su deseo de obtener un control absoluto de todos los elementos clave de su sistema. «Mi primera conclusión cuando Adobe nos jodió en 1999 era que no debíamos meternos en ningún proyecto en el que no controlásemos tanto el hardware como el software, o en caso contrario aquello sería una carnicería», afirmó.

Así pues, a partir de 1999 Apple comenzó a producir aplicaciones para el Mac dirigidas a gente que se encontraba en esa intersección a medio camino del arte y la tecnología. Entre dichos programas se encontraban Final Cut Pro, para edición de vídeo digital; iMovie, que era una versión más sencilla, para el gran público; iDVD, para grabar vídeos o música en un disco; iPhoto, para competir con el Adobe Photoshop; GarageBand, para crear y remezclar música; iTunes, para gestionar canciones, y la tienda iTunes, para comprar canciones.

La idea del centro digital pronto comenzó a gestarse. «La primera vez que lo entendí fue con la cámara de vídeo —comentó Jobs—. Utilizar iMovie hace que tu cámara sea diez veces más valiosa». En lugar de acumular cientos de horas de secuencias sin tratar que nunca llegarías a ver enteras, puedes editarlas en tu ordenador, añadir elegantes fundidos, música y créditos, y el productor ejecutivo eres tú mismo. Aquel programa le permitía a la gente ser creativa, expresarse y crear algo con un componente afectivo. «En aquel momento me di cuenta de que el ordenador personal iba a convertirse en algo más».

Jobs tuvo otra revelación: un ordenador que fuera centro digital haría posibles aparatos portátiles más sencillos. Una gran parte de las funciones que aquellos dispositivos trataban de ofrecer, como la edición de vídeo o de imágenes, obtenían pobres resultados, porque se llevaban a cabo en pantallas pequeñas y no podían albergar fácilmente menús con numerosas opciones. Los ordenadores podían hacerse cargo de aquellas tareas de forma mucho más sencilla.

Ah, y una cosa más... Lo que Jobs fue también capaz de ver era que el proceso funcionaba mejor cuando todos los elementos —el dispositivo electrónico, el ordenador, el software, las aplicaciones, el FireWire— se hallaban firmemente integrados. «Aquello me hizo creer con mayor firmeza en la idea de las soluciones integradas de principio a fin», recordaba.

La belleza de aquella revelación residía en que solo había una compañía en posición de ofrecer aquel conjunto integral. Microsoft escribía software, Dell y Compaq fabricaban hardware, Sony producía muchos aparatos digitales, y Adobe desarrollaba numerosas aplicaciones, pero solo Apple se ocupaba de todas aquellas cosas. «Somos la única empresa que cuenta con todo el paquete: el hardware, el software y el sistema operativo —le explicó a *Time*—. Podemos asumir la responsabilidad completa de la experiencia del usuario. Podemos lograr lo que otros no pueden».

La primera incursión de Apple en su estrategia del centro digital fue el vídeo. Con FireWire podías transferir tus vídeos al Mac, y con iMovie podías editarlo para crear una obra maestra. ¿Y luego qué? Querrás grabar algún DVD para que tú y tus amigos podáis verlo en un televisor. «Pasamos mucho tiempo trabajando con los fabricantes de grabadoras para que crearan una unidad destinada al gran público que permitiera la grabación de un DVD —comentó Jobs—. Fuimos los primeros en producir algo así». Como de costumbre, Jobs se centraba en lograr que el producto fuera lo más sencillo posible para el usuario, la clave de su éxito. Mike Evangelist, que trabajó en diseño de software en Apple, recordaba como le presentó a Jobs una primera visión de la interfaz. Tras echarles un vistazo a un puñado de imágenes, Jobs se levantó de un salto, cogió un rotulador y dibujó un sencillo rectángulo en una pizarra. «Aquí está la nueva aplicación —anunció—. Tiene una ventana. Se arrastra el vídeo a la ventana. A continuación se pulsa el botón que dice: "Grabar". Ya está. Eso es lo que vamos a hacer». Evangelist estaba anonadado, pero aquel fue el camino que llevó a la sencillez del programa iDVD. Jobs llegó incluso a colaborar en el diseño del icono del botón «Grabar».

Jobs sabía que la fotografía digital era un campo a punto de florecer, así que Apple desarrolló también la forma de hacer que el ordenador se convirtiera en el organizador de las imágenes personales. Sin embargo, durante el primer año al menos, dejó de lado una oportunidad fabulosa: Hewlett-Packard y otros fabricantes estaban creando una unidad capaz de grabar discos de música, pero Jobs insistía en que Apple debía centrarse en los formatos de vídeo y no en los de audio. Además, su gran insistencia en que el iMac se deshiciera de la bandeja de los discos compactos y empleara un sistema más elegante, con ranura, implicaba ser incompatible con las novedosas grabadoras de CD, creadas en un primer momento para el formato de bandeja. «Perdimos el tren en aquella ocasión —recordaba—, así que necesitábamos alcanzar al resto a toda velocidad».

El sello de una compañía innovadora no solo radica en ser la primera presentando nuevas ideas. También tiene que saber cómo dar un salto cualitativo cuando se encuentra en una posición de desventaja.

iTunes

A Jobs no le hizo falta mucho tiempo para darse cuenta de que la música iba a representar una parte inmensa del negocio. La gente pasaba música a sus ordenadores desde los discos, o se la descargaba a través de los servicios de intercambio de archivos, como Napster. Para el año 2000, la estaban grabando en discos vírgenes con un total frenesí. Ese año, el número de discos compactos vírgenes vendidos en Estados Unidos fue de 320 millones. Solo había 281 millones de personas en el país. Eso significaba que había gente muy metida en el tema de la grabación de discos, y Apple no estaba ofreciéndoles ningún servicio. «Me sentí como un estúpido —le dijo Jobs a *Fortune*—. Pensé que habíamos perdido aquel tren. Tuvimos que esforzarnos mucho para ponernos al día».

Jobs añadió una grabadora de CD al iMac, pero aquello no era suficiente. Su objetivo era lograr que fuera sencillo pasar la música desde un disco al ordenador para grabar las mezclas deseadas. Otras empresas ya estaban creando programas para llevar a cabo estas funciones, pero eran pesadas y complejas. Uno de los talentos de Jobs había sido siempre un buen ojo para detectar sectores del mercado llenos de productos mediocres. Les echó un vistazo a las aplicaciones disponibles en aquel momento, entre las que se encontraban Real Jukebox, Windows Media Player y otra que Hewlett-Packard incluía con su grabadora de CD, y llegó a una conclusión. «Eran tan complicadas que solo un genio sería capaz de manejar la mitad de sus funciones», afirmó.

En aquel momento entró en escena Bill Kincaid. Este antiguo ingeniero de software de Apple iba conduciendo hacia una pista de carreras en Willows, en California, para participar en la competición con su deportivo Formula Ford, y mientras (de forma algo incongruente) escuchaba la National Public Radio. Era un reportaje sobre un reproductor de música portátil llamado Rio que empleaba un formato digital llamado MP3. Le llamó la atención una frase del periodista en la que decía algo así como: «Que los usuarios de Mac no se emocionen, porque no va a ser compatible con sus ordenadores». Kincaid se dijo: «¡Ja! ¡Yo puedo arreglar eso!».

Kincaid llamó a sus amigos Jeff Robbin y Dave Heller, también antiguos ingenieros de software de Apple, para que lo ayudaran a escribir un programa para Mac con el que poder gestionar la música de los reproductores Rio. El producto que crearon, conocido como SoundJam, les ofrecía a los usuarios del Mac una interfaz para el Rio, una ventana en la que organizar las canciones que hubiera en el ordenador y algunas pequeñas animaciones de luz psicodélicas que se activaban cuando sonaba la música. En julio del año 2000, cuando Jobs estaba presionando a su equipo para que crearan software de reproducción y grabación de música, Apple compró SoundJam y volvió a acoger a sus fundadores bajo el ala de la compañía. (Los tres se quedaron en la empresa, y Robbin siguió dirigiendo al equipo de desarrollo de software de música durante la siguiente década. Jobs lo consideraba un trabajador tan valioso que una vez le permitió a un periodista de *Time* reunirse con él, pero con la promesa de que no iba a publicar su apellido.)

Jobs trabajó personalmente junto a ellos para convertir Sound-Jam en un producto de Apple. Al principio estaba plagado de todo tipo de funciones, y en consecuencia contaba con un montón de complejas pantallas. Jobs los forzó a simplificarlo y hacer que fuera más divertido. En lugar de una interfaz que te obligara a especificar si buscabas un artista, canción o disco, Jobs insistió en que dejaran un sencillo recuadro en el que se pudiera escribir cualquier cosa que se quisiera. Y, a instancias de iMovie, el equipo incorporó una elegante estética de metal pulido y también un nombre: lo llamaron iTunes.

Jobs presentó iTunes en la conferencia Macworld de enero de 2001 como parte de la estrategia del centro digital. Anunció que sería gratuito para todos los usuarios de Mac. «Uníos a la revolución musical con iTunes y haced que vuestros aparatos de música se vuelvan diez veces más valiosos», concluyó entre grandes aplausos. Su posterior eslogan publicitario lo dejaba claro: «Copia. Mezcla. Graba».

Esa tarde, Jobs tenía una cita con John Markoff, del *New York Times*. La entrevista no estaba yendo bien, pero al final Jobs se sentó ante su Mac y le mostró el iTunes. «Me recuerda a mi juventud», señaló mientras los diseños psicodélicos danzaban por la pantalla. Aquello lo llevó a recordar las ocasiones en que había consumido ácido. Le dijo a Markoff que tomar LSD era una de las dos o tres cosas más importantes que había hecho en su vida. Quienes nunca hubieran probado el ácido serían incapaces de entenderlo del todo.

El iPod

El siguiente paso en la estrategia del centro digital era crear un reproductor de música portátil. Jobs se dio cuenta de que Apple tenía la oportunidad de diseñar un aparato que se combinara con el software de iTunes, permitiendo su simplificación. Las tareas complejas podrían llevarse a cabo en el ordenador, y las sencillas en el dispositivo portátil. Así nació el iPod, el aparato que, a lo largo de los siguientes diez años, transformó Apple para que pasara de ser un fabricante de ordenadores a convertirse en la compañía tecnológica más valiosa del mundo.

Jobs sentía una pasión especial por aquel proyecto porque adoraba la música. Los reproductores de música que había en el mercado, según les dijo a sus colegas, «eran una auténtica porquería». Phil Schiller, Jon Rubinstein y el resto del equipo se mostraron de acuerdo. Mientras creaban iTunes, todos ellos pasaron mucho tiempo jugueteando con el Rio y otros reproductores, criticándolos alegremente. «Nos distribuíamos por la sala con aquellos aparatos y comentábamos lo malos que eran —recordaba Schiller—. Tenían capacidad para unas dieciséis canciones, y era imposible averiguar cómo utilizarlos».

Jobs comenzó a presionar en el otoño de 2000 para que crearan un reproductor de música portátil, pero Rubinstein respondió que los componentes necesarios todavía no estaban disponibles. Le pidió a Jobs que esperase. Pasados unos meses, Rubinstein fue capaz de hacerse con una pequeña pantalla LCD apta para sus propósitos y con una batería recargable de polímero de litio. Sin embargo, el mayor reto radicaba en encontrar una unidad de disco lo bastante pequeña, pero con memoria suficiente, para crear un gran reproductor de música. Entonces, en febrero de 2001, el ingeniero realizó uno de sus habituales viajes a Japón para visitar a proveedores de Apple.

Al final de una reunión rutinaria con la gente de Toshiba, los ingenieros mencionaron un nuevo producto que estaban desarrollando en los laboratorios y que estaría listo en junio. Era un diminuto disco de 4,5 centímetros (el tamaño de dos monedas de dos euros) con una capacidad de 5 gigabytes (suficiente para unas mil canciones). Pero no estaban muy seguros de qué hacer con él. Cuando los ingenieros de Toshiba se lo mostraron a Rubinstein, él supo inmediatamente para qué podía utilizarse. ¡Mil canciones en el bolsillo! Perfecto. Pero mantuvo una cara de póker. Jobs también estaba en Japón, pronunciando el discurso inaugural de la conferencia Macworld de Tokio. Se encontraron esa noche en el hotel Okura, donde se alojaba este. «Ya sé cómo vamos a hacerlo —le informó Rubinstein—. Todo lo que necesito es un cheque de diez millones de dólares». Jobs lo autorizó de inmediato, así que Rubinstein comenzó a negociar con Toshiba para hacerse con los derechos de uso exclusivo de todos los discos duros que pudiera producir y comenzó a buscar a alguien que pudiera dirigir el equipo de desarrollo.

Tony Fadell era un programador desenvuelto y emprendedor de estética ciberpunk y atractiva sonrisa que había fundado tres empresas mientras estudiaba en la Universidad de Michigan. Antiguo empleado de General Magic, una compañía que fabricaba aparatos electrónicos portátiles (donde conoció a los refugiados de Apple Andy Hertzfeld y Bill Atkinson), después pasó una incómoda temporada en Philips Electronics, donde su pelo corto y decolorado y su estilo rebelde no casaban bien con la sobria estética del lugar. Había desarrollado algunas ideas para crear un reproductor de música digital mejor que los existentes, pero no había conseguido vendérselas a Real Networks, Sony o Philips. Un día se encontraba en Vail, Colorado, esquiando con un tío suyo, y su móvil comenzó a sonar mientras iba montado en el telesilla. Era Rubinstein, que le informó de que Apple estaba buscando a alguien que pudiera trabajar en un «pequeño aparato electrónico». Fadell, a quien no le faltaba precisamente confianza en sí mismo, aseguró ser un experto en la fabricación de tales dispositivos. Rubinstein lo invitó a Cupertino.

Fadell pensó que lo estaban contratando para trabajar en un asistente digital personal, algún tipo de sucesor del Newton. Sin embargo, cuando se reunió con Rubinstein, la conversación derivó rápidamente al iTunes, que llevaba tres meses en el mercado. «Hemos estado tratando de conectar los reproductores de MP3 existentes al iTunes y ha resultado horrible, absolutamente horrible —le confió Rubinstein—. Creemos que deberíamos crear nuestro propio modelo».

Fadell estaba encantado. «Me apasionaba la música, había intentado hacer algo así en RealNetworks, y estuve tratando de venderle el proyecto de un reproductor MP3 a la compañía Palm». Accedió a entrar en el equipo, al menos como asesor. Pasadas unas semanas, Rubinstein insistió ya en que si iba a dirigir el equipo tendría que convertirse en un empleado de Apple a tiempo completo. Sin embargo, Fadell se resistía. Le gustaba su libertad. Rubinstein se enfadó enormemente ante lo que consideraba excusas por parte de Fadell. «Esta es una de esas decisiones que te cambian la vida —le dijo—. Nunca lo lamentarás». Hasta que decidió forzar la decisión de Fadell. Reunió en una habitación a la veintena aproximada de personas que habían sido asignadas al proyecto. Cuando Fadell entró en la sala, Rubinstein le dijo: «Tony, no vamos a llevar a cabo el proyecto a menos que firmes un contrato a tiempo completo. ¿Estás dentro o fuera? Tienes que decidirlo ahora mismo».

Fadell miró a los ojos a Rubinstein, se giró hacia el resto de los presentes y preguntó: «¿Es habitual en Apple que la gente se vea coaccionada para firmar los contratos?». Se detuvo un instante, accedió a trabajar a tiempo completo para la empresa y estrechó a regañadientes la mano de Rubinstein. «Aquello dejó una sensación muy inquietante entre Jon y yo durante muchos años», recordaba Fadell. Rubinstein estaba de acuerdo: «No creo que llegara nunca a perdonarme por aquello».

Fadell y Rubinstein estaban destinados a chocar, porque ambos se consideraban los padres del iPod. Tal y como lo veía Rubinstein, Jobs le había asignado aquella misión hacía meses, y él había encontrado la unidad de disco de Toshiba y elegido la pantalla, la batería y otros elementos fundamentales. Entonces había traído a Fadell para que juntara todas las piezas. Junto con algunos otros, igualmente resentidos por el protagonismo adquirido por Fadell, comenzó a referirse a él como «Tony el inútil». Sin embargo, desde el punto de vista de Fadell, antes de llegar a la empresa, él ya había trazado los planes para crear un gran reproductor de MP3, había estado tratando de venderles la idea a otras compañías y después accedió a fabricarlo en Apple. El debate sobre quién merecía un mayor crédito por la creación del iPod, o quién debería obtener el título de padre del invento, se libró durante años en entrevistas, artículos, páginas web e incluso entradas de Wikipedia.

Sin embargo, durante los meses siguientes, todos estuvieron demasiado ocupados como para pelear. Jobs quería que el iPod saliera a la venta aquellas Navidades, lo que significaba que tenía que estar listo para su presentación en octubre. Se pusieron a buscar otras empresas que estuvieran diseñando reproductores de MP3 que pudieran servir como base para el trabajo de Apple y se decidieron por una pequeña llamada PortalPlayer. Fadell le dijo a aquel equipo: «Este es el proyecto que va a remodelar a Apple, y de aquí a diez años seremos una compañía de música, no de ordenadores». Los convenció para que firmaran un acuerdo en exclusiva, y su grupo comenzó a modificar los defectos de PortalPlayer, tales como sus complejas interfaces, la escasa autonomía de la batería y la incapacidad de desplegar una lista de más de diez canciones.

«¡Eso es!»

Hay algunas reuniones que pasan a la historia, tanto porque marcan un hito como demostrar la forma en que trabaja un líder. Este es el caso de la reunión que tuvo lugar en la sala de conferencias de la cuarta planta en abril de 2001, cuando Jobs decidió cuáles iban a ser las bases del iPod. Allí, reunidos para escuchar las propuestas de Fadell a Jobs, se encontraban Rubinstein, Schiller, Ive, Jeff Robbin y el director de marketing, Stan Ng.

Fadell había coincidido con Jobs en una fiesta de cumpleaños en casa de Andy Hertzfeld un año antes y había oído numerosas historias sobre él, muchas de ellas estremecedoras. Sin embargo, como en realidad no lo conocía, se encontraba comprensiblemente intimidado. «Cuando entró en la sala de reuniones me incorporé y pensé: "¡Guau, ahí está Steve!". Yo estaba completamente en guardia, porque había oído lo brutal que podía ser».

La reunión comenzó con una presentación del mercado potencial y de lo que estaban haciendo otras marcas. Jobs, como de costumbre, no mostró ninguna paciencia. «No le prestaba atención a ninguna serie de diapositivas durante más de un minuto», comentó Fadell. Cuando apareció una imagen en la que se mostraban otros posibles competidores del mercado, Jobs hizo un gesto con la mano para quitarle importancia. «No te preocupes por Sony —aseguró—. Nosotros sabemos lo que estamos haciendo y ellos no». Después de aquello, dejaron de pasar diapositivas y Jobs se dedicó a acribillar al grupo a preguntas. Fadell aprendió una lección: «Steve prefiere la pasión del momento y discutir en persona las cosas. Una vez me dijo: "Si necesitas diapositivas, eso demuestra que no sabes de qué estás hablando"».

En vez de eso, a Jobs le gustaba que le mostraran objetos que él pudiera tocar, inspeccionar y sopesar. Por tanto, Fadell llevó tres maquetas diferentes a la sala de reuniones, y Rubinstein le había dado instrucciones sobre cómo mostrarlas por orden para que su opción preferida se convirtiera en el plato fuerte. Así pues, escondieron el prototipo de su alternativa favorita bajo un bol de madera en el centro de la mesa.

Fadell comenzó su exposición sacando de una caja las diferentes piezas que se iban a utilizar y colocándolas sobre la mesa. Allí estaban el disco duro de 4,5 centímetros, la pantalla LCD, las placas base y las baterías, todas ellas etiquetadas con su precio y su peso. A medida que las iba presentando, discutieron sobre cómo los precios o los tamaños podrían reducirse a lo largo del año siguiente. Algunos de los componentes podían unirse, como piezas de Lego, para mostrar las diferentes opciones.

Entonces Fadell comenzó a descubrir las maquetas, hechas de espuma de poliestireno y con plomos de pesca en su interior para que tuvieran el peso adecuado. La primera contaba con una ranura en la que podía insertarse una tarjeta de memoria con música. Jobs rechazó la propuesta por considerar que era demasiado complicada. La segunda contaba con una memoria RAM dinámica, que era barata, pero ello implicaba que todas las canciones se perderían al agotarse las baterías. A Jobs no le gustó. A continuación, Fadell montó algunos de los componentes juntos para mostrar cómo quedaría un dispositivo con el disco duro de 4,5 centímetros. Jobs parecía intrigado, así que Fadell llegó al momento culminante de su exposición al levantar el bol y mostrar una maqueta completamente acabada de aquella alternativa. «Yo contaba con poder jugar un poco más con las piezas montables, pero Steve se decidió por la opción del disco duro tal y como la habíamos modelado —recordaba Fadell. Estaba bastante sorprendido—. Yo estaba acostumbrado a trabajar en Philips, donde una decisión como esta requeriría una reunión tras otra, con un montón de presentaciones PowerPoint y de estudios adicionales».

A continuación llegó el turno de Phil Schiller. «¿Puedo exponer ya mi idea?», preguntó. Salió de la sala y volvió con un puñado de modelos de iPod, todos ellos con el mismo dispositivo en la parte frontal: la rueda pulsable que pronto se haría muy famosa. «Había estado pensando en cómo navegar a través de la lista de reproducción —recordaba—. No puedes estar apretando un botón cientos de veces. ¿A que sería genial si pudieras usar una rueda?». Al girar la rueda con el pulgar podías desplazarte por las canciones. Cuanto más tiempo estuvieras girándola, más rápido te desplazabas, y así podías controlar fácilmente cientos de temas. Jobs gritó: «¡Eso es!», y puso a Fadell y a los ingenieros a trabajar en ello.

Una vez que el proyecto recibió luz verde, Jobs se involucró en él a diario. Su exigencia principal era: «¡Simplificad!». Revisaba cada pantalla de la interfaz de usuario y realizaba un examen estricto: si quería acceder a una canción o a una función, debía ser capaz de llegar a ella en tres pulsaciones, y su uso debía ser intuitivo. Si no podía averiguar cómo llegar a una opción o si requería más de tres pulsaciones, su reacción era brutal. «En ocasiones estábamos rompiéndonos la cabeza ante algún problema con la interfaz de usuario y pensábamos que habíamos considerado todas las opciones, y entonces él decía: "¿Habéis pensado en esto?" —comentó Fadell—. Y entonces todos decíamos: "¡Hostias!". Él redefinía el problema o el enfoque que debíamos darle y nuestro pequeño contratiempo desaparecía».

Todas las noches, Jobs se encontraba pegado al teléfono con nuevas ideas. Fadell y los otros, incluido Rubinstein, colaboraban para cubrirle las espaldas al joven programador cuando Jobs le proponía una idea a alguno de ellos. Se llamaban los unos a los otros, explicaban la última sugerencia de Jobs y conspiraban para lograr que adoptara la postura que ellos querían, cosa que funcionaba aproximadamente la mitad de las veces. «Todos nos enterábamos rápidamente de la idea más reciente de Steve, y todos tratábamos de ir por delante de ella —comentó Fadell—. Cada día aparecía alguna, ya fuera sobre un interruptor, sobre el color de un botón o sobre una estrategia de precios. Ante el estilo de Jobs, necesitas trabajar codo con codo con tus compañeros, hace falta que todos se cubran las espaldas».

Una de las ideas clave de Jobs fue que había que lograr que todas las funciones posibles se llevaran a cabo mediante iTunes en el ordenador, y no en el iPod. Tal y como él señaló posteriormente:

Para hacer que el iPod fuera realmente fácil de utilizar —y tuve que ponerme muy insistente para lograrlo—, necesitábamos limitar las funciones que el dispositivo podía realizar. En vez de eso, agregamos aquellas funciones al programa iTunes del ordenador. Por ejemplo, dispusimos que no se pudieran crear listas de reproducción en el iPod. Se podían crear listas en iTunes y después podían pasarse al aparato. Aquella fue una decisión controvertida. Sin embargo, lo que hacía que el Rio y otros aparatos fueran tan inútiles era que resultaban complicados. Tenían que permitir opciones como la de la creación de listas de reproducción porque no estaban integrados con el software del ordenador donde organizabas tu música. Nosotros, al ser los dueños del software de iTunes y del dispositivo físico del iPod, podíamos hacer que el ordenador y aquel aparato funcionasen de forma conjunta, y aquello nos permitía que las funciones más complejas se asignaran al dispositivo correcto.

La simplificación más zen de todas fue la orden de Jobs, que sorprendió a sus colegas, de que el iPod no contara con un botón de encendido y apagado. Aquello se aplicó a la mayoría de los aparatos de Apple. No había necesidad de incluirlo. Era un elemento discordante, tanto desde el punto de vista estético como *teológico*. Los aparatos de Apple quedaban en estado de reposo si no se estaban utilizando y se reactivaban al pulsar cualquier botón, pero no había ninguna necesidad de añadir un interruptor que al pulsarse dijera: «Has acabado, adiós».

De pronto, todo parecía haber encajado en su lugar. Un chip capaz de almacenar mil canciones. Una interfaz y una rueda de navegación que te permitían desplazarte a través de todas aquellas melodías. Una conexión FireWire que te permitiera transferir mil canciones en menos de diez minutos, y una batería que resistiese aquellas mil canciones. «De pronto todos nos estábamos mirando los unos a los otros y comentando: "Esto va a ser genial" —recordaba Jobs—. Sabíamos lo genial que era porque sabíamos lo mucho que queríamos tener uno para nosotros. Y el concepto tenía una hermosa sencillez: "mil canciones en tu bolsillo"». Uno de los redactores publicitarios sugirió que lo llamaran «Vaina» («Pod»). Fue Jobs quien, inspirándose en el nombre del iMac y de iTunes, lo cambió para convertirlo en «iPod».

¿De dónde iban a salir aquellas mil canciones? Jobs sabía que algunas serían copias de discos comprados legalmente, lo que estaba bien, pero muchas también podían proceder de descargas ilegales. Desde un punto de vista empresarial algo burdo, Jobs podría haberse beneficiado al fomentar las descargas ilegales; aquello les permitiría a los usuarios llenar de música sus iPod a un coste menor. Además, su herencia contracultural lo hacía sentir poca simpatía por las compañías discográficas. Sin embargo, creía en la protección de la propiedad intelectual y en el hecho de que los artistas debían ser capaces de ganar dinero con aquello que producían. Por eso, hacia el final del proceso de desarrollo decidió que solo permitiría las transferencias en un sentido. La gente podría trasladar canciones de su ordenador a su iPod, pero no podrían sacar las canciones del iPod para almacenarlas en un ordenador. Aquello evitaría que alguien pudiera llenar un iPod de música y después permitir que decenas de amigos copiaran las canciones contenidas en él. También decidió que en el envoltorio de plástico claro del iPod iría inscrito un mensaje sencillo: «No robes música».

La blancura de la ballena

Jony Ive había estado jugueteando con la maqueta de espuma del iPod, tratando de decidir qué aspecto debía tener el producto acabado, cuando se le ocurrió una idea una mañana, mientras conducía desde su casa de San Francisco hasta Cupertino. Le dijo al copiloto que la parte frontal debía ser de un blanco puro y estar perfectamente conectada con una parte trasera de acero inoxidable pulido. «La mayoría de los productos de consumo de pequeño tamaño parecen de usar y tirar —comentó Ive—. No tienen ningún peso cultural asociado a ellos. Lo que más me enorgullece del iPod es que hay algo en él que da una sensación de importancia, no de que sea un producto desechable».

El blanco no iba a ser simplemente blanco, sino un blanco puro. «No solo el aparato en sí, sino también los auriculares y los cables, e incluso el cargador de la batería —recordaba—. Todo de un blanco puro». Había quienes seguían defendiendo que los auriculares, por supuesto, debían ser negros, como todos los auriculares. «Pero Steve lo entendió al instante y apoyó que fueran blancos —señaló Ive—. Aquello lo dotaría de una cierta pureza». El flujo sinuoso de los cables blancos de los auriculares ayudó a convertir al iPod en un icono. Tal y como lo describe el propio Ive:

> Le daba un aspecto muy relevante y nada desechable, pero sin dejar de tener un aire muy tranquilo y contenido. No era como un perro que agitara el rabo delante de tu cara. Era un objeto comedido, pero también tenía algo de locura, con esos auriculares largos y suel-

tos. Por eso me gusta el blanco. El blanco no es simplemente un color neutro. Es un tono muy puro y tranquilo. Es atrevido y llamativo, pero también discreto al mismo tiempo.

El equipo de publicitarios de Lee Clow en la agencia TBWA\ Chiat\Day quería destacar la naturaleza icónica del iPod y su blancura, en lugar de crear anuncios más tradicionales para presentar el producto que mostraran las características del dispositivo. James Vincent, un joven inglés desgarbado que había tocado en un grupo y trabajado como pinchadiscos, se había unido recientemente a la agencia, y parecía tener un don natural para ayudar a dirigir la publicidad de Apple hacia los amantes de la música nacidos en los ochenta, en lugar de a los rebeldes miembros de la generación del *baby boom*. Con la ayuda de la directora artística Susan Alinsangan, crearon distintos anuncios y carteles para el iPod, y presentaron sus diferentes opciones sobre la mesa de la sala de reuniones de Jobs para que él las inspeccionara.

En el extremo derecho situaron las alternativas más tradicionales, que presentaban directamente fotografías del iPod sobre fondo blanco. En el extremo izquierdo colocaron las opciones más gráficas y simbólicas, que mostraban simplemente la silueta de alguien que bailaba mientras escuchaba un iPod, con los auriculares blancos ondeando al son de la melodía. «Aquello reflejaba una relación personal, emocional e intensa con la música», declaró Vincent. Le sugirió a Duncan Milner, el director creativo, que todos se mantuvieran firmes en el extremo izquierdo para ver si podían hacer que Jobs gravitara hacia allí. Cuando entró en la sala, se fue directamente a la derecha y se puso a contemplar las nítidas fotografías del producto. «Esto tiene un aspecto estupendo —señaló—. Hablemos de estas». Vincent, Milner y Clow no se movieron del otro extremo. Al final, Jobs levantó la vista, echó un vistazo a aquellas opciones y dijo: «Oh, supongo que a vosotros os gustan estas otras —dijo mientras negaba con la cabeza—. No muestran el producto. No dicen lo que es». Vincent propuso que utilizaran las imágenes icónicas y añadieran el eslogan: «1.000 canciones en tu bolsillo». Aquello lo diría todo. Jobs volvió a mirar el extremo derecho de la mesa, y acabó por mostrarse de acuerdo. Como era de esperar, pronto se puso a anunciar por ahí que había sido idea suya elegir los anuncios más vanguardistas. «Algunos escépticos de por allí se preguntaban: "¿Cómo va esto a conseguir vender un iPod?" —recordaba Jobs—. Fue entonces cuando me vino muy bien ser el consejero delegado, porque así pude sacar adelante aquella idea».

Jobs se daba cuenta de que había otra ventaja más en el hecho de que Apple contara con un sistema integrado de ordenador, software y aparato reproductor de música. Aquello significaba que las ventas del iPod ayudarían a mejorar las ventas del iMac. Aquello, a su vez, significaba que podrían coger los 75 millones de dólares que Apple estaba invirtiendo en la publicidad del iMac y transferirlos a anuncios para el iPod, de forma que obtendría un resultado doble por su dinero. Un resultado triple, en realidad, porque los anuncios añadirían una capa de lustre y juventud a toda la marca Apple. Según él mismo recordaba:

> Se me ocurrió la loca idea de que podíamos vender la misma cantidad de Macs al darle publicidad al iPod. Además, el iPod ayudaría a presentar a Apple como una marca juvenil e innovadora. Así pues, traspasé los 75 millones de dólares de publicidad al iPod, a pesar de que la categoría del producto no justificaba ni la centésima parte de aquel gasto. Aquello significaba que íbamos a dominar por completo el mercado de los reproductores de música. Superábamos la inversión de todos nuestros competidores en unas cien veces.

Los anuncios de televisión mostraban aquellas icónicas siluetas mientras bailaban al son de las canciones elegidas por Jobs, Clow y Vincent. «Seleccionar la música se convirtió en nuestra diversión principal durante las reuniones semanales de marketing —señaló Clow—. Poníamos algún fragmento atractivo, Steve decía: "Lo odio" y entonces James tenía que convencerlo para que le diera una oportunidad». Los anuncios ayudaron a popularizar muchos grupos nuevos, entre los que destacan los Black Eyed Peas; la versión con su canción «Hey Mama» es un clásico del género de las siluetas. Cuando un nuevo anuncio iba a entrar en la fase de producción, Jobs a menudo pensaba en echarse atrás, llamaba a Vincent y le pedía que lo retirara con argumentos como «suena demasiado pop» o «suena un poco frívolo», e insistía: «Cancélalo». Aquello enervaba a James, que trataba de convencerlo para que cambiara de parecer. «Espera un momento, el anuncio va a ser genial», defendía. Al final, Jobs siempre cedía, el anuncio acababa llegando a las pantallas y el resultado era que le encantaba.

Jobs presentó el iPod el 23 de octubre de 2001 en uno de sus característicos actos de presentación. «Una pista: no es un Mac», rezaban las invitaciones. Cuando llegó la hora de mostrar el producto, después de describir sus capacidades técnicas, Jobs no realizó su truco habitual de acercarse a una mesa y retirar una tela de terciopelo. En vez de eso, anunció: «Resulta que tengo uno justo aquí, en mi bolsillo». Se echó una mano a los vaqueros y sacó aquel aparato de un blanco brillante. «Este increíble y pequeño dispositivo contiene mil canciones, y cabe en un bolsillo». Volvió a guardarlo y salió del escenario en medio de los aplausos.

Al principio existió un cierto escepticismo entre los expertos en tecnología, especialmente con respecto a su precio de 399 dólares. En el mundo de la blogosfera se bromeaba con que «iPod» se correspondía a las siglas en inglés de «el precio lo han puesto unos idiotas». Sin embargo, los consumidores lo convirtieron en poco tiempo en un éxito. Más aún, el iPod se convirtió en la esencia de todo aquello en lo que Apple estaba destinado a convertirse: poesía conectada con ingeniería, arte y creatividad cruzadas con tecnología, y todo con un diseño atrevido y sencillo. Su facilidad de uso se debía a que era un sistema integrado de principio a fin: el ordenador, el FireWire, el reproductor de música, el software y el gestor de contenidos. Cuando sacabas un iPod de su caja, era tan hermoso que parecía brillar, hasta el punto de que los demás reproductores de música parecían haber sido diseñados y fabricados en Uzbekistán.

Desde el primer Mac, nunca una visión tan clara de un producto había propulsado tanto a una compañía hacia el futuro. «Si alguien se ha llegado a preguntar por la razón de la existencia de Apple en este mundo, le puedo presentar este aparato como un buen ejemplo», le dijo Jobs a Steve Levy, de *Newsweek*, en aquel momento. Wozniak, que durante mucho tiempo se había mostrado escéptico con respecto a los sistemas integrados, comenzó a revisar su propia filosofía. «Vaya, tiene sentido que sea Apple la que haya inventado algo así —comentó entusiasmado tras la presentación del iPod—. Al fin y al cabo, durante toda su historia, Apple se ha ocupado tanto del hardware como del software, y el resultado es que de esta manera ambos elementos se combinan mejor».

El día en que Levy asistió al preestreno del iPod para la prensa, tenía prevista posteriormente una cena con Bill Gates, así que se lo mostró. «¿Lo habías visto ya?», le preguntó Levy. Según él mismo relató, «la reacción de Gates fue como la de esas películas de ciencia ficción en las que un alienígena, al verse enfrentado a un objeto nuevo para él, crea una especie de túnel de fuerza entre sí mismo y el objeto, tratando de absorber directamente en su cerebro toda la información posible sobre él». Gates jugueteó con la ruedecita y apretó todas las combinaciones de botones posibles mientras su mirada se mantenía fija en la pantalla. «Tiene una pinta estupenda —dijo al fin. Entonces se calló durante un instante y pareció desconcertado—. ¿Solo sirve para el Macintosh?», preguntó.

30

La tienda iTunes

El flautista de Hamelín

WARNER MUSIC

A principios de 2002, Apple se enfrentaba a un desafío. La perfecta integración entre el iPod, el software de iTunes y el ordenador nos facilitaba la gestión de nuestra música. Sin embargo, para conseguir nueva música hacía falta salir de este cómodo entorno e ir a comprar un CD o descargar las canciones de internet. Esta última tarea normalmente significaba adentrarse en los tenebrosos dominios del intercambio de archivos y los servidores piratas, y Jobs quería ofrecerles a los usuarios del iPod una forma de descargar canciones que fuera sencilla, segura y legal.

La industria de la música también afrontaba un reto, arrasada por un sinfín de servicios pirata —Napster, Grokster, Gnutella, Kazaa—, que permitían a los usuarios obtener las canciones de forma gratuita. En parte como resultado de ello, las ventas legales de discos se redujeron un 9% en 2002, y ante esta situación, los ejecutivos de las compañías discográficas luchaban desesperadamente —con la elegancia propia de los hermanos Marx dentro de su camarote— por llegar a un acuerdo sobre un estándar común que evitara la copia pirata de la música digital. Paul Vidich, de Warner Music, y su compañero Bill Raduchel, de AOL Time Warner, que estaban trabajando conjuntamente con Sony para alcanzar dicha meta, confiaban en que Apple quisiera formar parte de su asociación. Así pues, un grupo de ejecutivos de las discográficas viajaron a Cupertino en enero de 2002 para ver a Jobs.

No fue una reunión agradable. Vidich tenía un resfriado y estaba perdiendo la voz, así que su asistente, Kevin Gage, comenzó la presentación. Jobs, que presidía la mesa de conferencias, se revolvía inquieto y parecía incómodo. Tras cuatro diapositivas, agitó una mano e interrumpió la explicación. «Tenéis la cabeza metida en el culo», espetó. Todo el mundo se volvió hacia Vidich, que se esforzó por lograr que le saliera la voz. «Tienes razón —admitió tras una larga pausa—. No sabemos qué hacer. Necesitamos que nos ayudes a averiguarlo». Jobs recordó posteriormente que aquello lo dejó algo desconcertado, pero accedió a que Apple aunara fuerzas con Warner y Sony.

Si las compañías de música hubieran sido capaces de llegar a un acuerdo sobre un códec estándar que protegiera los archivos musicales, entonces habrían proliferado múltiples tiendas de música online. Aquello le habría dificultado a Jobs la creación de la tienda iTunes y, como consecuencia, el control que lograría Apple sobre la gestión de las ventas musicales por internet. Pero Sony le dio a Jobs aquella oportunidad cuando, tras la reunión en Cupertino de enero de 2002, decidió abandonar las negociaciones. Entendían que con ello beneficiaban a su propio formato registrado, del que podían obtener derechos de autor.

«Ya conoces a Steve, él sigue sus propios planes —le explicó el consejero delegado de Sony, Nobuyuki Idei, a Tony Perkins, redactor de la revista *Red Herring*—. Aunque sea un genio, no comparte contigo todo lo que sabe. Es difícil trabajar con una persona así cuando representas a una gran compañía… Es una pesadilla». Howard Stringer, que por aquel entonces dirigía la división norteamericana de Sony, añadió lo siguiente acerca de Jobs: «Sinceramente, tratar de reunirnos sería una pérdida de tiempo».

En vez de ello, Sony se unió a Universal para crear un servicio de suscripciones llamado Pressplay. Y, por su parte, AOL Time Warner, Bertelsmann y EMI se agruparon con RealNetworks para crear MusicNet. Ninguna de esas compañías estaba dispuesta a conceder la licencia de uso de sus canciones al servicio rival, así que cada uno ofrecía aproximadamente la mitad de la música disponible. Ambos eran servicios de suscripción que permitían a los clientes la posibilidad de acceder a la música, pero no descargarla, de forma que se perdía el acceso a las canciones una vez que caducaba la suscripción.

Ambos contaban con complejas restricciones y pesadas interfaces, hasta el punto de que se ganaron el dudoso honor de alcanzar el noveno puesto en la lista de «Los veinticinco peores productos tecnológicos de la historia» que elaboraba *PC World*. La revista afirmaba: «Las sorprendentemente inútiles funciones de estos servicios ponían de manifiesto que las compañías discográficas todavía no habían comprendido la situación en la que se encontraban».

En aquel momento, Jobs podría haberse limitado a consentir la piratería. La música gratis significaba una mayor cantidad de valiosos iPod. Sin embargo, tenía un genuino amor por la música —y por los artistas que la creaban—, así que se oponía a lo que él entendía que era el robo de un producto cultural. Según me contó después:

> Desde los primeros días de Apple, me di cuenta de que siempre que creábamos propiedad intelectual prosperábamos. Si la gente hubiera copiado o robado nuestro software, habría sido nuestra ruina. De no haber estado protegido, no habríamos tenido ningún incentivo para crear nuevos programas o diseños de productos. Si la protección de la propiedad intelectual comienza a desaparecer, las compañías creativas desaparecerán a su vez, o no llegarán a nacer. Sin embargo, hay una razón más sencilla que explica todo esto: robar está mal. Es dañino para los demás y malo para ti mismo.

Pero había algo que tenía claro: la mejor forma de detener la piratería —la única forma, de hecho— consistía en ofrecer una alternativa más atractiva que aquellos absurdos servicios que estaban preparando las discográficas. «Creemos que el ochenta por ciento de la gente que roba la música no quiere hacerlo en realidad, pero es que no se les ofrece una alternativa legal —le dijo a Andy Langer, de *Esquire*—. Entonces pensamos: "Vamos a crear una opción legal". Todo el mundo gana. Las discográficas ganan. Los artistas ganan. Apple gana. Y los usuarios ganan, porque consiguen un servicio mejor y no necesitan robar».

Así pues, Jobs se dispuso a crear una «Tienda iTunes» y a persuadir a las cinco principales discográficas del país para que permitieran que se vendieran en ella las versiones digitales de sus canciones. «Nunca había tenido que invertir tanto tiempo en tratar de convencer a la gente para que hicieran algo que era lo mejor para ellos», recordaría. Como las compañías estaban preocupadas por el modelo de fijación de precios y la fragmentación de los álbumes, Jobs señaló que su nuevo servicio solo estaría disponible para el Macintosh, que representaba un mero 5 % del mercado. Podrían poner a prueba aquella idea con un riesgo bajo. «Aprovechamos nuestra reducida cuota de mercado para argumentar que si la tienda resultaba ser un sistema destructivo, no supondría el fin del mundo», aclaró.

La propuesta de Jobs era vender cada canción por 99 centavos de dólar, promoviendo así una compra sencilla e impulsiva. Las compañías dueñas de la música recibirían 70 centavos cada una. Jobs insistió en que aquello resultaría más atractivo que el modelo de suscripciones mensuales propuesto por las discográficas. Creía (acertadamente) que la gente sentía una conexión emocional con las canciones que amaba. Querían poseer «Sympathy for the Devil», de los Rolling, y «Shelter From the Storm», de Dylan, y no solo alquilarlas. Según le contó a Jeff Goodell, que trabajaba en la revista *Rolling Stone* en aquel momento: «En mi opinión, podrías ofrecer la Segunda Venida de Jesucristo con un modelo de suscripción y no tendría éxito».

Jobs también insistió en que la tienda iTunes vendería canciones individuales, y no álbumes completos. Aquel acabó siendo el mayor motivo de conflicto con las compañías discográficas, que ganaban dinero al publicar discos con dos o tres grandes canciones y una docena de temas de relleno. Para conseguir la canción deseada, los clientes tenían que comprar el álbum completo. Algunos músicos se oponían por razones artísticas al plan de Jobs de desmembrar los discos. «Un buen disco tiene una cadencia propia —declaró Trent Reznor, de Nine Inch Nails—. Las canciones se apoyan las unas a las otras. Así es como me gusta crear música». Sin embargo, las objeciones eran irrelevantes. «La piratería y las descargas de internet ya habían desmembrado los discos —recordaba Jobs—. No podíamos competir con la piratería a menos que vendiéramos las canciones de forma individual».

En el corazón del problema se encontraba la división entre los amantes de la tecnología y los amantes del arte. Jobs adoraba ambas cosas, como ya había demostrado en Pixar y en Apple, y por tanto se encontraba en una posición que le permitía salvar las distancias entre ambas posturas. Él mismo lo explicó posteriormente:

> Cuando fui a Pixar me di cuenta de que existía una gran división. Las compañías tecnológicas no entienden la creatividad. No valoran el razonamiento intuitivo, como la capacidad de un responsable de contratación en una discográfica para escuchar a un centenar de artistas y percibir a los cinco que podrían tener éxito. Y creen que las personas creativas se limitan a estar todo el día tiradas en el sofá, sin ninguna disciplina, porque no han visto lo concentrados y disciplinados que son los miembros creativos de empresas como Pixar. Por otra parte, las compañías discográficas no tienen ni idea de cómo funciona la tecnología. Creen que pueden salir a la calle y contratar a unos cuantos expertos en tecnología, pero eso sería como si Apple tratara de contratar a gente para que produjera música. Conseguiríamos a responsables de artistas y repertorio de segunda categoría, igual que las compañías discográficas acabaron con expertos en tecnología de segunda categoría. Yo soy una de las pocas personas que comprende que la producción de tecnología requiere intuición y creatividad, y que crear un producto artístico exige mucha disciplina.

Jobs conocía desde hacía mucho tiempo a Barry Schuler, el consejero delegado de la división de AOL de Time Warner. Comenzó a tantearlo para averiguar cómo podían lograr que las discográficas participasen en la tienda iTunes. «La piratería está fundiéndole los plomos a todo el mundo —le dijo Schuler—. A ver si consigues que entiendan que al ofrecer un servicio integrado de principio a fin, desde la tienda hasta el iPod, puedes proteger adecuadamente la forma en que se utiliza la música». Un día de marzo de 2002, Schuler recibió una llamada de Jobs y decidió pasarlo con Vidich. Jobs le preguntó a Vidich si estaría dispuesto a ir a Cupertino y a traer consigo al director de Warner Music, Roger Ames. En esta ocasión, Jobs se mostró encantador. Ames era un inglés inteligente, divertido y sarcástico, del tipo (como James Vincent y Jony Ive) que tendía a gustarle a Jobs. Así pues, el Buen Steve salió a la palestra. Hubo un momento al principio de la reunión en que Jobs llegó incluso a actuar con diplomacia, cosa poco común en él. Ames y Eddy Cue, que dirigía el departamento de iTunes de Apple, se habían enzarzado en una discusión sobre por qué la radio en el Reino Unido no era tan interesante como en Estados Unidos, y Jobs los interrumpió para afirmar: «Sabemos mucho de tecnología, pero no sabemos tanto sobre música, así que dejemos de discutir».

Ames comenzó la reunión pidiéndole a Jobs que apoyase un nuevo formato de CD con protección anticopia incluida. Jobs se mostró de acuerdo y cambió el rumbo de la conversación hacia el tema que quería tratar. Señaló que Warner Music debería ayudar a Apple a crear una sencilla tienda iTunes en internet, y a partir de ahí podrían convencer al resto de la industria para que se uniera.

Ames acababa de perder una batalla en el consejo de administración de su compañía para lograr que el departamento de AOL de su corporación mejorara su propio servicio de descargas de música, recién creado. «Cuando realicé una descarga digital con AOL, no logré encontrar la canción en mi puñetero ordenador», recordaba. Así pues, cuando Jobs le mostró un prototipo de la tienda iTunes, Ames quedó impresionado. «Sí, sí, eso es exactamente lo que había estado esperando», afirmó. Accedió a que Warner Music se uniera al proyecto y ofreció su ayuda para tratar de convencer a otras discográficas.

Jobs tomó un avión a la Costa Este para mostrarles el proyecto a otros ejecutivos de Time Warner. «Se sentó frente a un Mac como si fuera un niño con un juguete —recordaba Vidich—. A diferencia de cualquier otro consejero delegado, estaba absolutamente comprometido con su producto». Ames y Jobs comenzaron a pulir los detalles de la tienda iTunes, como el número de veces que podía copiarse una canción en diferentes dispositivos o cómo iba a funcionar el sistema anticopia. Pronto llegaron a un acuerdo y se dispusieron a convencer a otras compañías.

UNA JAULA DE GRILLOS

El personaje clave al que debían captar era Doug Morris, director de Universal Music Group. Entre sus dominios se incluían algunos artistas fundamentales como U2, Eminem y Mariah Carey, además de influyentes sellos discográficos como Motown e Interscope-Geffen-A&M. Morris estaba dispuesto a hablar. A él le molestaba más que a cualquier otro magnate el problema de la piratería, y estaba harto de la poca calidad de los expertos en tecnología que trabajaban en las discográficas. «Aquello era como el Salvaje Oeste —recordaba Morris—. Nadie conseguía vender música digital, la piratería lo invadía todo. Y las cosas que probábamos en las discográficas resultaban un fracaso. Había un abismo entre la gente del mundo de la música y los expertos en teconología».

Ames acompañó a Jobs al despacho de Morris, en Broadway, y le dio algunas instrucciones sobre lo que debía decir. La táctica funcionó. Lo que más impresionaba a Morris era que Jobs había unido todos los elementos en la tienda iTunes de forma que fuera a la vez sencillo para el consumidor y seguro para las compañías discográficas. «Steve hizo algo magnífico —afirmó Morris—. Planteó un sistema completo: la tienda iTunes, el software para organizar la música, el propio iPod. Era todo homogéneo. Traía el paquete completo».

Morris estaba convencido de que Jobs tenía la visión técnica de la que carecían las compañías discográficas. «Obviamente, tenemos que recurrir a Steve Jobs para este proyecto —le dijo a su vicepresidente tecnológico—, porque no tenemos a nadie en Universal que sepa nada sobre tecnología». Aquello no facilitó precisamente que los encargados de tecnología de Universal estuvieran deseando trabajar con Jobs, y Morris tuvo que ordenarles que cejaran en sus objeciones y llegaran rápidamente a un acuerdo. Consiguieron añadirle algunas restricciones más a FairPlay —el sistema de Apple de gestión de derechos digitales— para que una canción comprada en la tienda no pudiera copiarse en demasiados dispositivos. Sin embargo, en líneas generales se adaptaron al concepto de la tienda iTunes que Jobs había acordado con Ames y sus compañeros de Warner.

Morris estaba tan fascinado con Jobs que llamó a Jimmy Iovine, un hombre de gran labia y desparpajo, director de Interscope-Geffen-A&M, un sello propiedad de Universal. Iovine y Morris eran grandes amigos que hablaban a diario desde hacía treinta años. «Cuando conocí a Steve, pensé que era nuestro salvador, así que llamé inmediatamente a Jimmy para que me diera su opinión», recordaba Morris.

Jobs podía resultar extremadamente encantador cuando se lo proponía, y ese fue el caso cuando Iovine viajó a Cupertino para que le presentaran el proyecto. «¿Ves lo sencillo que es? —le preguntó Jobs—. Tus expertos en tecnología no podrían lograr nunca algo así. No hay nadie en las compañías discográficas que pueda conseguir un resultado tan sencillo».

Iovine llamó de inmediato a Morris. «¡Este tipo es único! —aseguró—. Tienes razón, tiene una solución perfecta». Se quejaron acerca de que habían estado trabajando dos años con Sony y nunca habían llegado a ninguna parte. «Sony nunca va a conseguir ningún resultado», le dijo a Morris. Acordaron dejar de negociar con Sony y unirse a Apple. «Me parece incomprensible que Sony haya perdido esta oportunidad, es una cagada de proporciones históricas —señaló Iovine—. Steve era capaz de despedir a sus empleados si no había suficiente colaboración entre departamentos, mientras que los departamentos de Sony estaban en guerra unos con otros».

De hecho, Sony ofrecía un claro contraejemplo de lo que representaba Apple. Contaba con un departamento de aparatos electrónicos de consumo que creaba elegantes productos y con un departamento de música con artistas queridos por todos (incluido Bob Dylan). Sin embargo, como cada departamento trataba de proteger sus propios intereses, la compañía en su conjunto nunca consiguió definir una dirección clara para crear un servicio completo e integrado.

Andy Lack, el nuevo presidente del departamento de música de Sony, había recibido la nada envidiable tarea de negociar con Jobs si la compañía iba a vender su música en la tienda iTunes. Lack, un hombre sensato e indomable, acababa de entrar a trabajar en la empresa tras una distinguida carrera en el periodismo televisivo —había sido productor de la CBS News y presidente de la NBC—, y sabía cómo evaluar a los demás sin perder su sentido del humor. Se dio cuenta de que, para Sony, vender sus canciones en la tienda iTunes era a la vez una locura y una cuestión de primera necesidad (como solía ocurrir con muchas de las decisiones en el negocio de la música). Apple iba a ganar dinero a espuertas, no solo por su porcentaje sobre la descarga de canciones, sino por el aumento de ventas de los iPod. Por tanto, Lack opinaba que, puesto que las compañías discográficas iban a ser responsables del éxito del iPod, deberían obtener regalías por cada aparato vendido.

Jobs se mostró de acuerdo con Lack en muchas de sus conversaciones y aseguró que realmente quería trabajar codo con codo con las discográficas. «Steve, eso me lo creo si me das *lo que sea* por cada aparato que vendas —le dijo una vez Lack con su potente vozarrón—. Es un reproductor precioso, pero nuestra música os está ayudando a venderlo. Eso es lo que significa para mí una auténtica colaboración».

«Estoy de acuerdo contigo», respondió Jobs en más de una ocasión. Pero entonces acudía a Doug Morris y a Roger Ames para lamentarse, en tono conspiratorio, de que Lack no entendía la situación, de que no tenía ni idea de cómo funciona el mundo de la música, de que no era tan inteligente como Morris y Ames. «Con su clásico estilo, te daba la razón acerca de algún asunto, pero luego los resultados nunca llegaban a materializarse —comentó Lack—. Te daba esperanzas y luego retiraba aquella posibilidad del debate. Lo hace de forma patológica, lo cual puede resultar útil en las negociaciones, y el hecho es que es un genio».

Lack sabía que la suya era la última gran compañía en negarse y que no podría vencer en aquella lucha a menos que consiguiera el apoyo de otros miembros de la industria. Sin embargo, Jobs empleó la adulación y el reclamo de la influencia publicitaria de Apple para mantener a raya a los demás. «Si la industria hubiera ofrecido un frente común, habríamos podido obtener un porcentaje por la venta de los iPod, lo cual nos habría aportado la vía de financiación doble que tan desesperadamente necesitábamos —señaló Lack—. Nosotros éramos los responsables de que el iPod se vendiera, así que habría sido una solución equitativa». Aquella, por supuesto, era una de las ventajas de la estrategia integral de Jobs: la venta de canciones en iTunes incrementaría las ventas de los iPod, lo que a su vez incrementaría las ventas de los Macintosh. Lo que más enfurecía a Lack era que Sony podría haber hecho lo mismo, pero nunca consiguió que sus departamentos de hardware, software y música trabajaran al unísono.

Jobs hizo un gran esfuerzo por seducir a Lack. Durante uno de sus viajes a Nueva York, lo invitó a su suite en el ático del hotel Four Seasons, donde había encargado un copioso desayuno —copos de avena, frutas del bosque—, y se mostró «extremadamente solícito», en palabras de Lack. «Pero Jack Welch me enseñó a no enamorarme. Morris y Ames se habían visto seducidos. Me decían: "No lo entiendes, se supone que debes enamorarte", y eso es lo que hicieron ellos, así que acabé como un marginado de la industria».

Incluso después de que Sony accediera a vender su música en la tienda iTunes, la relación siguió siendo problemática. Cada nueva ronda de cambios o renovaciones traía consigo un enfrentamiento. «En el caso de Andy, se trataba sobre todo de su gran ego —comentó Jobs—. Nunca llegó a entender del todo el negocio de la música, y no llegaba a cumplir los objetivos que se planteaba. A veces me parecía un gilipollas». Cuando le conté a Lack lo que había dicho Jobs, él respondió: «Yo defendía a Sony y a la industria discográfica, así que puedo entender por qué él pensaba que yo era un gilipollas».

Con todo, convencer a las compañías discográficas para que se sumaran al plan de la tienda iTunes no era suficiente. Muchos de los artistas contaban con cláusulas en sus contratos que les permitían controlar personalmente la distribución digital de su música o impedir que sus canciones se vendieran por separado. Así pues, Jobs se dispuso a persuadir a varios de los principales músicos en una tarea que le pareció divertida, pero que resultó mucho más difícil de lo esperado.

Antes de la presentación de iTunes, Jobs se había reunido con algo más de una veintena de grandes artistas, entre los que se encontraban Bono, Mick Jagger y Sheryl Crow. «Me llamaba a casa, implacable, a las diez de la noche, para decirme que todavía necesitaba convencer a Led Zeppelin o a Madonna —recordaba Roger Ames, de Warner—. Estaba decidido a ello. Nadie más hubiera sido capaz de convencer a algunos de aquellos artistas».

Quizá la reunión más extraña de todas tuvo lugar cuando el rapero y productor Dr. Dre fue a ver a Jobs a la sede central de Apple. A Jobs le encantaban los Beatles y Dylan, pero reconocía que no llegaba a apreciar el atractivo del rap. Ahora Jobs necesitaba que Eminem y otros raperos accedieran a que sus canciones se vendiesen en la tienda iTunes, así que recurrió a Dr. Dre, que era el mentor de Eminem. Después de mostrarle todo aquel sistema integrado por el cual la tienda iTunes se combinaba con el iPod, Dr. Dre aseguró: «Tío, por fin alguien ha encontrado la solución».

En el otro extremo del espectro musical se situaba el trompetista Wynton Marsalis. Se encontraba en la Costa Oeste en medio de una gira benéfica para promocionar el programa de jazz del Lincoln Center, e iba a reunirse con Laurene, la esposa de Jobs. Jobs insistió en que visitara su casa de Palo Alto, y allí procedió a mostrarle el programa iTunes. «¿Qué quieres buscar?», le preguntó a Marsalis. «Beethoven», respondió el trompetista. «¡Mira lo que puede hacer esto! —seguía insistiendo Jobs cuando Marsalis apartaba la mirada de la pantalla—. Mira cómo funciona la interfaz». Según recordaba después Marsalis, «no me interesan demasiado los ordenadores y se lo dije en varias ocasiones, pero él siguió adelante durante dos horas. Estaba completamente poseído. Después de un rato comencé a mirarlo a él y no al ordenador; me fascinaba la pasión que demostraba».

Jobs presentó la tienda iTunes el 28 de abril de 2003 en uno de sus típicos actos en el centro de congresos Moscone, en San Francisco. Con el pelo muy corto, unas incipientes entradas y un aspecto cuidadosamente desaliñado, entró en el escenario y describió como Napster «había demostrado que internet estaba hecho para el intercambio de música». Afirmó que sus descendientes, programas como el Kazaa, ofrecían canciones de forma gratuita. ¿Cómo se podía competir con algo así? Para responder a esa pregunta, comenzó a analizar los inconvenientes de utilizar aquellos servicios gratuitos. Las descargas no eran de fiar y la calidad a menudo resultaba deficiente. «Muchas de estas canciones han sido codificadas por niños de siete años que no han hecho un gran trabajo». Además, no se podían escuchar fragmentos ni ver las portadas de los discos. Entonces añadió: «Y lo peor de todo es que se trata de un robo. Es mejor no jugársela con el karma».

Entonces, ¿por qué habían proliferado todos aquellos focos de piratería? Según Jobs, se debía a que no había alternativas. Los servicios de suscripción, como Pressplay y MusicNet, «te tratan como a un delincuente», afirmó, mostrando una diapositiva de un preso con la clásica camisa de rayas. A continuación apareció en la pantalla una imagen de Bob Dylan. «La gente quiere ser dueña de la música que le gusta».

Aseguró que, tras muchas negociaciones, las compañías discográficas «están dispuestas a colaborar con nosotros para cambiar el mundo». La tienda iTunes se abriría con 200.000 canciones, y crecería día a día. Señaló que mediante este servicio los usuarios podrían ser los propietarios de las canciones, grabarlas en un CD, asegurarse una buena calidad de la descarga, escuchar un fragmento de la pieza antes de comprarla y combinarla con los vídeos creados en iMovie e iDVD para «crear la banda sonora de tu vida». ¿El precio? «Solo 99 centavos —anunció—. Menos de un tercio de lo que cuesta un café en Starbucks». ¿Qué por qué merecía la pena? Porque descargar la versión correcta de una canción en Kazaa costaba unos quince minutos, en vez de uno solo. Jobs calculó que al invertir una hora de tu tiempo para ahorrar unos cuatro dólares... «¡estáis trabajando por menos del salario mínimo!». Ah, y una cosa más... «Con iTunes ya no se trata de un robo, así que es bueno para el karma».

Los que más aplaudieron aquel último apunte fueron los directivos de las discográficas sentados en primera fila, entre los que se encontraban Doug Morris junto a Jimmy Iovine, con su habitual gorra de béisbol, y todo el personal de Warner Music. Eddy Cue, responsable de la tienda, predijo que Apple vendería un millón de canciones en seis meses. En vez de eso, la tienda iTunes vendió un millón de canciones en seis días. «Este momento quedará grabado en la historia como un hito para la industria discográfica», declaró Jobs.

Microsoft

«Nos han barrido».

Aquel fue el categórico mensaje de correo electrónico que Jim Allchin, el ejecutivo de Microsoft a cargo del departamento de desarrollo de Windows, les envió a cuatro compañeros suyos a las cinco de la tarde del día en que vio la tienda iTunes. El mensaje solo incluía una frase más: «¿Cómo habrán conseguido que las discográficas se apunten?».

Después, esa misma tarde, recibió una respuesta de David Cole, que dirigía el grupo de negocios online de Microsoft. «Cuando Apple lleve este programa a Windows (porque asumo que no cometerán el error de no hacerlo), entonces sí que nos van a barrer». Señaló que el equipo de Windows necesitaba «aportar este tipo de solución al mercado» y añadió: «Eso requerirá concentrarse y fijarse unas metas en torno a un servicio integral que ofrezca un valor directo para el usuario, algo que no tenemos hoy en día». A pesar de que Microsoft contaba con sus propios servicios de internet (MSN), no se utilizaban para ofrecer un «servicio integral» como hacía Apple.

El propio Bill Gates intervino en aquella conversación a las 22:46 de aquella noche. El tema de su mensaje —«Apple vuelve a ser de Jobs»— denotaba su frustración. «Resulta sorprendente la capacidad de Steve Jobs para centrarse en unos pocos aspectos relevantes, contratar a gente que entiende lo que es una interfaz de usuario y comercializar sus productos como si fueran revolucionarios», reconocía. También expresó su sorpresa ante el hecho de que Jobs hubiera logrado convencer a las discográficas para que formaran parte de su tienda. «Me sorprende hasta qué punto son difíciles de usar los sistema de venta por internet de esas discográficas. De algún modo, han decidido ofrecerle a Apple la posibilidad de crear un producto muy bueno».

A Gates también le parecía extraño que nadie más hubiera creado un servicio que permitiera a los consumidores comprar las canciones, en lugar de suscribirse durante períodos de un mes. «No digo que esta extrañeza signifique que nos hayamos equivocado, o al menos, si lo hemos hecho, también se han equivocado Real, Pressplay, MusicNet y prácticamente todos los demás —escribió—. Ahora que Jobs lo ha hecho, necesitamos movernos con rapidez para conseguir un sistema en el que la interfaz de usuario y la gestión de derechos sean igual de buenas. [...] Creo que necesitamos algún plan para demostrar que, aunque Jobs nos haya pillado algo desprevenidos otra vez, podemos movernos con rapidez y no solo igualarlo, sino superarlo». Aquella era una confesión privada sorprendente: Microsoft había vuelto a verse superada y pillada a contrapié, y de nuevo iba a tratar de ponerse al día copiando a Apple. Sin embargo, al igual que Sony, Microsoft no pudo llevar a buen término su proyecto, ni siquiera después de que Jobs le mostrara el camino.

Por su parte, Apple siguió barriendo a Microsoft, tal y como Cole había predicho: adaptó el software de iTunes y su tienda para Windows, aunque a costa de algunas luchas internas. En primer lugar, Jobs y su equipo tuvieron que decidir si querían que el iPod funcionase en ordenadores provistos de Windows, cosa a la que él se oponía en un principio. «Al mantener el iPod exclusivamente para el Mac, estábamos aumentando las ventas de los ordenadores mucho más de lo esperado», recordaba. Sin embargo, frente a esta postura se situaban sus cuatro ejecutivos principales: Schiller, Rubinstein, Robbin y Fadell. Era una discusión sobre cuál iba a ser el futuro de Apple. «Sentíamos que debíamos estar en el negocio de los reproductores de música, y no solo en el de los Mac», comentó Schiller.

Jobs siempre ha querido para Apple su propia utopía unificada, un mágico jardín vallado donde el hardware, el software y los dispositivos periféricos se combinaran para crear una gran experiencia de uso, y donde el éxito de un producto alimentara las ventas de todos sus compañeros. Ahora se enfrentaba a una cierta presión para permitir que su nuevo producto, que estaba arrasando, funcionase en máquinas con Windows, y aquello iba en contra de su naturaleza. «Fue una pelea muy reñida que se prolongó durante meses —recordaba Jobs—. Era yo contra todos». En cierto momento, aseguró incluso que los usuarios de Windows podrían utilizar los iPod «por encima de su cadáver». Aun así, no obstante, su equipo siguió presionándolo. «Necesitamos que este aparato llegue a los demás ordenadores», suplicó Fadell.

Al final, Jobs claudicó: «Hasta que me demostréis que esta maniobra tendrá sentido desde un punto de vista comercial, no pienso hacerlo». Era en realidad una forma de echarse atrás, aunque a su manera. Si se dejaban a un lado las emociones y los dogmas, era sencillo demostrar que tenía sentido comercial permitir a los usuarios de Windows comprar un iPod. Llamaron a varios expertos, desarrollaron varias predicciones de venta y todo el mundo concluyó que aquello aportaría mayores beneficios. «Lo plasmamos todo en una hoja de cálculo —comentó Schiller—. En cualquiera de las situaciones analizadas, no había ningún porcentaje de reducción de ventas del Mac que sobrepasara el beneficio de las ventas del iPod». A pesar de su reputación, en ocasiones Jobs parecía dispuesto a rendirse. Pero, claro, nunca ganó ningún premio por sus elegantes discursos de renuncia: «A la mierda —estalló durante una reunión en la que le estaban mostrando los resultados de los análisis—. Estoy harto de oír todas estas gilipolleces. Haced lo que os salga de las narices».

Aquello dejaba en el aire otra pregunta. Cuando Apple permitiera que el iPod fuera compatible con ordenadores Windows, ¿deberían también crear una versión de iTunes para que sirviera como software para controlar la música de esos usuarios? Jobs, como de costumbre, creía que el software y el hardware debían ir juntos. La experiencia del usuario dependía de que el iPod estuviera completamente sincronizado (por así decirlo) con el software de iTunes que hubiera en el ordenador. Schiller se opuso a aquella idea. «Me parecía una locura, puesto que nosotros no creamos software para Windows —recordaba—, pero Steve seguía insistiendo: "Si vamos a hacerlo, hagámoslo bien"».

Schiller pareció salirse con la suya al principio. Apple decidió permitir que el iPod funcionara en Windows a través de un software de MusicMatch, una compañía externa. Sin embargo, dicho software era tan burdo que le daba la razón a Jobs, y Apple se embarcó a toda velocidad en la tarea de adaptar iTunes para Windows. Según recordaba Jobs:

> Para hacer que el iPod funcionara con aquellos ordenadores, al principio nos asociamos con otra compañía que tenía un gestor de archivos de música, les dimos el ingrediente secreto para conectarse al iPod y ellos hicieron una chapuza de trabajo. Aquella era la peor de todas las opciones posibles, porque esa otra empresa estaba controlando gran parte de la experiencia de los usuarios. Así pues, convivimos con este programa externo tan chapucero durante unos seis meses, y entonces conseguimos por fin escribir una versión de iTunes para

Windows. Al final, lo que pasa es que no quieres que otro controle una parte significativa de la experiencia de los usuarios. La gente puede no estar de acuerdo conmigo, pero yo lo tengo claro.

Trasladar iTunes a Windows significaba tener que volver a negociar con todas las discográficas, que habían accedido a vender su música en iTunes ante la garantía de que solo estaría disponible en el pequeño universo de los usuarios del Macintosh. Sony se mostró especialmente resistente. Andy Lack pensó que era otro ejemplo de cómo Jobs cambiaba las cláusulas del acuerdo una vez que este se había firmado. Así era, pero, para entonces, los otros sellos discográficos estaban satisfechos con el funcionamiento de la tienda iTunes y se sumaron al cambio, así que Sony se vio obligada a capitular.

Jobs anunció la inauguración de la tienda iTunes para Windows en octubre de 2003 durante una de sus presentaciones en San Francisco. «He aquí una función que todos pensaron que nunca añadiríamos hasta este momento», anunció, agitando la mano ante la pantalla gigante situada tras él. «El infierno se ha congelado», proclamaba la diapositiva. La animación incluía apariciones en iChat y vídeos de Mick Jagger, Dr. Dre y Bono. «Esta es una novedad genial para los músicos y la música —afirmó Bono con respecto al iPod y a iTunes—. Por eso estoy hoy aquí, para besarle el culo a esta compañía. No suelo besar el de mucha gente».

Jobs nunca fue muy propenso a los eufemismos. Ante los vítores de la multitud, dijo que «iTunes para Windows es probablemente la mejor aplicación para Windows jamás escrita».

Microsoft no se mostró agradecida. «Están siguiendo la misma estrategia que emplearon en el negocio de los ordenadores. Tratan de controlar tanto el hardware como el software —declaró Bill Gates a *Business Week*—. Nosotros siempre hemos hecho las cosas de forma diferente a Apple porque le hemos dado alternativas a la gente». Hasta tres años más tarde, en noviembre de 2006, Microsoft no fue capaz de sacar al mercado su propia respuesta al iPod. Se llamaba Zune y se parecía al iPod, aunque con un aspecto algo más basto.

Dos años más tarde, se había hecho con una cuota de mercado de menos del 5 %. Tiempo después, Jobs se mostró despiadado al hablar de las causas del diseño poco inspirado del Zune y de su debilidad en el mercado:

> Cuanto más viejo me hago, más me doy cuenta de lo mucho que importa la motivación. El Zune era una porquería porque a la gente de Microsoft en realidad no le entusiasmaba la música o el arte tanto como a nosotros. Vencimos porque todos nosotros éramos unos locos de la música. Creamos el iPod para nosotros mismos, y cuando estás fabricando algo para ti mismo, o para tu mejor amigo o para tu familia, no vas a conformarte con cualquier chapuza. Si no te entusiasma algo, entonces no vas a dar un paso más de lo necesario, no vas a trabajar ni una hora de más, no vas a tratar de poner en duda el *statu quo*.

MR. TAMBOURINE MAN

La primera reunión anual de Andy Lack en Sony tuvo lugar en abril de 2003, la misma semana en que Apple presentó la tienda iTunes. Lo habían nombrado director del departamento musical cuatro meses antes, y había pasado gran parte de ese tiempo negociando con Jobs. De hecho, llegó a Tokio directamente desde Cupertino, y llevaba consigo la última versión del iPod y una descripción de la tienda iTunes. Frente a los doscientos directivos allí reunidos, se sacó el iPod del bolsillo. «Aquí está», dijo ante la mirada del consejero delegado de la compañía, Nobuyuki Idei, y del director de la sección norteamericana de Sony, Howard Stringer. «Este es el aparato que va a matar al walkman. No tiene ningún misterio. La razón por la que comprasteis una empresa de música es para poder ser los fabricantes de un dispositivo como este. Podéis hacerlo mejor que esto».

Pero Sony no pudo. Habían sido los pioneros en el campo de la música portátil con el walkman, y contaban con una gran compañía discográfica y con una sólida reputación como fabricantes de hermosos productos de consumo. Disponían de todos los elementos necesarios para competir con la estrategia de Jobs consistente en integrar el hardware, el software, los dispositivos electrónicos y la venta de contenidos. Entonces, ¿por qué fracasaron? En parte porque eran una compañía, como AOL Time Warner, organizada en diferentes divisiones (la propia palabra, «división», no presagiaba nada bueno) con sus propios objetivos. Por tanto, el intento de conseguir sinergias presionando a los diferentes departamentos para que colaborasen solía resultar bastante infructuoso.

Jobs no organizó Apple en departamentos semiautónomos. Él controlaba de cerca todos sus equipos y los obligaba a trabajar como una empresa unida y flexible, con un único balance final de ingresos y gastos. «No contamos con "divisiones" con sus diferentes estados de cuentas —afirmó Tim Cook—. Tenemos un único balance para toda la empresa».

Además, al igual que a muchas otras marcas, a Sony le preocupaba la competencia interna. Si fabricaban un reproductor de música y un servicio que les facilitaba a los consumidores compartir canciones digitales, aquello podría afectar a las ventas del departamento de discos. Una de las normas empresariales de Jobs era la de no temer nunca devorarse a sí mismo. «Si tú no te devoras, otro lo hará», dijo. Así, a pesar de que un iPhone podía hacerse con las ventas de un iPod, o un iPad con las de un ordenador portátil, aquello no lo detuvo.

Ese julio, Sony designó a Jay Samit, un veterano de la industria musical, para que crease un servicio similar a iTunes, llamado Sony Connect, que vendería las canciones por internet y permitiría que se pudieran escuchar en aparatos de música portátiles de Sony. «Aquella maniobra se interpretó inmediatamente como una forma de reunir a los departamentos de electrónica y contenidos, que con cierta frecuencia se encontraban en conflicto —informó el *New York Times*—. Aquella batalla interna era, en opinión de muchos, la razón por la que Sony, el inventor del walkman y el mayor referente del mercado en aparatos musicales portátiles, se estaba viendo aplastantemente derrotada por Apple». Sony Connect abrió los ojos en mayo de 2004. Duró poco más de tres años antes de ser clausurado.

Microsoft estaba dispuesto a vender licencias del software de Windows Media y su formato de gestión de derechos digitales a otras compañías, igual que había vendido licencias de su sistema operativo durante la década de los ochenta. Jobs, por otra parte, no estaba dispuesto a compartir el FairPlay de Apple con otros fabricantes de reproductores de música. Solo funcionaba en el iPod. Tampoco permitía que ninguna otra tienda en internet vendiera canciones para su uso en los iPod. Diferentes expertos opinaron que aquello acabaría por hacer que Apple perdiera parte de su cuota de mercado, igual que había ocurrido durante las guerras entre plataformas informáticas en los ochenta. «Si Apple sigue basándose en su propia arquitectura de sistemas —señaló el profesor Clayton Christensen, de la Escuela de Estudios Empresariales de Harvard, para la revista *Wired*—, el iPod acabará probablemente por convertirse en un producto muy especializado». (A pesar de esta predicción errónea, Christensen era uno de los analistas empresariales más clarividentes y perspicaces del mundo, y Jobs se vio profundamente influido por su libro *El dilema de los innovadores*.) Bill Gates planteó el mismo argumento. «La música no es un campo singular —declaró—. Esta historia ya ha tenido lugar en el mundo de los ordenadores personales, y la postura de permitir que el usuario elija dio muy buenos resultados».

Rob Glaser, el fundador de RealNetworks, trató de sortear las restricciones de Apple en julio de 2004 con un servicio llamado Harmony. Había tratado de convencer a Jobs para que le vendiera la licencia del formato FairPlay de Apple a Harmony, pero cuando este no dio su brazo a torcer, Glaser recurrió a la ingeniería inversa para copiar dicho formato y lo aplicó a las canciones que vendía Harmony. La estrategia de Glaser consistía en que las canciones vendidas a través de su servicio pudieran utilizarse con cualquier dispositivo, ya fuera un iPod, un Zune o un Rio, y lanzó una campaña de marketing con el eslogan «Libertad de elección». Jobs, furioso, redactó un comunicado en el que afirmaba que Apple se encontraba «sorprendida al ver que RealNetworks ha adoptado las tácticas y la ética de un *hacker* para entrar en el iPod». RealNetworks respondió mediante la creación de una petición por internet que rezaba: «¡Eh, Apple! No me rompas el iPod». Jobs se mantuvo en silencio durante algunos meses, pero en octubre presentó una nueva versión del software del iPod que hacía que las canciones adquiridas a través de

Harmony quedaran inutilizables. «Steve es un tipo único —aseguró Glaser—. Te das cuenta enseguida cuando haces negocios con él».

Mientras tanto, Jobs y su equipo —Rubinstein, Fadell, Robbin e Ive— fueron capaces de seguir sacando al mercado nuevas versiones del iPod que recibían una calurosísima acogida y aumentaban la ventaja de Apple. La primera gran revisión del producto, anunciada en enero de 2004, fue el iPod mini. Era de un tamaño mucho menor que el iPod original —como una tarjeta de visita—, contaba con menos capacidad y costaba aproximadamente lo mismo. A lo largo del desarrollo del proyecto hubo un momento en que Jobs decidió cancelarlo, puesto que no entendía por qué alguien querría pagar lo mismo por menos. «Él no practica deporte, así que no se daba cuenta de lo práctico que era para ir a correr o en el gimnasio», comentó Fadell. De hecho, el mini fue el dispositivo que de verdad situó al iPod en el puesto dominante del mercado, al eliminar la competencia de otros reproductores de menor tamaño con memoria flash. Durante los dieciocho meses transcurridos tras su presentación, la cuota de mercado de Apple en el campo de los reproductores de música portátiles ascendió desde un 31 % a un 74 %.

El iPod shuffle, presentado en enero de 2005, resultó todavía más revolucionario. Jobs advirtió que la opción de reproducción aleatoria del iPod se había vuelto muy popular. A la gente le gustaba sorprenderse, o bien era demasiado vaga como para organizar y revisar sus listas de reproducción constantemente. Algunos usuarios llegaron incluso a obsesionarse con averiguar si la selección de canciones era de verdad aleatoria y, de ser así, con saber por qué su iPod seguía eligiendo con mayor frecuencia, por ejemplo, a los Neville Brothers.

Aquella opción llevó a la creación del iPod shuffle. A medida que Rubinstein y Fadell trabajaban para crear un reproductor con memoria flash que fuera a la vez pequeño y económico, iban proponiendo distintos cambios, como la reducción del tamaño de la pantalla. Entonces Jobs les planteó una extravagante sugerencia: quería que eliminasen la pantalla. «¿¡¿Qué?!?», se extrañó Fadell. «Deshaceos de ella», insistió Jobs. Fadell preguntó cómo iban los usuarios a navegar por las canciones. La propuesta de Jobs era que no necesitarían desplazarse entre ellas. Las canciones se elegirían al azar. Al fin y al cabo, todas ellas habían sido seleccionadas por el usuario. Todo lo que hacía falta era un botón para cambiar de canción si no estabas de humor para escuchar esa en concreto. «Disfruta de la incertidumbre», rezaban los anuncios.

A medida que la competencia daba un tropezón tras otro y Apple seguía innovando, la música se fue convirtiendo en una parte cada vez mayor de la actividad de la compañía. En enero de 2007, las ventas del iPod representaban la mitad de los ingresos de la empresa. También le daban lustre a la marca Apple. Sin embargo, la tienda iTunes supuso un éxito aún mayor. Tras haber vendido un millón de canciones durante los seis días siguientes a su presentación en abril de 2003, la tienda vendió setenta millones de canciones en su primer año. En febrero de 2006, la tienda vendió su canción número mil millones, cuando Alex Ostrovsky, un chico de dieciséis años de West Bloomfield, Michigan, compró «Speed of Sound», de Coldplay, y recibió una llamada de felicitación de Jobs en la que le anunció que recibiría un regalo de diez iPods, un iMac y un vale regalo de 10.000 dólares para gastos en material musical. La canción que marcó los diez mil millones fue vendida en febrero de 2010 a Louie Sulcer, de setenta y un años, residente en Woodstock, Georgia, que descargó «Guess Things Happen That Way», de Johnny Cash.

El éxito de la tienda iTunes también trajo consigo una ventaja más sutil. Para 2011 había surgido una nueva y pujante oportunidad de negocio si tu servicio de compra en línea resultaba fiable y la gente te había confiado sus datos. Apple —al igual que sucedía con Amazon, Visa, PayPal, American Express y algunas otras empresas— se había hecho con una gran base de datos a partir de la gente que, en su proceso de compra sencilla y segura, les había facilitado su dirección de correo electrónico y el número de la tarjeta de crédito. Aquello le daba a Apple la posibilidad, por ejemplo, de vender la suscripción a una revista a través de su tienda en internet, y cuando eso ocurría era Apple, y no la editorial que publicaba la revista, la que mantenía una relación directa con el suscriptor. Cuando la tienda iTunes comenzó a vender vídeos, aplicaciones informáticas y suscripciones, llegó a contar en junio de 2011 con una base de datos de 225 millones de usuarios activos. Ello dejaba a Apple bien posicionada para la siguiente era del comercio digital.

31

El músico

La banda sonora de su vida

A medida que iba creciendo el fenómeno del iPod, este dio lugar a una pregunta que se les planteaba por igual a los candidatos a la presidencia, a los famosos de segunda fila, a las primeras citas, a la reina de Inglaterra y prácticamente a cualquiera que apareciera con unos auriculares blancos: «¿Qué llevas en el iPod?». Semejante juego de salón empezó cuando Elisabeth Bumiller escribió un artículo para el *New York Times* a principios de 2005 en el que diseccionaba la respuesta del presidente de Estados Unidos, George W. Bush, al plantearle la pregunta. «El iPod de Bush está lleno de cantantes country de toda la vida —afirmó—. Tiene una lista de reproducción con Van Morrison, cuya canción "Brown Eyed Girl" es una de sus favoritas, y de John Fogerty, de quien tiene, como era de esperar, "Centerfield"». La periodista le pidió a un redactor de *Rolling Stone*, Joe Levy, que analizara aquella selección, y él comentó: «Hay una cosa curiosa, y es que al presidente le gustan artistas a los cuales no les gusta él».

«El mero acto de dejarle tu iPod a un amigo, a tu cita a ciegas o a un perfecto desconocido que se sienta a tu lado en el avión hace que puedan leerte como a un libro abierto —escribió Steven Levy en *The Perfect Thing*—. Basta con desplazarse por tu lista de canciones por medio de la rueda pulsable y, en términos musicales, te quedas desnudo. No es solo lo que te gusta, es lo que eres». Así pues, un día, mientras estábamos en su salón escuchando algo de música, le pedí a Jobs que me dejara ver su iPod. Me enseñó uno que había cargado en el año 2004.

Como era de esperar, estaban allí los seis volúmenes de la colección *The Bootleg Series*, de Dylan, incluidas las canciones que a Jobs habían comenzado a entusiasmarle cuando Wozniak y él lograron hacerse con ellas en casete años antes de que se publicaran oficialmente. Además, había otros quince discos del cantante, que empezaban con el primero, *Bob Dylan* (1962), pero solo llegaban hasta *Oh Mercy* (1989). Jobs había pasado mucho tiempo discutiendo con Andy Hertzfeld y los demás que los siguientes álbumes de Dylan —en realidad, todos los que llegaron después de *Blood on the Tracks* (1975)— no eran tan intensos como sus primeras actuaciones. La única excepción que se permitió fue la canción «Things Have Changed», de la película del año 2000 *Jóvenes prodigiosos*. Es de destacar que su iPod no incluía *Empire Burlesque* (1985), el álbum que Hertzfeld le trajo el fin de semana en que lo destituyeron de Apple.

El otro gran cofre del tesoro de su iPod era el de los Beatles. Incluía canciones de siete de sus discos: *A Hard Day's Night, Abbey Road, Help!, Let it Be, Magical Mystery Tour, Meet the Beatles!* y *Sgt. Pepper's Lonely Hearts Club Band*. Los álbumes en solitario no entraban en la selección. Los Rolling Stones los seguían en la clasificación, con seis discos: *Emotional Rescue, Flashpoint, Jump Back, Some Girls, Sticky Fingers* y *Tattoo You*. En el caso de los discos de Dylan y los Beatles, la mayoría estaban incluidos en su totalidad. Sin embargo, fiel a su creencia de que los álbumes podían y debían disgregarse, solo incluía tres o cuatro canciones de los discos de los Stones y de la mayoría de los demás artistas. Joan Baez, la que fuera su novia durante una época, se encontraba ampliamente representada a través de una muestra de cuatro de sus discos, incluidas dos versiones de «Love is Just a Four Letter Word».

La selección musical de su iPod era la propia de un chico de los setenta con el corazón puesto en los sesenta. Allí estaban Aretha Franklin, B. B. King, Buddy Holly, Buffalo Springfield, Don McLean, Donovan, The Doors, Janis Joplin, Jefferson Airplane, Jimi Hendrix, Johnny Cash, John Mellencamp, Simon y Garfunkel e incluso

The Monkees (con «I'm a Believer») y Sam the Sham («Wooly Bully»). Solamente una cuarta parte de las canciones eran de artistas más contemporáneos, como 10.000 Maniacs, Alicia Keys, Black Eyed Peas, Coldplay, Dido, Green Day, John Mayer (amigo suyo y de Apple), Moby (ídem), Bono y U2 (ídem), Seal y Talking Heads. Por lo que respecta a la música clásica, había algunas grabaciones de piezas de Bach, entre las cuales estaban los *Conciertos de Brandeburgo*, y tres discos de Yo-Yo Ma.

Jobs le dijo a Sheryl Crow en mayo de 2001 que estaba descargando algunas canciones de Eminem, y que estaba «empezando a gustarle». James Vincent lo llevó después a uno de sus conciertos. Aun así, el rapero no llegó a entrar en la lista de reproducción de Jobs. Según él mismo le confesó a Vincent tras el concierto, «no sabría decirte...». Después me contó: «Respeto a Eminem como artista, pero no quiero seguir escuchando su música y no puedo sentirme identificado con sus valores de la forma en que lo hago con los de Dylan». Así pues, la lista de Jobs en 2004 no era exactamente el último grito. Sin embargo, los que hayan nacido en la década de los cincuenta podrán evaluarla, e incluso apreciarla, como la banda sonora de su vida.

Sus favoritos no cambiaron mucho durante los siete años posteriores a que cargara aquel iPod. Cuando el iPad 2 salió a la venta en marzo de 2011, trasladó a uno de ellos su música favorita. Una tarde, nos sentamos en su salón mientras él navegaba por las canciones en su nuevo juguete y, dulcemente nostálgico, iba seleccionando las que quería escuchar.

Escogió sus canciones favoritas de siempre —Dylan y los Beatles— y entonces se puso algo más pensativo y pulsó un canto gregoriano —«Spiritus Domini»— interpretado por unos monjes benedictinos. Durante un minuto aproximadamente, pareció que hubiera quedado en trance. «Es una preciosidad», murmuró. A continuación vino el *Segundo Concierto de Brandeburgo*, de Bach, y una fuga de *El clave bien temperado*. Jobs afirmó que Bach era su compositor favorito de música clásica. Disfrutaba particularmente al escuchar los contrastes entre las dos versiones de las *Variaciones Goldberg* grabadas por Glenn Gould, la primera en 1955, cuando era un pianista poco conocido de veintidós años, y la segunda en 1981, un año antes de morir. «Son como la noche y el día —comentó Jobs tras escucharlas una tras otra una tarde—. La primera es una pieza exuberante, joven y brillante, con una interpretación tan rápida que resulta toda una revelación. La segunda es mucho más sobria y descarnada. Puedes sentir un alma muy profunda que ha pasado por muchas cosas a lo largo de su vida. Es más oscura y sabia». Jobs se encontraba en medio de su tercera baja médica la tarde en la que escuchó ambas versiones, y yo le pregunté cuál prefería. «A Gould le gustaba mucho más la última versión —contestó—. A mí solía gustarme la primera, la más exuberante, pero ahora entiendo sus preferencias».

A continuación pasó de lo más sublime a los sesenta: «Catch the Wind», de Donovan. Cuando vio mi expresión de recelo, protestó: «Donovan sacó algunos temas muy buenos, de verdad». Puso «Mellow Yellow» y entonces admitió que quizás aquel no fuera el mejor ejemplo. «Sonaba mejor cuando éramos jóvenes».

Le pregunté qué música de nuestra infancia había soportado bien el paso del tiempo hasta nuestros días. Navegó por la lista de su iPad y seleccionó una canción de los Grateful Dead compuesta en 1969, «Uncle John's Band». Iba moviendo la cabeza al son de la letra: «When life looks like Easy Street, there is danger at your door...».* Por un momento regresamos a aquella época entusiasta en la que la suavidad de los sesenta estaba llegando a su fin en medio de la discordia. «Whoa, oh, what I want to know is, are you kind?».**

A continuación pasó a Joni Mitchell. «Ella tuvo una hija a la que entregó en adopción —comentó—. Esta canción trata de la pequeña». Seleccionó «Little Green» y escuchamos aquella triste melodía con su letra. «So you sign all the papers in the family name / You're sad and you're sorry, but you're not ashamed / Little Green, have a happy ending».*** Le pregunté si seguía pensando a menudo en el

---

* «Cuando la vida parece un camino de rosas, el peligro aguarda en tu puerta...».
** «Hey, eh, lo que quiero saber es, ¿eres amable?».
*** «Así que firmas todos los documentos en nombre de la familia. / Estás triste, y te da pena, pero no sientes vergüenza. / Pequeña Green, ten un final feliz». *(N. del T.)*

hecho de haber sido dado en adopción. «No, no mucho —contestó—. No muy a menudo».

Añadió que en aquellos días pensaba más en el hecho de estar envejeciendo que en su nacimiento. Aquello lo llevó a poner la mejor canción de Joni Mitchell, «Both Sides Now», con su letra acerca del proceso de envejecer y hacerse más sabio: «I've looked at life from both sides now, / From win and lose, and still somehow, / It's life's illusions I recall, / I really don't know life at all».* Al igual que había hecho Glenn Gould con las *Variaciones Goldberg* de Bach, Mitchell había grabado «Both Sides Now» con muchos años de diferencia, primero en 1969 y después, en una versión lenta terriblemente inquietante, en 2000. Jobs había elegido esta última. «Resulta interesante ver cómo envejece la gente», señaló.

Añadió que algunas personas no envejecen bien ni siquiera cuando son jóvenes. Le pregunté a quién tenía en mente. «John Mayer es uno de los mejores guitarristas de la historia, y me temo que está fastidiándose la vida terriblemente», replicó Jobs. A él le gustaba Mayer, y alguna vez lo invitó a cenar en Palo Alto. Con veintisiete años, Mayer apareció en la conferencia Macworld de enero de 2004, en la que Jobs presentó el programa GarageBand, y el guitarrista se convirtió en un asistente habitual a aquellos actos, a los que acudía casi todos los años. Jobs seleccionó el éxito de Mayer «Gravity». La letra habla de un hombre lleno de amor que, inexplicablemente, sueña con la forma de tirarlo por la borda: «Gravity is working against me, / And gravity wants to bring me down».** Jobs hizo un gesto de negación con la cabeza y comentó: «Creo que en el fondo es un buen chico, pero ha estado fuera de control».

Al final de la sesión musical le planteé la manida pregunta: «¿Beatles o Rollings?». «Si la cámara acorazada empezara a quemarse y solo pudiera coger una grabación original, sería de los Beatles

---

* «Ya he visto la vida desde ambos lados, / desde la victoria y la derrota, y de algún modo / son las ilusiones de la vida lo que recuerdo, / en realidad no sé nada de la vida».

** «La gravedad ejerce su fuerza en mi contra, / y la gravedad quiere que me rinda». *(N. del T.)*

—contestó—. La elección difícil sería entre los Beatles y Dylan. En último extremo, algún otro grupo podría haber creado una réplica de los Rollings. Pero nadie más podría haber sido Dylan o los Beatles». Mientras cavilaba sobre la suerte que habíamos tenido al contar con todos aquellos artistas mientras crecíamos, su hijo, que por aquel entonces tenía dieciocho años, entró en la habitación. «Reed no lo entiende», se lamentó Jobs. O quizá sí lo hacía. El chico llevaba una camiseta de Joan Baez con las palabras «Siempre joven» escritas en ella.

Bob Dylan

Jobs solo recuerda una ocasión en la que se quedó realmente cohibido, y fue en presencia de Bob Dylan. El músico estaba actuando cerca de Palo Alto en octubre de 2004 mientras Jobs se recuperaba de su primera operación de cáncer. Dylan no era un hombre gregario, como Bono o Bowie. Nunca fue amigo de Jobs, ni lo intentó. Sin embargo, sí que lo invitó a visitarlo a su hotel antes del concierto. Jobs recordaba la escena:

> Nos sentamos en el patio situado fuera de su habitación y estuvimos dos horas hablando. Yo estaba muy nervioso, porque él era uno de mis héroes, y me daba miedo que dejara de parecerme tan inteligente, que resultara ser una caricatura de sí mismo, como le ocurre a mucha gente. Pero quedé encantado. Era más listo que el hambre. Era todo lo que yo esperaba. Se mostró muy abierto y sincero. Me estuvo hablando de su vida y de cómo escribía sus canciones. Me dijo: «Sencillamente me invadían, no es como si estuviera obligado a componerlas. Eso ya no me pasa, ya no puedo componer piezas así». Entonces se detuvo y añadió con su voz áspera y una sonrisilla: «Pero todavía puedo cantarlas».

En la siguiente ocasión en que Dylan actuó cerca de allí, invitó a Jobs justo antes del concierto a pasarse por el autobús decorado con los colores de la gira. Cuando le preguntó cuál era su canción favorita, Jobs mencionó «One Too Many Mornings», así que Dylan la cantó esa noche. Tras el concierto, justo cuando Jobs se estaba marchando por la parte trasera, el autobús de la gira se puso a su altura y se detuvo con un fuerte chirriar de frenos. La puerta se abrió. «Bueno, ¿escuchaste la canción que canté para ti?», preguntó Dylan con su voz cargada. Entonces el autobús arrancó y se perdió de vista. Jobs cuenta esta historia realizando una imitación bastante buena de la voz de Dylan. «Es uno de mis grandes héroes —recordaba—. Mi amor por él ha crecido con los años, ha madurado. Es alucinante cómo creaba esa música siendo tan joven».

Unos meses después de verlo en el concierto, Jobs trazó un grandioso plan. La tienda iTunes debería ofrecer un «paquete» digital que incluyera todas las canciones grabadas por Dylan, más de setecientas en total, por 199 dólares. Jobs sería el conservador museístico del músico para la era digital. Sin embargo, Andy Lack, de Sony, que era el sello discográfico de Dylan, no estaba dispuesto a llegar a un acuerdo sin algunas concesiones importantes con respecto a iTunes. Además, Lack opinaba que el precio de 199 dólares era demasiado bajo y que le restaría valor a Dylan. «Bob es patrimonio nacional —aseguró Lack— y Steve lo quería en iTunes por un precio que lo convertía en una mercancía barata». Aquel era el núcleo de los problemas que Lack y otros ejecutivos de las discográficas estaban teniendo con Jobs: él era quien conseguía fijar los precios de las canciones, y no ellos. Así pues, Lack se negó.

«De acuerdo, entonces llamaré directamente a Dylan», anunció Jobs. Sin embargo, aquel no era el tipo de conflicto al que Dylan estaba dispuesto a enfrentarse, así que la tarea de arreglar la situación recayó en su agente, Jeff Rosen.

«Es una idea muy mala —le dijo Lack a Rosen, mostrándole las cifras—. Bob es el ídolo de Steve, así que ofrecerá un mejor acuerdo». Lack sentía un deseo profesional y personal de pararle los pies a Jobs, e incluso de irritarlo un poco, así que le propuso una oferta a Rosen. «Mañana mismo te firmaré un cheque por un millón de dólares si aplazas la decisión por el momento». Según explicó Lack posteriormente, aquel era un adelanto de futuras regalías, «una de esas maniobras de contabilidad que hacen las discográficas». Rosen le devolvió la llamada cuarenta y cinco minutos después y aceptó.

«Andy arregló las cosas con nosotros y nos pidió que no lo hiciéramos, así que no lo hicimos —recordaba—. Creo que Andy nos entregó algún tipo de adelanto para que postergáramos la toma de la decisión».

En 2006, no obstante, Lack había dejado de ser el consejero delegado de lo que por aquel entonces era Sony BMG, así que Jobs reanudó las negociaciones. Le envió a Dylan un iPod con todas sus canciones en él, y le mostró a Rosen el tipo de campaña de marketing que podía organizar Apple. En agosto anunció un gran acuerdo. En él se permitía que Apple vendiera el paquete digital con todas las canciones grabadas de Dylan por 199 dólares, además del derecho en exclusiva a vender su nuevo disco, *Modern Times*, para los pedidos realizados antes de la publicación de dicho álbum. «Bob Dylan es uno de los poetas y músicos más respetados de nuestro tiempo, y uno de mis ídolos personales», afirmó Jobs durante el anuncio. Aquel paquete de 773 canciones incluía 42 rarezas, como una cinta de 1961 de «Wade in the Water» grabada en un hotel de Minnesota, una versión de 1962 de «Handsome Molly» de un concierto en directo en el Gaslight Café de Greenwich Village, la impresionante interpretación de «Mr. Tambourine Man» del festival de folk de Newport de 1964 (la favorita de Jobs) y una versión acústica de «Outlaw Blues» de 1965.

Como parte del acuerdo, Dylan apareció en un anuncio del iPod para la televisión en el que se mostraba su nuevo disco, *Modern Times*. Aquel suponía el caso más sorprendente de inversión de papeles desde que Tom Sawyer convenció a sus amigos para que encalaran su valla. En el pasado, conseguir que un famoso grabara un anuncio requería pagar una fortuna, pero en 2006 las tornas habían cambiado. Los principales artistas querían aparecer en los anuncios del iPod. La publicidad era garantía de éxito. James Vincent ya lo había predicho algunos años antes, cuando Jobs le habló de los contactos que tenía en el mundo de la música y de cómo podrían pagarles para que aparecieran en los anuncios. «No, las cosas van a cambiar pronto —replicó Vincent—. Apple es un tipo de marca diferente, más atractiva que la imagen de la mayoría de los artistas. Vamos a estar aportando unos diez millones de dólares en publicidad a cada uno de los grupos con los que participemos. Deberíamos hablar de la oportunidad que les estamos ofreciendo a dichos grupos, no de pagarles».

Lee Clow recordaba que sí hubo una cierta resistencia entre algunos de los miembros más jóvenes de Apple y de la agencia con respecto a la aparición de Dylan. «Se preguntaban si todavía era lo suficientemente moderno», comentó Clow. Jobs no estaba dispuesto a hacerles mucho caso a aquellas protestas. Estaba encantado de contar con él. Y se obsesionó con todos los detalles del anuncio. Rosen tomó un vuelo a Cupertino para que pudieran repasar el disco y seleccionar la canción que querían utilizar, que acabó siendo «Someday Baby». Jobs dio su visto bueno a un vídeo de prueba preparado por Clow con un doble del cantante, y que después se rodó en Nashville con el propio Dylan. Sin embargo, cuando Jobs recibió la grabación, dijo que no le gustaba nada. No era lo suficientemente distintiva. Quería un estilo diferente, así que Clow contrató a otro director y Rosen logró convencer a Dylan para que volviera a grabar todo el anuncio. En esta ocasión se realizó una ligera variación de los anuncios de las siluetas, y ahora Dylan aparecía con un sombrero de vaquero sentado sobre un taburete, con una suave iluminación por detrás, rasgueando la guitarra y cantando mientras una chica con ropa moderna y boina bailaba con su iPod. A Jobs le encantó.

El anuncio demostró el tirón del marketing del iPod: aquello ayudó a Dylan a acceder a un público más joven, igual que había hecho el iPod con los ordenadores Apple. Gracias al anuncio, el disco de Dylan llegó al número uno de ventas en su primera semana, por encima de otros álbumes líderes de ventas de Christina Aguilera y Outkast. Era la primera vez que el músico llegaba al primer puesto desde su disco *Desire* de 1976, treinta años antes. La revista *Ad Age* subrayó la importancia de Apple en el ascenso de Dylan. «Es una inversión de la fórmula habitual, en la que la todopoderosa marca Apple le ha ofrecido al artista el acceso a un sector más joven de los consumidores y con ello ha ayudado a aumentar sus ventas hasta puestos que no se habían visto desde la presidencia de Gerald Ford».

Los Beatles

Uno de los discos más preciados de Jobs era una copia pirata con una docena de sesiones grabadas en las que John Lennon y los Beatles repasaban «Strawberry Fields Forever». Aquella era la partitura que acompañaba a su filosofía sobre cómo perfeccionar un producto. Andy Hertzfeld había encontrado el CD y grabado una copia para Jobs en 1986, aunque este a veces le decía a la gente que era un regalo de Yoko Ono. Un día, mientras estábamos en el salón de su casa de Palo Alto, Jobs estuvo revolviendo algunas estanterías acristaladas hasta encontrarlo. Entonces lo puso en el equipo de música mientras describía lo que aquella grabación le había enseñado:

> Es una canción compleja, y resulta fascinante contemplar el proceso creativo mientras avanzaban y retrocedían hasta crearlo al cabo de unos meses. Lennon siempre fue mi Beatle favorito. [Se ríe mientras Lennon se detiene durante la primera toma y hace que el grupo vuelva atrás para revisar un acorde.] ¿Oyes esa pequeña variación que hicieron? No les gustó, así que volvieron al punto de partida. La canción queda muy desnuda en esta versión. De hecho, hace que suenen como simples mortales. Podrías imaginarte a otras personas haciendo esto, hasta llegar a esta versión. Puede que no escribiéndola y concibiéndola, pero sí tocándola. Sin embargo, ellos no se detuvieron ahí. Eran tan perfeccionistas que siguieron insistiendo una y otra vez. Esta grabación me impresionó mucho cuando yo tenía algo más de treinta años. Uno puede ver lo mucho que trabajaron en ella.
>
> Tuvieron que realizar una gran labor entre cada una de estas grabaciones. Seguían repitiéndolas para aproximarse cada vez más a la perfección. [Mientras escucha la tercera toma, señala cómo la instrumentación se ha vuelto más compleja.] La forma en que nosotros construimos Apple sigue a menudo este esquema. Incluso en el número de prototipos que preparamos para un nuevo portátil o un iPod. Comenzamos con una versión y después la vamos puliendo poco a poco, creando maquetas cada vez con más detalles del diseño, o de los botones, o de cómo funciona tal o cual característica. Supone mucho trabajo, pero al final acaba mejorando, y pronto el resultado hace que la gente piense: «¡Guau! ¿Cómo lo han hecho? ¿Pero dónde están los tornillos?».

Por lo tanto, era comprensible que a Jobs le sacara de quicio el hecho de que los Beatles no estuvieran en iTunes. Su lucha con Apple Corps, la empresa fundada por los Beatles, se remontaba a más de tres décadas atrás, lo que llevó a algún periodista a referirse al título de la canción «The Long and Winding Road» («La carretera larga y sinuosa») en sus artículos sobre aquella relación. El conflicto se originó en 1978, cuando Apple Computers, poco después de su creación, recibió una denuncia de Apple Corps por infracción de marca registrada, basándose en el hecho de que el antiguo sello discográfico de los Beatles también se llamaba Apple. La demanda se resolvió tres años más tarde, cuando Apple Computers le pagó 80.000 dólares a Apple Corps. El fallo incluía lo que por aquel entonces parecía una cláusula inocua: los Beatles no podrían crear equipos informáticos y Apple no sacaría al mercado ningún producto musical.

Los Beatles cumplieron con su parte del trato. Ninguno de ellos creó jamás un ordenador. Sin embargo, Apple acabó entrando en el negocio de la música. Así que volvió a recibir una demanda en 2001, cuando se incorporó en el Mac la posibilidad de reproducir archivos de música, y de nuevo en 2003, cuando se presentó la tienda de música iTunes. Un abogado que trabajó mucho tiempo para los Beatles señaló que Jobs tendía a hacer lo que le daba la gana, sin considerar que los acuerdos legales también le afectaban a él. Todos aquellos conflictos judiciales acabaron resolviéndose en 2007, cuando Apple llegó a un acuerdo por el que le pagaba a Apple Corps 500 millones de dólares por todos los derechos mundiales de aquel nombre, para después venderle de nuevo a los Beatles el derecho a utilizar la marca «Apple Corps» para su corporación y su sello discográfico.

Sin embargo, aquello no resolvió el asunto de cómo conseguir que los Beatles estuvieran en iTunes. Para que aquello ocurriera, los Beatles y EMI Music, que poseía los derechos de la mayoría de sus canciones, tenían que negociar sus diferencias personales sobre cómo gestionar los derechos digitales. «Todos los miembros de los Beatles querían estar en iTunes —recordaba Jobs—, pero ellos y EMI eran como una pareja de ancianos casados que se odian mutuamente pero no pueden divorciarse. El hecho de que mi grupo favorito fuera el último bastión de la resistencia de iTunes era algo que esperaba poder resolver en vida». Por lo visto, así fue.

BONO

Bono, el cantante de U2, apreciaba enormemente el poder publicitario de Apple. Su grupo dublinés era el mejor del mundo, pero en 2004 estaba tratando, después de casi treinta años juntos, de darle un nuevo ímpetu a su imagen. Habían creado un increíble nuevo disco con una canción que, según The Edge, el guitarrista de la banda, era «la madre de todas las melodías del rock». Bono sabía que necesitaba encontrar la forma de lograr algo de tirón, así que llamó a Jobs.

«Quería algo muy concreto de Apple —recordaba Bono—. Teníamos una canción titulada "Vertigo" que contaba con un dinámico solo de guitarra que yo sabía que iba a ser contagioso, pero solo si la gente llegaba a escucharla muchas, muchas veces». Le preocupaba que la época de promocionar las canciones mediante su repetición incesante en la radio hubiera llegado a su fin, así que fue a visitar a Jobs a su casa de Palo Alto, dio un paseo con él por el jardín y presentó una propuesta poco común. A lo largo de los años, U2 había rechazado ofertas de hasta 23 millones de dólares por aparecer en publicidad. Ahora quería que Jobs los sacase en un anuncio del iPod completamente gratis, o al menos como parte de un intercambio mutuamente beneficioso. «Nunca habían hecho un anuncio antes —recordaba Jobs posteriormente—, pero estaban viéndose atacados por las descargas gratuitas, les gustaba lo que estábamos haciendo con iTunes y pensaron que podíamos promocionarlos ante un público más joven».

Bono no solo quería que apareciera la canción en el anuncio, sino todo el grupo. Cualquier otro consejero delegado de una compañía habría sido capaz de tirarse de un quinto piso con tal de tener a U2 en un anuncio, pero Jobs se resistió un poco. Apple no incluía a personajes reconocibles en los anuncios del iPod, solo a siluetas (en ese momento el anuncio de Dylan todavía no se había creado). «Ya tienes siluetas de los fans —replicó Bono—, ¿qué tal si la siguiente fase fueran las siluetas de los artistas?». Jobs respondió que reflexionaría sobre aquella idea. Bono le dejó una copia del disco, *How to Dismantle an Atomic Bomb*, que todavía no había salido a la venta, para que Jobs lo escuchara. «Era la única persona ajena al grupo que tenía uno», afirmó Bono.

A continuación tuvo lugar una ronda de reuniones. Jobs se fue a hablar con Jimmy Iovine (cuyo sello discográfico, Interscope Records, distribuía la música de U2) a su casa, situada en la zona de Holmby Hills, en Los Ángeles. Allí se encontraba The Edge, junto con el representante de U2, Paul McGuinness. Otra de las reuniones tuvo lugar en la cocina de Jobs, en la que McGuinness redactó los términos del acuerdo en la parte de atrás de su agenda. U2 aparecería en el anuncio, y Apple haría una gran promoción del disco a través de diferentes canales, desde carteles publicitarios hasta la página web de iTunes. El grupo no iba a recibir ningún pago directo, pero sí el porcentaje de sus derechos de autor por la venta de una edición especial del iPod con la imagen de U2. Bono creía, como Lack, que los músicos debían recibir un tanto por ciento por cada iPod vendido, y aquel era su pequeño intento de defender dicho principio, aunque con carácter limitado, para su grupo. «Bono y yo le pedimos a Steve que preparara un iPod negro —recordaba Iovine—. No solo estábamos hablando de un patrocinio publicitario, estábamos firmando un acuerdo para unir nuestras marcas».

«Queríamos nuestro propio iPod, algo diferente del modelo blanco habitual —recordaba Bono—. Lo queríamos en negro, pero Steve dijo: "Hemos probado con otros colores que no fueran el blanco, y no dan buen resultado". Sin embargo, en la siguiente ocasión en que nos encontramos nos mostró uno negro y nos pareció estupendo».

El anuncio intercalaba planos muy dinámicos del grupo parcialmente silueteado con la silueta habitual de una mujer que bailaba mientras escuchaba un iPod. Sin embargo, ya durante el rodaje en Londres, el acuerdo con Apple se estaba viniendo abajo. Jobs no se sentía a gusto con la idea del iPod especial en negro, y el sistema de pago de derechos de autor y de inversiones promocionales no había quedado del todo fijado. Llamó a James Vincent, que estaba supervisando el anuncio para la agencia publicitaria, y le pidió que interrumpiera el rodaje por el momento. «No creo que vayamos a hacerlo —anunció Jobs—. Ellos no se dan cuenta de lo mucho que les estamos ofreciendo, así que no va a funcionar. Pensemos en algún otro anuncio que podamos preparar». Vincent, que durante toda su vida había sido un fanático de U2, sabía lo importante que sería aquel anuncio, tanto para el grupo como para Apple, y le rogó que le diera la oportunidad de llamar a Bono y tratar de lograr que la situación volviera a encarrilarse. Jobs le dio el número del móvil de Bono y Vincent se puso en contacto con él cuando este se encontraba en su cocina, en Dublín.

«Creo que esto no va a funcionar —le dijo Bono a Vincent—. El grupo no lo tiene claro». Vincent preguntó cuál era el problema. «Cuando éramos adolescentes en Dublín, prometimos que pasaríamos de cutreces», respondió Bono. Vincent, a pesar de ser inglés y estar familiarizado con la jerga del mundo del rock, contestó que no sabía a qué se refería. «Que no vamos a hacer ninguna chapuza solo por dinero —explicó Bono—. Lo que más nos importa son nuestros seguidores. Salir en un anuncio nos haría sentir como si los estuviéramos decepcionando. No nos parece bien. Lamento haberos hecho perder el tiempo».

Vincent le preguntó qué más podría hacer Apple para que aquello funcionara. «Os estamos entregando lo más importante que os podemos ofrecer, nuestra música —respondió Bono—, ¿y qué nos estáis dando vosotros a cambio? Publicidad, y los fans pensarán que lo hacéis en beneficio propio. Necesitamos algo más». Vincent no sabía cuál era la situación de la edición especial de U2 del iPod o del acuerdo sobre los derechos de autor, así que se lanzó a probar aquella vía. «Eso es lo más valioso que tenemos para ofrecer», señaló Vincent. Bono había estado ejerciendo presión para que aquellas partes del acuerdo se hicieran realidad desde su primera reunión con Jobs, y trató de asegurarse de que así fuera. «Vale, estupendo, pero tienes que garantizarme que se puede hacer».

Vincent llamó inmediatamente a Jony Ive, otro gran fan de U2 (los había visto en concierto por primera vez en Newcastle en 1983), y le describió la situación. Ive le informó de que ya había estado preparando un iPod negro con una rueda roja, que era lo que Bono había pedido, para que hiciera juego con los colores de la portada del disco *How to Dismantle an Atomic Bomb*. Vincent llamó a Jobs y le sugirió que enviara a Ive a Dublín para que les mostrara el aspecto que tendría el iPod en negro y rojo. Jobs se mostró de acuerdo. Vincent volvió a llamar a Bono y le preguntó si conocía a Jony Ive, porque no sabía que ya se habían conocido antes y se admiraban mutuamente.

«¿Que si conozco a Jony Ive? —Bono se rió—. Me encanta ese hombre. Es uno de mis ídolos».

«Qué fuerte —replicó Vincent—, pero ¿qué te parecería que él te visitara y te mostrara lo genial que va a ser vuestro iPod?».

«Voy a ir a recogerlo yo mismo en mi Maserati —respondió Bono—. Se quedará en mi casa, lo sacaré de fiesta y lo emborracharé a lo bestia».

Al día siguiente, mientras Ive se dirigía a Dublín, Vincent tuvo que lidiar con Jobs, que estaba volviendo a pensar en echarse atrás. «No sé si estamos haciendo lo correcto —afirmó—. No quiero hacer esto para nadie más». Le preocupaba que aquello sentara un precedente y todos los artistas quisieran recibir una parte de cada iPod vendido. Vincent le aseguró que el acuerdo con U2 sería algo especial.

«Jony llegó a Dublín y lo instalé en la casa de invitados, un lugar muy tranquilo sobre una antigua vía de tren y con vistas al mar —recordaba Bono—. Me enseñó un iPod negro precioso con una rueda de un rojo intenso y yo le dije: "De acuerdo, lo haremos"». Se fueron a un pub cercano, aclararon algunos de los detalles y después llamaron a Jobs a Cupertino para ver si estaba de acuerdo. Jobs discutió un rato por cada uno de los puntos del acuerdo y por el diseño, pero aquello impresionó a Bono. «En realidad, resulta sorprendente que un consejero delegado se preocupe tanto por los detalles», aseguró. Cuando todo quedó resuelto, Ive y Bono se dispusieron a emborracharse con gran disciplina. Ambos se sienten a gusto en los pubs. Tras unas cuantas pintas, decidieron llamar a Vincent a California. No estaba en casa, así que Bono le dejó un mensaje en el contestador, que Vincent se aseguró de no borrar nunca. «Estoy aquí sentado en la bella Dublín con tu amigo Jony —dijo—. Los dos estamos un poco borrachos, y nos encanta este iPod tan maravilloso, tanto que no me lo puedo ni creer, pero lo tengo ahora mismo en la mano. ¡Gracias!».

Jobs alquiló una sala de cine en San José de las de toda la vida para la presentación del anuncio televisivo y del iPod especial. Bono y The Edge se unieron a él en el escenario. El álbum vendió 840.000 copias en su primera semana e irrumpió en el número uno de la lista de los más vendidos. Bono le contó después a la prensa que había grabado el anuncio sin cobrar porque «U2 sacará tantos beneficios de él como Apple». Jimmy Iovine añadió que aquello le permitiría al grupo «llegar a un público más joven».

Lo más curioso fue que asociarse con una empresa de ordenadores y aparatos electrónicos resultó la mejor opción para que una banda de rock le pareciera moderna y atractiva a la juventud. Bono explicó posteriormente que no todos los patrocinios empresariales eran pactos con el diablo. «Analicemos la situación —le dijo a Greg Kot, el crítico musical del *Chicago Tribune*—. El "diablo", aquí, es un grupo de gente de mente creativa, mucho más creativa que muchas personas que tocan en grupos de rock. El cantante del grupo es Steve Jobs. Estos hombres han colaborado en el diseño del objeto artístico más hermoso en la cultura musical desde la guitarra eléctrica. Eso es el iPod. El objetivo del arte consiste en hacer desaparecer la fealdad».

Bono consiguió llegar a otro acuerdo con Jobs en 2006, en esta ocasión para la campaña «Product Red», que recaudaba fondos y promovía la sensibilización en la lucha contra el sida en África. A Jobs nunca le ha interesado mucho la filantropía, pero accedió a producir un iPod especial en color rojo como parte de la campaña de Bono. No era un compromiso sin reservas, en cualquier caso. Puso pegas, por ejemplo, a la costumbre de aquella campaña de poner el nombre de la compañía entre paréntesis junto a la palabra «RED» en letra volada a continuación, como en «(APPLE)^{RED}». «No quiero que Apple aparezca entre paréntesis», insistió Jobs. Bono replicó: «Pero Steve, así es como mostramos la unidad de nuestra causa». La conversación se fue encendiendo —hasta llegar a la fase de los improperios—, hasta que accedieron a consultarlo con la almohada. Al final, Jobs llegó a una especie de acuerdo. Bono podía hacer lo que quisiera en sus anuncios, pero Jobs no estaba dispuesto a poner el nombre de Apple entre paréntesis en ninguno de sus productos ni en ninguna de sus tiendas. Por tanto, el iPod quedó etiquetado con «(PRODUCT)^{RED}», no como «(APPLE)^{RED}».

«Steve puede ser muy vehemente —recordaba Bono—, pero aquellos momentos nos hicieron entablar una estrecha amistad, porque no hay mucha gente en la vida de uno con la que se puedan mantener discusiones tan sólidas. Tiene unas opiniones muy firmes. Después de nuestros conciertos iba a hablar con él, y siempre tenía algo que decir». Jobs y su familia visitaron alguna vez a Bono, a su esposa y a sus cuatro hijos en su casa junto a Niza, en la Riviera francesa. Durante unas vacaciones, en 2008, Jobs alquiló un barco y lo atracó junto a la casa de Bono. Comieron todos juntos, y Bono les mostró algunos extractos de las canciones que U2 y él estaban preparando para lo que después pasó a ser su disco *No Line on the Horizon*. Sin embargo, a pesar de su amistad, Jobs seguía siendo un duro negociador. Trataron de pactar la posibilidad de rodar otro anuncio y preparar una presentación especial de la canción «Get On Your Boots», pero no llegaron a ponerse de acuerdo en los detalles. Cuando Bono se lesionó la espalda en 2010 y tuvo que cancelar una gira, Powell, la esposa de Jobs, le envió una cesta de regalo con un DVD del dúo cómico Flight of the Conchords, el libro *Mozart's Brain and the Fighter Pilot*, un poco de miel de su jardín y una crema analgésica. Jobs escribió una nota, que adjuntó a este último detalle. En ella se leía: «Crema analgésica: me encanta el invento».

YO-YO MA

Había un intérprete de música clásica al que Jobs admiraba por igual como persona que en su faceta profesional: Yo-Yo Ma, el versátil virtuoso con un carácter tan dulce y profundo como los tonos que creaba en su violonchelo. Se habían conocido en 1981, cuando Jobs se encontraba en la Conferencia de Diseño de Aspen y Yo-Yo Ma asistía al Festival de Música de la misma ciudad. Jobs tendía a sentirse profundamente conmovido por los artistas que mostraban una cierta pureza, y se convirtió en uno de sus seguidores. Invitó a Ma a que tocara en su boda, pero este se encontraba fuera del país en una gira. Acudió a casa de Jobs unos años más tarde, se sentó en el salón, sacó su violonchelo, un Stradivarius de 1733, y tocó algo de Bach. «Esto es lo que habría tocado en vuestra boda», les dijo. Jobs se levantó con lágrimas en los ojos y le dijo: «Tu interpretación es el mejor argumento que he oído nunca en favor de la existencia de Dios, porque no creo que un ser humano pueda por sí solo hacer algo así». En una visita posterior, Ma dejó que Erin, la hija de Jobs, sujetara el instrumento mientras se sentaban en la cocina. Por aquel entonces, Jobs, ya aquejado de cáncer, le hizo a Ma prometerle que tocaría en su funeral.

32

Los amigos de Pixar

… y sus enemigos

«Bichos»

Cuando Apple desarrolló el iMac, Jobs se desplazó en coche junto con Jony Ive para ir a mostrárselo a la gente de Pixar. Sentía que aquel ordenador tenía la atrevida personalidad que podría agradar a los creadores de Buzz Lightyear y Woody, y le gustaba el hecho de que Ive y John Lasseter compartieran el talento necesario para conectar de forma lúdica el arte con la tecnología.

Pixar era un paraíso en el que Jobs podía escapar de la intensidad de Cupertino. En Apple, los directivos se encontraban a menudo nerviosos y agotados, Jobs tendía a resultar imprevisible y la gente se mostraba inquieta al no saber cómo actuar ante él. En Pixar, los guionistas y los dibujantes parecían más serenos y se comportaban con mayor suavidad, entre ellos e incluso con Jobs. En otras palabras, el ambiente de aquellos dos lugares estaba definido, en el fondo, por Jobs en Apple y por Lasseter en Pixar.

Jobs se deleitaba con el ambiente a la vez lúdico y concienzudo de la creación de películas, y le apasionaban los algoritmos que hacían posibles procesos mágicos como el de permitir que las gotas de lluvia generadas por ordenador reflejaran los rayos del sol, o que las hojas de hierba se agitaran con el viento. Sin embargo, fue capaz de contenerse y no tratar de hacerse con el control del proceso de creación. En Pixar aprendió a dejar que otras mentes creativas florecieran y tomaran el mando. Lo hacía principalmente porque adoraba a Lasseter, un delicado artista que, como Ive, sacaba lo mejor de Jobs.

La función principal de Jobs en Pixar consistía en encargarse de las negociaciones, y ahí su intensidad natural suponía una gran ventaja. Poco después del estreno de *Toy Story* se enfrentó con Jeffrey Katzenberg, que había dejado Disney en el verano de 1994 para unirse a Steven Spielberg y David Geffen en la creación de un nuevo estudio, DreamWorks SKG. Jobs estaba seguro de que su equipo de Pixar había hablado con Katzenberg, mientras este se encontraba en Disney, acerca del proyecto de su segunda película, *Bichos, una aventura en miniatura*, y de que él había robado aquella idea de crear una película de animación con insectos. En DreamWorks el resultado había sido *Antz, Hormigaz.* «Cuando Jeffrey todavía dirigía el departamento de animación de Disney, le propusimos la idea de crear *Bichos* —afirmó Jobs—. En sesenta años de historia de la animación, nadie había pensado en crear una película animada sobre insectos, hasta que llegó Lasseter. Aquella fue una de sus brillantes ideas creativas. Y entonces Jeffrey se fue, entró en DreamWorks y de pronto tuvo la idea de crear una película animada sobre… ¡insectos! Y fingió que nunca había oído nuestra propuesta. Mintió. Mintió descaradamente».

En realidad, no lo hizo. La historia auténtica es algo más interesante. Katzenberg nunca oyó la propuesta de crear *Bichos* mientras estaba en Disney, pero después de marcharse a DreamWorks siguió en contacto con Lasseter, y de vez en cuando le hacía una de esas típicas llamadas para decir: «Eh, colega, ¿qué tal? Solo llamaba para ver cómo te va». Así pues, en una ocasión en la que Lasseter se encontraba en las instalaciones de Technicolor, en los estudios de Universal donde también se encontraba DreamWorks, llamó a Katzenberg y se pasó por allí con un par de compañeros suyos. Cuando Katzenberg le preguntó cuál era el siguiente proyecto en el que iban a embarcarse, Lasseter se lo contó. «Le describimos cómo iba a ser *Bichos*, con una hormiga como protagonista, y le contamos toda la historia de cómo organizaba a las otras hormigas y reclutaba a un grupo de insectos que actuaban en el circo para enfrentarse a los saltamontes —recordaba Lasseter—. Debí haber estado más alerta. Jeffrey no hacía más que preguntarme cuándo iba a estrenarse».

Lasseter comenzó a preocuparse cuando, a principios de 1996, oyó rumores sobre que DreamWorks podría estar preparando su propia película de animación por ordenador sobre hormigas. Llamó a Katzenberg y se lo preguntó directamente. Este carraspeó, vaciló y le preguntó dónde había oído aquello. Lasseter se lo volvió a preguntar, y Katzenberg reconoció que era cierto. «¿Cómo has podido?», exclamó Lasseter, que rara vez levantaba su suave tono de voz. «Tuvimos esta idea hace mucho tiempo», respondió Katzenberg, y procedió a explicarle que se la había propuesto un director de desarrollo de DreamWorks. «No te creo», replicó Lasseter. Katzenberg reconoció que había acelerado la producción de *Hormigaz* como forma de contrarrestar a sus antiguos compañeros de Disney. La primera gran película de animación de DreamWorks iba a ser *El príncipe de Egipto*, que tenía previsto su estreno para el Día de Acción de Gracias, en noviembre de 1998, y él quedó horrorizado al enterarse de que Disney estaba planeando estrenar *Bichos*, de Pixar, ese mismo fin de semana, así que había adelantado el estreno de *Hormigaz* para obligar a Disney a cambiar la fecha de presentación de *Bichos*.

«Que te jodan», respondió Lasseter, que no empleaba habitualmente aquel lenguaje. En trece años no le dirigió la palabra a Katzenberg.

Jobs estaba furioso, y tenía mucha más práctica que Lasseter a la hora de dejar aflorar sus emociones. Llamó a Katzenberg y comenzó a vociferar. Katzenberg propuso una oferta: retrasaría la producción de *Hormigaz* si Jobs y Disney cambiaban de fecha el estreno de *Bichos* de forma que no compitiera con *El príncipe de Egipto*. «Era un descarado intento de chantaje, y no cedí ante él», recordó Jobs. Le dijo a Katzenberg que no había nada que él pudiera hacer para conseguir que Disney cambiase aquella fecha.

«Claro que puedes —replicó Katzenberg—. Puedes mover montañas. ¡Tú mismo me enseñaste a hacerlo!». Señaló que, cuando Pixar se encontraba al borde de la quiebra, él había llegado al rescate al ofrecerles el acuerdo para producir *Toy Story*. «Yo fui quien te apoyó entonces, y ahora estás dejando que ellos te utilicen para joderme». También dejó caer que, si Jobs se lo proponía, podía limitarse a frenar el proceso de producción de *Bichos* sin decírselo a Disney. Si lo hacía, Katzenberg ofreció interrumpir temporalmente la producción de *Hormigaz*. «No digas eso ni en broma», replicó Jobs.

Katzenberg tenía motivos reales para quejarse. Estaba claro que Eisner y Disney estaban utilizando la película de Pixar para vengarse de él por haber abandonado Disney y haber creado un estudio de animación rival. «*El príncipe de Egipto* era la primera película que íbamos a hacer, y prepararon algo para la fecha de nuestro estreno simplemente por pura hostilidad —aseguró—. Mi postura era la misma que la del protagonista de *El rey león*: si metéis la mano en mi jaula y me atacáis, preparaos».

Nadie se echó atrás, y las películas rivales sobre hormigas provocaron un frenesí mediático. Disney trató de silenciar a Jobs con la teoría de que fomentar aquella rivalidad ayudaría a promocionar *Hormigaz*, pero él no era un hombre al que se pudiera acallar fácilmente. «Los malos no suelen ganar», le dijo a *Los Angeles Times*. Como respuesta, Terry Press, un sensato experto en marketing de DreamWorks, sugirió: «Steve Jobs debería relajarse un poco».

Antz, Hormigaz se estrenó a principios de octubre de 1998. No era una mala película. Woody Allen le puso voz a la neurótica hormiga que vive en una sociedad conformista y que pugna por expresar su individualismo. «Este es el tipo de comedia de Woody Allen que Woody Allen ya no hace», escribió *Time*. Recaudó la respetable suma de 91 millones de dólares en Estados Unidos y de 172 millones en todo el mundo.

Bichos, una aventura en miniatura se estrenó seis semanas más tarde, tal y como estaba planeado. Tenía un argumento más épico y le daba la vuelta a la fábula de Esopo sobre la cigarra y la hormiga. Además, contaba con un mayor virtuosismo técnico, lo que permitía crear algunos detalles como mostrar la hierba desde el punto de vista de un insecto y que pareciera chocar con la pantalla. *Time* se mostró mucho más efusiva al respecto. «Su trabajo de diseño es tan espectacular —un Edén a pantalla completa con hojas y laberintos poblados de decenas de criaturas feas, bromistas y adorables— que hace que la película de DreamWorks parezca, en comparación, un programa de radio», escribió el crítico Richard Corliss. Obtuvo el doble de beneficios que su competidora en taquilla, y recaudó 163 millones de dólares en Estados Unidos y 363 millones en todo el mundo (también superó a *El príncipe de Egipto*).

Unos años más tarde, Katzenberg se encontró con Jobs y trató de arreglar las cosas entre ellos. Insistió en que nunca le habían presentado el proyecto de *Bichos* mientras se encontraba en Disney; si lo hubieran hecho, su acuerdo con la empresa le habría hecho acreedor de un porcentaje de los beneficios, así que no era algo sobre lo que le conviniese mentir. Jobs se rió y reconoció que así era. «Te pedí que cambiaras la fecha de tu estreno y tú no quisiste, así que no puedes enfadarte conmigo por tratar de proteger a mi bebé», afirmó Katzenberg. Recordaba que Jobs «se quedó muy tranquilo, como en un estado zen», y respondió que lo comprendía. Sin embargo, Jobs declaró posteriormente que nunca llegó a perdonarle:

> Nuestra película le dio mil vueltas a la suya en taquilla. ¿Hizo eso que nos sintiéramos mejor? No, seguíamos teniendo una sensación horrible, porque la gente empezó a comentar que todo el mundo en Hollywood estaba haciendo películas de insectos. Le arrebató su brillante originalidad a John, y eso es algo que nunca podrá compensar. Es un robo desmedido, así que nunca volví a fiarme de él, ni siquiera después de que tratara de hacer las paces. Vino a verme después de conseguir un gran éxito con *Shrek* y me dijo: «Soy un hombre nuevo, por fin me siento en paz conmigo mismo» y todas esas patrañas. Y yo pensaba: «Déjame en paz, Jeffrey». Se esfuerza mucho, pero su código ético no es algo que me gustaría ver triunfar en este mundo. La gente de Hollywood miente mucho. Es una cosa extraña. Mienten porque se encuentran en una industria en la que no se pide responsabilidad alguna a nadie por sus acciones, así que pueden hacerlo sin temor a represalias.

Más importante aún que vencer a *Hormigaz* —por excitante que hubiese resultado aquella liza— fue demostrar que Pixar no era un fenómeno de un solo éxito. *Bichos* recaudó tanto como *Toy Story*, lo que demostraba que el éxito de la primera película no había sido casualidad. «Hay una afección común en el mundo de los negocios, conocida como el síndrome del segundo producto», comentó Jobs posteriormente. Está provocado por el hecho de no comprender qué es lo que llevó a tu primer producto a tener éxito. «Yo pasé por aquello en Apple. Tenía la sensación de que si lográbamos acabar nuestra segunda película, habríamos conseguido superarlo».

LA PELÍCULA DE STEVE

Toy Story II, que se estrenó en noviembre de 1999, fue un triunfo todavía mayor, con una recaudación de 246 millones de dólares en Estados Unidos y de 485 millones en todo el mundo. Como el éxito de Pixar ya estaba asegurado, había llegado la hora de comenzar a construir una sede central digna de admiración. Jobs y el equipo de instalaciones y servicios de Pixar encontraron una planta de envasado de fruta abandonada de la empresa Del Monte en Emeryville, un barrio industrial entre Berkeley y Oakland, justo al otro lado del puente sobre la bahía de San Francisco. La tiraron, y Jobs le encargó a Peter Bohlin, el arquitecto responsable de las tiendas Apple, que diseñara un nuevo edificio para aquella parcela de más de seis hectáreas.

Jobs se obsesionó con todos los aspectos del nuevo edificio, desde la idea general que lo iba a articular hasta los más mínimos detalles respecto a los materiales y la construcción. «Steve cree firmemente que el edificio correcto puede aportar grandes cosas a la cultura de una compañía», afirmó el presidente de Pixar, Ed Catmull. Jobs controló la creación del edificio como si fuera un director afanándose por cada escena de una película. «El edificio de Pixar era la película de Steve», afirmó Lasseter.

Lasseter había querido en un principio un estudio tradicional de Hollywood, con edificios independientes para los diferentes proyectos y bungalows para los equipos de desarrollo. Sin embargo, los compañeros de Disney señalaron que a ellos no les gustaba su nuevo campus porque los equipos se sentían aislados, y Jobs estaba de acuerdo. De hecho, decidió que debían hacer exactamente lo contrario y construir un único e inmenso edificio en torno a un atrio central diseñado para propiciar los encuentros fortuitos.

A pesar de ser un ciudadano del mundo digital, o quizá porque conocía demasiado bien el potencial de aislamiento que este encerraba, Jobs era un gran defensor de las reuniones cara a cara. «En esta era interconectada existe la tentación de creer que las ideas pueden desarrollarse a través de mensajes de correo electrónico y en el iChat —comentó—. Eso es una locura. La creatividad surge en las reuniones espontáneas, en las discusiones aleatorias. Tú te encuentras con alguien, le preguntas qué está haciendo, te sorprendes y pronto te encuentras elucubrando todo tipo de ideas».

Así pues, dispuso el diseño del edificio de Pixar de forma que potenciara los encuentros y las colaboraciones imprevistas. «Si un edificio no favorece ese tipo de cosas, te pierdes gran parte de la innovación y de la magia que surge de los accidentes fortuitos —afirmó—. Por eso diseñamos el edificio para que la gente saliera de sus despachos y se mezclaran todos en el atrio central con otras personas a las que, de otro modo, no verían». Las puertas de entrada y las escaleras y pasillos principales conducían al atrio. Allí se encontraban la cafetería y los casilleros. Las salas de conferencias tenían ventanas que daban a aquel espacio, y el cine de seiscientas localidades y las dos salas de visionado de menor tamaño también estaban orientados hacia él. «La teoría de Steve funcionó desde el primer día —recordaba Lasseter—. No hacía más que encontrarme con gente a la que hacía meses que no veía. Nunca he visto un edificio que promoviera la colaboración y la creatividad con tanta eficacia como este».

Jobs llegó al extremo de ordenar que solo hubiera dos grandes cuartos de baño en el edificio, uno para cada sexo, conectados en el atrio. «Tenía una opinión muy, muy firme al respecto —recordaba Pam Kerwin, la consejera delegada de Pixar—. Algunos pensamos que estaba yendo demasiado lejos. Una mujer embarazada comentó que no deberían obligarla a caminar diez minutos para ir al baño, y aquello dio pie a una gran discusión». Esa fue una de las pocas veces en que Lasseter no estuvo de acuerdo con Jobs. Llegaron a un compromiso: habría dos cuartos de baño para cada sexo a ambos lados del atrio, repartidos por las dos plantas.

Como las vigas de acero del edificio iban a quedar a la vista, Jobs inspeccionó las muestras de fabricantes de todo el país para averiguar cuál tenía el mejor color y la mejor textura. Escogió una acería de Arkansas, les pidió que le dieran un acabado con un color puro y que se aseguraran de que los camioneros ponían cuidado para no mellar ninguna pieza. También insistió en que todas las vigas quedaran atornilladas en lugar de soldadas. «Hicimos que pulieran el acero con arena y lo recubrieran con una capa de barniz, así que se aprecian las uniones de las piezas —recordaba—. Cuando los operarios estaban colocando las vigas, traían a sus familias los fines de semana para mostrárselo».

El caso más extraño de coincidencia fortuita fue la «sala del amor». Uno de los animadores de Pixar, al instalarse en su despacho, encontró una pequeña puerta en su tabique trasero. La entrada desembocaba en un pasillo de techo bajo por el que se podía avanzar a gatas hasta llegar a una sala recubierta de láminas metálicas que daba acceso a las válvulas del aire acondicionado. Sus compañeros y él se apropiaron de aquella estancia secreta, la decoraron con luces de Navidad y lámparas de lava, y la amueblaron con bancos forrados con pieles falsas, cojines con borlas, una mesita plegable, botellas de licor, copas y material de bar, y unas servilletas en las que se podía leer «La sala del amor». Una cámara de vídeo instalada en el pasillo les permitía a los ocupantes controlar quién podía estar acercándose.

Lasseter y Jobs llevaron allí a algunos visitantes importantes y les hicieron firmar en la pared. Entre las firmas están las de Michael Eisner, Roy Disney, Tim Allen y Randy Newman. A Jobs le encantaba, pero como no bebía alcohol a veces se refería a ella como «La sala de la meditación». Decía que le recordaba a la que había compartido con Daniel Kottke en Reed, pero sin el ácido.

EL DIVORCIO

En febrero de 2002, durante una declaración ante un comité del Senado estadounidense, Michael Eisner arremetió contra los anuncios que había creado Jobs para iTunes. «Hay compañías de ordenadores con anuncios a toda plana y carteles publicitarios que afirman:

"Copia. Mezcla. Graba" —señaló—. En otras palabras, la gente puede robar música y distribuírsela a todos sus amigos si compran este ordenador en concreto».

Aquel no fue un comentario inteligente, porque no acertaba a definir el significado de «copia» y asumía que implicaba extraer las canciones de un disco pirata en lugar de importar los archivos de un CD desde un ordenador. Además, las declaraciones enfurecieron a Jobs, como Eisner debería haber sabido, y aquello tampoco resultó especialmente inteligente. Pixar acababa de estrenar la cuarta película de su acuerdo con Disney, *Monstruos, S.A.*, que resultó ser la más taquillera de todas, con una recaudación mundial de 525 millones de dólares. El acuerdo de Disney y Pixar se acercaba a la fecha de su renovación, y Eisner no había facilitado precisamente las cosas al meterles públicamente el dedo en el ojo a sus compañeros ante el Senado de Estados Unidos. Jobs se mostró tan incrédulo que llamó a un ejecutivo de Disney para desahogarse. «¿Sabes lo que me acaba de hacer Michael?», preguntó iracundo.

Eisner y Jobs provenían de entornos diferentes y de costas opuestas, pero se parecían en cuanto a su determinación y su poca inclinación a buscar un consenso. Ambos sentían una gran pasión por crear buenos productos, lo que a menudo implicaba tener que hacerse cargo personalmente de los detalles sin edulcorar sus críticas. Ver como Eisner se montaba una y otra vez en el tren *Wildlife Express* que atravesaba la región de Animal Kingdom en Disney World y como proponía constantemente formas inteligentes de mejorar la experiencia del visitante, era equivalente a ver a Jobs jugar con la interfaz del iPod y encontrar formas de simplificarla. Claro que menos gratificante podía resultar la experiencia de contemplar cómo cualquiera de ellos interactuaba con otras personas.

A ambos se les daba mejor presionar a los demás que recibir presiones, lo que creó una atmósfera desagradable cuando comenzaron a tratar de intimidarse mutuamente. Ante cualquier desacuerdo, ambos tendían a afirmar que era el otro quien mentía. Además, ni Eisner ni Jobs parecían creer que pudieran aprender nada del otro, y a ninguno se le ocurrió siquiera demostrar un poco de falsa deferencia y fingir que tenía algo que aprender. Jobs le echaba la culpa a Eisner:

> Lo peor, en mi opinión, era que Pixar había logrado reinventar el modelo de negocio de Disney y producir éxitos constantemente, mientras Disney solo cosechaba un fracaso tras otro. Se podría imaginar en el consejero delegado de Disney una cierta curiosidad por cómo lo estaba haciendo Pixar, pero durante los veinte años de nuestra relación, aquel hombre visitó Pixar durante un total aproximado de dos horas y media, solo para ofrecer pequeños discursos de felicitación. Nunca mostró ninguna curiosidad. Yo estaba alucinado. La curiosidad es muy importante.

Aquella afirmación era demasiado dura. Eisner había pasado más tiempo en Pixar, incluidas algunas visitas en las que Jobs no lo acompañó. Sin embargo, sí era cierto que mostró poca curiosidad por el desarrollo artístico o tecnológico que se llevaba a cabo en el estudio. Jobs, por su parte, tampoco pasó mucho tiempo tratando de aprender algo sobre la gestión de Disney.

Las hostilidades entre Jobs y Eisner comenzaron en el verano de 2002. Jobs siempre había admirado el espíritu creativo del gran Walt Disney, especialmente porque había fundado una compañía que se había mantenido viva durante varias generaciones. Veía a Roy, el sobrino de Walt, como la personificación de ese espíritu y ese legado históricos. Roy todavía formaba parte del consejo de Disney, a pesar de su creciente distanciamiento de Eisner, y Jobs le hizo saber que no iba a renovar el acuerdo entre Pixar y Disney mientras Eisner siguiera siendo el consejero delegado.

Roy Disney y Stanley Gold, su compañero más fiel del consejo de Disney, comenzaron a alertar a otros directivos sobre el problema de Pixar. Aquello empujó a Eisner a enviarle al consejo un furibundo correo electrónico a finales de agosto de 2002. Afirmaba estar seguro de que Pixar acabaría por renovar su acuerdo, en parte porque Disney tenía los derechos de las películas y personajes que Pixar había creado hasta entonces. Además, añadió que Disney se encontraría en una mejor posición para negociar al cabo de un año, después de que Pixar acabara *Buscando a Nemo*. «Ayer vimos por segunda vez la nueva película de Pixar, *Buscando a Nemo*, que se estrenará el mayo próximo —escribió—. Eso les servirá para poner de nuevo los pies en el suelo. Está bien, pero no es en absoluto tan buena como sus películas anteriores. Por supuesto, ellos creen que es genial». Hubo dos grandes problemas con aquel mensaje: en primer lugar, se filtró a *Los Angeles Times*, lo que sacó por completo a Jobs de sus casillas, y en segundo lugar estaba equivocado, muy equivocado. *Buscando a Nemo* se convirtió en el mayor éxito de Pixar (y de Disney) hasta la fecha. Superó con facilidad a *El rey león* para convertirse, hasta ese momento, en la película animada de mayor éxito de la historia. Recaudó 340 millones de dólares en Estados Unidos y 868 millones en todo el mundo. También llegó, en 2010, a convertirse en el DVD más popular de todos los tiempos, con 40 millones de copias vendidas, y dio origen a algunas de las atracciones más populares de los parques de atracciones de Disney. Además, era una creación artística de ricos matices, sutil y profundamente hermosa que ganó el Oscar a la mejor película de animación. «Me gustó la película porque hablaba de cómo arriesgarse y cómo aprender a dejar que se arriesgaran aquellos a los que amas», declaró Jobs. Su éxito añadió 183 millones de dólares a las reservas económicas de Pixar, lo que suponía un robusto argumento de 521 millones de dólares para su enfrentamiento final con Disney.

Poco después de que se acabara la producción de *Buscando a Nemo*, Jobs le planteó a Eisner una oferta tan unilateral que claramente pretendía que la rechazara. En lugar de un reparto de los beneficios al 50 %, como en el acuerdo vigente, Jobs propuso un nuevo contrato por el que Pixar sería el dueño de todos los derechos de todas las películas que produjera y de todos los personajes que aparecieran en ellas, y le pagaría a Disney una mera tasa del 7,5 % para que las distribuyera. Además, los dos últimos filmes que se acogían al trato existente —*Los Increíbles* y *Cars* eran las que se estaban produciendo— se incorporarían al nuevo acuerdo de distribución.

Eisner, sin embargo, se guardaba en la manga un poderoso triunfo. Incluso si Pixar no renovaba su contrato, Disney tenía derecho a crear secuelas de *Toy Story* y de las otras películas hechas por Pixar, y era dueña de todos los personajes, desde Woody hasta Nemo, igual que era dueña del ratón Mickey y del pato Donald. Eisner ya estaba trazando sus planes —o sus amenazas— para que el propio estudio de animación de Disney crease *Toy Story III*, puesto que Pixar se había negado a producirla. «Cuando ves lo que hizo esa compañía cuando produjo *La Cenicienta II*, tiemblas al pensar en lo que podría haber pasado», comentó Jobs.

Eisner logró expulsar a Roy Disney del consejo en noviembre de 2003, pero aquello no acabó con la agitación reinante. Roy Disney publicó una feroz carta abierta. «La compañía ha perdido el norte, su energía creativa y sus raíces», escribió. Su letanía de supuestos errores de Eisner incluía el no haber forjado una relación constructiva con Pixar. Para entonces, Jobs había decidido que ya no quería trabajar con Eisner, así que en enero de 2004 anunció públicamente que iba a interrumpir las negociaciones con Disney.

Jobs normalmente lograba mantenerse firme a la hora de no hacer públicas las fuertes opiniones que compartía con sus amigos en torno a la mesa de su cocina en Palo Alto. Sin embargo, en esta ocasión no se contuvo. Durante una teleconferencia con algunos periodistas, declaró que, mientras que Pixar creaba grandes éxitos, el equipo de animación de Disney estaba produciendo «unas porquerías lamentables». Se burló de la idea de Eisner de que Disney hubiera realizado cualquier tipo de contribución creativa a las películas de Pixar. «Lo cierto es que ha habido muy poca colaboración con Disney durante años. Podéis comparar la calidad creativa de nuestras películas con la de las tres últimas películas de Disney y juzgar por vosotros mismos cuál es la capacidad creativa de cada compañía». Además de haber formado un mejor equipo creativo, Jobs había llevado a cabo la notable hazaña de crear una marca que ya conseguía atraer a tantos espectadores como Disney. «Creemos que Pixar es ahora la marca que goza de mayor poder y confianza en el mundo de la animación». Cuando Jobs llamó a Roy Disney para informarle de los últimos cambios, este replicó: «Cuando haya muerto la bruja malvada, volveremos a estar juntos».

John Lasseter estaba horrorizado ante la perspectiva de romper relaciones con Disney. «Me preocupaban mis pequeños, saber qué harían con los personajes que yo había creado —recordaba—. Era como si me clavaran un puñal en el corazón». Cuando informó de aquello a sus principales ejecutivos en la sala de conferencias de Pixar, se echó a llorar, y volvió a hacerlo al dirigirse a los aproximadamente ochocientos empleados de Pixar reunidos en el atrio de los estudios. «Es como si tuvieras un montón de hijos a los que adoras y tuvieras que darlos en adopción para que se fueran a vivir con pederastas convictos». Jobs subió a continuación al escenario del atrio y trató de calmar un poco las cosas. Explicó por qué podría ser necesario interrumpir las relaciones con Disney y les aseguró que Pixar, como institución, tenía que seguir mirando al frente para tener éxito. «Jobs tiene una capacidad absoluta para hacer que creas lo que dice —afirmó Oren Jacob, un especialista en tecnología que trabajaba desde hacía mucho tiempo en el estudio—. De pronto, todos estábamos convencidos de que, pasara lo que pasase, Pixar seguiría adelante».

Bob Iger, el director financiero de Disney, tuvo que intervenir para sofocar el incendio. Era un hombre tan sensato y estable como volátiles eran aquellos que lo rodeaban. Procedía de la televisión, donde ocupaba el cargo de presidente de la cadena ABC, que había sido adquirida en 1996 por Disney. Su reputación era la de un ejecutivo de carrera, y era un experto en las labores de dirección, pero también tenía un buen ojo para el talento, una jovial disposición para entender a los demás y un estilo discreto que combinaba con una gran confianza en sí mismo. A diferencia de Eisner y Jobs, era capaz de mostrar una calma disciplinada, lo que le ayudaba a tratar con personas de gran ego. «Steve trató de pavonearse al anunciar que iba a interrumpir las negociaciones con nosotros —recordó Iger posteriormente—. Nosotros asumimos la situación como si fuera una crisis, y yo preparé algunos temas sobre los que debíamos hablar para calmar las cosas».

Eisner había sido el consejero delegado de Disney durante diez grandes años en los que Frank Wells había sido su presidente. Wells liberó a Eisner de gran parte de sus funciones como director para que pudiera dedicarse a presentar sus sugerencias, que normalmente eran valiosas y a menudo brillantes, sobre cómo mejorar cada uno de los proyectos cinematográficos, las atracciones de los parques, los episodios piloto para la televisión y un sinfín de otros productos. Sin embargo, tras la muerte de Wells en un accidente de helicóptero en 1994, Eisner nunca volvió a encontrar a un presidente adecuado. Katzenberg había exigido que se le concediera el puesto de Wells, y por eso Eisner lo destituyó. Michael Ovitz se convirtió en el nuevo presidente en 1995. Aquella no fue una época agradable, y abandonó el cargo tras menos de dos años. Jobs describió después su evaluación de la situación:

> Durante sus primeros diez años como consejero delegado, Eisner hizo un trabajo excelente. Durante los últimos diez años, hizo un trabajo horroroso. El cambio vino determinado por la muerte de Frank Wells. Eisner es un tipo creativo de gran talento. Es capaz de realizar sugerencias muy buenas. Así, cuando Frank era el encargado de las operaciones, Eisner podía ser como una abeja que zumbaba de proyecto en proyecto para tratar de mejorarlos. Sin embargo, cuando fue Eisner quien tuvo que llevar a cabo las gestiones, resultó ser un director terrible. A nadie le gustaba trabajar para él. Todos sentían que no les daba ninguna autoridad. Eisner contaba con un grupo de planificación estratégica que se parecía a la Gestapo, porque no podías invertir ninguna cantidad, ni un centavo siquiera, sin que ellos dieran su aprobación. Aunque yo hubiera interrumpido mis relaciones con él, tenía que respetar sus logros de los primeros diez años. Además, había una parte de su forma de ser que sí me gustaba. Es un tipo divertido con el que estar de vez en cuando, es inteligente e ingenioso. Sin embargo, tenía un lado oscuro. Se dejaba llevar por su ego. Eisner se mostró justo y razonable conmigo al principio, pero llegó un punto, a lo largo de los diez años de tratos con él, en el que llegué a ver un lado oscuro en su personalidad.

El mayor problema de Eisner en 2004 era que no comprendía el desastroso estado en el que se encontraba su departamento de animación. Sus dos películas más recientes, *El planeta del tesoro* y *Hermano oso*, no habían hecho honor al legado de Disney ni a su cuenta de resultados. Las grandes películas de animación eran el alma de la compañía. Eran el origen de las atracciones de los parques, los juguetes y los programas de televisión. *Toy Story* había traído consigo una secuela, un espectáculo de Disney sobre hielo, un musical que se interpretaba en los cruceros Disney, una película estrenada directamente en vídeo y protagonizada por Buzz Lightyear, un libro de cuentos para ordenador, dos videojuegos, una docena de muñecos de acción que habían vendido veinticinco millones de unidades, una línea de ropa y nueve atracciones diferentes en los parques de Disney. Aquello no había ocurrido con *El planeta del tesoro*.

«Michael no comprendía la profundidad de los problemas del departamento de animación de Disney —explicó después Iger—. Estaba claro por la forma en que trataba a Pixar. Nunca creyó que Pixar fuese tan necesario para la compañía como lo era en realidad». Además, a Eisner le encantaba negociar y odiaba tener que llegar a soluciones de compromiso, lo cual no era la mejor combinación a la hora de tratar con Jobs, que mostraba la misma actitud. «Toda negociación tiene que resolverse mediante un consenso —comentó Iger—. Ninguno de los dos es un maestro en el arte del compromiso».

El punto muerto llegó a su fin una noche de sábado de marzo de 2005 en la que Iger recibió una llamada del senador George Mitchell y de otros miembros del consejo de Disney. Le dijeron que, al cabo de unos pocos meses, él iba a sustituir a Eisner como consejero delegado de Disney. Cuando Iger se levantó a la mañana siguiente, llamó a sus hijas, a Steve Jobs y a John Lasseter. Les dijo, lisa y llanamente, que apreciaba a Pixar y que quería llegar a un acuerdo. Jobs estaba encantado. Le gustaba Iger y le maravillaba una pequeña conexión que compartían. Jennifer Egan, la antigua novia de Jobs, había sido compañera de habitación en Pensilvania de la esposa de Iger, Willow Bay.

Aquel verano, antes de que Iger se hiciera oficialmente con el poder, Jobs y él pudieron poner a prueba su capacidad de llegar a acuerdos. Apple iba a poner en venta un iPod capaz de reproducir vídeo además de música. Para ello necesitaba poder ofrecer programas de televisión, y Jobs no quería que las negociaciones para hacerse con ellos fueran demasiado públicas porque, como de costumbre, pretendía que el producto se mantuviera en secreto hasta descubrirlo sobre el escenario. Las dos series de mayor éxito en Estados Unidos, *Mujeres desesperadas* y *Perdidos*, eran propiedad de la cadena ABC, que Iger supervisaba en Disney. Iger, que era dueño de varios iPod y que los utilizaba desde que salía a hacer gimnasia a las cinco de la mañana hasta última hora de la noche, ya había estado imaginando qué podrían suponer aquellos aparatos para los programas de televisión. Así pues, se ofreció inmediatamente a incluir las series más populares de la ABC. «Negociamos el acuerdo en una semana, y resultó algo complicado —comentó Iger—. Fue importante, porque Steve pudo ver cómo trabajaba yo, y porque aquello les demostraba a todos los de Disney que era capaz de colaborar con él».

Para el anuncio del iPod con vídeo, Jobs había alquilado un cine en San José, y le propuso a Iger que fuera su invitado sorpresa en el escenario. «Yo nunca había ido a una de sus presentaciones, así que no tenía ni idea de lo importante que era todo el espectáculo —recordaba Iger—. Aquello supuso un grandísimo avance en nuestra relación. Jobs pudo ver que yo estaba a favor de la tecnología y dispuesto a asumir riesgos». Jobs llevó a cabo su habitual actuación virtuosista, en la que repasó todas las características del nuevo iPod, afirmó que era «una de las mejores creaciones que hemos fabricado» y señaló que la tienda iTunes iba a vender vídeos musicales y cortometrajes. Entonces, según su costumbre, acabó con «Ah, sí, y una cosa más». El iPod iba a ofrecer series de televisión. Se oyó un gran aplauso. Mencionó que las dos series de mayor éxito eran propiedad de la cadena ABC. «¿Y quién es el dueño de la ABC? ¡Disney! Yo conozco a esa gente», señaló con regocijo.

Cuando subió al escenario, Iger parecía igual de relajado y cómodo que Jobs. «Una de las cosas que más nos entusiasman a Steve y a mí es la intersección entre los grandes contenidos y la buena tecnología —dijo—. Estoy encantado de encontrarme aquí para anunciar una extensión de nuestra relación con Apple —añadió. Entonces, tras la pausa correspondiente, señaló—: No con Pixar, sino con Apple».

Sin embargo, estaba claro, a juzgar por el caluroso abrazo que se dieron, que un nuevo acuerdo entre Pixar y Disney volvía a ser posible. «Aquella fue una exposición de cómo hago yo las cosas, que consiste en hacer el amor, y no la guerra —recordaba Iger—. Habíamos entrado en guerra con Roy Disney, Comcast, Apple y Pixar. Yo quería arreglar todo aquello, especialmente con Pixar».

Iger acababa de regresar de inaugurar el nuevo Disneyland en Hong Kong, con Eisner a su lado en su último gran acto como consejero delegado. Las ceremonias incluían el habitual desfile de Disney por Main Street. Iger se dio cuenta de que los únicos personajes del desfile que se habían creado en la última década eran de Pixar. «Entonces se me encendió una bombilla —recordaba—. Yo estaba allí, al lado de Michael, pero me guardé mis pensamientos para mí, porque eran una clara acusación sobre su gestión de la animación durante aquel período. Después de diez años de *El rey león*, *La bella y la bestia* y *Aladdin*, habían llegado diez años estériles».

Iger regresó a Burbank y analizó ciertos aspectos de las finanzas. Descubrió que, en realidad, habían estado perdiendo dinero con la animación durante la última década, además de no haber creado apenas nada que ayudase a sus líneas de productos secundarios. En su primera reunión como nuevo consejero delegado, presentó el análisis ante el consejo, cuyos miembros expresaron cierta contrariedad ante el hecho de que nunca antes se les hubiera informado de ello. «Si la animación va así, así irá nuestra compañía —le dijo al consejo—. Una película de animación que tenga éxito crea una gran ola, y sus repercusiones llegan a todos los aspectos de nuestro negocio, desde los personajes de los desfiles a la música, los parques de atracciones, los videojuegos, la televisión, internet y los productos de consumo. Si no contamos con películas que creen esas oleadas, la compañía no va a tener éxito». Les propuso algunas opciones. Podían quedarse con la directiva actual del departamento de animación, aunque él creía que aquello no daría resultado. Podían deshacerse de ellos y buscar a alguien más, pero señaló que no sabía quién podría ser ese alguien. Su alternativa final consistía en comprar Pixar. «El problema es que no sé si está en venta, y si lo está, nos va a costar una cantidad increíble de dinero», apuntó. El consejo le dio su beneplácito para que tantease la posibilidad del acuerdo de compra.

Iger se puso manos a la obra con una táctica poco habitual. Cuando habló por primera vez con Jobs, reconoció la revelación que había tenido en Hong Kong y le contó como aquello le había convencido de que Disney necesitaba comprar Pixar desesperadamente. «Por eso me encantaba Bob Iger —recordaba Jobs—. Se limitaba a soltarte todo aquello. Está claro que es la cosa más tonta que se puede hacer cuando vas a comenzar una negociación, al menos según las normas tradicionales. Simplemente, puso las cartas sobre la mesa y afirmó: "Estamos jodidos". El hombre me cayó bien de inmediato, porque así es como trabajaba yo también. Pongamos todos inmediatamente las cartas sobre la mesa y veamos cómo están las cosas». (En realidad, aquella no era la forma habitual de trabajar de Jobs. Más bien solía comenzar sus negociaciones diciendo que los productos o servicios de la empresa rival eran una porquería.)

Jobs e Iger dieron muchos paseos por el campus de Apple, en Palo Alto, o en la conferencia de Allen & Co. en Sun Valley. Al principio trazaron un plan para un nuevo acuerdo de distribución: Pixar iba a recuperar todos los derechos sobre las películas y los personajes que ya había producido a cambio de que Disney se hiciera con una participación en Pixar, y esta le pagaría a Disney una tarifa fija por la distribución de sus futuras películas. Sin embargo, a Iger le preocupaba que un acuerdo así se limitara a dejar a Pixar en posición de convertirse en un gran competidor de Disney, lo que resultaría una mala maniobra incluso si Disney contaba con una participación en la compañía rival. Así pues, comenzó a insinuarle a Jobs que a lo mejor debían pensar en algo más grande. «Quiero que sepas que estoy tratando de apartarme de los cauces habituales del razonamiento con este plan», le dijo. Jobs parecía alentar aquellos avances. «No pasó mucho tiempo antes de que nos quedara claro a ambos que aquella discusión podía llevarnos a una negociación sobre la adquisición de la empresa», recordaba Jobs.

Sin embargo, Jobs necesitaba primero la bendición de John Lasseter y de Ed Camull, así que les pidió que fueran a su casa. Pasó directamente al tema central. «Necesitamos conocer mejor a Bob Iger —les dijo—. Puede que queramos unirnos a él y ayudarle a reconstruir Disney. Es un tipo genial».

Ellos se mostraron escépticos al principio. «Se dio cuenta de que nos habíamos quedado alucinados», recordaba Lasseter. «Si no queréis hacerlo no pasa nada, pero quiero que conozcáis a Iger antes de decidiros —continuó Jobs—. Yo me sentía igual que vosotros, pero ese hombre ha llegado a caerme muy bien». Les explicó lo sencillo que había resultado llegar a un acuerdo para que los programas de la ABC estuvieran disponibles en el iPod y añadió: «Es completamente opuesto a Eisner. Es un tipo directo con el que no hay que andarse con tanto teatro». Lasseter recordaba que Catmull y él se quedaron allí sentados con la boca abierta.

Iger se puso manos a la obra. Tomó un vuelo desde Los Ángeles para ir a cenar a casa de Lasseter, conoció allí a su esposa y a su familia, y se quedó hasta bien pasada la medianoche charlando. También llevó a Catmull a cenar, y después visitó a solas los estudios de Pixar, sin Jobs y sin comitiva que lo acompañara. «Me fui para allá y conocí a todos los directores, uno a uno, y ellos me mostraron las películas que estaban preparando», comentó. Lasseter estaba orgulloso de lo mucho que su equipo había impresionado a Iger, lo que, por supuesto, hizo que aquel hombre le cayera mejor. «Nunca había estado más orgulloso de Pixar que aquel día —aseguró—. Todos los equipos y las presentaciones que realizaron fueron increíbles, y Bob quedó alucinado».

De hecho, tras ver lo que estaban preparando para los años siguientes —*Cars, Ratatouille, WALL-E*—, regresó y le dijo al director financiero de Disney: «Dios mío, tienen cosas geniales preparadas. Tenemos que conseguir firmar este acuerdo. Es el futuro de la compañía». Reconoció que no tenía ninguna fe depositada en las películas que estaba preparando el departamento de animación de Disney.

El acuerdo al que llegaron establecía que Disney iba a adquirir Pixar por 7.400 millones de dólares en acciones. Así, Jobs se convertiría en el mayor accionista de Disney, con aproximadamente un 7% de las acciones de la compañía, en comparación con el 1,7% de Eisner y el 1% de Roy Disney. El departamento de animación de Disney quedaría a cargo de Pixar, y Lasseter y Catmull dirigirían la unidad combinada. Pixar mantendría su identidad independiente, los estudios y la sede central permanecerían en Emeryville e incluso mantendrían su propio dominio de correo electrónico.

Iger le pidió a Jobs que llevara a Lasseter y a Catmull a una reunión secreta del consejo de Disney en Century City, Los Ángeles, un domingo por la mañana. El objetivo era hacer que los directivos de Disney se sintieran cómodos con lo que sería un acuerdo muy radical y muy caro. Mientras se preparaban para salir del aparcamiento, Lasseter le dijo a Jobs: «Si comienzo a emocionarme demasiado o me alargo mucho, tócame la pierna». Al final Jobs solo tuvo que hacerlo una vez, pero, aparte de eso, Lasseter realizó el discurso de ventas perfecto. «Hablé sobre cómo producimos las películas, cuál es nuestra filosofía de trabajo, la sinceridad que prima en nuestras relaciones y cómo fomentamos el talento creativo», recordaba. El consejo planteó un montón de preguntas, y Jobs le permitió a Lasseter responder a la mayoría de ellas. Por su parte, Jobs habló acerca de lo emocionante que era conectar el arte con la tecnología. «De eso trata nuestra cultura empresarial, como en el caso de Apple», afirmó. Según recordaba Iger, «todo el mundo quedó muy impresionado por su presentación tan lograda y por la pasión que ponían en su trabajo».

No obstante, antes de que el consejo de Disney tuviera la posibilidad de aprobar aquella fusión, Michael Eisner regresó de su exilio para tratar de desbaratar sus planes. Llamó a Iger y le dijo que el acuerdo era demasiado caro. «Tú puedes arreglar el departamento de animación por tu cuenta», le aseguró Eisner. «¿Cómo?», preguntó Iger. «Sé que puedes hacerlo», respondió Eisner. Iger se irritó un poco. «Michael, ¿por qué me dices que puedo arreglarlo cuando ni tú mismo fuiste capaz de hacerlo?», preguntó.

Eisner dijo que quería asistir a una reunión del consejo —a pesar de que ya no era miembro ni directivo de la empresa— para exponer su oposición a la adquisición. Iger se resistió, pero Eisner llamó a Warren Buffet, un gran accionista, y a George Mitchell, que era el principal consejero. El antiguo senador convenció a Iger para que permitiera que Eisner expresara su opinión. «Le dije al consejo que no necesitaban comprar Pixar porque ya eran los dueños del 85% de las películas que ellos habían producido», señaló Eisner. Se refería al hecho de que, en las películas ya estrenadas, Disney recibía ese porcentaje de los ingresos, y además contaba con los derechos para crear todas las secuelas y utilizar a sus personajes. «Realicé una presentación en la que se exponía cuál era el 15% de Pixar todavía no propiedad de Disney, así que eso es lo que iban a comprar. El resto era una apuesta sobre las futuras películas de Pixar». Eisner reconoció que Pixar había estado teniendo una buena racha, pero afirmó que aquello no podía continuar. «Les mostré la historia de los directores y productores que habían contado con un número determinado de éxitos seguidos para después fracasar. Aquello les ocurrió a Spielberg, a Walt Disney, a todos ellos». Para que el acuerdo mereciera la pena, calculó que cada nueva película de Pixar tendría que recaudar 1.300 millones de dólares. «A Steve le puso furioso que yo manejara un dato así», comentó después Eisner.

Después de abandonar la sala, Iger rebatió sus argumentos punto por punto. «Dejadme que os cuente cuáles eran los fallos de esa presentación», comenzó. Y cuando el consejo hubo terminado de escuchar su exposición, aprobaron el acuerdo en los términos propuestos por Iger.

Este tomó un vuelo a Emeryville para encontrarse con Jobs y que ambos anunciaran conjuntamente el nuevo acuerdo a los trabajadores de Pixar. Sin embargo, antes de eso, Jobs se reunió a solas con Lasseter y Catmull. «Si alguno de vosotros tiene dudas con respecto a esto —les tranquilizó— iré a decirles que les agradecemos las molestias pero que cancelamos el acuerdo». No estaba siendo completamente sincero. Llegados a ese punto, habría resultado casi imposible hacer algo así. Sin embargo, fue un gesto bien recibido. «A mí me parece bien», respondió Lasseter. «Hagámoslo», coincidió Catmull. Todos se abrazaron, y Jobs se echó a llorar.

A continuación todo el mundo se reunió en el atrio. «Disney va a comprar Pixar», anunció Jobs. Se vieron algunas lágrimas entre los asistentes, pero a medida que fue explicando los términos del acuerdo, los trabajadores comenzaron a darse cuenta de que, en algunos sentidos, era una adquisición inversa. Catmull iba a dirigir el departamento de animación de Disney y Lasseter iba a ser el director creativo. Al final del anuncio todos estaban vitoreando. Iger había permanecido en un lateral, y Jobs lo invitó a que ocupara el centro del escenario. A medida que fue hablando de la cultura empresarial tan especial de Pixar y de lo mucho que Disney necesitaba fomentarla y aprender de ella, la multitud estalló en aplausos.

«Mi objetivo ha sido siempre no solo el de construir grandes productos, sino también levantar grandes empresas —declaró Jobs después—. Eso es lo que hizo Walt Disney, y gracias a la forma en que se llevó a cabo la fusión, mantuvimos a Pixar como una gran compañía y ayudamos a Disney a que también siguiera siéndolo».

33

Los Macs del siglo XXI

Diferenciando a Apple

Desde la presentación del iMac en 1998, Jobs y Jony Ive habían hecho de sus cautivadores diseños una seña de identidad de los ordenadores Apple. Había un portátil que parecía una almeja naranja y un ordenador de sobremesa profesional que se parecía a un cubito de hielo zen. Al igual que unos pantalones de campana que de repente aparecen en el fondo del armario, algunos de estos modelos tenían mejor aspecto en el momento de su comercialización que analizados ahora retrospectivamente, dejando al descubierto una pasión por el diseño que, en ocasiones, resultaba quizá demasiado exuberante. Sin embargo, aquellos modelos sirvieron para diferenciar a Apple, ofreciéndole los revulsivos publicitarios que necesitaba para sobrevivir en un mundo plagado por Windows.

El Power Mac G4 Cube, presentado en el año 2000, era tan seductor que uno de ellos acabó expuesto en el Museo de Arte Moderno de Nueva York. Aquel cubo perfecto de veinte centímetros de lado y el tamaño de una caja de pañuelos era la pura expresión de la estética de Jobs. Su sofisticación radicaba en su minimalismo. No había botones que entorpecieran su superficie, ni bandeja para el CD, sino una sutil ranura. Además, como en el Macintosh original, no había ventilador. Era puro zen. «Cuando ves un producto con un exterior tan cuidado, piensas: "Madre mía, también tiene que tener un interior muy trabajado" —le dijo a

Newsweek—. Fuimos progresando mediante la eliminación de elementos, retirando todo lo superfluo».

El G4 Cube resultaba casi ostentoso por su falta de ostentación, y era una máquina muy potente. Sin embargo, no fue un éxito. Había sido diseñado como un ordenador de sobremesa de alta gama, pero Jobs quería convertirlo, como con casi todos los productos, en algo que pudiera comercializarse en masa para el gran público. El Cube acabó por no satisfacer las demandas de ninguno de los dos mercados. Los profesionales de a pie no buscaban una escultura artística para sus escritorios, y los consumidores generales no estaban dispuestos a gastar el doble de lo que tendrían que pagar por un ordenador normal de color vainilla.

Jobs predijo que Apple iba a vender 200.000 unidades por trimestre. Durante el primer trimestre, vendió la mitad, y en el siguiente las ventas fueron de menos de 30.000 unidades. Jobs reconoció posteriormente que el Cube tenía demasiado diseño y un precio demasiado alto, igual que había ocurrido con el ordenador de NeXT. Sin embargo, iba aprendiendo poco a poco la lección. Al construir aparatos como el iPod, controló los costes y llegó a los acuerdos necesarios para que estuvieran acabados en la fecha prevista y dentro del presupuesto establecido.

En parte debido a las malas cifras de venta del Cube, Apple obtuvo unas decepcionantes cifras de beneficios en septiembre del año 2000. Justo entonces, la burbuja tecnológica se estaba desinflando, y también la cuota de mercado de Apple en los centros educativos. El precio de las acciones de la compañía, que había llegado a superar los 60 dólares, cayó un 50 % en un solo día, y a principios de diciembre se encontraba por debajo de los 15 dólares.

Ninguno de aquellos datos evitó que Jobs siguiera tratando de producir nuevos diseños distintivos, que llegaban incluso a distraerlo de otras tareas. Cuando las pantallas planas comenzaron a resultar comercialmente viables, decidió que había llegado la hora de sustituir el iMac, el ordenador de escritorio translúcido para todos los consumidores que parecía como salido de un episodio de *Los Supersónicos*. Ive propuso un modelo algo convencional, con las entrañas del ordenador unidas a la parte trasera de la pantalla plana. A Jobs no le gustó. Tal y como era su costumbre, tanto en Pixar como en Apple, frenó completamente el proyecto para reevaluar la situación. Sentía que había algo en aquel diseño que carecía de pureza. «¿Para qué tenemos una pantalla plana si vas a incrustarle todo esto por detrás? —le preguntó a Ive—. Deberíamos dejar que cada elemento se mantenga fiel a su propia naturaleza».

Jobs se marchó temprano a casa ese día para meditar sobre el problema, y después llamó a Ive para que fuera a verlo. Deambularon por el jardín, donde la esposa de Jobs había plantado un montón de girasoles. «Todos los años me gusta hacer alguna locura en el jardín, y en aquella ocasión mi idea incluía grandes cantidades de girasoles, con una cabaña para los niños hecha con esas plantas —recordaba—. Jony y Steve se encontraban discutiendo sobre su problema de diseño, y entonces Jony preguntó: "¿Qué pasaría si la pantalla se separase de la base como un girasol?". Se entusiasmó de pronto y comenzó a dibujar algunos bocetos». A Ive le gustaba que sus diseños sugirieran toda una historia, y se dio cuenta de que la forma de un girasol indicaría que la pantalla plana era tan fluida y receptiva que podía tratar de buscar la luz solar.

En el nuevo diseño de Ive, la pantalla del Mac se encontraba unida a un cuello cromado móvil, de forma que no solo se parecía a un girasol, sino también a un atrevido flexo tipo Luxo. De hecho, evocaba la alegre personalidad de Luxo Jr. en el primer cortometraje de John Lasseter en Pixar. Apple registró muchas patentes para el diseño, la mayoría a nombre de Ive, pero en una de ellas —para un «sistema informático con una juntura móvil unida a una pantalla plana»— Jobs se inscribió como el inventor principal.

Algunos de los diseños de los Macintosh de Apple pueden parecer, a posteriori, demasiado efectistas. Sin embargo, los demás fabricantes de ordenadores se encontraban en el extremo opuesto. Aquella era una industria donde cabía esperar que los productos fueran innovadores, pero en vez de eso se encontraba dominada por cajas genéricas de diseño barato. Tras unos cuantos intentos pobremente planteados de pintar las cajas con tonos azules y probar algunas formas nuevas, empresas como Dell, Compaq y Hewlett-Packard decidieron adaptar los ordenadores al mercado de consumo masivo externalizando su fabricación y compitiendo en el precio. Frente a ellos Apple era, con sus diseños atrevidos y sus innovadoras aplicaciones, como iTunes e iMovie, casi la única empresa que mostraba algo de innovación.

INTEL INSIDE

Las innovaciones de Apple no eran algo meramente superficial. Desde 1994, habían comenzado a utilizar un microprocesador, llamado PowerPC, fabricado en virtud de un acuerdo entre IBM y Motorola. Durante algunos años, fue más rápido que los chips de Intel, una ventaja que Apple promocionaba en algunos anuncios cómicos. En la época del regreso de Jobs, no obstante, Motorola se había quedado atrás en la producción de nuevas versiones del chip. Aquello dio origen a una pelea entre Jobs y el consejero delegado de Motorola, Chris Galvin. Cuando Jobs, justo después de su retorno a Apple en 1997, decidió dejar de vender licencias del sistema operativo del Macintosh a los fabricantes de ordenadores clónicos, le insinuó a Galvin que podría estar dispuesto a hacer una excepción para el clónico de Motorola, un ordenador compatible con el Macintosh llamado StarMax, pero solo si estos aceleraban el desarrollo de los nuevos chips PowerPC para ordenadores portátiles. La conversación se fue caldeando. Jobs contribuyó a ello con su opinión de que los chips de Motorola eran una porquería, y Galvin, que también tenía un fuerte temperamento, replicó con igual dureza. Jobs le colgó el teléfono. El StarMax de Motorola se canceló y Jobs comenzó en secreto a planear que Apple abandonase el chip PowerPC de Motorola/IBM y se pasara al de Intel. Aquella no sería una tarea fácil. Era un proceso similar al de tener que escribir todo un nuevo sistema operativo.

Jobs no le concedió ningún poder real a su consejo de administración, pero sí que empleaba las reuniones para plantear ideas y discutir diferentes estrategias en un entorno de confianza en el que él se situaba junto a una pizarra y moderaba las charlas informales. Durante dieciocho meses, los consejeros hablaron de si debían cambiarse a la arquitectura Intel. «Lo estuvimos debatiendo, planteamos un montón de preguntas y al final todos decidimos que debíamos dar el paso», recordaba Art Levinson, miembro del consejo.

Paul Otellini, que por aquel entonces era presidente de Intel y posteriormente llegó a ser su consejero delegado, comenzó a verse con Jobs. La pareja se había conocido mientras Jobs batallaba por mantener NeXT con vida y, según las propias palabras de Otellini, «cuando su arrogancia había amainado temporalmente». Otellini trata a la gente con una actitud tranquila e irónica, y le divirtió (en lugar de asustarle) descubrir, al tratar con Jobs en Apple a principios de la década de 2000, «que la savia volvía a correr por sus venas y ya no era en absoluto tan humilde». Intel mantenía tratos con otros fabricantes de ordenadores, y Jobs quería un precio mejor que el que ellos tenían. «Tuvimos que buscar maneras creativas de llegar a un acuerdo sobre las cifras», comentó Otellini. La mayoría de las negociaciones se llevaron a cabo, tal y como prefería Jobs, durante largos paseos, en ocasiones por los caminos que conducían al radiotelescopio conocido como el Plato, situado sobre el campus de Stanford. Jobs comenzaba los paseos contándole una historia y explicando cómo veía la evolución de la historia de la informática. Al final de la caminata, ya estaba regateando con las cifras.

«Intel tenía la reputación de ser un socio inflexible, y aquello provenía de los días en que estaba dirigida por Andy Grove y Craig Barrett —comentó Otellini—. Yo quería demostrar que Intel era una empresa con la que se podía trabajar». Así pues, un equipo de expertos de Intel se puso a trabajar con Apple, y lograron adelantarse seis meses a la fecha límite para la migración de arquitectura. Jobs invitó a Otellini a que asistiera al retiro de los cien principales ejecutivos de Apple, donde este se puso una de las famosas batas de laboratorio de Intel que le hacían parecer un astronauta y le dio a Jobs un gran abrazo. En el anuncio público realizado en 2005, Otellini, de carácter normalmente reservado, repitió aquel número. «Apple e Intel, juntos al fin», rezaba la gran pantalla.

Bill Gates estaba maravillado. El diseño de carcasas de colores brillantes no lo impresionaba, pero un programa secreto para cambiar la CPU de un ordenador que se llevara a cabo sin sobresalto alguno y en el tiempo previsto era una hazaña que admiraba profundamente. «Si me hubieran dicho: "Vale, vamos a cambiar nuestro microprocesador y no vamos a perder ni un segundo de producción", habría contestado que era imposible —me confesó años más tarde cuando le pregunté por los logros realizados por Jobs—. Pues esto es básicamente lo que ellos consiguieron».

OPCIONES SOBRE ACCIONES

Entre las peculiaridades de Jobs se encontraba su actitud hacia el dinero. Cuando regresó a Apple en 1997, se presentó como una persona que trabajaba por un dólar al año y que lo hacía en beneficio de la compañía, no en provecho propio. Sin embargo, respaldó la idea de unas asignaciones masivas de opciones sobre acciones —la concesión de inmensas cantidades de opciones que permitieran comprar acciones de Apple a un precio preestablecido— que no se encontraban sujetas a las prácticas habituales de compensación según el rendimiento y el criterio de la comisión del consejo.

A principios del año 2000, cuando el término «en funciones» de su tarjeta de visita pasó a mejor vida y se convirtió oficialmente en consejero delegado, Ed Woolard y el consejo le ofrecieron (además del avión) una de aquellas asignaciones. En una maniobra que desafiaba la imagen que él mismo había cultivado, según la cual no le interesaba el dinero, sorprendió a Woolard al exigir todavía más opciones de compra que las propuestas por el consejo. Sin embargo, poco después de conseguirlas, resultó que toda la operación había sido en vano. Las acciones de Apple se desplomaron en septiembre de 2000 —debido a las decepcionantes ventas del Cube además del estallido de la burbuja tecnológica—, lo que hizo que las opciones de compra ya no tuvieran valor alguno.

Para empeorar las cosas, *Fortune* publicó en junio de 2001 un artículo, que ocupó también la portada, sobre los consejeros delegados que recibían compensaciones exageradas: «El gran golpe de los pagos de los consejeros delegados». Una imagen de Jobs con una sonrisa de suficiencia ocupaba la portada. Aunque sus opciones de compra se hubieran hundido en aquel momento, el cálculo técnico de la asignación de su precio cuando se le concedieron (conocido como «método Black-Scholes») establecía su valor en 872 millones de dólares. *Fortune* afirmó que era, «con diferencia», el mayor paquete salarial asignado nunca a un consejero delegado. Aquel era el peor de todos los escenarios posibles. Jobs no tenía apenas dinero que pudiera llevar a casa tras cuatro años de duro trabajo en los que había dado la vuelta al rumbo de Apple, y aun así se había convertido en la imagen de los consejeros delegados avariciosos, lo que le hacía parecer un hipócrita y socavaba la imagen que tenía de sí mismo. Le escribió una carta furibunda al periodista en la que afirmaba que sus opciones, en realidad, «no valían nada», y se ofrecía a vendérselas a *Fortune* por la mitad del supuesto valor de 872 millones de dólares que la revista había establecido.

Mientras tanto, Jobs quería que el consejo le entregara otro gran paquete de opciones, puesto que las antiguas no parecían tener valor alguno. Insistió, tanto ante el consejo como probablemente ante sí mismo, en que se trataba más de recibir un reconocimiento adecuado que de enriquecerse. «No se trataba tanto del dinero —señaló posteriormente en una declaración ante la Comisión de Bolsa y Valores por una demanda sobre aquellas opciones—. A todo el mundo le gusta que sus compañeros reconozcan su labor. [...] Sentí que el consejo no estaba haciendo aquello conmigo». Tras el hundimiento de sus opciones de compra, opinaba que el consejo debería haberle ofrecido una nueva asignación sin que él tuviera que habérselo sugerido. «Me parecía que estaba haciendo un trabajo muy bueno. Aquello me habría hecho sentir mejor en aquel momento».

Lo cierto es que ese consejo que él mismo había elegido lo tenía muy consentido. Así pues, decidieron concederle otro inmenso paquete de opciones en agosto de 2001, cuando el precio de las acciones se encontraba justo por debajo de los 18 dólares. El problema era que a Jobs le preocupaba su imagen, especialmente después del artículo de *Fortune*. No quería aceptar la nueva asignación a menos que el consejo cancelara al mismo tiempo sus antiguas opciones. Pero aquella maniobra habría tenido consecuencias adversas desde el punto de vista contable, porque supondría en realidad asignar un nuevo precio a las opciones antiguas. Para ello habría sido necesario imputar aquel coste a los beneficios de ese momento. La única forma de evitar aquel problema de *contabilidad variable* consistía en cancelar las opciones antiguas al menos seis meses después de que se concedieran las nuevas. Además, Jobs comenzó a regatear con el consejo acerca del plazo en el que tendría derecho a aquellas opciones.

Hasta mediados de diciembre de 2001, Jobs no accedió por fin a aceptar las nuevas opciones, enfrentarse al qué dirán y esperar seis meses antes de que las viejas quedaran canceladas. Sin embargo, para entonces, el precio de las acciones (tras un *split* o división de los títulos) había aumentado en 3 dólares hasta llegar a los 21. Si el precio de compra se establecía a aquel nuevo nivel, cada una valdría 3 dólares menos. Así pues, la consejera jurídica de Apple, Nancy Heinen, revisó los precios recientes de las acciones y los ayudó a elegir una fecha de octubre en la que su valor era de 18,30 dólares. También dio el visto bueno a unas actas en las que supuestamente se mostraba que el consejo había aprobado la concesión en aquella fecha. El adelanto de la fecha de aprobación tenía un valor potencial de 20 millones de dólares para Jobs.

Una vez más, Jobs acabó siendo víctima de la mala publicidad sin ganar un centavo. El precio de las acciones de Apple siguió bajando, y en marzo de 2003, incluso las nuevas opciones se habían hundido tanto que Jobs las cambió todas por una concesión directa de 75 millones de dólares en acciones, lo que suponía aproximadamente 8,3 millones de dólares por cada año trabajado desde que regresara en 1997 y hasta el final de otorgamiento de los derechos en 2006.

Nada de aquello habría tenido gran importancia si el *Wall Street Journal* no hubiera publicado una influyente serie de artículos en 2006 sobre las opciones de compra con fechas alteradas. No se mencionaba a Apple, pero su consejo nombró a un comité de tres miembros —Al Gore; Eric Schmidt, de Google, y Jerry York, antiguo miembro de IBM y Chrysler— para que investigara sus propias prácticas empresariales. «Decidimos desde el principio que si Steve había cometido alguna infracción dejaríamos que cada uno asumiera sus responsabilidades», recordaba Gore. El comité descubrió algunas irregularidades en las asignaciones de Jobs y de algunos otros altos ejecutivos, e inmediatamente informó de sus descubrimientos a la Comisión de Bolsa y Valores. El informe afirmaba que Jobs era consciente de la alteración de las fechas, pero que al final no se vio económicamente beneficiado por ella (una comisión del consejo de administración de Disney descubrió igualmente que se habían producido cambios de fecha similares en Pixar cuando Jobs se encontraba al mando).

Las leyes que regulaban estas prácticas eran algo opacas, especialmente en vista de que ningún miembro de Apple acabó beneficiándose de aquellas asignaciones de opciones de fecha dudosa. La Comisión de Bolsa y Valores invirtió ocho meses en llevar a cabo su investigación, y en abril de 2007 anunció que no presentaría cargos contra Apple «debido en parte a su pronta, exhaustiva y extraordinaria cooperación con las investigaciones de la comisión [y a su] rápido informe sobre su propia situación». Aunque la Comisión de Bolsa y Valores descubrió que Jobs había sido consciente de la alteración de las fechas, lo eximió de cualquier acusación de mala conducta porque «no era consciente de las implicaciones contables».

La Comisión de Bolsa y Valores sí que presentó una queja contra el antiguo director financiero, Fred Anderson, que formaba parte del consejo, y contra la asesora jurídica de la empresa, Nancy Heinen. Anderson, un capitán retirado de las fuerzas aéreas estadounidenses con la mandíbula prominente y una profunda integridad, había ejercido una influencia sabia y tranquilizadora en Apple, donde era conocido por su habilidad a la hora de controlar las rabietas de Jobs. La Comisión de Bolsa y Valores solo lo citó a declarar por «negligencia» con respecto a la documentación de una de las asignaciones (no de las que se entregaron a Jobs), y la comisión le permitió seguir trabajando en consejos de administración. Sin embargo, Anderson acabó por dimitir de su puesto en el consejo de Apple. Tanto él como Jobs habían salido de la reunión del consejo cuando la comisión de Gore estaba presentando el resultado de sus investigaciones, y acabó a solas con Jobs en su despacho. Esa fue la última vez que hablaron.

Anderson pensaba que lo habían convertido en un chivo expiatorio. Cuando se presentó ante la Comisión de Bolsa y Valores, su abogado presentó una declaración en la que parte de la culpa recaía sobre Jobs. En ella se decía que Anderson había «avisado al señor Jobs de que la asignación emitida por el equipo ejecutivo tendría que llevar el precio correspondiente a la fecha del acuerdo del consejo, o si no podría incurrirse en una infracción contable», y que Jobs había contestado que «el consejo de administración ya había dado previamente su aprobación».

Heinen, que rechazó en un principio los cargos presentados contra ella, acabó por asumirlos y pagar la multa impuesta. Del mismo modo, la propia compañía llegó a un acuerdo en una demanda interpuesta por los accionistas en la que accedía a pagar 14 millones de dólares por daños y perjuicios.

Todo el asunto del paquete salarial venía a ser un reflejo de las peculiaridades de Jobs con el tema del aparcamiento: se negaba a aceptar la distinción que suponía contar con una plaza en la que se leyera «Reservado para el consejero delegado», pero pensaba que tenía derecho a dejar el coche en la zona para discapacitados. Quería presentarse (ante sí mismo y ante los demás) como alguien dispuesto a trabajar por un dólar al año, pero también quería que se le concedieran inmensos paquetes de acciones. Se debatía en las contradicciones propias de un rebelde convertido en emprendedor, alguien que quería creerse enchufado y sintonizado con la contracultura, sin haberse vendido y haberse aprovechado de ello.

34

Primer asalto

Memento mori

CÁNCER

A posteriori, Jobs especuló con la posibilidad de que su cáncer se hubiera originado a lo largo del agotador año que pasó a partir de 1997, dirigiendo Apple y Pixar al mismo tiempo. Mientras iba de acá para allá, sufrió de piedras en el riñón y otras afecciones, y llegaba tan extenuado a casa que apenas podía hablar. «Probablemente fuera entonces cuando el cáncer comenzó a crecer, porque mi sistema inmune se encontraba bastante debilitado por aquella época», comentó.

No hay pruebas que respalden la idea de que el agotamiento o un sistema inmunitario debilitado sean motivo de cáncer. Sin embargo, sus problemas renales sí que llevaron de forma indirecta a la detección del tumor. En octubre de 2003 se encontró por casualidad con la uróloga que lo había tratado, y ella le pidió que se sacara un TAC de los riñones y del uréter. Habían pasado cinco años desde la última revisión. El nuevo escáner no mostró ningún problema en los riñones, pero sí presentaba una sombra en el páncreas, así que la uróloga le pidió que concertara una cita para un estudio pancreático. Jobs no lo hizo. Como de costumbre, se le daba bien ignorar conscientemente la información que no quería procesar. Sin embargo, ella insistió. «Steve, esto es muy importante —le dijo unos días más tarde—. Tienes que hacerlo».

El tono de su voz reflejaba la urgencia suficiente como para que él accediera a someterse al estudio. Este se llevó a cabo una mañana, a primera hora, y tras estudiar las imágenes del escáner, los médicos se reunieron con él para darle la mala noticia de que era un tumor. Uno de ellos le sugirió incluso que se asegurara de que todos sus asuntos estaban en orden, una forma educada de insinuar que podían quedarle solo unos meses de vida. Aquella tarde llevaron a cabo una biopsia en la que le introdujeron un endoscopio por la garganta hasta llegar a los intestinos, de forma que pudieran acercar una aguja a su páncreas y extraer algunas células tumorales. Powell recordaba que los médicos de su esposo daban saltos de alegría. Resultó ser una célula insular, parte de un tumor neuroendocrino de páncreas, que es una neoplasia más infrecuente pero de crecimiento más lento, por lo que había más probabilidades de llevar a cabo un tratamiento con éxito. Fue una suerte que el tumor se detectara tan pronto —como el resultado indirecto de una inspección rutinaria de los riñones—, puesto que así podía eliminarse quirúrgicamente antes de que se extendiera de forma definitiva.

Una de las primeras llamadas de Jobs fue a Larry Brilliant, al que conoció en el *ashram* de la India. «¿Todavía crees en Dios?», le preguntó Jobs. Su amigo contestó que sí, y estuvieron charlando de los diferentes caminos conducentes a Dios que les había enseñado su gurú hindú, Neem Karoli Baba. Entonces Brilliant le preguntó a Jobs cuál era el problema. «Tengo cáncer», respondió este.

Art Levinson, que formaba parte del consejo de Apple, se encontraba presidiendo una reunión del consejo de su propia compañía, Genentech, cuando su móvil comenzó a sonar y apareció el nombre de Jobs en la pantalla. En cuanto tuvieron un descanso, Levinson llamó a Jobs y se enteró de las noticias sobre el tumor. Había recibido algo de formación sobre la biología del cáncer y su empresa fabricaba medicamentos para el tratamiento de esta enfermedad, así que se convirtió en uno de sus consejeros. Lo mismo hizo Andy Grove, de Intel, que se había enfrentado a un tumor de próstata y lo había superado. Jobs lo llamó aquel domingo, y él condujo directamente hasta su casa y le hizo compañía un par de horas.

Para horror de sus amigos y su esposa, Jobs decidió no someterse a la cirugía para eliminar el tumor, que era el único enfoque médico aceptado. «En realidad no quería que los médicos me abrieran, así que traté de ver si había otras alternativas que funcionasen», me confesó años más tarde con una pizca de remordimiento. Concretamente, siguió una estricta dieta vegana, con grandes cantidades de zanahorias frescas y zumos de fruta. Al régimen se añadieron la acupuntura, varios remedios a base de hierbas y algunos otros tratamientos que encontró en internet o tras consultar a gente de todo el país, incluido un vidente. Durante una temporada, quedó bajo el influjo de un médico que operaba en una clínica de curación natural del sur de California en la que se ponía especial énfasis en el uso de hierbas orgánicas, dietas de zumos, limpiezas intestinales frecuentes, hidroterapia y la expresión de todos los sentimientos negativos.

«En realidad, el mayor problema es que no estaba preparado para que abrieran su cuerpo —recordaba Powell—. Es difícil presionar a alguien para que haga algo así». Ella, no obstante, lo intentó. «El cuerpo existe para servir al espíritu», argumentó. Los amigos de Jobs le rogaron en repetidas ocasiones que se sometiera a la cirugía y la quimioterapia. «Steve hablaba conmigo cuando estaba tratando de curarse comiendo raíces y porquerías parecidas, y yo le decía que estaba loco», recordaba Grove. Levinson afirmó que «se lo suplicaba todos los días» y que le parecía «enormemente frustrante el no poder conectar con él». Las peleas estuvieron a punto de poner fin a su amistad. «El cáncer no funciona así —insistía Levinson cuando Jobs le hablaba de sus tratamientos dietéticos—. No puedes resolver esta situación sin cirugía y sin atacar al tumor con sustancias químicas tóxicas». Incluso el médico y nutricionista Dean Ornish, un pionero en el uso de métodos alternativos y basados en la nutrición para el tratamiento de enfermedades, dio un largo paseo con Jobs e insistió en que, en ocasiones, los métodos tradicionales eran la opción correcta. «En serio, necesitas operarte», le dijo Ornish.

La obstinación de Jobs duró nueve meses a partir del momento del diagnóstico, en octubre de 2003. Parte de dicha testarudez representaba el lado oscuro de su campo de distorsión de la realidad. «Creo que Steve tiene un deseo tan fuerte de hacer que el mundo funcione de una forma determinada que cree que puede cambiarlo con su mera voluntad —especuló Levinson—. A veces eso no funciona. La realidad es implacable». La otra faceta de su maravillosa capacidad para concentrarse era su temible disposición a filtrar todo aquello a lo que no quería enfrentarse. Eso dio origen a muchos de sus grandes avances, pero también podía tener resultados desastrosos. «Posee una gran capacidad para ignorar aquello a lo que no quiere hacer frente —explicó su esposa—. La cabeza le funciona así, no hay que darle más vueltas». Ya fuera con respecto a temas personales relacionados con su familia y su matrimonio o a asuntos laborales que girasen en torno a la ingeniería o los retos empresariales, o a problemas derivados de su salud y el cáncer, en ocasiones Jobs se limitaba a no implicarse.

En el pasado se había visto recompensado por lo que su esposa denominaba su «pensamiento mágico», su forma de pensar que podía lograr que las cosas funcionaran como él quería según su voluntad. Pero con el cáncer las cosas eran muy diferentes. Powell recurrió a todas las personas cercanas a él, incluida su hermana, Mona Simpson, para que trataran de convencerlo. Finalmente, en julio de 2004, le mostraron el escáner de un TAC en el que se veía que el tumor había crecido y que posiblemente se había extendido a otros órganos. Aquello lo obligó a enfrentarse a la realidad.

Jobs se sometió a la operación el sábado 31 de julio de 2004, en el Centro Médico de la Universidad de Stanford. No se le realizó el «procedimiento de Whipple» completo, que consiste en eliminar una gran parte del estómago y del intestino además del páncreas. Los médicos consideraron aquella opción, pero se decidieron por un enfoque menos radical, una técnica modificada de Whipple en la que solo se eliminaba una parte del páncreas.

Jobs escribió un correo electrónico para sus empleados al día siguiente —y lo envió con su PowerBook conectado a una estación AirPort Express desde la habitación del hospital— en el que anunciaba que había pasado por el quirófano. Les aseguró que el tipo de cáncer de páncreas que él tenía «representa cerca del 1 % del total de casos de cáncer de páncreas diagnosticados cada año, y puede curarse mediante la extracción quirúrgica si se diagnostica a tiempo (como en mi caso)». Afirmó que no iba a necesitar quimioterapia o radioterapia y que planeaba regresar al trabajo en septiembre. «Mientras estoy fuera, le he pedido a Tim Cook que se haga cargo de las operaciones diarias de Apple para que no perdamos ni un segundo —escribió—. Estoy seguro de que en agosto os llamaré a algunos de vosotros más de lo que os gustaría, y espero veros a todos en septiembre».

Uno de los efectos secundarios de la operación se convirtió en un problema para Jobs, debido a sus dietas obsesivas y a la extraña costumbre de purgarse y ayunar que llevaba practicando desde la adolescencia. Como el páncreas produce las enzimas que permiten al estómago digerir la comida y absorber los nutrientes, eliminar parte del órgano dificulta la obtención de proteínas suficientes. A los pacientes se les aconseja que se aseguren de comer frecuentemente y de mantener una dieta nutritiva con una gran variedad de proteínas de la carne y el pescado, además de productos elaborados con leche entera. Jobs nunca había hecho algo así, y no estaba dispuesto a hacerlo ahora.

Permaneció dos semanas en el hospital y después comenzó su lucha por recuperar las fuerzas. «Recuerdo que el día de mi regreso me senté ahí —me contó, señalando a la mecedora de su salón—. No tenía fuerzas para caminar. Hizo falta una semana hasta que pude dar la vuelta a la manzana. Me obligaba a andar hasta el parque que hay a unas manzanas de aquí y después un poco más allá, y en seis meses casi había recuperado todas mis energías».

Desgraciadamente, el cáncer se había extendido. Durante la operación, los médicos encontraron tres metástasis en el hígado. Si hubieran operado nueve meses antes, posiblemente habrían eliminado el tumor antes de que se extendiera, aunque eso es algo que no podían saber con seguridad. Jobs comenzó con los tratamientos de quimioterapia, lo que supuso una complicación más para sus hábitos alimentarios.

La ceremonia de graduación de Stanford

Jobs mantuvo en secreto su constante batalla contra el cáncer —le dijo a todo el mundo que se había «curado»— con la misma discreción que había mantenido con respecto a su diagnóstico en octubre de 2003. Este secretismo no resultaba sorprendente. Era parte de la naturaleza de Jobs. Lo que sí resultó más asombroso fue su decisión de hablar en público y de forma muy personal sobre su salud. Aunque rara vez impartía charlas fuera de las presentaciones de sus productos, aceptó la invitación de Stanford de pronunciar el discurso de la ceremonia de graduación de junio de 2005. Su humor se había vuelto meditabundo tras el diagnóstico de la enfermedad y tras cumplir los cincuenta años.

Jobs recurrió al brillante guionista Aaron Sorkin (*Algunos hombres buenos*, *El ala oeste de la Casa Blanca*) para que lo ayudara con su discurso. Sorkin accedió a colaborar, y él le envió algunas ideas. «Aquello ocurrió en febrero y no recibí respuesta, así que volví a contactar con él en abril y me contestó: "Ah, sí", así que le mandé algunas ideas más —relató Jobs—. Llegué a hablar con él por teléfono, y él seguía diciéndome que sí, pero al final llegó el principio de junio y no me había enviado nada».

A Jobs le entró el pánico. Él siempre había redactado sus propias presentaciones, pero nunca había pronunciado un discurso de graduación. Una noche se sentó y escribió el texto él solo, sin más ayuda que la de su esposa, a la que le iba presentando sus ideas. Como resultado, aquella acabó siendo una disertación muy íntima y sencilla, con el tono personal y sin adornos propio de uno de los productos perfectos de Steve Jobs.

Alex Haley afirmó en una ocasión que la mejor forma de comenzar un discurso era la frase: «Dejadme que os cuente una historia». Nadie quiere escuchar un sermón, pero a todo el mundo le encantan los cuentos, y ese es el enfoque que eligió Jobs. «Hoy quiero contaros tres historias de mi vida —comenzó—. Eso es todo, no es nada del otro mundo, solo tres historias».

La primera versaba sobre cómo abandonó los estudios en el Reed College. «Pude dejar de asistir a las clases que no me interesaban y comencé a pasarme por aquellas que parecían mucho más atractivas». La segunda historia relataba cómo el haber sido despedido de Apple había acabado por resultar algo bueno para él. «La pesada carga de haber tenido éxito se vio sustituida por la ligereza de ser de nuevo un principiante, de estar menos seguro acerca de todo». Los estudiantes prestaron una atención poco habitual, a pesar de un avión que sobrevolaba el terreno con una pancarta en la que se les pedía que «reciclaran toda su chatarra electrónica». Sin embargo, fue la tercera historia la que los mantuvo completamente cautivados. Era la que trataba sobre el diagnóstico del cáncer y la mayor conciencia que aquello había traído consigo.

> Recordar que pronto estaré muerto es la herramienta más importante que he encontrado nunca para tomar las grandes decisiones de mi vida, porque casi todo —todas las expectativas externas, todo el orgullo, todo el miedo a la vergüenza o al fracaso— desaparece al enfrentarlo a la muerte, y solo queda lo que es realmente importante. Recordar que vas a morir es la mejor manera que conozco de evitar la trampa de pensar que tienes algo que perder. Ya estás desnudo. No hay motivo para no seguir los dictados del corazón.

El ingenioso minimalismo del discurso le otorgaba sencillez, pureza y encanto. Puedes buscar donde quieras, en antologías o en YouTube, y no encontrarás un discurso de graduación mejor. Puede que otros fueran más importantes, como el de George Marshall en Harvard en 1947, en el que anunció un plan para reconstruir Europa, pero ninguno ha sido más elegante.

Un león a los cincuenta

Al cumplir la treintena y la cuarentena, Jobs había celebrado el acontecimiento con las estrellas de Silicon Valley y otros personajes famosos de diferentes procedencias. Sin embargo, cuando llegó a los cincuenta en 2005, tras haber sido operado del cáncer, la fiesta sorpresa preparada por su esposa había reunido principalmente a sus amigos y colegas de trabajo más cercanos. Se celebró en la cómoda casa de unos amigos en San Francisco, y la gran cocinera Alice Waters preparó salmón de Escocia con algo de cuscús y verduras cultivadas en su huerto. «Fue una reunión preciosa, cálida e íntima, en la que todo el mundo, incluso los niños, podían sentarse en la misma habitación», recordaba Waters. El entretenimiento consistió en una comedia improvisada a cargo de los actores del programa *Whose Line Is It Anyway?*

Allí se encontraba el buen amigo de Jobs Mike Slade, junto con algunos de sus colegas de Apple y Pixar, entre los cuales estaban Lasseter, Cook, Schiller, Clow, Rubinstein y Tevanian.

Cook había hecho un buen trabajo dirigiendo la compañía durante la ausencia de Jobs. Mantuvo a raya a los miembros más temperamentales de Apple y evitó convertirse en el centro de atención. A Jobs le gustaban las personalidades fuertes, pero solo hasta cierto punto: nunca había animado a ninguno de sus colaboradores a asumir un mayor control ni había estado dispuesto a compartir la gloria. Resultaba complicado ser su discípulo. Estabas condenado si destacabas, y estabas condenado si no lo hacías. Cook había logrado sortear aquellas dificultades. Era un hombre tranquilo y decidido cuando se encontraba al mando, pero no pretendía atraer la atención o los elogios de los demás sobre sí mismo. «A algunas personas les irritaba que Steve se atribuyera los méritos de todo lo que se hacía, pero a mí eso nunca me importó un comino —afirmó Cook—. Sinceramente, preferiría que mi nombre nunca apareciera en los periódicos».

Cuando Jobs regresó tras su baja médica, Cook volvió a su labor como la persona que mantenía los diferentes sectores de Apple correctamente engranados y que permanecía impávido ante las rabietas de Jobs. «Lo que aprendí sobre Steve era que la gente malinterpretaba sus comentarios como si fueran regañinas o una muestra de negatividad, pero en realidad solo era la forma en que demostraba su pasión. Así es como yo procesaba todo aquello, y nunca me tomé esos asuntos como algo personal». En muchos sentidos, era como una imagen invertida de Jobs: imperturbable, de humor constante y, tal y como habría señalado el tesauro de NeXT, más saturnino que voluble. «Soy un buen negociador, y probablemente él sea mejor todavía que yo, porque mantiene la cabeza fría», señaló Jobs posteriormente. Tras dedicarle algunos halagos más, Jobs añadió en voz baja una reserva, un reparo grave pero que pocas veces se pronunciaba en voz alta. «Pero Tim no es una persona entregada a los productos *per se*».

En el otoño de 2005, Jobs eligió a Cook para que se convirtiera en el jefe de operaciones de Apple. Los dos viajaban juntos en un avión a Japón. Jobs no llegó realmente a pedírselo. Simplemente, se giró hacia él y dijo: «He decidido nombrarte director de operaciones».

En aquella época, los viejos amigos de Jobs Jon Rubinstein y Avie Tevanian —los encargados de hardware y software que habían entrado en la empresa durante la restauración de 1997— anunciaron su decisión de abandonar la compañía. En el caso de Tevanian, el motivo era que ya había ganado mucho dinero y estaba preparado para dejar de trabajar. «Avie es un tipo brillante y muy agradable, mucho más sensato que Ruby, y no tiene un ego tan grande —afirmó Jobs—. Para nosotros fue una inmensa pérdida que se marchara. Es una persona única, un genio».

El caso de Rubinstein fue un poco más polémico. Le había molestado el ascenso de Cook y estaba agotado tras nueve años trabajando bajo el mando de Jobs. Sus peleas a gritos se volvieron más frecuentes. También existía un problema fundamental: Rubinstein chocaba constantemente con Jony Ive, que solía trabajar para él y que ahora le presentaba sus informes directamente a Jobs. Ive siempre estaba forzando los límites con diseños deslumbrantes pero muy difíciles de fabricar. El trabajo de Rubinstein, por naturaleza más cauto, consistía en lograr que el hardware se construyera de una forma práctica, así que a menudo se producían encontronazos. «En resumidas cuentas, Ruby es un hombre de Hewlett-Packard —declaró Jobs—, y nunca se involucraba a fondo, no era un hombre agresivo».

Estaba, por ejemplo, el caso de los tornillos que sujetaban las asas del Power Mac G4. Ive decidió que debían tener un acabado y una forma concretos, pero Rubinstein pensaba que aquello sería «astronómicamente» caro y que retrasaría el proyecto durante semanas, así que vetó la idea. Su trabajo consistía en acabar los productos, lo que significaba que tenía que llegar a soluciones de compromiso. A Ive le parecía que aquella postura era opuesta a la innovación, así que decidió a la vez puentearlo para hablar con Jobs y rodearlo para llegar a los ingenieros de los puestos intermedios. «Ruby decía: "No puedes hacerlo, supondrá muchos retrasos", y yo contestaba: "Creo que sí que podemos" —recordaba Ive—. Y yo lo sabía a ciencia cierta, porque había trabajado a sus espaldas con los equipos de producción». En este y otros casos, Jobs se puso de parte de Ive.

En ocasiones Ive y Rubinstein se enzarzaban en enfrentamientos a empujones que casi llegaban a las manos. Al final, el diseñador le dio un ultimátum a Jobs: «O él o yo». Jobs eligió a Ive. Para entonces, Rubinstein ya estaba listo para marcharse. Su esposa y él habían comprado una parcela en México, y él quería tomarse un tiempo para construir allí una casa. Al final acabó trabajando para Palm, que estaba tratando de igualar el iPhone de Apple. Jobs se puso tan furioso al enterarse de que Palm había reclutado a uno de sus antiguos empleados que se quejó a Bono. El cantante era el cofundador de un grupo privado de inversión dirigido por el antiguo director financiero de Apple, Fred Anderson, que había adquirido una participación mayoritaria en Palm. Bono le envió un mensaje a Jobs en el que decía: «Deberías tranquilizarte con este tema. Es como si los Beatles te llamaran porque los Herman's Hermits hubieran contratado a uno de sus técnicos». Jobs reconoció posteriormente que se había excedido en su reacción. «El hecho de que su proyecto resultara ser un completo fracaso ayuda a sanar la herida», añadió.

Jobs logró formar un nuevo equipo de gestión que discutiera algo menos y resultara algo más comedido. Sus miembros principales, además de Cook e Ive, eran Scott Forstall, a cargo del software del iPhone; Phil Schiller, encargado de marketing; Bob Mansfield, responsable del hardware del Mac; Eddy Cue, al mando de los servicios de internet, y Peter Oppenheimer como director financiero. Aunque su equipo de jefes ejecutivos mostrara una aparente homogeneidad superficial —todos ellos eran varones blancos de mediana edad—, representaban en realidad toda una gama de estilos. Ive era emocional y expresivo; Cook, frío como el acero. Todos sabían que Jobs esperaba que le mostraran una cierta deferencia y que al mismo tiempo defendieran sus ideas y estuvieran dispuestos a discutir. Era un equilibrio difícil de mantener, pero cada uno lo lograba a su modo. «Me di cuenta desde el primer momento de que, si no expresabas tu opinión, él te iba a acribillar —comentó Cook—. Le gusta adoptar la postura contraria a la tuya para fomentar la discusión, porque eso puede llevarte a un mejor resultado. Así pues, si no te sientes cómodo mostrando tu desacuerdo, entonces no podrás sobrevivir».

El principal lugar para la libre discusión era la reunión del equipo ejecutivo de los lunes por la mañana, que empezaba a las nueve y se prolongaba tres o cuatro horas. Cook dedicaba unos diez minutos a los gráficos que mostraban la evolución del negocio, seguidos de extensas discusiones sobre cada uno de los productos de la compañía. Las conversaciones siempre se centraban en el futuro: ¿qué es lo próximo que debe hacer un producto? ¿Qué nuevas líneas hay que desarrollar? Jobs utilizaba las reuniones para reforzar la idea de que todos compartían una misma misión. Esto servía para centralizar el control —lo que hacía que la compañía pareciera estar tan fuertemente integrada como un buen producto de Apple—, y a la vez evitaba las luchas entre departamentos que asolaban a algunas empresas descentralizadas.

Jobs también utilizaba las reuniones para fomentar la concentración. En la granja de Robert Friedland, su trabajo había consistido en podar los manzanos para que crecieran fuertes, y aquello se convirtió en una metáfora de las labores de poda que realizaba en Apple. En lugar de animar a cada grupo a que dejara que las líneas de productos proliferasen de acuerdo con las consideraciones de marketing, o de permitir que florecieran un millar de ideas, Jobs insistía en que Apple se centrara únicamente en dos o tres objetivos prioritarios al mismo tiempo. «No hay nadie a quien se le dé mejor silenciar el ruido que le rodea —afirmó Cook—. Eso le permite centrarse en unas pocas cosas y decirles que no a muchas. Hay pocas personas a las que de verdad se les dé bien hacer algo así».

Cuenta la leyenda que en la antigua Roma, cuando un general victorioso desfilaba por las calles, iba acompañado en ocasiones de un sirviente cuyo trabajo consistía en repetirle «memento mori», «recuerda que vas a morir». El recordatorio de su condición de mortal ayudaba al héroe a mantener la perspectiva de las cosas y a inculcarle humildad. El *memento mori* de Jobs había llegado de la mano de sus médicos, pero no sirvió para infundirle humildad alguna. En vez de eso, Jobs volvió a rugir tras su recuperación con mayor pasión todavía, como si contara con un tiempo limitado para cumplir sus objetivos. Al mismo tiempo que mostraba su lado íntimo en el discurso de Stanford, la enfermedad le recordaba que no tenía nada que perder, así que debía seguir adelante a toda velocidad. «Regresó con una misión —señaló Cook—. Aunque ahora estaba al frente de una gran compañía, seguía realizando osadas maniobras que no creo que nadie más se hubiera atrevido a emprender».

Durante un tiempo hubo algunos indicios, o al menos algunas esperanzas, de que hubiera templado un poco su estilo personal, de que el hecho de enfrentarse al cáncer y cumplir cincuenta años lo hubiera hecho mostrarse algo menos brutal cuando se enfadaba. «Justo después de regresar tras su operación, no solía humillar tanto a los trabajadores —recordaba Tevanian—. Si algo no le gustaba, podía gritar, enfadarse mucho y utilizar todo tipo de exabruptos, pero no con la intención de destruir por completo a la persona con la que estuviera hablando. Aquella era simplemente su forma de lograr que esa persona hiciera un mejor trabajo». Tevanian reflexionó un momento mientras comentaba todo esto, y entonces añadió una salvedad: «A menos que pensara que alguien era realmente malo y debía marcharse de la compañía, cosa que ocurría de vez en cuando».

Algunas veces, no obstante, regresaban aquellos bruscos modales. La mayoría de sus compañeros ya estaban acostumbrados a ellos por aquel entonces y habían aprendido a soportarlos, pero lo que más les molestaba eran los momentos en que su ira se dirigía a desconocidos. «Una vez fuimos a un supermercado Whole Foods para comprar un batido de frutas —recordaba Ive— y había una mujer mayor preparándolo, y él comenzó a atosigarla por la forma en que lo estaba haciendo. Después la compadeció. "Es una mujer mayor y no quiere dedicarse a esto". No relacionó ambas cosas. En los dos casos estaba siendo un purista».

Durante un viaje a Londres con Jobs, Ive recibió la ingrata tarea de elegir el alojamiento. Escogió el Hempel, un plácido hotel de diseño de cinco estrellas con un minimalismo sofisticado que él pensó que agradaría a Jobs. Sin embargo, en cuanto llegaron para registrarse, se preparó para lo peor y, efectivamente, su teléfono comenzó a sonar un minuto después. «Detesto mi habitación —dijo

Jobs—. Es una mierda, vámonos de aquí». Así pues, Ive recogió sus maletas y se dirigió a la recepción, donde Jobs le contó sin rodeos al atónito recepcionista lo que pensaba de aquel lugar. Ive se dio cuenta de que la mayoría de la gente, él incluido, no acostumbra a mostrarse tan directa cuando piensa que un producto es de mala calidad porque siente el deseo de agradar, «lo que en el fondo no es más que un rasgo de vanidad». Aquella era una explicación excesivamente amable. En cualquier caso, no era un rasgo compartido por Jobs.

Como Ive era un hombre agradable por naturaleza, le intrigaba la razón por la que Jobs, que le caía muy bien, se comportaba como lo hacía. Una tarde, en un bar de San Francisco, se apoyó en la barra con ferviente intensidad y trató de analizarlo:

> Es un hombre muy, muy sensible. Ese es uno de los factores que contribuyen a que su comportamiento antisocial, su grosería, resulten tan inexplicables. Comprendo por qué la gente dura e insensible puede resultar maleducada, pero no una persona sensible. Una vez le pregunté por qué se enfadaba tanto en ocasiones. Él respondió: «Pero si el enfado no me dura». Tiene una capacidad muy infantil para irritarse mucho por algo y olvidarlo al instante. Sin embargo, creo sinceramente que hay otras ocasiones en las que se siente muy frustrado, y su forma de alcanzar una catarsis consiste en herir a los demás. Y me parece que él piensa que tiene libertad y licencia para hacerlo. Cree que las normas habituales del comportamiento social no están hechas para él. Gracias a su gran sensibilidad, sabe exactamente cómo herir a alguien con eficacia y eficiencia. Y lo hace. No muy a menudo, pero sí algunas veces.

De vez en cuando, algún compañero sensato trataba de llevarse aparte a Jobs para calmarlo. Lee Clow era un maestro en aquel arte. «Steve, ¿puedo hablar contigo?», preguntaba en voz baja cuando Jobs había humillado públicamente a alguien. Entonces se iba al despacho de Jobs y le explicaba lo mucho que se estaban esforzando todos. «Cuando los humillas, resulta más debilitante que estimulante», lo reprendió en una de aquellas sesiones. Jobs se disculpaba y afirmaba que lo comprendía, pero entonces volvía a perder los estribos. «Sencillamente es que soy así», solía decir.

Una de las cosas que sí se suavizaron fue su actitud hacia Bill Gates. Microsoft había cumplido su parte del trato alcanzado en 1997, cuando accedió a seguir desarrollando grandes aplicaciones de software para el Macintosh. Además, la empresa estaba perdiendo relevancia como competidora, puesto que hasta la fecha no había logrado replicar la estrategia del centro digital de Apple. Gates y Jobs mantenían un enfoque muy diferente con respecto a los productos y la innovación, pero su rivalidad había despertado en ambos una sorprendente autoconciencia.

En el congreso All Things Digital celebrado en mayo de 2007, los columnistas del *Wall Street Journal* Walt Mossberg y Kara Swisher trataron de reunirlos para una entrevista conjunta. Mossberg invitó en primer lugar a Jobs, que no asistía a demasiadas conferencias como aquella, y se sorprendió cuando este afirmó que estaba dispuesto a hacerlo solo si Gates también accedía. Al enterarse de aquello, Gates también aceptó. El plan estuvo a punto de venirse abajo cuando Gates le ofreció una entrevista a Steven Levy, de *Newsweek*, y no pudo contenerse cuando le preguntaron por los anuncios de televisión en los que los Mac de Apple se comparaban con los PC y se ridiculizaba a los usuarios de Windows al presentarlos como aburridos zopencos, mientras que el Mac era presentado como un producto más moderno. «No sé por qué andan comportándose como si fueran superiores —declaró Gates, acalorándose cada vez más—. Me pregunto si la sinceridad tiene alguna importancia en estos asuntos, o si el hecho de ser muy moderno implica que puedes ser un mentiroso siempre que te apetezca. No hay ni el menor atisbo de verdad en esos anuncios». Levy añadió algo más de leña al fuego al preguntarle si el nuevo sistema operativo de Windows, Vista, copiaba muchas de las características del Mac. «Puedes investigar y comprobar quién presentó primero cualquiera de esas funciones, si es que te importan algo los hechos —respondió Gates—. Si simplemente quieres decir: "Steve Jobs inventó el mundo y después el resto se dedicó a subirse al carro", por mí no hay problema».

Jobs llamó a Mossberg y le dijo que, en vista de lo que Gates le había contado a *Newsweek*, no resultaría productivo celebrar una sesión conjunta. Sin embargo, Mossberg logró que la situación volviera a su cauce. Quería que la aparición de ambos aquella tarde fuera una discusión cordial y no un debate, pero las probabilidades de que eso ocurriera parecieron disminuir cuando Jobs asestó un duro golpe a Microsoft durante una entrevista en solitario con Mossberg la mañana de ese mismo día. Cuando le preguntó por el motivo de que el software de iTunes de Apple para ordenadores Windows gozara de tanta popularidad, Jobs bromeó: «Es como ofrecerle un vaso de agua fría a alguien que está en el infierno».

Así pues, cuando llegó la hora de que Gates y Jobs se encontraran en la sala de espera antes de celebrar la sesión conjunta de aquella tarde, Mossberg estaba preocupado. Gates llegó el primero junto con su asistente, Larry Cohen, que le había informado del comentario que Jobs había realizado ese mismo día. Unos minutos más tarde, Jobs entró en la sala, agarró una botella de agua de un cubo con hielos y se sentó. Tras unos instantes de silencio, Gates comentó: «Entonces supongo que yo soy el representante del infierno». No estaba sonriendo. Jobs se quedó quieto, esbozó una de sus pícaras sonrisas y le entregó la botella de agua fría. Gates se relajó y la tensión se disipó.

El resultado fue un dueto fascinante, en el que los dos chicos prodigio de la era digital hablaron, primero con cautela y después con afecto, el uno acerca del otro. Lo más memorable fueron las cándidas respuestas que ofrecieron cuando la estratega tecnológica Lise Buyer, que se encontraba entre el público, les preguntó qué habían aprendido al observarse mutuamente. «Bueno, yo daría mucho por tener el gusto de Steve», respondió Gates. Se oyeron algunas risillas nerviosas. Todavía era célebre la cita de Jobs de diez años antes en la que afirmó que su problema con Microsoft era que no tenían absolutamente ningún gusto. Sin embargo, Gates insistió en que hablaba en serio. Jobs tenía «un talento innato en cuanto al gusto intuitivo, tanto para la gente como para los productos». Recordaba como él y Jobs solían sentarse juntos a revisar el software que Microsoft estaba creando para el Macintosh. «Yo veía como Steve tomaba decisiones basándose en una intuición sobre la gente y los productos que me resulta difícil incluso de explicar. La forma en que hace las cosas es diferente a la de todos los demás y creo que es algo mágico. Y en aquel caso me dejó sorprendido».

Jobs se quedó mirando al suelo. Después me confesó que se había quedado sin palabras ante la sinceridad y la elegancia que acababa de demostrar Gates. Jobs se mostró igualmente sincero, aunque no tan elegante, cuando llegó su turno. Describió la gran división entre la teología de Apple que defendía la creación de productos completamente integrados y la disposición de Microsoft a ofrecer licencias de uso a fabricantes de hardware de la competencia. Señaló que, en el mercado de la música, la estrategia integrada —encarnada por el paquete iTunes/iPod— estaba demostrando ser mejor, pero el enfoque individualizado de Microsoft estaba dando mejores resultados en el mercado de los ordenadores personales. Una pregunta que él mismo planteó de improviso fue: ¿qué táctica daría mejor resultado con los teléfonos móviles?

A continuación procedió a señalar con perspicacia un detalle. Afirmó que aquella diferencia en cuanto a las filosofías de diseño había hecho que a Apple y a él se les diera peor colaborar con otras compañías. «Como Woz y yo creamos la compañía basándonos en la idea de fabricar todo el producto, no se nos daba tan bien asociarnos con otras personas —afirmó—, y creo que si Apple hubiera tenido un poco más de aquel espíritu de colaboración en su ADN, le habría resultado extremadamente útil».

35

El iPhone

Tres productos revolucionarios en uno

Un iPod que realiza llamadas

En 2005, las ventas del iPod se habían disparado. Ese año vendió la asombrosa cifra de veinte millones de unidades, cuadruplicando la cantidad del año anterior. Aquel producto estaba siendo cada vez más importante para el balance final de la empresa, el 45 % de sus ingresos en 2005, y también fomentaba la imagen moderna y actual de la compañía, gracias a lo cual incrementaba las ventas de los Macs.

Pero eso tenía preocupado a Jobs. «Siempre estaba obsesionándose acerca de qué podría desbaratar nuestra situación», recordaba Art Levinson, miembro del consejo de administración. Jobs había llegado a una conclusión: «El dispositivo que puede acabar con nosotros es el teléfono móvil». Según le explicó al consejo, el mercado de las cámaras digitales estaba viniéndose abajo ahora que los teléfonos iban equipados con ellas. Lo mismo podía ocurrirle al iPod si los fabricantes de móviles comenzaban a instalar en ellos reproductores de música. «Todo el mundo lleva un móvil encima, así que eso podría hacer que el iPod resultara innecesario».

Su primera estrategia consistió en hacer algo que, según había reconocido frente a Bill Gates, no formaba parte de su ADN: asociarse con otra compañía. Era amigo de Ed Zander, el nuevo consejero delegado de Motorola, así que comenzó a hablar con él sobre la posibilidad de crear un compañero para el popular RAZR de Motorola, que integraba un teléfono móvil y una cámara digital, de forma que contara también con un iPod. Así nació el ROKR.

Al final, aquel producto acabó por carecer del atractivo minimalismo de un iPod y de la cómoda esbeltez del RAZR. Era feo, difícil de cargar y con un límite arbitrario de cien canciones. Mostraba todos los rasgos característicos de un producto que se hubiera negociado a través de un comité, lo cual iba en contra de la forma en que a Jobs le gustaba trabajar. En lugar de contar con un hardware, un software y unos contenidos bajo el control de una misma compañía, era una mezcla de aportaciones de Motorola, Apple y la empresa de telefonía móvil Cingular. «¿Y llamas a esto el teléfono del futuro?», se burlaba *Wired* en su portada de noviembre de 2005.

Jobs estaba furioso. «Estoy harto de tratar con empresas estúpidas como Motorola —les dijo a Tony Fadell y a otros asistentes a las reuniones de revisión del iPod—. Hagámoslo nosotros mismos». Había advertido algo extraño acerca de los teléfonos móviles existentes en el mercado: todos eran una porquería, igual que les había ocurrido a los reproductores portátiles de música. «Todos andábamos por ahí quejándonos sobre lo mucho que detestábamos nuestros teléfonos —recordaba—. Eran demasiado complicados. Tenían aplicaciones cuyo funcionamiento nadie podía averiguar, incluida la agenda de direcciones. Era extremadamente complejo». El abogado George Riley recuerda que en algunas reuniones a las que asistía para tratar determinados temas jurídicos, Jobs, que se aburría, le cogía el teléfono móvil y comenzaba a señalar todos los motivos por los cuales era «una basura». Así pues, Jobs y su equipo comenzaron a entusiasmarse ante la posibilidad de fabricar el teléfono que ellos mismos querrían utilizar. «Esa es la mejor motivación de todas», afirmó después Jobs.

Otra motivación era el mercado potencial. En 2005 se vendieron más de 825 millones de teléfonos móviles a todo tipo de consumidores, desde estudiantes de primaria hasta ancianas. Como la mayoría de ellos eran una porquería, había espacio para un producto moderno y de calidad, igual que había ocurrido con el mercado de los reproductores portátiles de música. Al principio Jobs le asignó el proyecto al grupo de Apple que se encargaba de la estación base inalámbrica AirPort, con la teoría de que aquel también iba a ser un dispositivo inalámbrico. Sin embargo, pronto se dio cuenta de que se trataba principalmente de un producto de consumo, como el iPod, así que se lo reasignó a Fadell y sus compañeros de equipo.

Su primera propuesta consistió en una modificación del iPod. Trataron de utilizar la rueda como mecanismo para que el usuario se desplazara por las diferentes opciones del teléfono y para que, sin teclado alguno, tratara de pulsar los números deseados. Aquella no era una combinación natural. «Estábamos teniendo muchos problemas con la rueda, especialmente a la hora de teclear los números de teléfono —recordaba Fadell—. Era un sistema pesado y torpe». Aquello funcionaba para desplazarse por la agenda, pero resultaba horrible cuando llegaba la hora de teclear cualquier cosa. El equipo trató de convencerse de que los usuarios iban a llamar principalmente a gente que ya estuviera en su lista de contactos, pero en el fondo ya sabían que aquel sistema no iba a funcionar.

En aquel momento había en marcha un segundo proyecto en Apple: una iniciativa secreta para fabricar una tableta electrónica. En 2005, aquellas propuestas se entrecruzaron y las ideas para la tableta se filtraron en los planes del teléfono. Dicho de otra forma, la idea que dio origen al iPad se plasmó antes en el iPhone, contribuyó a su nacimiento y ayudó a darle forma.

MULTITÁCTIL

Uno de los ingenieros que estaban desarrollando una tableta en Microsoft era el marido de una amiga de Laurene y Steve Jobs, y cuando cumplió cincuenta años organizó una cena a la que los dos estaban invitados junto con Bill y Melinda Gates. Jobs asistió de mala gana. «Steve se mostró bastante cordial conmigo en la cena», recordaba Gates. Sin embargo, «no estuvo especialmente amistoso» con el hombre que celebraba su cumpleaños.

A Gates le molestaba que aquel hombre anduviera revelando constantemente información sobre la tableta que había desarrollado para Microsoft. «Era empleado nuestro y manejaba información cuya

propiedad intelectual nos pertenecía», relató Gates. A Jobs también le
irritó su comportamiento, que trajo consigo las consecuencias exac-
tas temidas por Gates. Según recordaba Jobs:

> Ese tío no hacía más que darme la lata con que Microsoft iba a
> cambiar completamente el mundo con su software para tabletas elec-
> trónicas, que iba a eliminar todos los ordenadores portátiles y que
> Apple debía hacerse con licencias de uso de su software de Microsoft.
> Pero todo el diseño de aquel dispositivo estaba mal. Tenía un puntero.
> En cuanto tienes un puntero, estás muerto. Aquella cena era como la
> décima vez que me hablaba de ello, y yo estaba tan harto que llegué a
> casa y me dije: «A la mierda, vamos a enseñarle lo que puede hacer de
> verdad una tableta».

Jobs llegó a la oficina al día siguiente, reunió a su equipo y afirmó: «Quiero fabricar una tableta, y no puede tener ni puntero ni
teclado». Los usuarios debían ser capaces de teclear tocando la pantalla con los dedos. Eso implicaba que la pantalla necesitaba contar
con una tecnología conocida como «multitáctil», que le otorgaba la
capacidad de procesar múltiples órdenes al mismo tiempo. «¿Vosotros seríais capaces de fabricarme una pantalla multitáctil que se
pueda manejar con los dedos?», preguntó. Tardaron unos seis meses,
pero al final crearon un prototipo rudimentario, aunque viable. Jobs
se lo entregó a otro de los diseñadores de interfaz de usuario de
Apple, y este presentó al cabo de un mes la idea del desplazamiento
con inercia, que le permite al usuario moverse por la pantalla y deslizar la imagen como si fuera un elemento físico. «Me quedé alucinado», recordaba Jobs.

Jony Ive guardaba un recuerdo diferente sobre el desarrollo de esa
novedosa tecnología. Según su versión, su equipo de diseño ya había
estado trabajando en un sistema de navegación multitáctil destinado al
trackpad del ordenador portátil MacBook Pro, y por entonces experi-
mentaban con la forma de trasladar dicha capacidad a la pantalla de un
ordenador. Utilizaron un proyector para mostrar sobre una pared el
aspecto que iba a tener. «Esto va a cambiarlo todo», le dijo Ive a su
equipo, pero se tomó sus precauciones y no se lo enseñó a Jobs de
inmediato, especialmente porque su equipo había estado trabajando

en aquel proyecto en su tiempo libre y no quería echar por tierra su entusiasmo. «Como Steve ofrece sus opiniones al instante, no suelo enseñarle las cosas cuando hay más gente delante —recordaba Ive—. Podía soltarte algo como "Esto es una mierda" y rechazar la idea. Yo opino que las ideas son algo muy frágil, así que hay que tener cuidado con ellas cuando se encuentran en su fase de desarrollo. Me di cuenta de que si Jobs hubiera mandado al garete este proyecto habría sido muy triste, porque yo sabía que resultaba muy importante».

Ive preparó la demostración en su sala de reuniones y se la presentó a Jobs en privado, consciente de que era menos probable recibir un juicio apresurado si no había público. Afortunadamente, la idea le encantó. «Esto es el futuro», exclamó con regocijo.

Aquella era, de hecho, una idea tan buena que Jobs se dio cuenta de que podría resolver su problema para crear una interfaz destinada al teléfono móvil que estaban diseñando. Aquel proyecto era mucho más importante, así que interrumpió momentáneamente el desarrollo de la tableta mientras la interfaz multitáctil se adaptaba para una pantalla del tamaño de un teléfono. «Si funcionaba en un teléfono —recordaba—, sabía que podríamos volver a ello y aplicarlo a la tableta».

Jobs convocó a Fadell, Rubinstein y Schiller para que asistieran a una reunión secreta en la sala de conferencias del estudio de diseño, donde Ive ofreció una demostración de la pantalla multitáctil. «¡Guau!», se sorprendió Fadell. A todo el mundo le encantó, pero no estaban seguros de que aquello pudiera funcionar en un teléfono móvil. Decidieron proseguir por dos vías: «P1» era el código que recibió el teléfono que estaban desarrollando con una rueda como la del iPod, y «P2» era la nueva alternativa que empleaba una pantalla multitáctil.

Había una pequeña compañía en Delaware, llamada Finger-Works, que ya se estaba produciendo una línea de *trackpads* multitáctiles para ordenadores portátiles. La empresa, fundada por dos profesores de la Universidad de Delaware, John Elias y Wayne Westerman, había desarrollado también algunas tabletas con tecnología multitáctil y registrado patentes sobre la forma de traducir varios gestos de los dedos, como los pellizcos o los deslizamientos, y convertirlos en

funciones prácticas. A principios de 2005, Apple adquirió discretamente aquella empresa, todas sus patentes y los servicios de sus dos
fundadores. FingerWorks dejó de venderles sus productos a otras
empresas y comenzó a registrar sus nuevas patentes a nombre de
Apple.

Después de seis meses de trabajo con el teléfono P1 de rueda
pulsable y el P2 con tecnología multitáctil, Jobs convocó a su
círculo más cercano en su sala de conferencias para tomar una decisión. Fadell se había estado esforzando mucho en desarrollar el modelo con rueda, pero reconoció que no habían resuelto el problema
de encontrar una forma sencilla de marcar los números para las llamadas. La opción multitáctil resultaba más arriesgada, porque no
estaban seguros de que pudiera implementarse adecuadamente,
pero también era una alternativa más prometedora y emocionante.
«Todos sabemos que esta es la versión que queremos crear —afirmó
Jobs señalando la pantalla táctil—, así que hagamos que funcione».
Aquel era uno de esos momentos en los que, según su expresión,
«se jugaban la compañía», con un gran riesgo y una gran recompensa si tenían éxito.

Un par de miembros del equipo defendieron la opción de contar también con un teclado, en vista de la popularidad de la Black-
Berry, pero Jobs vetó aquella idea. Un teclado físico ocuparía espacio
de la pantalla, y no sería tan flexible o adaptable como el teclado de
una pantalla táctil. «Un teclado de hardware parece una solución
sencilla, pero limita las opciones —afirmó—. Piensa en todas las innovaciones que podríamos adaptar si incluyéramos el teclado en la
pantalla mediante software. Apostemos por esa idea, y entonces en-
contraremos la forma de hacer que funcione». El resultado fue un
aparato que muestra un teclado numérico cuando quieres teclear
un número de teléfono, un teclado alfabético si quieres escribir y
todos los botones que puedas necesitar para cualquier actividad concreta. Y entonces todos ellos desaparecen mientras estás viendo un
vídeo. Al hacer que el software sustituya al hardware, la interfaz se
volvía más fluida y flexible.

Jobs invirtió unas horas todos los días a lo largo de seis meses
para ayudar a refinar la presentación de la pantalla. «Es la diversión

más compleja de la que he disfrutado nunca —recordaba—. Era como ser uno más durante los ensayos para grabar el disco de Sgt. Pepper». Muchas de las características que hoy parecen sencillas fueron el resultado de varias tormentas de ideas del equipo creativo. Por ejemplo, a los miembros del grupo les preocupaba cómo lograr que el aparato no se pusiera a reproducir música o a realizar una llamada de forma accidental cuando se encontraba metido en un bolsillo. Jobs sentía una aversión congénita hacia los interruptores de encendido y apagado, a los que consideraba «inelegantes». La solución fue la opción de «Deslizar para desbloquear», una función sencilla y divertida que activa el dispositivo cuando se ha quedado en reposo. Otro gran avance fue el sensor que detecta si te has puesto el teléfono contra la oreja, para que esta no active por accidente alguna función. Y, por supuesto, los iconos aparecían con la forma favorita de Jobs, la primitiva que ordenó diseñar a Bill Atkinson para el software del primer Macintosh: rectángulos con las esquinas redondeadas.

Durante una sesión tras otra, con Jobs inmerso en todos los detalles, los miembros del equipo fueron descubriendo formas de simplificar lo que otros teléfonos habían complicado. Añadieron una gran barra para que el usuario pudiera poner en espera una llamada o para realizar teleconferencias, encontraron una manera sencilla de navegar a través del correo electrónico y crearon iconos que se pudieran desplazar horizontalmente para acceder a diferentes aplicaciones. Todas resultaban más sencillas porque podían utilizarse de forma gráfica en la pantalla, en lugar de mediante un teclado integrado en el hardware.

CRISTAL GORILA

Jobs se encaprichaba con ciertos materiales de la misma forma que lo hacía con determinados alimentos. Cuando regresó a Apple en 1997 y comenzó a trabajar en el iMac, se había entusiasmado con todo lo que se podía hacer con el plástico translúcido y de colores. La siguiente fase fue el metal. Ive y él sustituyeron el

PowerBook G3, curvo y plástico, por el elegante acabado de titanio del PowerBook G4, que se rediseñó dos años más tarde en
aluminio, como si quisieran demostrar lo mucho que les gustaban
los diferentes metales. A continuación produjeron un iMac y un
iPod nano en aluminio anodizado, es decir, que habían bañado en
ácido el metal y lo habían electrificado para que la superficie se
oxidara. A Jobs le dijeron que no podrían producirlo en las cantidades necesarias, así que ordenó que se construyera una fábrica en
China para que se encargaran de ello. Ive fue allí, en plena epide-
mia de gripe aviar, para supervisar el proceso. «Me quedé tres meses en una residencia de estudiantes para trabajar en aquel proyecto —recordaba—. Ruby y los demás afirmaron que iba a ser
imposible, pero quería hacerlo porque Steve y yo opinábamos que
el aluminio anodizado dotaría a los productos de una gran integridad».

A continuación llegó el turno del cristal. «Después de trabajar
con el metal, miré a Jony y le dije que debíamos dominar el cristal»,
comentó Jobs. Para las tiendas de Apple habían creado inmensos
ventanales y escaleras de cristal. En el iPhone, el plan original era
incluir, como en el iPod, una pantalla plástica. Sin embargo, Jobs decidió que sería mucho mejor —que el aspecto sería mucho más
elegante y sólido— si las pantallas fueran de cristal, así que se puso
manos a la obra para encontrar una variedad que fuera a la vez fuerte y resistente a los arañazos.

El lugar lógico en el que buscar era Asia, donde se producía el
cristal para las tiendas de Apple. Sin embargo, John Seeley Brown, un
amigo de Jobs que formaba parte del consejo de la empresa Corning
Glass, situada en el estado de Nueva York, le comentó que debía hablar con el consejero delegado de su compañía, un tipo joven y dinámico llamado Wendell Weeks. Así pues, Jobs llamó a la centralita
principal de Corning, dijo cómo se llamaba y pidió que lo pasaran
con Weeks. Lo atendió un ayudante, que se ofreció a transmitir el
mensaje. «No, soy Steve Jobs —replicó—. Pásame con él». El asistente se negó. Jobs llamó a Brown y se quejó de que lo habían sometido
a «las sandeces típicas de la Costa Este». Cuando Weeks se enteró,
llamó a la centralita principal de Apple y pidió hablar con Jobs. Le

indicaron que debía enviar su solicitud por escrito a través de un fax. Cuando le contaron a Jobs lo que había sucedido, decidió que Weeks le caía bien y lo invitó a Cupertino.

Jobs describió el tipo de cristal que Apple quería para el iPhone, y Weeks le informó de que Corning había desarrollado un proceso de intercambio químico en los años sesenta que los había llevado a crear lo que ellos denominaban «cristal gorila». Era increíblemente fuerte, pero nunca llegaron a encontrar un mercado para él, así que Corning dejó de producirlo. Jobs dijo dudar de que fuera suficientemente bueno, y comenzó a explicarle a Weeks cómo se fabricaba el cristal. Aquello pareció divertir a Weeks, que en realidad sabía más que Jobs sobre el tema. «¿Quieres callarte —lo interrumpió— y dejarme que te enseñe algo de ciencia?». Jobs quedó desconcertado y se calló. Su interlocutor se acercó a la pizarra y le dio una clase rápida sobre la química necesaria, que incluía un proceso de intercambio de iones que creaba una capa de compresión sobre la superficie del cristal. Ese dato hizo que Jobs cambiara de opinión. Convencido, aseguró que quería todo el cristal de ese tipo que Corning pudiera producir en seis meses. «No tenemos la capacidad necesaria —replicó Weeks—. Ninguna de nuestras plantas produce ya ese cristal».

«No te preocupes», respondió Jobs. Aquello sorprendió a Weeks, que era un hombre confiado y jovial, pero que no estaba acostumbrado al campo de distorsión de la realidad de Jobs. Trató de explicarle que una falsa confianza no lo ayudaría a superar los desafíos de ingeniería, pero aquella era una premisa que Jobs ya había demostrado en repetidas ocasiones no estar dispuesto a aceptar. Se quedó mirando fijamente a Weeks sin pestañear. «Sí que puedes hacerlo —afirmó—. Hazte a la idea. Puedes hacerlo».

Cuando Weeks narró aquella historia, negaba con la cabeza en actitud perpleja. «Lo hicimos en menos de seis meses —comentó—. Creamos un cristal que no se había fabricado nunca». La fábrica de Corning en Harrisburg, Kentucky, que había estado encargándose de las pantallas de cristal líquido, pasó prácticamente de la noche a la mañana a producir cristal gorila a tiempo completo. «Pusimos a trabajar a nuestros mejores científicos e ingenieros y logramos llevarlo a cabo». En su espacioso despacho, Weeks solo tiene expuesto un recuerdo enmarcado. Es un mensaje que Jobs le envió el día en que el iPhone salió al mercado. «No podríamos haberlo hecho sin ti».

Weeks acabó entablando amistad con Jony Ive, que iba a visitarlo a veces a su casa de vacaciones junto a un lago en el estado de Nueva York. «Puedo entregarle a Jony tipos diferentes de cristal y él es capaz de notar por el tacto que son distintos —señaló Weeks—. Solo el director de investigación de mi empresa puede hacer algo así. Steve adora o detesta enseguida las cosas que le enseñas, pero Jony juega con ellas, reflexiona y se pregunta cuáles son sus matices y sus posibilidades». En 2010, Ive llevó a los miembros principales de su equipo a Corning para que fabricaran cristal bajo las órdenes de los capataces de la empresa. La compañía estaba trabajando ese año en un cristal muchísimo más fuerte, cuyo nombre en clave era «cristal Godzilla», y esperaban ser capaces algún día de poder crear cristales y cerámicas lo suficientemente duros como para que se pudieran utilizar en un iPhone que no necesitara un reborde metálico. «Jobs y Apple nos hicieron mejorar —afirmó Weeks—. Todos somos unos fanáticos de los productos que fabricamos».

El diseño

En muchos de sus grandes proyectos, como la primera entrega de *Toy Story* y las tiendas Apple, Jobs solía detener todo el proceso cuando estaba a punto de acabar y decidía introducir algunas modificaciones importantes. Aquello ocurrió también con el diseño del iPhone. El proyecto original contaba con la pantalla de cristal insertada en una cubierta de aluminio. Un lunes por la mañana, Jobs fue a ver a Ive. «Anoche no dormí nada —afirmó— porque me di cuenta de que no me entusiasma esta idea». Aquel era el producto más importante que creaba desde el primer Macintosh, y su aspecto no acababa de convencerlo. Ive, para su propia consternación, se dio cuenta al instante de que Jobs tenía razón. «Recuerdo que me sentí absolutamente avergonzado ante el hecho de que él hubiera tenido que señalarme algo así».

El problema era que el iPhone debía estar completamente centrado en la pantalla, pero en aquel diseño la cubierta competía con ella en lugar de quedar relegada a un puesto secundario. Todo el aparato parecía demasiado masculino, pragmático y eficaz. «Chicos, sé que os habéis estado matando con este diseño durante los últimos nueve meses, pero vamos a cambiarlo —le anunció Jobs al equipo de Ive—. Todos vamos a tener que trabajar por las noches y durante los fines de semana, y si queréis podemos repartir algunas pistolas para que podáis matarnos ahora». En lugar de oponerse, el equipo accedió a los cambios. «Fue uno de los momentos en que más orgulloso me sentí en Apple», recordaba Jobs.

El nuevo diseño acabó consistiendo en un fino bisel de acero inoxidable que permitía que la pantalla de cristal gorila llegara justo hasta el borde. Cada pieza del teléfono parecía rendirse ante la pantalla. El nuevo aspecto era austero pero también cordial. Podías acariciarlo. Aquello suponía que tenían que rehacer las placas base, la antena y la disposición del procesador en el interior, pero Jobs ordenó que se realizaran todos aquellos cambios. «Puede que otras compañías lo hubieran comercializado sin más —comentó Fadell—, pero nosotros pulsamos la tecla de reinicio y volvimos a empezar desde el principio».

Un aspecto del diseño que no solo reflejaba el perfeccionismo de Jobs, sino también su obsesión por el control, era que el aparato se encontraba fijamente sellado. La cubierta no podía abrirse, ni siquiera para cambiar la batería. Igual que con el primer Macintosh de 1984, Jobs no quería que la gente anduviera trasteando en su interior. De hecho, cuando Apple descubrió en 2011 que algunas tiendas de reparación ajenas a su compañía estaban abriendo el iPhone 4, sustituyó los diminutos tornillos por otros de estrella con cinco puntas que no podían retirarse con ninguno de los destornilladores disponibles en el mercado. Al no contar con una batería reemplazable, era posible hacer que el iPhone fuera mucho más fino. Para Jobs, un producto más fino siempre era mejor. «Él siempre ha defendido que la delgadez es bella —comentó Tim Cook—. Puedes verlo en toda su obra. Tenemos el portátil más fino, el smartphone más fino, y también hemos hecho que el iPad sea cada vez más fino».

La presentación

Cuando llegó la hora de presentar el iPhone, Jobs decidió, como de costumbre, concederle a una revista un avance especial en exclusiva. Llamó a John Huey, el redactor jefe de Time Inc., y comenzó con su típica hipérbole. «Esto es lo mejor que hemos hecho nunca», aseguró. Quería darle la exclusiva a *Time*, «pero no hay nadie lo suficientemente listo en *Time* como para escribirla, así que voy a pasárselo a otro». Huey le presentó a Lev Grossman, un escritor culto y sensato de *Time*. En su artículo, Grossman señaló correctamente que el iPhone en realidad no había inventado muchas características nuevas, sino que había hecho que fueran mucho más fáciles de utilizar. «Pero eso es importante. Cuando nuestras herramientas no funcionan, tendemos a culparnos a nosotros mismos por ser demasiado estúpidos, por no haber leído las instrucciones o por tener los dedos demasiado gordos... Cuando se rompen nuestras herramientas, nosotros nos sentimos rotos, y cuando alguien arregla una, nos sentimos un poco más completos».

Para la presentación en la conferencia Macworld de San Francisco celebrada en enero de 2007, Jobs invitó de nuevo a Andy Hertzfeld, a Bill Atkinson, a Steve Wozniak y al equipo encargado del Macintosh de 1984, igual que había hecho cuando lanzó el iMac. En una carrera llena de brillantes presentaciones de productos, puede que esta fuera la mejor de todas. «Muy de vez en cuando aparece un producto revolucionario que lo cambia todo», comenzó. Hizo referencia a dos ejemplos anteriores: el primer Macintosh, que «cambió toda la industria informática», y el primer iPod, que «cambió toda la industria de la música». A continuación procedió a definir cuidadosamente el producto que estaba a punto de presentar. «Hoy vamos a mostraros tres productos revolucionarios de este tipo. El primero es un iPod de pantalla panorámica con control táctil. El segundo es un teléfono móvil revolucionario. Y el tercero es un aparato de comunicaciones por internet de última tecnología». Repitió la lista para darle mayor énfasis, y entonces preguntó: «¿Lo entendéis? No se trata de tres dispositivos independientes. Son un único aparato, y lo vamos a llamar "iPhone"».

Cuando el iPhone salió a la venta cinco meses más tarde, a finales de junio de 2007, Jobs y su esposa dieron un paseo hasta la tienda Apple de Palo Alto para participar de todo aquel entusiasmo. Como solía pasar el día en que se sacaban al mercado nuevos productos, ya había algunos admiradores esperando con expectación su llegada. Lo recibieron como si hubiera llegado el mismísimo Moisés para comprar la Biblia. Entre sus fieles se encontraban Hertzfeld y Atkinson. «Bill hizo cola toda la noche», comentó Hertzfeld. Jobs agitó los brazos y se echó a reír. «¡Pero si le mandé uno!», respondió él. Hertzfeld replicó: «Pues necesita seis».

El iPhone quedó inmediatamente bautizado como «el teléfono de Jesucristo» por los escritores de blogs. Sin embargo, los competidores de Apple subrayaron que, con su precio de 500 dólares, resultaba demasiado caro como para tener éxito. «Es el teléfono más caro del mundo —afirmó Steve Ballmer, de Microsoft, en una entrevista a la cadena CNBC—, y no resulta atractivo para los clientes empresariales porque no tiene teclado». Una vez más, Microsoft había subestimado el producto de Jobs. A finales de 2010, Apple había vendido 90 millones de unidades, y el iPhone recaudó más de la mitad de los ingresos totales generados en el mercado global de los teléfonos móviles.

«Steve entiende lo que es el deseo», señaló Alan Kay, el pionero del Xerox PARC que había proyectado la tableta electrónica Dynabook cuarenta años antes. A Kay se le daba bien realizar evaluaciones proféticas, así que Jobs le preguntó por su opinión sobre el iPhone. «Si consigues que la pantalla tenga cinco por ocho pulgadas, dominarás el mundo», afirmó Kay. Lo que no sabía es que el diseño del iPhone tuvo su comienzo y su evolución posterior en los planes para una tableta que iba a satisfacer —y, de hecho, a exceder— la visión que había tenido para el Dynabook.

36

Segundo asalto

El cáncer reaparece

A principios de 2008, tanto Jobs como sus médicos tenían claro que el cáncer se estaba extendiendo. Cuando le extirparon los tumores de páncreas en 2004, secuenciaron parcialmente el genoma del cáncer. Aquello ayudó a los médicos a determinar qué vías se habían roto para que pudieran tratarlo con las terapias específicas que, en su opinión, tenían más probabilidades de funcionar.

Jobs también estaba recibiendo tratamiento para el dolor, normalmente con analgésicos morfínicos. Un día de febrero de 2008, cuando Kathryn Smith, la amiga de Powell, se encontraba con ellos en Palo Alto, Jobs y ella salieron a dar un paseo. «Me dijo que cuando se siente muy mal, se concentra en el dolor, se adentra en él y eso parece ayudar a que se disipe», recordaba. Sin embargo, aquello no era del todo cierto. Cuando a Jobs le dolía, era muy expresivo a la hora de dejar que todos los que le rodeaban se enterasen.

Había otro aspecto de su salud que se estaba volviendo cada vez más problemático, y en el cual los investigadores médicos no se estaban concentrando con tanto rigor como en el cáncer o el dolor. Jobs padecía problemas alimentarios y estaba perdiendo peso. Por un lado había perdido una gran parte del páncreas, que produce las enzimas necesarias para digerir las proteínas y otros nutrientes, pero, por otro, también se debía a que la morfina le mitigaba el apetito. Además, había un componente psicológico al que los médicos no sabían muy bien cómo enfrentarse, y mucho menos tratar: ya desde la adolescencia, Jobs siempre había mostrado una obsesión insólita por los ayunos y los regímenes extremadamente restrictivos.

Incluso después de casarse y tener hijos, mantuvo sus cuestionables hábitos alimentarios: podía pasar semanas enteras comiendo lo mismo —ensalada de zanahoria con limón, o simplemente manzanas— y, de pronto, aborrecer ese plato y asegurar que había dejado de comerlo. Se embarcaba en ayunos, igual que en su juventud, y sentaba cátedra moral en la mesa predicando ante los demás acerca de las virtudes del régimen que estuviera siguiendo en aquel momento. Powell era vegana cuando se casaron, pero después de la operación de su marido comenzó a diversificar las comidas familiares con pescado y otras fuentes de proteína. Su hijo, Reed, que había sido vegetariano, se convirtió en un «saludable omnívoro». Todos sabían lo importante que era para su padre obtener fuentes diversas de proteína.

La familia contrató a un cocinero amable y versátil, Bryar Brown, que había trabajado para Alice Waters en Chez Panisse. El hombre llegaba todas las tardes y preparaba un muestrario de opciones saludables para la cena, en las que empleaba las hierbas y verduras cultivadas por Powell en su huerto. Cuando Jobs expresaba cualquier deseo —ensalada de zanahoria, pasta con albahaca o sopa de hierba limón—, Brown se afanaba calmada y pacientemente en encontrar la manera de prepararlo. Jobs siempre había sido un comensal extremadamente dogmático, con una cierta tendencia a clasificar inmediatamente cualquier alimento como algo fantástico o terrible. Podía probar dos aguacates que a la mayoría de los mortales les parecerían idénticos y afirmar que uno era el mejor ejemplar jamás cultivado y el otro, incomible.

A principios de 2008, los desórdenes alimentarios de Jobs fueron empeorando. Algunas noches se quedaba con la mirada fija en el suelo, haciendo caso omiso de los distintos platos dispuestos en la larga mesa de la cocina. Cuando los demás se encontraban en mitad de la comida, se levantaba de pronto y se marchaba sin decir nada. Aquello resultaba muy estresante para su familia, que vio como perdía casi veinte kilos durante la primavera de aquel año.

Sus problemas de salud volvieron a salir a la luz pública en marzo de 2008, cuando *Fortune* publicó un artículo titulado «El problema de Steve Jobs». En él se revelaba que había tratado de enfrentarse al cáncer con dietas durante nueve meses, y también se investigaba sobre el cambio de fechas de las opciones de compra de acciones de Apple. Mientras estaban preparando el texto, Jobs invitó —convocó— al director editorial de *Fortune*, Andy Serwer, a que fuera a Cupertino, para presionarlo y tratar de silenciar la historia. Se inclinó ante Serwer y preguntó: «Bueno, has descubierto el hecho de que soy un gilipollas. ¿Por qué tiene que ser eso noticia?». Jobs planteó el mismo argumento, un tanto ególatra, cuando llamó al jefe de Serwer en Time Inc., John Huey, desde un teléfono por vía satélite que se llevó a Kona Village, en Hawai. Se ofreció a reunir a un comité de consejeros delegados de otras empresas y a formar parte en una discusión sobre qué aspectos de su salud podrían publicarse, pero solo si *Fortune* cancelaba su artículo. La revista se negó.

Cuando Jobs presentó el iPhone 3G en junio de 2008, estaba tan delgado que su aspecto ensombreció el lanzamiento del producto. Tom Junod, de *Esquire*, describió su «marchita» figura sobre el escenario como la de alguien «demacrado como un pirata, vestido con los que hasta ahora habían sido los hábitos de su invulnerabilidad». Apple publicó un comunicado en el que se aseguraba, falsamente, que su pérdida de peso era fruto de «un virus común». Al mes siguiente, ante la insistencia de las preguntas, la compañía publicó otra nota de prensa en la cual se señalaba que la salud de Jobs era «un asunto privado».

Joe Nocera, del *New York Times*, escribió una columna en la que denunciaba la forma en que la empresa de Cupertino había gestionado los problemas de salud de Jobs. «Sencillamente, no podemos fiarnos de Apple para que nos cuente la verdad acerca de su consejero delegado —escribió a finales de julio—. Bajo el mandato de Jobs, Apple ha creado una cultura del secretismo que le ha sido de utilidad en muchos sentidos (la especulación acerca de qué productos va a presentar la marca en la conferencia Macworld de cada año ha sido una de sus mejores herramientas de marketing). Pero esa misma cultura envenena la gestión corporativa de la compañía». Mientras preparaba su artículo y los empleados de Apple lo despachaban una y otra vez con el comentario habitual de que aquel era «un asunto privado», recibió una llamada inesperada del propio Jobs. «Soy Steve Jobs —comenzó—. Tú piensas que soy un gilipollas arrogante que se cree por encima de la ley, y yo pienso que tú eres un periodista de mierda cuya información está equivocada la mayoría de las veces». Tras este preámbulo sin duda deslumbrante, Jobs le ofreció alguna información sobre su salud, pero solo a cambio de que Nocera la mantuviera fuera del artículo. Nocera hizo honor a su promesa, pero sí informó de que, aunque los problemas de salud de Jobs eran algo más graves que los causados por un virus común, «su vida no peligra y el cáncer no ha reaparecido». Jobs le había dado a Nocera más datos que los que estaba dispuesto a ofrecer a su propio consejo de administración y a sus accionistas, pero en ellos no se encerraba toda la verdad.

En parte debido a la preocupación por la pérdida de peso de Jobs, el precio de las acciones de Apple pasó de 188 dólares a principios de junio de 2008 a 156 a finales de julio. La situación no mejoró precisamente a finales de agosto, cuando *Bloomberg News* publicó por error la necrológica que ya habían preparado para Jobs, y que acabó anunciada en *Gawker*. Jobs pudo rememorar la célebre cita de Mark Twain unos días más tarde en su presentación anual. «La información sobre mi muerte se ha exagerado enormemente», afirmó al anunciar una nueva línea de iPods. Sin embargo, su aspecto demacrado no daba pie a la confianza. A principios de octubre el precio de las acciones había caído hasta los 97 dólares.

Ese mes, Doug Morris, de Universal Music, tenía una cita para reunirse con Jobs en Apple. En vez de eso, Jobs lo invitó a ir a su casa. Morris quedó sorprendido al encontrarlo tan enfermo y en medio de grandes dolores. Morris estaba a punto de recibir un homenaje en Los Ángeles por su apoyo a City of Hope, una asociación benéfica que recaudaba fondos para la lucha contra el cáncer, y quería que Jobs asistiera. Las fiestas benéficas eran algo que este solía evitar, pero decidió acudir, tanto por Morris como por la causa. En el acto, celebrado en una gran carpa situada en la playa de Santa Mónica, Morris anunció ante los dos mil asistentes que Jobs estaba devolviéndole la vida a la industria de la música. Las actuaciones —de Stevie Nicks,

Lionel Richie, Erykah Badu y Akon— se alargaron hasta más allá de la medianoche, y a Jobs le entraron unos grandes escalofríos. Jimmy Iovine le prestó un jersey con capucha para que se lo pusiera, y se dejó la capucha puesta sobre la cabeza toda la noche. «Estaba muy enfermo y muy delgado, y tenía mucho frío», recordaba Morris.

El veterano redactor de la sección de tecnología de la revista *Fortune*, Brent Schlender, iba a abandonar la publicación ese diciembre, y su canto del cisne iba a ser una entrevista conjunta con Jobs, Bill Gates, Andy Grove y Michael Dell. Había sido difícil de organizar, y justo unos días antes de que tuviera lugar, Jobs llamó para echarse atrás. «Si te preguntan por qué, diles simplemente que soy un gilipollas», añadió. Gates se molestó, pero después descubrió cuál era su estado de salud. «Por supuesto, tenía una razón muy, muy buena —explicó Gates—. Lo que pasaba era que no quería decirlo». Aquella realidad se volvió más obvia cuando Apple anunció el 16 de diciembre que Jobs iba a cancelar su aparición en la conferencia Macworld de enero, el foro que había utilizado para las presentaciones de sus principales productos durante los últimos once años.

La blogosfera bullía con especulaciones sobre su salud, gran parte de las cuales estaban impregnadas del odioso aroma de la verdad. Jobs estaba furioso y sentía que habían violado su intimidad. También le molestaba que Apple no estuviera adoptando un papel más activo a la hora de resistirse a los rumores. Así pues, el 5 de enero de 2009 escribió y publicó una carta abierta con un contenido engañoso. Aseguró que iba a perderse la conferencia Macworld porque quería pasar más tiempo con su familia. «Como muchos de vosotros ya sabéis, he estado perdiendo peso a lo largo de 2008 —añadió—. Mis médicos creen que han encontrado la causa: un desequilibrio hormonal que ha estado robándole a mi cuerpo las proteínas que necesita para mantenerse sano. Una serie de sofisticados análisis de sangre han confirmado este diagnóstico. El remedio para este problema nutricional es relativamente sencillo».

Había en aquellas palabras un ápice de sinceridad, aunque pequeño. Una de las hormonas segregadas por el páncreas es el glucagón, que tiene la función opuesta a la de la insulina. El glucagón hace que el hígado libere azúcar a la sangre. El tumor de Jobs se había metastatizado al hígado, y allí estaba desencadenando el caos. De hecho, su cuerpo estaba devorándose a sí mismo, así que le administraron algunos medicamentos para tratar de reducir los niveles de glucagón. Sí que sufría un desequilibrio hormonal, pero se debía a que el cáncer se había extendido al hígado. Jobs se encontraba en una fase de negación personal, y también quería que la negación fuera pública. Desgraciadamente, aquello planteaba algunos problemas legales, porque era el director de una empresa que cotizaba en bolsa. Sin embargo, Jobs estaba furioso por la forma en que lo estaba tratando la blogosfera, y quería devolver el golpe.

En aquellos momentos estaba muy enfermo, a pesar de su extemporánea declaración, y también sufría unos dolores insoportables. Se había sometido a otra ronda de quimioterapia, y los efectos secundarios resultaban agotadores. La piel comenzó a secársele y se le formaron grietas. En su búsqueda de tratamientos alternativos, tomó un vuelo a Basilea, en Suiza, para probar una radioterapia experimental administrada mediante hormonas. También se sometió a un tratamiento en fase de pruebas desarrollado en Rotterdam, conocido como «terapia de radionucleidos péptido-receptor».

Después de una semana cargada de advertencias legales cada vez más insistentes, Jobs accedió por fin a pedir la baja médica. Realizó el anuncio el 14 de enero de 2009, en otra carta abierta a los trabajadores de Apple. Al principio le echó las culpas de aquella decisión a la indiscreción de los blogueros y de la prensa. «Por desgracia, la curiosidad acerca de mi estado de salud sigue siendo una fuente de distracción, no solo para mí y mi familia, sino para todo el mundo en Apple —afirmó. No obstante, reconoció que el remedio para su *desequilibrio hormonal* no era tan sencillo como había asegurado—: La semana pasada me enteré de que mis problemas de salud son más complejos de lo que creí en un principio». Tim Cook volvería a hacerse cargo de las operaciones diarias, pero Jobs aseguró que continuaría siendo el consejero delegado, seguiría involucrado en la toma de decisiones importantes y regresaría en junio.

Jobs había estado consultando su decisión con Bill Campbell y Art Levinson, que trataban de compatibilizar la doble función de consejeros personales en materia de salud con la de principales directores de la compañía. Sin embargo, el resto del consejo de administración no había recibido tanta información, y la que se había ofrecido a los accionistas en un primer momento era errónea. Aquello planteaba algunos problemas legales, y la Comisión de Bolsa y Valores inició una investigación para averiguar si la empresa había retenido «información capital» para los accionistas. Aquello supondría una infracción bursátil, un delito grave, si la empresa había permitido la difusión de información falsa o había ocultado datos ciertos y relevantes de cara a sus perspectivas económicas. Dado que Jobs y su aura personal se encontraban muy identificadas con el resurgimiento de Apple, el tema de su salud sí que parecía tener repercusiones. Sin embargo, aquella era una zona legal algo gris, porque también había que tener en cuenta el derecho a la vida privada del consejero delegado. Este equilibrio resultaba especialmente difícil en el caso de Jobs, que valoraba mucho su intimidad y se implicaba en su compañía mucho más que la mayoría de los consejeros delegados. Tampoco él facilitó la tarea. Se exaltaba enormemente, y en ocasiones vociferaba y lloraba cuando clamaba contra cualquiera que sugiriese que debía mostrarse menos hermético.

Para Campbell, su amistad con Jobs era algo precioso, y no quería verse sometido a ninguna obligación fiduciaria que lo forzara a violar su intimidad, así que se ofreció a dimitir como director. «El derecho a la intimidad es importantísimo para mí —afirmó después—. Él ha sido amigo mío durante un millón de años». Los abogados decidieron al fin que Campbell no necesitaba dimitir de su puesto en el consejo de administración, pero sí que debía apartarse de su cargo como uno de los principales directores. Lo sustituyó en sus funciones Andrea Jung, procedente de Avon. La investigación de la Comisión de Bolsa y Valores acabó por no llegar a ninguna conclusión, y el consejo cerró filas para proteger a Jobs de las llamadas que le pedían más información. «La prensa quería que les diéramos más detalles personales —recordaba Al Gore—. Era decisión de Steve la de ir más allá de lo que exige la ley, pero él se mantenía firme en su postura y rechazaba ver invadida su intimidad. Debían respetarse sus deseos». Cuando le pregunté a Gore si el consejo tendría que haberse mostrado más comunicativa a principios de 2009, cuando los problemas de salud de Jobs eran mucho peores de lo que se hizo creer a los accionistas, contestó: «Contratamos a asesores externos para que revisaran los requisitos planteados por ley y nos recomendasen las mejores prácticas, y seguimos las normas hasta la última coma. Sé que suena como si me estuviera poniendo a la defensiva, pero las críticas de aquel momento me enfadaron mucho».

Un miembro del consejo no se mostró de acuerdo. Jerry York, el antiguo director de finanzas de Chrysler e IBM, no hizo ninguna declaración pública, pero le confesó en confianza a un periodista del *Wall Street Journal* que le había «contrariado» enterarse de que la empresa había ocultado los problemas de salud de Jobs a finales de 2008. «Sinceramente, ojalá hubiera dimitido entonces». Cuando York falleció en 2010, el periódico publicó aquellos comentarios. York también había hecho algunas declaraciones extraoficiales a *Fortune*, que la revista utilizó cuando Jobs pidió su tercera baja médica en 2011.

Algunos de los trabajadores de Apple no creyeron que las citas atribuidas a York fueran ciertas, puesto que no había planteado ninguna objeción oficial en su momento. Sin embargo, Bill Campbell sabía que las informaciones eran veraces; York se había quejado ante él a principios de 2009. «Jerry podía tomar algo más de vino blanco de lo debido a últimas horas de la noche, y me llamaba a las dos o las tres de la mañana para decirme: "¿Qué coño pasa? No me creo toda esa mierda sobre su salud, tenemos que asegurarnos". Y entonces yo lo llamaba a la mañana siguiente y él respondía: "Ah, bueno, no pasa nada". Así que, alguna de esas noches, estoy seguro de que se calentó y habló con unos cuantos periodistas».

MEMPHIS

El jefe del equipo de oncólogos de Jobs era George Fisher, de la Universidad de Stanford, uno de los principales investigadores en cánceres gastrointestinales y de colon y recto. Llevaba meses advirtiéndole a Jobs de que quizá debiera considerar la posibilidad de un trasplante de hígado, pero ese era el tipo de información que Jobs se resistía a procesar. Powell se alegraba de que Fisher siguiera planteando aquella posibilidad: sabía que harían falta repetidos intentos para conseguir que su esposo reflexionara sobre la idea.

Al final, Jobs se convenció en enero de 2009, justo después de afirmar que su *desequilibrio hormonal* podía tratarse con facilidad. Sin embargo, había un problema. Lo pusieron en lista de espera para un trasplante de hígado en California, pero quedó claro que nunca llegaría a conseguir uno a tiempo allí. El número de donantes disponibles con su tipo sanguíneo era pequeño. Además, los criterios empleados por la Red de Trasplante de Órganos, que establece las políticas de trasplante en Estados Unidos, favorecían a los afectados por cirrosis y hepatitis frente a los pacientes de cáncer.

No había forma legal de que un paciente, ni siquiera uno tan rico como Jobs, se saltara la cola, y no lo hizo. Los receptores se eligen de acuerdo con su puntuación en la escala MELD (cuyas siglas en inglés obedecen a «Modelo de Enfermedad Hepática Terminal»), la cual, a partir de los análisis de laboratorio de los niveles de hormonas, determina la urgencia con la que se necesita el trasplante, y también de acuerdo con el tiempo que llevan esperando. Todas las donaciones son cuidadosamente analizadas, los datos se hacen públicos en páginas web de libre acceso (optn.transplant.hrsa.gov) y puedes verificar en cualquier momento tu posición en la lista de espera.

Powell se convirtió en una auténtica patrullera de las webs de donación de órganos, que comprobaba todas las noches para ver cuánta gente había por delante en la lista, cuál era su puntuación en la escala MELD y cuánto tiempo llevaban esperando. «Pueden hacerse los cálculos, cosa que yo hice. Habría que haber esperado hasta más allá de junio antes de que le dieran un hígado en California, y los médicos opinaban que el suyo dejaría de funcionar en torno a abril», recordaba. Así pues, comenzó a indagar y descubrió que estaba permitido entrar en la lista de espera de dos estados diferentes al mismo tiempo, algo que hacen en torno al 3 % de los receptores potenciales. Esta participación en listas múltiples no es en absoluto ilegal, aunque los críticos afirman que favorece a los ricos, pero sí es cierto que resulta complicada. Se daban dos requisitos principales: el receptor potencial debía ser capaz de llegar al hospital elegido en menos de ocho horas, cosa que Jobs podía hacer gracias a su avión, y los médicos de dicho hospital tenían que evaluar al paciente en persona antes de añadirlo a la lista.

George Riley, el abogado de San Francisco que a menudo actuaba como asesor externo de Apple, era un educado caballero de Tennessee cuya relación con Jobs había desembocado en una estrecha amistad. Sus padres habían sido médicos en el Hospital Universitario Metodista de Memphis; él había nacido allí, y era amigo de James Eason, que dirigía el instituto de trasplantes del centro. La unidad de Eason era una de las mejores y de las más ocupadas del país. En 2008, su equipo y él realizaron 121 trasplantes de hígado. Además, el médico no tenía ningún problema a la hora de permitir que pacientes de otros lugares se inscribieran también en la lista de Memphis. «No es una forma de engañar al sistema —declaró—. Se trata de que la gente elija dónde quiere que les proporcionen cuidados médicos. Algunas personas están dispuestas a marcharse de Tennessee para ir a California o a cualquier otro lugar en busca de tratamiento. Ahora tenemos a personas que vienen desde California a Tennessee». Riley dispuso que Eason volara a Palo Alto y llevase a cabo la evaluación necesaria del paciente allí.

A finales de febrero de 2009, Jobs se había asegurado un puesto en la lista de Tennessee (además de en la de California), y así comenzó la nerviosa espera. Su salud estaba empeorando rápidamente hacia la primera semana de marzo, y el tiempo proyectado de espera era de veintiún días. «Fue terrible —recordaba Powell—. Parecía que no íbamos a llegar a tiempo». Cada día se volvía más agónico. Jobs pasó al tercer puesto de la lista a mediados de marzo, después al segundo y por fin al primero. Pero entonces pasaron los días. La terrible realidad era que celebraciones inminentes como el Día de San Patricio o el Campeonato Universitario Nacional de Baloncesto (Memphis participó en el torneo de 2009 y era una de las sedes regionales) ofrecían una mayor probabilidad de conseguir un donante, porque el consumo de alcohol causa un importante aumento de los accidentes de tráfico.

De hecho, el fin de semana del 21 de marzo de 2009, un joven de poco más de veinte años murió en un accidente de coche, y sus órganos quedaron disponibles para la donación. Jobs y su esposa volaron a Memphis, donde aterrizaron justo antes de las cuatro de la mañana y se encontraron con Eason. Un coche los esperaba a pie de pista, y todo estaba previsto para que el papeleo del ingreso quedara formalizado mientras corrían hacia el hospital.

El trasplante fue un éxito, pero el resultado no fue tranquilizador. Cuando los médicos extrajeron el hígado, encontraron algunas manchas en el peritoneo, la fina membrana que rodea a los órganos internos. Además, había tumores que atravesaban todo el hígado, lo que significaba que probablemente el cáncer se había extendido también a otros puntos. Aparentemente, había mutado y crecido con rapidez. Tomaron muestras y siguieron investigando sobre su mapa genético.

Unos días más tarde tuvieron que llevar a cabo otra operación. Jobs insistió, contra todo consejo, en que no le vaciaran el estómago, y, cuando lo sedaron, aspiró parte del contenido gástrico en los pulmones y desarrolló una neumonía. En ese momento pensaron que podía morirse. Como él mismo describió después:

> Estuve a punto de morir porque metieron la pata en una operación rutinaria. Laurene estaba allí y trajeron en avión a mis hijos, porque no pensaban que fuera a sobrevivir a aquella noche. Reed estaba buscando residencias universitarias con uno de los hermanos de Laurene. Hicimos que un avión privado lo recogiera cerca de Darmouth y le dijeran qué estaba pasando. Otro avión recogió también a las niñas. Pensaban que podía ser su última oportunidad de verme consciente, pero lo superé.

Powell se ocupó de supervisar el tratamiento, de quedarse todo el día en la sala del hospital y de observar con atención cada uno de los monitores. «Laurene era como una hermosa tigresa que lo protegía», recordaba Jony Ive, que acudió en cuanto Jobs fue capaz de recibir visitas. La madre de Powell y tres de sus hermanos se pasaron por allí en distintos momentos para hacerle compañía. Mona Simpson, la hermana de Jobs, también estuvo presente con actitud protectora. George Riley y ella eran las únicas personas que Jobs permitía que ocuparan el lugar de Powell junto a su cama. «La familia de Laurene nos ayudó a ocuparnos de los niños. Su madre y sus hermanos se portaron de maravilla —afirmó Jobs después—. Yo estaba muy débil y no fui un enfermo fácil, pero una experiencia así une profundamente a las personas».

Powell llegaba todos los días a las siete de la mañana y anotaba los datos relevantes en una hoja de cálculo. «Era muy complicado, porque había muchas cosas diferentes ocurriendo a la vez», recordaba. Cuando James Eason y su equipo médico llegaban a las nueve de la mañana, ella se reunía con ellos para coordinar todos los aspectos del tratamiento de Jobs. A las nueve de la noche, antes de irse, preparaba un informe acerca de la evolución de cada una de las constantes vitales y otros factores, junto con una serie de preguntas que deseaba ver contestadas al día siguiente. «Aquello me permitía ocupar la mente y mantenerme concentrada», recordaba ella.

Eason hizo lo que nadie en Stanford había terminado de hacer: ocuparse de todos los aspectos relativos al cuidado médico. Como él dirigía el centro, podía coordinar la recuperación del trasplante, los análisis, los tratamientos para el dolor, la alimentación, la rehabilitación y los cuidados de enfermería. Incluso se paraba en el quiosco para coger las bebidas energéticas que le gustaban a Jobs.

Dos de las enfermeras, procedentes de pequeños pueblos de Mississippi, se convirtieron en las preferidas de Jobs. Eran robustas madres de familia que no se sentían intimidadas por él. Eason dispuso que quedaran asignadas únicamente a Jobs. «Para tratar a Steve hace falta ser persistente —recordaba Tim Cook—. Eason lo mantuvo bajo control y le obligó a hacer cosas que nadie más podía, cosas que eran buenas para él y que podían no resultar agradables».

A pesar de todas aquellas atenciones, Jobs estuvo a punto de volverse loco en varias ocasiones. Le irritaba no tener el control de la situación, y a veces sufría alucinaciones o montaba en cólera. Incluso consciente solo a medias, salía a la luz su fuerte personalidad. En cierta ocasión, el neumólogo trató de colocarle una mascarilla sobre la cara mientras se encontraba profundamente sedado. Jobs se la arrancó, y murmuró que tenía un diseño horroroso y que se negaba a llevarla. Aunque casi no era capaz de hablar, les ordenó que trajeran cinco tipos diferentes de mascarillas para elegir un diseño que le gustara. Los médicos miraron a Powell, desconcertados. Al final ella logró distraerlo el tiempo suficiente como para que le pusieran la mascarilla. Jobs también detestaba el monitor de oxígeno que le habían puesto en el dedo. Les dijo a los médicos que era feo y demasiado complicado. Sugirió algunas formas de simplificar su diseño. «Estaba muy atento a cada detalle del entorno y a los objetos que lo rodeaban, y aquello lo agotaba», recordaba Powell.

Un día, cuando todavía deambulaba en los límites de la consciencia, Kathryn Smith, la amiga de Powell, fue a visitarlo. Su relación con Jobs no siempre había sido la mejor posible, pero Powell insistió en que fuera a verlo a su cama. Él le hizo un gesto para que se acercara, pidió por señas un cuaderno y un bolígrafo, y escribió: «Quiero mi iPhone». Smith lo sacó de un cajón y se lo llevó. Jobs la cogió de la mano, le mostró la función de «deslizar para desbloquear» y la hizo jugar con los menús.

La relación de Jobs con Lisa Brennan-Jobs, la hija que tuvo con su primera novia, Chrisann, se encontraba muy maltrecha. Ella se había graduado en Harvard, se había mudado a Nueva York y apenas se comunicaba con su padre. Sin embargo, viajó dos veces a Memphis para verlo, y él agradeció el gesto. «Para mí significaba mucho que ella hiciera algo así», recordaba. Por desgracia, no se lo dijo en aquel momento. Muchas de las personas que rodeaban a Jobs descubrieron que Lisa podía resultar tan exigente como su padre, pero Powell le dio la bienvenida y trató de hacer que se implicara en los cuidados. Quería que ambos recuperaran su relación.

A medida que Jobs fue mejorando, regresó gran parte de su personalidad batalladora. Todavía conservaba su mal carácter. «Cuando comenzó a recuperarse, pasó rápidamente por la fase de gratitud y llegó de nuevo a la modalidad gruñona y mandona —recordaba Kat Smith—. Todos nos preguntábamos si iba a salir de aquella experiencia con una actitud más amable, pero no lo hizo».

También siguió siendo un comedor melindroso, lo cual suponía un problema mayor que nunca. Solo tomaba batidos de fruta, y exigía que le presentaran siete u ocho para poder elegir una opción que pudiera satisfacerlo. Se acercaba mínimamente la cuchara a la boca para probar un poco y afirmaba: «No está bueno. Ese otro tampoco sabe bien». Al final, Eason se enfrentó con él: «¿Sabes qué? No se trata de cómo sepan —lo regañó—. Deja de pensar en ellos como comida. Comienza a pensar en ellos como medicina».

El humor de Jobs mejoraba cuando podía recibir visitas de Apple. Tim Cook iba a verlo con regularidad y le informaba acerca del progreso de los nuevos productos. «Podías ver como se animaba cada vez que la charla se centraba en Apple —comentó Cook—. Era como si se encendiera la luz». Amaba profundamente su empresa, y parecía vivir por la perspectiva de regresar. Los detalles lo llenaban de energía. Cuando Cook le describió un nuevo modelo de iPhone, Jobs pasó la siguiente hora discutiendo no solo cómo llamarlo —acordaron que sería el iPhone 3GS—, sino también el tamaño y el tipo de letra de «GS», incluida la decisión sobre si debían ir en mayúsculas (sí) y en cursiva (no).

Un día, Riley preparó una visita sorpresa a última hora a Sun Studio, el santuario de ladrillo rojo donde habían grabado Elvis, Johnny Cash, B. B. King y tantos otros pioneros del rock and roll. Allí les ofrecieron una visita privada y una charla de historia impartida por uno de los empleados más jóvenes, que se sentó junto a Jobs en el banco lleno de marcas de cigarrillo que utilizara Jerry Lee Lewis. Jobs era, posiblemente, la persona más influyente de la industria de la música de aquel momento, pero el chico no lo reconoció por su estado demacrado. Mientras se marchaban, Jobs le dijo a Riley: «Ese chico era muy listo. Deberíamos contratarlo para iTunes». Así pues, Riley llamó a Eddy Cue, que embarcó al joven en un vuelo a California para entrevistarlo y acabó contratándolo para que ayudase en la construcción de las primeras secciones de rhythm and blues y rock and roll de iTunes. Cuando Riley regresó más tarde a ver a sus amigos del estudio, ellos afirmaron que aquello demostraba, tal y como rezaba su eslogan, que en Sun Studio los sueños todavía podían volverse realidad.

REGRESO

A finales de mayo de 2009, Jobs voló desde Memphis en su avión junto con su esposa y su hermana. En el aeropuerto de San José se reunieron con Tim Cook y Jony Ive, que subieron a bordo en cuanto aterrizó el aparato. «Podías ver en sus ojos lo entusiasmado que estaba por regresar —recordaba Cook—. Todavía tenía ganas de pelear y estaba deseando ponerse manos a la obra». Powell sacó una botella de burbujeante sidra, le dedicó un brindis a su esposo y todo el mundo se abrazó.

Ive se encontraba emocionalmente exhausto. Condujo hasta la casa de Jobs desde el aeropuerto y le contó lo difícil que había sido mantenerlo todo en marcha mientras él no estaba. También se quejó de los artículos que afirmaban que la innovación de Apple dependía de Jobs e iba a desaparecer si no regresaba. «Me siento muy dolido», le confió Ive. Se sentía «destrozado», según sus propias palabras, y también infravalorado.

También Jobs acusaba un estado mental sombrío tras su regreso a Palo Alto. Estaba comenzando a enfrentarse a la idea de no ser quizá indispensable para la empresa. Las acciones de Apple habían evolucionado bien en su ausencia, pasando de 82 dólares cuando anunció su partida en enero de 2009 a 140 cuando regresó a finales de mayo. En una teleconferencia celebrada con algunos analistas poco después de que Jobs pidiera la baja, Cook se apartó de su estilo objetivo para hacer una entusiasta declaración sobre por qué Apple iba a seguir creciendo incluso sin la presencia de Jobs:

> Creemos que estamos en este mundo para crear grandes productos, y eso no va a cambiar. Nos centramos constantemente en la innovación. Creemos en la sencillez y no en la complejidad. Creemos que necesitamos poseer y controlar las tecnologías primarias que se esconden tras los productos que creamos, y que solo debemos participar en aquellos mercados en los que podamos realizar una aportación significativa. Creemos en el valor de decirles que no a miles de proyectos para poder centrarnos en los pocos que realmente son importantes y valiosos para nosotros. Creemos en una colaboración profunda y en la polinización cruzada de nuestros grupos, lo que nos permite innovar de formas que a otros les están vetadas. Y, francamente, no estamos dispuestos a aceptar nada por debajo de la excelencia en cada uno de los grupos de la empresa, y tenemos la sinceridad suficiente para reconocer cuándo nos hemos equivocado, y el valor para cambiar. Creo,

independientemente del puesto que ocupe cada uno, que estos valores se encuentran tan firmemente arraigados en esta compañía que a Apple le va a ir extremadamente bien.

Sonaba como algo que diría (y que había dicho) el propio Jobs, pero la prensa lo bautizó como «la doctrina Cook». Jobs se sentía herido y profundamente deprimido, especialmente tras leer la última frase. No sabía si estar orgulloso o dolido ante la posibilidad de que fuera cierta. Había rumores que afirmaban que iba a dejar el cargo de consejero delegado y convertirse en presidente. Aquello lo hizo sentirse todavía más motivado para abandonar la cama, superar el dolor y retomar sus largos paseos terapéuticos.

Unos días después de su regreso había prevista una reunión del consejo, y Jobs sorprendió a todo el mundo cuando apareció por allí. Entró tranquilamente y pudo quedarse durante la mayor parte de la discusión. A principios de junio celebraba reuniones diarias en su casa, y a finales de mes había vuelto al trabajo.

¿Se mostraría ahora, tras enfrentarse a la muerte, más apacible? Sus compañeros recibieron una rápida respuesta. El primer día tras el regreso, sorprendió a su equipo de directivos con varias rabietas. Arremetió contra gente a la que no había visto en seis meses, destrozó algunos planes de marketing y humilló a un par de personas cuyo trabajo le pareció chapucero. Sin embargo, lo más revelador fue la afirmación que realizó ante un par de amigos aquella misma tarde. «He pasado un día fantástico tras mi regreso —dijo—. Es alucinante lo creativo que me siento, y lo creativo que es todo el equipo». Tim Cook se lo tomó con calma. «Nunca he visto que Steve se contuviera a la hora de expresar su opinión o sus pasiones —señaló posteriormente—. Pero aquello estuvo bien».

Sus amigos se percataron de que Jobs conservaba su espíritu batallador. Durante su recuperación contrató el servicio de televisión por cable de alta definición de Comcast, y un día llamó a Brian Roberts, que dirigía la compañía. «Creí que me llamaba para decir algo bueno sobre ella —recordaba Roberts—, pero en vez de eso me dijo que era un asco». Sin embargo, Andy Hertzfeld advirtió que, bajo toda aquella irritabilidad, Jobs se había vuelto más sincero. «Antes, si le pedías un favor a Steve, él podía hacer justamente lo contrario —comentó Hertzfeld—. Aquello formaba parte de la perversidad de su naturaleza. Ahora sí que intenta colaborar».

Su regreso público tuvo lugar el 9 de septiembre, cuando subió al escenario en la habitual actualización de otoño de los reproductores musicales. Recibió una ovación del público, puesto en pie, que duró casi un minuto, y a continuación comenzó con un apunte extrañamente personal cuando mencionó que había recibido una donación de hígado. «No estaría aquí sin esa generosidad —anunció—, así que espero que todos nosotros podamos ser igual de generosos y nos ofrezcamos como donantes de órganos». Tras un momento de júbilo —«Sigo en pie, he vuelto a Apple y me encanta cada día que paso aquí»—, presentó la nueva línea de iPod nano, con cámara de vídeo y en nueve colores diferentes de aluminio anodizado.

A principios de 2010 había recuperado la mayor parte de sus fuerzas, y se zambulló de nuevo en el trabajo del que sería uno de los años más productivos, para él y también para Apple. Había acertado dos veces seguidas en la diana desde que presentara la estrategia del centro digital de Apple: el iPod y el iPhone. Ahora iba a probar una tercera vez.

37

El iPad

La llegada de la era post-PC

DICES QUE QUIERES UNA REVOLUCIÓN

A Jobs le había irritado, allá por 2002, el ingeniero de Microsoft que insistía en hacer proselitismo acerca del software para una tableta que había desarrollado, con la cual los usuarios podían introducir información sobre la pantalla ayudados por un puntero o un lápiz. Aquel año algunos fabricantes sacaron a la venta ordenadores personales que empleaban ese software, pero ninguno dejó una marca en el universo. Jobs había estado ansioso por demostrar cómo debía hacerse correctamente aquello —¡nada de punteros!—, pero cuando vio la tecnología multitáctil que estaba desarrollando Apple, decidió emplearla en primer lugar para crear el iPhone.

La idea de la tableta, mientras tanto, seguía propagándose entre el grupo de hardware del Macintosh. «No tenemos ningún plan para crear una tableta —declaró Jobs en una entrevista con Walt Mossberg en mayo de 2003—. Al parecer la gente quiere teclados. Las tabletas parecen interesarle a la gente rica que ya tiene un montón de ordenadores y otros dispositivos». Sin embargo, al igual que su afirmación sobre su «desequilibrio hormonal», esta otra resultaba engañosa: en la mayoría de los retiros anuales de sus cien principales trabajadores, la tableta se encontraba entre los proyectos de futuro discutidos. «Presentamos aquella idea en muchos de los encuentros, porque Steve nunca abandonó su deseo de crear una tableta», recordaba Phil Schiller.

El proyecto de la tableta recibió un fuerte empujón en 2007, cuando Jobs comenzó a darles vueltas a algunas ideas para crear un netbook de bajo coste. Un lunes, durante una sesión de tormenta de ideas del equipo ejecutivo, Ive preguntó por qué hacía falta tener un teclado adosado a la pantalla. Aquello resultaba caro y aparatoso. Sugirió que se introdujera el teclado en la pantalla mediante una interfaz multitáctil. Jobs se mostró de acuerdo, así que los recursos se encauzaron a acelerar el proyecto de la tableta, más que a diseñar un netbook.

El proceso comenzó cuando Jobs e Ive se dispusieron a determinar cuál era el tamaño apropiado para la pantalla. Habían creado veinte modelos —todos ellos rectangulares con las esquinas redondeadas, por supuesto— de diferentes tamaños y proporciones. Ive los dispuso sobre una mesa en el estudio de diseño; por las tardes descubrían el velo de terciopelo que los ocultaba y jugueteaban con ellos. «Así es como establecimos cuál iba a ser el tamaño de la pantalla», afirmó Ive.

Jobs, como de costumbre, trató de llegar a la sencillez más pura que fuera posible, y para ello resultaba necesario determinar cuál era la esencia fundamental de aquel aparato. La respuesta: su pantalla. Así pues, el principio rector consistía en que todo lo que se hiciera debía estar relegado a ella. «¿Cómo podemos despejar la zona para que no haya un montón de opciones y botones y que te distraigan de la pantalla?», preguntó Ive. En cada uno de los pasos, Jobs iba ejerciendo presión para eliminar detalles y simplificar.

En un momento concreto del proceso, Jobs vio la maqueta y se dio cuenta de que no estaba satisfecho del todo. No le parecía lo suficientemente informal y agradable, no le entraban ganas de cogerla sin más y llevársela. Ive puso el dedo, por así decirlo, en la llaga: necesitaban destacar el hecho de que aquel era un objeto que se podía sujetar con una sola mano, como en respuesta a un impulso. Las aristas de la parte trasera tenían que ser un poco redondeadas para que resultara cómodo al cogerlo y levantarlo, en lugar de tener que sostenerlo con cuidado. Para ello hacía falta que los ingenieros diseñaran los puertos y botones necesarios de forma que cupiesen en un reborde sencillo y lo suficientemente fino como para que se pudiera sujetar suavemente por debajo.

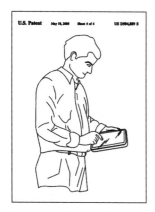

Si hubiéramos prestado atención a las solicitudes de patentes estadounidenses, habríamos advertido una con el código D504889, que Apple presentó en marzo de 2004 y que se registró catorce meses más tarde. Como inventores de la patente aparecían Jobs e Ive. La solicitud incluía los bocetos de una tableta electrónica rectangular con los bordes redondeados —el aspecto exacto que acabó teniendo el iPad—, entre los que se incluía el esbozo de un hombre que sujetaba el aparato tranquilamente con la mano izquierda mientras usaba el índice derecho para tocar la pantalla.

Como los ordenadores Macintosh utilizaban ahora procesadores de Intel, el plan inicial de Jobs consistía en usar en el iPad el chip Atom de bajo voltaje que por aquel entonces desarrollaba ese proveedor. Paul Otellini, el consejero delegado de la compañía, estaba ejerciendo mucha presión para que las dos empresas trabajaran juntas en un diseño, y Jobs se sentía inclinado a confiar en él. Lo cierto era que, aunque Intel estaba creando los procesadores más rápidos del mundo, acostumbraba a fabricarlos para máquinas que se enchufaban a la red general, y por tanto no estaban pensados para ahorrar gasto de batería. Por eso, Tony Fadell defendió con insistencia que desarrollasen un sistema basado en la arquitectura de ARM, más sencilla y de menor consumo energético. Apple había sido uno de los primeros socios de ARM, y el primer iPhone contaba con chips que empleaban dicha arquitectura. Fadell recabó el apoyo de otros ingenieros, y demostró que era posible enfrentarse a Jobs y hacerle cambiar de opinión. «¡Mal, mal, mal!», gritó Fadell en una reunión en la que Jobs insistía en que la mejor opción era confiar en Intel para crear un buen chip destinado a dispositivos portátiles. Fadell llegó incluso a poner su insignia de Apple sobre la mesa y a amenazar con la dimisión.

Al final, Jobs acabó por ceder. «Te comprendo —aseguró—. No voy a enfrentarme a mis mejores trabajadores». De hecho, se pasó al extremo opuesto. Apple obtuvo licencias para emplear la arquitectura de ARM, pero también adquirió una compañía de diseño de micro-procesadores que empleaba a 150 personas, situada en Palo Alto, llama-da P.A. Semi, y les ordenó que crearan un sistema en un chip a medida, llamado A4, basado en la arquitectura ARM y cuya fabricación corre-ría a cargo de Samsung, en Corea del Sur. Según recordaba Jobs:

> En lo que respecta a rendimiento alto, Intel es la mejor. Fabrican el chip más rápido si no te preocupan ni la energía ni el precio. Sin embargo, solo montan el procesador en el chip, así que hacen falta otras muchas piezas. Nuestro A4 cuenta con el procesador, el sistema de gráficos, el sistema operativo del móvil y el control de memoria en un único chip. Tratamos de ayudar a Intel, pero no nos hicieron mu-cho caso. Llevamos años diciéndoles que sus gráficos son una porque-ría. Todos los trimestres concertamos una reunión en la que participo con mis tres principales expertos y Paul Otellini. Al principio hacía-mos cosas maravillosas juntos. Ellos querían formar un gran proyecto conjunto para producir los chips de los futuros iPhone. Había dos ra-zones por las que no trabajábamos con ellos. Una era que son tremen-damente lentos. Son como un barco de vapor, no demasiado flexibles. Nosotros estamos acostumbrados a velocidades bastante altas. La se-gunda razón era que no queríamos mostrarles todo lo que teníamos, porque ellos podrían ir a vendérselo a la competencia.

En opinión de Otellini, lo más lógico habría sido utilizar chips de Intel. El problema, según él, fue que Apple e Intel no lograron poner-se de acuerdo con respecto al precio. «Aquello no salió adelante debi-do principalmente a una razón económica», declaró. Este era también otro ejemplo del deseo de Jobs, o incluso de su obsesión, por controlar todos los detalles de un producto, desde el silicio hasta la estructura.

ENERO DE 2010: LA PRESENTACIÓN

El entusiasmo habitual que Jobs lograba despertar en los estrenos de sus productos palidecía en comparación con el frenesí desatado antes de la presentación del iPad el 27 de enero de 2010 en San Francisco. El semanario *The Economist* lo sacó en portada cubierto por una túnica y con una aureola de santo, sujetando en la mano lo que la publicación llamaba «El Libro de Jobs», en referencia al Libro de Job bíblico. Y el *Wall Street Journal* realizó afirmaciones en el mismo tono exaltado: «La última vez que se generó tanto entusiasmo en torno a una tabla era porque tenía unos cuantos mandamientos escritos en ella».

Como si quisiera resaltar la naturaleza histórica de aquella presentación, Jobs invitó de nuevo a muchos de sus viejos compañeros de los primeros días de Apple. También resultó conmovedora la presencia de James Eason, que había llevado a cabo su trasplante de hígado el año anterior, y de Jeffrey Norton, que había operado a Jobs del páncreas en 2004. Se encontraban entre el público, sentados en la misma fila que su esposa, su hijo y Mona Simpson.

Jobs llevó a cabo su excelente labor poniendo en contexto al nuevo aparato, como ya había hecho con el iPhone tres años antes. En esta ocasión presentó una pantalla que mostraba un iPhone y un ordenador portátil con un signo de interrogación entre ambos. «La pregunta es: "¿Queda sitio para algo en medio?"», planteó. Ese «algo» tendría que servirnos para navegar por la web, gestionar el correo electrónico, fotos, vídeo, música, juegos y eBooks. Y clavó una estaca en el corazón mismo del concepto del netbook. «¡Los netbook no son mejores en nada! —afirmó. Los asistentes invitados y los empleados de la empresa comenzaron a vitorear—. Pero tenemos algo que sí lo es. Lo llamamos "iPad"».

Para subrayar el espíritu informal del iPad, Jobs se dirigió a un cómodo sofá de cuero situado junto a una mesita (de hecho, y siguiendo los gustos de Jobs, se trataba de un sofá de Le Corbusier y una mesa de Eero Saarinen). Cogió uno de aquellos aparatos. «Es mucho más íntimo que un ordenador portátil», señaló entusiasmado. A continuación entró en la web del *New York Times*, envió un correo electrónico a Scott Forstall y Phil Schiller («¡Guau! Estamos presentando el iPad»), hojeó un álbum de fotos, utilizó un calendario, amplió el zoom sobre la torre Eiffel con Google Maps, vio algunos vídeos (uno de *Star Trek* y un fragmento de *Up*, de Pixar), presentó la librería de iBooks y puso una canción («Like a Rolling Stone», de Bob Dylan, que ya había utilizado en la presentación del iPhone). «¿No os parece asombroso?», preguntó.

Con su última diapositiva, Jobs resaltó uno de los temas habituales en su vida, que quedaba ejemplificado en el iPad: una señal de tráfico que mostraba el cruce entre la calle de la Tecnología y la calle de las Humanidades. «El motivo por el que Apple puede crear productos como el iPad es que siempre hemos tratado de situarnos en la intersección entre la tecnología y las humanidades», concluyó. El iPad era la reencarnación digital del *Catálogo de toda la Tierra*, aquel lugar donde la creatividad se encontraba con las herramientas necesarias para la vida.

Por una vez, la reacción inicial no fue un coro de aleluyas. El iPad todavía no estaba a la venta (llegaría a las tiendas en abril), y algunos de los espectadores que vieron la demostración llevada a cabo por Jobs no acabaron muy seguros de lo que era aquello. ¿Un iPhone dopado con esteroides? «No había quedado tan decepcionado desde que Snooki se lió con La Situación»,* escribió en *Newsweek* Daniel Lyons (que también trabajaba como *el falso Steve Jobs* en una parodia de internet). *Gizmodo* publicó el artículo de uno de sus colaboradores titulado «Ocho cosas espantosas acerca del iPad» (no es multitarea, no tiene cámara de fotos, no acepta animaciones en Flash...). Incluso su nombre fue motivo de mofa en la blogosfera, puesto que la coincidencia con la palabra inglesa para «compresa» («pad») dio origen a sarcásticos comentarios sobre productos de higiene femenina y compresas de talla extragrande. La etiqueta «#iTampon» alcanzó el tercer puesto como *trending topic* en Twitter ese mismo día.

También llegó el imprescindible rechazo de Bill Gates. «Sigo creyendo que una mezcla de voz, lápiz y un teclado de verdad (o, en otras palabras, un netbook) acabará por ser la principal tendencia —le dijo a Brent Schlender—. La verdad es que en esta ocasión no me he quedado con la misma sensación que en el caso del iPhone, cuando me dije: "Oh, Dios mío, Microsoft no ha apuntado lo suficientemente alto". Es un buen lector, pero no hay nada en el iPad que me haga decirme: "Vaya, ojalá lo hubiera hecho Microsoft"». Siguió insistiendo en que el enfoque de Microsoft, con un puntero,

---

* Snooki y La Situación son dos participantes del programa *Jersey Shore*, emitido por la cadena MTV. (*N. del T.*)

acabaría por imponerse. «Llevo muchos años prediciendo la llegada de una tableta con puntero —me contó—. Al final acabaré teniendo razón o acabaré muerto».

La noche siguiente a la presentación, Jobs se encontraba molesto y deprimido. Cuando nos reunimos para cenar en su cocina, andaba dando vueltas en torno a la mesa cargando correos electrónicos y páginas web en su iPhone.

> He recibido unos ochocientos mensajes de correo electrónico en las últimas veinticuatro horas. La mayoría de ellos son quejas. ¡No hay cable USB! No hay esto, no hay aquello. Algunos me dicen cosas como: «¡Capullo! ¿Cómo has podido hacer algo así?». Normalmente no contesto a nadie, pero hoy he respondido: «Tus padres estarían muy orgullosos al ver la persona en la que te has convertido». Y a algunos no les gusta el nombre de iPad, o cosas por el estilo. Hoy me he quedado un poco deprimido. Estas cosas te echan un poco para atrás.

Sí que agradeció una llamada de felicitación que recibió ese día del jefe de gabinete de la Casa Blanca, Rahm Emanuel. Sin embargo, también señaló en la cena que el presidente Obama no lo había llamado desde que ocupara su cargo en Washington D.C.

Las críticas del público amainaron cuando el iPad salió a la venta en abril y la gente pudo hacerse con uno. Tanto *Time* como *Newsweek* lo sacaron en portada. «Lo más difícil de escribir acerca de los productos de Apple es que vienen envueltos en un montón de bombo publicitario —escribió Lev Grossman en *Time*—. El otro problema a la hora de escribir acerca de los productos de Apple es que en ocasiones todo ese bombo resulta ser cierto». Su principal crítica, bastante importante, era que «aunque resulta un dispositivo estupendo para consumir contenidos, no se esfuerza demasiado por facilitar su creación». Los ordenadores, especialmente el Macintosh, se habían convertido en herramientas que le permitían a la gente crear música, vídeos, páginas webs y blogs que podían subirse a internet para que todo el mundo los viera. «El iPad traslada el énfasis de la creación de contenidos a su mera absorción y manipulación. Te transforma, te convierte en el consumidor pasivo de las obras de arte de otras personas». Era una crítica que Jobs se tomó muy a pecho. Se propuso asegurarse de que la siguiente versión del iPad pusiera el acento en facilitar la creación artística por parte del usuario.

La portada de *Newsweek* rezaba: «¿Qué tiene de genial el iPad? Todo». Daniel Lyons, que lo había fusilado con su comentario sobre Snooki durante la presentación, revisó sus opiniones. «Lo primero que me vino a la cabeza cuando vi a Jobs haciendo su demostración fue que no me parecía para tanto —escribió—. Tenía la pinta de una versión más grande del iPod touch, ¿verdad? Entonces tuve la oportunidad de utilizar un iPad y de pronto pensé: "Yo quiero uno"». Lyons, como muchos otros, se había dado cuenta de que aquel era el proyecto estrella de Jobs, que representaba todo lo defendido por él. «Tiene una capacidad inquietante para crear dispositivos que no sabíamos que necesitábamos, pero sin los que, de pronto, ya no puedo vivir —escribió—. Un sistema cerrado puede ser la única forma de ofrecer el tipo de experiencia *tecnozen* que le ha dado a Apple su fama».

La mayor parte de las discusiones sobre el iPad se centraban en el tema de si su integración completa era una idea brillante o la causa de su futura condenación. Google estaba comenzando a desempeñar una función similar a la de Microsoft en la década de los ochenta, al ofrecer una plataforma para dispositivos móviles, Android, que era abierta y por tanto podían utilizar todos los fabricantes de hardware. *Fortune* organizó un debate sobre el asunto en sus páginas. «No hay excusas para cerrarse», escribió Michael Copeland. Sin embargo, su colega Jon Fortt le replicó: «Los sistemas cerrados tienen mala reputación, pero funcionan fantásticamente bien y los usuarios se benefician de ello. Probablemente no haya nadie en el mundo de la tecnología que lo haya demostrado más fehacientemente que Steve Jobs. Al unir el hardware, el software y los servicios y controlarlos muy de cerca, Apple consigue todo el tiempo adelantarse a sus rivales y presentar productos con un acabado muy cuidado». Ambos coincidieron en que el iPad iba a representar la prueba más clara al respecto desde la creación del primer Macintosh. «Apple ha llevado su reputación de obsesos por el control a un nuevo nivel con el chip A4 que utiliza el aparato —escribió Fortt—. Ahora Cupertino tiene la última palabra sobre el silicio, el dispositivo, el sistema operativo, las aplicaciones y el sistema de pago».

Jobs acudió a la tienda Apple de Palo Alto poco antes del mediodía del 5 de abril, fecha en la que salió a la venta el iPad. Daniel Kottke —su alma gemela durante sus días de consumo de LSD en Reed y en su primera época de Apple, que ya no le guardaba rencor por no haber recibido opciones de compra de acciones como fundador de la empresa— se aseguró de estar allí. «Habían pasado quince años y quería verlo otra vez —relató Kottke—. Lo agarré y le dije que iba a utilizar el iPad para las letras de mis canciones. Él estaba de muy buen humor y mantuvimos una agradable charla después de tantos años». Powell y su hija menor, Eve, los miraban desde una esquina de la tienda.

Wozniak, que durante mucho tiempo había defendido un hardware y un software lo más abiertos posible, siguió matizando aquella opinión. Como en muchas otras ocasiones, se quedó despierto toda la noche junto a los demás entusiastas que hacían cola esperando la apertura de la tienda. Esta vez se encontraba en el centro comercial Valley Fair de San José, a bordo de un patinete Segway. Un periodista le preguntó acerca del carácter cerrado del ecosistema de Apple. «Apple te mete en su parque para jugar y te mantiene allí, pero eso tiene algunas ventajas —contestó—. A mí me gustan los sistemas abiertos, pero eso es porque yo soy un *hacker*. A la mayoría de la gente le gustan las cosas fáciles de usar. La genialidad de Steve reside en que sabe cómo hacer que las cosas resulten sencillas, y para eso a veces es necesario controlarlo todo».

La pregunta «¿qué llevas en el iPad?» sustituyó al «¿qué llevas en el iPod?». Incluso los miembros del gabinete del presidente Obama, que habían adoptado el iPad como símbolo de modernidad tecnológica, participaban en aquel juego. El asesor económico Larry Summers tenía la aplicación de información financiera de Bloomberg, el Scrabble y *Los documentos federalistas*. El jefe de gabinete, Rahm Emanuel, tenía un montón de periódicos, el asesor de comunicaciones Bill Burton tenía la revista *Vanity Fair* y una temporada completa de la serie de televisión *Perdidos*, y el director político, David Axelrod, contaba con información sobre las grandes ligas de béisbol y con la cadena de radio NPR.

Jobs quedó conmovido con una historia que me reenvió, publicada por Michael Noer en forbes.com. Noer estaba leyendo una novela de ciencia ficción en su iPad mientras se encontraba en una granja lechera de una zona rural al norte de Bogotá, cuando un niño pobre de seis años que limpiaba los establos se le acercó. Picado por la curiosidad, Noer le entregó el aparato. Sin ninguna instrucción y sin haber visto nunca antes un ordenador, el chico comenzó a utilizarlo de forma intuitiva. Comenzó a deslizarse por la pantalla, a abrir aplicaciones y a jugar al millón. «Steve Jobs ha diseñado un potente ordenador que un niño analfabeto de seis años puede utilizar sin formación previa —escribió Noer—. Si eso no es magia, entonces no sé qué puede serlo».

En menos de un mes, Apple vendió un millón de iPads. Eso supone la mitad del tiempo que necesitó el iPod para llegar a esa cifra. En marzo de 2011, nueve meses después de su comercialización, se habían vendido quince millones de unidades. Según algunas estimaciones, se convirtió en la salida al mercado de un producto de consumo de mayor éxito de la historia.

PUBLICIDAD

Jobs no estaba satisfecho con los anuncios originales del iPad. Como de costumbre, se involucró de lleno en el proceso de marketing y trabajó junto con James Vincent y Duncan Milner en la agencia publicitaria (ahora llamada TBWA/Media Arts Lab), con Lee Clow aconsejándoles desde su puesto, ya con un pie en la jubilación. El primer anuncio que produjeron era una agradable escena en la que un chico con vaqueros desteñidos y una sudadera se reclinaba en una silla, consultaba su correo electrónico, miraba un álbum de fotos, el *New York Times*, libros y un vídeo en un iPad que se había colocado en el regazo. No había palabras, solo la melodía de fondo de «There Goes My Love» compuesta por The Blue Van. «Después de dar su aprobación, Steve pensó que no le gustaba nada —recordaba Vincent—. Pensaba que parecía el anuncio de una tienda de decoración». Según me contó después Jobs:

Había resultado sencillo explicar qué era un iPod —mil canciones en tu bolsillo—, y eso nos permitió pasar rápidamente a los anuncios con las famosas siluetas. Sin embargo, era más difícil explicar en qué consistía un iPad. No queríamos que pareciera un ordenador, y tampoco deseábamos ofrecer una imagen tan blanda como para que la gente lo confundiera con un televisor efectista. La primera tanda de anuncios que produjimos puso de manifiesto que no teníamos ni idea de lo que estábamos haciendo. Presentaban un ambiente como de terciopelo y suaves zapatos de piel sedosa.

James Vincent llevaba meses sin disfrutar de unas vacaciones, así que cuando el iPad salió por fin a la venta y comenzaron a emitirse los anuncios, se encontraba con su familia en Palm Springs, con ocasión del Festival de Música de Coachella, donde participaban algunos de sus grupos favoritos, como Muse, Faith No More y Devo. Poco después de llegar, Jobs lo llamó. «Tus anuncios son un asco —afirmó—. El iPad está revolucionando el mundo y necesitamos algo grande. Lo que me has dado es una mierdecilla». «Pero bueno, ¿qué querías? —replicó Vincent—. Tú no has sido capaz de decirme lo que quieres». «No lo sé. Tienes que traerme algo nuevo. Nada de lo que me has presentado se acerca siquiera a lo que quiero».

Vincent se quejó, y entonces Jobs montó en cólera. «Comenzó a chillarme, sin más», recordaba el creativo. Este también podía cambiar rápidamente de humor, así que la retahíla de gritos fue en aumento: «Tienes que decirme lo que quieres», vociferó. Ante lo cual Jobs le espetó: «Tienes que enseñarme tus propuestas, y yo lo sabré cuando lo vea». «Ah, claro, déjame que escriba eso en el informe para mis creativos: "Lo sabré cuando lo vea"». Vincent se enfadó tanto que estampó el puño contra la pared de la casa que había alquilado y dejó una gran marca en ella. Cuando por fin salió y se reunió con su familia, que lo esperaba junto a la piscina, todos lo miraron nerviosos. «¿Estás bien?», preguntó finalmente su esposa.

Vincent y su equipo tardaron dos semanas en crear distintas opciones nuevas, y él les pidió que las presentaran en casa de Jobs en lugar de en su despacho, con la esperanza de que aquel entorno resultara más relajado. Mientras repartían los guiones gráficos por la mesa de centro situada en el salón, Milner y él le ofrecieron doce alternativas. Una resultaba inspiradora y conmovedora. Otra probaba con el humor, y en ella Michael Cera, el actor cómico, paseaba por una casa de mentira y realizaba algunos comentarios graciosos sobre la forma en que la gente podría utilizar los iPads. Otras opciones mostraban el iPad junto a diferentes famosos, o lo resaltaban contra un fondo blanco, o lo hacían ser el protagonista de una pequeña comedia de situación. Otros pasaban directamente a una demostración del producto.

Tras reflexionar sobre las diferentes opciones, Jobs se dio cuenta de lo que quería. No era humor, ni famosos, ni una demostración. «Tiene que dejar claro su mensaje —decidió—. Tiene que ser como un manifiesto. Esto es algo grande». Había anunciado que el iPad iba a cambiar el mundo, y quería una campaña que resaltara aquella aseveración. Señaló que otras marcas iban a sacar al mercado copias de su tableta en cuestión de un año, y quería que la gente recordara que el iPad era el producto auténtico. «Necesitamos anuncios que se planten con firmeza y expliquen lo que hemos hecho».

De pronto se levantó de su silla, con un aspecto algo débil, pero sonriente. «Ahora tengo que irme a recibir un masaje —anunció—. Poneos a trabajar».

Así pues, Vincent y Milner, junto con el redactor publicitario Eric Grunbaum, comenzaron a forjar lo que denominaron «El Manifiesto». Tendría un pulso rápido, con imágenes vibrantes y un ritmo muy marcado, e iba a anunciar que el iPad era revolucionario. La música que eligieron era el potente estribillo de Karen O en la canción de los Yeah Yeah Yeahs «Gold Lion». Mientras se mostraba cómo el iPad llevaba a cabo su magia, una voz de tono firme aseguraba: «El iPad es fino. El iPad es hermoso. [...] Es tremendamente potente. Es mágico. […] Es vídeo, son fotos. Son más libros que los que podrías leer en toda tu vida. Es una revolución, y acaba de empezar».

Una vez que los anuncios del «manifiesto» se hubieron emitido en antena, el equipo probó de nuevo con una opción más suave, en el estilo de los documentales sobre vidas cotidianas que realizaba la joven cineasta Jessica Sanders. A Jobs le gustaron... durante un tiempo. Después se volvió contra ellos por la misma razón que había reaccionado contra los primeros anuncios, que le recordaban a una tienda de decoración. «Maldita sea —gritó—. Parecen un anuncio de Visa, son el típico producto de una agencia publicitaria».

Había estado pidiendo anuncios que resultaran nuevos y diferentes, pero al final acabó por darse cuenta de que no quería apartarse de lo que él entendía como la voz de Apple. Para él, esa voz contaba con un conjunto de cualidades distintivas: sencilla, directa, nítida. «Probamos la alternativa de las vidas cotidianas, y parecía que a Jobs le estaba gustando, pero de pronto dijo que la detestaba, que no representaba a la compañía —recordaba Lee Clow—. Nos dijo que regresáramos a la voz de Apple. Es una voz muy sencilla y sincera». Así pues, volvieron al fondo blanco con un primer plano del aparato en el que se presentaba todo lo que era el iPad y lo que podía hacer.

Aplicaciones

Los anuncios del iPad no se centraban en el dispositivo, sino en lo que se podía hacer con él. De hecho, su éxito no se debió únicamente a la belleza de su hardware, sino a sus aplicaciones, conocidas como «apps», que te permitían dedicarte a todo tipo de actividades estupendas. Había miles de ellas —y pronto serían cientos de miles—, que podían descargarse de forma gratuita o por unos pocos dólares. Con solo deslizar un dedo podías lanzar pájaros enfurruñados, controlar tus acciones en la Bolsa, ver películas, leer libros y revistas, enterarte de las últimas noticias, jugar y perder el tiempo a lo grande. Una vez más, la integración del hardware, el software y la tienda que vendía las aplicaciones facilitó el resultado. Sin embargo, las aplicaciones también permitían que la plataforma gozara de un cierto carácter abierto, aunque de forma muy controlada, para los desarrolladores externos que querían crear software y contenidos para el iPad. Abierto, claro está, como si fuera un jardín comunitario: atentamente cuidado y vigilado.

El fenómeno de las aplicaciones había comenzado con el iPhone. Cuando este salió a la venta a principios de 2007, no había aplicaciones disponibles creadas por desarrolladores externos. Al principio Jobs se resistió a dejarles entrar. No quería que unos extraños creasen aplicaciones que pudieran estropear el iPhone, infectarlo con un virus o mancillar su integridad.

Art Levinson, miembro del consejo, se encontraba entre los partidarios de dejar paso a las aplicaciones para el iPhone. «Lo llamé una docena de veces para defender el potencial de las aplicaciones», recordaba. Si Apple no permitía e incluso fomentaba su creación, lo haría otro fabricante de smartphones, y eso les ofrecería una ventaja competitiva. Phil Schiller, jefe de marketing de Apple, se mostró de acuerdo. «No podía concebir que hubiéramos creado algo tan potente como el iPhone sin estar animando a los desarrolladores a crear montones de aplicaciones —recordaba—. Yo sabía que a los usuarios les encantarían». Desde fuera, el inversionista en capital de riesgo John Doerr señaló que permitir la llegada de las aplicaciones daría origen a todo un campo de nuevos emprendedores que crearían nuevos servicios.

Al principio, Jobs trató de acallar la discusión, en parte porque creía que su equipo no contaba con la capacidad suficiente como para enfrentarse a las dificultades que entrañaría supervisar a los desarrolladores externos de aplicaciones. Quería que se centraran. «No quería hablar de ello», comentó Schiller. Pero en cuanto el iPhone se puso a la venta, pareció dispuesto a prestar atención al debate. «Cada vez que surgía el tema en la conversación, Steve se mostraba un poco más abierto», señaló Levinson. Se celebraron discusiones informales al respecto en cuatro reuniones del consejo.

Jobs pronto descubrió que había una manera de obtener lo mejor de ambos mundos. Iba a permitir que terceras personas creasen aplicaciones, pero tendrían que cumplir con estrictos estándares, someterse a las pruebas y a la aprobación de Apple, y venderse únicamente a través de la tienda iTunes. Aquella era una forma de aprovechar las ventajas de animar a miles de desarrolladores de software y a la vez mantener un control suficiente como para proteger la integridad del iPhone y la sencillez de la experiencia del consumidor. «Era una solución absolutamente mágica que dio exactamente en el clavo —comentó Levinson—. Nos permitió acceder a los beneficios de un sistema abierto a la vez que manteníamos un control integral sobre el producto».

La tienda de aplicaciones para el iPhone, llamada App Store, abrió sus puertas en iTunes en julio de 2008. Nueve meses más tarde se registró la descarga número mil millones. Y para cuando el iPad salió a la venta en abril de 2010, había 185.000 aplicaciones disponibles para el teléfono de Apple. Muchas podían utilizarse también en el iPad, aunque no aprovechaban el mayor tamaño de la pantalla. Sin embargo, en menos de cinco meses, los desarrolladores habían creado 25.000 nuevas aplicaciones con una configuración específica para el iPad. En junio de 2011 ya se ofrecían 425.000 aplicaciones disponibles para ambos aparatos, y se habían registrado más de 14.000 millones de descargas.

La App Store creó una nueva industria de la noche a la mañana. Lo mismo en los colegios mayores y los garajes que en las principales compañías de contenidos digitales, los emprendedores inventaban nuevas aplicaciones. La empresa de inversión en capital riesgo de John Doerr creó un «iFondo» de 200 millones de dólares para financiar las mejores ideas. Las revistas y periódicos que habían estado ofreciendo sus contenidos de forma gratuita vieron aquí una última oportunidad de cerrar por fin la caja de Pandora que había supuesto aquel cuestionable modelo de negocio digital. Las editoriales más innovadoras crearon nuevas revistas, libros y materiales de aprendizaje exclusivamente para el iPad. Por ejemplo, la prestigiosa editorial Callaway, que había dado a luz libros como *Sex*, de Madonna, o *Miss Spider's Tea Party*, de David Kirk, decidió quemar las naves y abandonar el mundo del libro impreso para centrarse en la publicación de obras como aplicaciones interactivas. En junio de 2011, Apple había pagado 2.500 millones de dólares a los desarrolladores de aplicaciones.

El iPad y otros dispositivos digitales basados en las aplicaciones trajeron consigo un cambio fundamental en el mundo digital. Al principio, allá por la década de los ochenta, entrar en línea implicaba normalmente llamar a un servicio como AOL, CompuServe o Prodigy, que ofrecía acceso a un jardín comunitario atentamente cuidado y vigilado lleno de contenidos, con algunas puertas de salida que permitían a los usuarios más valientes acceder a internet en su totalidad. La segunda fase, iniciada a principios de la década de los noventa, fue la llegada de los navegadores. Estos le permitían a todo el mundo moverse con libertad por internet gracias a los protocolos de transferencia de hipertexto de la World Wide Web, que interconectaba miles de millones de páginas. Aparecieron entonces motores de búsqueda como Yahoo y Google para que la gente pudiera encontrar fácilmente los sitios web que les interesaban. La creación del iPad planteó un nuevo modelo. Las aplicaciones se parecían a los jardines vallados de épocas pasadas. Los creadores podían ofrecerles más funciones a los usuarios que las descargaban, pero el ascenso del número de aplicaciones llevaba implícito el sacrificio de la naturaleza abierta e interconectada de la red. No resultaban tan fáciles de conectar o de buscar. Dado que el iPad permitía a la vez el uso de aplicaciones y la navegación por la red, no suponía una declaración de guerra al modelo de la web, pero sí que ofrecía una clara alternativa, tanto para los consumidores como para los creadores de contenidos.

Edición y periodismo

Con el iPod, Jobs había transformado el negocio de la música. Con el iPad y la App Store, comenzó a transformar todos los medios de comunicación, desde la edición y el periodismo hasta la televisión y las películas.

Los libros eran uno de los objetivos más obvios, puesto que el Kindle de Amazon ya había demostrado el apetito existente por los libros electrónicos. Así pues, Apple creó una tienda iBooks, que vendía libros electrónicos de la misma forma que la tienda iTunes vendía canciones. Existía, no obstante, una diferencia en el modelo de negocio. En la tienda iTunes, Jobs había insistido en que todas las canciones se vendieran por un precio asequible, que al principio era de 99 centavos de dólar. Jeff Bezos, de Amazon, había tratado de adoptar una postura similar con los eBooks, e insistió en venderlos por un máximo de 9,99 dólares. Jobs intervino y les ofreció a las editoriales lo que les había negado a las compañías discográficas: podrían fijar el precio que quisieran por las obras incorporadas a la tienda de iBooks y Apple se quedaría con el 30 %. Al principio, aquello llevó a que los ·~s fueran más altos que en Amazon. ¿Por qué iba la gente a querer pagar más en Apple? «Ese no será el caso —respondió Jobs cuando Walt Mossberg le planteó la pregunta en el acto de presentación del iPad—. El precio acabará siendo el mismo».Tenía razón.

El día después de la presentación del iPad, Jobs me describió su opinión sobre los libros:

> Amazon metió la pata. Pagó el precio al por mayor de algunos libros, pero comenzó a venderlos por debajo de su coste, a 9,99 dólares. A las editoriales no les hizo ninguna gracia: creían que aquello daría al traste con sus ventas de ejemplares en tapa dura que costaban 28 dólares. Así pues, antes incluso de que Apple entrara en escena, algunas editoriales estaban comenzando a retener sus libros y a no entregárselos a Amazon. Nosotros les dijimos a las editoriales: «Vale, vamos a seguir un modelo de agencia, con royalties: vosotros fijáis el precio y nosotros nos quedamos con un 30%. Sí, el cliente paga un poco más, pero así es como lo queréis vosotros». Sin embargo, también les pedimos una garantía de que si alguien vendía los libros a un precio menor que el nuestro, en ese caso nosotros también podríamos venderlos por aquella cantidad. Entonces las editoriales fueron a ver a Amazon y le dijeron: «O firmáis un contrato de agencia o no os entregamos los libros».

Jobs reconoció que estaba tratando de quedarse con lo mejor de cada campo en lo relativo a la música y los libros. Se había negado a ofrecer el modelo de royalties a las discográficas y permitirles así que fijaran sus propios precios. ¿Por qué? Porque no le hacía falta. Pero con los libros sí. «No éramos los primeros en llegar al negocio editorial —explicó—. En vista de la situación existente, lo mejor para nosotros era realizar aquella maniobra de aikido y conseguir el modelo de royalties.Y lo logramos».

Justo después del acto de presentación del iPad, Jobs viajó a Nueva York en febrero de 2010 para reunirse con algunos ejecutivos del mundo del periodismo. En dos días se encontró con Rupert Murdoch, con su hijo James y con la dirección del *Wall Street Journal*; con Arthur Sulzberger Jr. y los principales ejecutivos del *New York Times*, y con la directiva de *Time*, *Fortune* y otras revistas del grupo Time Inc.

«Me encantaría colaborar con el periodismo de calidad —afirmó después—. No podemos depender de los blogueros para acceder a las noticias. Necesitamos un periodismo real y una supervisión editorial ahora más que nunca, así que sería estupendo encontrar la forma de ayudar a la gente a crear productos digitales en los que de verdad puedan ganar dinero». Como había conseguido que la gente pagara por la música, esperaba poder hacer lo mismo con el periodismo.

Los editores, sin embargo, parecían recelar de la mano tendida de Jobs. Aquello suponía que tendrían que entregarle un 30% de sus ingresos a Apple, pero, lo que era más importante: temían que, con el sistema de Jobs, ya no fueran a mantener una relación directa con sus suscriptores; no contarían con sus direcciones de correo electrónico ni con sus números de tarjeta de crédito para poder enviarles facturas, comunicarse con ellos y tratar de venderles nuevos productos. En vez de eso, Apple controlaría a los clientes, enviaría las facturas y se haría con sus datos para sus propios registros. Además, debido a su política de confidencialidad, Apple no iba a compartir aquella información a menos que un cliente les diera permiso explícitamente para ello.

Jobs estaba especialmente interesado en llegar a un acuerdo con el *New York Times*, en su opinión un gran periódico que corría el riesgo de languidecer por no haber sabido cómo obtener beneficios de sus contenidos digitales. «Tengo decidido que uno de mis proyectos personales para este año sea tratar de ayudar al *Times*, lo quieran ellos o no —me comentó a principios de 2010—. Creo que es importante para Estados Unidos que el periódico salga adelante».

Durante su viaje a Nueva York, Jobs cenó con cincuenta de los principales ejecutivos del *New York Times* en un salón privado situado en la bodega de Pranna, un restaurante asiático (pidió un batido de mango y un sencillo plato de pasta vegana, ninguno de los cuales se encontraba en el menú). A continuación les presentó el iPad y les explicó lo importante que era fijar un precio asequible para el contenido digital que pudieran aceptar los consumidores. Dibujó un gráfico con los posibles precios y el volumen de ventas. ¿Cuántos lectores tendrían si el *Times* fuera gratuito? Ellos ya tenían la respuesta a aquel dato, representado en un extremo del gráfico, porque estaban ofreciendo el contenido de forma gratuita en internet y ya contaban con unos veinte millones de visitantes habituales. ¿Y si la revista fuera muy cara? También manejaban datos al respecto; los suscriptores de la versión impresa pagaban más de 300 dólares al año y había aproximadamente un millón. «Deberíais buscar un término medio, que supone en torno a 10 millones de suscriptores digitales —propuso—, y eso implica que vuestro sistema de suscripción debería ser muy barato y muy sencillo, de un solo clic y cinco dólares al mes como mucho».

Cuando uno de los ejecutivos responsables de la distribución del *Times* insistió en que el periódico necesitaba la dirección de correo electrónico y los datos de la tarjeta de crédito de todos sus suscriptores, incluso si se apuntaban a través de la App Store, Jobs contestó que Apple no les iba a facilitar aquella información. «Bueno, podéis pedírsela a ellos, pero si no os la dan de forma voluntaria, no me echéis a mí la culpa —añadió—. Si no os gusta, no utilicéis nuestros servicios. Yo no soy el que os ha metido en este lío. Vosotros sois los que os habéis pasado los últimos cinco años regalando vuestro periódico por internet sin anotar los datos de la tarjeta de crédito de nadie».

Jobs también se reunió en privado con Arthur Sulzberger Jr. «Es un buen tipo, y está muy orgulloso del nuevo edificio del periódico, como es natural —comentó Jobs después—. Estuve hablando con él sobre lo que pensaba que debía hacer, pero después no ocurrió nada». Hizo falta que pasara todo un año, pero en abril de 2011 el *New York Times* comenzó a cobrar por el acceso a su edición digital y a vender algunas suscripciones a través de Apple, adaptándose a las condiciones fijadas por Jobs. Sin embargo, decidieron cobrar aproximadamente cuatro veces más que la tarifa mensual de 5 dólares propuesta por este.

En el edificio de Time-Life, el editor de *Time*, Rick Stengel, actuó como anfitrión. A Jobs le gustaba Stengel, que había asignado a un equipo de gran talento dirigido por Josh Quittner la creación de una buena versión semanal de la revista para iPad. Sin embargo, le molestó encontrarse allí a Andy Serwer, de *Fortune*. Se levantó y le dijo a Serwer lo enfadado que seguía por el artículo publicado por su revista dos años antes en el que se revelaban detalles sobre su salud y los problemas con las opciones de compra de acciones. «Te dedicaste a darme patadas cuando estaba fuera de combate», lo acusó.

El mayor problema en Time Inc. era el mismo que el del *New York Times*: la empresa editora de la revista no quería que fuera Apple quien se hiciera con los datos de los suscriptores y evitara una relación de facturación directa con ellos. Time Inc. quería crear aplicaciones que dirigieran a los lectores a su propio sitio web para que estos pudieran comprar allí la suscripción. Apple se negó. Cuando *Time* y otras revistas enviaron aplicaciones con dicha función, se les denegó el derecho a formar parte de la App Store.

Jobs trató de negociar personalmente con el consejero delegado de Time Warner, Jeff Bewkes, un hombre pragmático, sensato y de trato agradable al que le gustaban las cosas claras. Ya habían mantenido contacto algunos años antes acerca de los derechos de vídeo para el iPod touch. Aunque Jobs no había logrado convencerlo para llegar a un acuerdo en el que le concediera los derechos en exclusiva de las películas de la HBO poco después de su estreno, admiraba el estilo directo y decidido de Bewkes. Por su parte, Bewkes respetaba la capacidad de Jobs para ser a la vez un gran estratega y un maestro de los aspectos más nimios. «Steve puede pasar rápidamente de los principios más globales a los pequeños detalles», afirmó.

Cuando Jobs llamó a Bewkes para llegar a un acuerdo acerca de la venta de las revistas del grupo Time Inc. en el iPad, comenzó advirtiéndole de que el negocio de la prensa impresa «es un asco», que «en realidad nadie quiere tus revistas» y que Apple les estaba ofreciendo una gran oportunidad para vender suscripciones digitales, pero «tus chicos no lo entienden». Bewkes no estaba de acuerdo con ninguna de aquellas afirmaciones. Le aseguró estar encantado ante la idea de que Apple vendiera suscripciones digitales para Time Inc. El porcentaje del 30% que se llevaba Apple no era el problema.

«Te lo digo sin rodeos: si vendes una suscripción de nuestras revistas, puedes quedarte con el 30%». insistió Bewkes. «Bueno, eso ya es más de lo que he conseguido con los demás», replicó Jobs. «Solo tengo una pregunta —continuó Bewkes—. Si vendes una suscripción a mi revista y yo te doy el 30%, ¿quién tiene la suscripción, tú o yo?».

«No puedo entregarte los datos de los suscriptores a causa de la política de confidencialidad de Apple», contestó Jobs.

«Bueno, entonces tendremos que pensar en otra solución, porque no quiero que todos mis suscriptores se conviertan en tus suscriptores para que luego los incluyas en la base de datos de la App Store —señaló Bewkes—.Y lo siguiente que harás, una vez que tengas el monopolio, es venir a decirme que mi revista no debería costar cuatro dólares por ejemplar sino uno solo. Si alguien se suscribe a nuestra revista, necesitamos saber quién es, necesitamos ser capaces de crear comunidades en internet para esas personas, y necesitamos tener el derecho a ofrecerles directamente la posibilidad de renovar su suscripción».

Jobs lo tuvo más fácil con Rupert Murdoch, cuya compañía, News Corporation, era la dueña del *Wall Street Journal*, el *New York Post*, varios periódicos repartidos por todo el mundo, los estudios de la Fox y el canal de noticias Fox News. Cuando Jobs se reunió con Murdoch y su equipo, ellos también defendieron que debían compartir los datos de los suscriptores que llegaran a través de la App Store. Sin embargo, cuando Jobs se negó ocurrió algo interesante: Murdoch no tiene fama de dejarse amilanar fácilmente, pero sabía que no contaba con ningún argumento que le otorgara ventaja en aquel asunto, así que aceptó los términos de Jobs. «Habríamos preferido contar con los datos de los suscriptores, y ejercimos presión para que así fuera —recordaba Murdoch—. Pero Steve no estaba dispuesto a llegar a un acuerdo con aquellas condiciones, así que yo dije: "De acuerdo, hagámoslo". No veíamos ningún motivo para seguir insistiendo. Él no iba a ceder, y yo no habría cedido si hubiera estado en su posición, así que simplemente le dije que sí».

Murdoch llegó incluso a crear un periódico que solo se ofrecía en formato digital, *The Daily*, diseñado específicamente para el iPad. Se iba a vender en la App Store según las condiciones fijadas por Jobs, por 99 centavos de dólar a la semana. El propio Murdoch llevó un equipo a Cupertino para presentar el diseño que habían propuesto. Como de costumbre, a Jobs le pareció horrible. «¿Nos dejarías que nuestros diseñadores os echaran una mano?», preguntó. Murdoch aceptó. «Los diseñadores de Apple realizaron un intento —recordaba Murdoch—, y luego nuestros chicos realizaron otro, y diez días más tarde regresamos y mostramos ambas propuestas, y al final le gustó más la versión de nuestro equipo. Aquello nos sorprendió».

The Daily —que no formaba parte ni de la prensa amarilla ni de la prensa seria, sino que era un producto a medio camino, como el *USA Today*— no tuvo mucho éxito. Sin embargo, aquello sirvió para forjar una relación entre la extraña pareja conformada por Jobs y Murdoch. Cuando Murdoch le pidió que interviniese en su retiro anual para directivos de la News Corporation, celebrado en junio de 2010, Jobs realizó una excepción a su regla de no aparecer en tales actos. James Murdoch llevó a cabo la entrevista tras la cena, que se extendió durante casi dos horas. «Se mostró muy franco y muy crítico con la forma en que los periódicos se enfrentaban a la tecnología —recordaba Murdoch—. Nos dijo que iba a resultarnos difícil encontrar una buena solución porque estábamos en Nueva York, y cualquiera que fuera mínimamente bueno en el campo de la tecnología trabajaba en Silicon Valley». Aquello no le sentó demasiado bien a Gordon McLeod, presidente de la red digital del *Wall Street Journal*, que se opuso a aquel planteamiento. Al final, McLeod se acercó a Jobs y le dijo: «Gracias, ha sido una velada maravillosa, pero probablemente acabas de hacerme perder mi trabajo». Murdoch se reía un poco cuando me describía aquella escena. «Al final resultó ser cierto», comentó. McLeod fue despedido tres meses después.

A cambio de hablar en aquel retiro, Jobs consiguió que Murdoch escuchara lo que él tenía que decir sobre la cadena Fox News, que, según su opinión, era destructiva, dañina para el país y una mancha en la reputación de Murdoch. «Estás metiendo la pata con Fox News —le dijo Jobs durante la cena—. La balanza no se mueve hoy entre los liberales y los conservadores, se mueve entre lo constructivo y lo destructivo, y tú te has asociado con la gente destructiva. Fox se ha convertido en una fuerza increíblemente demoledora para nuestra sociedad. Podrías hacerlo mejor, y este acabará siendo tu legado si no andas con cuidado». Jobs añadió que, en su opinión, a Murdoch no le gustaban en realidad los extremos a los que había llegado la Fox. «Rupert es un constructor, no un aniquilador —comentó—. Me he reunido en varias ocasiones con James, y creo que él está de acuerdo conmigo. Es la impresión que me da».

Murdoch aseguró posteriormente estar acostumbrado a oír a gente como Jobs quejarse de la Fox. «Él tiene una visión de izquierdas sobre este asunto», señaló. Jobs le pidió que ordenara a sus compañeros la grabación semanal de los programas de Sean Hannity y Glenn Beck —le parecían más destructivos que Bill O'Reilly—, y Murdoch accedió. Jobs me contó después que iba a pedirle al equipo del comentarista satírico Jon Stewart que prepararan una grabación similar para Murdoch. «Me encantaría verla —afirmó él—, pero no me ha dicho nada al respecto».

Murdoch y Jobs se entendieron tan bien que el magnate fue a cenar a su casa de Palo Alto dos veces más durante el año siguiente. Jobs comentó en broma que tenía que esconder los cuchillos de carne en esas ocasiones, porque temía que su mujer destripara a su invitado en cuanto este entrara por la puerta. Por su parte, Murdoch fue el presunto autor de una gran frase sobre los platos orgánicos y veganos que se solían servir en esa casa: «Comer en casa de Steve es una gran experiencia, siempre y cuando salgas de allí antes de que cierren los restaurantes». Lamentablemente, le pregunté a Murdoch si alguna vez había dicho algo así, y él lo negó.

Una de las visitas tuvo lugar a principios de 2011. Murdoch tenía que pasar por Palo Alto el 24 de febrero, así que le envió un mensaje a Jobs para decírselo. No sabía que ese día Jobs cumplía cincuenta y seis años, y él no se lo mencionó cuando le contestó para invitarlo a cenar. «Era mi forma de asegurarme de que Laurene no vetaba aquel plan —bromeó Jobs—. Era mi cumpleaños, así que ella tenía que dejarme invitar a Rupert». Erin y Eve se encontraban allí, y Reed llegó desde Stanford hacia el final de la cena. Jobs les mostró los diseños del barco que estaba planeando construirse, y Murdoch opinó que el interior era bonito pero que parecía «algo soso» por fuera. «Desde luego, el hecho de que hablara tanto sobre la construcción del barco demostraba que mantenía un gran optimismo sobre su salud», comentó después Murdoch.

Durante la cena, hablaron sobre la importancia de dotar a una compañía con una cultura emprendedora y ágil. Según Murdoch, Sony no lo había conseguido. Jobs estaba de acuerdo. «Yo solía creer que las empresas muy grandes no podían contar con una cultura corporativa clara —comentó Jobs—, pero ahora creo que sí puede hacerse. Murdoch lo ha hecho, y creo que yo lo he conseguido con Apple».

La mayor parte de la conversación durante la cena giró en torno a temas educativos. Murdoch acababa de contratar a Joel Klein, el antiguo concejal de Educación de Nueva York, para que encabezara un departamento de contenidos educativos digitales. El magnate recordaba que Jobs se mostraba algo desdeñoso ante la idea de que la tecnología podía transformar la formación. Sin embargo, Jobs coincidía con Murdoch en que el negocio de los libros de texto impresos iba a ser sustituido por los materiales educativos digitales.

De hecho, Jobs se había fijado los libros de texto como el siguiente campo que quería transformar. Creía que esa industria, a pesar de generar 8.000 millones de dólares al año, estaba a punto de quedar arrasada por la revolución digital. También le sorprendió el hecho de que muchas escuelas, por motivos de seguridad, no tuvieran taquillas, así que los chicos tenían que arrastrar pesadas mochilas de acá para allá. «El iPad podría resolver eso», señaló. Su idea era contratar a grandes autores de libros de texto para crear versiones digitales de los mismos y convertirlos en un elemento más del iPad. Además, celebró reuniones con las principales editoriales educativas estadounidenses, como Pearson Education, para tratar de llegar a acuerdos de colaboración con Apple. «El proceso que los diferentes estados del país emplean para certificar los libros de texto está corrompido —aseguro—, pero si podemos hacer que sean gratuitos y que vengan incluidos en el iPad, entonces no necesitarán ningún certificado. La lamentable situación económica de los estados va a seguir igual de mal otros diez años. Así podremos darles a los gobiernos la oportunidad de saltarse todo el proceso y ahorrar mucho dinero».

38

Nuevas batallas

Y los ecos de las antiguas

GOOGLE: SISTEMA ABIERTO CONTRA SISTEMA CERRADO

Unos días después de presentar el iPad en enero de 2010, Jobs celebró una asamblea con sus empleados en el campus de Apple. No se dedicó a jactarse de su nuevo e innovador producto, sino más bien a arremeter contra Google por haber creado un sistema operativo rival, el Android. A Jobs le enfurecía que Google hubiera decidido competir con Apple en el mercado de la telefonía. «Nosotros no nos hemos metido en el campo de los motores de búsqueda —señaló—. Son ellos quienes han entrado en el mundo de los teléfonos. No os confundáis: quieren destruir el iPhone y no vamos a permitírselo». Y unos minutos más tarde, cuando la reunión había tomado ya otros derroteros, Jobs retomó su perorata atacando el célebre eslogan de Google «No seas malvado». «Me gustaría volver primero al asunto anterior y añadir algo más. Ese mantra suyo, "No seas malvado", es una patraña».

Jobs se sentía personalmente traicionado. Eric Schmidt, el consejero delegado de Google, había formado parte del consejo de Apple durante el desarrollo del iPhone y el iPad, y los fundadores de Google, Larry Page y Sergei Brin, siempre lo habían tratado como a un mentor. Sentía que lo habían estafado. La interfaz de la pantalla táctil del Android estaba adoptando cada vez más características creadas por Apple: la pantalla multitáctil y el deslizamiento o la disposición de los iconos de las aplicaciones, por ejemplo.

Jobs había tratado de disuadir a Google de su empeño por desarrollar el Android. Acudió a la sede central de Google (situada cerca de Palo Alto) en 2008 y se enzarzó en una pelea a gritos con Page, Brin y el jefe del equipo de desarrollo del sistema operativo, Andy Rubin (como Schmidt se encontraba por aquel entonces en el consejo de Apple, se había abstenido de participar en las discusiones que trataran sobre el iPhone). «Les dije que si nuestras relaciones eran buenas, yo les garantizaría el acceso de Google al iPhone y les ofrecería uno o dos iconos en la pantalla de inicio», recordaba Jobs. Pero, por otra parte, los amenazó diciendo que si Google seguía desarrollando el Android y utilizaba cualquier característica del iPhone, como la tecnología multitáctil, los demandaría. Al principio, Google había evitado copiar algunos de aquellos rasgos, pero en enero de 2010 la compañía HTC presentó un teléfono que operaba con Android y que se jactaba de contar con una pantalla multitáctil y muchos otros detalles parecidos al aspecto y la disposición del iPhone. Aquel era el contexto en el que Jobs pronunció su afirmación de que el mantra de «No seas malvado» era «una patraña».

Así pues, Apple presentó una demanda contra HTC (y, por extensión, contra Android) en la cual alegaba que se habían infringido veinte de sus patentes. Entre ellas se encontraban las que definían varios gestos de la tecnología multitáctil, como el deslizamiento para abrir una aplicación, la pulsación doble para ampliar una imagen, el pellizco para expandir y los sensores que determinaban cómo se estaba sujetando el aparato. La semana en que se interpuso la denuncia, en su casa de Palo Alto, lo vi más furioso que nunca:

Nuestra demanda dice: «Google, esto es una puta copia del iPhone, nos habéis estafado por completo». Es un robo descarado en primer grado. Invertiré hasta mi último aliento si es necesario, y gastaré cada centavo de los 40.000 millones de dólares que tiene Apple en el banco para rectificar esta situación. Voy a destruir el Android porque es un producto robado. Estoy dispuesto a empezar una guerra termonuclear por este asunto. Están muertos de miedo, porque saben que son culpables. A excepción de su motor de búsqueda, los productos de Google (Android, Google Docs) son una mierda.

Unos pocos días después de esta invectiva, Jobs recibió una llamada de Schmidt, que había abandonado su puesto en el consejo de Apple el verano anterior. Le ofreció reunirse para tomar un café, y se citaron en una cafetería situada en un centro comercial de Palo Alto. «Pasamos la mitad del tiempo hablando de asuntos personales, y la otra mitad sobre su idea de que Google había robado los diseños de la interfaz de Apple», recordaba Schmidt. Cuando llegaron a ese último tema, fue Jobs el que cargó con casi todo el peso de la conversación. Afirmó, con un lenguaje muy grosero, que Google los había estafado. «Os hemos pillado con las manos en la masa —le dijo a Schmidt—. No me interesa llegar a un acuerdo extrajudicial. No quiero vuestro dinero. Si me ofrecieras 5.000 millones de dólares, no los aceptaría. Ya tengo mucho dinero. Lo que quiero es que dejéis de utilizar nuestras ideas en el Android, eso es todo lo que quiero». No llegaron a ningún acuerdo.

Latente bajo aquella discusión subyacía un problema todavía más básico, uno que despertaba unos inquietantes ecos históricos. Google presentó el Android como una plataforma *abierta*. Su código fuente se encontraba a disposición de múltiples fabricantes de hardware, que podían utilizarlo en todos los teléfonos o tabletas que quisieran fabricar. Jobs, por supuesto, mantenía una creencia dogmática que determinaba que Apple debía integrar firmemente sus sistemas operativos con su hardware. En la década de los ochenta, Apple no había vendido licencias de uso del sistema operativo del Macintosh, y Microsoft había acabado por hacerse con una mayor cuota de mercado al ofrecer licencias de su sistema a diferentes fabricantes de hardware; en opinión de Jobs, plagiando descaradamente la interfaz de Apple.

La comparación entre el trabajo de Microsoft en los años ochenta y lo que Google intentaba hacer en 2010 no era del todo exacta, pero sí ofrecía similitudes suficientes como para resultar inquietante. Y exasperante. Aquello representaba el gran debate de la era digital: sistemas abiertos contra sistemas cerrados o, según lo presentaba Jobs, integrados contra fragmentados. A juzgar por la postura de Apple y el perfeccionismo controlador del propio Jobs, que casi no permitía otra alternativa, se planteaba la siguiente pregunta: ¿es mejor unir el hardware, el software y los contenidos para presentar un sistema compacto que garantice una experiencia sencilla por parte del usuario, o resulta preferible darles una mayor libertad de elección a los usuarios y fabricantes y tender puentes para una mayor innovación, en virtud de la cual se creen sistemas de software que puedan modificarse y utilizarse con diferentes dispositivos? «Steve tiene una forma muy particular de dirigir Apple, la misma que demostraba hace veinte años. Consiste en que su empresa se convierta en un brillante agente innovador en la creación de sistemas cerrados —me comentó Schmidt posteriormente—. No quieren que la gente acceda sin permiso a su plataforma. El beneficio de una plataforma cerrada reside en el control. Sin embargo, Google mantiene la firme creencia de que un sistema abierto es una alternativa mejor, porque conduce a más alternativas, a una mayor competitividad y a un incremento de las opciones del consumidor».

¿Y qué pensaba Gates cuando veía a Jobs, con su estrategia de plataformas cerradas, lanzarse a la batalla contra Google igual que hiciera con Microsoft veinticinco años antes? «Hay algunos beneficios derivados de tener un sistema más cerrado, sobre todo en cuanto al grado de control que mantienes sobre la experiencia del usuario, y está claro que en ocasiones Apple se ha aprovechado de ello», me contó Gates. Pero añadió que, al negarse a ofrecer licencias del iOS, Apple les había ofrecido a competidores como el Android la posibilidad de alcanzar un volumen mayor. Además, señaló que la competencia entre diferentes aparatos y fabricantes da como resultado más alternativas para los consumidores y una mayor innovación. «No todas estas compañías se dedican a construir pirámides junto al Central Park —señaló, burlándose de la tienda Apple de la Quinta Avenida—. Muchas tratan de crear productos innovadores basados en la competitividad y así ganar más clientes». Gates señaló que muchas de las mejoras de los ordenadores personales se produjeron porque los usuarios tenían diferentes alternativas. Aquello acabaría por ocurrir en el mundo de los dispositivos móviles. «Al final, creo que los sistemas abiertos acabarán por triunfar, pero es cierto que yo me he criado con esa cultura. A largo plazo, todo ese asunto de la coherencia no se sostiene».

Pero Jobs sí creía en «ese asunto de la coherencia». Su fe en un entorno controlado y cerrado permanecía inalterable, incluso mientras el Android iba haciéndose con una mayor cuota de mercado. «Google afirma que nosotros ejercemos más control que ellos, que nuestro sistema es cerrado y el suyo abierto —clamó cuando le conté lo que había dicho Schmidt—. Pues mira los resultados: Android es un desastre. Tiene diferentes tamaños de pantalla y distintas versiones, cuenta con más de un centenar de permutaciones». Incluso si la táctica de Google acababa por permitirle hacerse con el control del mercado, a Jobs le parecía repulsiva. «Me gusta responsabilizarme de toda la experiencia del usuario. No lo hacemos para ganar dinero. Lo hacemos porque queremos crear grandes productos, y no una basura como Android».

FLASH, LA APP STORE Y EL CONTROL

La insistencia de Jobs en mantener un control absoluto se puso también de manifiesto en otras batallas. Cuando atacó a Google en la reunión de empleados, también acusó a Flash, la plataforma de gráficos de Adobe para páginas web, de ser un agotador de baterías «lleno de errores» y fabricado por «holgazanes». Aseguró que el iPod y el iPhone nunca serían compatibles con Flash. «Flash es un ejemplo de tecnología barata con un rendimiento mediocre y gravísimos problemas de seguridad», me dijo más tarde, esa misma semana.

Llegó incluso a prohibir las aplicaciones que empleaban un compilador creado por Adobe para traducir el código de Flash y hacerlo compatible con el iOS de Apple. Jobs despreciaba el uso de compiladores que permitían a los desarrolladores escribir su código una sola vez y después transportarlo a diferentes sistemas operativos. «Permitir que Flash se traslade a diferentes plataformas significa que todos los elementos se vuelven más tontos hasta llegar al mínimo común denominador —afirmó—. Invertimos un gran esfuerzo en hacer que nuestra plataforma fuera mejor, y el desarrollador no aprovecha ninguna de sus ventajas si Adobe solo utiliza las funciones comunes a todas las plataformas. Así pues, decidimos que queríamos que los desarrolladores se aprovecharan de nuestras particularidades, sin duda mejores, para que sus aplicaciones dieran resultados más positivos en nuestra plataforma que en cualquier otra». En eso tenía razón. Perder la capacidad de distinguir a las plataformas de Apple —y permitir que se convirtieran en productos intercambiables, como los dispositivos de Hewlett-Packard y Dell— habría supuesto la muerte de la empresa.

Pero había también un motivo más personal. Apple había invertido en Adobe en 1985 y, juntas, las dos compañías habían promovido la revolución del mundo de la autoedición. «Yo ayudé a poner a Adobe en el mapa», recordaba Jobs. En 1999, tras su regreso a Apple, le había pedido a Adobe que comenzara a adaptar su software de edición de vídeo y algunos otros productos para el iMac y su nuevo sistema operativo, pero Adobe se había negado. Se centraron en fabricar productos para Windows. Poco después, su fundador, John Warnock, se retiró. «El alma de Adobe desapareció cuando se fue Warnock —señaló Jobs—. Él era el inventor, la persona con la que yo me relacionaba. Desde entonces solo ha habido una sucesión de tipos trajeados, y la compañía se ha ido al garete».

Cuando los defensores de Adobe y distintos blogueros partidarios de la tecnología Flash atacaron a Jobs por ser demasiado controlador, este decidió escribir y publicar una carta abierta. Bill Campbell, su amigo y miembro del consejo, fue a su casa para repasarla. «¿Suena como si le estuviera echando todas las culpas a Adobe?», le preguntó a Campbell. Este respondió: «No, son los hechos. Tú ponlos ahí». La mayor parte de la carta se centraba en los fallos técnicos del Flash, pero, a pesar de los consejos de Campbell, Jobs no pudo resistir la tentación de desahogarse al final con respecto a la problemática historia que compartían ambas compañías. «Adobe fue el último gran desarrollador en adaptarse completamente al Mac OS X», señaló.

A finales de ese mismo año Apple acabaría por eliminar algunas de sus restricciones sobre compiladores que permitían el cruce entre plataformas, y Adobe pudo presentar una herramienta de creación de animaciones Flash que aprovechaba las características principales del sistema operativo iOS de Apple. Aquella fue una guerra implacable, pero Jobs contaba con mejores argumentos. Al final, todo aquello sirvió para forzar a Adobe y a otros desarrolladores de compiladores a que hicieran un mejor uso de la interfaz del iPhone y el iPad y de sus especiales características.

Más difícil fue para Jobs la controversia generada en torno al deseo de Apple de mantener un estricto control sobre las aplicaciones que podían descargarse en el iPhone y el iPad. Resultaba algo lógico protegerse frente a las aplicaciones que contenían virus o que violaban la confidencialidad de los usuarios; y tenía sentido, al menos desde un punto de vista empresarial, evitar la inclusión de aplicaciones que llevaran a los usuarios a otras páginas web para comprar suscripciones a diferentes servicios, en lugar de hacerlo a través de la tienda iTunes. Sin embargo, Jobs y su equipo fueron más allá. Decidieron prohibir cualquier aplicación que difamara a otras personas, que resultara políticamente comprometida o que fuera considerada pornográfica por el equipo de censores de Apple.

El problema de ejercer de niñera quedó de manifiesto cuando Apple rechazó una aplicación que daba acceso a las viñetas políticas de Mark Fiore, con el argumento de que sus ataques a la política de la administración de George Bush sobre la tortura violaban la restricción contra la difamación. La decisión salió a la luz pública y fue motivo de escarnio cuando Fiore ganó el premio Pulitzer en 2010 por sus caricaturas editoriales. Apple tuvo que echarse atrás y Jobs presentó una disculpa pública. «Somos culpables de los errores cometidos —declaró—. Lo estamos haciendo lo mejor que podemos y aprendiendo todo lo rápido que podemos, pero pensábamos que esta norma tenía sentido».

Aquello fue algo más que un error. Esa maniobra daba cuerpo al fantasma de Apple como la empresa que controlaba las aplicaciones que podíamos ver y leer, al menos si queríamos utilizar un iPad o un iPhone. Parecía que Jobs se arriesgaba a convertirse en el Gran Hermano orwelliano que tan alegremente había destruido en el anuncio del Macintosh en 1984. Decidió tomarse en serio aquel asunto. Un día llamó a Tom Friedman, columnista del *New York Times*, para hablar de cómo podían marcar algunos límites sin parecer censores. Le pidió a Friedman que encabezara un grupo de asesores para presentar algunas propuestas. Sin embargo, el editor del periódico para el que este trabajaba afirmó que aquello supondría un conflicto de intereses, así que el comité nunca llegó a formarse.

La prohibición de la pornografía también constituyó una fuente de problemas. «Creemos que tenemos la responsabilidad moral de mantener el porno fuera del iPhone —señaló Jobs en un correo a uno de sus clientes—. El que quiera porno puede comprarse un Android».

Todo aquello condujo a un intercambio de mensajes de correo electrónico con Ryan Tate, redactor de la página web de cotilleos tecnológicos *Valleywag*. Mientras tomaba un cóctel de menta y coñac una tarde, Tate envió un mensaje a sjobs@apple.com en el que arremetía contra el estricto control de Apple sobre qué aplicaciones aprobaba. «Si Dylan tuviera hoy veinte años, ¿qué pensaría de tu compañía? —le preguntaba Tate—. ¿Pensaría que el iPad tiene la más mínima relación con la "revolución"? Las revoluciones tienen que ver con la libertad».

Para su sorpresa, Jobs le respondió unas horas más tarde, después de medianoche. «Sí —contestó—. Libertad ante los programas que roban tus datos privados. Libertad ante los programas que agotan tus baterías. Libertad ante el porno. Sí, libertad. Los tiempos están cambiando, y algunos usuarios tradicionales de ordenadores personales sienten que su mundo está yéndoseles de las manos, y así es».

En su réplica, Tate expuso algunas de sus opiniones sobre el Flash y otros temas, y después regresó al asunto de la censura. «¿Y sabes qué? Yo no quiero ninguna "libertad ante el porno". ¡El porno está bien! Y creo que mi esposa estaría de acuerdo conmigo».

«A lo mejor te preocuparás más por el porno cuando tengas hijos —repuso Jobs—. Esto no tiene que ver con la libertad, sino con el hecho de que Apple está tratando de hacer lo correcto para sus usuarios». Al final, añadió una última pulla: «Por cierto, ¿qué has creado tú que sea tan genial? ¿Has fabricado algo o te limitas a criticar el trabajo de los demás y a menospreciar sus motivaciones?».

Tate reconoció estar impresionado. «Pocos consejeros delegados acceden a discutir cara a cara con clientes y blogueros de esta forma

—escribió—. Jobs merece un gran reconocimiento por romper el molde del típico ejecutivo norteamericano, y no solo porque su compañía fabrique productos claramente superiores: Jobs no solo construyó y reconstruyó su empresa en torno a algunas firmes opiniones sobre la vida digital, sino que está dispuesto a defenderlas en público. Con vigor. Con rotundidad. A las dos de la mañana de un fin de semana». Muchos miembros de la blogosfera se mostraron de acuerdo y enviaron mensajes a Jobs en los que alababan su espíritu batallador. Jobs también estaba orgulloso; me reenvió su discusión con Tate y algunos de los elogios recibidos.

Aun así, había algo un tanto preocupante en el hecho de que Apple decidiera que sus clientes no debían ver caricaturas políticas controvertidas o, ya puestos, pornografía. La página web humorística *eSarcasm.com* lanzó una campaña llamada: «Sí, Steve, yo quiero porno». «Somos unos bellacos sucios y obsesionados con el sexo que necesitan acceso a toda esa inmundicia las veinticuatro horas del día —decía la página web—. Será eso o que nos gusta la idea de una sociedad abierta y sin censura, en la que ningún tecnodictador decide lo que podemos o no podemos ver».

Jobs y Apple se encontraban por aquel entonces inmersos en una batalla legal con una web afiliada a *Valleywag*, *Gizmodo*, que se había hecho con una versión de prueba del iPhone 4, todavía no a la venta, y que un desafortunado ingeniero de la compañía se había dejado en un bar. Cuando la policía, a instancias de la reclamación de Apple, registró la casa del periodista implicado, se planteó la pregunta de si la obsesión por el control y la arrogancia habían ido de la mano.

El presentador Jon Stewart era un amigo de Jobs y un entusiasta de Apple. De hecho, Jobs lo había visitado en privado en febrero cuando viajó a Nueva York para reunirse con los ejecutivos de diferentes medios de comunicación. Sin embargo, aquello no evitó que Stewart lo convirtiera en blanco de su sátira en *The Daily Show*. «¡Se suponía que la cosa no iba a acabar así! ¡Se suponía que el malo iba a ser Microsoft!», comentó Stewart solo medio en broma. A su lado podía leerse la palabra «cAPPullos». «Tíos, vosotros erais los rebeldes, los marginados. Pero ahora os estáis convirtiendo en miembros del sistema. ¿Os acordáis de 1984, cuando teníais esos anuncios fantásticos en los que derrocabais al Gran Hermano? ¡Tíos, miraos en el espejo!».

A finales de aquella primavera, el asunto se había convertido en tema de debate entre miembros del consejo. «Hay una cierta arrogancia en ello —me dijo Art Levinson en el transcurso de una comida justo después de plantear la cuestión durante una reunión—. Tiene que ver con la personalidad de Steve. Suele reaccionar de forma visceral y defender sus convicciones con gran fuerza». Esa arrogancia estaba bien cuando Apple era el aspirante batallador. Pero ahora Apple se había hecho con el control del mercado de los móviles. «Necesitamos realizar la transición para convertirnos en una gran compañía y enfrentarnos al problema de nuestro orgullo desmedido», afirmó Levinson. Al Gore también abordó el asunto en las reuniones del consejo. «El contexto en el que se encuentra Apple está cambiando enormemente —afirmó—. Ya no se trata de lanzar martillos contra el Gran Hermano. Ahora Apple es una empresa grande, y la gente cree que resulta arrogante». Jobs se ponía a la defensiva cuando se planteaba la cuestión. «Todavía se está haciendo a la idea —comentó Gore—. Se le da mejor ser el aspirante rebelde que el gigante humilde».

Jobs tenía poca paciencia para ese tipo de charlas. En aquel momento me explicó que la razón por la que Apple era objeto de críticas era que «las compañías como Google y Adobe están contando mentiras sobre nosotros, tratando de destruirnos». ¿Qué pensaba sobre las insinuaciones de que el comportamiento de Apple podía parecer arrogante en ocasiones? «Eso no me preocupa —contestó—, porque no somos arrogantes».

«Antenagate»: diseño contra ingeniería

En muchas empresas de productos de consumo existe una cierta tensión entre los diseñadores, que quieren que el producto tenga un aspecto bonito, y los ingenieros, que necesitan asegurarse de que cumple con los requisitos funcionales. En Apple, donde Jobs llevaba hasta el límite tanto el diseño como la ingeniería, esa tensión era todavía mayor.

Cuando Jobs y Jony Ive, el director de diseño, se convirtieron en conspiradores creativos allá por 1997, tendían a considerar los reparos de los ingenieros como la prueba de una actitud derrotista que había que superar. Su fe en el hecho de que un diseño impresionante podía fomentar hazañas sobrehumanas de ingeniería se veía reforzada por el éxito del iMac y del iPod. Cuando los ingenieros aseguraban que algo no podía hacerse, Ive y Jobs los forzaban a intentarlo, y normalmente lograban lo que se proponían. Sin embargo, había algunos problemillas de vez en cuando. El iPod nano, por ejemplo, tenía tendencia a sufrir arañazos, porque a Ive le parecía que añadir una cubierta transparente dañaría la pureza del diseño. Pese a todo, aquello no solía pasar a mayores.

Cuando llegó la hora de diseñar el iPhone, los deseos de Ive en cuanto al estilo se toparon con una ley fundamental de la física que no podía cambiarse ni siquiera con un campo de distorsión de la realidad. El metal no es un buen material para colocarlo al lado de una antena. Tal y como demostró Michael Faraday, las ondas electromagnéticas fluyen alrededor de la superficie del metal sin atravesarlo. Así, una cubierta de metal en torno a un teléfono puede crear lo que se conoce como una «jaula de Faraday», una estructura que atenúa las señales que entran o salen de ella. El prototipo para el primer iPhone contaba con una banda de plástico en la parte inferior, pero Ive pensaba que aquello arruinaría la integridad del diseño y pidió que se colocase una cinta de aluminio alrededor de todo el dispositivo. Una vez demostrado que aquella idea funcionaba, Ive diseñó el iPhone 4 con una banda de acero. El acero ofrecería apoyo estructural, le daría un aspecto muy elegante y actuaría como parte de la antena del teléfono.

Aquello planteaba algunos desafíos importantes. Para que funcionase como antena, el borde de acero tenía que contar con una diminuta fisura que interrumpiera su continuidad. Sin embargo, si una persona cubría esa franja con un dedo o con la palma sudorosa de la mano, podía perderse la señal. Los ingenieros sugirieron que se añadiese una capa transparente sobre el metal para evitarlo, pero Ive volvió a decretar que aquello desmerecería el aspecto del metal pulido. El problema se planteó ante Jobs en varias reuniones, pero él creyó que los ingenieros estaban quejándose por gusto. Les dijo que podrían conseguir que funcionara, y lo lograron.

Y funcionaba, casi a la perfección. Pero no completamente a la perfección. Cuando el iPhone 4 salió a la venta en junio de 2010, tenía un aspecto impresionante, pero pronto quedó de manifiesto un problema: si sujetabas el teléfono de una determinada manera, y especialmente si lo hacías con la mano izquierda de forma que la palma de la mano cubriera la diminuta franja que interrumpía la continuidad del borde de acero, podía haber problemas. Aquello ocurría tal vez en una llamada de cada cien. Como Jobs insistía en mantener en secreto los productos aún no lanzados al mercado (incluso el teléfono que se dejaron en un bar y que acabó en manos de *Gizmodo* tenía una cubierta falsa alrededor), el iPhone 4 no pasó por las pruebas de uso a las que se someten la mayoría de los dispositivos electrónicos. Así pues, el fallo no se descubrió hasta después de que hubiera comenzado la masiva oleada de compras. «La pregunta es si las maniobras combinadas de hacer que el diseño prevalezca sobre la ingeniería, por un lado, y la política de secretismo absoluto en torno a los productos no comercializados, por otro, ayudaron a Apple —comentó después Tony Fadell—. En general, yo diría que sí, pero cuando el poder no se somete a un cierto control el resultado no es bueno, y eso es lo que ocurrió en este caso».

Si no se hubiera tratado del iPhone 4 de Apple, un producto que tenía cautivado a todo el mundo, el asunto de algunas llamadas de más que se cortaban no habría llegado a las noticias. Sin embargo, aquello pasó a conocerse como el «Antenagate», y llegó a su punto culminante a principios de julio, cuando la revista *Consumer Reports* llevó a cabo algunas pruebas rigurosas y concluyó que no podía recomendar el iPhone 4 a causa de su problema con la antena.

Jobs se encontraba con su familia en Kona Village, en Hawai, cuando surgió el problema. Al principio se puso a la defensiva. Art Levinson se mantenía constantemente en contacto con él por teléfono, y Jobs insistía en que el conflicto se debía a que Google y

Motorola estaban fomentando una campaña en su contra. «Quieren destruir Apple», declaró.

Levinson le rogó que mostrara un poco de humildad. «Vamos a tratar de averiguar si hay algún problema», propuso. Cuando volvió a mencionar la percepción de que Apple podía parecer arrogante, a Jobs no le hizo ninguna gracia. Aquello se oponía a su visión binaria del mundo, en la que todo se dividía en blanco y negro, bueno y malo. En su opinión, Apple era una compañía de principios. Si los demás no podían verlo, era culpa suya, y no era motivo para que su empresa tuviera que afectar humildad.

La segunda reacción de Jobs fue el dolor. Se tomó muy a pecho las críticas y empezó a angustiarse terriblemente. «En el fondo, él no crea productos que en su opinión sean ostensiblemente malos, a diferencia de algunos pragmáticos radicales de este negocio —comentó Levinson—. Así pues, si cree que tiene razón, se limitará a seguir adelante, y no a cuestionar su propia postura». Levinson le rogó que no se deprimiera, pero Jobs lo hizo. «A la mierda, no vale la pena», le dijo. Al final, Tim Cook logró sacarlo de su letargo. Citó a alguien que había afirmado que Apple se estaba convirtiendo en la nueva Microsoft por ser displicente y arrogante. Al día siguiente, Jobs cambió de actitud. «Vamos a llegar al fondo de este asunto», anunció.

Cuando la compañía AT&T reunió los datos sobre las llamadas cortadas, Jobs se dio cuenta de que había un problema, aunque fuera menor de lo que la gente estaba haciendo ver. Así pues, se embarcó en un avión para regresar desde Hawai. Sin embargo, antes de partir, realizó un par de llamadas telefónicas. Había llegado la hora de recurrir a un par de viejos amigos de confianza, hombres sabios que habían estado con él durante los primeros días del Macintosh, treinta años antes.

La primera llamada fue para Regis McKenna, el gurú de las relaciones públicas. «Voy a volver de Hawai para hacerme cargo del problema de las antenas, y necesito contrastar contigo algunas cosas», anunció Jobs. Decidieron reunirse en la sala de juntas de Cupertino a las 13:30 del día siguiente. La segunda llamada fue para el publicista Lee Clow. Había tratado de apartarse de la cuenta de Apple, pero a Jobs le gustaba contar con él. También convocó a su colega James Vincent.

Además, Jobs decidió llevarse consigo desde Hawai a su hijo Reed, que por aquel entonces se encontraba en el último año del instituto. «Voy a participar en reuniones durante las veinticuatro horas durante unos dos días y quiero que asistas a todas ellas porque vas a aprender más cosas en este tiempo de lo que aprenderías en dos años estudiando empresariales —le dijo—. Vas a estar en una sala con la mejor gente del mundo, que van a tomar decisiones muy duras, y podrás conocer todos los pormenores del asunto». A Jobs se le nublaba la vista cuando recordaba aquella experiencia. «Volvería a pasar por todo aquello a cambio de la oportunidad de que él me viera trabajar —afirmó—. Pudo ver lo que hace su padre».

Se les unió Katie Cotton, una mujer firme y jefa de relaciones públicas de Apple, además de otros siete de los principales ejecutivos de la empresa. La reunión se prolongó toda la tarde. «Fue una de las mejores reuniones de mi vida», señaló Jobs después. Comenzó por exponer todos los datos que habían reunido. «Aquí están los hechos. ¿Qué vamos a hacer al respecto?».

McKenna fue el más directo y desapasionado de todos. «Simplemente, cuéntales a todos la verdad, enséñales los datos —sugirió—. No te muestres arrogante, pero sí firme y confiado». Otros, incluido Vincent, trataron de animar a Jobs para que adoptara un tono de disculpa, pero McKenna se opuso. «No entres en la rueda de prensa con el rabo entre las piernas —le aconsejó—. Deberías limitarte a decir: "Los teléfonos no son perfectos y nosotros no somos perfectos. Somos humanos y lo hacemos lo mejor que podemos. Aquí están los datos que lo demuestran"». Aquella pasó a ser la estrategia adoptada. Cuando la discusión se desvió hacia el tema de la arrogancia, McKenna insistió en que no debía preocuparse demasiado. «No creo que dé resultado tratar de hacer parecer humilde a Steve —explicó después—. Como afirma el propio Steve cuando habla de sí mismo: "Lo que ves es lo que hay"».

En la rueda de prensa de aquel viernes, celebrada en el auditorio de Apple, Jobs siguió los consejos de McKenna. No imploró piedad ni se disculpó, pero logró calmar la situación demostrando que Apple había comprendido cuál era el fallo y que iban a tratar de ponerle remedio. A continuación, cambió el curso de la discusión y afirmó que todos los teléfonos móviles tenían algunos problemas. Después me comentó que creía que había sonado «demasiado irritado» en su discurso, pero en realidad consiguió alcanzar un tono que era a la vez objetivo y directo. Plasmó todo el mensaje en cuatro frases claras y concisas: «No somos perfectos. Los teléfonos no son perfectos. Todos lo sabemos. Pero queremos hacer felices a nuestros usuarios».

Anunció que, si alguien no estaba satisfecho, podría devolver su teléfono (la tasa de devoluciones resultó ser del 1,7 %, menos de un tercio respecto al iPhone 3GS y la mayoría de los otros teléfonos) o pasar a recibir una cubierta antigolpes de Apple completamente gratis. A continuación enseñó datos que demostraban que otros teléfonos móviles tenían problemas similares. Aquello no era completamente cierto. El diseño de la antena de Apple hacía que su rendimiento fuera ligeramente inferior al de la mayoría de los teléfonos, incluidas las versiones anteriores del propio iPhone. No obstante, también era cierto que todo el frenesí mediático en torno a las llamadas cortadas del iPhone 4 se había extralimitado. «Este asunto ha llegado a unos límites tan desproporcionados que parece increíble», afirmó. En lugar de mostrarse consternados al ver que no suplicaba perdón ni ordenaba la retirada de sus teléfonos del mercado, la mayoría de los clientes se dieron cuenta de que tenía razón.

La lista de espera para hacerse con el teléfono, agotado por entonces, pasó de dos a tres semanas. Aquel siguió siendo el producto que más rápido se había vendido en la historia de la compañía. El debate mediático se centró en la cuestión de si Jobs tenía razón al afirmar que otros smartphones presentaban los mismos problemas con la antena. Aunque la respuesta fuera negativa, resultaba más fácil enfrentarse a aquel asunto que al que discutía si el iPhone 4 era una porquería defectuosa.

Algunos observadores de los medios de comunicación se mostraron incrédulos. «En una virtuosa demostración de tácticas evasivas, rectitud y sinceridad herida, Steve Jobs escapó airoso el otro día al salir al escenario para negar el problema, desestimar las críticas y repartir las culpas entre otros fabricantes de smartphones —escribió Michael Wolff, de newser.com—. Esto muestra unos niveles de marketing moderno, maquillaje corporativo y gestión de crisis ante los que solo cabe preguntarse con estupefacta incredulidad y sobrecogimiento: "¿Cómo han podido salirse con la suya?". O, más concretamente, "¿Cómo ha podido él salirse con la suya?"». Wolff lo atribuía al cautivador efecto que causaba Jobs por ser «el último individuo carismático». Otros consejeros delegados estarían ofreciendo humildísimas disculpas y asumiendo retiradas del mercado masivas de sus productos, pero a Jobs no le hizo falta. «Su aspecto adusto y esquelético, su absolutismo, su porte eclesiástico y la idea de su relación con el mundo de lo sagrado dan resultado, y en este caso le han concedido el privilegio de decidir de forma magistral qué cosas son importantes y cuáles resultan triviales».

Scott Adams, el creador de la tira cómica «Dilbert», también se mostró incrédulo, aunque su postura era de una admiración mucho mayor. Escribió una entrada en su blog unos días más tarde (que Jobs difundió orgulloso por correo electrónico) en la que se maravillaba acerca de cómo aquella «maniobra de autoridad moral» de Jobs estaba destinada a ser objeto de estudio como un nuevo estándar en las relaciones públicas. «La respuesta de Apple al problema del iPhone 4 no se ajustó a las normas dictadas por el libro de las relaciones públicas, porque Jobs decidió reescribir ese libro —afirmó Adams—. Si quieres saber qué aspecto tiene la genialidad, estudia las palabras de Jobs». Al señalar directamente que los teléfonos no son perfectos, Jobs cambió el contexto de la discusión con una afirmación indiscutible. «Si Jobs no hubiera cambiado de contexto para dejar de hablar del iPhone 4 y pasar a tratar de todos los smartphones en general, yo podría haber dibujado una hilarante tira cómica sobre un producto con una fabricación tan defectuosa que no funciona si entra en contacto con una mano humana. Sin embargo, en cuanto el contexto se traslada a la afirmación de que "todos los smartphones tienen problemas" desaparece la oportunidad de crear humor. No hay nada que asesine al humor tanto como una verdad general y aburrida».

Aquí viene el sol

Había unos cuantos asuntos que debían quedar resueltos para que Steve Jobs pudiera considerar su carrera completa. Entre ellos se encontraba el de poner fin a la guerra de los Treinta Años que mantenía con el grupo al que adoraba, los Beatles. Apple había llegado a un acuerdo en 2007 para acabar con la batalla de marcas con Apple Corps, la empresa de los Beatles, que había demandado por primera vez a la recién estrenada compañía informática por el uso de su nombre en 1978. Sin embargo, aquello no bastó para que los Beatles entraran en la tienda iTunes. El grupo seguía siendo el último gran impedimento, especialmente porque no había llegado a un acuerdo con la discográfica EMI, que poseía los derechos de la mayoría de sus canciones, acerca de cómo gestionar los derechos digitales de las mismas.

En el verano de 2010, los Beatles y EMI habían solucionado sus conflictos y se celebró una cumbre con cuatro asistentes en la sala de juntas de Cupertino. Jobs y su vicepresidente para la tienda iTunes, Eddy Cue, fueron los anfitriones ante Jeff Jones, que defendía los intereses de los Beatles, y Roger Faxon, el responsable de EMI. Ahora que los Beatles estaban listos para entrar en la era digital, ¿qué podía ofrecer Apple para que aquel acontecimiento histórico resultara más especial? Jobs llevaba mucho tiempo esperando aquel día. De hecho, su equipo publicitario —Lee Clow y James Vincent— y él habían preparado algunos anuncios falsos tres años antes, cuando planeaban su estrategia para lograr que los Beatles se unieran a ellos.

«Steve y yo pensamos en todas las cosas que podríamos hacer», recordaba Cue. Eso incluía ocupar la página principal de la tienda iTunes, comprar espacios en las vallas publicitarias para mostrar las mejores fotografías del grupo y emitir una serie de anuncios de televisión con el clásico estilo de Apple. La guinda del pastel consistía en ofrecer un paquete por 149 dólares que incluyera los trece álbumes de estudio de los Beatles, la recopilación en dos volúmenes titulada *Past Masters* y un nostálgico vídeo del concierto ofrecido en el Washington Coliseum en 1964.

Una vez que llegaron a un acuerdo sobre los puntos principales, Jobs colaboró personalmente en la elección de las fotografías para las vallas publicitarias. Cada anuncio acababa con un retrato en blanco y negro de Paul McCartney y John Lennon, jóvenes y sonrientes, dentro de un estudio de grabación y mirando una partitura. Recordaba a las viejas fotografías en las que aparecen Jobs y Wozniak contemplando una placa de circuitos de Apple. «Conseguir que los Beatles entraran en iTunes fue el punto culminante que explicaba el motivo por el que nos involucramos en el negocio de la música», afirmó Cue.

39

Hasta el infinito

La nube, la nave espacial y más allá

Incluso antes de que el iPad saliera a la venta, Jobs ya estaba pensando en lo que debería incluirse en el iPad 2. Necesitaba una cámara frontal y otra trasera —todo el mundo sabía que aquello acabaría por llegar—, y sin duda lo quería más fino. Sin embargo, había un asunto secundario en el que se centró, y que había pasado desapercibido para mucha gente: las fundas que utilizaban los usuarios, incluidas las que se producían en Apple, cubrían las hermosas líneas del iPad y le restaban protagonismo a la pantalla. Engordaban un producto que debía ser más delgado. Tapaban con una burda capa un aparato que debería ser mágico en todos los sentidos.

En torno a esa época, leyó un artículo sobre imanes, lo recortó y se lo entregó a Jony Ive. Los imanes se creaban con un cono de atracción que podía fijarse de forma muy precisa. Tal vez pudieran utilizarse para añadir una funda de quita y pon. De esta forma, podría colocarse sobre la parte frontal de un iPad sin tener que recubrir todo el aparato. Uno de los trabajadores del grupo de Ive encontró la forma de incluir una cubierta que se podía retirar y volver a replegar mediante una bisagra magnética. Cuando empezabas a abrirla, la pantalla cobraba vida como un bebé al que le estuvieran haciendo cosquillas, y entonces la tapa podía doblarse para actuar como soporte.

No era un elemento de alta tecnología. Se trataba de una solución puramente mecánica, pero resultaba encantadora. También era otro ejemplo del deseo de Jobs de alcanzar una integración completa: la cubierta y el iPad se habían diseñado juntos para que los imanes y la bisagra se ensamblaran a la perfección. El iPad 2 trajo consigo muchas mejoras, pero esta cubierta pequeña y atrevida —en la que la mayoría de los consejeros delegados de grandes empresas no habrían reparado siquiera— fue la que suscitó el mayor número de sonrisas.

Como Jobs se encontraba de baja médica, no se esperaba que apareciera en la presentación del iPad 2, prevista para el 2 de marzo de 2011 en el centro Yerba Buena de San Francisco. Sin embargo, cuando se enviaron las invitaciones, me dijo que debería intentar asistir. El escenario era el habitual: los principales ejecutivos de Apple se encontraban sentados en primera fila, Tim Cook andaba comiendo barritas energéticas y el equipo de sonido bramaba con las consabidas canciones de los Beatles, que fueron progresando hasta «You Say You Want a Revolution» y «Here Comes The Sun». Reed Jobs llegó en el último momento con dos compañeros de primer año de su colegio mayor que tenían los ojos abiertos como platos.

«Llevamos bastante tiempo trabajando en este producto y no quería perderme el evento», anunció Jobs cuando entró en el escenario. Mostraba un aspecto inquietantemente demacrado, pero con una sonrisa desenfadada. La multitud, puesta en pie, estalló en vítores y vivas y le ofreció una gran ovación.

Comenzó su demostración del iPad 2 presentando la nueva cubierta. «En esta ocasión, la funda y el producto se han diseñado en conjunto», explicó. A continuación pasó a tratar una crítica que lo había estado atormentando, porque había una parte de razón en ella: el iPad original era más apto para el consumo de contenidos que para su creación. Así pues, Apple había adaptado sus dos mejores aplicaciones creativas para el Macintosh, GarageBand e iMovie, creando unas potentes versiones para el iPad. Jobs mostró lo sencillo que resultaba componer y orquestar una canción, o añadir música y efectos especiales en los vídeos caseros para después colgar las creaciones en internet o compartirlas a través del nuevo iPad.

Una vez más, acabó su presentación con la diapositiva que mostraba el cruce entre la calle de las Humanidades y la de la Tecnología. En esta ocasión ofreció una de las expresiones más claras de su creencia de que la auténtica sencillez y la creatividad emanan de la integración de todo el aparato —el hardware y el software y, ya puestos, los contenidos, las cubiertas y los agentes de ventas—, en lugar de surgir de elementos abiertos y fragmentados, como ocurrió en el mundo de los ordenadores personales Windows y ahora en los dispositivos de Android:

> Apple lleva grabada en su ADN la noción de que la tecnología por sí sola no es suficiente. Creemos que la combinación de la tecnología con las humanidades es lo que ofrece resultados que llenan nuestro espíritu de regocijo. No hay ningún elemento que lo demuestre mejor que estos aparatos de la era post-PC. Hay gente que está entrando a la carrera en este mercado de las tabletas, y creen que serán el próximo ordenador personal, en el que el hardware y el software corren a cargo de compañías diferentes. Nuestra experiencia y todos los huesos de nuestro cuerpo nos dicen que esa no es la estrategia adecuada. Estos aparatos que llegan después de los ordenadores personales necesitan ofrecer un uso todavía más fácil e intuitivo que los propios ordenadores personales, y aquí el software, el hardware y las aplicaciones necesitan estar interrelacionadas de forma todavía más integral que en un PC. Creemos que contamos con la arquitectura adecuada, no solo en lo relativo a los chips de silicio, sino en toda nuestra organización, para construir esta clase de productos.

Aquella era una arquitectura que no solo estaba grabada en la organización que había erigido, sino también en su propia alma.

Tras el acto de presentación, Jobs estaba lleno de energía. Caminó hasta el hotel Four Seasons para encontrarse con su esposa, con Reed y sus dos compañeros de Stanford y conmigo, y comimos juntos. Para variar, tomó algo, aunque con ciertos reparos. Pidió zumo recién exprimido —que devolvió en tres ocasiones tras insistir en cada caso en que lo que le habían traído había salido de una botella— y pasta con verduras, que apartó tras probarla y asegurar que era incomestible. Sin embargo, a continuación se comió la mitad de mi ensalada de cangrejo y pidió una entera para él, seguida de un cuenco con helado. El indulgente personal del hotel fue capaz incluso de ofrecerle un vaso de zumo que cumplía por fin sus expectativas.

De vuelta a su casa, una jornada después, todavía mantenía los ánimos arriba. Estaba planeando tomar un vuelo a Kona Village al día siguiente, él solo en su avión, y le pedí que me enseñara qué había cargado en su iPad 2 para el trayecto. Había tres películas: *Chinatown*, *El ultimátum de Bourne* y *Toy Story 3*. Más revelador resultaba el único libro que había descargado, *Autobiografía de un yogui*, la guía de meditación y espiritualidad descubierta por primera vez durante su adolescencia, que había retomado en la India y leído una vez al año desde entonces.

A media mañana decidió que quería intentar comer algo. Todavía se sentía demasiado débil para conducir, así que lo llevé a la cafetería de un centro comercial. Estaba cerrada, pero el dueño estaba acostumbrado a que Jobs llamara a la puerta a horas extrañas y nos dejó pasar con una sonrisa. «Se ha propuesto como misión tratar de engordarme», bromeó Jobs. Sus médicos habían insistido en que comiera huevos como fuente de proteínas de alta calidad, así que pidió una tortilla. «Convivir con una enfermedad como esta y con todo este dolor te hace tener presente constantemente tu propia mortalidad, y eso puede jugarle malas pasadas a tu cerebro si no te andas con cuidado —comentó—. No haces planes con vistas a más allá de un año, y eso está mal. Necesitas forzarte a realizar planes como si fueras a vivir muchos años más».

Un ejemplo de esta forma de autosugestión era su proyecto de construir un yate de lujo. Antes de su trasplante de hígado, su familia y él solían alquilar un barco durante las vacaciones para viajar a México, al Pacífico Sur o al Mediterráneo. Durante muchos de esos cruceros, Jobs se aburría o decidía que detestaba el diseño del barco, así que acortaban el viaje y tomaban un avión para dirigirse a Kona Village. Sin embargo, en ocasiones disfrutaba del crucero. «Las mejores vacaciones que he tenido fueron aquellas en las que fuimos a la costa de Italia, después a Atenas —que es un horror, pero el Partenón es alucinante— y luego a Éfeso, en Turquía, donde tienen esos baños públicos de mármol con un hueco en el medio para que un grupo de músicos amenicen la velada». Cuando llegaron a Estambul, contrató a un profesor de historia para que llevara a su familia de excursión. Al final fueron a unos baños turcos, donde la charla del profesor dio pie a que Jobs reflexionara sobre la globalización de la juventud:

> Tuve una auténtica revelación. Todos íbamos cubiertos por túnicas y nos habían preparado algo de café turco. El profesor nos explicó que la forma en que preparaban el café era diferente de la del resto del mundo, y yo pensé: «¿Y qué coño importa?». ¿A qué chicos, incluso en Turquía, les importa una mierda el café turco? Llevaba todo el día viendo jóvenes en Estambul. Todos bebían lo que beben todos los demás chicos del mundo, todos llevaban ropa que parecía sacada de una tienda Gap y todos utilizaban teléfonos móviles. Eran iguales que los jóvenes de todas partes. Me di cuenta de que, para los jóvenes, el mundo entero es un mismo lugar. Cuando fabricamos nuestros productos, no pensamos en un «teléfono turco», o en un reproductor de música que los jóvenes turcos quieran y que sea diferente del que cualquier joven del resto del mundo pueda querer. Ahora somos todos un mismo planeta.

Tras el éxito del crucero, Jobs se había entretenido comenzando a diseñar, y rediseñando en repetidas ocasiones, un barco que, según él, quería construir algún día. Al caer enfermo de nuevo en 2009, estuvo a punto de cancelar el proyecto. «No pensé que fuera a seguir vivo cuando estuviera acabado —recordaba—, pero aquello me entristecía tanto que llegué a la conclusión de que trabajar en el diseño era algo divertido, y que a lo mejor tenía la oportunidad de seguir vivo cuando quedase terminado. Si dejase de trabajar en el barco y resultase que sobrevivo otros dos años, me enfadaría mucho, así que seguí adelante». Después de nuestras tortillas de la cafetería, regresamos a su casa y me mostró todas las maquetas y los diseños de su proyecto. Tal y como esperaba, el yate que había planeado era elegante y minimalista. Las cubiertas de teca, perfectamente planas, no se veían interrumpidas por ningún accesorio. Como en las tiendas de Apple, las ventanas de los camarotes eran grandes paneles que iban casi del suelo al techo, y el salón principal estaba diseñado con paneles de cristal de doce metros de largo por tres de alto. Había recurrido al ingeniero jefe de las tiendas de Apple para que diseñara un cristal especial capaz de ofrecer un soporte estructural.

Para entonces, el barco se encontraba en proceso de construcción en Feadship, la empresa de unos fabricantes holandeses de yates a medida, pero Jobs todavía le daba vueltas al diseño. «Sé que cabe la posibilidad de que me muera y deje a Laurene con un barco a medio construir —comentó—, pero tengo que seguir adelante con ello. Si lo dejo será como reconocer que estoy a punto de morir».

Powell y Jobs iban a celebrar su vigésimo aniversario de boda unos días más tarde, y él reconoció que en ocasiones no se había mostrado tan agradecido con ella como se merecía. «Tengo mucha suerte, porque en realidad no sabes en qué te estás metiendo cuando te casas —afirmó—. Solo tienes una sensación intuitiva de cómo van a salir las cosas. No podría haberme ido mejor, porque Laurene no solo es lista y guapa, sino que resultó ser una muy buena persona». Durante unos instantes, pareció estar al borde de las lágrimas. Habló de sus otras novias, especialmente de Tina Redse, pero afirmó que había acabado por tomar la decisión correcta. También reflexionó sobre lo egoísta y exigente que él mismo podía llegar a ser. «Laurene tuvo que hacer frente a todo eso, y también a mi enfermedad —comentó—. Ya sé que vivir conmigo no es un camino de rosas».

Entre sus rasgos egoístas se encontraba el hecho de que tendía a no recordar los aniversarios y los cumpleaños. Sin embargo, en este caso decidió planear una sorpresa. La pareja se había casado en el hotel Ahwahnee de Yosemite, así que decidió llevar de nuevo a Powell a aquel lugar. Sin embargo, cuando Jobs llamó, el sitio estaba completo, así que le pidió al hotel que contactara con la gente que había reservado la suite en la que se habían alojado Powell y él y les preguntara si estaban dispuestos a cedérsela. «Me ofrecí a pagarles otro fin de semana diferente —recordaba Jobs—, y el hombre fue muy agradable y dijo: "¡Veinte años! Por favor, quédesela, es suya"».

Encontró las fotografías de la boda que había sacado un amigo y preparó unas copias de gran tamaño sobre cartones, que colocó en una elegante caja. Rebuscó en su iPhone para encontrar la nota que había redactado para incluirla en el paquete y la leyó en voz alta:

> No sabíamos gran cosa el uno acerca del otro hace veinte años. Nos dejamos guiar por nuestra intuición; me hiciste flotar. Nevaba cuando nos casamos en el Ahwahnee. Los años pasaron, llegaron los niños, los buenos tiempos, los tiempos difíciles, pero nunca los malos tiempos. Nuestro amor y respeto han sobrevivido y prosperado. Hemos pasado por muchas cosas juntos, y ahora estamos en el lugar donde comenzamos hace veinte años —más viejos, más sabios—, con arrugas en el rostro y en el corazón. Ahora conocemos muchas de las alegrías, de los sufrimientos, de los secretos y de las maravillas de la vida, y seguimos aquí juntos. Mis pies nunca han vuelto a tocar el suelo.

Al final de la lectura, estaba llorando de manera inconsolable. Ya más sereno, me indicó que también había preparado un paquete de fotos para cada uno de sus hijos. «Me pareció que les gustaría ver que yo también fui joven una vez».

iCloud

En 2001, Jobs tuvo una visión: el ordenador personal serviría como «centro digital» para diferentes dispositivos, tales como reproductores de música, cámaras de vídeo, teléfonos y tabletas. Esta idea aprovechaba la capacidad de Apple para crear productos integrados y sencillos de utilizar. Así pues, la empresa se transformó para pasar de ser una compañía de informática de gama alta a constituir la compañía tecnológica más valiosa del mundo.

En 2008, Jobs había desarrollado una idea para la siguiente oleada de la era digital. Según su visión, en el futuro el ordenador personal ya no actuaría como núcleo para los contenidos digitales. En vez de eso, el núcleo se desplazaría a «la nube». En otras palabras, todos los contenidos quedarían almacenados en servidores remotos gestionados por una compañía de tu confianza, y estarían disponibles para su uso en cualquier dispositivo y en cualquier lugar. Necesitó tres años para dar con la forma correcta de llevarlo a cabo.

Comenzó con un paso en falso. En el verano de 2008 presentó un producto llamado MobileMe, que consistía en un costoso servicio de suscripción (99 dólares al año) que te permitía almacenar tu lista de contactos, documentos, fotos, vídeos, tu correo electrónico y tu agenda en la nube y sincronizar los datos con cualquier aparato. En teoría, podías utilizar tu iPhone o cualquier ordenador y tener acceso a todas las facetas de tu vida digital. Sin embargo, había un gran problema. El servicio, según la terminología de Jobs, era una porquería. Era complejo, los dispositivos no se sincronizaban correctamente y los correos y otros datos se perdían de forma aleatoria en el vacío. «El MobileMe de Apple tiene demasiados fallos como para ser de confianza», fue el titular que Walt Mossberg publicó en el *Wall Street Journal* tras llevar a cabo un análisis del servicio.

Jobs estaba furioso. Reunió al equipo de MobileMe en el auditorio del campus de Apple, subió al escenario y preguntó: «¿Puede alguien decirme qué se supone que debe hacer MobileMe?». Después de que los miembros del equipo hubieran ofrecido sus respuestas, Jobs replicó: «¿Entonces por qué coño no lo hace?». Durante la siguiente media hora continuó amonestándolos. «Habéis mancillado la reputación de Apple —dijo—. Deberíais detestaros mutuamente por haberos defraudado los unos a los otros. Mossberg, nuestro amigo, ya no escribe cosas buenas sobre nosotros». Ante todos los asistentes, destituyó al líder del equipo de MobileMe y lo sustituyó por Eddy Cue, que supervisaba todo el contenido de Apple en internet. Tal y como Adam Lashinsky señaló en *Fortune* en un análisis de la cultura corporativa de Apple, «allí sí que se exigen responsabilidades con gran dureza».

Para 2010 estaba claro que Google, Amazon, Microsoft y otras empresas estaban tratando de ser la compañía que mejor almacenase los contenidos y datos digitales de los consumidores en la nube, de forma que los consumidores pudieran sincronizarlos con sus diferentes dispositivos. Así pues, Jobs redobló sus esfuerzos. Según me explicó ese otoño:

Necesitamos ser la compañía que gestione tu relación con la nube, que descargue tus canciones y tus vídeos, que almacene tus fotos y tus datos, e incluso puede que tu información médica. Apple fue la primera que visualizó el ordenador como centro digital, así que creamos todas aquellas aplicaciones —iPhoto, iMovie, iTunes—, las asociamos a nuestros aparatos, como el iPod, el iPhone y el iPad, y todo funcionaba de maravilla. Sin embargo, en los próximos años ese núcleo va a desplazarse de tu ordenador a la nube, así que la estrategia del núcleo digital es la misma, solo que el núcleo se encontrará en un lugar diferente. Eso significa que siempre tendrás acceso a tus contenidos y no necesitarás sincronizar constantemente tus aparatos.

Es importante que llevemos a cabo esta transformación, porque podemos sufrir lo que Clayton Christensen denomina «el dilema del innovador», que consiste en que la gente que inventa algo suele ser la última en superarlo para crear algo nuevo, y no tenemos ninguna intención de quedarnos atrás. Voy a coger MobileMe y hacer que sea gratuito, y vamos a hacer que sincronizar los datos resulte sencillo. Vamos a construir torres de servidores en Carolina del Norte. Podemos ofrecer toda la sincronización que quieras, y así seremos capaces de atraer a los clientes.

Jobs discutió esta propuesta en las reuniones de los lunes por la mañana, y poco a poco se fue puliendo hasta convertirse en una nueva estrategia. «Les enviaba mensajes de correo electrónico a diferentes grupos de personas a las dos de la mañana e íbamos dándole vueltas al tema —recordaba—. Hemos pensado mucho en esto porque no es solo un trabajo, es nuestra vida». Aunque algunos miembros del consejo, incluido Al Gore, cuestionaron la idea de convertir MobileMe en un servicio gratuito, le ofrecieron su apoyo. Aquella sería su estrategia para atraer clientes a la órbita de Apple durante la siguiente década.

El nuevo servicio se denominó iCloud, y Jobs lo presentó en su discurso inaugural de la Conferencia Mundial de Desarrolladores de Apple celebrada en junio de 2011. Todavía estaba de baja médica, y durante algunos días de mayo había sido ingresado con infecciones y mucho dolor. Algunos amigos cercanos le rogaron que no acudiera a la presentación, para la que harían falta bastante preparación y no pocos ensayos. Sin embargo, la perspectiva de provocar otro terremoto en la era digital pareció llenarlo de energía.

Cuando salió al escenario en el auditorio de San Francisco, llevaba una sudadera negra de cachemira de Vonrosen sobre su habitual jersey negro de cuello vuelto de Issey Miyake, y ropa interior térmica bajo los vaqueros azules. Sin embargo, tenía un aspecto más demacrado que nunca. El público le ofreció una larga ovación en pie. «Eso siempre ayuda, y lo agradezco», afirmó. Sin embargo, en cuestión de minutos, las acciones de Apple bajaron más de 4 dólares, hasta llegar a los 340. Estaba realizando un esfuerzo heroico, aunque parecía débil.

Les cedió la palabra a Phil Schiller y Scott Forstall, que iban a presentar los nuevos sistemas operativos para los Macs y los dispositivos móviles, y entonces regresó para mostrar personalmente el iCloud. «Hace aproximadamente diez años realizamos una de nuestras predicciones más importantes —anunció—. El ordenador personal iba a convertirse en el centro de vuestra vida digital. Vuestros vídeos, vuestras fotos, vuestra música. Sin embargo, esta idea se ha venido abajo en los últimos años. ¿Por qué?». Habló sobre lo difícil que resultaba sincronizar todos los contenidos en cada uno de los aparatos. Si tienes una canción que has descargado en el iPad, una fotografía que has sacado con el iPhone y un vídeo que has guardado en el ordenador, puedes acabar sintiéndote como una de las operadoras telefónicas de otros tiempos, conectando y desenchufando cables USB de los diferentes dispositivos para compartir todo el contenido. «Mantener al día todos estos aparatos nos está volviendo locos —señaló entre las carcajadas del público—. Tenemos una solución. Es nuestro próximo gran proyecto. Vamos a relegar los ordenadores personales y los Macs al rango de "aparato", y vamos a mover el centro digital a la nube».

Jobs era muy consciente de que ese «gran proyecto» no era realmente nuevo. De hecho, bromeó acerca del intento previo de Apple. «Podéis pensar: "¿Por qué me lo tengo que creer? Ellos son los que crearon MobileMe". —El público rió nervioso—. Dejadme decir que aquel no fue nuestro mejor momento». Sin embargo, a medida que iba presentando iCloud, quedó claro que aquello iba a ser mejor. El correo, los contactos y las entradas de la agenda se sincronizaban al instante. Lo mismo ocurría con las aplicaciones, las fotos, los libros y los documentos. Lo más impresionante era que Jobs y Eddy Cue habían llegado a acuerdos con las compañías discográficas (a diferencia de los responsables de Google y Amazon). Apple iba a contar con dieciocho millones de canciones en los servidores de la nube. Si tenías cualquiera de ellas en tus aparatos o en tus ordenadores —ya fuera mediante una compra legal o una copia pirata—, Apple te permitiría acceder a una versión de alta calidad en cualquier dispositivo sin tener que invertir tiempo ni esfuerzo en subirla a la nube. «Es una idea que funciona», aseguró.

Aquel sencillo concepto —el de que todo funcionase de forma integrada— era, como siempre, la ventaja competitiva de Apple. Microsoft llevaba más de un año anunciando «el poder de la nube», y tres años antes su director de arquitectura de software, el legendario Ray Ozzie, había llamado a filas a toda la compañía: «Aspiramos a que la gente solo necesite comprar una vez los derechos de uso de sus productos y a que pueda utilizar cualquiera de sus [...] dispositivos para acceder a ellos y disfrutarlos». Sin embargo, Ozzie había abandonado Microsoft a finales de 2010 y el proyecto de computación en nube de la compañía nunca había llegado a materializarse en los dispositivos de consumo. Amazon y Google ofrecían aquellos servicios en 2011, pero ninguna de las dos empresas tenía la capacidad de integrar el hardware, el software y los contenidos en diferentes aparatos. Apple controlaba todos los eslabones de la cadena y los había diseñado para que funcionasen de forma conjunta: los dispositivos, los ordenadores, los sistemas operativos y las aplicaciones de software, junto con la venta y el almacenamiento de los contenidos.

Obviamente, el funcionamiento integrado solo daba resultado si utilizabas dispositivos de Apple y permanecías dentro del recinto vallado de la compañía. Aquello traía consigo otra ventaja para la marca: la fidelidad del cliente. Una vez que empezabas a utilizar iCloud, era difícil cambiarse a un Kindle o a cualquier dispositivo que funcionara con Android. La música y los demás archivos no se sincronizaban con ellos. De hecho, cabía la posibilidad de que ni siquiera funcionasen. Aquella era la culminación de tres décadas invertidas tratando de evitar los sistemas abiertos. «Pensamos en crear un programa de música para el Android —me comentó Jobs mientras desayunábamos a la mañana siguiente—. Pusimos iTunes en Windows para vender más iPods, pero no veo la ventaja de incluir nuestra aplicación musical en este otro sistema, excepto para hacer felices a los usuarios de Android. Y yo no quiero hacer felices a los usuarios de Android».

Un nuevo campus

Cuando Jobs tenía trece años, buscó el número de Bill Hewlett en el listín telefónico, lo llamó para hacerse con un componente que necesitaba para el frecuencímetro que estaba tratando de construir y acabó consiguiendo un trabajo de verano en el departamento de instrumental de Hewlett-Packard. Ese mismo año, aquella compañía compró unos terrenos en Cupertino para ampliar su departamento de calculadoras. Allí fue a trabajar Wozniak, y ese fue el lugar donde diseñó el Apple I y el Apple II durante sus horas de pluriempleo.

Cuando en 2010 Hewlett-Packard decidió abandonar su campus de Cupertino, que se encontraba a poco más de un kilómetro de la sede central de Apple en Infinite Loop, Jobs adquirió discretamente los terrenos y los edificios allí situados. Admiraba la forma en que Hewlett y Packard habían creado una compañía duradera, y se enorgullecía de haber hecho lo mismo en Apple. Ahora quería una sede central espectacular, algo que no tuviera ninguna otra empresa tecnológica de la Costa Oeste. Al final consiguió reunir una extensión de sesenta hectáreas, gran parte de las cuales habían contenido plantaciones de albaricoqueros cuando él era niño, y se dispuso a diseñar el proyecto que iba a constituir su legado, en el que combinaba su pasión por el diseño con su pasión por la creación de una empresa duradera. «Quiero crear un campus tan especial que exprese los valores de la empresa durante generaciones», declaró.

Contrató al que, en su opinión, era el mejor estudio de arquitectura del mundo, el de sir Norman Foster, que había erigido edificios con soluciones muy inteligentes, como el Reichstag de Berlín o el rascacielos situado en el número 30 de St. Mary Axe, en Londres. Como era de esperar, Jobs se involucró tanto en los planes del proyecto —tanto en el enfoque general como en los detalles— que resultó casi imposible decidirse por un diseño definitivo. Aquel iba a ser su edificio más imperecedero, y quería que saliera bien. El estudio de Foster asignó un equipo de cincuenta arquitectos, y cada tres semanas, a lo largo de todo el año 2010, le estuvieron mostrando a Jobs proyectos revisados y diferentes alternativas. Él planteaba constantemente nuevos conceptos, en ocasiones formas completamente nuevas, y les hacía empezar de cero y ofrecerle más opciones.

Cuando me mostró por primera vez los planos y las maquetas en su salón, el edificio tenía la forma de una inmensa y curvilínea pista de carreras formada por tres semicírculos unidos en torno a un gran patio central. Las paredes eran grandes cristaleras que iban del suelo al techo, y el interior contaba con numerosas cabinas con despachos que permitían el paso de la luz del sol por los pasillos. «Facilita los encuentros casuales y los espacios de reunión fluidos —señaló—, y todo el mundo puede disfrutar del sol».

Cuando me mostró los planos la vez siguiente, un mes después, nos encontrábamos en la gran sala de reuniones de Apple situada frente a su despacho, donde la mesa estaba cubierta por una maqueta del edificio propuesto. Había realizado un gran cambio: ahora todas las cabinas estaban apartadas de las ventanas, permitiendo largos pasillos bañados por la luz del sol. Estos espacios actuarían también como zonas comunes. Algunos arquitectos plantearon el debate de si las ventanas iban a poder abrirse. A Jobs nunca le gustó la idea de que otros pudieran andar abriendo cosas. «Lo único que conseguiría eso es que la gente lo fastidiara todo», afirmó. Como en tantos otros detalles, su opinión acabó prevaleciendo en este asunto.

Cuando llegó a casa aquella tarde, Jobs desplegó los bocetos durante la cena, y Reed bromeó diciendo que la vista aérea le recordaba a unos genitales masculinos. Su padre hizo caso omiso del comentario y señaló que era propio de la mentalidad de un adolescente. Sin embargo, al día siguiente les mencionó el comentario a los arquitectos. «Desgraciadamente, una vez que te lo dicen ya no eres capaz de borrar esa imagen de tu mente», admitió. Para mi siguiente visita, la forma había cambiado hasta convertirse en un sencillo círculo.

El nuevo diseño implicaba que no habría ni una sola pieza recta de cristal en el edificio. Todo sería curvo y estaría perfectamente integrado. Jobs llevaba mucho tiempo fascinado por el vidrio, y su experiencia tras encargar inmensos paneles a medida para las tiendas Apple le hacía confiar en que sería posible conseguirlos de gran tamaño y en cantidades industriales. El patio central que habían planeado tenía un radio de 243 metros (más de lo que suelen ocupar tres manzanas de casas, o dos campos de fútbol puestos a lo largo), e incluso me mostró algunas transparencias que mostraban como podría rodear a la plaza de San Pedro en Roma o a la del Arco de Triunfo parisino. Uno de los recuerdos que le rondaban por la cabeza era el de las arboledas que antaño dominaban la zona, así que contrató a un experto paisajista de Stanford y dispuso que el 80% de la propiedad iba a contar con un paisaje natural compuesto por seis mil árboles. «Le pedí que incluyera distintos albaricoqueros —recordaba Jobs—. Antes solías verlos por todas partes, incluso en las esquinas de las calles. Forman parte del legado de este valle».

En junio de 2011, los planos de aquel edificio de cuatro plantas y casi 300.000 metros cuadrados, con capacidad para alojar a más de 12.000 trabajadores, estaban listos para su presentación. Jobs decidió anunciarlo en una aparición discreta y sin publicidad ante los miembros del ayuntamiento de Cupertino, al día siguiente de presentar iCloud en la Conferencia Mundial de Desarrolladores.

Aunque de baja médica y sin muchas energías, la agenda de aquel día estaba completamente llena. Ron Johnson, quien desarrollara las tiendas Apple y se ocupara de su dirección durante más de diez años, había decidido aceptar una oferta para convertirse en consejero delegado de la cadena de centros comerciales J. C. Penney, así que fue por la mañana a casa de Jobs para hablar de su partida. A continuación, Jobs y yo nos dirigimos a Palo Alto, a una pequeña cafetería especializada en yogures y bollos de avena llamada Fraiche, donde me habló muy animado sobre los posibles productos futuros de la marca. Un poco más tarde, se subió en un coche que lo llevó a Santa Clara para asistir a la reunión trimestral que Apple celebraba con los principales ejecutivos de Intel, donde discutieron la posibilidad de utilizar los chips de aquella compañía en futuros aparatos móviles. Esa noche, Bono y U2 actuaban en el Oakland Coliseum, y Jobs se había planteado la posibilidad de asistir. En vez de eso, decidió invertir la tarde en mostrarle los planos al ayuntamiento de Cupertino.

Tras llegar sin séquito ni pompa alguna, y con un aspecto relajado y la misma sudadera negra que había llevado para su discurso en el encuentro de desarrolladores, se situó tras un podio con un mando a distancia en la mano y pasó veinte minutos mostrándoles diapositivas del diseño a los miembros del consistorio. Cuando en la pantalla apareció un dibujo de aquel edificio elegante, futurista y perfectamente circular, realizó una pausa y sonrió. «Es como si hubiera aterrizado una nave espacial», dijo. Y después añadió: «Creo que tenemos la oportunidad de construir el mejor edificio de oficinas del mundo».

El viernes siguiente, Jobs le envió un correo electrónico a una compañera de su pasado más lejano, Ann Bowers, la viuda del cofundador de Intel, Bob Noyce. Antigua directora de recursos humanos de Apple y supervisora a principios de la década de los ochenta, le había tocado reprender a Jobs tras sus pataletas y curar las heridas de sus compañeros de trabajo. Jobs le preguntó si podría pasar a verlo al día siguiente. Bowers se encontraba en ese momento en Nueva York, pero, tras volver a California el domingo, se pasó por su casa. En ese período él volvía a estar enfermo, con mucho dolor y sin demasiadas energías, pero anhelaba mostrarle los planos de la nueva sede central. «Deberías estar orgullosa de Apple —afirmó—. Deberías estar orgullosa de lo que construimos».

Entonces levantó la vista hacia ella y le planteó con gran intensidad una pregunta que la dejó helada: «Dime, ¿cómo era yo de joven?». Bowers trató de ofrecer una respuesta sincera. «Eras muy impetuoso y muy difícil —contestó—. Pero tu visión era absorbente. Nos dijiste: "El viaje es la recompensa", y eso resultó ser cierto». «Sí —contestó Jobs—. He aprendido algunas cosas por el camino». Entonces, tras unos instantes, lo repitió, como si quisiera convencer a Bowers y convencerse también a sí mismo. «He aprendido algunas cosas. De verdad que sí».

40

Tercer asalto

El combate final

Jobs sentía un deseo muy acusado de llegar a presenciar la graduación de su hijo en el instituto, en junio de 2010. «Cuando me diagnosticaron cáncer, hice un trato con Dios o con quien fuera, que consistía en que lo que realmente quería era ver como Reed se graduaba, y aquello me ayudó a superar el año 2009», afirmó. En su etapa como alumno de último curso, Reed se parecía inquietantemente a su padre cuando este tenía dieciocho años, con una sonrisa cómplice y un tanto rebelde, una mirada intensa y una mata de pelo oscuro. Sin embargo, de su madre había heredado una dulzura y una capacidad de empatía dolorosamente sensible que a su padre le faltaban. Era un joven manifiestamente afectuoso y dispuesto a agradar. Cuando su padre se hallaba sentado a la mesa con aire huraño y mirando al suelo, cosa que ocurría a menudo durante su enfermedad, lo único que garantizaba la luz en sus ojos era la entrada de Reed.

Reed adoraba a su padre. Poco después de que yo comenzara a trabajar en este libro, el joven vino a verme al hotel donde me alojaba y, al igual que hacía a menudo su padre, propuso que diéramos un paseo. Me aseguró, con una mirada de intensa seriedad, que su padre no era un frío hombre de negocios que solo buscara los beneficios, sino que lo motivaban el amor por su obra y el orgullo por los productos que creaba.

Después de que a Jobs le diagnosticaran cáncer, Reed comenzó a trabajar durante los veranos en un laboratorio de oncología de Stanford en el que se secuenciaba ADN para encontrar marcadores genéticos del cáncer de colon. Uno de sus experimentos analizaba cómo las mutaciones viajan a través de las familias. «Una de las poquísimas ventajas de que yo cayera enfermo es que Reed ha podido pasar mucho tiempo estudiando con algunos médicos muy buenos —comentó Jobs—. Su entusiasmo es exactamente el que yo sentía por los ordenadores cuando tenía su edad. Creo que las mayores innovaciones del siglo XXI nacerán en la intersección entre la biología y la tecnología. Es el comienzo de una nueva era, como ocurrió con la digital cuando yo tenía su edad».

Reed utilizó su estudio sobre el cáncer como base para el trabajo de graduación que presentó ante su clase en el Instituto Crystal Springs Uplands. Mientras describía cómo había utilizado centrifugadoras y tinciones para secuenciar el ADN de los tumores, su padre se encontraba sentado entre el público con una sonrisa radiante, junto con el resto de la familia. «Fantaseo con la idea de que Reed se compre una casa aquí, en Palo Alto, junto a su familia, y que vaya en bici a trabajar como médico en Stanford», comentó Jobs después.

Reed había madurado rápidamente en 2009, cuando parecía que su padre iba a morir. Se ocupó de sus hermanas pequeñas mientras sus padres estaban en Memphis, y desarrolló un paternalismo protector hacia ellas. Sin embargo, cuando la salud de su padre se estabilizó en la primavera de 2010, recobró su personalidad alegre y socarrona. Un día, mientras cenaban, estaba hablando con su familia, pensando en dónde debía llevar a su novia a cenar. Su padre sugirió Il Fornaio, un elegante restaurante que era la opción habitual en Palo Alto, pero Reed reconoció haber sido incapaz de conseguir una reserva. «¿Quieres que lo intente yo?», se ofreció Jobs. Reed se resistió; quería encargarse él mismo del asunto. Erin, la tímida hija mediana, le propuso que ella y su hermana pequeña, Eve, montaran una tienda en el jardín y les sirvieran allí una cena romántica. Reed se levantó, la abrazó y le prometió que se lo compensaría en alguna ocasión.

Un sábado, Reed participó junto con tres compañeros de clase en un concurso educativo de una cadena local de televisión. La familia —a excepción de Eve, que asistía a una exhibición ecuestre— fue a animarlo. Mientras el equipo del plató andaba de acá para allá preparándolo todo, su padre trató de mantener a raya su impaciencia y de pasar desapercibido entre los demás padres que se sentaban en las hileras de sillas plegables. Sin embargo, era claramente reconocible con sus característicos vaqueros y su jersey negro de cuello alto, y una mujer se sentó junto a él y se dispuso a sacarle una foto. Sin mirarla, él se levantó y se dirigió al otro extremo de la fila. Cuando Reed entró en el plató, su placa lo identificaba como «Reed Powell». El presentador les preguntó a los estudiantes qué querían ser cuando fueran mayores. «Investigador contra el cáncer», contestó Reed.

Jobs condujo su Mercedes SL55 biplaza, con Reed como copiloto, mientras su esposa lo seguía en su propio coche con Erin. De camino a casa, Powell le preguntó a Erin por qué creía que su padre se negaba a ponerle placas de matrícula a su coche. «Para ser un rebelde», contestó ella. Después le planteé la cuestión a Jobs. «Porque a veces la gente me sigue, y si tengo placa de matrícula pueden averiguar dónde vivo —respondió—. Aunque esa precaución se está quedando algo obsoleta con Google Maps, así que supongo que en realidad no las llevo porque no quiero».

Durante la ceremonia de graduación de Reed, su padre me envió un correo electrónico desde su iPhone. Estaba sencillamente exultante: «Hoy es uno de los días más felices de mi vida. Reed se está graduando en el instituto. Justo ahora. Y contra todo pronóstico, aquí estoy». Esa noche hubo una fiesta en su casa para algunos amigos íntimos y la familia. Reed bailó con todos sus parientes, incluido su padre. Después, Jobs se llevó a su hijo a la cabaña rústica que usaban como trastero para ofrecerle una de sus dos bicicletas, ya que él no iba a volver a montar. Reed bromeó y señaló que la italiana parecía demasiado cursi, así que Jobs le propuso que se llevara la robusta bici de ocho marchas aparcada al lado. Cuando Reed le dijo que estaba en deuda con él, Jobs contestó: «No necesitas estar en deuda, porque tienes mi ADN». Unos días después, se estrenó *Toy Story 3*. Jobs había alimentado esta trilogía de Pixar desde sus comienzos, cuya última entrega hablaba de las emociones en torno a la marcha de Andy a la universidad. «Ojalá pudiera estar siempre contigo», dice la madre de Andy. «Siempre lo estarás», contesta él.

La relación de Jobs con sus dos hijas menores era algo más distante. Le prestaba menos atención a Erin, más tranquila e introspectiva, y que parecía no saber exactamente cómo tratar con él, especialmente cuando le salía aquella vena cruel. Era una joven desenvuelta y atractiva, con una sensibilidad personal más madura que la de su padre. Pensaba que tal vez fuera arquitecta, puede que debido al interés de su padre por ese campo, y tenía un buen sentido del diseño. Sin embargo, cuando su padre le estaba mostrando a Reed los bocetos del nuevo campus de Apple, ella se sentó en el otro extremo de la cocina, y a él por lo visto no se le ocurrió pedirle que se acercara también. La gran esperanza de Erin esa primavera de 2010 era que su padre la llevara consigo a la ceremonia de entrega de los Oscar. Le encantaban las películas. Y, más aún, quería volar con su padre en su avión privado y recorrer la alfombra roja a su lado. Powell estaba más que dispuesta a renunciar al viaje y trató de convencer a su esposo para que se llevara a su hija, pero él rechazó aquella idea.

En cierto momento, mientras yo acababa este libro, Powell me dijo que Erin quería concederme una entrevista. Yo no habría solicitado algo así, puesto que ella apenas tenía dieciséis años, pero accedí. El argumento que Erin destacó fue que comprendía por qué su padre no siempre le prestaba atención, y que lo aceptaba. «Se esfuerza al máximo para ser a la vez un padre y el consejero delegado de Apple, y combina ambas responsabilidades bastante bien —aseguró—. A veces me gustaría recibir más atención por su parte, pero sé que el trabajo que está haciendo es muy importante y me parece extraordinario, así que no me importa. En realidad no necesito más atención».

Jobs había prometido llevarse a cada uno de sus hijos de viaje a donde ellos eligieran cuando cumplieran trece años. Reed eligió ir a Kioto, consciente de lo mucho que a su padre le atraía la calma zen de esa hermosa ciudad. No resulta sorprendente que, cuando Erin llegó a la misma edad en 2008, también eligiera Kioto. La enfermedad de su padre obligó a cancelar el viaje, así que Jobs le prometió llevarla en 2010, cuando estuviera mejor. Sin embargo, ese junio decidió que no quería ir. Erin quedó desilusionada, pero no protestó. En vez de eso, su madre la llevó a Francia con algunos amigos de la familia, y volvieron a programar el viaje a Kioto para ese mes de julio.

A Powell le preocupaba que su esposo volviera a cancelar los planes, así que quedó encantada cuando toda la familia despegó a principios de julio en dirección a Kona Village, en Hawai, que era la primera etapa del viaje. Sin embargo, en Hawai Jobs se vio aquejado por un molesto dolor de muelas que él decidió ignorar, como si pudiera hacer desaparecer la caries únicamente mediante su fuerza de voluntad. El diente se cayó y hubo que reimplantarlo. Entonces tuvo lugar la crisis de las antenas del iPhone 4, y decidió volver a Cupertino a toda velocidad, llevándose a Reed consigo. Powell y Erin se quedaron en Hawai, esperando que Jobs regresara para continuar con los planes para llevarlas a Kioto.

Para alivio de todos, y no sin cierta sorpresa, Jobs sí que regresó a Hawai tras su rueda de prensa para recogerlas y llevarlas a Japón. «Es un milagro», le comentó Powell a una amiga. Mientras Reed se ocupaba de Eve en Palo Alto, Erin y sus padres se quedaron en el Tawaraya Ryokan, un hotelito de una sencillez sublime que a Jobs le encantaba. «Fue fantástico», recordaba Erin.

Veinte años antes, Jobs había llevado a la hermanastra de Erin, Lisa Brennan-Jobs, a Japón, cuando esta tenía aproximadamente la misma edad. Uno de sus recuerdos más vivos era el de compartir con él comidas deliciosas y ver como un comensal normalmente tan remilgado saboreaba el *sushi* de anguila y otras delicias. Verlo disfrutar de la comida hizo que Lisa se sintiera relajada junto a él por primera vez. Erin recordaba una experiencia similar: «Papá sabía dónde quería ir a comer todos los días. Me dijo que conocía un restaurante increíble especializado en fideos de soba y me llevó allí, y estaba tan rico que desde entonces ha sido difícil volver a comer fideos de soba, porque no hay nada que se le aproxime siquiera». También encontraron un pequeño restaurante de *sushi* de barrio, y Jobs lo etiquetó en su iPhone como «el mejor *sushi* que he comido nunca». Erin estuvo de acuerdo.

Visitaron asismismo los famosos templos budistas zen de Kioto. El que más le gustó a Erin fue el Saihō-ji, conocido como el «templo del musgo» porque su Estanque Dorado se encuentra rodeado por jardines que exhiben más de un centenar de variedades de musgo. «Erin estaba muy, muy contenta, lo cual era profundamente gratificante y ayudó a mejorar la relación que tenía con su padre —recordaba Powell—. Ella se merecía algo así».

Su hija menor, Eve, era harina de otro costal. Atrevida y segura de sí misma, no se veía en absoluto intimidada por su padre. Su pasión era la equitación, y estaba decidida a llegar a las Olimpiadas. Cuando un entrenador le indicó lo mucho que tendría que trabajar para conseguirlo, contestó: «Dime qué tengo que hacer y lo haré». Él le hizo caso, y ella comenzó a seguir con diligencia el programa.

Eve era una experta en la difícil tarea de conseguir que su padre tomara decisiones. A menudo llamaba a su ayudante directamente al trabajo para asegurarse de que incluía algunos compromisos en su agenda. También era bastante buena negociadora. Un fin de semana de 2010, cuando la familia estaba planeando un viaje, Erin quería retrasar la partida medio día, pero le daba miedo pedírselo a su padre. Eve, que por aquel entonces tenía doce años, se ofreció voluntaria para la tarea, y durante una cena le presentó el caso a su padre como si fuera una abogada ante el Tribunal Supremo. Jobs la interrumpió —«No, creo que no quiero hacerlo»—, pero a todas luces parecía más divertido que molesto. Esa misma tarde, Eve se sentó con su madre y analizó las distintas formas en que podría haber planteado mejor su ruego.

Jobs llegó a valorar aquella actitud... y a verse en gran parte reflejado en ella. «Eve es como un polvorín, y nunca he conocido a ningún niño con una voluntad de hierro parecida a la suya —afirmó—. Es lo que me merezco». Comprendía profundamente su personalidad, quizá porque mostraba ciertas semejanzas con la suya. «Eve es más sensible de lo que muchos creen —explicó—. Es tan lista que puede resultar algo apabullante, así que eso significa que también puede enajenar a los demás y encontrarse sola. Está en medio del proceso de aprender cómo puede ser quien es, pero suaviza las aristas de su personalidad para poder mantener los amigos que le son necesarios».

La relación de Jobs con su esposa resultaba complicada en ocasiones, pero siempre leal. Laurene Powell, inteligente y compasiva, era una influencia estabilizadora y un ejemplo por su capacidad para compensar algunos de los impulsos egoístas de Jobs al rodearlo de personas sensatas y decididas. Ella intervenía con discreción en temas de negocios, con firmeza en los familiares y con fiereza en los médicos. Al principio de su matrimonio, ayudó a fundar y organizar College Track, un programa extraescolar que presta ayuda a chicos desfavorecidos para graduarse en el instituto y entrar en la universidad. Desde entonces, se había convertido en una gran impulsora del movimiento de reforma educativa. Jobs reconocía abiertamente su admiración por el trabajo de su esposa: «Lo que ha hecho con College Track me resulta muy impresionante». Sin embargo, tendía por regla general a despreciar las iniciativas filantrópicas, y nunca visitó sus centros extraescolares.

En febrero de 2010, Jobs celebró su 55.° cumpleaños únicamente con su familia. La cocina estaba decorada con globos y serpentinas, y sus hijos le regalaron una corona de juguete de terciopelo rojo, que se puso al instante. Ahora que se había recuperado de un extenuante año de problemas de salud, Powell esperaba que le prestara más atención a su familia. «Creo que fue duro para todos, especialmente para las chicas —me confesó—. Después de dos años de enfermedad, por fin ha mejorado un poco, y ellas esperaban que les prestara algo más de atención, pero no lo hizo». Powell quería asegurarse, según sus propias palabras, de que las dos caras de su personalidad quedaran reflejadas en este libro y dentro del contexto adecuado. «Como muchos hombres con dones extraordinarios, Steve no es extraordinario en todos los aspectos —comentó ella—. No tiene grandes aptitudes sociales, como la de ponerse en la piel del otro, pero se preocupa enormemente por darle un mayor poder a la humanidad, por lograr que avance y poner las herramientas adecuadas en sus manos».

El presidente Obama

Durante un viaje a Washington a principios del otoño de 2010, Powell se había reunido con algunos de sus amigos de la Casa Blanca, que le dijeron que el presidente Obama iba a viajar a Silicon Valley ese octubre. Ella sugirió que a lo mejor querría reunirse con su esposo. A los asistentes de Obama les gustó la idea: encajaba en el renovado énfasis que estaba poniendo el presidente sobre la competitividad. Además, John Doerr, el inversor de riesgo convertido en uno de los mejores amigos de Jobs, había mencionado tiempo atrás, en una reunión del Comité de Recuperación Económica del presidente, las opiniones de Jobs sobre por qué Estados Unidos estaba perdiendo su ventaja competitiva. También él propuso que Obama se reuniera con Jobs. Así pues, en la agenda del presidente se reservó media hora para una sesión en el aeropuerto Westin de San Francisco.

Había un problema: cuando Powell se lo dijo a su marido, este respondió que no quería hacerlo. Le molestaba que ella lo hubiera dispuesto todo a sus espaldas. «No pienso verme obligado a asistir a una reunión protocolaria para que pueda tachar de su lista de tareas el haberse reunido con un directivo», aseguró. Ella insistió en que Obama estaba «muy emocionado ante la perspectiva de encontrarse con él». Jobs respondió que, en ese caso, el propio Obama debería llamar para concertar una reunión. Aquel callejón sin salida se prolongó durante cinco días. Powell llamó a Reed, que se encontraba en Stanford, para que fuera a cenar a casa y tratara de convencer a su padre. Jobs acabó por ceder.

La reunión duró en realidad cuarenta y cinco minutos, y Jobs no se mordió la lengua. «Está encaminándose a una presidencia de un único mandato», le dijo Jobs a Obama nada más empezar. Para evitarlo, señaló que la Administración tenía que acercarse más a las empresas. Describió lo sencillo que resultaba construir una fábrica en China, y señaló que en aquel momento era casi imposible hacer algo así en Estados Unidos, principalmente debido a las normativas y a los costes innecesarios.

Jobs también atacó al sistema educativo estadounidense. Aseguró que estaba terriblemente anticuado y que se veía entorpecido por los reglamentos laborales sindicales. Hasta que desaparecieran los sindicatos de profesores, no había apenas esperanzas de lograr una reforma educativa. Según él, los profesores deberían ser tratados como profesionales y no como trabajadores de una cadena de montaje industrial. Los directores deberían tener la capacidad de contratarlos y despedirlos basándose en su calidad. Las escuelas deberían permanecer abiertas hasta al menos las seis de la tarde, y funcionar durante once meses al año. En su opinión, era absurdo que las clases estadounidenses todavía consistieran en un profesor ante una pizarra y en el uso de libros de texto. Todos los libros, los materiales de aprendizaje y las evaluaciones deberían llevarse a cabo de manera digital e interactiva, adaptada a cada estudiante de forma que pudiera recibir información sobre su progreso en tiempo real.

Jobs se ofreció a reunir un grupo de seis o siete directivos que de verdad pudieran explicar los desafíos de innovación a los que se enfrentaba el país, y el presidente aceptó. Así pues, Jobs preparó una lista de personas para que asistieran a una reunión en Washington D.C. que iba a celebrarse en diciembre. Desgraciadamente, después de que Valerie Jarrett y otros asistentes del presidente añadieran algunos nombres, la lista aumentó hasta incluir a más de veinte personas, con Jeffrey Immelt, de General Electric, al frente. Jobs le envió un correo electrónico a Jarrett en el que aseguraba que aquella lista estaba demasiado hinchada y que él no tenía intención de asistir. De hecho, sus problemas de salud habían vuelto a aparecer por aquella época, así que en cualquier caso no habría podido acudir, tal y como Doerr le explicó en privado al presidente.

En febrero de 2011, Doerr comenzó a trazar planes para celebrar una pequeña cena para el presidente Obama en Silicon Valley. Jobs y él, junto con sus esposas, fueron a cenar a Evvia, un restaurante griego de Palo Alto, donde prepararon una restringida lista de invitados. Entre los doce titanes de la tecnología elegidos estaban Eric Schmidt, de Google; Carol Bartz, de Yahoo; Mark Zuckerberg, de Facebook; John Chambers, de Cisco; Larry Ellison, de Oracle; Art Levinson, de Genentech, y Reed Hastings, de Netflix. El cuidado de Jobs por los detalles de la cena se hizo extensivo a la comida. Doerr le envió una propuesta de menú, y él respondió que algunos de los platos propuestos por el encargado del catering —langostinos, bacalao, ensalada de lentejas— eran demasiado extravagantes «y no te pegan nada, John». Se opuso especialmente al postre que habían planeado, una tarta de crema adornada con trufas de chocolate, pero el personal responsable en la Casa Blanca se impuso a su decisión al indicarle al chef que al presidente le gustaba la tarta de crema. Como Jobs había perdido tanto peso que sentía frío con facilidad, Doerr mantuvo la calefacción bastante alta, hasta el punto de hacer sudar copiosamente a Zuckerberg.

Jobs, sentado junto al presidente, comenzó la cena con esta afirmación: «Independientemente de nuestras inclinaciones políticas, quiero que sepa que estamos aquí para hacer cualquier cosa que nos pida con tal de ayudar a nuestro país». A pesar de ello, la velada se convirtió al principio en una letanía de sugerencias acerca de lo que el presidente podía hacer para estimular a las empresas. Chambers, por ejemplo, propuso una exención fiscal para los recursos repatriados que permitiría a las grandes compañías evitar el pago de impuestos sobre los beneficios en el extranjero si se comprometían a reinvertirlos en Estados Unidos durante un período determinado. El presidente estaba desconcertado, y también Zuckerberg, que se giró hacia Valerie Jarrett, sentada a su derecha, y le susurró: «Deberíamos estar hablando sobre lo que es importante para el país. ¿Por qué no hace más que hablar sobre lo que es bueno para él?».

Doerr consiguió reconducir la discusión al pedirle a todo el mundo que propusiera una lista de medidas. Cuando llegó el turno de Jobs, resaltó la necesidad de contar con más ingenieros preparados y sugirió que todos los estudiantes extranjeros que obtuvieran su título de ingeniería en Estados Unidos deberían recibir un visado para permanecer en el país. Obama respondió que aquello solo podría hacerse en el contexto de la Ley Dream, que permitía que los inmigrantes ilegales llegados como menores de edad y con el instituto terminado se convirtieran en residentes legales (una propuesta vetada por los republicanos). Jobs opinó que aquel era un molesto ejemplo de cómo la política puede llevar a la parálisis. «El presidente es muy inteligente, pero no hacía más que explicarnos los motivos por los que no podían hacerse las cosas —recordaba—. Eso me enfurece».

Jobs pidió que se encontrara la manera de formar a más ingenieros estadounidenses. Aseguró que Apple contaba con 700.000 trabajadores en sus fábricas chinas, y eso se debía a que hacían falta

30.000 ingenieros sobre el terreno para prestar asistencia a tantos operarios. «Es imposible encontrar a tantos en Estados Unidos para contratarlos», señaló. Esos ingenieros de las fábricas no necesitaban ser doctores o genios; simplemente requerían las capacidades de ingeniería básicas para fabricar productos. Las escuelas técnicas, las universidades comunitarias o los centros de educación profesional podían formarlos. «Si pudiéramos instruir a esos ingenieros —aseguró— podríamos trasladar aquí más plantas de producción». El argumento causó una honda impresión en el presidente. En dos o tres ocasiones a lo largo del mes siguiente, les dijo a sus asistentes: «Tenemos que encontrar la manera de formar a esos 30.000 ingenieros de producción de los que nos habló Jobs».

Jobs se alegró de ver que Obama mantenía un seguimiento sobre la cuestión, y hablaron por teléfono algunas veces tras la reunión. Se ofreció a crear los anuncios políticos de Obama para la campaña de 2012. (Había realizado la misma oferta en 2008, y quedó contrariado al ver que el estratega de campaña de Obama, David Axelrod, no mostraba una actitud completamente deferente.) «Creo que la publicidad política es terrible. Me encantaría sacar a Lee Clow de su jubilación y poder preparar algunos anuncios geniales para él», me confió Jobs unas semanas después de la cena. Jobs llevaba toda la semana enfrentándose al dolor, pero las charlas sobre política lo llenaban de energía. «Muy de vez en cuando, un auténtico profesional de la publicidad se implica en las campañas, como hizo Hal Riney con la de "It's morning in America" que le valió la reelección a Reagan en 1984, y eso es lo que me gustaría hacer por Obama».

La tercera baja médica, 2011

Cada vez que el cáncer iba a reaparecer, le enviaba a Jobs unas cuantas señales. Este ya se sabía la lección: perdía el apetito y comenzaba a sentir distintos dolores por todo el cuerpo. Los médicos lo sometían a pruebas, no detectaban nada y le aseguraban que, aparentemente, todo estaba bien. Sin embargo, él sabía que aquello no era cierto. El cáncer tenía sus formas de prevenirlo, y unos pocos meses después de sentir las señales, los médicos descubrían que, efectivamente, la recuperación se había interrumpido.

Otro de aquellos reveses comenzó a principios de noviembre de 2010. Sentía dolor, había dejado de comer y una enfermera que iba a su casa tenía que alimentarlo por vía intravenosa. Los médicos no encontraron señales de más tumores, y pensaron que era otro de los ciclos habituales en los que debía luchar contra las infecciones y los desórdenes digestivos. Jobs nunca había sido el tipo de persona capaz de sufrir con estoicismo el dolor, así que sus médicos y su familia habían quedado algo inmunizados ante sus quejas.

La familia Jobs se dirigió a Kona Village para celebrar el Día de Acción de Gracias, pero la alimentación de Steve no mejoró. La cena se celebraba allí en una sala comunitaria, y los demás invitados fingieron no advertir que Jobs, con su aspecto demacrado, se tambaleaba y gemía ante la comida que se le presentaba, sin probar bocado. Hay que señalar, en honor al centro de vacaciones y a sus huéspedes, que en ningún momento se filtró información al exterior sobre su situación. En todo caso, al regresar a Palo Alto, Jobs se fue volviendo cada vez más sensible y taciturno. Les dijo a sus hijos que creía que se iba a morir, y se le hacía un nudo en la garganta al pensar en la posibilidad de no asistir nunca más a ninguno de sus cumpleaños.

En Navidad había adelgazado hasta pesar 52 kilos, más de veinte por debajo de su peso normal. Mona Simpson viajó a Palo Alto para celebrar aquellas fechas junto con su ex marido, el guionista televisivo Richard Appel y sus hijos. El ambiente se animó un poco: las familias estuvieron participando en juegos de salón como «La novela», en el que los participantes tratan de engañarse los unos a los otros para ver quién puede escribir la primera frase falsa de un libro que resulte más convincente. Por tanto, la velada pareció cobrar un aire más optimista durante un rato. Jobs pudo incluso salir a cenar a un restaurante con Powell unos días después de Navidad. Los niños se fueron de vacaciones a esquiar para celebrar el Año Nuevo, mientras que Powell y Mona Simpson se turnaban para quedarse en casa con Jobs en Palo Alto.

A principios de 2011, no obstante, estaba claro que aquella no era simplemente una mala racha. Sus médicos detectaron pruebas de nuevos tumores, y con el cáncer agravando su falta de apetito, trataban de determinar cuánta terapia y cuántos medicamentos sería capaz de soportar su cuerpo en aquellas condiciones de delgadez extrema. Jobs les dijo a sus amigos que sentía como si le hubieran dado un puñetazo en cada centímetro de su cuerpo, gemía y en ocasiones se doblaba a causa del dolor.

Era un círculo vicioso. Los primeros síntomas del cáncer causaban dolor. La morfina y otros analgésicos que tomaba le quitaban el apetito. Le habían extirpado parte del páncreas y le habían sustituido el hígado, así que su sistema digestivo no funcionaba bien y tenía problemas para absorber las proteínas. La pérdida de peso hacía que fuera más difícil embarcarse en tratamientos con medicación más agresiva. Su estado de delgadez también lo volvía más susceptible a las infecciones, al igual que los inmunosupresores que debía tomar a veces para que su cuerpo no rechazase el trasplante de hígado. La pérdida de peso reducía las capas de lípidos que rodean a los receptores del dolor, lo que hacía que sufriera más aún. Además, tenía tendencia a sufrir cambios de humor extremos, marcados por prolongados ataques de ira y depresión, lo que también le quitaba el apetito.

Los problemas alimentarios de Jobs se vieron agravados a lo largo de los años por su actitud psicológica hacia la comida. Cuando era joven, aprendió que podía alcanzar un estado de euforia y éxtasis mediante los ayunos. Así, aunque sabía que debía comer —sus médicos le rogaban que consumiera proteínas de alta calidad—, en el fondo de su subconsciente, según él mismo admitía, residía su instinto por los ayunos y las dietas, como el régimen de fruta de Arnold Ehret que había adoptado en su adolescencia. Powell seguía repitiéndole que aquello era una locura, e incluso le hacía ver que Ehret había muerto a los cincuenta y seis años, cuando se tropezó y se golpeó en la cabeza. Se sentía irritada cuando él se sentaba a la mesa y se limitaba a permanecer mirándose el regazo, en silencio. «Quería que él mismo se obligara a comer —comentó ella—, así que la situación en casa era increíblemente tensa». Bryar Brown, su cocinero a tiempo parcial, todavía iba por las tardes y preparaba toda una gama de platos saludables, pero Jobs apenas probaba uno o dos de ellos y los rechazaba todos por considerarlos incomestibles. Una tarde anunció: «A lo mejor podría comer un poco de tarta de calabaza», y el cocinero, siempre solícito, creó una hermosa tarta desde cero en una hora. Jobs solo probó un bocado, pero Brown estaba encantado.

Powell habló con especialistas en desórdenes alimentarios y psiquiatras, pero su esposo tendía a despreciarlos. Se negó a tomar ninguna medicación o a recibir tratamiento para su depresión. «Cuando te invaden ciertos sentimientos —señaló— como la tristeza o la rabia a causa del cáncer o de la difícil situación que atraviesas, enmascararlos equivale a llevar una vida artificial». De hecho, él adoptó la postura exactamente contraria. Se volvió taciturno, hipersensible y dramático, lamentándose ante todos los que lo rodeaban del hecho de que iba a morir. La depresión pasó a formar parte del círculo vicioso e hizo que tuviera todavía menos ganas de comer.

En internet comenzaron a aparecer fotografías y vídeos de Jobs con aspecto demacrado, y poco después a circular rumores sobre lo enfermo que se encontraba. El problema, según advirtió Powell, era que los rumores eran ciertos y que no iban a desaparecer. Jobs solo había accedido a regañadientes a pedir una baja médica dos años antes, cuando el hígado le estaba fallando, y en esta ocasión también se resistió a la idea. Sería como abandonar su tierra natal, sin saber si podría regresar alguna vez. Cuando al final cedió ante lo inevitable, en enero de 2011, los miembros del consejo de administración ya lo estaban esperando; la reunión telefónica en la que anunció que quería una nueva baja solo duró tres minutos. Jobs ya había discutido a menudo con el consejo, en las sesiones de ejecutivos, sus ideas acerca de quién podría encargarse de todo si a él le ocurría algo, y habían considerado distintas opciones tanto a corto como a largo plazo. Con todo, no cabía duda de que, en aquella situación, Tim Cook volvería a hacerse cargo de las operaciones diarias.

El sábado siguiente por la tarde, Jobs permitió que su esposa convocara una reunión con sus médicos. Cayó en la cuenta de que estaba enfrentándose al tipo de problema que nunca habría tolerado en Apple. Su tratamiento era fragmentado en lugar de integrado. Las distintas enfermedades que lo aquejaban estaban siendo tratadas por diferentes doctores —oncólogos, especialistas en dolor, nutricionistas, hepatólogos y hematólogos—, pero nadie los coordinaba para adoptar un enfoque holístico, de la forma que había hecho James Eason en Memphis. «Uno de los principales retos en el campo de la atención médica es la falta de asesores o consejeros que actúen como capitanes de cada equipo», comentó Powell. Esto resultaba especialmente cierto en Stanford, donde nadie parecía preocuparse de averiguar cómo se relacionaba la nutrición con el control del dolor o la oncología. Así pues, Powell pidió a los diferentes especialistas de Stanford que fueran a su casa para asistir a una reunión, a la que también estaban invitados algunos médicos externos con un enfoque más incisivo e integrado, como David Agus, de la Universidad del Sur de California. Accedieron a adoptar un nuevo régimen para tratar el dolor y para coordinar los demás tratamientos.

Gracias a un método científico de vanguardia, el equipo médico había sido capaz de mantener a Jobs un paso por delante del cáncer. Se había convertido en una de las primeras veinte personas del mundo en contar con la secuencia de todos los genes de su tumor, además de la suya propia. Era un procedimiento que, en aquel momento, costaba más de 100.000 dólares.

La secuenciación genética y el análisis del ADN los llevaron a cabo conjuntamente equipos de Stanford, Johns Hopkins, el Instituto Broad del MIT y Harvard. Al conocer la firma genética y molecular única de los tumores de Jobs, sus médicos habían sido capaces de elegir medicamentos específicos que se dirigieran directamente a las vías moleculares defectuosas que hacían que sus células cancerígenas crecieran de manera anormal. Esta técnica, conocida como «terapia molecular dirigida», resultaba más eficaz que la quimioterapia tradicional, que ataca el proceso de mitosis de todas las células del cuerpo, sean estas cancerígenas o no. Esta novedosa terapia dirigida no era un remedio infalible, pero en ocasiones parecía acercarse a ello; permitía a los médicos evaluar una gran cantidad de medicamentos —comunes y extraños, ya disponibles o en fase de desarrollo— para decidir los tres o cuatro que mejor resultado podían dar. Y cada vez que el cáncer mutaba y se adaptaba a aquel tratamiento, los médicos ya tenían preparado otro medicamento sustitutivo.

Aunque Powell supervisaba con diligencia los cuidados que se le ofrecían a su marido, era él quien tenía la última palabra sobre cada nuevo tratamiento. Un típico ejemplo tuvo lugar en mayo de 2011, cuando celebró una reunión con George Fisher y otros médicos de Stanford, los analistas que estaban secuenciando sus genes en el Broad Institute y su asesor externo, David Agus. Todos ellos se sentaron en torno a una mesa en una suite del hotel Four Seasons de Palo Alto. Powell no asistió, pero su hijo Reed sí. A lo largo de tres horas se sucedieron diferentes presentaciones de los investigadores de Stanford y del Broad sobre la nueva información que habían recopilado sobre las características genéticas de su cáncer. Jobs mostró su personalidad beligerante habitual. En un momento de la reunión interrumpió a un analista del Instituto Broad que había cometido el error de emplear PowerPoint en su presentación. Jobs lo regañó y le explicó por qué el software Keynote de Apple era mejor para hacer presentaciones; se ofreció incluso a enseñarle cómo utilizarlo. Al final de la reunión, Jobs y su equipo habían revisado todos los datos moleculares, evaluado los pros y los contras de cada una de las terapias potenciales, y elaborado una lista de pruebas que podían ayudarlos a establecer prioridades.

Uno de los médicos señaló que había esperanzas de que su cáncer, y otros como él, pronto pasaran a ser enfermedades crónicas tratables que podían mantenerse a raya hasta que muriera por otros motivos. «Voy a ser el primero en superar un cáncer de este tipo o el último en morir de él —me dijo Jobs justo después de una de las citas con sus médicos—. O uno de los primeros en llegar a la costa o el último en ahogarme».

Visitantes

Cuando se anunció su baja médica en 2011, la situación parecía tan funesta que Lisa Brennan-Jobs retomó el contacto después de más de un año y reservó un vuelo desde Nueva York para la siguiente semana. La relación con su padre se había edificado sobre sucesivas capas de resentimiento. Lisa tenía unas comprensibles cicatrices al haber sido prácticamente abandonada por él durante sus primeros diez años de vida. Para empeorar la situación, había heredado algo de su irritabilidad y, en opinión de Jobs, parte del sentimiento de agravio experimentado por su madre. «Le dije muchas veces que desearía haber sido un mejor padre cuando ella tenía cinco años, pero que ahora debería dejar atrás todo aquello en lugar de permanecer enfadada el resto de su vida», señaló justo antes de la llegada de Lisa.

La visita transcurrió sin incidentes. Jobs comenzaba a sentirse algo mejor, y estaba de humor para tratar de arreglar sus relaciones y mostrarse afectuoso con aquellos que lo rodeaban. A sus treinta y dos años, era una de las primeras ocasiones en que Lisa mantenía una relación formal de pareja. Su novio era un joven y esforzado cineasta de California, y Jobs llegó incluso a sugerir que se mudaran a Palo Alto si se casaban. «Mira, no sé cuánto tiempo más me queda en este mundo —le dijo—. Los médicos no pueden darme una fecha. Si quieres verme más, tendrás que mudarte aquí. ¿Por qué no lo meditas un poco?». Aunque Lisa no se trasladó a la Costa Oeste, Jobs se alegró por la forma en que había tenido lugar su reconciliación. «No estaba seguro de querer que me visitara, porque estaba enfermo y no quería más complicaciones, pero me alegro mucho de que haya venido. Me ha ayudado a asimilar muchas cosas pendientes que llevaba dentro».

Ese mes, Jobs recibió otra visita de alguien que quería enmendar su relación. Larry Page, el cofundador de Google, que vivía a menos de tres manzanas de distancia, acababa de anunciar sus planes para retomar las riendas de la compañía de la mano de Eric Schmidt. Sabía cómo halagar a Jobs: le preguntó si podía pasarse a verlo para recibir algunos consejos sobre cómo ser un buen consejero delegado. Jobs seguía furioso con Google. «Lo primero que se me pasó por la cabeza fue: "Vete a la mierda" —comentó—, pero entonces lo pensé un poco y me di cuenta de que todo el mundo me había ayudado cuando era joven, desde Bill Hewlett hasta el tipo de la calle de enfrente que trabajaba para Hewlett-Packard, así que lo llamé y le dije que viniera». Page se pasó a verlo, se sentó en el salón de Jobs y escuchó sus ideas sobre cómo construir grandes productos y compañías duraderas. Jobs lo recordaba:

Hablamos mucho sobre la capacidad de concentración y sobre cómo elegir a la gente. Cómo saber en quién confiar y cómo construir un equipo de asistentes con los que pudiera contar. Describí los placajes y las fintas que tendría que llevar a cabo para evitar que la compañía se volviera endeble o se llenase de jugadores de segunda. La concentración fue el punto en el que más me centré. «Decide qué es lo que Google quiere ser cuando crezca. Ahora mismo está en todas partes. ¿Cuáles son los cinco productos en los que quieres centrarte? Deshazte del resto, porque te están lastrando. Están convirtiéndote en Microsoft. Están llevándote a ofrecer productos que son adecuados pero no geniales». Traté de ofrecerle toda la ayuda posible. También seguiré haciendo lo mismo con personas como Mark Zuckerberg. Así es como voy a pasar parte del tiempo que me queda. Puedo ayudar a la próxima generación a recordar la estirpe de grandes compañías que hay aquí y cómo continuar con la tradición. Este valle me ha ofrecido mucho apoyo. Debería esforzarme al máximo por devolverle el favor.

El anuncio de la baja médica de Jobs en 2011 llevó a otras personas a peregrinar a la casa de Palo Alto. Bill Clinton, por ejemplo, fue a verlo y hablaron acerca de un montón de temas, desde Oriente Próximo hasta la política estadounidense. Sin embargo, la visita más emotiva llegó de la mano del otro prodigio de la tecnología nacido en 1955, la persona que, durante más de tres décadas, había sido el rival de Jobs y su compañero a la hora de definir la era de los ordenadores personales.

Bill Gates nunca había perdido su fascinación por Jobs. En la primavera de 2011 me encontraba cenando con él en Washington, adonde él había ido para hablar de las iniciativas de su fundación sobre la salud en el planeta. Expresó su sorpresa por el éxito del iPad y por cómo Jobs, incluso durante su enfermedad, trabajaba en distintas formas de mejorarlo. «Aquí estoy yo, salvando simplemente al mundo de la malaria y cosas así, mientras Steve sigue creando nuevos productos alucinantes —comentó con añoranza—. A lo mejor tendría que haber seguido en aquel campo». Sonrió para asegurarse de que yo sabía que bromeaba, aunque solo fuera a medias.

A través de Mike Slade, un amigo común, Gates preparó una visita a Jobs en mayo. El día antes de que tuviera lugar, el secretario de Jobs le llamó para decirle que este no se encontraba lo suficientemente bien. Sin embargo, la cita quedó pospuesta para otro día, y una tarde a primera hora Gates condujo hasta la casa de Jobs, atravesó la entrada trasera hasta llegar a la puerta abierta de la cocina, y allí vio a Eve estudiando en la mesa. «¿Está Steve por aquí?», le preguntó. Eve le indicó que se dirigiera al salón.

Pasaron más de tres horas juntos, los dos solos, recordando los viejos tiempos. «Éramos como unos ancianos de aquella industria echando la vista atrás —recordaba Jobs—. Él estaba más contento de lo que yo recordaba haberlo visto nunca, y no pude dejar de pensar en lo sano que parecía». Gates quedó igualmente sorprendido por el hecho de que Jobs, aunque con un aspecto aterradoramente demacrado, tuviera más energía de lo que él esperaba. Hablaba abiertamente de sus problemas de salud y, al menos aquel día, se sentía optimista. Según le confió a Gates, los sucesivos ciclos de tratamientos dirigidos lo hacían sentirse «como una rana que salta de nenúfar en nenúfar», tratando de mantenerse un paso por delante del cáncer.

Jobs planteó algunas preguntas sobre educación, y Gates esbozó brevemente su visión acerca de cómo iban a ser las escuelas en el futuro, en las que los alumnos verían por su cuenta las clases y las lecciones en vídeo mientras utilizaban el tiempo lectivo para las discusiones y la resolución de problemas. Ambos coincidieron en que los ordenadores, hasta el momento, habían tenido un impacto sorprendentemente insignificante en los centros educativos, mucho menor que en otros campos de la sociedad como los medios de comunicación, la medicina o el derecho. Para que aquello cambiara, en opinión de Gates, los ordenadores y los dispositivos móviles iban a tener que centrarse en la forma de ofrecer lecciones más personalizadas y una mayor motivación.

También hablaron acerca de las alegrías de la vida familiar, incluida la suerte que habían tenido por tener unos buenos hijos y haberse casado con la mujer adecuada. «Nos reímos al hablar sobre la suerte que había tenido al conocer a Laurene, que lo ha mantenido semicuerdo, y de que yo hubiera conocido a Melinda, que me ha mantenido semicuerdo a mí —recordaba Gates—. También comentamos lo difícil que era ser uno de nuestros hijos, y cómo nos esforzábamos por aliviar aquella situación. Era todo bastante personal». Hubo un momento en el que Eve, que había participado en exhibiciones ecuestres con Jennifer, la hija de Gates, entró en el salón, y Gates le preguntó acerca de los circuitos de saltos que había estado practicando.

Cuando se acercó la hora de marcharse, Gates alabó a Jobs por «los cacharros increíbles» que había creado y por haber sido capaz, a finales de los años noventa, de salvar Apple de manos de los capullos que estaban a punto de destruirla. Incluso realizó una interesante concesión. A lo largo de sus carreras, cada uno había adoptado filosofías contrapuestas acerca del aspecto más fundamental del mundo digital: el de si el hardware y el software deberían estar firmemente integrados o ser más abiertos. «Yo solía creer que el modelo abierto y horizontal acabaría por imponerse —le dijo Gates—. Pero tú me has demostrado que el modelo integrado y vertical también podía ser estupendo». Jobs respondió con su propio reconocimiento. «Tu modelo también funcionaba», afirmó.

Ambos tenían razón. Los dos modelos habían funcionado en el campo de los ordenadores personales, donde el Macintosh coexistía con una gran variedad de máquinas que trabajaban con Windows, y era probable que aquello también resultara ser cierto en el campo de los dispositivos móviles. Sin embargo, tras recordar su charla, Gates añadió una salvedad: «El enfoque integrado funciona bien cuando Steve se encuentra al timón, pero eso no significa que vaya a ganar muchos asaltos en el futuro». Jobs se sintió igualmente obligado a añadir una objeción acerca de Gates tras describir su encuentro. «Por supuesto, su modelo fragmentado funcionaba, pero no era capaz de crear productos realmente geniales. Ese era el problema. El gran problema. Al menos a largo plazo».

«ESE DÍA HA LLEGADO»

Jobs tenía muchas otras ideas y proyectos que quería desarrollar. Quería revolucionar la industria de los libros de texto y salvar las columnas vertebrales de los sufridos estudiantes que arrastraban sus mochilas de un lado a otro mediante la creación de textos electrónicos y material curricular para el iPad. También trabajaba junto con Bill Atkinson, su amigo del primer equipo del Macintosh, para diseñar nuevas tecnologías digitales basadas en los píxeles que permitieran a la gente sacar fantásticas fotografías con sus iPhones incluso en situaciones sin mucha luz. Además, tenía muchas ganas de hacer con los televisores lo mismo que había hecho con los ordenadores, los reproductores de música y los teléfonos: convertirlos en objetos sencillos y elegantes. «Me gustaría crear un aparato de televisión integrado que sea extremadamente fácil de utilizar —me contó—. Estaría sincronizado de forma integral con todos tus dispositivos y con iCloud». Los usuarios ya no tendrían que enfrentarse a complejos mandos a distancia para los reproductores de DVD y los canales de televisión por cable. «Tendrá la interfaz de usuario más sencilla que te puedas imaginar. Por fin he encontrado la forma de conseguirlo».

Sin embargo, en julio de 2011, el cáncer se le había extendido a los huesos y otras partes del cuerpo, y sus médicos estaban teniendo problemas para encontrar medicamentos específicos que fueran capaces de mantenerlo a raya. Jobs sufría grandes dolores, tenía muy poca energía y dejó de ir al trabajo. Powell y él habían reservado un barco de vela para realizar un crucero familiar a finales de ese mes, pero aquellos planes se vinieron abajo. Para entonces casi no consumía alimentos sólidos, y pasaba la mayor parte del día en su habitación, viendo la televisión.

En agosto, recibí un mensaje en el que me decía que quería que fuera a visitarlo. Cuando llegué a su casa, a media mañana de un sábado, todavía se encontraba dormido, así que me senté con su esposa y los hijos en el jardín, lleno de una profusión de rosas amarillas y varios tipos de margaritas, hasta que él me mandó llamar para que fuera a verlo. Lo encontré hecho un ovillo en la cama, con pantalones cortos de color caqui y un jersey blanco de cuello alto. Tenía las piernas espantosamente delgadas, pero su sonrisa parecía relajada y tenía la mente despejada. «Más vale que nos demos prisa, porque me queda muy poca energía», anunció.

Quería mostrarme algunas de sus fotografías personales y dejarme elegir unas cuantas para el libro. Como estaba demasiado débil para salir de la cama, señaló varios cajones de la habitación, y yo le llevé con cuidado las fotografías que había en cada uno de ellos. Mientras me sentaba a un lado de la cama, se las iba sujetando de una en una para que él pudiera verlas. Algunas le recordaban historias; otras simplemente suscitaban un gruñido o una sonrisa. Yo nunca había visto una fotografía de su padre, Paul Jobs, y me sorprendió encontrarme con la instantánea de un recio padre de los cincuenta sujetando a un bebé. «Sí, ese es él —me confirmó—. Puedes utilizarla». Entonces señaló una caja junto a la ventana que contenía una fotografía de su padre mirándolo con cariño el día de su boda. «Fue un gran hombre», me confirmó en voz queda. Yo murmuré algo parecido a «Habría estado orgulloso de ti». Jobs me corrigió: «Estaba orgulloso de mí».

Durante unos instantes, las fotografías parecieron llenarlo de energía. Hablamos acerca de lo que varias personas de su pasado, desde Tina Redse y Mike Markkula hasta Bill Gates, pensaban ahora de él. Le conté lo que Gates me había dicho tras describir su última visita a Jobs, que Apple había demostrado que el enfoque integrado podía funcionar, pero solo «cuando Steve se encuentra al timón». A Jobs aquello le pareció una tontería. «Cualquiera podría crear productos mejores con este enfoque, no solo yo», sentenció. Así pues, le pedí que nombrara otra empresa que fabricara grandes productos mediante una integración completa de sus elementos. Estuvo pensando un rato, tratando de encontrar un ejemplo. «Las compañías automovilísticas», respondió, pero después añadió: «O al menos antes lo hacían».

Cuando nuestra discusión se dirigió al lamentable estado de la economía y la política, manifestó algunas opiniones muy claras acerca de la falta de un liderazgo firme en el mundo. «Obama me ha decepcionado —afirmó—. Tiene problemas para dirigir el país por su miedo a ofender a la gente, a cabrearla». Comprendió lo que yo estaba pensando y asintió con una sonrisilla: «Sí, ese es un problema que yo no he tenido nunca».

Tras dos horas, fue volviéndose más silencioso, así que me bajé de la cama y me dispuse a marcharme. «Espera», me pidió mientras me hacía señas para que volviera a sentarme. Le hizo falta un minuto o dos para recobrar la energía suficiente que le permitiera hablar.

«Tenía mucho miedo con este proyecto —dijo al fin, refiriéndose a su decisión de cooperar en este libro—. Estaba muy preocupado».

«¿Por qué lo hiciste?», le pregunté. «Quería que mis hijos me conocieran —contestó—. No siempre estuve a su lado, y quería que supieran por qué y que comprendieran lo que yo hacía. Además, cuando me puse enfermo, me di cuenta de que otras personas iban a escribir sobre mí si me moría, y no sabrían nada de nada. Lo contarían todo mal, así que quería asegurarme de que alguien escuchase lo que yo tenía que decir».

Nunca, en aquellos dos años, preguntó nada acerca de lo que yo estaba incluyendo en el libro o acerca de las conclusiones a las que había llegado. Sin embargo, ahora me miró y dijo: «Ya sé que en tu libro habrá muchas cosas que no me gustarán». Era más una pregunta que una afirmación, y cuando se me quedó mirando en busca de respuesta, yo asentí, sonreí y le contesté que estaba seguro de que eso sería cierto. «Eso está bien —replicó—. Así no parecerá un libro hecho por encargo. Estaré un tiempo sin leerlo, porque no quiero enfadarme. Quizá lo lea dentro de un año, si sigo por aquí». Para entonces, se le habían cerrado los ojos y la energía lo había abandonado, así que me marché en silencio.

A medida que su salud se deterioraba a lo largo del verano, Jobs comenzó a enfrentarse a lo inevitable: no iba a regresar a Apple como consejero delegado, así que le había llegado la hora de dimitir. Meditó la decisión durante semanas y la discutió con su esposa, Bill Campbell, Jony Ive y George Riley. «Una de las cosas que quería hacer en Apple era dar ejemplo de cómo llevar a cabo correctamente el traspaso de poderes», me confesó. Bromeó acerca de todas las transiciones accidentadas que habían tenido lugar en la empresa a lo largo de los últimos treinta y cinco años. «Siempre ha sido un drama, como si fuéramos un país tercermundista. Parte de mi objetivo ha sido convertir a Apple en la mejor compañía del mundo, y una transición ordenada es clave para conseguirlo».

Decidió que el mejor momento y lugar para llevar a cabo esa transición era en la reunión del consejo de administración ya programada para el 24 de agosto. Estaba deseando hacerlo en persona, en lugar de limitarse a enviar una carta o participar por vía telefónica, así que se había estado forzando a comer para recuperar fuerzas. La víspera de la reunión creyó que podía conseguirlo, pero necesitaba la ayuda de una silla de ruedas. Se dispuso que lo llevaran en coche hasta la sede central y lo condujeran a la sala de juntas con la mayor discreción posible.

Llegó justo antes de las once de la mañana, cuando los miembros del consejo estaban acabando los informes de sus comités y otros asuntos rutinarios. La mayoría ya sabían lo que estaba a punto de ocurrir. Sin embargo, en lugar de pasar directamente al tema que ocupaba las mentes de todos los presentes, Tim Cook y Peter Oppenheimer, el director financiero, repasaron los resultados del trimestre y las previsiones para el año siguiente. Entonces Jobs dijo en voz baja que tenía algo personal que decir. Cook le preguntó si él y otros ejecutivos debían marcharse, y Jobs hizo una pausa de más de treinta segundos antes de decidir que debían irse. Una vez que en la sala solo quedaron los seis consejeros externos, comenzó a leer en voz alta una carta que había dictado y revisado a lo largo de las semanas anteriores. «Siempre he dicho que si alguna vez llegaba un día en el que ya no pudiera cumplir con mis obligaciones y expectativas como consejero delegado de Apple, yo sería el primero en comunicarlo —comenzaba—. Desafortunadamente, ha llegado ese día».

La carta era sencilla, directa y de solo ocho frases. En ella proponía a Tim Cook para que lo sucediera, y se ofrecía a participar como presidente del consejo de administración. «Creo que los días más brillantes e innovadores de Apple están aún por llegar. Y espero ver y contribuir a su éxito desde esta nueva función».

Se produjo un largo silencio. Al Gore fue el primero en hablar, y enumeró los logros de Jobs durante su mandato. Mickey Drexler añadió que ver como Jobs transformaba Apple era «la cosa más increíble que he visto nunca en el mundo de los negocios», y Art Levinson alabó la diligencia de Jobs a la hora de asegurarse de que se producía una transición sin sobresaltos. Campbell no dijo nada, pero las lágrimas le nublaban los ojos mientras se aprobaban las resoluciones formales de traspaso de poder.

Durante la comida, Scott Forstall y Phil Schiller entraron para mostrar maquetas de algunos productos que Apple estaba preparando. Jobs los acribilló a preguntas y comentarios, especialmente acerca de las capacidades que tendrían las redes móviles de cuarta generación y las características que debían incluirse en los futuros teléfonos. Hubo un momento en que Forstall le mostró una aplicación de reconocimiento de voz. Tal y como temía, Jobs agarró el teléfono en medio de la demostración y procedió a ver si lograba confundirlo. «¿Qué tiempo hace en Palo Alto?», preguntó. La aplicación le respondió. Tras unas cuantas preguntas más, Jobs le planteó un reto: «¿Eres un hombre o una mujer?». Sorprendentemente, la aplicación respondió con su voz robótica: «No me han asignado un género». Durante unos instantes, el ambiente se relajó.

Cuando la charla volvió a centrarse en la programación para las tabletas, algunos expresaron una cierta sensación de triunfo al ver que Hewlett-Packard había abandonado de pronto aquel campo, incapaz de competir con el iPad. Sin embargo, Jobs adoptó una actitud sombría y afirmó que en realidad era un momento triste. «Hewlett y Packard construyeron una gran compañía, y pensaron que la habían dejado en buenas manos —señaló—. Sin embargo, ahora se está viendo desmembrada y destruida. Es trágico. Espero haber dejado un legado más sólido para que eso nunca le ocurra a Apple». Mientras se preparaba para irse, los miembros del consejo se reunieron a su alrededor para darle un abrazo.

Tras reunirse con su equipo ejecutivo para darles la noticia, Jobs se fue en coche con George Riley. Cuando llegaron a casa, Powell estaba en el patio trasero recogiendo miel de sus colmenas, con la ayuda de Eve. Se retiraron los visores de los cascos y llevaron el tarro de miel a la cocina, donde se habían reunido Reed y Erin, para que todos pudieran celebrar aquella digna transición. Jobs probó una cucharada de la miel y afirmó que era maravillosamente dulce.

Aquella tarde, me repitió con énfasis que su esperanza era permanecer tan activo como le permitiera su salud. «Voy a trabajar en productos nuevos y en marketing, y en las cosas que me gustan», afirmó. Sin embargo, cuando le pregunté por cómo se sentía realmente al ceder el control de la empresa que había creado, su tono se volvió más nostálgico y pasó a hablar en pasado. «He tenido una carrera muy afortunada y una vida muy afortunada —contestó—. He hecho todo lo que puedo hacer».

41

El legado

El más brillante cielo de la invención

FireWire

La personalidad de Jobs se veía reflejada en los productos que creaba. En el núcleo mismo de la filosofía de Apple, desde el primer Macintosh de 1984 hasta el iPad, una generación después, se encontraba la integración completa del hardware y el software, y lo mismo ocurría con el propio Steve Jobs: su personalidad, sus pasiones, su perfeccionismo, sus demonios y deseos, su arte, su difícil carácter y su obsesión por el control se entrelazaban con su visión para los negocios y con los innovadores productos que surgían de ellos.

La teoría del campo unificado que une la personalidad de Jobs y sus productos comienza con su rasgo más destacado: su intensidad. Sus silencios podían resultar tan virulentos como sus diatribas. Había aprendido por su cuenta a mirar fijamente sin pestañear. En ocasiones esta intensidad resultaba encantadora, en un sentido algo obsesivo, como cuando explicaba la profundidad de la música de Bob Dylan o por qué el producto que estuviera presentando en ese momento era lo más impresionante que Apple había creado nunca. En otras ocasiones podía resultar terrorífico, como cuando despotricaba acerca de cómo Google o Microsoft habían copiado a Apple.

Esta intensidad daba pie a una visión binaria del mundo. Sus compañeros se referían a ella como la «dicotomía entre héroes y capullos». Podías ser una cosa o la otra, y a veces ambas a lo largo de un mismo día. Otro tanto ocurría con los productos, con las ideas e incluso con la comida. Un plato podía ser «lo mejor que he probado nunca» o bien una bazofia asquerosa e incomestible. Como resultado, cualquier atisbo de imperfección podía dar paso a una invectiva. El acabado de una pieza metálica, la curva de la cabeza de un tornillo, el tono de azul de una caja, la navegación intuitiva por una pantalla: de todos ellos solía afirmar que eran «completamente horribles» hasta el momento en que, de pronto, decidía que eran «absolutamente perfectos». Se veía a sí mismo como un artista y lo era, y manifestaba el temperamento propio de uno.

Su búsqueda de la perfección lo llevó a su obsesión por que Apple mantuviera un control integral de todos y cada uno de los productos que creaba. Le daban escalofríos, o cosas peores, cuando veía el gran software de Apple funcionando en el chapucero hardware de otra marca, y también era alérgico a la idea del contenido o las aplicaciones no autorizadas que pudieran contaminar la perfección de un aparato de Apple. Esta capacidad para integrar el hardware, el software y el contenido en un único sistema unificado le permitía imponer la sencillez. El astrónomo Johannes Kepler afirmó que «la naturaleza adora la sencillez y la unidad». Lo mismo le ocurría a Steve Jobs.

Este instinto por los sistemas integrados lo situaba sin reparos en un extremo de la división más fundamental del mundo digital: los sistemas abiertos contra los cerrados. Los valores de los *hackers* que se impartían en el Homebrew Computer Club favorecían los sistemas abiertos, en los que el control centralizado era escaso y la gente tenía libertad para modificar el hardware y el software, compartir los códigos de programación, escribir mediante estándares abiertos, rechazar los sistemas de marca registrada y crear contenidos y aplicaciones compatibles con una gran variedad de dispositivos y sistemas operativos. El joven Wozniak se enmarcaba en ese campo; el Apple II que diseñó se podía abrir con facilidad y contaba con un montón de ranuras y puertos en los que los usuarios podían conectar tantos periféricos como quisieran. Con el Macintosh, Jobs se convirtió en uno de los padres fundadores de la concepción contraria. El Macintosh era como un electrodoméstico, con el hardware y el software estrechamente interrelacionados y cerrados ante las posibles modificaciones. El código de los *hackers* se sacrificaba para crear una experiencia de usuario integrada y sencilla.

Todo ello empujó a Jobs a decidir que el sistema operativo del Macintosh no estaría a disposición del hardware de ninguna otra compañía. Microsoft planteó la estrategia opuesta, permitiendo que su sistema operativo Windows se licenciara con promiscuidad. Aquello no daba lugar a los ordenadores más elegantes del mundo, pero sí hizo que Microsoft dominara el mundo de los sistemas operativos. Después de que la cuota de mercado de Apple se redujese a menos del 5 %, la táctica de Microsoft quedó declarada como la vencedora en el campo de los ordenadores personales.

A largo plazo, no obstante, el modelo de Jobs demostró que ofrecía ciertas ventajas. Incluso con una cuota de mercado menor, Apple fue capaz de mantener un enorme margen de beneficios mientras otros fabricantes de ordenadores se convertían en productores de bienes genéricos de consumo. En 2010, por ejemplo, Apple solo contaba con el 7 % de los beneficios del mercado de los ordenadores personales, pero se hizo con el 35 % del beneficio neto.

Lo que resulta más significativo aún es que, a principios de la década de 2000, la insistencia de Jobs en conseguir una integración completa le ofreció a Apple la ventaja a la hora de desarrollar una estrategia de centro digital, que permitía que el ordenador de sobremesa se conectara a la perfección con diferentes dispositivos móviles. El iPod, por ejemplo, formaba parte de un sistema cerrado y firmemente integrado. Para utilizarlo, debías emplear el software iTunes de Apple y descargar el contenido de su tienda iTunes. El resultado fue que el iPod, al igual que el iPhone y el iPad que vinieron tras él, eran una elegante maravilla en comparación con los deslavazados productos de la competencia, que no ofrecían una experiencia integral completa.

La estrategia dio resultado. En mayo de 2000, el valor de mercado de Apple era veinte veces menor que el de Microsoft. En mayo de 2010, Apple superaba a Microsoft como la compañía tecnológica más valiosa, y en septiembre de 2011 su valor se encontraba un 70 % por encima del de Microsoft. En el primer trimestre de 2011, el mercado de los ordenadores personales Windows se redujo un 1 %, mientras que el de los Macs creció un 28 %.

Para entonces, la batalla había comenzado de nuevo en el mundo de los dispositivos móviles. Google adoptó la postura más abierta, y dispuso que su sistema operativo Android estuviera al alcance de cualquier fabricante de tabletas o teléfonos móviles. En 2011, su cuota en el mercado de los teléfonos móviles igualaba a la de Apple. La desventaja del carácter abierto del Android era la fragmentación resultante. Varios fabricantes de móviles y tabletas modificaron el Android para crear decenas de variedades y sabores, lo que dificultaba que las aplicaciones pudieran mantener su consistencia o aprovechar al máximo sus características. Ambos enfoques tenían sus propios méritos. Algunas personas querían tener la libertad de utilizar sistemas más abiertos y contar con una mayor variedad de opciones de hardware; otras preferían sin dudarlo la firme integración y el control de Apple, que daban como resultado productos con interfaces más simples, una mayor vida útil de las baterías, una mayor facilidad de uso y una gestión de los contenidos más sencilla.

La desventaja de la postura de Jobs era que su deseo de maravillar al usuario lo llevaba a resistirse a concederle ningún poder. Entre los defensores más reflexivos de los entornos abiertos se encuentra Jonathan Zittrain, de Harvard. Su libro *El futuro de internet... y cómo detenerlo* comienza con una escena en la que Jobs presenta el iPhone, y alerta acerca de las consecuencias de sustituir los ordenadores personales por «dispositivos estériles encadenados a una red de control». Cory Doctorow realiza una defensa aún más ferviente en el manifiesto que escribió, titulado «Por qué no voy a comprarme un iPad», para *Boing Boing*. «El diseño demuestra una gran reflexión e inteligencia, pero también se aprecia un desprecio palpable por el usuario —escribió—. Comprarles un iPad a tus hijos no es la forma de fomentar la idea de que el mundo es suyo para que lo desmonten y lo vuelvan a construir; es una forma de decirle a tu prole que incluso el cambio de baterías es algo que deberías dejarles a los profesionales».

Para Jobs, su creencia en el planteamiento integrado era una cuestión de rectitud moral. «No hacemos estas cosas porque seamos unos obsesos del control —explicó—. Las hacemos porque queremos crear grandes productos, porque nos preocupamos por el usuario y porque queremos responsabilizarnos de toda su experiencia en lugar de producir la basura que crean otros fabricantes». También creía que estaba prestándole un servicio al público: «Ellos están ocupados haciendo lo que mejor se les da, y quieren que nosotros hagamos lo que mejor se nos da. Sus vidas están llenas de compromisos, y tienen cosas mejores que hacer que pensar en cómo integrar sus ordenadores y sus dispositivos electrónicos».

Esta postura iba en ocasiones en contra de los intereses comerciales a corto plazo de Apple. Sin embargo, en un mundo lleno de dispositivos chapuceros, de software inconexo, de inescrutables mensajes de error y de molestas interfaces, el enfoque integrado daba como resultado productos impresionantes marcados por una cautivadora experiencia del usuario. Utilizar un producto de Apple podía resultar tan sublime como pasear por uno de los jardines zen de Kioto que Jobs adoraba, y ninguna de esas experiencias tenía lugar al postrarse ante el altar de los sistemas abiertos o al permitir que florezcan un millar de flores. En ocasiones resulta agradable quedar en manos de un obseso del control.

La intensidad de Jobs también quedaba de manifiesto en su capacidad para concentrarse. Fijaba las prioridades, dirigía a ellas su atención como si fuera un rayo láser y filtraba las distracciones. Si algo atraía su atención —la interfaz de usuario del Macintosh original, el diseño del iPod y el iPhone, conseguir que las compañías discográficas entrasen en la tienda iTunes—, se volvía implacable. Sin embargo, si no quería enfrentarse a algo —alguna molestia jurídica, un problema empresarial, su diagnóstico de cáncer, una riña familiar— lo ignoraba con firmeza. Esta capacidad de concentración le permitía decir que no a muchas propuestas. Consiguió que Apple volviera a prosperar al eliminarlo todo salvo algunos productos fundamentales. Consiguió dispositivos más sencillos eliminando botones, software más sencillo eliminando características e interfaces más sencillas eliminando opciones.

Jobs atribuía su capacidad para concentrarse y su amor por la sencillez a su formación zen, que había afinado su sentido de la intuición, le había enseñado a filtrar cualquier elemento que resultase innecesario o que lo distrajese, y había alimentado en él una estética basada en el minimalismo.

Desgraciadamente, su formación zen nunca despertó en él una calma o serenidad interior propias de esta filosofía, y eso también forma parte de su legado. A menudo se mostraba muy tenso e impaciente, rasgos que no se esforzaba por ocultar. La mayoría de las personas cuentan con un regulador entre el cerebro y la boca que modula los sentimientos más bruscos y los impulsos más hirientes. Eso no ocurría en el caso de Jobs. Él tenía a gala el ser brutalmente sincero. «Mi trabajo consiste en señalar cuándo algo es un asco en lugar de tratar de edulcorarlo», afirmó. Eso lo convertía en una persona carismática e inspiradora, pero en ocasiones también, por usar el término técnico, en un gilipollas.

Andy Hertzfeld me dijo una vez: «La pregunta que me encantaría que respondiera Steve es: "¿Por qué eres tan cruel algunas veces?"». Incluso los miembros de su familia se preguntaban si sencillamente carecía del filtro que evita que la gente dé rienda suelta a sus pensamientos más hirientes o si hacía caso omiso de él de forma consciente. Jobs aseguraba que la respuesta era la primera opción. «Yo soy así, y no puedes pedirme que sea alguien que no soy», respondió cuando le planteé la pregunta. Sin embargo, creo que sí podría haberse controlado algo más si hubiera querido. Cuando hería a otras personas, no se debía a que careciera de sensibilidad emocional. Al contrario: podía evaluar a las personas, comprender sus pensamientos internos y saber cómo conectar con ellas, cautivarlas o herirlas según su voluntad.

Este rasgo desagradable de su personalidad no era en realidad necesario. Lo entorpecía más de lo que lo ayudaba. Sin embargo, en ocasiones sí que servía para un fin concreto. Los líderes educados y corteses que se preocupan por no molestar a los demás resultan por lo general menos eficaces a la hora de forzar un cambio. Decenas de los compañeros de trabajo que más ataques recibieron de Jobs acababan su letanía de historias de terror afirmando lo siguiente: había conseguido que hicieran cosas que nunca creyeron posibles.

La historia de Steve Jobs es un claro ejemplo del mito de la creación de Silicon Valley: el comienzo de una compañía en el proverbial garaje y su transformación en la empresa más valiosa del mundo. Jobs no inventó de la nada demasiadas cosas, pero era un maestro a la hora de combinar las ideas, el arte y la tecnología de formas que inventaban el futuro. Diseñó el Mac tras valorar el poder de las interfaces gráficas de una forma que Xerox había sido incapaz de hacer, y creó el iPod tras apreciar la maravilla que suponía contar con mil canciones en el bolsillo con una eficacia que Sony (que contaba con todos los elementos y la capacidad para ello) nunca pudo alcanzar. Algunos líderes fomentan la innovación al considerar una perspectiva más general. Otros lo logran mediante el dominio de los detalles. Jobs hizo ambas cosas de forma implacable. Como resultado, presentó una serie de productos a lo largo de tres décadas que transformaron industrias enteras:

- El Apple II, que empleaba la placa base de Wozniak y lo convirtió en el primer ordenador personal dirigido únicamente a los aficionados a la electrónica.
- El Macintosh, que impulsó la revolución de los ordenadores personales y popularizó las interfaces gráficas de usuario.
- *Toy Story* y otros taquillazos de Pixar, que dieron paso al milagro de la animación digital.
- Las tiendas Apple, que reinventaron la función de las tiendas a la hora de definir una marca.
- El iPod, que cambió la forma en que consumimos música.
- La tienda iTunes, que resucitó a la industria discográfica.
- El iPhone, que dirigió los teléfonos móviles al mundo de la música, la fotografía, el vídeo, el correo electrónico y los navegadores web.
- La App Store, que dio origen a una nueva industria de creación de contenidos.
- El iPad, que dio lugar a las tabletas informáticas y ofreció una plataforma digital para periódicos, revistas, libros y vídeos.
- iCloud, que apartó al ordenador de su función central como gestor de nuestros contenidos, permitiendo la sincronización integral de todos nuestros aparatos.

- Y la propia Apple, que Jobs consideraba su mayor creación, un lugar donde se fomentaba, se aplicaba y se ejecutaba la imaginación de formas tan creativas que llegó a ser la compañía más valiosa del mundo.

¿Era Jobs inteligente? No, no de una manera excepcional. Y, sin embargo, era un genio. Conseguía saltos imaginativos instintivos, inesperados y en ocasiones mágicos. Constituía sin duda un ejemplo de lo que el matemático Mark Kac llamaba un «genio matemático», alguien cuyas ideas salen de la nada y requieren más intuición que una mera potencia de procesamiento mental. Como si fuera un explorador, podía absorber la información, percibir el cambio del viento e intuir qué iba a encontrar en su camino.

Así pues, Steve Jobs se convirtió en el ejecutivo empresarial de nuestra era con más posibilidades de ser recordado dentro de un siglo. La historia lo consagrará en su panteón justo al lado de Edison y Ford. Consiguió, más que nadie en su época, crear productos completamente innovadores que combinaban el poder de la poesía y los procesadores. Con una ferocidad que podía hacer que trabajar con él fuera tan perturbador como inspirador, también construyó la compañía más creativa del mundo. Además, fue capaz de grabar en su ADN la sensibilidad por el diseño, el perfeccionismo y la imaginación que probablemente la lleven a ser, incluso dentro de varias décadas, la compañía que mejor se desenvuelva en la intersección entre el arte y la tecnología.

Y UNA COSA MÁS...

Se supone que los biógrafos deben tener la última palabra. Pero esta es una biografía de Steve Jobs. Aunque no impuso su legendaria obsesión por el control en este proyecto, sospecho que yo no estaría transmitiendo la imagen adecuada de él —la forma en que era capaz de hacerse notar en cualquier situación— si me limitara a presentarlo ante el escenario de la historia sin dejar que pronuncie unas últimas palabras.

En el transcurso de nuestras conversaciones, hubo muchas ocasiones en las que reflexionó acerca de cuál esperaba que fuera su legado. Aquí presento esas ideas, en sus propias palabras:

Mi pasión siempre ha sido la de construir una compañía duradera en la que la gente se sienta motivada para crear grandes productos. Todo lo demás era secundario. Obviamente, era fantástico obtener beneficios, porque eso es lo que te permite crear grandes productos. Pero la motivación eran los propios productos, no los beneficios. Sculley les dio la vuelta a esas prioridades y convirtió el dinero en la meta. Es una diferencia sutil, pero acaba por afectar a todos los campos: la gente a la que contratas, quién recibe ascensos, qué se discute en las reuniones.

Algunas personas proponen: «Dales a los clientes lo que quieren». Pero esa no es mi postura. Nuestro trabajo consiste en averiguar qué van a querer antes de que lo sepan. Creo que fue Henry Ford quien dijo una vez: «Si les hubiera preguntado a mis clientes qué querían, me habrían contestado: "¡Un caballo más rápido!"». La gente no sabe lo que quiere hasta que se lo enseñas. Por eso nunca me he basado en las investigaciones de mercado. Nuestra tarea estriba en leer las páginas que todavía no se han escrito.

Edwin Land, de Polaroid, hablaba acerca del cruce entre las humanidades y la ciencia. Me gusta esa intersección. Hay algo mágico en ese lugar. Hay mucha gente innovando, y esa no suele ser la característica principal de mi línea de trabajo. El motivo por el que Apple cuenta con la aceptación de la gente es que existe una corriente profunda de humanidad en nuestra innovación. Creo que los grandes artistas y los grandes ingenieros se parecen, porque ambos sienten el deseo de expresarse. De hecho, algunas de las mejores personas que trabajaron en el Mac original eran también poetas y músicos. En los años setenta, los ordenadores se convirtieron en una herramienta para que la gente pudiera expresar su creatividad. A los grandes artistas como Leonardo da Vinci y Miguel Ángel también se les daba muy bien la ciencia. Miguel Ángel sabía mucho acerca de la extracción de las piedras en las canteras, y no solo sobre cómo ser un escultor.

La gente nos paga para que les ofrezcamos soluciones integradas, porque ellos no tienen tiempo para pensar en estas cosas constantemente. Si sientes una pasión extrema por la creación de grandes productos, eso te lleva a ser integrado, a conectar el hardware con el software y la gestión de contenidos. Quieres abrir un nuevo terreno, así que tienes que hacerlo por tu cuenta. Si quieres que tus productos queden abiertos para utilizarse con otro hardware o software, entonces tienes que renunciar a una parte de tu visión.

En diferentes momentos del pasado hubo compañías que representaban a todo Silicon Valley. Durante mucho tiempo se trató de Hewlett-Packard. Después, en la época de los semiconductores, fueron Fairchild e Intel. Creo que Apple lo fue durante un tiempo, y luego se desvaneció. Y hoy en día creo que se trata de Apple y Google, con Apple algo por delante. Creo que Apple ha resistido al paso del tiempo. Lleva ya una temporada activa, pero todavía se encuentra a la vanguardia de todo lo que ocurre.

Resulta sencillo arrojarle piedras a Microsoft. Ellos han caído claramente desde su puesto de dominio. Se han convertido en algo casi irrelevante. Y aun así valoro lo que hicieron y lo duro que resultó. Se les daba bien el aspecto empresarial de las cosas. Nunca fueron tan ambiciosos en cuanto a sus productos como deberían haberlo sido. A Bill le gusta presentarse como un hombre de productos, pero en realidad no lo es. Es un hombre de negocios. Vencer a otras empresas era más importante que crear grandes productos. Acabó siendo el hombre más rico que había, y si esa era su meta, entonces la alcanzó. Sin embargo, ese nunca ha sido mi objetivo, y me pregunto, al fin y al cabo, si era el suyo. Lo admiro por la empresa que construyó —es impresionante— y disfruté del tiempo que trabajé con él. Es un hombre brillante y de hecho tiene un gran sentido del humor. Sin embargo, Microsoft nunca contó con las humanidades y las artes liberales en su ADN. Incluso cuando vieron el Mac, no lograron copiarlo correctamente. No acabaron de comprenderlo del todo.

Tengo mi propia teoría acerca de por qué compañías como IBM o Microsoft entran en decadencia. Una empresa hace un gran trabajo, innova y se convierte en un monopolio o en algo cercano a ello en un campo determinado, y entonces la calidad del producto se vuelve menos importante. La compañía comienza a valorar más a los grandes comerciales que tienen, porque ellos son los que pueden aumentar los beneficios, y no a los ingenieros y diseñadores de productos. Así pues, los agentes de ventas acaban dirigiendo la compañía. John Akers, de IBM, era un vendedor fantástico, listo y elocuente, pero no sabía absolutamente nada sobre los productos. Lo mismo ocurrió en Xerox. Cuando los chicos de ventas dirigen la compañía, la gente que trabaja en los productos pierde importancia, y muchos de ellos sencillamente se marchan. Es lo que ocurrió en Apple cuando entró Sculley, y eso fue culpa mía, y también ocurrió cuando Ballmer llegó al poder en Microsoft. Apple tuvo suerte y se recuperó, pero no creo que nada vaya a cambiar en Microsoft mientras Ballmer siga al frente.

Odio que la gente se etiquete a sí misma como «emprendedora» cuando lo que en realidad está intentando hacer es crear una compañía para después venderla o salir a bolsa para poder recoger los beneficios y dedicarse a otra cosa. No están dispuestos a llevar a cabo el trabajo necesario para construir una auténtica empresa, que es la tarea más dura en este campo. Así es como puedes hacer una contribución real y sumarte al legado de los que vinieron antes que tú. Así es como construyes una compañía que siga representando unos valores dentro de una o dos generaciones. Eso es lo que hicieron Walt Disney, Hewlett y Packard, y las personas que construyeron Intel. Crearon una compañía para que durase, y no solo para ganar dinero. Eso es lo que quiero que ocurra con Apple.

No creo que haya sido desconsiderado con los demás, pero si algo es un asco, se lo digo a la gente a la cara. Mi trabajo consiste en ser sincero. Sé de lo que estoy hablando, y normalmente acabo teniendo la razón. Esa es la cultura que he tratado de crear. Somos brutalmente honestos los unos con los otros, y cualquiera puede decirme que creen que no cuento más que chorradas, y yo puedo decirles lo mismo. Hemos tenido algunas discusiones en las que nos hemos arrojado al cuello del otro, en que todos nos chillamos, y han sido algunos de los mejores momentos que he pasado. Me siento completamente a gusto al decir: «Ron, esa tienda tiene un aspecto de mierda» ante el resto de los presentes. O podría decir: «Dios mío, la hemos jodido bien con estos circuitos» frente a la persona responsable. Ese es el precio que hay que pagar por entrar en el juego: tienes que ser capaz de ser sincero al cien por cien. Tal vez haya una alternativa mejor, como un club inglés de caballeros en el que todos llevemos corbata y hablemos una especie de lenguaje privado con aterciopeladas palabras en clave, pero yo no conozco esa alternativa, porque provengo de una familia californiana de clase media.

En ocasiones he sido duro con otras personas, puede que más de lo necesario. Recuerdo una vez, cuando Reed tenía seis años, en que yo llegué a casa después de haber despedido a alguien ese día y me imaginé cómo sería para esa persona decirles a su familia y a su hijo pequeño que había perdido el trabajo. Era duro, pero alguien tenía que hacerlo. Decidí que mi trabajo siempre sería el de asegurarme de que el equipo era excelente, y si yo no lo hacía, nadie más iba a encargarse de ello.

Siempre hay que seguir esforzándose por innovar. Dylan podría haber cantado canciones protesta toda su vida y probablemente habría ganado un montón de dinero, pero no lo hizo. Tenía que seguir adelante, y cuando se puso manos a la obra, al pasarse a los instrumentos eléctricos en 1965, se encontró con el rechazo de mucha gente. Su gira europea de 1966 fue la mejor de todas. Salía al escenario y tocaba unas cuantas canciones con su guitarra acústica, y el público lo adoraba. Entonces salía lo que pasó a conocerse como The Band, y todos utilizaban instrumentos eléctricos, y el público a veces los abucheaba. Una vez estaba a punto de cantar «Like a Rolling Stone» y alguien de entre el público le gritó: «¡Judas!», y entonces Dylan le ordenó a su banda: «¡Dadle caña!», y eso hicieron. Los Beatles eran iguales. No paraban de evolucionar, de moverse, de refinar su arte. Eso es lo que he intentado hacer siempre, mantenerme en movimiento. De lo contrario, como dice Dylan, si no estás ocupado naciendo, estás ocupado muriendo.

¿Qué me motivaba? Creo que la mayoría de las personas creativas quieren expresar su agradecimiento por ser capaces de aprovechar el trabajo que otros han llevado a cabo antes que ellos. Yo no inventé el lenguaje ni las matemáticas que utilizo. Produzco solo una pequeña parte de mis alimentos, y ninguna de mis prendas de ropa está hecha por mí. Todo lo que hago depende de otros miembros de nuestra especie y de los hombros a los que nos subimos. Y muchos de nosotros queremos contribuir con algo para devolverle el favor a nuestra especie y para añadir algo nuevo al flujo de la humanidad. Es algo que tiene que ver con el intento de expresar una idea de la única forma en que muchos sabemos, porque no podemos escribir canciones como Bob Dylan u obras como Tom Stoppard. Tratamos de utilizar el talento que sí tenemos para expresar nuestros sentimientos más profundos, para mostrar nuestro aprecio por todas las aportaciones que vinieron antes que nosotros y para añadir algo a toda esa corriente. Eso es lo que me ha motivado.

Coda

Una tarde soleada en que no se encontraba demasiado bien, Jobs estaba sentado en el jardín trasero de su casa y reflexionó sobre la muerte. Habló acerca de sus experiencias en la India de casi cuatro décadas atrás, su estudio del budismo y sus opiniones sobre la reencarnación y la trascendencia espiritual. «Creo en Dios aproximadamente al cincuenta por ciento —afirmó—. Durante la mayor parte de mi vida he sentido que debía de haber algo más en nuestra existencia de lo que se aprecia a simple vista».

Reconoció que, a medida que se enfrentaba a la muerte, podía estar exagerando aquella posibilidad motivado por un deseo de creer en una vida más allá de esta. «Me gusta pensar que hay algo que sobrevive después de morir —comentó—. Resulta extraño pensar que puedas acumular toda esta experiencia y tal vez algo de sabiduría, y que simplemente desaparezca, así que quiero creer que hay algo que sobrevive, que a lo mejor tu conciencia resiste».

Se quedó callado durante un buen rato. «Pero, por otra parte, a lo mejor es como un botón de encendido y apagado —añadió—. ¡Clic!, y ya no estás».

Entonces hizo de nuevo una pausa y sonrió levemente. «A lo mejor por eso nunca me gustó poner botones de encendido y apagado en los aparatos de Apple».

Agradecimientos

Estoy enormemente agradecido a John y Ann Doerr, Laurene Powell, Mona Simpson y Ken Auletta, que han contribuido a que este proyecto saliera adelante y han ofrecido un inestimable apoyo a lo largo del mismo. Alice Mayhew, que ha sido mi redactora en Simon & Schuster durante treinta años, y Jonathan Karp, el editor, han sido extraordinariamente diligentes y atentos a la hora de guiar este libro, al igual que Amanda Urban, mi agente. Mi ayudante, Pat Zindulka, lo ha hecho todo más fácil con su aire calmado. También quiero darle las gracias a mi padre, Irwin, y a mi hija, Betsy, por leer este libro y ofrecerme sus consejos. Y, como siempre, estoy profundamente en deuda con mi esposa, Cathy, por sus correcciones, sus sugerencias, sus sabios comentarios y por tantísimas otras cosas.

Fuentes

ENTREVISTAS (REALIZADAS ENTRE 2009 Y 2011)

Al Alcorn, Roger Ames, Fred Anderson, Bill Atkinson, Joan Baez, Marjorie Powell Barden, Jeff Bewkes, Bono, Ann Bowers, Stewart Brand, Chrisann Brennan, Larry Brilliant, John Seeley Brown, Tim Brown, Nolan Bushnell, Greg Calhoun, Bill Campbell, Berry Cash, Ed Catmull, Ray Cave, Lee Clow, Debi Coleman, Tim Cook, Katie Cotton, Eddy Cue, Andrea Cunningham, John Doerr, Millard Drexler, Jennifer Egan, Al Eisenstat, Michael Eisner, Larry Ellison, Philip Elmer-DeWitt, Gerard Errera, Tony Fadell, Jean-Louis Gassée, Bill Gates, Adele Goldberg, Craig Good, Austan Goolsbee, Al Gore, Andy Grove, Bill Hambrecht, Michael Hawley, Andy Hertzfeld, Joanna Hoffman, Elizabeth Holmes, Bruce Horn, John Huey, Jimmy Iovine, Jony Ive, Oren Jacob, Erin Jobs, Reed Jobs, Steve Jobs, Ron Johnson, Mitch Kapor, Susan Kare (correo electrónico), Jeffrey Katzenberg, Pam Kerwin, Kristina Kiehl, Joel Klein, Daniel Kottke, Andy Lack, John Lasseter, Art Levinson, Steven Levy, Dan'l Lewin, Maya Lin, Yo-Yo Ma, Mike Markkula, John Markoff, Wynton Marsalis, Regis McKenna, Mike Merin, Bob Metcalfe, Doug Morris, Walt Mossberg, Rupert Murdoch, Mike Murray, Nicholas Negroponte, Dean Ornish, Paul Otellini, Norman Pearlstine, Laurene Powell, Josh Quittner, Tina Redse, George Riley, Brian Roberts, Arthur Rock, Jeff Rosen, Alain Rossmann, Jon Rubinstein, Phil Schiller, Eric Schmidt, Barry Schuler, Mike Scott, John Sculley, Andy Serwer, Mona Simpson, Mike Slade, Alvy Ray Smith, Gina Smith, Kathryn Smith, Rick Stengel, Larry Tesler, Avie Tevanian, Guy «Bud» Tribble,

Don Valentine, Paul Vidich, James Vincent, Alice Waters, Ron Wayne, Wendell Weeks, Ed Woolard, Stephen Wozniak, Del Yocam, Jerry York.

Bibliografía

Amelio, Gil, *On the Firing Line,* HarperBusiness, 1998.

Berlin, Leslie, *The Man behind the Microchip*, Oxford, 2005.

Butcher, Lee, *The Accidental Millionaire*, Paragon House, 1998.

Carlton, Jim, *Apple*, Random House, 1997.

Cringely, Robert X., *Accidental Empires*, Addison Wesley, 1992.

Deutschman, Alan, *The Second Coming of Steve Jobs*, Broadway Books, 2000.

Elliot, Jay, con William Simon, *The Steve Jobs Way*. Vanguard, 2011.

Freiberger, Paul y Michael Swaine, *Fire in the Valley*, McGraw-Hill, 1984.

Garr, Doug, *Woz*, Avon, 1984.

Hertzfeld, Andy, *Revolution in the Valley*, O'Reilly, 2005 (véase también su página web: www.folklore.org).

Hiltzik, Michael, *Dealers of Lightning*. HarperBusiness, 1999.

Jobs, Steve, Programa de Historia Oral del Instituto Smithsonian con Daniel Morrow, 20 de abril de 1995.

—Discurso de graduación de Stanford, 12 de junio de 2005.

Kahney, Leander, *Inside Steve's Brain*, Portfolio, 2008 (véase también su página web: www. cultofmac.com).

Kawasaki, Guy, *The Macintosh Way*, Scott, Foresman, 1989.

Knopper, Steve, *Appetite for Self-Destruction*, Free Press, 2009.

Kot, Greg, *Ripped*, Scribner, 2009.

Kunkel, Paul, *AppleDesign*, Graphis Inc., 1997.

Levy, Steven, *Hackers*, Doubleday, 1984.

—*Insanely Great*, Viking Penguin, 1994.

—*The Perfect Thing*, Simon & Schuster, 2006.

Linzmayer, Owen, *Apple Confidential 2.0*, No Starch Press, 2004.

Malone, Michael, *Infinite Loop*, Doubleday, 1999.

Markoff, John, *What the Dormouse Said*, Viking Penguin, 2005.

McNish, Jacquie, *The Big Score*, Doubleday Canada, 1998.

Moritz, Michael, *Return to the Little Kingdom*, Overlook Press, 2009. Publicado originalmente sin prólogo ni epílogo como *The Little Kingdom* (Morrow, 1984).

Nocera, Joe, *Good Guys and Bad Guys*, Portfolio, 2008.

Paik, Karen, *To Infinity and Beyond!*, Chronicle Books, 2007.

Price, David, *The Pixar Touch*, Knopf, 2008.

Rose, Frank, *West of Eden*, Viking, 1989.

Sculley, John, *Odyssey*, Harper & Row, 1987.

Sheff, David, «Playboy Interview: Steve Jobs», *Playboy*, febrero de 1985.

Simpson, Mona, *Anywhere but Here*, Knopf, 1986. [Ed. en español: *A cualquier otro lugar*, Tusquets, Barcelona, 1990]

—*A Regular Guy*, Knopf, 1996.

Smith, Douglas y Robert Alexander, *Fumbling the Future*, Morrow, 1988.

Stross, Randall, *Steve Jobs and the NeXT Big Thing*, Atheneum, 1993.

«Triumph of the Nerds», PBS Television, invitado por Robert X. Cringely, junio de 1996.

Wozniak, Steve con Gina Smith, *iWoz*, Norton, 2006.

Young, Jeffrey, *Steve Jobs*, Scott, Foresman, 1988.

—con William Simon, *iCon*, John Wiley, 2005.

Notas

CAPÍTULO 1: INFANCIA

La adopción: Entrevistas con Steve Jobs, Laurene Powell, Mona Simpson, Del Yocam, Greg Calhoun, Chrisann Brennan y Andy Hertzfeld. Moritz, 44-45; Young, 16-17; Jobs, Programa de Historia Oral del Instituto Smithsonian; Jobs, discurso de graduación de Stanford; Andy Behrendt, «Apple Computer Mogul's Roots Tied to Green Bay» (Green Bay *Press Gazette*, 4 de diciembre de 2005; Georgina Dickinson, «Dad Waits for Jobs to iPhone», *New York Post* y *The Sun* (Londres), 27 de agosto de 2011; Mohannad Al-Haj Ali, «Steve Jobs Has Roots in Syria», *Al Hayat*, 16 de enero de 2011. Ulf Froitzheim, «Porträt Steve Jobs», *Unternehmen*, 26 de noviembre de 2007.

Silicon Valley: Entrevistas con Steve Jobs y Laurene Powell. Jobs, Programa de Historia Oral del Instituto Smithsonian; Moritz, 46; Berlin, 155-177; Malone, 21-22.

El colegio: Entrevista con Steve Jobs. Jobs, Programa de Historia Oral del Instituto Smithsonian; Sculley, 166; Malone, 11, 28, 72; Young, 25, 34-35; Young y Simon, 18; Moritz, 48, 73-74. La dirección original de Jobs era Crist Drive, 11161 antes de que la parcela se urbanizara. Algunas fuentes mencionan que Jobs trabajó tanto en Haltek como en otra tienda con nombre similar, Halted. Cuando se le preguntó, Jobs afirmó que solo recordaba haber trabajado en Haltek.

CAPÍTULO 2: LA EXTRAÑA PAREJA

Woz: Entrevistas con Steve Wozniak y Steve Jobs. Wozniak, 12-16, 22, 50-61, 86-91; Levy, *Hackers*, 245; Moritz, 62-64; Young, 28; Jobs, conferencia Macworld, 17 de enero de 2007.

713

La caja azul: Entrevistas con Steve Jobs y Steve Wozniak. Ron Rosenbaum, «Secrets of the Little Blue Box», en *Esquire*, octubre de 1971. Respuesta de Wozniak, woz.org/letters/general/03.html; Wozniak, 98-115. Para consultar versiones ligeramente diferentes, véase Markoff, 272; Moritz, 78-86; Young, 42-45; Malone, 30-35.

Capítulo 3: El abandono de los estudios

Chrisann Brennan: Entrevistas con Chrisann Brennan, Steve Jobs, Steve Wozniak y Tim Brown. Moritz, 75-77; Young, 41; Malone, 39.

El Reed College: Entrevistas con Steve Jobs, Daniel Kottke y Elizabeth Holmes. Freiberger y Swaine, 208; Moritz, 94-100; Young, 55; «The Updated Book of Jobs», en *Time*, 3 de enero de 1983.

Robert Friedland: Entrevistas con Steve Jobs, Daniel Kottke y Elizabeth Holmes. En septiembre de 2010 me reuní con Friedland en Nueva York para hablar de su pasado y su relación con Jobs, pero él no deseaba que citase sus palabras. McNish, 11-17; Jennifer Wells, «Canada's Next Billionaire», en *Maclean's*, 3 de junio de 1996; Richard Read, «Financier's Saga of Risk», en la revista *Mines and Communities*, 16 de octubre de 2005; Jennifer Hunter, «But What Would His Guru Say?», en *Globe and Mail*, Toronto, 18 de marzo de 1988; Moritz, 96, 109; Young, 56.

...Y abandona: Entrevistas con Steve Jobs y Steve Wozniak. Jobs, discurso de graduación de Stanford; Moritz, 97.

Capítulo 4: Atari y la India

Atari: Entrevistas con Steve Jobs, Al Alcorn, Nolan Bushnell y Ron Wayne. Moritz, 103-104.

La India: Entrevistas con Daniel Kottke, Steve Jobs, Al Alcorn y Larry Brilliant.

La búsqueda: Entrevistas con Steve Jobs, Daniel Kottke, Elizabeth Holmes y Greg Calhoun. Young, 72; Young y Simon, 31-32; Moritz, 107.

Fuga: Entrevistas con Nolan Bushnell, Al Alcorn, Steve Wozniak, Ron Wayne y Andy Hertzfeld. Wozniak, 144-149; Young, 88; Linzmayer, 4.

Capítulo 5: El Apple I

Máquinas de amante belleza: Entrevistas con Steve Jobs, Bono y Stewart Brand. Markoff, xii; Stewart Brand, «We Owe It All to the Hippies», en *Time*, 1 de marzo de 1995; Jobs, discurso de graduación de Stanford; Fred Turner, *From Counterculture to Cyberculture* (Chicago, 2006).

El Homebrew Computer Club: Entrevistas con Steve Jobs y Steve Wozniak. Wozniak; 152-172; Freiberger y Swaine, 99; Linzmayer, 5; Moritz, 144; Steve Wozniak, «Homebrew and How Apple Came to Be», en www.atariarchives.org; Bill Gates, «Open Letter to Hobbyists», de febrero de 1976.

El nacimiento de Apple: Entrevistas con Steve Jobs, Steve Wozniak, Mike Markkula y Ron Wayne. Steve Jobs, discurso en la Conferencia de Diseño de Aspen, 15 de junio de 1983, cinta disponible en los archivos del Instituto Aspen; Acuerdo de sociedad de Apple Computer, Condado de Santa Clara, 1 de abril de 1976, y enmienda al acuerdo, 12 de abril de 1976; Bruce Newman, «Apple's Lost Founder», en *San Jose Mercury News*, 2 de junio de 2010; Wozniak, 86, 176-177; Moritz, 149-151; Freiberger y Swaine, 212-213; Ashlee Vance, «A Haven for Spare Parts Lives on in Silicon Valley», en *New York Times*, 4 de febrero de 2009; Entrevista a Paul Terrell, 1 de agosto de 2008, en *mac-history.net*.

El grupo del garaje: Entrevistas con Steve Wozniak, Elizabeth Holmes, Daniel Kottke y Steve Jobs. Wozniak, 179-189; Moritz, 152-163; Young, 95-111; R. S. Jones, «Comparing Apples and Oranges», en *Interface*, julio de 1976.

Capítulo 6: El Apple II

Un paquete integrado: Entrevistas con Steve Jobs, Steve Wozniak, Al Alcorn y Ron Wayne. Wozniak, 165, 190-195; Young, 126; Moritz, 169-170, 194-197; Malone, v, 103.

Mike Markkula: Entrevistas con Regis McKenna, Don Valentine, Steve Jobs, Steve Wozniak, Mike Markkula y Arthur Rock. Nolan Bushnell, discurso en la convención de juegos ScrewAttack, Dallas, 5 de julio de 2009; Steve Jobs, charla en la Conferencia Internacional de Diseño de Aspen; 15 de junio de 1983; Mike Markkula, «The Apple Marketing Philosophy», diciembre de 1979 (cortesía de Mike Markkula); Wozniak, 196-199. Véase también Moritz, 182-183; Malone, 110-111.

Regis McKenna: Entrevistas con Regis McKenna, John Doerr y Steve Jobs. Ivan Raszl, «Interview with Rob Janoff», en Creativebits.org, 3 de agosto de 2009.

La primera y espectacular presentación: Entrevistas con Steve Wozniak y Steve Jobs. Wozniak, 201-206; Moritz, 199-201; Young, 139.

Mike Scott: Entrevistas con Mike Scott, Mike Markkula, Steve Jobs, Steve Wozniak y Arthur Rock. Young, 135; Freiberger y Swaine, 219, 222; Moritz, 213; Elliot, 4.

Capítulo 7: Chrisann y Lisa

Entrevistas con Chrisann Brennan, Steve Jobs, Elizabeth Holmes, Greg Calhoun, Daniel Kottke y Arthur Rock. Moritz, 285; «The Updated Book of Jobs», en *Time*, 3 de enero de 1983; «Striking It Rich», en *Time*, 15 de febrero de 1982.

Capítulo 8: Xerox y Lisa

Un nuevo bebé: Entrevistas con Andrea Cunningham, Andy Hertzfeld, Steve Jobs y Bill Atkinson. Wozniak, 226; Levy, *Insanely Great*, 124; Young, 168-170; Bill Atkinson, historia oral, Computer History Museum, Mountain View, California; Jef Raskin, «Holes in the Histories», en *Interactions*, julio de 1994; Jef Raskin, «Hubris of a Heavyweight», en *IEEE Spectrum*, julio de 1994; Jef Raskin, historia oral, Departamento de Colecciones Especiales de la Biblioteca de Stanford, 13 de abril de 2000; Linzmayer, 74, 85-89.

El Xerox PARC: Entrevistas con Steve Jobs, John Seeley Brown, Adele Goldberg, Larry Tesler y Bill Atkinson. Freiberger y Swaine, 239; Levy, *Insanely Great*, 66-80; Hiltzik, 330-341; Linzmayer, 74-75; Young, 170-172; Rose, 45-47; *Triumph of the Nerds*, PBS, parte 3.

«Los artistas geniales roban»: Entrevistas con Steve Jobs, Larry Tesler y Bill Atkinson. Levy, *Insanely Great*, 77, 87-90; *Triumph of the Nerds*, PBS, parte 3; Bruce Horn, «Where It All Began» (1966), en *www.mackido.com*; Hiltzik, 343, 367-370; Malcolm Gladwell, «Creation Myth», en *New Yorker*, 16 de mayo de 2011; Young, 178-182.

Capítulo 9: La salida a bolsa

Opciones: Entrevistas con Daniel Kottke, Steve Jobs, Steve Wozniak, Andy Hertzfeld, Mike Markkula y Bill Hambrecht. «Sale of Apple Stock Barred», en *Boston Globe*, 11 de diciembre de 1980.

Muchacho, eres un hombre rico: Entrevistas con Larry Brilliant y Steve Jobs. Steve Ditlea, «An Apple on Every Desk», en *Inc.*, 1 de octubre de 1981; «Striking It Rich», en *Time*, 15 de febrero de 1982; «The Seeds of Success», en *Time*, 15 de febrero de 1982; Moritz, 292-295; Sheff.

Capítulo 10: El nacimiento del Mac

El bebé de Jef Raskin: Entrevistas con Bill Atkinson, Steve Jobs, Andy Hertzfeld y Mike Markkula. Jef Raskin, «Recollections of the Macintosh Project», «Holes in the Histories», «The Genesis and History of the Macintosh Project», «Reply to Jobs, and Personal Motivation», «Design Considerations for an Anthropophilic Computer» y «Computers by the Millions», documentos de Raskin, Biblioteca de la Universidad de Stanford; Jef Raskin, «A Conversation», en *Ubiquity*, 23 de junio de 2003; Levy, *Insanely Great*, 107-121; Hertzfeld, 19; «Macintosh's Other Designers», en *Byte*, agosto de 1984; Young, 202, 208-214; «Apple Launches a Mac Attack», en *Time*, 30 de enero de 1984; Malone, 255-258.

Las Torres Texaco: Entrevistas con Andrea Cunningham, Bruce Horn, Andy Hertzfeld, Mike Scott y Mike Markkula. Hertzfeld, 19-20, 26-27; Wozniak, 241-242.

Capítulo 11: El campo de distorsión de la realidad

Entrevistas con Bill Atkinson, Steve Wozniak, Debi Coleman, Andy Hertzfeld, Bruce Horn, Joanna Hoffman, Al Eisenstat, Ann Bowers y Steve Jobs. Algunas de las historias discrepan. Véase Hertzfeld, 24, 68, 161.

Capítulo 12: El diseño

Una estética Bauhaus: Entrevistas con Dan'l Lewin, Steve Jobs, Maya Lin y Debi Coleman. Steve Jobs en una conversación con Charles Hampden-Turner, Conferencia Internacional de Diseño de Aspen, 15 de junio de 1983. (Las cintas de audio de la conferencia de diseño se encuentran almacenadas en el Instituto Aspen. Quiero agradecerle a Deborah Murphy por haberlas encontrado).

Como un Porsche: Entrevistas con Bill Atkinson, Alain Rossmann, Mike Markkula y Steve Jobs. «The Macintosh Design Team», en *Byte*, febrero de 1984; Hertzfeld, 29-31, 41, 63, 68; Sculley, 157; Jerry Manock, «Invasion of Texaco Towers», en Folklore.org; Kunkel, 26-30; Jobs, discurso de graduación de Stanford; correo electrónico de Susan Kare; Susan Kare, «World Class Cities», en Hertzfeld, 165; Laurence Zuckerman, «The Designer Who Made the Mac Smile», en *New York Times*, 26 de agosto de 1996; Entrevista a Susan Kare, 8 de septiembre de 2000, Colecciones Especiales, Biblioteca de la Universidad de Stanford; Levy, *Insanely Great*, 156; Hartmut Esslinger, *A Fine Line* (Jossey-Bass, 2009), 7-9; David Einstein, «Where Success Is by Design», en *San Francisco Chronicle*, 6 de octubre de 1995; Sheff.

CAPÍTULO 13: LA CONSTRUCCIÓN DEL MAC

Competencia: Entrevista con Steve Jobs. Levy, *Insanely Great*, 125; Sheff; Hertzfeld, 71-73; anuncio en el *Wall Street Journal*, 24 de agosto de 1981.

Control absoluto: Entrevista con Berry Cash. Kahney, 241; Dan Farber, «Steve Jobs, the iPhone and Open Platforms», en *ZDNet.com*, 13 de enero de 2007; Tim Wu, *The Master Switch* (Knopf, 2010), 254-276; Mike Murray, «Mac Memo» a Steve Jobs, 19 de mayo de 1982 (cortesía de Mike Murray).

La «Máquina del Año»: Entrevistas con Daniel Kottke, Steve Jobs y Ray Cave. «The Computer Moves In», en *Time*, 3 de enero de 1983; «The Updated Book of Jobs», en *Time*, 3 de enero de 1983; Moritz, 11; Young, 293; Rose, 9-11; Peter McNulty, «Apple's Bid to Stay in the Big Time», en *Fortune*, 7 de febrero de 1983; «The Year of the Mouse», en *Time*, 31 de enero de 1983.

¡Seamos piratas!: Entrevistas con Ann Bowers, Andy Hertzfeld, Bill Atkinson, Arthur Rock, Mike Markkula, Steve Jobs y Debi Coleman, correo electrónico de Susan Kare. Hertzfeld, 76, 135-138, 158, 160, 166; Moritz, 21-28; Young, 295-297, 301-303; Entrevista a Susan Kare, 8 de septiembre de 2000, Biblioteca de la Universidad de Stanford; Jeff Goodell, «The Rise and Fall of Apple Computer», en *Rolling Stone*, 4 de abril de 1996; Rose, 59-69, 93.

Capítulo 14: La llegada de Sculley

El cortejo: Entrevistas con John Sculley, Andy Hertzfeld y Steve Jobs. Rose, 18, 74-75; Sculley, 58-90, 107; Elliot, 90-93; Mike Murray, «Special Mac Sneak», nota al personal, 3 de marzo de 1983 (cortesía de Mike Murray); Hertzfeld, 149-150.

La luna de miel: Entrevistas con Steve Jobs, John Sculley y Joanna Hoffman. Sculley, 127-130, 154-155, 168, 179; Hertzfeld, 195.

Capítulo 15: La presentación

Los auténticos artistas acaban sus productos: Entrevistas con Andy Hertzfeld y Steve Jobs. Vídeo de la conferencia de ventas de Apple, octubre de 1983; «Personal Computers: And the Winner Is... IBM», en *Business Week*, 3 de octubre de 1983; Hertzfeld, 208-210; Rose, 147-153; Levy, *Insanely Great*, 178-180; Young, 327-328.

El anuncio de 1984: Entrevistas con Lee Clow, John Sculley, Mike Markkula, Bill Campbell y Steve Jobs. Entrevista a Steve Hayden, *Weekend Edition*, NPR, 1 de febrero de 2004; Linzmayer, 109-114; Sculley, 176.

Estallido publicitario: Hertzfeld, 226-227; Michael Rogers, «It's the Apple of His Eye», en *Newsweek*, 30 de enero de 1984; Levy, *Insanely Great*, 17-27.

24 de enero de 1984: la presentación: Entrevistas con John Sculley, Steve Jobs y Andy Hertzfeld. Vídeo de la junta de accionistas de Apple de enero de 1984; Hertzfeld, 213-223; Sculley, 179-181; William Hawkins, «Jobs' Revolutionary New Computer», en *Popular Science*, enero de 1989.

Capítulo 16: Gates y Jobs

La sociedad del Macintosh: Entrevistas con Bill Gates, Steve Jobs y Bruce Horn. Hertzfeld, 52-54; Steve Lohr, «Creating Jobs» en *New York Times*, 12 de enero de 1997; *Triumph of the Nerds*, PBS, parte 3; Rusty Weston, «Partners and Adversaries», en *MacWeek*, 14 de marzo de 1989; Walt Mossberg y Kara Swisher, entrevista con Bill Gates y Steve Jobs, *All Things Digital*, 31 de mayo de 2007; Young, 319-320; Carlton, 28; Brent Schlender, «How Steve Jobs Linked Up with IBM», en *Fortune*, 9 de octubre de 1989; Steven Levy, «A Big Brother?», en *Newsweek*, 18 de agosto de 1997.

La batalla de las interfaces gráficas de usuario: Entrevistas con Bill Gates y Steve Jobs. Hertzfeld, 191-193; Michael Schrage, «IBM Compatibility Grows», en *Washington Post*, 29 de noviembre de 1983; *Triumph of the Nerds*, PBS, parte 3.

Capítulo 17: Ícaro

Volando alto: Entrevistas con Steve Jobs, Debi Coleman, Bill Atkinson, Andy Hertzfeld, Alain Rossmann, Joanna Hoffman, Jean-Louis Gassée, Nicholas Negroponte, Arthur Rock y John Sculley. Sheff; Hertzfeld, 206-207, 230; Sculley, 197-199; Young, 308-309; George Gendron y Bo Burlingham, «Entrepreneur of the Decade», en *Inc.*, 1 de abril de 1989.

La caída: Entrevistas con Joanna Hoffman, John Sculley, Lee Clow, Debi Coleman, Andrea Cunningham y Steve Jobs. Sculley, 201, 212-215; Levy, *Insanely Great*, 186-192; Michael Rogers, «It's the Apple of His Eye», en *Newsweek*, 30 de enero de 1984; Rose, 207, 233; Felix Kessler, «Apple Pitch», en *Fortune*, 15 de abril de 1985; Linzmayer, 145.

Treinta años: Entrevistas con Mallory Walker, Andy Hertzfeld, Debi Coleman, Elizabeth Holmes, Steve Wozniak y Don Valentine.

Éxodo: Entrevistas con Andy Hertzfeld, Steve Wozniak y Bruce Horn. Hertzfeld, 253, 263-264; Young, 372-376; Wozniak, 265-266; Rose, 248-249; Bob Davis, «Apple's Head, Jobs, Denies Ex-Partner Use of Design Firm», en *Wall Street Journal*, 22 de marzo de 1985.

Primavera de 1985: el enfrentamiento: Entrevistas con Steve Jobs, Al Alcorn, John Sculley y Mike Murray. Elliot, 15; Sculley, 205-206, 227, 238-244; Young, 367-379; Rose, 238, 242, 254-255; Mike Murray, «Let's Wake Up and Die Right», nota a destinatarios no especificados, 7 de marzo de 1985 (cortesía de Mike Murray).

Tramando un golpe: Entrevistas con Steve Jobs y John Sculley. Rose, 266-275; Sculley, ix-x, 245-246; Young, 388-396; Elliot, 112.

1985: siete días de mayo: Entrevistas con Jean-Louis Gassée, Steve Jobs, Bill Campbell, Al Eisenstat, John Sculley, Mike Murray, Mike Markkula y Debi Coleman. Bro Uttal, «Behind the Fall of Steve Jobs», en *Fortune*, 5 de agosto de 1985; Sculley, 249-260; Rose, 275-290; Young, 396-404.

Deambulando por el mundo: Entrevistas con Mike Murray, Mike Markkula, Steve Jobs, John Sculley, Bob Metcalfe, George Riley, Andy Hertzfeld, Tina Redse, Mike Merin, Al Eisenstat y Arthur Rock. Correo electrónico de Tina Redse a Steve Jobs, 20 de julio de 2010; «No Job for

Jobs», AP, 26 de julio de 1985; Gerald Lubenow y Michael Rogers, «Jobs Talks about His Rise and Fall», en *Newsweek*, 30 de septiembre de 1985; Hertzfeld, 269-271; Young, 387, 403-405; Young y Simon, 116; Rose, 288-292; Sculley, 242-245, 286-287; Carta de Al Eisenstat a Arthur Hartman, 23 de julio de 1985 (cortesía de Al Eisenstat).

CAPÍTULO 18: NeXT

Los piratas abandonan el barco: Entrevistas con Dan'l Lewin, Steve Jobs, Bill Campbell, Arthur Rock, Mike Markkula, John Sculley, Andrea Cunningham y Joanna Hoffman. Patricia Bellew y Michael Miller, «Apple Chairman Jobs Reigns», en *Wall Street Journal*, 18 de septiembre de 1985; Gerald Lubenow y Michael Rogers, «Jobs Talks About His Rise and Fall», en *Newsweek*, 30 de septiembre de 1985; Bro Uttal, «The Adventures of Steve Jobs», en *Fortune*, 14 de octubre de 1985; Susan Kerr, «Jobs Resigns», en *Computer Systems News*, 23 de septiembre de 1985; «Shaken to the Very Core», en *Time*, 30 de septiembre de 1985; John Eckhouse, «Apple Board Fuming at Steve Jobs», en *San Francisco Chronicle*, 17 de septiembre de 1985; Hertzfeld, 132-133; Sculley, 313-317; Young, 415-416; Young y Simon, 127; Rose, 307-319; Stross, 73, Deutschman, 36; Queja por incumplimiento de obligaciones fiduciarias, Apple Computer contra Steven P. Jobs y Richard A. Page, Tribunal Superior de California, Condado de Santa Clara, 23 de septiembre de 1985; Patricia Bellew Gray, «Jobs Asserts Apple Undermined Efforts to Settle Dispute», en *Wall Street Journal*, 25 de septiembre de 1985.

Por su cuenta: Entrevistas con Arthur Rock, Susan Kare, Steve Jobs y Al Eisenstat. «Logo for Jobs' New Firm», en *San Francisco Chronicle*, 19 de junio de 1986; Phil Patton, «Steve Jobs: Out for Revenge», en *New York Times*, 6 de agosto de 1989; Paul Rand, presentación del logotipo de NeXT, 1985; Doug Evans y Allan Pottasch, entrevista en vídeo con Steve Jobs acerca de Paul Rand, 1993; Mensaje de Steve Jobs a Al Eisenstat, 4 de noviembre de 1985; Mensaje de Eisenstat a Jobs, 8 de noviembre de 1985; Acuerdo entre Apple Computer Inc. y Steven P. Jobs y solicitud de desestimación de demanda sin daños y perjuicios, archivada en el Tribunal Superior de California, Condado de Santa Clara, 17 de enero de 1986; Deutschman, 43, 47 ; Stross, 76, 118-120, 245; Kunkel, 58-63; Katie Hafner, «Can He Do It Again?», en *Business Week*, 24 de octubre de 1988; Joe Nocera, «The Second Coming of Steve Jobs» en *Esquire*, diciembre de

1986, reimpresión en *Good Guys and Bad Guys* (Portfolio, 2008), 49; Brenton Schlender, «How Steve Jobs Linked Up with IBM», en *Fortune*, 9 de octubre de 1989.

El ordenador: Entrevistas con Mitch Kapor, Michael Hawley y Steve Jobs. Peter Denning y Karen Frenkle, «A Conversation with Steve Jobs», en *Communications of the Association for Computer Machinery*, 1 de abril de 1989; John Eckhouse, «Steve Jobs Shows off Ultra-Robotic Assembly Line», en *San Francisco Chronicle*, 13 de junio de 1989; Stross, 122-125; Deutschman, 60-63; Young, 425; Katie Hafner, «Can He Do It Again?», en *Business Week*, 24 de octubre de 1988; *The Entrepreneurs*, PBS, 5 de noviembre de 1986, dirigido por John Nathan.

Perot al rescate: Stross, 102-112; «Perot and Jobs», en *Newsweek*, 9 de febrero de 1987; Andrew Pollack, «Can Steve Jobs Do It Again?», en *New York Times*, 8 de noviembre de 1987; Katie Hafner, «Can He Do It Again?», en *Business Week*, 24 de octubre de 1988; Pat Steger, «A Gem of an Evening with King Juan Carlos», en *San Francisco Chronicle*, 5 de octubre de 1987; David Remnick, «How a Texas Playboy Became a Billionaire», en *Washington Post*, 20 de mayo de 1987.

Gates y NeXT: Entrevistas con Bill Gates, Adele Goldberg y Steve Jobs. Brit Hume, «Steve Jobs Pulls Ahead», en *Washington Post*, 31 de octubre de 1988; Brent Schlender, «How Steve Jobs Linked Up with IBM», en *Fortune*, 9 de octubre de 1989; Stross, 14; Linzmayer, 209; «William Gates Talks», en *Washington Post*, 30 de diciembre de 1990; Katie Hafner, «Can He Do It Again?», en *Business Week*, 24 de octubre de 1988; John Thompson, «Gates, Jobs Swap Barbs», en *Computer System News*, 27 de noviembre de 1989.

IBM: Brent Schlender, «How Steve Jobs Linked Up with IBM», en *Fortune*, 9 de octubre de 1989; Phil Patton, «Steve Jobs: Out for Revenge», en *New York Times*, 6 de agosto de 1989; Stross, 140-142; Deutschman, 133.

Octubre de 1988: la presentación: Stross, 166-186; Wes Smith, «Jobs Has Returned», en *Chicago Tribune*, 13 de noviembre de 1988; Andrew Pollack, «NeXT Produces a Gala», en *New York Times*, 10 de octubre de 1988; Brenton Schlender, «Next Project», en *Wall Street Journal*, 13 de octubre de 1988; Katie Hafner, «Can He Do It Again?», en *Business Week*, 24 de octubre de 1988; Deutschman, 128; «Steve Jobs Comes Back», en *Newsweek*, 24 de octubre de 1988; «The NeXT Generation», en *San Jose Mercury News*, 10 de octubre de 1988.

Capítulo 19: Pixar

El departamento de informática de Lucasfilm: Entrevistas con Ed Catmull, Alvy Ray Smith, Steve Jobs, Pam Kerwin y Michael Eisner. Price, 71-74, 89-101; Paik, 53-57, 226; Young y Simon, 169; Deutschman, 115.

Animación: Entrevistas con John Lasseter y Steve Jobs. Paik, 28-44; Price, 45-56.

«Tin Toy»: Entrevistas con Pam Kerwin, Alvy Ray Smith, John Lasseter, Ed Catmull, Steve Jobs, Jeffrey Katzenberg, Michael Eisner y Andy Grove. Correo electrónico de Steve Jobs a Albert Yu, 23 de septiembre de 1995; Mensaje de Albert Yu a Steve Jobs, 25 de septiembre de 1995; Mensaje de Steve Jobs a Andy Grove, 25 de septiembre de 1995; Mensaje de Andy Grove a Steve Jobs, 26 de septiembre de 1995; Mensaje de Steve Jobs a Andy Grove, 1 de octubre de 1995; Price, 104-114; Young y Simon, 166.

Capítulo 20: Un tipo corriente

Joan Baez: Entrevistas con Joan Baez, Steve Jobs, Joanna Hoffman, Debi Coleman y Andy Hertzfeld. Joan Baez, *And a Voice to Sing With* (Summit, 1989), 144, 380.

En busca de Joanne y Mona: Entrevistas con Steve Jobs y Mona Simpson.

El padre perdido: Entrevistas con Steve Jobs, Laurene Powell, Mona Simpson, Ken Auletta, Nick Pileggi.

Lisa: Entrevistas con Chrisann Brennan, Avie Tevanian, Joanna Hoffman y Andy Hertzfeld. Lisa Brennan-Jobs, «Confessions of a Lapsed Vegetarian», en *Southwest Review*, 2008; Young, 224; Deutschman, 76.

El romántico: Entrevistas con Jennifer Egan, Tina Redse, Steve Jobs, Andy Hertzfeld y Joanna Hoffman. Deutschman, 73, 138. *A Regular Guy*, de Mona Simpson, es una novela basada libremente en la relación entre Jobs, Lisa y Chrisann Brennan, y Tina Redse, en quien se basa el personaje de Olivia.

Laurene Powell: Entrevistas con Laurene Powell, Steve Jobs, Kathryn Smith, Avie Tevanian, Andy Hertzfeld y Marjorie Powell Barden.

18 de marzo de 1991: la boda: Entrevistas con Steve Jobs, Laurene Powell, Andy Hertzeld, Joanna Hoffman, Avie Tevanian y Mona Simpson. Simpson, *A Regular Guy*, 357.

Un hogar familiar: Entrevistas con Steve Jobs, Laurene Powell y Andy Hertzfeld. David Weinstein, «Taking Whimsy Seriously», en *San Francisco*

Chronicle, 13 de septiembre de 2003; Gary Wolfe, «Steve Jobs», en *Wired*, febrero de 1996; «Former Apple Designer Charged with Harassing Steve Jobs», AP, 8 de junio de 1993.

Lisa se muda: Entrevistas con Steve Jobs, Laurene Powell, Mona Simpson y Andy Hertzfeld. Lisa Brennan-Jobs, «Driving Jane», en *Harvard Advocate*, primavera de 1999; Simpson, *A Regular Guy*, 251; correo electrónico de Chrisann Brennan, 19 de enero de 2011; Bill Workman, «Palo Alto High School's Student Scoop», en *San Francisco Chronicle*, 16 de marzo de 1996; Lisa Brennan-Jobs, «Waterloo», en *Massachusetts Review*, primavera de 2006; Deutschman, 258; página web de Chrisann Brennan, *chrysanthemum. com*; Steve Lohr, «Creating Jobs», en *New York Times*, 12 de enero de 1997.

Niños: Entrevistas con Steve Jobs y Laurene Powell.

Capítulo 21: «Toy Story»

Jeffrey Katzenberg: Entrevistas con John Lasseter, Ed Catmull, Jeffrey Katzenberg, Alvy Ray Smith y Steve Jobs. Price, 84-85, 119-124; Paik, 71, 90; Robert Murphy, «John Cooley Looks at Pixar's Creative Process», en *Silicon Prairie News*, 6 de octubre de 2010.

¡Corten!: Entrevistas con Steve Jobs, Jeffrey Katzenberg, Ed Catmull y Larry Ellison. Paik, 90; Deutschman, 194-198; «Toy Story: The Inside Buzz», en *Entertainment Weekly*, 8 de diciembre de 1995.

¡Hasta el infinito!: Entrevistas con Steve Jobs y Michael Eisner. Janet Maslin, «There's a New Toy in the House. Uh-Oh», en *New York Times*, 22 de noviembre de 1995; «A Conversation with Steve Jobs and John Lasseter», en *Charlie Rose*, PBS, 30 de octubre de 1996; John Markoff, «Apple Computer Co-Founder Strikes Gold», en *New York Times*, 30 de noviembre de 1995.

Capítulo 22: La segunda venida

Todo se desmorona: Entrevista con Jean-Louis Gassée. Bart Ziegler, «Industry Has Next to No Patience with Jobs' NeXT», AP, 19 de agosto de 2009; Stross, 226-228; Gary Wolf, «The Next Insanely Great Thing», en *Wired*, febrero de 1996; Anthony Perkins, «Jobs' Story», en *Red Herring*, 1 de enero de 1996.

La caída de Apple: Entrevistas con Steve Jobs, John Sculley y Larry Ellison. Sculley, 248, 273; Deutschman, 236; Steve Lohr, «Creating Jobs» en *New York Times*, 12 de enero de 1997; Amelio, 190 y prólogo de la edición en tapa dura; Young y Simon, 213-214; Linzmayer, 273-279; Guy Kawasaki, «Steve Jobs to Return as Apple CEO», en *Macworld*, 1 de noviembre de 1994.

Arrastrándose hacia Cupertino: Entrevistas con Jon Rubinstein, Steve Jobs, Larry Ellison, Avie Tevanian, Fred Anderson, Larry Tesler, Bill Gates y John Lasseter. John Markoff, «Why Apple Sees Next as a Match Made in Heaven», en *New York Times*, 23 de diciembre de 1996; Steve Lohr, «Creating Jobs» en *New York Times*, 12 de enero de 1997; Rajiv Chandrasekaran, «Steve Jobs Returning to Apple», en *Washington Post*, 21 de diciembre de 1996; Louise Kehoe, «Apple's Prodigal Son Returns», en *Financial Times*, 23 de diciembre de 1996; Amelio, 189-201, 238; Carlton, 409; Linzmayer, 277; Deutschman, 240.

CAPÍTULO 23: LA RESTAURACIÓN

Rondando entre bastidores: entrevistas con Steve Jobs, Avie Tevanian, Jon Rubinstein, Ed Woolard, Larry Ellison, Fred Anderson y un correo electrónico de Gina Smith. Sheff; Brent Schlender, «Something's Rotten in Cupertino», en *Fortune*, 3 de marzo de 1997; Dan Gillmore, «Apple's Prospects Better Than Its CEO's Speech», en *San Jose Mercury News*, 13 de enero de 1997; Carlton, 414-416, 425; Malone, 531; Deutschman, 241-245; Amelio, 219, 238-247, 261; Linzmayer, 201; Kaitlin Quistgaard, «Apple Spins Off Newton», en *Wired.com*, 22 de mayo de 1997; Louise Kehoe, «Doubts Grow about Leadership at Apple», en *Financial Times*, 25 de febrero de 1997; Dan Gillmore, «Ellison Mulls Apple Bid», en *San Jose Mercury News*, 27 de marzo de 1997; Lawrence Fischer, «Oracle Seeks Public Views on Possible Bid for Apple», en *New York Times*, 28 de marzo de 1997; Mike Barnicle, «Roadkill on the Info Highway», en *Boston Globe*, 5 de agosto de 1997.

Mutis de Amelio: Entrevistas con Ed Woolard, Steve Jobs, Mike Markkula, Steve Wozniak, Fred Anderson, Larry Ellison y Bill Campbell. Memorias familiares de edición privada de Ed Woolard (cortesía de Woolard); Amelio, 247, 261, 267; Gary Wolf, «The World According to Woz», en *Wired*, septiembre de 1998; Peter Burrows y Ronald Grover, «Steve Jobs' Magic Kingdom», en *Business Week*, 6 de febrero de 2006; Peter Elkind, «The Trouble with Steve Jobs», en *Fortune*, 5 de marzo de 2008; Arthur Levitt, *Take on the Street* (Pantheon, 2002), 204-206.

Agosto de 1997: la Macworld de Boston: Steve Jobs, discurso en la Macworld de Boston, 6 de agosto de 1997.

El pacto de Microsoft: Entrevistas con Joel Klein, Bill Gates y Steve Jobs. Cathy Booth, «Steve's Job», en *Time*, 18 de agosto de 1997; Steven Levy, «A Big Brother?», en *Newsweek*, 18 de agosto de 1997. La conversación telefónica de Jobs con Gates quedó recogida por Diana Walker, fotógrafa de *Time*, que obtuvo la imagen en la que Jobs se encontraba acuclillado sobre el escenario y que apareció en portada de la revista y en este libro.

Capítulo 24: Piensa diferente

Un homenaje a los locos: Entrevistas con Steve Jobs, Lee Clow, James Vincent y Norm Pearlstine. Cathy Booth, «Steve's Job», en *Time*, 18 de agosto de 1997; John Heilemann, «Steve Jobs in a Box», en *New York*, 17 de junio de 2007.

iCEO: Entrevistas con Steve Jobs y Fred Anderson. Vídeo de la reunión de personal de septiembre de 1997 (cortesía de Lee Clow); «Jobs Hinds That He May Want to Stay at Apple», en *New York Times*, 10 de octubre de 1997; Jon Swartz, «No CEO in Sight for Apple», en *San Francisco Chronicle*, 12 de diciembre de 1997; Carlton, 437.

El fin de los clónicos: Entrevistas con Bill Gates, Steve Jobs y Ed Woolard. Steve Wozniak, «How We Failed Apple», en *Newsweek*, 19 de febrero de 1996; Linzmayer, 245-247, 255; Bill Gates, «Licensing of Mac Technology», nota a John Sculley, 25 de junio de 1985; Tom Abate, «How Jobs Killed Mac Clone Makers», en *San Francisco Chronicle*, 6 de septiembre de 1997.

Revisión de la línea de productos: Entrevistas con Phil Schiller, Ed Woolard y Steve Jobs. Deutschman, 248; Steve Jobs, discurso en el acto de presentación del iMac, 6 de mayo de 1998; vídeo de la reunión de personal de septiembre de 1997.

Capítulo 25: Principios de diseño

Jony Ive: Entrevistas con Jony Ive, Steve Jobs y Phil Schiller. John Arlidge, «Father of Invention», en *Observer* (Londres), 21 de diciembre de 2003; Peter Burrows, «Who Is Jonathan Ive?», en *Business Week*, 25 de septiembre de 2006; «Apple's One-Dollar-a-Year Man», en *Fortune*, 24 de enero de 2000; Rob Walker, «The Guts of a New Machine», en *New York Times*,

30 de noviembre de 2003; Leander Kahney, «Design According to Ive», en *Wired.com*, 25 de junio de 2003.

Dentro del estudio: Entrevista con Jony Ive. Oficina estadounidense de marcas y patentes, base de datos en línea, patft.uspto.gov; Leander Kahney, «Jobs Awarded Patent for iPhone Packaging», en *Cult of Mac*, 22 de julio de 2009; Harry McCracken, «Patents of Steve Jobs», en *Technologizer.com*, 28 de mayo de 2009.

Capítulo 26: El iMac

Regreso al futuro: Entrevistas con Phil Schiller, Avie Tevanian, Jon Rubinstein, Steve Jobs, Fred Anderson, Mike Markkula, Jony Ive y Lee Clow. Thomas Hormby, «Birth of the iMac», en *Mac Observer*, 25 de mayo de 2007; Peter Burrows, «Who Is Jonathan Ive?», en *Business Week*, 25 de septiembre de 2006; Lev Grossman, «How Apple Does It», en *Time*, 16 de octubre de 2005; Leander Kahney, «The Man Who Named the iMac and Wrote Think Different», en *Cult of Mac*, 3 de noviembre de 2009; Levy, *The Perfect Thing*, 198; gawker.com/comment/21123257/; «Steve's Two Jobs», en *Time*, 18 de octubre de 1999.

6 de mayo de 1998: la presentación: Entrevistas con Jony Ive, Steve Jobs, Phil Schiller y Jon Rubinstein. Steve Levy, «Hello Again», en *Newsweek*, 18 de mayo de 1998; Jon Swartz, «Resurgence of an American Icon», en *Forbes*, 14 de abril de 2000; Levy, *The Perfect Thing*, 95.

Capítulo 27: Consejero delegado

Tim Cook: Entrevistas con Tim Cook, Steve Jobs y Jon Rubinstein. Peter Burrows, «Yes, Steve, You Fixed It. Congratulations. Now What?», en *Business Week*, 31 de julio de 2000; Tim Cook, discurso inaugural de Auburn, 14 de mayo de 2010; Adam Lashinsky, «The Genius behind Steve», en *Fortune*, 10 de noviembre de 2008; Nick Wingfield, «Apple's No. 2 Has Low Profile», en *Wall Street Journal*, 16 de octubre de 2006.

Cuellos vueltos y trabajo en equipo: Entrevistas con Steve Jobs, James Vincent, Jony Ive, Lee Clow, Avie Tevanian y Jon Rubinstein. Lev Grossman, «How Apple Does It», en *Time*, 16 de octubre de 2005; Leander Kahney, «How Apple Got Everything Right by Doing Everything Wrong», en *Wired*, 18 de marzo de 2008.

De consejero delegado en funciones a definitivo: Entrevistas con Ed Woolard, Larry Ellison y Steve Jobs. Declaración informativa de Apple, 12 de marzo de 2001.

Capítulo 28: Las tiendas Apple

La experiencia del cliente: Entrevistas con Steve Jobs y Ron Johnson. Jerry Useem, «America's Best Retailer», en *Fortune*, 19 de marzo de 2007; Garry Allen, «Apple Stores», en *ifoapplestore.com*.

El prototipo: Entrevistas con Art Levinson, Ed Woolard, Millard «Mickey» Drexler, Larry Ellison, Ron Johnson, Steve Jobs y Art Levinson. Cliff Edwards, «Sorry, Steve...», en *Business Week*, 21 de mayo de 2001.

Madera, piedra, acero, cristal: Entrevistas con Ron Johnson y Steve Jobs. Oficina Estadounidense de Patentes, D478999, 26 de agosto de 2003, US2004/0006939, 15 de enero de 2004; Gary Allen, «About Me», *en ifoapplestore.com*.

Capítulo 29: El centro digital

Uniendo los puntos: Entrevistas con Lee Clow, Jony Ive y Steve Jobs. Sheff; Steve Jobs, conferencia Macworld, 9 de enero de 2001.

FireWire: Entrevistas con Steve Jobs, Phil Schiller y Jon Rubinstein. Steve Jobs, conferencia Macworld, 9 de enero de 2001; Joshua Quittner, «Apple's New Core», en *Time*, 14 de enero de 2002; Mike Evangelist, «Steve Jobs, the Genuine Article», en *Writer's Block Live*, 7 de octubre de 2005; Farhad Manjoo, «Invincible Apple», en *Fast Company*, 1 de julio de 2010; correo electrónico de Phil Schiller.

iTunes: Entrevistas con Steve Jobs, Phil Schiller, Jon Rubinstein y Tony Fadell. Brent Schlender. «How Big Can Apple Get», en *Fortune*, 21 de febrero de 2005; Bill Kincaid, «The True Story of SoundJam», en *http://panic.com/extras/audionstory/popup-sjstory.html*; Levy, *The Perfect Thing*, 49-60; Knopper, 167; Lev Grossman, «How Apple Does It», en *Time*, 16 de octubre de 2005; Markoff, xix.

El iPod: Entrevistas con Steve Jobs, Phil Schiller, Jon Rubinstein y Tony Fadell. Steve Jobs, presentación del iPod, 23 de octubre de 2001; Notas de prensa de Toshiba, PR Newswire, 10 de mayo de 2000 y 4 de junio de 2001; Tekla Perry, «From Podfather to Palm's Pilot», en *IEEE Spectrum*, septiembre de 2008; Leander Kahney, «Inside Look at Birth of the iPod», en *Wired*, 21 de julio de 2004; Tom Hormby y Dan Knight, «History of the iPod», en *Low End Mac*, 14 de octubre de 2005.

«¡Eso es!»: Entrevistas con Tony Fadell, Phil Schiller, Jon Rubinstein, Jony Ive y Steve Jobs. Levy, *The Perfect Thing*, 17, 59-60; Knopper, 169; Leander Kahney, «Straight Dope on the iPod's Birth", en *Wired*, 17 de octubre de 2006.

La blancura de la ballena: Entrevistas con James Vincent, Lee Clow y Steve Jobs. Levy, *The Perfect Thing*, 73; Johnny Davis, «Ten Years of the iPod», en *Guardian*, 18 de marzo de 2011.

Capítulo 30: La tienda iTunes

Warner Music: Entrevistas con Paul Vidich, Steve Jobs, Doug Morris, Barry Schuler, Roger Ames y Eddy Cue. Paul Sloan, «What's Next for Apple», en *Business 2.0*, 1 de abril de 2005; Knopper, 157-161, 170; Devin Leonard, «Songs in the Key of Steve», en *Fortune*, 12 de mayo de 2003; Tony Perkins, entrevista con Nobuyuki Idei y Sir Howard Stringer, Foro Económico Mundial de Davos, 25 de enero de 2003; Dan Tynan, «The 25 Worst Tech Products of All Time», en *PC World*, 26 de marzo de 2006; Andy Langer, «The God of Music», en *Esquire*, julio de 2003; Jeff Goodell, «Steve Jobs», en *Rolling Stone*, 3 de diciembre de 2003.

Una jaula de grillos: Entrevistas con Doug Morris, Roger Ames, Steve Jobs, Jimmy Iovine, Andy Lack, Eddy Cue y Wynton Marsalis. Knopper, 172; Devin Leonard, «Songs in the Key of Steve», en *Fortune*, 12 de mayo de 2003; Peter Burrows, «Show Time!», en *Business Week*, 2 de febrero de 2004; Pui-Wing Tam, Bruce Orwall y Anna Wilde Mathews, «Going Hollywood», en *Wall Street Journal*, 25 de abril de 2003; Steve Jobs, discurso inaugural, 28 de abril de 2003; Andy Langer, «The God of Music», en *Esquire*, julio de 2003; Steven Levy, «Not the Same Old Song», en *Newsweek*, 12 de mayo de 2003.

Microsoft: entrevistas con Steve Jobs, Phil Schiller, Tim Cook, Jon Rubinstein, Tony Fadell y Eddy Cue. Correos electrónicos de Jim Allchin, David Cole y Bill Gates, 30 de abril de 2003 (estos correos formaron después parte de un caso judicial en Iowa, y Steve Jobs me envió copias de los mismos); Steve Jobs, presentación, 16 de octubre de 2003; Walt Mossberg, entrevista con Steve Jobs, Conferencia *All Things Digital*, 30 de mayo de

2007; Bill Gates, «We're Early on the Video Thing», en *Business Week*, 2 de septiembre de 2004.

Mr. Tambourine Man: Entrevistas con Andy Lack, Tim Cook, Steve Jobs, Tony Fadell y Jon Rubinstein. Ken Belson, «Infighting Left Sony behind Apple in Digital Music», en *New York Times*, 19 de abril de 2004; Frank Rose, «Battle for the Soul of the MP3 Phone», en *Wired*, noviembre de 2005; Saul Hansel, «Gates vs. Jobs: The Rematch», en *New York Times*, 14 de noviembre de 2004; John Borland, «Can Glaser and Jobs Find Harmony?», en *CNET News*, 17 de agosto de 2004; Levy, *The Perfect Thing*, 169.

Capítulo 31: El músico

¿Qué llevas en el iPod?: Entrevistas con Steve Jobs y James Vincent. Elisabeth Bumiller, «President Bush's iPod», en *New York Times*, 11 de abril de 2005; Levy, *The Perfect Thing*, 26-29; Devin Leonard, «Songs in the Key of Steve», en *Fortune*, 12 de mayo de 2003.

Bob Dylan: Entrevistas con Jeff Rosen, Andy Lack, Eddy Cue, Steve Jobs, James Vincent y Lee Clow. Matthew Creamer, «Bob Dylan Tops Music chart Again —and Apple's a Big Reason Why», en *Ad Age*, 8 de octubre de 2006.

Los Beatles; Bono; Yo-Yo Ma: Entrevistas con Bono, John Eastman, Steve Jobs, Yo-Yo Ma y George Riley.

Capítulo 32: Los amigos de Pixar

Bichos: Entrevistas con Jeffrey Katzenberg, John Lasseter y Steve Jobs. Price, 171-174; Paik, 116; Peter Burrows, «Antz vs. Bugs» y «Steve Jobs: Movie Mogul», en *Business Week*, 23 de noviembre de 1998; Amy Wallace, «Ouch! That Stings», en *Los Angeles times*, 21 de septiembre de 1998; Kim Masters, «Battle of the Bugs», en *Time*, 28 de septiembre de 1998; Richard Schickel, «Antz», en *Time*, 21 de octubre de 1998; Richard Corliss, «Bugs Funny», en *Time,* 30 de noviembre de 1998.

La película de Steve: Entrevistas con John Lasseter, Pam Kerwin, Ed Catmull y Steve Jobs. Paik, 168; Rick Lyman, «A Digital Dream Factory in Silicon Valley», en *New York Times*, 11 de junio de 2001.

El divorcio: Entrevistas con Mike Slade, Oren Jacob, Michael Eisner, Bob Iger, Steve Jobs, John Lasseter y Ed Catmull. James Stewart, *Disney War*

(Simon & Schuster, 2005), 383; Price, 230-235; Benny Evangelista, «Parting Slam by Pixar's Jobs», en *San Francisco Chronicle*, 5 de febrero de 2004; John Markoff y Laura Holson, «New iPod Will Play TV Shows», en *New York Times*, 13 de octubre de 2005.

Capítulo 33: Los Macs del siglo xxi

Almejas, cubitos de hielo y girasoles: Entrevistas con Jon Rubinstein, Jony Ive, Laurene Powell, Steve Jobs, Fred Anderson y George Riley. Steven Levy, «Thinking inside the Box», en *Newsweek*, 31 de julio de 2000; Brent Schlender, «Steve Jobs», en *Fortune*, 14 de mayo de 2001; Ian Fried, «Apple Slices Revenue Forecast Again», en *CNET News*, 6 de diciembre de 2000; Linzmayer, 301; Diseño de Patente Estadounidense D510577S, concedida el 11 de octubre de 2005.

Intel Inside: Entrevistas con Paul Otellini, Bill Gates y Art Levinson. Carlton, 436.

Opciones sobre acciones: Entrevistas con Ed Woolard, George Riley, Al Gore, Fred Anderson y Eric Schmidt. Geoff Colvin, «The Great CEO Heist», en *Fortune*, 25 de junio de 2001; Joe Nocera, «Weighing Jobs's Role in a Scandal», en *New York Times*, 28 de abril de 2007; Declaración de Steven P. Jobs, 18 de marzo de 2008, *SEC v. Nancy Heinen*, Tribunal del distrito de Estados Unidos, Distrito Norte de California; William Barrett, «Nobody Loves Me», en *Forbes*, 11 de mayo de 2009; Peter Elkind, «The Trouble with Steve Jobs», en *Fortune*, 5 de marzo de 2008.

Capítulo 34: Primer asalto

Cáncer: Entrevistas con Steve Jobs, Laurene Powell, Art Levinson, Larry Brilliant, Dean Ornish, Bill Campbell, Andy Grove y Andy Hertzfeld.

La ceremonia de graduación de Stanford: Entrevistas con Steve Jobs y Laurene Powell. Steve Jobs, discurso de graduación de Stanford.

Un león a los cincuenta: Entrevistas con Mike Slade, Alice Waters, Steve Jobs, Tim Cook, Avie Tevanian, Jony Ive, Jon Rubinstein, Tony Fadell, George Riley, Bono, Walt Mossberg, Steven Levy y Kara Swisher. Walt Mossberg y Kara Swisher, entrevistas con Steve Jobs y Bill Gates, Conferencia *All Things Digital*, 30 de mayo de 2007; Steven Levy, «Finally, Vista Makes Its Debut», en *Newsweek*, 1 de febrero de 2007.

Capítulo 35: El iPhone

Un iPod que realiza llamadas: Entrevistas con Art Levinson, Steve Jobs, Tony Fadell, George Riley y Tim Cook. Frank Rose, «Battle for the Soul of the MP3 Phone», en *Wired*, noviembre de 2005.

Multitáctil: Entrevistas con Jony Ive, Steve Jobs, Tony Fadell y Tim Cook.

Cristal gorila: Entrevistas con Wendell Weeks, John Seeley Brown y Steve Jobs.

El diseño: Entrevistas con Jony Ive, Steve Jobs y Tony Fadell. Fred Vogelstein, «The Untold Story», en *Wired*, 9 de enero de 2008.

La presentación: Entrevistas con John Huey y Nicholas Negroponte. Lev Grossman, «Apple's New Calling», en *Time*, 22 de enero de 2007; Steve Jobs, discurso, *Macworld*, 9 de enero de 2007; John Markoff, «Apple Introduces Innovative Cellphone», en *New York Times*, 10 de enero de 2007; John Heilemann, «Steve Jobs in a Box», en *New York*, 17 de junio de 2007; Janko Roettgers, «Alan Kay: With the Tablet, Apple Will Rule the world», en *GigaOM*, 26 de enero de 2010.

Capítulo 36: Segundo asalto

Las batallas de 2008: Entrevistas con Steve Jobs, Kathryn Smith, Bill Campbell, Art Levinson, Al Gore, John Huey, Andy Serwer, Laurene Powell, Doug Morris y Jimmy Iovine. Peter Elkind, «The Trouble with Steve Jobs», en *Fortune*, 5 de marzo de 2008; Joe Nocera, «Apple's Culture of Secrecy», en *New York Times*, 26 de julio de 2008; Steve Jobs, carta a la comunidad de Apple, 5 de enero y 14 de enero de 2009; Doron Levin, «Steve Jobs Went to Switzerland in Search of Cancer Treatment», en *Fortune.com*, 18 de enero de 2011; Yukari Kanea y Joann Lublin, «On Apple's Board, Fewer Independent Voices», en *Wall Street Journal*, 24 de marzo de 2010; Micki Maynard (Micheline Maynard), mensaje en Twitter, 2:45 p.m., 18 de enero de 2011; Ryan Chittum, «The Dead Source Who Keeps on giving», en *Columbia Journalism Review*, 18 de enero de 2011.

Memphis: Entrevistas con Steve Jobs, Laurene Powell, George Riley, Kristina Kiehl y Kathryn Smith. John Lauerman y Connie Guglielmo, «Jobs Liver Transplant», en *Bloomberg*, 21 de agosto de 2009.

Regreso: Entrevistas con Steve Jobs, George Riley, Tim Cook, Jony Ive, Brian Roberts y Andy Hertzfeld.

Capítulo 37: El iPad

Dices que quieres una revolución: Entrevistas con Steve Jobs, Phil Schiller, Tim Cook, Jony Ive, Tony Fadell y Paul Otellini. Conferencia *All Things Digital,* 30 de mayo de 2003.

Enero de 2010: la presentación: Entrevistas con Steve Jobs y Daniel Kottke. Brent Schlender, «Bill Gates Joins the iPad Army of Critics», en *bnet.com,* 10 de febrero de 2010; Steve Jobs, discurso inaugural, 27 de enero de 2010; Nick Summers, «Instant Apple iPad Reaction», en *Newsweek.com,* 27 de enero de 2010; Adam Frucci, «Eight Things That Suck about the iPad», en *Gizmodo,* 27 de enero de 2010; Lev Grossman, «Do We Need the iPad?», en *Time,* 1 de abril de 2010; Daniel Lyons, «Think Really Different», en *Newsweek,* 26 de marzo de 2010; Debate *Techmate,* en *Fortune,* 12 de abril de 2010; Eric Laningan, «Wozniak on the iPad», en en *TwiT TV,* 5 de abril de 2010; Michael Shear, «At White House, a New Question: What's on Your iPad?», en *Washington Post,* 7 de junio de 2010; Michael Noer, «The Stable Boy and the iPad», en *Forbes.com,* 8 de septiembre de 2010.

Publicidad: Entrevistas con Steve Jobs, James Vincent y Lee Clow.

Aplicaciones: Entrevistas con Art Levinson, Phil Schiller, Steve Jobs y John Doerr.

Edición y periodismo: Entrevistas con Steve Jobs, Jeff Bewkes, Richard Stengel, Andy Serwer, Josh Quittner y Rupert Murdoch. Ken Auletta, «Publish or Perish», en *New Yorker,* 26 de abril de 2010; Ryan Tate, «The Price of Crossing Steve Jobs», en *Gawker,* 30 de septiembre de 2010.

Capítulo 38: Nuevas batallas

Google: sistema abierto contra sistema cerrado: Entrevistas con Steve Jobs, Bill Campbell, Eric Schmidt, John Doerr, Tim Cook y Bill Gates. John Abell, «Google's 'Don't Be Evil' Mantra Is 'Bullshit'», en *Wired,* 30 de enero de 2010; Brad Stone y Miguel Helft, «A Battle for the Future Is Getting Personal», en *New York Times,* 14 de marzo de 2010.

Flash, la App Store y el control: Entrevistas con Steve Jobs, Bill Campbell, Tom Friedman, Art Levinson y Al Gore. Leander Kahney, «What Made Apple Freeze Out Adobe?», en *Wired,* julio de 2010; Jean-Louis Gassée, «The Adobe-Apple Flame War», en *Monday Note,* 11 de abril de 2010; Steve Jobs, «Thoughts on Flash», en *Apple.com,* 29 de abril de 2010; Walt Mossberg y Kara Swisher, entrevista a Steve Jobs, Conferencia *All Things Digital,* 1 de junio de 2010; Robert X. Cringely (seudónimo), «Steve Jobs: Savior or Tyrant?», en *InfoWorld,* 21 de abril de 2010; Ryan

Tate, «Steve Jobs Offers World 'Freedom from Porn'», en *Valleywag*, 15 de mayo de 2010; J. R. Raphael, «I Want Porn», en *esarcasm.com*, 20 de abril de 2010; Jon Stewart, *The Daily Show*, 28 de abril de 2010.

«Antenagate»: diseño contra ingeniería: Entrevistas con Tony Fadell, Jony Ive, Steve Jobs, Art Levinson, Tim Cook, Regis McKenna, Bill Campbell y James Vincent. Mark Gikas, «Why Consumer Reports Can't Recommend the iPhone4», en *Consumer Reports*, 12 de julio de 2010; Michael Wolff, «Is there Anything That Can Trip Up Steve Jobs?», en *newswer.com* y *vanityfair. com*, 19 de julio de 2010; Scott Adams, «High Ground Maneuver», en *dilbert.com*, 19 de julio de 2010.

Aquí viene el sol: Entrevistas con Steve Jobs, Eddy Cue y James Vincent.

Capítulo 39: Hasta el infinito

El iPad 2: Entrevistas con Larry Ellison, Steve Jobs y Laurene Powell. Steve Jobs, discurso en el acto de presentación del iPad 2, 2 de marzo de 2011.

iCloud: Entrevistas con Steve Jobs y Eddy Cue. Steve Jobs, discurso inaugural. Conferencia Mundial de Desarrolladores, 6 de junio de 2011; Walt Mossberg, «Apple's Mobile Me Is Far Too Flawed to Be Reliable», en *Wall Street Journal*, 23 de julio de 2008; Adam Lashinsky, «Inside Apple», en *Fortune*, 23 de mayo de 2011; Richard Waters, «Apple Races to Keep Users Firmly Wrapped in Its Cloud», en *Financial Times*, 9 de junio de 2011.

Un nuevo campus: Entrevistas con Steve Jobs, Steve Wozniak y Ann Bowers. Steve Jobs, presentación ante el ayuntamiento de Cupertino, 7 de junio de 2011.

Capítulo 40: Tercer asalto

Lazos familiares: Entrevistas con Laurene Powell, Erin Jobs, Steve Jobs, Kathryn Smith y Jennifer Egan. Correo electrónico de Steve Jobs, 8 de junio de 2010, 4:55 p.m.; Mensaje de Tina Redse a Steve Jobs, 20 de julio de 2010 y 6 de febrero de 2011.

El presidente Obama: Entrevistas con David Axelrod, Steve Jobs, John Doerr, Laurene Powell, Valerie Jarrett, Eric Schmidt y Austan Goolsbee.

La tercera baja médica, 2011: Entrevistas con Kathryn Smith, Steve Jobs y Larry Brilliant.

Visitantes: Entrevistas con Steve Jobs, Bill Gates y Mike Slade.

Capítulo 41: Legado

Jonathan Zittrain, *The Future of the Internet. And How to Stop It* (Yale, 2008), 2; Cory Doctorow, «Why I Won't Buy an iPad», en *Boing Boing*, 2 de abril de 2010.